中国科学技术信息研究所研究生系列教材
本书列入中国科学技术信息研究所学术著作出版计划

语义 Web 技术与应用

许德山　编著

·北京·

图书在版编目（CIP）数据

语义Web技术与应用 / 许德山编著. -- 北京 : 科学技术文献出版社, 2025. 8. -- ISBN 978-7-5235-1915-8

Ⅰ. TP18

中国国家版本馆CIP数据核字第2024NJ0555号

语义Web技术与应用

| 策划编辑：张 丹 | 责任编辑：李晓晨 公 雪 | 责任校对：宋红梅 | 责任出版：张志平 |

出 版 者　科学技术文献出版社
地　　 址　北京市复兴路15号　邮编 100038
出 版 部　（010）58882950，58882087（传真）
发 行 部　（010）58882868，58882870（传真）
官方网址　www.stdp.com.cn
发 行 者　科学技术文献出版社发行　全国各地新华书店经销
印 刷 者　北京厚诚则铭印刷科技有限公司
版　　 次　2025年8月第1版　2025年8月第1次印刷
开　　 本　787×1092　1/16
字　　 数　697千
印　　 张　34
书　　 号　ISBN 978-7-5235-1915-8
定　　 价　98.00元

版权所有　违法必究

购买本社图书，凡字迹不清、缺页、倒页、脱页者，本社发行部负责调换

序　言

万维网技术的发展，为我们提供了海量的信息资源，如何对这些资源进行高效的组织管理，从中抽取和总结出所需的信息，并展示出信息间的复杂关系，以便帮助人们理解和解决问题，成为新时代的图书情报工作需要思考和探索的重要课题。自万维网（WWW）的发明者 Tim Berners-Lee 提出语义 Web 设想以来，语义 Web 技术蓬勃发展，在万维网联盟（W3C）的推动下产生了大量的标准、规范和研究著作，企业界和研究机构也开发了各种工具，来支撑语义 Web 技术的实践应用。语义 Web 的提出和发展为万维网信息的组织、管理、共享和复用提供了新的思路。理解语义 Web 的设计理念，利用语义 Web 的技术架构设计和开发满足应用需求的工具和产品，是大数据时代图书情报工作者的新任务。经过多年的探索实践，一些核心技术和优秀教材已进入高校课堂，成为计算机应用、人工智能和数据挖掘等相关专业的必备内容，但将其作为一门独立课程在图书情报专业开设并不算普遍。为了适应新形势下的情报服务需求，培养具备知识组织理论和服务系统建设能力的高端人才，中国科学技术信息研究所研究生部紧跟时代步伐，于 2017 年春季首次开设"语义 Web 技术与应用"课程，作为图书情报专业研究生的专业课。

语义 Web 是一个多层级的体系结构，实现语义 Web 设计蓝图需要大量的支撑技术。作为对现有万维网的改进和补充，语义 Web 以一种人机都可读的形式化标签有效地表达语义信息，使其能够被搜索引擎识别和标引处理，以便解决网络信息增长所带来的检索噪声问题。对图书情报工作来说，语义 Web 技术应该以用为主导，基础知识的学习是为了理解为什么这样用，怎样才能用好。在语义 Web 众多的支撑技术中，RDF/RDFS 和 OWL 最为重要，与图书情报工作联系最为密切。如何理解和使用它们构建可复用、可共享的本体模型？本体的用途是什么？OWL 本体的推理是如何进行的？如何利用本体构建语义服务？要回答这些问题并非易事，除了要熟悉与本体有关的知识表示、描述逻辑、语义服务模型等内容，还需要具备使用程序操作本体模型和编写推理规则的能力，也就是从程序实现的视角来分析和观察知识模型的工作原理和使用方法。

《语义 Web 技术与应用》旨在为图书情报专业研究生提供一本有关语义 Web 核心技术和构建标准的初级教程。鉴于业界对语义 Web 的构建理念，这门课程定位为一门强调实践性的技术课程，为此书中每一章节都设计了相应的思考与练习题，这些习题是每章中需要掌握、在实践中使用频繁的核心知识点，重视并完成这些习题对提高解决实际问题的能力大有益处。带有"*"符号的习题难度较高，没有现成答案，可在教师的指导和提示下完成，其他习题一般都可在书中章节找到相应的介绍。通常来讲，"初级教程"大多给人"内容简单、不强调细节、适合为零基础者普及术语概念"等印象，拥有学习经历者往往自感已经登堂入室，无须再顾及这种入门指南，更愿意阅读和学习带有"高级"感的资料。不过这里的"初级"一词更适合解释为一种论述和组织风格，即力求内容描述清晰明了，语言用词直白通俗，技术深度选取适当，同时提供大量的程序用例及课后习题，方便初学者自学或在教师的讲解下更加容易、快速地进入应用环节。对于大学阶段已学习或了解过相关内容的经验型学友，可先阅读一下每章的思考与练习，如果对习题仍存疑惑，或许本书的知识内容可为您对语义 Web 技术的实践探索提供一点帮助。

细致全面地学习本书内容大约需要一学年的时间；也可在教师的指导下压缩为一个学期，只学习 RDF/RDFS、OWL、SKOS、SPARQL、本体构建、模型解析等知识点，其他内容供自学备查。文献计量、信息资源管理、数据分析、科技政策研究等方向的学友可重点学习与本体构建相关的 RDF/RDFS、OWL、SKOS 及构建工具的用法等内容，其他内容作为一般了解，以便能将自己的研究主题组织为形式化的知识模型，帮助自己梳理内容要点和发现知识关联。数据挖掘、知识组织、语言技术、知识服务等技术方向的学友除了学习上述要点，还应学习 SPARQL 检索、模型解析 API、语义 Web 服务及问答接口等内容，以便能将自己的研究主题转化为具备一定语义检索能力的系统平台。

本书撰写过程中得到了多位专家、同事和学友的帮助。感谢乔晓东研究员、朱礼军研究员、张智雄研究馆员在知识工程领域给予的指导和启发。感谢姚长青副所长、刘志辉主任、董诚副主任、王莉军副主任在工作研究中给予的大力支持。感谢张均胜研究员、张运良研究员、韩红旗研究员、徐硕研究员、何彦青研究员、李颖研究员、石崇德副研究员、张兆锋副研究员、徐红姣高级工程师、吴振峰工程师、兰天工程师、潘优工程师、悦林东工程师在技术选型上给予的有益建议。感谢研究生部张泽玉主任、李惟依老师、赵奕艺老师在课程设置方面给予的帮助和鼓励。感谢 2016—2022 级研究生对课程内容完善所做的高效反馈。特别感谢昌吉学院计算机系李芳教授给予相关资料和技术支持。

书中所列示例片段和程序，均在相应章节所述环境中通过测试，经简单的修改完善或组合设计，可在实际的应用场景中发挥作用。为使课程内容自成体系、降低系统设计和程序开发的难度，教程提供了多个详细的附录资料，帮助学习者掌握本体模型构建和应用技术。希望《语义 Web 技术与应用》一书成为学友们了解和研究语义 Web 技术的桥梁。

本书组织过程中参考了 W3C 发布的诸多标准及业界学者的研究成果，这些资料大多为网络文献，日久年深、时过境迁，网页更替频繁，少量佳作早已无从溯源，在此一并致谢，深表敬意。作者文拙笔钝，词句烦冗，粗陋、错讹在所难免，不妥之处请各位老师和学友指正。

作者 谨识

2023 年 5 月 29 日

目 录

第1章 Web 资源的基本表示 ... 1
1.1 语义 Web 技术的发展 ... 1
1.2 语义 Web 技术的层级结构 ... 3
1.3 资源标识方法 ... 4
1.3.1 URI ... 4
1.3.2 UNICODE ... 7
1.4 XML 可扩展标记语言 ... 10
1.4.1 XML 文档的结构 ... 10
1.4.2 XML 的命名空间 ... 12
1.4.3 XML 数据的定位与查找 ... 13
1.4.4 XML 格式的转换 ... 15
思考与练习 ... 17

第2章 Web 数据的语义关联 ... 19
2.1 RDF 的结构和功能 ... 19
2.1.1 RDF 的表示方法 ... 19
2.1.2 RDF 的数据类型 ... 22
2.2 RDF/RDFS 的建模词汇 ... 25
2.2.1 框架类 ... 25
2.2.2 框架属性 ... 30
2.2.3 容器类和容器属性 ... 34
2.2.4 集合类和集合属性 ... 38
2.2.5 具体化类和具体化属性 ... 40
2.2.6 描述性属性 ... 45
2.3 框架模型的解释 ... 47
2.3.1 简单解释 ... 47
2.3.2 RDF 解释 ... 48
2.3.3 RDFS 解释 ... 49
2.4 模型框架的序列化方法 ... 54
思考与练习 ... 55

第3章 数据组织的知识模型 57

3.1 OWL1 模型的结构和功能 58
3.1.1 OWL1 模型的类 62
3.1.2 OWL1 模型的对象属性 75
3.1.3 OWL1 模型的数据属性 89
3.1.4 OWL1 模型的标注属性 92

3.2 OWL2 模型的结构和功能 98
3.2.1 OWL2 模型的类 98
3.2.2 OWL2 模型的属性 101

3.3 OWL2 模型的子语言 130
3.3.1 OWL2 EL 131
3.3.2 OWL2 QL 134
3.3.3 OWL2 RL 136

3.4 OWL2 DL 与 OWL2 Full 139
3.4.1 OWL2 DL 的语言特性 139
3.4.2 OWL2 Full 的语言特性 141

3.5 OWL/XML 序列化 148

思考与练习 150

第4章 词表资源的网络化组织 153

4.1 SKOS 模型的结构和功能 153
4.1.1 SKOS 模型的类 154
4.1.2 SKOS 模型的对象属性 158
4.1.3 SKOS 模型的标注属性 170
4.1.4 SKOS 模型的数据属性 175

4.2 SKOS 模型的语义关系 176

4.3 SKOS-XL 模型的词汇 177

4.4 词表 SKOS 模型转换应用 182
4.4.1 分类号—主题词对应表的内容组织 184
4.4.2 分类号—主题词对应表的转换方法和语法表示 185
4.4.3 主题词—分类号对应表的内容组织 192
4.4.4 主题词—分类号对应表的转换方法和语法表示 193

         4.4.5 映射转换注意事项 202
   思考与练习 203

第 5 章 关联数据的发布与获取 209

   5.1 关联数据构建和管理 209
         5.1.1 概念资源的访问机制 209
         5.1.2 数据集构建方法 212
         5.1.3 关联数据管理工具 215
   5.2 SPARQL 三元组查询语言 218
         5.2.1 三元组基本查询 219
         5.2.2 RDF 数据集查询 230
         5.2.3 扩展功能 233
         5.2.4 操作表达式 237
   5.3 Web 数据资源的描述和抽取 243
         5.3.1 RDFa- 嵌入式 RDF 属性 244
         5.3.2 POWDER-Web 资源描述机制 246
         5.3.3 GRDDL-RDF 三元组抽取语言 254
   5.4 数据集的部署和使用 259
         5.4.1 RDF4J 网络知识库部署 260
         5.4.2 Pubby 前端界面的配置和部署 265
   思考与练习 270

第 6 章 本体知识库构建 275

   6.1 本体知识模型 275
         6.1.1 本体的功能与类型 275
         6.1.2 本体的构成 277
   6.2 构建方法 278
         6.2.1 层级树的语义 279
         6.2.2 概念的词性与功能 280
         6.2.3 子类与实例的划分 281
   6.3 基于 Protege 的 OWL 本体构建 282
         6.3.1 本体描述信息 283

6.3.2 概念类的组织 285
6.3.3 关联属性 302
6.3.4 数据属性 313
6.3.5 标注属性 317
6.3.6 自定义数据类型 318
6.3.7 个体实例 319
思考与练习 336

第 7 章 本体模型的解析和推理 341
7.1 模型管理工具 341
7.1.1 Jena API 341
7.1.2 Protege-OWL API 344
7.1.3 OWL API 346
7.1.4 SKOS API 349
7.1.5 RDF4J API 356
7.2 知识模型的推理机制 359
7.2.1 本体的推理任务 360
7.2.2 OWL 推理机 361
7.3 SWRL 语义 Web 规则语言 364
7.3.1 SWRL 的语法结构 364
7.3.2 Built-Ins 功能函数 365
7.3.3 OWL2 的 SWRL 表示 368
7.4 本体模型的推理 370
7.4.1 Hermit 的 OWL 模型推理 371
7.4.2 Pellet 自定义函数推理 376
7.4.3 基于 Jess 的规则推理 380
思考与练习 383

第 8 章 语义服务 385
8.1 面向服务的系统架构 385
8.1.1 Web 服务器与服务端口 385
8.1.2 服务本体的功能 386

8.2 Web 服务 388
8.2.1 SOAP 式 Web 服务 388
8.2.2 WSDL-Web 服务描述语言 394
8.2.3 RESTful 式 Web 服务 398
8.2.4 WADL-Web 应用描述语言 405
8.3 语义服务模型 408
8.3.1 OWL-S 409
8.3.2 WSMO 414
8.4 OWL-S 语义服务构建 415
8.4.1 服务本体的生成 416
8.4.2 服务本体的注册和发现 420
8.4.3 服务模型的解析 423
8.4.4 客户端创建与服务访问 426
思考与练习 429

第 9 章 语义检索接口 431
9.1 问句的解析与处理 431
9.1.1 中文问句的形式化处理 432
9.1.2 语义相似度计算 436
9.2 问句与查询表达的映射 437
9.2.1 检索成分的转换 438
9.2.2 检索表达式的生成 440
思考与练习 442

附录 1 基于 RDF 的 OWL2 表示 445
附录 2 OWL2 RL/RDF 规则 454
附录 3 OWL2 函数式描述与 RDF 映射规则 462
附录 4 Protege 本体编辑器使用指南 470

参考文献 518

图目录

图 1-1　语义 Web 的层级 3

图 1-2　语义 Web 的技术结构 3

图 1-3　图片 URL 访问结果 6

图 1-4　IE 浏览器 URL 编码设置 9

图 1-5　rdf 命名空间返回结果界面 13

图 2-1　资源 RDF 图 20

图 2-2　XML Schema 数据类型关系 24

图 2-3　RDF/RDFS 模型结构和元语关系 25

图 3-1　OWL1 的子语言 58

图 3-2　OWL1 的结构和元语扩展关系 61

图 3-3　OWL2 的子语言 131

图 3-4　OWL2 EL 支持的数据类型 133

图 3-5　OWL2 EL 不支持的数据类型 133

图 3-6　OWL2 QL 支持的数据类型 136

图 3-7　OWL2 QL 不支持的数据类型 136

图 3-8　OWL2 RL 支持的数据类型 139

图 3-9　OWL2 RL 不支持的数据类型 139

图 4-1　SKOS 概念网络 153

图 4-2　SKOS 模型的结构 154

图 4-3　SKOS 模型中属性关系 176

图 5-1　HTTP 的内容协商机制 211

图 5-2　D2R Server 的功能结构 216

图 5-3　Virtuoso 的功能结构 217

图 5-4　Pubby 的功能结构 217

图 5-5　GRDDL 的处理流程 257

图 5-6　端口信息 260

图 5-7　使用 Workbench 创建 Native Store 知识库 261

图 5-8	RDF4J 知识库配置	262
图 5-9	RDF4J 空知识库参数信息	262
图 5-10	RDF4J 知识库数据导入	263
图 5-11	创建 SPARQL 远程服务端	264
图 5-12	SPARQL 远程服务端配置参数	265
图 5-13	使用 Pubby 显示词条信息	266
图 5-14	Pubby 中 URL 的映射方法	267
图 5-15	Pubby 中关联词条的访问	268
图 6-1	research 本体的 IRI 和标注信息设置	284
图 6-2	本体命名空间及前缀设置	285
图 6-3	research 本体的类结构	286
图 6-4	"业界交流会"等同类条件描述	287
图 6-5	"国际研讨会"等同类条件描述	287
图 6-6	"小型研讨会"等同类条件描述	287
图 6-7	"专家"类等同条件描述	289
图 6-8	"自荐人才"类等同条件描述	290
图 6-9	"专利"类等同条件描述	291
图 6-10	"会议论文"类等同条件描述	292
图 6-11	"普通论文"类等同条件描述	293
图 6-12	"期刊论文"类等同条件描述	293
图 6-13	"核心论文"类等同条件描述	294
图 6-14	"高被引论文"类等同条件描述	294
图 6-15	"重点项目"类等同条件描述	297
图 6-16	"青年项目"类等同条件描述	297
图 6-17	"面上项目"类等同条件描述	297
图 6-18	"职称"类等同条件描述	299
图 6-19	"中级职称"类等同条件描述	300
图 6-20	"初级职称"类等同条件描述	300
图 6-21	"副高级职称"类等同条件描述	301
图 6-22	"高级职称"类等同条件描述	301

图目录　3

图 6-23　research 本体的关系层级 303
图 6-24　"参与项目"关系语义设置 304
图 6-25　"同事"关系语义设置 304
图 6-26　"技术职称"关系语义设置 305
图 6-27　"推荐专家"关系语义设置 305
图 6-28　"推荐项目"关系语义设置 306
图 6-29　"评审项目"关系语义设置 306
图 6-30　"负责项目"关系语义设置 307
图 6-31　"产出结果"语义设置 311
图 6-32　"成果归属"语义设置 311
图 6-33　"挂靠项目"语义设置 311
图 6-34　"支撑项目"语义设置 312
图 6-35　research 本体的属性层级 314
图 6-36　"授权公告号"设置"Functional"函数特性 314
图 6-37　概念新命名空间设置 317
图 6-38　Datatype 面板创建 318
图 6-39　"中会"语义设置 318
图 6-40　research 本体中所含的实体个体 320
图 6-41　"Article_2013-ffzx-zsgc-01"语义设置 320
图 6-42　"Article_2014-ffzx-yyz-01"语义设置 321
图 6-43　"Article_2015-ffzx-yyz-02"语义设置 321
图 6-44　"Branch_ffzx"语义设置 322
图 6-45　"Branch_jszx"语义设置 322
图 6-46　"Meeting_ffzx-2022-01"语义设置 323
图 6-47　"Meeting_zxs-2019"语义设置 323
图 6-48　"Patent_2022-ffzx-yyz-01"语义设置 324
图 6-49　"Patent_P180985NN1"语义设置 324
图 6-50　"Person_HeY"语义设置 324
图 6-51　"Person_LanG"语义设置 325
图 6-52　"Person_LiY"语义设置 325

图 6-53 "Person_XHG"语义设置 326
图 6-54 "Person_XuG"语义设置 326
图 6-55 "Person_YouG"语义设置 326
图 6-56 "Project_2018-01"语义设置 327
图 6-57 "Project_2019-01"语义设置 327
图 6-58 "Project_2021-01"语义设置 328
图 6-59 "Project_2021-ffzx-003"语义设置 328
图 6-60 "Project_ZD2018-16"语义设置 329
图 6-61 "Project_ZD2020-18"语义设置 329
图 6-62 "Project_ZD2021-17"语义设置 330
图 6-63 research 本体的抽象个体 335
图 7-1 Jena 框架结构 342
图 7-2 Sesame 体系结构 356
图 7-3 RDF4J 的结构 357
图 7-4 Jess 规则推理运行流程 380
图 8-1 Web 服务运行流程 387
图 8-2 WSDL 客户端创建 390
图 8-3 服务客户端生成类 390
图 8-4 Tomcat 服务器配置 391
图 8-5 Web 服务项目结构 392
图 8-6 Web 服务测试操作 393
图 8-7 Web 服务测试页面 393
图 8-8 Web 服务的 WSDL 文件 394
图 8-9 RestfulExample 项目的结构 399
图 8-10 RESTful 服务的支撑库 400
图 8-11 RESTful 服务类设置 400
图 8-12 RESTful 服务项目的结构 401
图 8-13 RESTful 测试界面 402
图 8-14 RESTful 服务的 WADL 文件 403
图 8-15 RESTful 客户端配置 403

图 8-16　RESTful 客户端访问结果 405

图 8-17　OWL-S 语义服务模型结构 409

图 8-18　Service Profile 模块的功能结构 410

图 8-19　Service Model 模块的功能结构 412

图 8-20　Service Grounding 模块的功能结构 413

图 8-21　OWL-S 服务的运行流程 416

图 8-22　修改端口配置 420

图 8-23　返回的结构信息 421

图 8-24　OWL-S 服务访问结果 429

图 9-1　基于本体知识库的语义检索处理流程 432

图 9-2　中文问句中的词性分布 434

表目录

表 1-1　URL 使用的字符集 7
表 1-2　汉字的 UTF-8 编码与 Unicode 编码 10
表 1-3　XML 定义的实体引用 12
表 1-4　Xpaph 常用相对路径表示 15
表 2-1　资源的三元关系 21
表 2-2　默认命名空间 21
表 2-3　XML Schema 数据类型 23
表 2-4　RDF 三元组公理 48
表 2-5　RDF 规则约束 49
表 2-6　RDFS 三元组公理 50
表 2-7　RDFS 规则约束 53
表 3-1　默认命名空间及前缀 58
表 3-2　OWL1 建模词汇类型 59
表 3-3　OWL2 的常用语法表示 98
表 3-4　OWL2 EL 支持的语言特性 131
表 3-5　OWL2 EL 不支持的语言特性 132
表 3-6　OWL2 QL 支持的语言特性 134
表 3-7　OWL2 QL 不支持的语言特性 135
表 3-8　OWL2 RL 支持的语言特性 137
表 3-9　OWL2 RL 不支持的语言特性 138
表 3-10　OWL2 DL 的语言特性 140
表 3-11　OWL2 Full 独有的语言特性 142
表 3-12　基本标注的 RDF 三元组表示规则 142
表 3-13　二元关系标注的 RDF 三元组表示规则 143
表 3-14　属性链标注的 RDF 三元组表示规则 144
表 3-15　主键标注的 RDF 三元组表示规则 145
表 3-16　多元关系标注的 RDF 三元组表示规则 146

表 3-17	否定断言标注的 RDF 三元组表示规则	147
表 4-1	SKOS 模型的蕴含关系	176
表 4-2	SKOS-XL 模型默认命名空间	178
表 4-3	叙词表的结构	183
表 4-4	叙词表的词汇关系	184
表 4-5	中国图书馆分类法的 38 个顶层类	185
表 4-6	转换中的命名空间	185
表 4-7	分类款目和分类主题词的转换	190
表 5-1	关联数据的等级	209
表 5-2	SKOS 核心模型 core 的 3 种标识	210
表 5-3	HTTP 的请求操作	211
表 5-4	HTTP header 支持的 Linked Data 数据格式	215
表 5-5	RDFa 模型的属性词汇	244
表 5-6	POWDER 的命名空间	246
表 5-7	POWDER 的组织结构	247
表 5-8	POWDER-S 词汇的基本功能	248
表 5-9	RDF4J 的知识库类型	260
表 5-10	Pubby 的配置参数	266
表 6-1	本体概念间的基本关系	283
表 7-1	Jena API 常用功能和方法	343
表 7-2	主流 OWL 推理机功能比较	362
表 7-3	OWL2 子语言专用推理机	363
表 7-4	Built-Ins 中的比较函数	365
表 7-5	Built-Ins 中的数学函数	365
表 7-6	Built-Ins 中的字符串操作函数	366
表 7-7	Built-Ins 中的日期时间函数	367
表 7-8	Built-Ins 中的 URIS 和 Boolean 函数	368
表 7-9	Built-Ins 中的列表函数	368
表 7-10	Hermit 支持的默认推理任务	374
表 7-11	SWRLRuleEngineBridge 的常用方法	381

表号	标题	页码
表 8-1	RESTful 服务的 4 种实现方式	398
表 8-2	Profile 本体的功能	410
表 8-3	Profile 本体指向 Process 本体的关系	411
表 8-4	Process 模块支持的控制结构	413
表 9-1	问句的成分信息	434
表 9-2	疑问词与问题分类	435
表 9-3	常用问题集检索方法	435
附表 1-1	OWL2 类的三元组公理	445
附表 1-2	OWL2 属性的三元组公理	446
附表 1-3	OWL2 数据类型的三元组公理	450
附表 1-4	OWL2 分面的三元组公理	452
附表 1-5	OWL2 中与 RDFS 类和属性有关的三元组公理	453
附表 2-1	等同语义	454
附表 2-2	属性语义	454
附表 2-3	类操作语义	456
附表 2-4	类公理语义	459
附表 2-5	数据类型语义	459
附表 2-6	RDF Schema 语义	459
附表 3-1	不含 Annotation 的三元组转换	462
附表 3-2	Annotation 的三元组转换	469
附表 4-1	Active Ontology 面板	470
附表 4-2	Classes 面板	471
附表 4-3	Object Properties 面板	472
附表 4-4	Data Properties 面板	472
附表 4-5	Annotation Properties 面板	473
附表 4-6	Individuals 面板	474
附表 4-7	OWLViz 面板	474

第 1 章 Web 资源的基本表示

1989 年 Tim Berners-Lee 在日内瓦欧洲粒子物理实验室工作时，为了方便世界各地的科学家共享实验数据和研究信息，他开始探索一种新的网络数据发布方式。1990 年 10 月 Tim Berners-Lee 编写出第一个服务器和客户端程序，成为 Web 服务器和浏览器的最初原型，1991 年底欧洲粒子物理实验室高能物理组开始使用 Web 技术共享研究数据。Web 技术为人们在互联网上发布和获取数据带来了便利，此后的数十年间大量的机构和个人加入到 Web 技术的推广应用中，早期人们使用纯文字方式，后来逐渐采用图文混排，甚至动画、音视频等多媒体资源来丰富页面的视觉效果，设计和构建网站成为当时最流行、最热门的 IT 技术，充满各种信息的网站和页面层出不穷，互联网逐渐发展为一个拥有海量页面的数据空间。

1.1 语义 Web 技术的发展

Web 技术的发展和数量增长之快是设计者始料未及的，这种为了方便个人阅读而创建和发布的信息页面，随着数量的剧增逐渐暴露出底层结构设计问题。搜索引擎爬取页面时只能采用关键词匹配的方式，通过解析页面文本查找含有相同关键词的页面建立索引。这种依靠呈现形式，而非概念语义的标引方式在海量页面检索时很难准确命中所需信息，导致返回结果充斥着大量非相关页面和噪声数据。传统 Web 页面的信息表达和组织采用了非结构化形式，非结构化文本的处理和理解是人工智能和自然语言理解领域的难题，从计算机发明之初处理文字开始就一直困扰着业界的研究人员，多年来进展缓慢。

1998 年 9 月 Tim Berners-Lee 提出语义 Web 设想，希望在 Web 页面中增加易于机器处理和访问的格式化数据来改造信息表达的底层结构[1]。2001 年 5 月 Tim Berners-Lee 在 *Scientific American* 杂志上发表论文"The Semantic Web"，语义 Web 逐渐进入公众视野[2]。2002 年 6 月第一届国际语义网会议 ISWC2002 在意大利召开，标志着语义 Web 研究全面展开[3]。Web 在发展过程中，呈现出不同的技术特点。第一代 Web 以 HTML 语言，URI 和 HTTP 技术为基础，通过静态页面展现信息，实现了文档表现形式与存储格式分离。第二代 Web 以 Java Script、VB Script 等脚本语言及 XML（extensible markup language）技术为基础，通过动态页面展示信息，实现了文档结构和文档表现形式分离。第三代 Web 以 RDF/RDFS、OWL（Web ontology language）等语义 Web 技术为基础，通过语义链接展示信息，实现文档语义与文档结构分离。语义元数据模型对于从异构信息源中进行信息集成至关重要，尤其是在信息的描述和分类采用了不同的 Schema 和术语的情况下，通过在不同的方案间建立映射，能够在信息使用过程中建立统一的视图，实现互操作。语义 Web 管理和组织信息的基本方式是建立和应用称为本体（ontology）的形式化概念模型，为网络上的信息和操作提供明确的定义。这与传统的 HTML 编码的元数据不同，HTML 仅描述了信息展现的样式，可以指定一个字符串显示为黑体或红色字体，但无法区分这个字符串表示产品还是人名。本体知识模型中的概念可以用于描述一篇文档或某文档的一部分（如一个段落），也可以用来描述文档中的实体（如一个人或一家公司）。语义本体也可以用于描述 Web 服务，如果一个 Web 服务的功能被语义化地描述，那么它就更容易被发现，Web 服务就能通过已有服务自动组合，形成新的复杂服务应用。

语义 Web 理念提出后很快得到业界的响应，欧盟和美国的高等院校、学术团体和研究机构热情最高，欧盟还在研究框架计划中专门安排了有关语义 Web 技术的专题。在一大批著名的高等院校、学术团体和研究机构的努力下，一系列技术规范和语言模型被制定出来，相应的语言解析工具、本体开发工具、知识三元组存储和检索及模型推理等工具也相继问世。早期的研究都是独立和开放式的，欧盟和美国两大研究阵营各有自己的理念，虽然整个研究思路大体相似，但每种语言模型和技术规范的细节并不一致，推出的语义 Web 开发工具只能与自家标准配套使用，无法通用。为了使语义 Web 像传统 Web 那样在全球推广和普及起来，W3C 逐渐发挥自己在 Web 领域的主导作用，成立了多个语义 Web 技术工作组，负责制定业界统一的技术框架、语言模型和规范，在各研究团体的支持和推动下，开发通用的技术工具包，探索最佳应用实践。早期的研究力量主要集中在高等院校和研究机构，缺乏企业界大公司和厂商的普遍参与，在模型构建上过多地强调利用形式化约束和逻辑规则来实现语义关系推理，但实现一个较大规模的本体模型十分困难，对使用者的要求也很高。在这样的形势下语义 Web 的发展受到了严重制约，一些典型的实践应用也仅能局限在特定的领域内作为原型系统展示，无法推广到整个 Web 环境中。

语义 Web 技术的推动者们逐渐意识到所处的困境，2006 年语义 Web 的发明者 Tim Berners-Lee 进一步提出了关联数据（linked data）的理念[4]。通过将资源描述框架（resource description framework，RDF）形式的模型和数据集发布到网上，实现结构化数据的共享和关联，打造一个遍布全球 Web 的数据关联网络，虽然不是真正意义上的语义网络（semantic network），但这种开放的技术方案要比早期过度依赖本体知识建模和语义标注来集成数据的做法更加简单，更易实现，能够吸引更多的人员、企业和团体参与到语义 Web 的构建中来。在 W3C 工作组的支持和推动下，关联开放数据（linked open data）项目得到蓬勃发展，截至 2024 年 6 月，整个数据云已达到 1314 个数据集，16 308 个关联关系[5]。

1.2 语义 Web 技术的层级结构

语义 Web 蓝图的实现需要大量的支撑技术，这些技术涉及网络资源定位、知识组织模式、知识链接、关系推理及知识有效性检验等领域。因此，语义 Web 技术形成了一个多层级的技术体系结构，技术层之间相互协作和制约，共同完成网络数据的定位、表示、共享和认证。整个技术层级如图 1-1 所示 [6]。

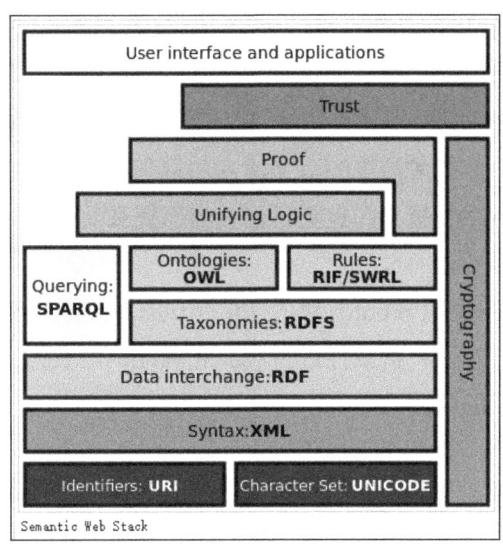

图 1-1 语义 Web 的层级

近年来，随着相关技术标准的推出和应用实践，语义 Web 技术框架逐步扩充和完善，其核心技术标准也做了版本更新，但整个技术体系并未发生大的变化，图 1-2 以立体化视角描绘了当前的语义 Web 技术结构 [7]。

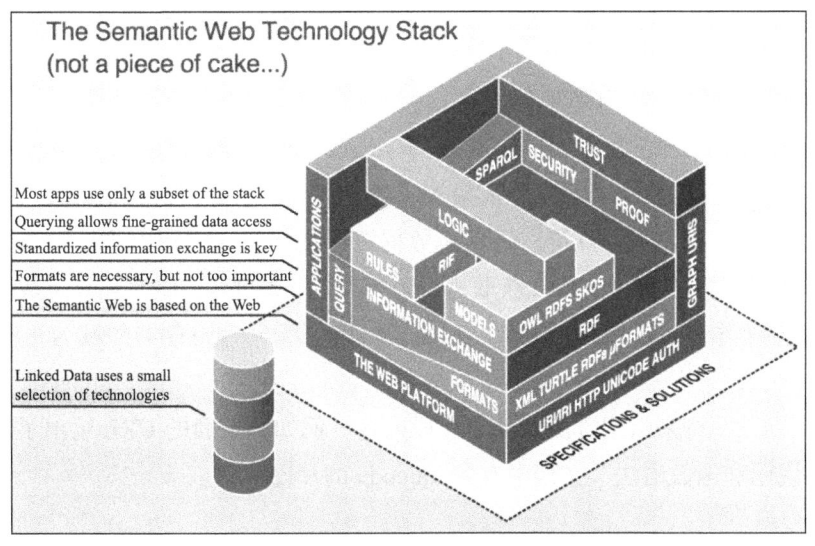

图 1-2 语义 Web 的技术结构

整个语义 Web 技术框架自底向上可分为数据标识、数据表示、数据模型、质量验证和应用服务 5 个层级。

（1）数据标识

URI 和 UNICODE 是第一层，它们构成了整个语义网络的基础，负责资源的编码和唯一标识。

（2）数据表示

XML 是第二层，负责资源编码信息的底层表示和数据交换。

（3）数据模型

Query、Ontology、Taxonomy 和 Rule 是第三层，用于构成信息资源的基本描述框架和各种概念之间的联系，并完成信息的语义检索和规则推理。第三层是对信息资源语义层面的组织，是整个技术体系的核心，也是目前业界研究和实践的重点。

（4）质量验证

逻辑层（logic）、证明层（proof）和信任层（trust）分别位于第四层、第五层、第六层，负责对共享资源的有效性、权威性进行溯源和验证，以及信息签名和加密等信息安全问题，以便构建可以信任的应用。

（5）应用服务

各种应用和服务运行在最高层，这些应用和服务是用户使用语义 Web 技术构建的共享资源，可以进行检索、调用或组合，形成满足需求的复杂应用。

1.3　资源标识方法

1.3.1　URI

URI（uniform resource identifier）被称为统一资源标识符，是 Web 资源的唯一标识，可以将其看作互联网上的门牌地址，在网络上唯一标识和定位服务资源。URI 有 URL（uniform resource locator）和 URN（uniform resource name）两种形式，除网页外，它还可以标识页面上的元素、书籍、音频和视频等资源，甚至可以标识某一个人。

URL 被称为统一资源定位符，是网络数据资源最常见的标识形式，它清晰地描述了如何从一个特定服务器的固定位置获取资源。标准格式的 URL 由 3 部分组成。第一部分为资源访问协议类型，通常为 http:// 或 https://。第二部分为服务器的域名（网络地址），如 www.istic.ac.cn。第三部分为资源在服务器上的位置，如 /Portals/0/images/jypx/。URL 还可以使用"#"字符来引用资源内部的片段内容。例如，下面的 URL 给出了"OWL2 本体语言结构说明和函数语法"文档中有关 unicode 的片段信息。

```
http://www.w3.org/TR/2012/REC-owl2-syntax-20121211/#ref-unicode
```

HTTP 服务器处理整个资源请求，客户端仅在内部使用"#"片段，并不会将"#"片段传送给服务器，客户端获得整个资源后，由客户端浏览器根据"#"片段在页面中的位置显示用户所需的资源。

URN 被称为统一资源名，是特定资源唯一的标识名称，与资源所在位置无关。例如，用 urn:ietf:rfc:2141 标识 URN Syntax 文档，使用 URN 可以方便地将资源移动到所需的位置，而无须修改 URN 标识。URN 需要统一的支撑架构来解析资源的位置，目前还处于试验和完善阶段，未大范围使用，现在使用的 URI 几乎都是 URL。

URL 有绝对 URL 和相对 URL 两种使用方式，前面介绍的"http://www.w3.org/TR/2012/REC-owl2-syntax-20121211/#ref-unicode"是绝对 URL，包含了访问资源所需的全部信息。相对 URL 不是完整的 URL，是绝对 URL 的一种便捷的表示法，因此要从相对 URL 访问资源必须借助基点（base）URL 进行解析。

基点 URL 可在资源头部标识信息中进行显式声明，HTML 采用 "base href" 标签进行标识。

```
<head>
    <base href="http://www.w3.org/TR/2017/REC-owl-time-20171019/" />
</head>
```

XML 文件中采用 "xml:base" 标签声明基点 URL[8]。

```
<?xml version="1.0"?>
<doc xml:base="http://example.org/today/"
     xmlns:xlink="http://www.w3.org/1999/xlink">
  <head>
    <title>Virtual Library</title>
  </head>
  <body>
    <paragraph>Check out the hot picks of the day!</paragraph>
  </body>
</doc>
```

如果资源中没有显式的指定基点 URL，解释器将以资源的 URL 为基点，例如，"Time Ontology in OWL"文档资源的 URL 为：

```
http://www.w3.org/TR/2017/REC-owl-time-20171019/
```

该文档中 "3.1 Topological Temporal Relations" 中使用的 "Temporal Entity.png" 图片采用相对路径进行引用。

```
<figure id="fig-core-model-of-temporal-entities"> <img title="Temporal Entity and sub-classes" alt="UML-
style diagram of temporal entity classes"
src="./images/TemporalEntity.png" width="600">
<figcaption>Figure <span class="figno">1</span> <span class="fig-title">Core model of temporal entities.</
span>
</figcaption>
</figure>
```

"./images/TemporalEntity.png"是一个符合规范的相对 URL，访问这个图片需要以文档 URL 为基点进行解析，访问地址为：

```
http://www.w3.org/TR/2017/REC-owl-time-20171019/images/TemporalEntity.png
```

在浏览器中输入上述 URL，即可获取"TemporalEntity.png"图片，返回结果如图 1-3 所示。

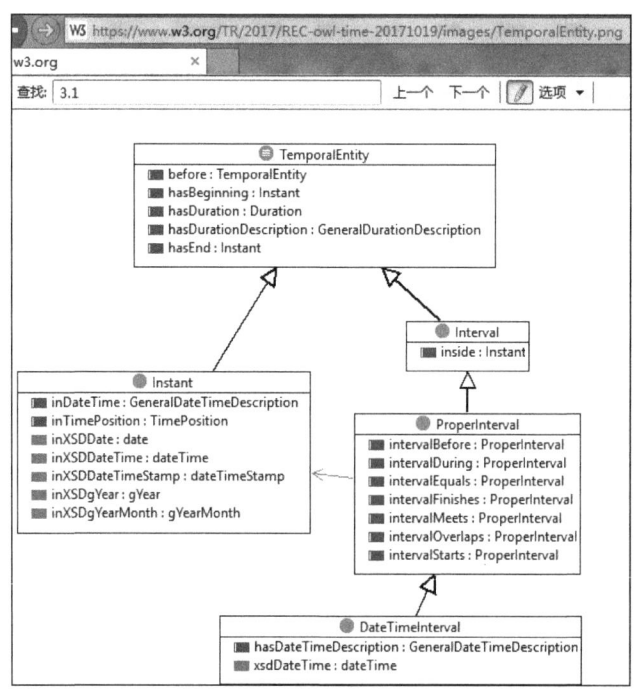

图 1-3　图片 URL 访问结果

URL 的设计要满足不同的协议来访问和传输资源，为了保证编码信息安全和准确，URL 在编码时剥离了一些有特殊意义的字符，用 US-ASCII 字符表的子集作为编码基础。受限字符集对于使用拉丁字母的用户不存在使用问题，但给世界上使用其他字母的用户带来了不便，这些用户无法使用自己熟悉和便于记忆的文字来编码 URL。解决这一问题的办法是对于超出基本编码字符集的其他数据（二进制、中文等），通过"转义"序列来表示，这样就可以使用有限的字符集对任意的数据进行编码，实现可移植性和完整性。

URL 允许使用的字符按其功能可分为标准、保留和转义 3 大类，表 1-1 列出了每类字符的使用方法。

表 1-1　URL 使用的字符集

类别	字符列表	使用方法
标准	[A-Za-z0-9]|"-"|"_"|"."|"!"|"~"|"*"|"'"|"("|")"	用于 URL 中任何地方
保留	";"|"/"|"?"|":"|"@"|"&"|"="|"+"|"$"|","	有特殊含义，用于特定部分
转义	"%"\<HEX\>\<HEX\>	编码基本字符集之外的文字或数据，由 "%" 后紧跟两个表示字符编码的十六进制数字组成

1.3.2　UNICODE

Unicode（the universal character encoding）是为多语言文本字符制定的一项通用字符编码标准，为万维网上文本数据的转换和软件系统文字处理提供了统一的平台，包括字符集、字符属性和编码方案等信息。Unicode 工程于 1988 年启动，1991 年发布 1.0 版本，包含了 28 294 个字符。经过近 20 年的发展和完善，字符集的规模急剧增加，2019 年发布的 Unicode V12，包含了 137 929 个字符[9]。

Unicode 标准与国际标准 ISO/IEC 10646:2003 是一致的，囊括了传统标准、行业字符集（代码页）及计算机产业广泛使用的所有字符。Unicode 为每个字符指定了一个数值代码点和名称，代码点是一种抽象的字符描述，定义了字符是如何被编码的，并不定义呈现的字符图形，字形的展示由用户的图形显示系统（显卡、操作系统、字体）来完成。

Unicode 的代码点总体上按语言和功能进行分类组织，代码空间由 0×0000 至 0×10FFFF 区间构成，分为 17 个平面（plane），每个平面有 65 536 个码位，共有 1 114 112 个字符的编码能力。代码点通常采用十六进制数值前加 "U+" 的形式表示，大部分中文字符的编号范围在 U+4E00-U+9FFF 区间。

（1）基本多语言平面（basic multilingual plane）——BMP 或 Plane0

Plane0 包含了常用字符和许多旧的、不常见的字符，世界范围内文字中使用的绝大多数字符都可以在 Plane0 中找到。

（2）补充多语言平面（supplementary multilingual plane）——SMP 或 Plane1

Plane1 为较少使用的文字、特殊用途的文字和符号进行编码，如音乐符号、数学符号。

（3）补充象形文字平面（supplementary ideographic olane）——SIP 或 Plane2

Plane2 为不适合放在 Plane0 中的 CJK 字符提供额外编码空间。

（4）补充特殊用途平面（supplementary special-purpose plane）——SSP 或 Plane14

Plane14 为无法在 Plane0 中分配的格式控制字符、少数语言标记字符及补充变异字符提供额外编码空间。

（5）自用平面（private use planes）——Plane15 和 Plane16

Plane15 和 Plane16 为用户提供私有自用编码空间，可容纳 131 068 个字符。

其他平面保留空间，没有分配任何字符。另外，所有平面的最后两个代码点非字符永久保留供内部使用，不能用于开放式 Unicode 字符的交换。

字符集和字符编码方案是两个容易混淆的概念。字符集像字典，通常用来指代所收录的所有字符，为了方便数据交换，每个字符在字符集中用一个统一的编号来标识位置，也就是代码点，代码点的取值范围称为代码空间。英文的 US-ASCII，拉丁文的 ISO-8859，中文的 GB2312 和 GBK，日文的 JIS X 0201 都是经常见到和使用的字符集。字符编码方案是把代码点数值转换为二进制编码或反向解码的算法。编码方案可以采用固定比特宽度（7 位、8 位、16 位、32 位），也可以使用变化比特宽度。设计良好的字符编码方案能够减少字符传输和存储过程中所需的数据总量，提高处理效率。US-ASCII 字符集使用固定的 7 位二进制码对字符编码，代码值范围为 0-127。为了兼容 US-ASCII 字符集，中文的 GB2312 字符集通常采用"EUC-CN"方式编码，"EUC"表示"Extended Unix Code"，即扩展 Unix 代码。"EUC-CN"的每个汉字及符号以两个字节来表示，语言脚本首部（如 html、xml）或软件系统（浏览器、Web 中间件）中指定的"GB2312"，便是指采用"EUC-CN"方式编码和解码。GB2312 字符集共收入汉字 6763 个和非汉字图形字符 682 个。整个字符集分成 94 个区，每区有 94 个位。每个区位上只有一个字符，因此可用所在的区和位来对汉字进行编码，这种编码称为区位码。第一个字节称为"高位字节"（也称"区字节"），第二个字节称为"低位字节"（也称"位字节"）。

GBK 在 GB2312 字符集基础上进行了扩充，共收录了 21 003 个汉字，使用双字节对汉字进行编码，编码范围为 8140-FEFE（除去 0x7F），共 23 940 个码位。GBK 完全兼容 GB2312-80 标准，支持国际标准 ISO/IEC 10646-1 和国家标准 GB13000-1 中的全部中日韩汉字及 BIG5 中的所有汉字。GBK 于 1995 年 12 月正式发布，Win 95 及后续的中文 Windows 系统都支持 GBK 方案。

Unicode 标准为字符提供 1 字节（8 比特）、2 字节（16 比特）和 4 字节（32 比特）3 种编码格式，分别称为 UTF-8，UTF-16 和 UTF-32。3 种编码格式都能显示 Unicode 标准中所有的字符，适合不同环境下的数据交换任务。

UTF-32 编码格式最简单，编码单元与代码点完全一致，代码点与 32 位的数值单元一一对应。在磁盘和内存空间充足，需要访问字符固定字节位置的任务环境中，优先采用 UTF-32 编码，UTF-32 格式也是 Unix 平台字符处理的首选格式。

UTF-16 编码格式采用可变长字节处理字符。U+0000-U+FFFF 基本多语言平面范围内的代码点可以映射为相应的 16 位编码单元，每个字符仅需 16 比特，存储和传输容量仅为 UTF-32 编码的一半。但 U+10000-U+10FFFF 增补平面范围内的代码点只能映射为 2 个 16 位的编码单元，在实际的文字处理任务中这一区间的字符处理要比 UTF-32 复杂。在需要节省空间和内存的任务环境中，UTF-16 是首选编码格式。

UTF-8 是面向字节的兼容 ASCII 的可变长编码格式。U+0000-U+007F 范围内的 ASCII 对应 1 个字节（8 比特）的编码单元，U+0080-U+07FF 范围内的代码点映射为 2 个字节（16 比特）的编码单元，U+0800-U+FFFF 范围内的代码点映射为 3 个字节（24 比特）的编码单元，U+10000-U+10FFFF 范围内的代码点映射为 4 个字节（32 比特）的编码单元。

Unicode 官方认可 UTF-32、UTF-16 和 UTF-8 中的任何一个作为 Unicode 标准的承载方式，无须将编码方案与 Unicode 区别开来，UTF-8、UTF-16 和 UTF-32 都是与 Unicode 标准编码字符相一致的有效运行方式。

中文 IE 浏览器默认使用 UTF-8 来发送 URL 消息，通过"Internet 选项"的"高级"面板可以查看和修改设置，方法如图 1-4 所示。

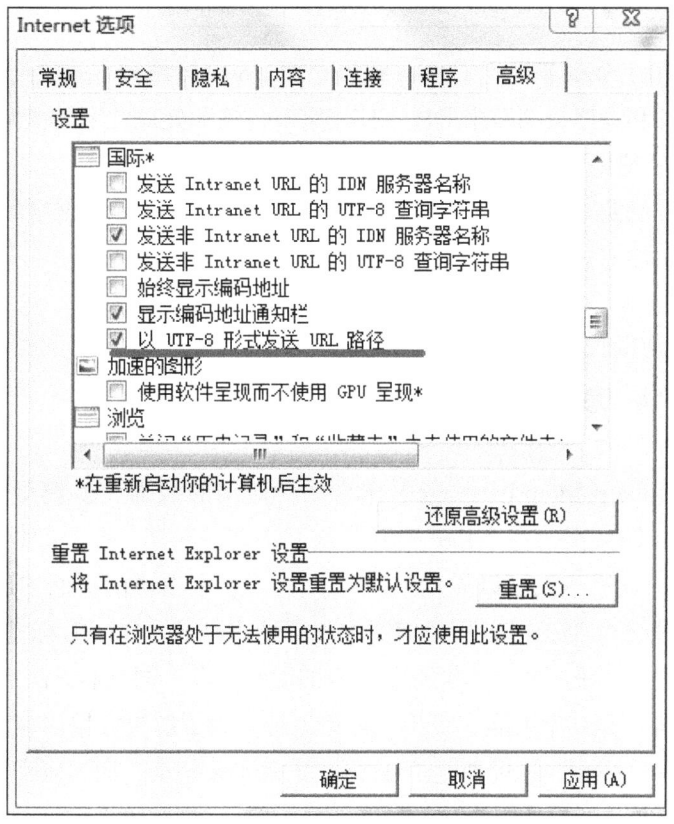

图 1-4　IE 浏览器 URL 编码设置

例如，在浏览器中输入：

https://www.istic.ac.cn/Portals/0/images/jypx/ 基本概况 .jpg

URL 字符序列将使用 UTF-8 编码为下列形式：

https://www.istic.ac.cn/Portals/0/images/jypx/%E5%9F%BA%E6%9C%AC%E6%A6%82%E5%86%B5.jpg

英文字符编码保持不变，"基本概况" 4 个汉字被转换为十六进制字符，其 UTF-8 编码和 Unicode 编码如表 1-2 所示。

表 1-2　汉字的 UTF-8 编码与 Unicode 编码

字符	UTF-8 编码			Unicode 编码		
	十进制	十六进制	二进制	十进制	十六进制	二进制
基	15048634	E59FBA	111001011001111110111010	22522	57FA	101011111111010
本	15113388	E69CAC	111001101001110010101100	26412	672C	110011100101100
概	15106949	E68385	111001101010011010000010	24773	60C5	110000011000101
况	15042229	E586B5	111001011000011010110101	20917	51B5	101000110110101

每个汉字使用 3 个字节进行 UTF-8 编码，而 Unicode 编码仅占 2 个字节。计算机信息处理中许多软件和程序长期以来形成了使用字节传输和处理文字的惯例，在互联网环境中 UTF-8 是首选的编码格式，尤其在处理和传输拉丁文、希腊文、阿拉伯文等文本字符时，UTF-8 的字节压缩很高效，但在处理中文、日文、韩文等东亚文字时要用 3 个字节编码，其处理效率不如 UTF-16。

1.4　XML 可扩展标记语言

XML（extensible markup language）作为一种通用的数据交换模型，是语义 Web 技术体系中保存和传输数据的基本格式。互联网刚出现的时期，网上数据的展示大多采用 HTML 的形式。浏览器不仅可以显示 HTML 文档，还可以访问页面中出现的链接文档。HTML 基于文本格式文档，可以用任何文本编辑器来创建，HTML 标签只是告诉浏览器如何组织和显示内容，没有提供有关标签内容的说明信息，浏览器无法判断标签里面的文本描述了什么内容，是一个人名、机构，还是地址。为了解决数据内容自我描述的问题，可扩展标记语言——XML 应运而生。HTML 负责信息显示，而 XML 则用于信息交换。XML 语言于 1998 年 2 月成为 W3C 推荐标准，用于对文档和数据进行结构化处理和存储，从而能够在部门、客户和供应商之间进行交换，实现动态内容生成、企业集成和应用开发。XML 用于传输和存储数据时独立于软件和硬件资源，使用者自行定义用于描述信息内容的标签，XML 文档具有自我描述性，使用国际化字符集和统一字符编码。

1.4.1　XML 文档的结构

一个 XML 文档由声明、元素、属性、注释及处理指令等内容组成。

（1）声明

形式：<?xml version="1.0" encoding="ISO-8859-1" standalone="yes"?>。

全部为小写，声明信息指明了当前文档是一个 XML 文档，version 表示 XML 标准版本号；encoding 为文档字符集编码格式，字符集默认为 UTF-8；standalone 表示是否可在不读取其他文件的情况下解析该文档。如果 standalone="no"，需要给出外部引用的文档，如 <!DOCTYPE document SYSTEM "document.dtd">，表明使用的 document 结构信息在本地 document.dtd 文件中可以找到。DOCTYPE 标记以"!"符号开始，出现在 XML 声明后、根元素（root element）前，采用 SYSTEM、PUBLIC 两种形式指明 XML 文档所遵循的外部 DTD 文档。XML 解析器（parser）并不处理 DOCTYPE 声明，检查 XML 是否满足 DTD 需要额外工具。

（2）元素

形式：<person>Tom</person>。

名称可以含字母、数字及其他非空格的字符，但不能以数字、标点符号及字符"xml"（或者 XML、Xml）开始。元素名区分大小写，可包含其他元素、文本、空值元素，内容可嵌套但不能交叉，多个子元素可同名。开始标签到结束标签之间的内容称为元素内容，元素内容及标签本身统称为元素，元素内容为文本数据时称为 PCDATA（parsed character data），内容为空时可以只用一个标记，如 <person/> 等同于 <person></person>。

（3）属性

形式：<person name="Tom" age="25"/>。

属性由属性名、属性值组成，属性不能嵌套但顺序可以任意，且同一元素不能用相同的属性名。属性与元素仅是形式上的不同，如 <person name="Tom" age="25"/> 与 <person><name>Tom</name><age>25</age></person> 等同。

（4）注释

形式：<!--[注释文本]-->。

用于解释文本内容，解析器发现"!"符号后忽略注释内容。注释可以包含任何内容，出现在文档任何位置，包括根元素前后，但不能在结束后再包含"--"符号。

（5）处理指令

形式：<?[处理指令]?>。

用于向应用程序说明如何解析 XML 元素，如 <?xml-stylesheet href="/style.css" type="text/css" title="default stylesheet"?>，指明使用 style.css 样式表构建文档。

一个结构优良的 XML 文档具有下列特征：

①只有一个最外层元素，即根元素；

②每个元素都有开始标签和对应的结束标签；

③元素标签之间不能交叉；

④元素内的属性有唯一的名称；

⑤元素标签名称遵循命名规则，区分大小写。

"<"和"&"两个字符在 XML 语法中有特殊作用，解析器会把"<"字符解释为

新元素的开始,把"&"字符解释为字符实体的开始。PCDATA 里不可以出现这两个字符,使用时必须使用转义字符进行表示,也称为实体引用。XML 定义了以下几种实体引用(表 1-3)。

表 1-3 XML 定义的实体引用

引用标识(转义标识)	引用实体(转义字符)
&amp;	&
&lt;	<
&gt;	>
&apos;	'
&quot;	"

其他 Unicode 字符可以用 "&#nnn" 形式来标识,若是用十六进制表示则采用 "&#xnnn" 形式,如版权符号© 可使用 "©" 或 "©" 来表示。

如果使用 Windows 记事本保存 XML 文档,则需要注意,默认会将文件保存为单字节的 ANSI(ASCII)。XML 文档可以包含非 ASCII 字符,为了避免错误,需要选取文件菜单中的"另存为"命令,将 XML 文档存为双字节 Unicode(UTF-16)。

1.4.2 XML 的命名空间

命名空间是构建 XML 文件中元素和属性唯一标识的限定声明,通常采用 URL 的形式。命名空间使用前应先通过 xmlns 属性声明。

```
<rdf:RDF
xmlns:rdf="http://www.w3.org/1999/02/22-rdf-syntax-ns#"
xmlns:owl=http://www.w3.org/2002/07/owl#
xmlns:xsd=http://www.w3.org/2001/XMLSchema#>
xmlns="http://www.co-ode.org/ontologies/pizza/pizza.owl#"
…
</rdf:RDF >
```

上面的示例中 rdf、owl、xsd 为命名空间前缀,前缀声明后的元素和属性可以使用限定名(QName)进行引用,形式为"命名空间前缀:词汇标识"。如果后面使用前缀声明新的命名空间,原声明自动覆盖失效。xmlns 缺省值表明"rdf:RDF"内容中出现的任何没有前缀的元素来源于该命名空间。限定名仅用于 XML 元素名和属性名,属性值和文本内容中出现的 URI 必须用完整格式。

在浏览器里输入 rdf 的命名空间 http://www.w3.org/1999/02/22-rdf-syntax-ns#,网页返

回 rdf 模型的定义文档，界面效果如图 1-5 所示。这说明 Web 上确实有一个命名空间唯一标识的文档资源定义了 rdf 框架所使用的建模词汇。采用 URL 可以避免资源唯一标识定义的冲突，但这并不意味着命名空间就是一个真实的 URL，XML 解析器不会从命名空间的位置读取和处理资源，命名空间只是用来唯一标识资源，而不是资源的网络定位。

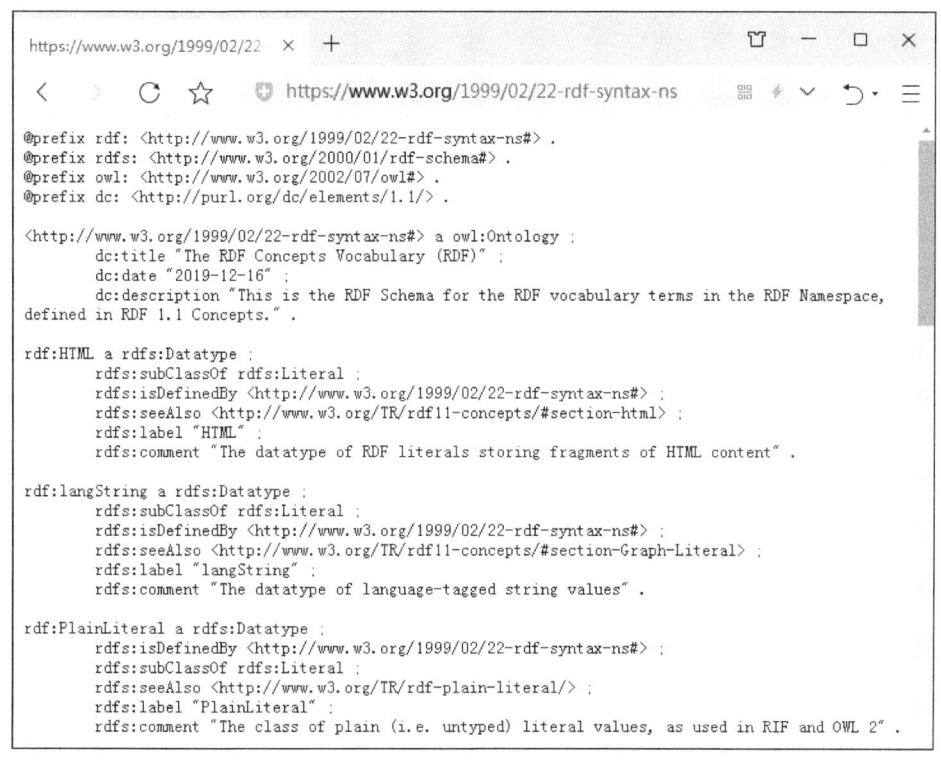

图 1-5 rdf 命名空间返回结果界面

浏览器都含有读取和操作 XML 的解析器，能够把 XML 转换为可通过 JavaScript 访问的 XML DOM（XML document object model）。在没有指明如何显示数据的情况下，浏览器仅把 XML 文档显示为层级树。通过点击元素左侧的加号或减号，可以展开或收起元素的结构。如需查看不带折叠符号的源代码，可在浏览器菜单中选择"查看源代码"。XML DOM 文档对象模型定义了访问和操作 XML 文档的标准方法。DOM 解析器将 XML 文档中的元素处理为树形结构，通过遍历树节点可以创建、修改和删除相应的内容。

1.4.3 XML 数据的定位与查找

XML 文档在组织形式上是一个树形结构，根节点（由符号"/"标识）表示文档本身，是整个树的"根"，其内部包含构成 XML 文档的处理指令、根元素、节点元素、属性及注释等内容。XPath 是 W3C 发布的标准规范，定义了根、元素、文本、属性、处理指令、注释及命名空间 7 种不同类型的节点，分别对应 XML 数据的不同部分。XPath 设计的主要目的是为 XML 文档的元素、属性及文本等内容提供一种寻址、定位和格式化机制。由于 XPath 以树形结构组织节点,节点之间就构成了不同的亲疏关系。例如,下列层级树展示了数据节点的组织结构。

```xml
<?xml version="1.0" encoding="UTF-8"?>
<!-- doc.xml -->
<docs>
 <doc lang=" 中文 ">
  <books level=" 小学 ">
   <textbooks gread=" 一年级 ">
    <item id="zh1">
     <title > 语文 </title>
     <page>200</page>
     <price currency="rmb">20 元 </price>
    </item>
    <item id="zh2">
     <title > 数学 </title>
     <page>150</page>
     <price currency="rmb">15 元 </price>
    </item>
   </textbooks>
   <textbooks gread=" 二年级 ">
    <item id="zh3">
     <title > 语文 </title>
     <page>240</page>
     <price currency="rmb">24 元 </price>
    </item>
    <item id="zh4">
     <title > 数学 </title>
     <page>180</page>
     <price currency="rmb">18 元 </price>
    </item>
   </textbooks>
  </books>
 <doc lang=" 英文 ">
  <books level=" 小学 ">
   <textbooks gread=" 一年级 ">
    <item id="en1">
     <title > 英语 </title>
     <page>100</page>
     <price currency="rmb">10 元 </price>
```

```
      </item>
    </textbooks>
    <textbooks gread=" 二年级 ">
     <item id="en2">
      <title > 英语 </title>
      <page>150</page>
      <price currency="rmb">15 元 </price>
     </item>
    </textbooks>
   </books>
  </doc>
</docs>
```

每个数据节点的定位既可以采用从根节点开始逐级逼近的绝对路径，也可以采用以当前节点为起始位置的相对路径，Xpaph 常用相对路径的表示方法如表 1-4 所示。

表 1-4　Xpaph 常用相对路径表示

节点关系	语法表示	符号表示
后代（从子节点至叶节点）	descendant::	//
自身（当前节点）	self::	.
父（直接父节点）	parent::	..
属性（节点任意属性）	attribute::	@
子（直接子节点）	child::	/
祖先（从根节点至父节点）	ancestor::	

例如，doc.xml 数据表中的第一个 <textbooks> 元素，使用的绝对路径表示为"docs/doc/books/textbooks"，第二个 <textbooks> 元素的绝对路径表示为"docs/doc/books/textbooks[position（）=2]"。如果当前处理节点为第一个 <textbooks> 元素，则第二个 <textbooks> 元素的相对位置为"parent::textbooks[position（）=2]"或"../textbooks[position（）=2]"。

需要注意的是，"//"与"descendant::"在使用时稍有差别，如"books//item[1]"将匹配 <item id="zh1"> 节点和 <item id="zh3"> 节点，即"books"元素每一个后代节点中的第一个"item"元素。"books/descendant::item[1]"或"（books//item）[1]"仅匹配 <item id="zh1"> 节点，即"books"元素后代节点中的第一个"item"元素。

1.4.4　XML 格式的转换

可扩展样式表语言转换（extensible stylesheet language transformations，XSLT）是一种

说明式的程序语言，用于将 XML 文档转换为另外一种形式的 XML 文档，或被浏览器识别的 HTML 文档、XHTML 文档。XSLT 1.0 于 1999 年成为 W3C 推荐标准，2007 年新的版本 XSLT 2.0 成为 W3C 推荐标准。XSLT 使用 XPath 在 XML 文档中查找信息，它将文本型的 XML 转换为树形结构，以方便定位 XML 文档中出现的元素节点、属性节点、文本节点及其他内容。XSLT 处理器解释 XSLT 文件中找到的指令，在转换过程中，源文档中匹配到的元素转换为结果文档的元素。由于传统的 HTML 页面未对页面内容如何组织提供说明，很难通过程序从中抽取出有意义的数据关系。XSLT 的出现既不影响 XML 数据在各种应用服务间的重用性，又可将 XML 数据组织与 HTML 数据展示无缝衔接。

一个标准的 XSLT 样式表通常由头部标识、样式表声明、功能设置模块（模板）、一个主模块（模板）和若干个功能模块（模板）组成，其结构如下列片段所示。

```xml
<?xml version="1.0" encoding="UTF-8"?>
<!--########### 头部标识 ##########-->
<xsl:stylesheet xmlns:xsl="http://www.w3.org/1999/XSL/Transform" version="1.0">
<!--####################### 样式表声明 #########################-->
<xsl:output method="xhtml" encoding="utf-8" indent="yes"/>
<xsl:strip-space elements="*"/>
<xsl:include href="date.xsl"/>
<xsl:import href="book.xsl"/>
<xsl:variable name="value" select="value"/>
<!--# 功能设置模块 #-->
<xsl:template match="/">
<!--#### 主模块 #####-->
   ...
   <xsl:call-template name="process-temp"/>
   ...
</xsl:template>
<xsl:template name="process-temp"
<!--###### 功能模块 ######-->
   ...
   <xsl:copy-of select="."/>
   ...
</xsl:stylesheet>
```

头部标识信息说明 XSLT 样式表为规范的 XML 文档。每个样式表的最外层元素为 <xsl:stylesheet> 或 <xsl:transform>，xsl 为 XSLT 词汇表的前缀，指向命名空间 http://www.w3.org/1999/XSL/Transform。XSLT 1.0、XSLT 2.0 和 XSLT 3.0 使用同样的命名空间，由 version 属性值区分不同版本的规范。

XSLT 最新版本为 2017 年成为 W3C 推荐标准的 XSLT 3.0，该版本在 XSLT 1.0 和

XSLT 2.0 的基础上新增了一些元素和功能特性,但实际应用中最常用、支持最广的功能仍然以 XSLT 1.0 为核心,更多复杂的用法请参考 W3C 最新标准[10]及技术手册[11]。XSLT 主要用来将 XML 文档(或 XML 方言)转换为另一种文档格式,方便不同的应用程序处理数据。早期的 XSLT 1.0,只能以 XML 为源文件,XSLT 2.0 后的版本也可以转换 XML 以外的其他格式的文档。完成 XSLT 转换功能的程序工具被称为 XSLT 处理器,执行转换时先将 XML 文档处理为内存中的 XPath 结构树,然后由处理器根据 XSLT 转换模板定义的样式将结构树转换为目标树,最后将新的目标树串行格式化为所需的目标文档进行输出。大多数使用广泛的处理器都是用 Java 开发的,如 Saxon、Xalan 及 JAXP 等,因此 XML、XSLT、Java 具有天然的亲和性。Xalan2 以后的版本已与 JAXP 兼容,二者都支持 W3C 的标准规范,使用方法和输出结果也趋于一致[12]。JAXP 最早是由 Sun 制定的 Java 扩展公共接口,通过可插拔设计,为底层 SAX、DOM 和 XSLT 功能提供统一的 Java 调用[13]。Saxon 是另一种广泛使用、功能全面的 XSLT 处理器,由 XSLT 标准的作者 Michael Kay 设计和开发,最新版目前有 3 种:Saxon-EE 11、Saxon-PE 11 和 Saxon-HE 11。Saxon-EE 和 Saxon-PE 为商业版本,其中 Saxon-EE 为企业版,全面支持 XSLT 3.0、XPath 2.0/3.1、XQuery 3.1、XML Schema 1.0/1.1 及 XQuery Update 1.0 标准;Saxon-PE 为专业版,支持 XSLT 3.0、XPath 2.0/3.1、XQuery 3.1 标准。Saxon-HE 为开源的个人用户版本,仅支持 XSLT 3.0、XPath 2.0/3.1、XQuery 3.1 标准的基本功能,但这些功能对于一般应用也足够使用[14]。

>> 思考与练习 <<

【1】语义 Web 体系结构分为几层?每层分别承担什么功能?

【2】字符集与字符编码有何区别与联系?

【3】Unicode 有几种编码形式,每种编码的使用场景是什么?

【4】URI、URL 和 URN 有何区别与联系?如何在 URL 中表示非 ASCII 字符?

【5】通过 Unicode 字符编码表查询"中国科学技术信息研究所"的基本字符编码,分别列出十六进制、UTF-8 和 URL 形式的字符编码表示。

【6】UTF-8 编码是互联网环境中的首选形式,是否意味着在表示和处理中文数据时可以直接采用 UTF-8 编码,不必考虑其他字符集和编码形式?

【7】如何判断一个文件为 XML 文档?如何在 XML 文档中表示 Unicode 字符?

【8】XML 语言中的命名空间有何作用?如何声明命名空间?命名空间能否访问?

【9】XPath 有何功能?如何定位 XML 数据文档中的节点和属性?

【10】XSLT 有何功能?如何声明一个 XSLT 样式表?

*【11】为下列数据建立 XML 文件描述,标记出各项特征。

作品名	C 程序设计语言（第 2 版·新版）
作者	[美] Brian W. Kernighan / [美] Dennis M. Ritchie
出版社	机械工业出版社
出品方	华章科技
原作名	The C Programming Language
译者	徐宝文 / 李志
审校	尤晋元
出版年	2004-01
页数	258
定价	30.00 元
装帧	平装
丛书	计算机科学丛书
ISBN	9787111128069

第 2 章　Web 数据的语义关联

目前的互联网上遍布各式各样的数据形式，如 pdf、csv、txt、excel 表格、word 文档及图片。Web 成为全球型的信息空间，各种资源存放在世界各地的不同服务器中。这些数据可通过传统的 HTML 页面进行组织和关联，提供给用户阅读，但不便于程序搜索、访问和重用。早期传统的搜索方式下，用户需要从搜索结果中手工汇集所需信息，大量非结构化和噪声数据混杂在有效数据中，难以整理和使用。为 Web 中的资源添加语义结构，形成一个相互关联的数据网络是语义 Web 的主要目标。Web 页面中的名称不具有唯一标识性，不同数据集中的同名数据无法作为同一资源使用，因此需要一个统一、通用的结构框架来关联和融合这些异构资源。RDF 便是充当这一角色的资源组织模型，RDF 采用 URIs 作为资源唯一标识符，名称弱化为资源的描述属性，从而避免了歧义的产生。

2.1　RDF 的结构和功能

RDF 定义了一个简单的模型，通过指定的属性和相应的值描述资源之间的关系，可以将 RDF 模型看作一种简单的本体，通过类（class）和属性（property）来描述资源和资源之间的关系[15-17]。RDF 是一种数据模型，而不是数据格式，RDF 数据模型可以采用多种不同的序列化格式来呈现，所有序列化格式都基于 RDF 数据模型。不同的序列化格式之间可以互相转换和融合，构建 RDF 数据时可以采用自己方便的格式，然后使用工具转换为其他需要的格式。

2.1.1　RDF 的表示方法

RDF 模型常用的表示方法有 3 种：图示法、XML 序列化、三元组。

（1）图示法

在 RDF 中，资源无所不在，资源的关联可以是资源，一个陈述也可以是资源，所有这些资源都可以用 URI 标识，并用 RDF 图来描述。使用 RDF 图描述资源结构清晰、易于理解，可以形象地描述整个资源组织的关联状况。整个关系图由多个三元组（triple）构成，图中的节点表示概念类中的实体，节点间的连线代表两个节点的关系。RDF/RDFS 框架以关系属性为中心将框架的主语位置和宾语位置建立语义关联。用户既可以使用三元组框架来描述现有资源的各种信息，还可以通过添加新属性与其他本体概念建立联系，而无须修改类的定义和结构。

RDF 图中的节点处于关系网络中，利用这种关系位置标识概念语义。为了方便查找，节点既可以用一个有意义的名称来标识，也可以采用编号或其他形式（空节点），总之这样的一个标识是为了形成便于查找和组织概念的图结构，而节点的语义信息则通过各种关系和属性来说明。例如，可以利用 rdfs:label 属性为节点添加有意义的名称。如图 2-1 所示，在这个模型中用一个空节点代表某个资源，这个资源有两个属性，它的"机构名称"是"中国科学技术信息研究所"，"机构地址"是"北京市海淀区复兴路 15 号"。RDF 描述中允许用空节点来处理这种情况。如果要在外部访问这个节点，可以给其分配一个唯一标识符（ID），例如：http://example.istic.ac.cn/TechOntology#001。

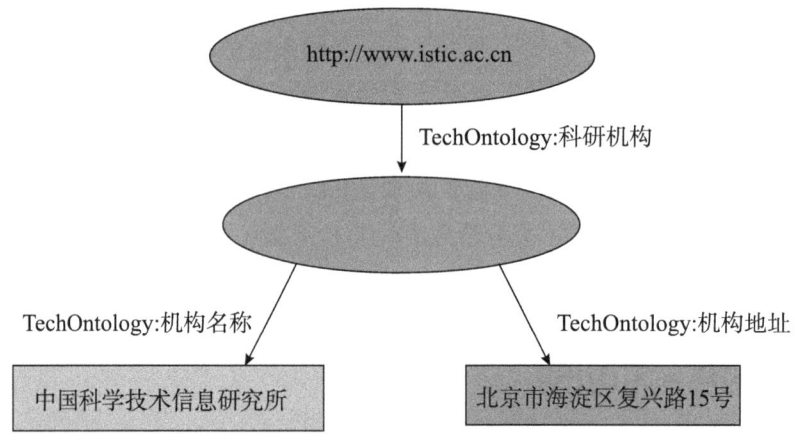

图 2-1　资源 RDF 图

（2）XML 序列化

XML 作为一种通用的数据交换模型是 RDF 进行保存和传输的最基本的格式，它定义了 RDF 的表示语法。图 2-1 所示的资源描述用 XML 表示如下。

```
<?xml version="1.0"?>
<rdf:RDF
      xmlns:rdf=http://www.w3.org/1999/02/22-rdf-syntax-ns#
      xmlns:TechOntology=http://example.istic.ac.cn/TechOntology#>
  <rdf:Description about=" http://www.istic.ac.cn">
      <TechOntology: 科研机构  rdf:nodeID="001"/>
  </rdf:Description>
  <rdf:Description rdf:nodeID="001">
      <TechOntology: 机构名称 > 中国科学技术信息研究所 </TechOntology: 机构名称 >
      <TechOntology: 机构地址 > 北京市海淀区复兴路 15 号 </TechOntology: 机构地址 >
  </rdf:Description>
</rdf:RDF>
```

<rdf:RDF> 是 RDF 文档的根元素，说明此 XML 文档为一个 RDF 文档，并包含了对所需命名空间的引用。<rdf:Description> 元素通过 about 属性指向一个标识空节点的网址资源，空节点资源描述了一个机构的名称和地址。描述空节点的 **TechOntology: 机构名称** 和 **TechOntology: 机构地址** 这些属性元素来源于命名空间 http://example.istic.ac.cn/TechOntology。XML 形式的三元组序列语法比较复杂，编写起来很容易出错，通常由构建工具或解析程序自动生成。

（3）三元组

三元组是按顺序排列的最简单的知识单元，通过类似"<主体>的<关联>是<客体>"这样的结构，将自然语言的句子转化成形式化描述，如表 2-1 中的三元关系表示出了"中国科学技术信息研究所"在"北京"这座城市及"北京市海淀区复兴路 15 号"这一地址。

表 2-1　资源的三元关系

主体	关联	客体
kyys: 中国科学技术信息研究所	kyys: 所在城市	kyys: 北京
kyys: 中国科学技术信息研究所	kyys: 通信地址	北京市海淀区复兴路 15 号

表 2-1 中的元素关系用三元组表示如下。

```
< http://www.istic.ac.cn/ kyys.owl# 中国科学技术信息研究所 >
< http://www.istic.ac.cn/ kyys.owl# 所在城市 >< http://www.istic.ac.cn/ kyys.owl# 北京 > .

< http://www.istic.ac.cn/kyys.owl# 中国科学技术信息研究所 >
< http://www.istic.ac.cn/kyys.owl# 通信地址 > " 北京市海淀区复兴路 15 号 ".
```

三元组序列以主体、谓词（predicate）和客体顺序排列，不允许分行（此处受行宽所限分行显示，实际表示不可分行），每组三元组以"."结束。三元组形式结构简单，表达清晰，实用性高，便于检索，是处理和保存 RDF 数据最常用的方式。

RDF 提供了一个资源关联的模型，语义的描述由 RDFS（RDF Schema）来完成。RDFS 中的模式语义都以 RDF 三元组的形式定义，RDFS 为使用 RDF 框架描述网络资源提供了通用的建模词汇表，增强了 RDF 对资源的描述能力，可通过关系推理来明确资源间的语义。RDFS 1.0 于 2004 年发布，2014 年最新版本 RDFS 1.1 成为 W3C 推荐标准。RDF/RDFS 是通用的资源描述框架，建模词汇采用默认的命名空间（表 2-2）。

表 2-2　默认命名空间

前缀	命名空间
rdf	http://www.w3.org/1999/02/22-rdf-syntax-ns#
rdfs	http://www.w3.org/2000/01/rdf-schema#

RDF 数据集是 RDF 图的集合，由一个默认图（default graph）和 0 个或多个命名图（named graph）组成。默认图无 IRI 名称标识，可以为空。每个命名图由一个 IRI（或空节点）图名和一个 RDF 图组对而成。同一 RDF 数据集中的两个图可以共享空节点。命名图中的图名与图没有强制联系，仅是形式上的标识。例如，下面片段说明了一个命名图。

```
GRAPH < http://www.example.org/concept001>
  {
  <http://www.example.org/terms/ 知识组织 >
              rdf:type      skos:Concept ;
              skos:notation       "G254.0" ;
              skos:altLabel       " 知识组织体系 "@zh .
  }
```

片段中的 http://www.example.org/concept001 为图名 IRI，"{}" 中的三元组为命名图，GRAPH 关键字与 SPARQL（simple protocol and RDF query language）三元组查询关键字 GRAPH 相对应，利用 SPARQL 检索关键字 "GRAPH" 可实现命名图的检索、更新和删除操作。

主谓宾三元组称为 statement；statement 的集合称为 RDF 图；拥有 IRI 的资源称为 referent（指示物）；由文字标识的资源称为字面量（literals）；RDF 数据集是 RDF 图的集合，拥有 IRI 或空节点关联的图称为命名图；IRI 或空节点称为图名；无 IRI 或空节点关联的图称为默认图。主谓宾三元组由 IRIs、字面量和空节点构成。三种节点元素具有不同的性质特征，对于同一个标识 http://ontology.example.org/，IRI 形式的节点元素可解释为超链接，发布后的概念资源可以通过链接访问，而字面量形式则解释为普通的字符串，这串字符表示了一个超链接，但无法实际访问。空节点形式则解释为基于标识的内部符号指代。因此 IRIs 可以出现在三元组的任意位置，字面量只能出现在宾语位置，空节点可以出现在主语和宾语位置。

2.1.2　RDF 的数据类型

RDF 字面量重用了 XML Schema 中的内置数据类型，并增加了 rdf:HTML 和 rdf:XMLLiteral 两个新类型，由于与这两种类型的取值密切相关的 DOM4 草案还未成为正式的 W3C 推荐标准，所以 RDF 模型也未将其纳入规范词汇[18]。XML Schema 数据类型的命名空间为 http://www.w3.org/2001/XMLSchema#，除 xsd:Qname、xsd:ENTITY、xsd:ID、xsd:IDREF、xsd:NOTATION、xsd:IDREFS、xsd:ENTITIES 和 xsd:NMTOKENS 8 种类型外，表 2-3 中的数据类型都可在 RDF 中重用。

表 2-3 XML Schema 数据类型

特征描述	数据类型	取值描述
基本功能	xsd:string	可含字符、换行、回车及制表符的字符串
	xsd:boolean	true，false；1，0
	xsd:decimal	任意精度的十进制数
	xsd:integer	任意大小的整数
浮点数据	xsd:double	64 位浮点数
	xsd:float	32 位浮点数
日期时间	xsd:date	yyyy-mm-dd 格式日期
	xsd:time	hh:mm:ss.sss 格式时间
	xsd:dateTime	日期时间
	xsd:dateTimeStamp	带时区的日期时间
	xsd:gYear	公历年
	xsd:gMonth	公历月
	xsd:gDay	公历日
	xsd:gYearMonth	公历年月
	xsd:gMonthDay	公历月日
	xsd:duration	持续时间
	xsd:yearMonthDuration	持续年月
	xsd:dayTimeDuration	持续日时分秒
字节和整数	xsd:byte	-128…+127（8 位符号整数）
	xsd:short	-32768…+32767（16 位符号整数）
	xsd:int	-2147483648…+2147483647（32 位符号整数）
	xsd:long	64 位符号整数
	xsd:unsignedByte	0…255（8 位整数）
	xsd:unsignedShort	0…65535（16 位整数）
	xsd:unsignedInt	0…4294967295（32 位整数）
	xsd:unsignedLong	0…18446744073709551615（64 位整数）
	xsd:positiveInteger	整数 >0
	xsd:nonNegativeInteger	整数 ≥ 0
	xsd:negativeInteger	整数 <0
	xsd:nonPositiveInteger	整数 ≤ 0
二进制编码	xsd:hexBinary	十六进制编码的二进制数据
	xsd:base64Binary	Base64 编码的二进制数据
实用杂类	xsd:anyURI	绝对或相对 URIs 和 IRIs
	xsd:language	语言标签
	xsd:normalizedString	可包含空格的字符串
	xsd:token	不含换行、回车、制表、开头或结尾空格、连续空格的字符串
	xsd:NMTOKEN	可含数字，"."，":"，"-"的合法 XML 名称字符串
	xsd:Name	合法 XML 名称的字符串
	xsd:NCName	合法 XML 非冒号名称的字符串

上述 XML Schema 数据类型具有内在的继承和扩展关系，详情如图 2-2 所示[19]。

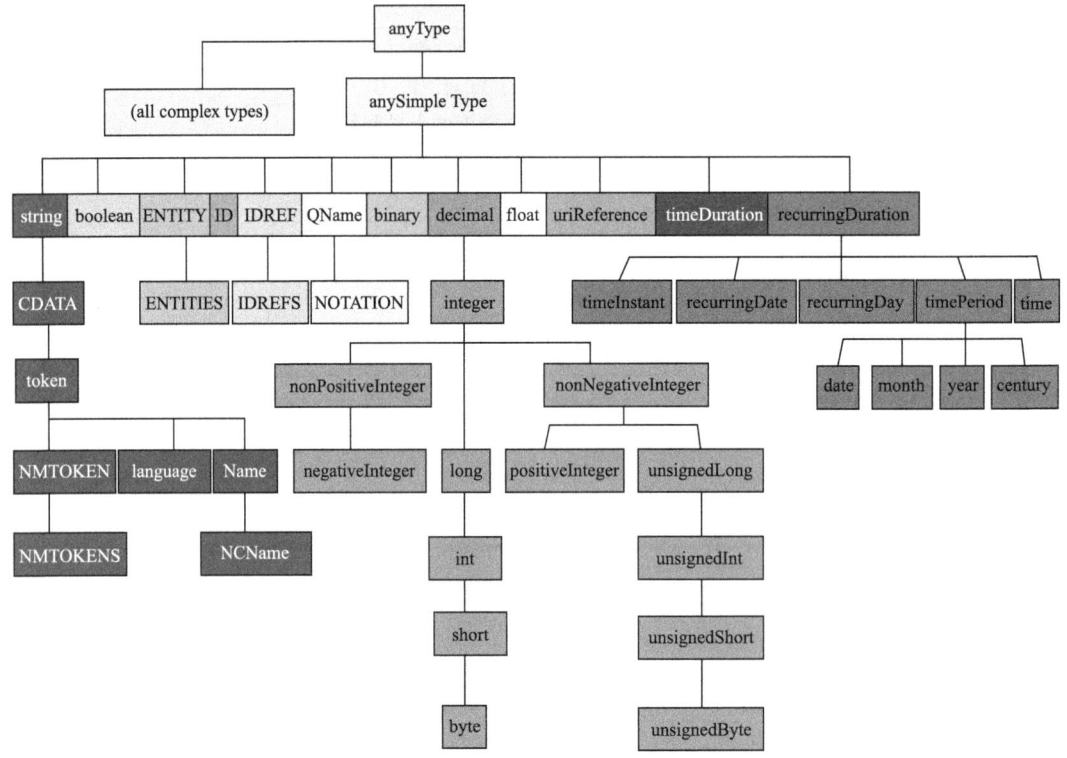

图 2-2　XML Schema 数据类型关系

RDF 不涉及特定领域的语义描述，而是通过构建类、属性和实例等模型要素为通用知识关联提供语言框架。RDF 模型对建模词汇的限制较为宽松，同一个概念既可充当类，又可充当属性，还可以充当实例。这种自由的建模方式为网络资源的指代互联和规范组织带来了便利，但同时也为类、属性及实例的关系推理带来了不确定性因素，复杂的关系约束和推理需要借助更高层的 OWL、RIF 等语言模型的帮助。作为一种通用的知识建模工具，RDF 模型可用于以下场景：

①向 Web 中添加机器可读标记，便于搜索引擎和应用程序识别重要信息；
②为数据集添加新的外部链接，丰富数据内容；
③从发布的 Linked Data 中获取所需的数据；
④为多个数据库间的数据交换提供兼容语义格式；
⑤为异构知识源提供统一内部链接，方便 SPARQL 一站式检索。

RDF 模型中的类和属性与面向对象程序设计中的类和属性都具有继承特性，但二者在功能和用法上存在很大的区别。面向对象编程中的属性附属于类，通过类定义封装在一起，为类添加新的属性意味着要修改这个类的定义。而 RDF 模型中的类与属性彼此独立，没有依存关系，二者间的联系可以根据不同的使用场景进行调整，添加或修改属性不影响类的结构。

2.2 RDF/RDFS 的建模词汇

RDF 框架定义了一种通用的资源关联模型,即资源之间存在某种联系,而关联框架的语义则由 RDFS 描述。RDFS 定义了 RDF 框架中类和属性的层级关系及取值约束,是解释 RDF 结构框架的词汇表。RDF/RDFS1.1 词汇按其功能可分为类和属性,类通常以大写字母开头的词汇来标识,属性采用小写字母开头的词汇来标识,RDF/RDFS 模型的结构和元语关系如图 2-3 所示。

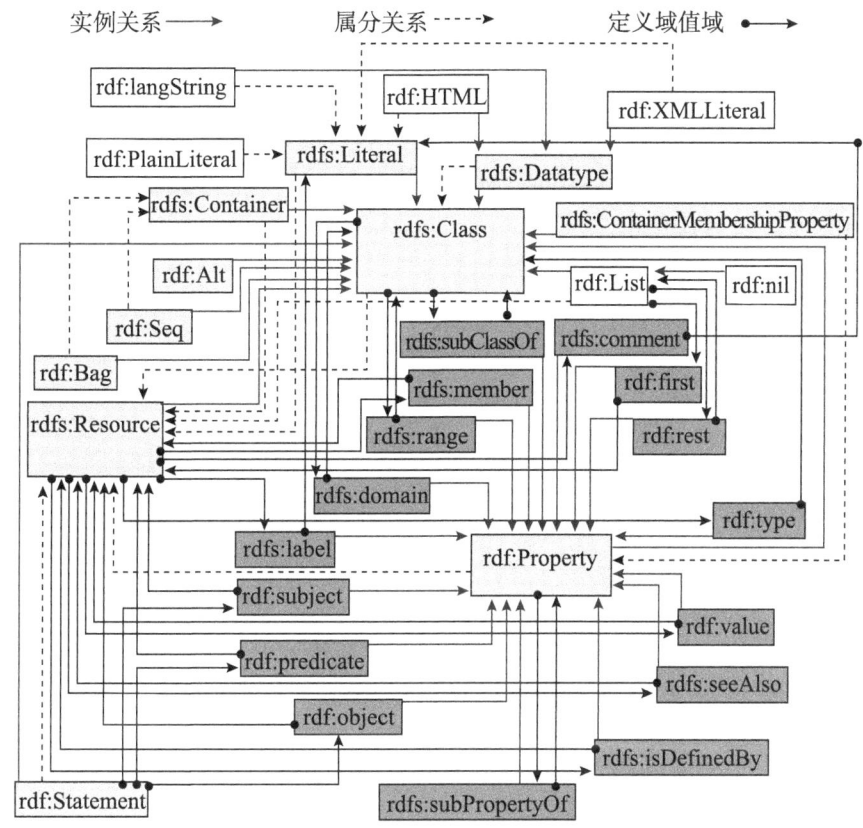

图 2-3 RDF/RDFS 模型结构和元语关系

为了更加深入和准确地掌握这些词汇的功能,下面将详细地介绍每个词汇的含义和用法[20]。

2.2.1 框架类

RDF 通常使用特定含义的词汇,以 RDF 图的形式呈现,并作为 OWL、SKOS(simple knowledge organization system)等模型的底层框架来使用。RDFS 也是 RDF 模型的语义扩展,这些上层模型通过扩展 RDF 模型的原有语义,构建了更加丰富的蕴涵规则,RDF 中含有的蕴涵在扩展中仍起作用。

(1) rdfs:Resource

rdfs:Resource 是事物的抽象指代,更加强调事物自身角色,具体实物、抽象概念、文档、数字、文字等都可称作资源。rdfs:Resource 是 rdfs:Class 的实例，RDF 模型所描述的所有事物都是 rdfs:Resource 的实例，所描述的其他类都是 rdfs:Resource 的子类。rdfs:Resource 的模型化定义如下所示。

```
rdfs:Resource a rdfs:Class ;
    rdfs:isDefinedBy <http://www.w3.org/2000/01/rdf-schema#> ;
    rdfs:label "Resource" ;
    rdfs:comment "The class resource, everything." .
```

rdfs:Resource 标识通常作为 RDF 模型中属性元语两侧取值范围的约束条件和概念资源的超类使用，很少直接声明一个资源实例。需要注意的是，RDF/XML 语法中出现的 rdf:resource（首字小写字符）属性与 rdfs:Resource（首字大写字符）功能不同，rdf:resource 用来标识一个 URI 形式的三元组宾语，并不声明一个资源实例。rdfs:Resource 的功能和用法如下面片段所示。

```
### 用作定义域值域约束 ###
### http://www.w3.org/1999/02/22-rdf-syntax-ns#value
rdf:value a rdf:Property ;
    rdfs:label "value" ;
    rdfs:comment "Idiomatic property used for structured values." ;
    rdfs:domain rdfs:Resource ;
    rdfs:range rdfs:Resource .

### 用作概念资源的超类 ###
### http://www.w3.org/2000/01/rdf-schema#Class
rdfs:Class a rdfs:Class ;
    rdfs:isDefinedBy <http://www.w3.org/2000/01/rdf-schema#> ;
    rdfs:label "Class" ;
    rdfs:comment "The class of classes." ;
    rdfs:subClassOf rdfs:Resource .
```

（2）rdfs:Class

rdfs:Class 表示所有类的集合（描述资源的类），模型中其他概念类都是 rdfs:Class 的子类或实例。rdfs:Class 是 rdfs:Resource 的子类（所有的类都是资源）。rdfs:Class 的模型化定义如下所示。

```
rdfs:Class a rdfs:Class ;
    rdfs:isDefinedBy <http://www.w3.org/2000/01/rdf-schema#> ;
    rdfs:label "Class" ;
    rdfs:comment "The class of classes." ;
    rdfs:subClassOf rdfs:Resource .
```

rdfs:Class 类是一个顶层概念类，rdfs:Class 类的类型只能由自身进行定义。rdfs:Class

在 RDF 模型中的抽象层级最高，通常作为其他派生类的最终归属使用，不宜用于领域概念类的定义和建模。例如，RDF 模型中资源 rdfs:Resource 的定义声明了该元语是一个 rdfs:Class，从而在使用中具有 rdfs:Class 的特性。

```
### http://www.w3.org/2000/01/rdf-schema#Resource
rdfs:Resource a rdfs:Class ;
    rdfs:isDefinedBy <http://www.w3.org/2000/01/rdf-schema#> ;
    rdfs:label "Resource" ;
    rdfs:comment "The class resource, everything." .
```

rdfs:Class 更加强调事物的共性集合特性。URI 指示的资源既可以表示一个独立的个体（individual）实例，也可以表示个体的集合类，而 rdfs:Class 为资源节点的语义特征提供了明确的标识。英文形式的类名标识通常遵循首字母大写的惯例，属性和实例则都是小写字符。类名标识以描述领域概念的名词或名词短语为主，也可以使用修饰性的形容词或形容词结构。

（3）rdfs:Literal

rdfs:Literal 是字符串、数字、时间等字面量的类，其他数据类型都是它的子类。rdfs:Literal 是 rdfs:Class 的实例，是 rdfs:Resource 的子类。rdfs:Literal 的模型化定义如下所示。

```
rdfs:Literal a rdfs:Class ;
    rdfs:isDefinedBy <http://www.w3.org/2000/01/rdf-schema#> ;
    rdfs:label "Literal" ;
    rdfs:comment "The class of literal values, eg. textual strings and integers." ;
    rdfs:subClassOf rdfs:Resource .
```

rdfs:Literal 类型所指向的字面量是一种描述信息，通常不分配 IRI，无法从字面量内容指向其他三元组节点。下列片段展示了 rdfs:Literal 的功能和用法。

```
### http://www.w3.org/1999/02/22-rdf-syntax-ns#langString
###prefix onto:< http://example.kos.ac.cn/ontology#>
### http://example.kos.ac.cn/ontology#orgName
onto:orgName a rdfs:Datatype ;
    rdfs:subClassOf rdfs:Literal ;
    rdfs:label "Organization Names"@en ;
    rdfs:comment " 机构名称标识类型 "@zh .
```

另外，需要注意的是，rdfs:Literal 是字面量的类型，而不是字面量的取值。例如，"中国科学技术信息研究所"^^onto:orgName 的字面量为"中国科学技术信息研究所"，onto:orgName 为"中国科学技术信息研究所"的取值类型，字面量不包含 onto:orgName。

（4）rdfs:Datatype

rdfs:Datatype 表示数据类型类。rdfs:Datatype 既是 rdfs:Class 的实例也是其子类，RDF

模型中每一个 rdfs:Datatype 实例也同时是 rdfs:Literal 的子类。rdfs:Datatype 的模型化定义如下所示。

```
rdfs:Datatype a rdfs:Class ;
    rdfs:isDefinedBy <http://www.w3.org/2000/01/rdf-schema#> ;
    rdfs:label "Datatype" ;
    rdfs:comment "The class of RDF datatypes." ;
    rdfs:subClassOf rdfs:Class .
```

rdfs:Datatype 是数据类型的顶层类，其功能和用法如下面 rdf:langString 定义片段所示，rdf:langString 是一种 rdfs:Literal 类型的字面量，这种字面量是一个 rdfs:Datatype 标识的数据类型。

```
### http://www.w3.org/1999/02/22-rdf-syntax-ns#langString
rdf:langString a rdfs:Datatype ;
    rdfs:subClassOf rdfs:Literal ;
    rdfs:label "langString" ;
    rdfs:comment "The datatype of language-tagged string values" .
```

（5）rdf:langString（小写字母开头的类）

rdf:langString 表示语言标签类。rdf:langString 是 rdfs:Datatype 的实例，rdfs:Literal 的子类。rdfs:langString 的模型化定义如下所示。

```
rdf:langString a rdfs:Datatype ;
    rdfs:subClassOf rdfs:Literal ;
    rdfs:isDefinedBy <http://www.w3.org/1999/02/22-rdf-syntax-ns#> ;
    rdfs:seeAlso
<http://www.w3.org/TR/rdf11-concepts/#section-Graph-Literal> ;
    rdfs:label "langString" ;
    rdfs:comment "The datatype of language-tagged string values" .
```

rdf:langString 类型具有清晰明确的使用环境，解析和构建工具在实现时通常将 rdf:langString 类型指代隐含处理，采用"词标签@语言标签"的简单形式。例如，下面的三元组序列使用了"zh"和"en"为概念节点 C1 添加了中英文标识。

```
###prefix tc3:<http://example.kos.ac.cn/ontology/thes-clas-v3#>
### http://example.kos.ac.cn/ontology/thes-clas-v3#C1
tc3:C1 rdf:type skos:Concept ;
    skos:notation "G254.0" ;
    skos:altLabel " 知识组织体系 ",
        " 知识组织体系 "@zh ,
        " 知识组织体系 "^^xsd:string ,
        "Knowledge Organization Systems"@en .
```

不含数据类型或语言标签的字面量与含有数据类型或语言标签的字面量尽管取值相同，但不能看作同一个字面量。

（6）rdf:HTML（非标准词汇）

rdf:HTML 用于标识 HTML 格式的文本序列。rdf:HTML 是 rdfs:Datatype 的实例，rdfs:Literal 的子类。rdf:HTML 的模型化定义如下所示。

---
rdf:HTML a rdfs:Datatype ;
 rdfs:subClassOf rdfs:Literal ;
 rdfs:isDefinedBy <http://www.w3.org/1999/02/22-rdf-syntax-ns#> ;
 rdfs:seeAlso <http://www.w3.org/TR/rdf11-concepts/#section-html> ;
 rdfs:label "HTML" ;
 rdfs:comment "The datatype of RDF literals storing fragments of HTML content" .

---

rdf:HTML 标签指代的 HTML 中的语言标签或命名空间，必须通过 "lang="..."" 或 "xmlns" 形式显式的声明，并且在 "href" 属性中使用绝对 URL 地址避免标识冲突。由于与 rdf:HTML 取值相关的 DOM4 草案还未成为 W3C 推荐标准，rdf:HTML 目前不是 RDF 模型的标准词汇，其功能和用法有待标准进一步完善。

（7）rdf:XMLLiteral（非标准词汇）

rdf:XMLLLiteral 用于标识 XML 格式的文本序列。rdf:XMLLiteral 是 rdfs:Datatype 的实例，rdfs:Literal 的子类。rdf:XMLLiteral 的模型化定义如下所示。

---
rdf:XMLLiteral a rdfs:Datatype ;
 rdfs:subClassOf rdfs:Literal ;
 rdfs:isDefinedBy <http://www.w3.org/1999/02/22-rdf-syntax-ns#> ;
 rdfs:label "XMLLiteral" ;
 rdfs:comment "The datatype of XML literal values." .

---

rdf:XMLLiteral 类型的字面量中的语言标签、命名空间、基准地址必须通过 "lang="...""、"xmlns"、"xml:base" 形式显式的声明。由于与 rdf:XMLLiteral 取值相关的 DOM4 草案还未成为 W3C 推荐标准，rdf:XMLLiteral 目前不是 RDF 模型的标准词汇，其功能和用法有待标准进一步完善。

（8）rdf:Property

rdf:Property 表示 RDF 属性类。rdf:Property 是 rdfs:Class 的实例。rdf:Property 的模型化定义如下所示。

```
rdf:Property a rdfs:Class ;
    rdfs:isDefinedBy <http://www.w3.org/1999/02/22-rdf-syntax-ns#> ;
    rdfs:label "Property" ;
    rdfs:comment "The class of RDF properties." ;
    rdfs:subClassOf rdfs:Resource .
```

rdf:Property 是所有属性的总类，其他属性都扩展自 rdf:Property 类，或是该类的实例。rdf:Property 类衍生出的元语一般充当三元组的谓词，描述主语与宾语的语义或特征联系。rdf:Property 的功能和用法如下所示。

```
### http://www.w3.org/1999/02/22-rdf-syntax-ns#type
rdf:type a rdf:Property ;
    rdfs:isDefinedBy <http://www.w3.org/1999/02/22-rdf-syntax-ns#> ;
    rdfs:label "type" ;
    rdfs:comment "The subject is an instance of a class." .
```

（9）rdf:JSON（模型补充词汇）

rdf:JSON 用于标识 JSON 格式的 RDF 三元组文本序列。rdf:JSON 是 rdfs:Datatype 的实例，rdfs:Literal 的子类。rdf:JSON 的标准化定义如下所示。

```
rdf:JSON a rdfs:Datatype ;
    rdfs:label "JSON" ;
    rdfs:comment "The datatype of RDF literals storing JSON content." ;
    rdfs:subClassOf rdfs:Literal ;
    rdfs:isDefinedBy <http://www.w3.org/1999/02/22-rdf-syntax-ns#> ;
    rdfs:seeAlso <https://www.w3.org/TR/json-ld11/#the-rdf-json-datatype> .
```

rdf:JSON 是 RDF 模型为了字面量取值包含 JSON 格式的内容而提供的数据类型，用于 RDF 链接数据的序列化。

2.2.2 框架属性

（1）rdfs:range

rdfs:range 表示属性的值域（客体的取值范围）。rdfs:range 是 rdf:Property 的实例，定义域为 rdf:Property，值域为 rdfs:Class。rdfs:range 的模型化定义如下所示。

```
rdfs:range a rdf:Property ;
    rdfs:isDefinedBy <http://www.w3.org/2000/01/rdf-schema#> ;
    rdfs:label "range" ;
    rdfs:comment "A range of the subject property." ;
    rdfs:range rdfs:Class ;
    rdfs:domain rdf:Property .
```

rdfs:range 用于约束三元组属性所关联宾语的取值类型，以便推理过程中对属性右侧的个体类型做出判断，但并不用来约束两侧类型一定通过属性形成映射。rdfs:range 的定义中用自身语义对元语的取值范围做了限定，一个属性的 rdfs:range 是 RDF 模型中具有推理特性的元语，如果已对属性关联的宾语类设定了 rdfs:range 类型范围，但实际数据中与属性关联的宾语取值类型与宾语类设定的类型不一致，那么推理机并不报错，而是将实际数据的宾语类型归入已设定的类型中。rdfs:range 的功能和用法如下面"科研产出"属性的定义片段所示，如果事实数据存在由"科研产出"属性连接的实例三元组，那么其宾语所指代的实体属于"科研成果"。

```
### prefix kyys: <http://www.istic.ac.cn/kos/ontology/scietech/kyys#>
### http://www.istic.ac.cn/kos/ontology/scietech/kyys# 科研产出
kyys: 科研产出 a rdf:Property ;
        rdfs:label " 科研产出 "@zh ;
        rdfs:range kyys: 科研成果 .
```

（2）rdfs:domain

rdfs:domain 表示属性的定义域（主体的取值范围）。rdfs:domain 是 rdf:Property 的实例，定义域为 rdf:Property，值域为 rdfs:Class。rdfs:domain 的模型化定义如下所示。

```
rdfs:domain a rdf:Property ;
    rdfs:isDefinedBy <http://www.w3.org/2000/01/rdf-schema#> ;
    rdfs:label "domain" ;
    rdfs:comment "A domain of the subject property." ;
    rdfs:range rdfs:Class ;
    rdfs:domain rdf:Property .
```

rdfs:domain 用于约束三元组属性所关联主语的取值类型，以便推理过程中对属性左侧的个体类型做出判断，但并不用来约束两侧类型一定通过属性形成映射。rdfs:domain 的定义中用自身语义对元语的作用范围做了限定，一个属性的 rdfs:domain 是 RDF 模型中具有推理特性的元语，如果已对属性关联的主语类设定了 rdfs:domain 类型范围，但实际数据中与属性关联的主语作用类型与主语类设定的类型不一致，那么推理机并不报错，而是将实际数据的主语类型归入已设定的类型中。rdfs:domain 的功能和用法如下面"科研产出"属性的定义片段所示，如果事实数据存在由"科研产出"属性连接的实例三元组，那其主语所指代的实体属于"科研人员"。

```
### prefix kyys: <http://www.istic.ac.cn/kos/ontology/scietech/kyys#>
### http://www.istic.ac.cn/kos/ontology/scietech/kyys# 科研产出
kyys: 科研产出 a rdf:Property ;
        rdfs:label " 科研产出 "@zh ;
        rdfs:domain kyys: 科研人员 .
```

（3）rdf:type

rdf:type 表示某个资源是某个类的实例。rdf:type 是 rdf:Property 的实例，定义域为 rdfs:Resource，值域为 rdfs:Class。rdf:type 的模型化定义如下所示。

```
rdf:type a rdf:Property ;
    rdfs:isDefinedBy <http://www.w3.org/1999/02/22-rdf-syntax-ns#> ;
    rdfs:label "type" ;
    rdfs:comment "The subject is an instance of a class." ;
    rdfs:range rdfs:Class ;
    rdfs:domain rdfs:Resource .
```

rdf:type 常出现在概念资源定义的首个三元组中，是标识资源类型的直接元语。使用 RDF 模型描述的资源必定要归属于某一类型，这是概念存在的显式特性。由于使用频繁，在语法表示时采用"a"的简便形式替代。例如，rdf:type 定义的首个三元组中便使用了其自身的语义来标识 rdf:type 属于 rdf:Property，具有属性的功能特征，只能出现在三元组的谓词位置。

```
### http://www.w3.org/1999/02/22-rdf-syntax-ns#type
rdf:type a rdf:Property ;
    rdfs:isDefinedBy <http://www.w3.org/1999/02/22-rdf-syntax-ns#> ;
    rdfs:label "type".
```

（4）rdfs:subClassOf

rdfs:subClassOf 表示某个类是另一个类的子类。rdfs:subClassOf 是 rdfs:Proerpty 的实例，定义域为 rdfs:Class，值域为 rdfs:Class。rdfs:subClassOf 的模型化定义如下所示。

```
rdfs:subClassOf a rdf:Property ;
    rdfs:isDefinedBy <http://www.w3.org/2000/01/rdf-schema#> ;
    rdfs:label "subClassOf" ;
    rdfs:comment "The subject is a subclass of a class." ;
    rdfs:range rdfs:Class ;
    rdfs:domain rdfs:Class .
```

rdfs:subClassOf 用于说明两个类之间的包含关系，是 RDF 模型中具有蕴涵推导功能的建模词汇，常用于大规模概念体系中定义类之间的关系检测。以下片段显示了 rdfs:subClassOf 的功能和用法，说明"期刊论文"属于"科技文献"。

```
### prefix kyys: <http://www.istic.ac.cn/kos/ontology/scietech/kyys#>
### http://www.istic.ac.cn/kos/ontology/scietech/kyys# 期刊论文
kyys: 期刊论文 a rdf:Class;
        rdfs:label " 期刊论文 "@zh;
        rdfs:subClassOf kyys: 科技文献 .
```

使用提示：rdfs:subClassOf 子类关系和 rdf:type 实例关系容易混淆，其主要区别是二者的作用范围（定义域）不同，rdf:type 标识个体与类集合的所属关系，rdf:subClassOf 标识类集合与其他类集合的所属关系，rdfs:subClassOf 关系的合理性可根据"满足子类条件、属于子类的个体也属于父类"这一原则来判断。

（5）rdfs:subPropertyOf

rdfs:subPropertyOf 表明某个属性是另一个属性的子类。rdfs:subPropertyOf 是 rdfs:Proerpty 的实例，定义域为 rdf:Property，值域为 rdf:Property。rdfs:subPropertyOf 的模型化定义如下所示。

```
rdfs:subPropertyOf a rdf:Property ;
    rdfs:isDefinedBy <http://www.w3.org/2000/01/rdf-schema#> ;
    rdfs:label "subPropertyOf" ;
    rdfs:comment "The subject is a subproperty of a property." ;
    rdfs:range rdf:Property ;
    rdfs:domain rdf:Property .
```

rdfs:subPropertyOf 用于说明两个属性之间的包含关系，是 RDF 模型中具有蕴涵推导功能的建模词汇。以下片段显示了 rdfs:subPropertyOf 的功能和用法，说明专利的"IPC 分类号"和"分类号"的属分关系。

```
### prefix kyys: <http://www.istic.ac.cn/kos/ontology/scietech/kyys#>
### http://www.istic.ac.cn/kos/ontology/scietech/kyys#IPC 分类号
kyys:IPC 分类号 a rdf:Property ;
            rdfs:subPropertyOf kyys: 分类号 .
```

使用提示：子属性连接的两个个体也具有父属性的语义关系，但不继承父属性的 Transitive、Functional 等约束条件。

（6）rdfs:label

rdfs:label 表示资源的可阅读名称。rdfs:label 是 rdfs:Proerpty 的实例，定义域为 rdfs:Resource，值域为 rdfs:Literal。rdfs:label 的模型化定义如下所示。

```
rdfs:label a rdf:Property ;
    rdfs:isDefinedBy <http://www.w3.org/2000/01/rdf-schema#> ;
    rdfs:label "label" ;
    rdfs:comment "A human-readable name for the subject." ;
    rdfs:domain rdfs:Resource ;
    rdfs:range rdfs:Literal .
```

概念资源在定义说明时，采用 IRI 作为唯一标识。为了提高 IRI 的字符编码的适用性，标识中的概念符号可以仅采用 ASCII 字符，以无含义的字符编号表示，概念资源的语义则通过 rdfs:label 标识的文字给出。例如，下面的片段使用 rdfs:label 标识"C1"和"C2"的实际含义。

```
### prefix kyys: <http://www.istic.ac.cn/kos/ontology/scietech/kyys#>
### http://www.istic.ac.cn/kos/ontology/scietech/kyys#C1
kyys:C1 a rdfs:Class ;
    rdfs:subClassOf kyys:C2 ;
    rdfs:label " 会议论文 "@zh .
kyys:C2 a rdfs:Class ;
    rdfs:label " 论文 "@zh .
```

（7）rdfs:comment

rdfs:comment 表示资源的可阅读描述。rdfs:comment 是 rdfs:Proerpty 的实例，定义域为 rdfs:Resource，值域为 rdfs:Literal。rdfs:comment 的模型化定义如下所示。

```
rdfs:comment a rdf:Property ;
    rdfs:isDefinedBy <http://www.w3.org/2000/01/rdf-schema#> ;
    rdfs:label "comment" ;
    rdfs:comment "A description of the subject resource." ;
    rdfs:domain rdfs:Resource ;
    rdfs:range rdfs:Literal .
```

rdfs:label 给出的资源名称简洁明了，而 rdfs:comment 用于给出概念资源的详细说明，描述信息可以采用大段文字。例如，下列片段中 rdfs:comment 定义通过使用自身标签给出了其功能和用法的进一步说明。

```
### http://www.w3.org/2000/01/rdf-schema#comment
rdfs:comment a rdf:Property ;
    rdfs:isDefinedBy <http://www.w3.org/2000/01/rdf-schema#> ;
    rdfs:label "comment" ;
    rdfs:comment "A description of the subject resource." ;
    rdfs:domain rdfs:Resource ;
    rdfs:range rdfs:Literal .
```

2.2.3 容器类和容器属性

（1）rdfs:Container

rdfs:Container 表示 RDF 容器。rdfs:Container 是 rdf:Bag、rdf:Seq 和 rdf:Alt 容器类的超类。rdfs:Container 的模型化定义如下所示。

```
rdfs:Container a rdfs:Class ;
    rdfs:isDefinedBy <http://www.w3.org/2000/01/rdf-schema#> ;
    rdfs:label "Container" ;
    rdfs:subClassOf rdfs:Resource ;
    rdfs:comment "The class of RDF containers." .
```

rdfs:Container 是顶层容器，通常用作其他容器的类型模板，不宜直接用于领域概念体系建模。容器内的元素构成一个枚举列表，枚举元素数量不限，通过索引标识区分不同的个体，但索引标识本身不要求含有次序。rdfs:Container 的功能和用法在其子类容器 rdf:Bag、rdf:Seq 和 rdf:Alt 的定义中得到展示。

（2）rdf:Bag

rdf:Bag 表示无顺序容器，是 rdf:Container 的子类。rdf:Bag 的模型化定义如下所示。

```
rdf:Bag a rdfs:Class ;
    rdfs:isDefinedBy <http://www.w3.org/1999/02/22-rdf-syntax-ns#> ;
    rdfs:label "Bag" ;
    rdfs:comment "The class of unordered containers." ;
    rdfs:subClassOf rdfs:Container .
```

rdf:Bag 用于标识无序的可读集合，但所含元素可以重复。rdf:Bag 的功能和用法如下面片段所示。

```
### prefix kyys: <http://www.istic.ac.cn/kos/ontology/scietech/kyys#>
### http://www.istic.ac.cn/kos/ontology/scietech/kyys# 创新城市
kyys: 创新城市 a rdf:Bag ;
        rdf:_1 kyys: 北京 ;
        rdf:_2 kyys: 上海 ;
        rdf:_3 kyys: 深圳 ;
        rdf:_4 kyys: 广州 .
```

虽然 rdf:Bag 是无序容器，但并不意味着列表中的元素与索引标号可以随意组合，例如，下面片段中与上面片段中元素的索引标号相同，但标号索引的 4 个城市的位置不同，因此两个列表应看作不同的容器集合。

```
### prefix kyys: <http://www.istic.ac.cn/kos/ontology/scietech/kyys#>
### http://www.istic.ac.cn/kos/ontology/scietech/kyys# 创新城市
kyys: 创新城市 a rdf:Bag ;
        rdf:_1 kyys: 上海 ;
        rdf:_2 kyys: 北京 ;
        rdf:_3 kyys: 广州 ;
        rdf:_4 kyys: 深圳 .
```

（3）rdf:Seq

rdf:Seq 表示顺序容器，是 rdf:Container 的子类。rdf:Seq 的模型化定义如下所示。

```
rdf:Seq a rdfs:Class ;
    rdfs:isDefinedBy <http://www.w3.org/1999/02/22-rdf-syntax-ns#> ;
    rdfs:label "Seq" ;
    rdfs:comment "The class of ordered containers." ;
    rdfs:subClassOf rdfs:Container .
```

rdf:Seq 用于标识有序的可读集合，其功能和用法如下面片段所示。

```
### prefix kyys: <http://www.istic.ac.cn/kos/ontology/scietech/kyys#>
### http://www.istic.ac.cn/kos/ontology/scietech/kyys# 直辖市
kyys: 直辖市 a rdf:Seq ;
        rdf:_1 kyys: 北京 ;
        rdf:_3 kyys: 上海 ;
        rdf:_4 kyys: 重庆 .
```

需要注意的是，rdf:Seq 枚举列表中的索引标号并无递进次序语义。上面片段中的有序列表列出了 3 个直辖市，并不意味着隐含有"kyys: 直辖市 rdf:_2 kyys: 天津"这一信息。

（4）rdf:Alt

rdf:Alt 表示选择性容器。rdf:Alt 是 rdf:Container 的子类。rdf:Alt 的模型化定义如下所示。

```
rdf:Alt a rdfs:Class ;
    rdfs:isDefinedBy <http://www.w3.org/1999/02/22-rdf-syntax-ns#> ;
    rdfs:label "Alt" ;
    rdfs:comment "The class of containers of alternatives." ;
    rdfs:subClassOf rdfs:Container .
```

rdf:Alt 用于标识有默认选项的可读列表，列表第一个元素通常为默认值。rdf:Alt 的功能和用法如下面片段所示。

```
### prefix kyys: <http://www.istic.ac.cn/kos/ontology/scietech/kyys#>
### http://www.istic.ac.cn/kos/ontology/scietech/kyys# 创新城市
kyys: 创新城市 a rdf:Alt ;
        rdf:_1 kyys: 上海 ;
        rdf:_2 kyys: 北京 ;
        rdf:_3 kyys: 广州 ;
        rdf:_4 kyys: 深圳 .
```

rdf:Bag、rdf:Seq 和 rdf:Alt 的表现形式并无太大区别，容器类元语的功能和用法是描述性的，由用户根据建模场景选择使用，并不要求解析工具支持语义约束。

（5）rdfs:ContainerMembershipProperty

rdfs:ContainerMembershipProperty 用于标识容器成员，说明该属性指向的资源是容器的成员。rdfs:ContainerMembershipProperty 是 rdf:Property 的子类，它的每一个实例都是 rdfs:member 的子属性，其模型化定义如下所示。

```
rdfs:ContainerMembershipProperty a rdfs:Class ;
    rdfs:isDefinedBy <http://www.w3.org/2000/01/rdf-schema#> ;
    rdfs:label "ContainerMembershipProperty" ;
    rdfs:comment "The class of container membership properties, rdf:_1, rdf:_2, ..., all of which are sub-properties of 'member'." ;
    rdfs:subClassOf rdf:Property .
```

rdfs:ContainerMembershipProperty 常用于替换或查询集合中含有多个 rdf:_n 三元组的场景，rdf:_n 中的"n"是大于 0 的整数。以元素列表形式出现的 rdf:_n 实际上已经隐含了"rdf:_n a rdfs:ContainerMembershipProperty"这一事实。下面片段展示了 rdfs:ContainerMembershipProperty 的功能和用法。

```
### prefix kyys: <http://www.istic.ac.cn/kos/ontology/scietech/kyys#>
### http://www.istic.ac.cn/kos/ontology/scietech/kyys# 直辖市
kyys: 直辖市 a rdf:Bag ;
       rdf:_1 kyys: 北京 ;
       rdf:_2 kyys: 天津 ;
       rdf:_3 kyys: 上海 ;
       rdf:_4 kyys: 重庆 .
###############################################
### http://www.istic.ac.cn/kos/ontology/scietech/kyys# 包含城市
kyys: 包含城市 a rdfs:ContainerMembershipProperty .
kyys: 直辖市 kyys: 包含城市 kyys: 北京 .
```

上述数据集中的"直辖市"节点由多个三元组构成，在构建三元组查询时不易表示。由于每一个 rdfs:ContainerMembershipProperty 实例都属于 rdfs:member，可以定义"kyys: 包含城市"是一个 rdfs:ContainerMembershipProperty 实例，从而导出"kyys: 直辖市 rdfs:member kyys: 北京"关系。

（6）rdfs:member

rdf:member 用于说明资源的成员。rdf:member 是 rdfs:Property 的实例，定义域为 rdfs:Resource，值域为 rdfs:Resource。rdf:member 的模型化定义如下所示。

```
rdfs:member a rdf:Property ;
    rdfs:isDefinedBy <http://www.w3.org/2000/01/rdf-schema#> ;
    rdfs:label "member" ;
    rdfs:comment "A member of the subject resource." ;
    rdfs:domain rdfs:Resource ;
    rdfs:range rdfs:Resource .
```

rdf:member 的功能和用法如下列片段所示。

```
### prefix kyys: <http://www.istic.ac.cn/kos/ontology/scietech/kyys#>
### http://www.istic.ac.cn/kos/ontology/scietech/kyys# 直辖市
### http://www.w3.org/2000/01/rdf-schema#member
kyys: 直辖市 rdfs:member kyys: 北京
```

2.2.4 集合类和集合属性

（1）rdf:List

rdf:List 表示列表结构。rdf:List 是 rdfs:Class 的实例，rdfs:Resource 的子类。rdf:List 的模型化定义如下所示。

```
rdf:List a rdfs:Class ;
    rdfs:isDefinedBy <http://www.w3.org/1999/02/22-rdf-syntax-ns#> ;
    rdfs:label "List" ;
    rdfs:comment "The class of RDF Lists." ;
    rdfs:subClassOf rdfs:Resource .
```

rdf:List 集合与 rdfs:Container 容器类似，其语义的使用由用户根据建模需要进行选择。二者的不同之处在于：集合中的元素有限，且每个集合的最后都以 rdf:nil 作为结束符，无法随意向列表添加元素，有助于解析程序识别列表所含元素；而容器中的元素可无限添加，没有结束符。由于 RDF 模型并不要求解析程序强制检测 rdf:List 集合的规范性，用户使用 rdf:List 建模时应采用良好的语法格式，提高数据的可读性，从而易于发现和修改错误。rdf:List 通常不单独使用，而是与 rdf:first、rdf:rest 和 rdf:nil 结合起来构成一个完整的列表集合。这种模块化的结构使得元素节点的 URI 重要性大大降低，完全可以使用空节点来表示。rdf:List 的功能和用法如下列片段所示。

```
### prefix kyys: <http://www.istic.ac.cn/kos/ontology/scietech/kyys#>
### http://www.istic.ac.cn/kos/ontology/scietech/kyys# 直辖市
kyys: 直辖市 a rdf:List ;
        rdf:first   kyys: 北京 ;
        rdf:rest    _:b1 .
    _:b1  rdf:first  kyys: 天津 ;
        rdf:rest    _:b2 .
    _:b2  rdf:first  kyys: 上海 ;
        rdf:rest    _:b3 .
    _:b3  rdf:first  kyys: 重庆 ;
        rdf:rest    rdf:nil .
```

列表元素的排列也可使用"（元素1，元素2，元素3，……）"的简化形式，如果"（）"中没有元素则表示 rdf:nil。元素列表可看作一个空节点，里面包含按次序排列的元素。例如，上述片段中的直辖市列表可以表示为"kyys: 直辖市 a（北京 天津 上海 重庆）"。

（2）rdf:first

rdf:first 表示列表的第一个元素。rdf:first 是 rdf:Property 的实例，定义域为 rdf:List，值域为 rdfs:Resource。rdf:first 的模型化定义如下所示。

```
rdf:first a rdf:Property ;
    rdfs:isDefinedBy <http://www.w3.org/1999/02/22-rdf-syntax-ns#> ;
    rdfs:label "first" ;
    rdfs:comment "The first item in the subject RDF list." ;
    rdfs:domain rdf:List ;
    rdfs:range rdfs:Resource .
```

rdf:first 通常不单独使用,而是与 rdf:List、rdf:rest 和 rdf:nil 结合起来构成一个完整的列表集合,并由 rdf:first 直接指向第一个元素的具体内容。rdf:first 的功能和用法如下面片段所示。

```
### prefix kyys: <http://www.istic.ac.cn/kos/ontology/scietech/kyys#>
### http://www.istic.ac.cn/kos/ontology/scietech/kyys# 直辖市
kyys: 直辖市  a rdf:List ;
        rdf:first   kyys: 北京 ;
        rdf:rest    _:b1 .
   _:b1 rdf:first   kyys: 天津 ;
        rdf:rest    _:b2 .
   _:b2 rdf:first   kyys: 上海 ;
        rdf:rest    _:b3 .
   _:b3 rdf:first   kyys: 重庆 ;
        rdf:rest    rdf:nil .
```

(3) rdf:rest

rdf:rest 表示列表第一个元素以外的其他元素。rdf:rest 是 rdf:Property 的实例,定义域为 rdf:List,值域为 rdf:List。rdf:rest 的模型化定义如下所示。

```
rdf:rest a rdf:Property ;
    rdfs:isDefinedBy <http://www.w3.org/1999/02/22-rdf-syntax-ns#> ;
    rdfs:label "rest" ;
    rdfs:comment "The rest of the subject RDF list after the first item." ;
    rdfs:domain rdf:List ;
    rdfs:range rdf:List .
```

rdf:rest 通常不单独使用,而是与 rdf:List、rdf:first 和 rdf:nil 结合起来构成一个完整的列表集合。rdf:rest 常用作当前节点指向另一个新节点的链接指针,除最后结尾指向 rdf:nil 外,其他节点均指向一个新的元素列表。rdf:rest 的功能和用法如下面片段所示。

```
### prefix kyys: <http://www.istic.ac.cn/kos/ontology/scietech/kyys#>
### http://www.istic.ac.cn/kos/ontology/scietech/kyys# 直辖市
kyys: 直辖市  a rdf:List ;
          rdf:first   kyys: 北京 ;
          rdf:rest    _:b1 .
   _:b1   rdf:first   kyys: 天津 ;
          rdf:rest    _:b2 .
   _:b2   rdf:first   kyys: 上海 ;
          rdf:rest    _:b3 .
   _:b3   rdf:first   kyys: 重庆
          rdf:rest    rdf:nil .
```

（4）rdf:nil

rdf:nil 表示一个空列表。rdf:nil 是 rdf:List 的实例。rdf:nil 的模型化定义如下所示。

```
rdf:nil a rdf:List ;
   rdfs:isDefinedBy <http://www.w3.org/1999/02/22-rdf-syntax-ns#> ;
   rdfs:label "nil" ;
   rdfs:comment "The empty list, with no items in it. If the rest of a list is nil then the list has no more items in it." .
```

rdf:nil 通常不单独使用，而是与 rdf:List、rdf:first 和 rdf:rest 结合起来构成一个完整的列表集合。每个规范的 rdf:List 都以 rdf:nil 作为最后的节点，表示整个列表到此结束，后面添加新的三元组数据无效。rdf:nil 的功能和用法如下面片段所示。

```
### prefix kyys: <http://www.istic.ac.cn/kos/ontology/scietech/kyys#>
### http://www.istic.ac.cn/kos/ontology/scietech/kyys# 直辖市
kyys: 直辖市  a rdf:List ;
          rdf:first   kyys: 北京 ;
          rdf:rest    _:b1 .
   _:b1   rdf:first   kyys: 天津 ;
          rdf:rest    _:b2 .
   _:b2   rdf:first   kyys: 上海 ;
          rdf:rest    _:b3 .
   _:b3   rdf:first   kyys: 重庆
          rdf:rest    rdf:nil .
```

2.2.5 具体化类和具体化属性

（1）rdf:Statement

rdf:Statement 表示 RDF 声明，用于标识 <rdf:subject rdf:predicate rdf:object> 形式

的 RDF 三元组声明。rdf:Statement 是 rdfs:Class 的实例，rdfs:Resource 的子类。不同的 rdf:Statement 可以有相同的 rdf:subject、rdf:predicate 和 rdf:object 取值。rdf:Statement 的模型化定义如下所示。

```
rdf:Statement a rdfs:Class ;
    rdfs:isDefinedBy <http://www.w3.org/1999/02/22-rdf-syntax-ns#> ;
    rdfs:label "Statement" ;
    rdfs:subClassOf rdfs:Resource ;
    rdfs:comment "The class of RDF statements." .
```

描述一个复杂的 RDF 图，有时需要多个三元组相互嵌套来表达出深层关系，多层嵌套的形式使语法表示复杂化，此时采用 rdf:Statement 标识直接显式地声明一个结构明确的三元组更加简洁易读。rdf:Statement 通常与 rdf:subject、rdf:predicate 和 rdf:object 搭配使用，共同显式地说明一个具体化的实例。rdf:Statement 的功能和用法如下面片段所示。

```
### prefix kyys: <http://www.istic.ac.cn/kos/ontology/scietech/kyys#>
### http://www.istic.ac.cn/kos/ontology/scietech/kyys#achievement123
kyys:achievement123  a  rdf:Statement .
kyys:achievement123  rdf:subject  kyys: 中国科学技术信息研究所 .
kyys:achievement123  rdf:predicate  kyys: 研发了 .
kyys:achievement123  rdf:object  kyys: 科技词系统 .
```

上述片段声明了一个由 rdf:subject、rdf:predicate 和 rdf:object 三部分构成的 rdf:Statemennt 实例"kyys:achievement123"。对于一个 RDF 图，这种描述性的关系说明可能只是一部分片段，并非一一对应，具体化描述与断言三元组不具有等价关系，因此不能简单地由上述具体化片段自动得出"kyys: 中国科学技术信息研究所 kyys: 研发了 kyys: 科技词系统"这一事实，也不能因为两个 rdf:Statement 实例声明拥有相同的 rdf:subject、rdf:predicate 和 rdf:object 取值而判断其相同。

（2）rdf:subject

rdf:subject 表示 RDF 三元组声明的主语。rdf:subject 是 rdf:Property 的实例，定义域为 rdf:Statement，值域为 rdfs:Resource。rdf:subject 的模型化定义如下所示。

```
rdf:subject a rdf:Property ;
    rdfs:isDefinedBy <http://www.w3.org/1999/02/22-rdf-syntax-ns#> ;
    rdfs:label "subject" ;
    rdfs:comment "The subject of the subject RDF statement." ;
    rdfs:domain rdf:Statement ;
    rdfs:range rdfs:Resource .
```

rdf:subject 通常与 rdf:predicate 和 rdf:object 搭配使用，共同显式地说明一个具体化的实例。rdf:subject 常用于标识 IRI 所表示的实体资源，例如：人物、机构、文献等资源，抽象资源只在一些特定的场景中才有意义。rdf:subject 的功能和用法如下面片段所示。

```
### prefix kyys: <http://www.istic.ac.cn/kos/ontology/scietech/kyys#>
### http://www.istic.ac.cn/kos/ontology/scietech/kyys#achievement123
kyys:achievement123  a  rdf:Statement .
kyys:achievement123  rdf:subject  kyys: 中国科学技术信息研究所 .
kyys:achievement123  rdf:predicate  kyys: 研发了 .
kyys:achievement123  rdf:object  kyys: 科技词系统 .
```

（3）rdf:predicate

rdf:predicate 表示 RDF 三元组声明的谓语。rdf:predicate 是 rdf:Property 的实例，定义域为 rdf:Statement，值域为 rdfs:Resource。rdf:predicate 的模型化定义如下所示。

```
rdf:predicate a rdf:Property ;
    rdfs:isDefinedBy <http://www.w3.org/1999/02/22-rdf-syntax-ns#> ;
    rdfs:label "predicate" ;
    rdfs:comment "The predicate of the subject RDF statement." ;
    rdfs:domain rdf:Statement ;
    rdfs:range rdfs:Resource .
```

rdf:predicate 通常与 rdf:subject 和 rdf:object 搭配使用，共同显式地说明一个具体化的实例。rdf:predicate 用于说明 rdf:subject 和 rdf:object 的联系，其功能和用法如下面片段所示。

```
### prefix kyys: <http://www.istic.ac.cn/kos/ontology/scietech/kyys#>
### http://www.istic.ac.cn/kos/ontology/scietech/kyys#achievement123
kyys:achievement123  a  rdf:Statement .
kyys:achievement123  rdf:subject  kyys: 中国科学技术信息研究所 .
kyys:achievement123  rdf:predicate  kyys: 研发了 .
kyys:achievement123  rdf:object  kyys: 科技词系统 .
```

（4）rdf:object

rdf:object 表示 RDF 三元组声明的宾语。rdf:object 是 rdf:Property 的实例，定义域为 rdf:Statement，值域为 rdfs:Resource。rdf:object 的模型化定义如下所示。

```
rdf:object a rdf:Property ;
    rdfs:isDefinedBy <http://www.w3.org/1999/02/22-rdf-syntax-ns#> ;
    rdfs:label "object" ;
    rdfs:comment "The object of the subject RDF statement." ;
    rdfs:domain rdf:Statement ;
    rdfs:range rdfs:Resource .
```

rdf:object 通常与 rdf:subject 和 rdf:predicate 搭配使用，共同显式地说明一个具体化的实例。rdf:object 的功能和用法如下面片段所示。

```
### prefix kyys: <http://www.istic.ac.cn/kos/ontology/scietech/kyys#>
### http://www.istic.ac.cn/kos/ontology/scietech/kyys#achievement123
kyys:achievement123  a  rdf:Statement .
kyys:achievement123  rdf:subject  kyys: 中国科学技术信息研究所 .
kyys:achievement123  rdf:predicate  kyys: 研发了 .
kyys:achievement123  **rdf:object**  kyys: 科技词系统 .
```

（5）rdf:CompoundLiteral（JSON 词汇）

rdf:CompoundLiteral 是为了支持 json 格式而增加的类，用于声明含有文字方向和语言标识的复合标签。rdf:CompoundLiteral 是 rdfs:Class 的实例，rdfs:Resource 的子类。rdf:CompoundLiteral 的模型化定义如下所示。

```
rdf:CompoundLiteral a rdfs:Class ;
    rdfs:label "CompoundLiteral" ;
    rdfs:comment "A class representing a compound literal." ;
    rdfs:subClassOf rdfs:Resource ;
    rdfs:isDefinedBy <http://www.w3.org/1999/02/22-rdf-syntax-ns#> ;
    rdfs:seeAlso
<https://www.w3.org/TR/json-ld11/#the-rdf-compoundliteral-class-and-the-rdf-language-and-rdf-direction-properties> .
```

rdf:CompoundLiteral 的功能和用法如下面片段所示。

```
### prefix kyys: <http://www.istic.ac.cn/kos/ontology/scietech/kyys#>
### http://www.istic.ac.cn/kos/ontology/scietech/kyys# 文献信息
kyys: 文献信息 a **rdf:CompoundLiteral** ;
            kyys: 文献标题 [
                    rdf:value "RDF 1.1 Concepts and Abstract Syntax",
                    rdf:language "en",
                    rdf:direction "ltr"
            ] ;
            kyys: 文献状态 [
                    rdf:value "W3C Recommendation",
                     rdf:language "en",
                    rdf:direction "ltr"
            ].
```

上述片段中的"[ ]"符号为空节点的简洁标识，"[ ]"中的三元组共用一个隐含的主语，通常在"["后留一空格标识该主语的位置。

（6）rdf:language（JSON 词汇）

rdf:language 是为了支持 json 格式增加的属性，用于描述复合说明的语言标签。rdf:language 是 rdf:Property 的实例，定义域为 rdf:CompoundLiteral。rdf:language 的模型化定义如下所示。

```
rdf:language a rdf:Property ;
    rdfs:label "language" ;
    rdfs:comment "The language component of a CompoundLiteral." ;
    rdfs:domain rdf:CompoundLiteral ;
    rdfs:isDefinedBy <http://www.w3.org/1999/02/22-rdf-syntax-ns#> ;
    rdfs:seeAlso
<https://www.w3.org/TR/json-ld11/#the-rdf-compoundliteral-class-and-the-rdf-language-and-rdf-direction-properties> .
```

rdf:language 通常与 rdf:direction 共同使用来说明一个复合字面量。rdf:language 的功能和用法如下面片段所示。

```
### prefix kyys: <http://www.istic.ac.cn/kos/ontology/scietech/kyys#>
### http://www.istic.ac.cn/kos/ontology/scietech/kyys# 文献信息
kyys: 文献信息 a rdf:CompoundLiteral ;
        kyys: 文献标题 [
                rdf:value "RDF 1.1 Concepts and Abstract Syntax",
                rdf:language "en",
                rdf:direction "ltr"
        ] ;
        kyys: 文献状态 [
                rdf:value "W3C Recommendation",
                rdf:language "en",
                rdf:direction "ltr"
        ].
```

（7）rdf:direction（JSON 词汇）

rdf:direction 是为了支持 json 格式增加的属性，用于描述复合说明的文字方向。rdf:direction 是 rdf:Property 的实例，定义域为 rdf:CompoundLiteral。rdf:direction 的模型化定义如下所示。

```
rdf:direction a rdf:Property ;
    rdfs:label "direction" ;
    rdfs:comment "The base direction component of a CompoundLiteral." ;
    rdfs:domain rdf:CompoundLiteral ;
    rdfs:isDefinedBy <http://www.w3.org/1999/02/22-rdf-syntax-ns#> ;
    rdfs:seeAlso
<https://www.w3.org/TR/json-ld11/#the-rdf-compoundliteral-class-and-the-rdf-language-and-rdf-direction-properties> .
```

rdf:direction 通常与 rdf:language 共同使用来说明一个复合字面量。rdf:direction 的功能和用法如下面片段所示。

```
### prefix kyys: <http://www.istic.ac.cn/kos/ontology/scietech/kyys#>
### http://www.istic.ac.cn/kos/ontology/scietech/kyys# 文献信息
kyys:文献信息 a rdf:CompoundLiteral ;
        kyys:文献标题 [
            rdf:value "RDF 1.1 Concepts and Abstract Syntax",
            rdf:language "en",
            rdf:direction "ltr"
        ] ;
        kyys:文献状态 [
            rdf:value "W3C Recommendation",
            rdf:language "en",
            rdf:direction "ltr"
        ].
```

2.2.6 描述性属性

（1）rdfs:seeAlso

rdfs:seeAlso 表示所描述资源的额外信息。rdfs:seeAlso 是 rdf:Property 的实例，定义域为 rdfs:Resource，值域为 rdfs:Resource。rdfs:seeAlso 的模型化定义如下所示。

```
rdfs:seeAlso a rdf:Property ;
    rdfs:isDefinedBy <http://www.w3.org/2000/01/rdf-schema#> ;
    rdfs:label "seeAlso" ;
    rdfs:comment "Further information about the subject resource." ;
    rdfs:range rdfs:Resource ;
    rdfs:domain rdfs:Resource .
```

rdfs:seeAlso 用于给出理解概念资源的其他相关信息。例如，下列片段使用 rdfs:seeAlso 标识给出理解 rdf:HTML 所需的其他相关文档。rdfs:seeAlso 的功能和用法如下列片段所示。

```
### http://www.w3.org/1999/02/22-rdf-syntax-ns#HTML
rdf:HTML a rdfs:Datatype ;
    rdfs:subClassOf rdfs:Literal ;
    rdfs:isDefinedBy <http://www.w3.org/1999/02/22-rdf-syntax-ns#> ;
    rdfs:seeAlso <http://www.w3.org/TR/rdf11-concepts/#section-html> ;
    rdfs:label "HTML" ;
    rdfs:comment "The datatype of RDF literals storing fragments of HTML content" .
```

（2）rdfs:isDefinedBy

rdfs:isDefinedBy 声明资源的定义者。rdfs:isDefinedBy 是 rdf:Property 的实例，rdfs:seeAlso 的子属性，定义域为 rdfs:Resource，值域为 rdfs:Resource。rdfs:isDefinedBy 的模型化定义如下所示。

```
rdfs:isDefinedBy a rdf:Property ;
    rdfs:isDefinedBy <http://www.w3.org/2000/01/rdf-schema#> ;
    rdfs:subPropertyOf rdfs:seeAlso ;
    rdfs:label "isDefinedBy" ;
    rdfs:comment "The definition of the subject resource." ;
    rdfs:range rdfs:Resource ;
    rdfs:domain rdfs:Resource .
```

rdfs:isDefinedBy 用于给出资源的定义来源，通常指向概念资源的命名空间，也可以是含有概念定义的其他资源。例如，下列片段说明"rdfs:isDefinedBy"元语由命名空间 <http://www.w3.org/2000/01/rdf-schema#> 进行定义。

```
rdfs:isDefinedBy a rdf:Property ;
    rdfs:isDefinedBy <http://www.w3.org/2000/01/rdf-schema#> .
```

（3）rdf:value

rdf:value 是结构化值的直接标识符。rdf:value 是 rdf:Property 的实例，定义域为 rdfs:Resource，值域为 rdfs:Resource。rdf:value 的标准化定义如下所示。

```
rdf:value a rdf:Property ;
    rdfs:isDefinedBy <http://www.w3.org/1999/02/22-rdf-syntax-ns#> ;
    rdfs:label "value" ;
    rdfs:comment "Idiomatic property used for structured values." ;
    rdfs:domain rdfs:Resource ;
    rdfs:range rdfs:Resource .
```

rdf:value 没有特别的形式语义，主要用于多值关系中直接给出资源的具体取值，这个值可看作主键，其功能和用法如下面片段所示。

```
### prefix kyys: <http://www.istic.ac.cn/kos/ontology/scietech/kyys#>
### http://www.istic.ac.cn/kos/ontology/scietech/kyys#Document123
kyys:Document123  kyys: 文献标题 [
            rdf:value "RDF 1.1 Concepts and Abstract Syntax",
            rdf:language "en",
            rdf:direction "ltr"
].
```

2.3 框架模型的解释

RDF/RDFS 词汇模型的模型化定义为推理机进行类型推导和关系发现提供了形式化的说明。RDF/RDFS 模型的语义解释分为 3 个层次：①简单语义的解释；② RDF 解释；③ RDFS 解释。任何一个 RDFS 解释都是一个合法的 RDF 解释，任何一个 RDF 解释构成一个简单解释[17]。

2.3.1 简单解释

模型的解释是 IRI 和 Literal 集合约束条件的映射，RDF 有一个基本的约束集合，其他扩展必须满足这个基本的约束集合。对于一个包含 IRI 和 Literal 字面量的任意词汇表 V 的简单解释 I，由以下部分构成。

① ***IR***：资源的非空集合，也称为 I 的领域或全集。

② ***IP***：I 的属性集合。

③ IEXT：***IP*** 属性集合到 ***IR*** × ***IR*** 资源集合的映射函数，为 ***IR*** 资源键值对 <X，Y> 集合。

④ IS：词汇表 V 中的 IRI 到 ***IR*** ∪ ***IP*** 集合的映射函数。

⑤ IL：词汇表 V 中的有类型字面量到 IR 资源集合的映射函数（RDF V1.0 中为全部字面量的映射函数）。

简单解释 I 的映射过程如下。

①无类型无语言标签字面量被映射为其自身，即 ("S")^I=S；

②无类型有语言标签字面量被映射为 <字面，语言> 对，即 ("S"@l)^I=<S, l>；

③有类型字面量被映射为 <字面，类型> 对，即 ("S"^^t)^I=<S, t>；

④ IRI 被映射为 ***IR*** 与 ***IP*** 并集中的对应个体 I(u)，即 u^I=I(u)。

RDF 图有一些基本的语义规范，在其基础上扩展的其他高层模型使用的词汇必须满足这些基本条件，不能删除和更改这些条件。语义规范约束 RDF 图，而不是 RDF 数据，RDF 数据的语义由具有时间状态的 RDF 图来体现，RDF 图的语义不随时间改变。RDF 抽象语法中的 IRI 必须是绝对的，可以包含 # 片段标识符。一些具体的 RDF 解析器可以使用相对 IRI 以方便概念节点独立于发布位置，但必须声明一个基准 IRI（base IRI）。为避免序列化过程中出现转码问题，RDF 模型中的 IRI 遵循以下原则。

①使用 Unicode 规范字符，领域概念中的英文字符尽量使用小写形式，预定义 % 符号后的十六进制数字使用大写字符；

②不出现服务端口号，避免使用 "/./" 或 "/../" 形式，不出现空路径（http://ontology.example.com），使用 "/" 标识层级路径，如（http://ontology.example.com/）。

简单解释中，所有的 IRI 没有语义差别，即用相同的方法处理词汇表中的全部 URI，不考虑词汇的命名空间和特殊含义。空节点不含 IRI 和字面量，其标识符由具体的解析器处理，一般不能为多次出现的同一空节点使用相同的标识符。空节点仅作为资源描述的占位标识使用，通常不分配 IRI。RDF 解析器在处理空节点时需要给出跟踪标记，因为空节点只在局部范围内起作用，当来自不同数据源的 RDF 图进行合并时，空节点标识符需要重新标识，避免标识符相同引起冲突。

2.3.2 RDF 解释

RDF 解释中，不同命名空间的 IRI 拥有各自的含义，需要分别处理。rdf 命名空间的建模词汇如下所示。

```
rdf:type   rdf:subject   rdf:predicate   rdf:object   rdf:first
rdf:rest   rdf:value   rdf:nil   rdf:List   rdf:langString
rdf:Property   rdf:_1   rdf:_2...
```

其中 rdf:type 用于为 IRI 指定类型，说明这个 IRI 资源属于哪个类。rdf:Property 是所有属性的类，属于这个类的所有实例都可以作为三元组的谓语来使用。一个词汇表 V 的 RDF 解释是满足下列条件的简单解释。

① $p \in \boldsymbol{IP}$，即 <p, rdf:Property^I> $\in$ IEXT（rdf:type^I）。资源 p 通过 rdf:type 连接到 rdf:Property 时，p 为可充当三元组谓语的属性。

② 元语词汇满足下列三元组公理（表 2-4）。

表 2-4　RDF 三元组公理

结构功能	三元组公理
实例标识定义	rdf:type rdf:type rdf:Property.
三元组主语	rdf:subject rdf:type rdf:Property.
三元组谓语	rdf:predicate rdf:type rdf:Property.
三元组宾语	rdf:object rdf:type rdf:Property.
列表首元素	rdf:first rdf:type rdf:Property.
列表剩余元素	rdf:rest rdf:type rdf:Property.
取值标识	rdf:value rdf:type rdf:Property.
空列表	rdf:nil rdf:type rdf:List.
容器成员	rdf:_1 rdf:type rdf:Property.
……	…

③ 元语词汇间满足下列规则约束（表 2-5）。

表 2-5　RDF 规则约束

功能	序号	规则推导
字面量数据类型	rdf1	（?x ?p "s"^^d ∈ D{可识别数据集}）-> （?x ?p _n. _:n rdf:type d）
判断谓词是属性	rdf2	（?s ?p ?o）-> （?p rdf:type rdf:Property）

除了空列表声明，其他三元组公理都是为了说明指定的 IRI 是属性，在三元组中充当谓词。RDF 图中的字面量有 3 种元素：词标签、数据类型 IRI 和语言标签。"词标签 + 数据类型 IRI"是字面量标识的基本形式，如果数据类型 IRI 为 http://www.w3.org/1999/02/22-rdf-syntax-ns#langString 则需要为数据指定小写字符的语言标签。如果字面量的词标签与已知的数据类型 IRI 不匹配，解析器将输出警告信息，但由于句法形式并无错误，仍可以生成 RDF 图。词标签、数据类型 IRI 和语言标签都一致的字面量是相同的。两个具有相同值的字面量可能是不同的 RDF 数据项，如 ""+100"^^xsd:integer"和 ""100"^^xsd:integer"的词标签不同但所指的数值是相同的。XML Schema 数据类型通过 IRI 标识，处理器识别出 http://www.w3.org/2001/XMLSchema# 形式的命名空间后，将自动转换为 xsd: 形式的 RDF 兼容数据类型。对于无法识别转换的 IRI，处理器将给出警示信息，但仍要维持原来的数据形式。RDF 解释可处理的数据类型包括 rdf:langString 和 xsd:string，rdf:langString 和 rdf:string 数据类型所有的 RDF 解析器都能识别和处理，rdf:XMLLiteral、rdf:HTML 等类型依赖于具体的解析器实现。

2.3.3　RDFS 解释

RDFS 扩展了 RDF 模型，增加了更丰富的建模词汇和更复杂的语义约束。rdfs 命名空间的建模词汇如下所示。

```
rdfs:domain     rdfs:range      rdfs:Resource    rdfs:Literal
rdfs:Datatype   rdfs:Class      rdfs:subClassOf  rdfs:subPropertyOf
rdfs:member     rdfs:Container  rdfs:ContainerMembershipProperty
rdfs:comment    rdfs:seeAlso    rdfs:isDefinedBy rdfs:label
```

一个词汇表 V 的 RDFS 解释是满足下列条件的 RDF 解释。

① IC=ICEXT（rdfs:Class^I）。每个类都是 rdfs:Class 的实例扩展类。

② IR=ICEXT（rdfs:Resource^I）。每个资源都是 rdfs:Resource 类型。

③ LV=ICEXT（rdfs:Literal^I）。每个字面量都是 rdfs:Literal 类型。

④ <p, c> ∈ IEXT（rdfs:domain^I），<d, r> ∈ IEXT（p）⇒d ∈ IEXT（c）。如果 p 通过属性 rdfs:domain 与 c 连接，又有 d 通过属性 p 与 r 相连，则 d 为类型 c。

⑤ <p, c> ∈ IEXT（rdfs:range^I），<d, r> ∈ IEXT（p）⇒r ∈ IEXT（c）。如果 p 通过属性 rdfs:range 与 c 连接，又有 d 通过属性 p 与 r 相连，则 r 为类型 c。

⑥ r ∈ IC ⇒<r, rdfs:Resource^I> ∈ IEXT（rdfs:subClassOf^I）。如果 r 是一个 rdfs:Class

的实例扩展类，则 r 也通过 rdfs:subClassOf 与 rdfs:Resource 资源类连接，属于资源类的扩展类。

⑦ IEXT（rdfs:subPropertyOf^I）在 ***IP*** 上具有自反性和传递性。rdfs:subPropertyOf 属性连接每个属性和其自身。如果属性 x 通过 rdfs:subPropertyOf 与属性 y 连接，且属性 y 通过 rdfs:subPropertyOf 与属性 z 相连，则属性 x 也通过 rdfs:subPropertyOf 与属性 z 相连。

⑧ <p, q> ∈ IEXT（rdfs:subPropertyOf^I）⇒（p, q）∈ ***IP***，IEXT（p）⊆ IEXT（q）。如果 p 通过属性 rdfs:subPropertyOf 与 q 连接，则 p 与 q 都是属性，p 属性充当谓语构成的三元组关系也蕴涵属性 p 构成的关系。

⑨ IEXT（rdfs:subClassOf^I）在 IC 上具有自反性和传递性。rdfs:subClassOf 属性连接每个类和其自身。如果类 x 通过 rdfs:subClassOf 与类 y 连接，且类 y 通过 rdfs:subClassOf 与类 z 相连，则类 x 也通过 rdfs:subClassOf 与类 z 相连。

⑩ <c, d> ∈ IEXT（rdfs:subClassOf^I）⇒（c, d）∈ IC，IEXT（c）⊆ IEXT（d）。如果 c 通过属性 rdfs:subClassOf 与 d 连接，则 c 与 d 都是类，类 d 蕴涵类 c，属于类 c 的个体实例也属于类 d。

⑪ m ∈ ICEXT（rdfs:ContainerMembershipProperty^I）⇒<m, rdfs:member^I> ∈ IEXT（rdfs:subPropertyOf^I）。任何一个 rdfs:ContainerMembershipProperty 类型的实例 m，都是 rdfs:member 的子类，由 rdfs:subPropertyOf 连接到 rdfs:member。

⑫ d ∈ ICEXT（rdfs:Datatype^I）⇒<d, rdfs:Literal^I> ∈ IEXT（rdfs:subClassOf^I）。任何一个 rdfs:Datatype 类型的实例 d，都是 rdfs:Literal 的子类，由 rdfs:subPropertyOf 连接到 rdfs:Literal。

⑬ 元语词汇满足下列三元组公理约束（表 2–6）。

表 2-6 RDFS 三元组公理

	定义域三元组公理
定义域作用在 rdfs:Resource 上的属性	rdf:type rdfs:domain rdfs:Resource.
	rdfs:seeAlso rdfs:domain rdfs:Resource.
	rdfs:isDefinedBy rdfs:domain rdfs:Resource.
	rdfs:comment rdfs:domain rdfs:Resource.
	rdfs:label rdfs:domain rdfs:Resource.
	rdf:value rdfs:domain rdfs:Resource.
	rdfs:member rdfs:domain rdfs:Resource.
定义域作用在 rdf:Property 上的属性	rdfs:domain rdfs:domain rdf:Property.
	rdfs:range rdfs:domain rdf:Property.
	rdfs:subPropertyOf rdfs:domain rdf:Property.
定义域作用在 rdfs:Class 上的属性	rdfs:subClassOf rdfs:domain rdfs:Class.

续表

colspan="2"	定义域三元组公理
定义域作用在 rdf:Statement 上的属性	rdf:subject rdfs:domain rdf:Statement.
	rdf:predicate rdfs:domain rdf:Statement.
	rdf:object rdfs:domain rdf:Statement.
定义域作用在 rdf:List 上的属性	rdf:first rdfs:domain rdf:List.
	rdf:rest rdfs:domain rdf:List.
colspan="2"	值域三元组公理
值域取值为 rdfs:Resource 的属性	rdf:subject rdfs:range rdfs:Resource.
	rdf:predicate rdfs:range rdfs:Resource.
	rdf:object rdfs:range rdfs:Resource.
	rdfs:member rdfs:range rdfs:Resource.
	rdf:first rdfs:range rdfs:Resource.
	rdfs:seeAlso rdfs:range rdfs:Resource.
	rdfs:isDefinedBy rdfs:range rdfs:Resource.
	rdf:value rdfs:range rdfs:Resource.
	rdf:_1 rdfs:domain rdfs:Resource.
	rdf:_1 rdfs:range rdfs:Resource.
	rdf:_2 rdfs:domain rdfs:Resource.
	rdf:_2 rdfs:range rdfs:Resource.
值域取值为 rdfs:Class 的属性	rdf:type rdfs:range rdfs:Class.
	rdfs:domain rdfs:range rdfs:Class.
	rdfs:range rdfs:range rdfs:Class.
	rdfs:subClassOf rdfs:range rdfs:Class.
值域取值为 rdf:Property 的属性	rdfs:subPropertyOf rdfs:range rdf:Property.
值域取值为 rdf:List 的属性	rdf:rest rdfs:range rdf:List.
值域取值为 rdfs:Literal 的属性	rdfs:comment rdfs:range rdfs:Literal.
	rdfs:label rdfs:range rdfs:Literal.
colspan="2"	容器三元组公理
容器子类定义	rdf:Alt rdfs:subClassOf rdfs:Container.
	rdf:Bag rdfs:subClassOf rdfs:Container.
	rdf:Seq rdfs:subClassOf rdfs:Container.
容器成员属性定义	rdfs:ContainerMembershipProperty rdfs:subClassOf rdf:Property.
容器成员属性类型实例	rdf:_1 rdf:type rdfs:ContainerMembershipProperty.
	rdf:_2 rdf:type rdfs:ContainerMembershipProperty.

续表

	数据类型和注释公理	
数据类型定义	rdfs:Datatype rdfs:subClassOf rdfs:Class.	
注释元语关系	rdfs:isDefinedBy rdfs:subPropertyOf rdfs:seeAlso.	
	RDFS 类和属性定义公理	
类元语声明	rdfs:Resource rdf:type rdfs:Class.	
	rdfs:Class rdf:type rdfs:Class.	
	rdfs:Literal rdf:type rdfs:Class.	
	rdf:XMLLiteral rdf:type rdfs:Class.	
	rdf:HTML rdf:type rdfs:Class.	
	rdfs:Datatype rdf:type rdfs:Class.	
	rdf:Seq rdf:type rdfs:Class.	
	rdf:Bag rdf:type rdfs:Class.	
	rdf:Alt rdf:type rdfs:Class.	
	rdfs:Container rdf:type rdfs:Class.	
	rdf:List rdf:type rdfs:Class.	
	rdfs:ContainerMembershipProperty rdf:type rdfs:Class.	
	rdf:Property rdf:type rdfs:Class.	
	rdf:Statement rdf:type rdfs:Class.	
属性元语声明	rdfs:domain rdf:type rdf:Property.	
	rdfs:range rdf:type rdf:Property.	
	rdfs:subPropertyOf rdf:type rdf:Property.	
	rdfs:subClassOf rdf:type rdf:Property.	
	rdfs:member rdf:type rdf:Property.	
	rdfs:seeAlso rdf:type rdf:Property.	
	rdfs:isDefinedBy rdf:type rdf:Property.	
	rdfs:comment rdf:type rdf:Property.	
	rdfs:label rdf:type rdf:Property.	

⑭ 元语词汇间满足下列规则约束（表 2-7）。

表 2-7　RDFS 规则约束

功能	序号	规则推导
资源数据类型	rdfs1	（IRI（x）∈D{可识别数据集}）-> (x rdf:type rdfs:Datatype）
定义域限制属性作用范围类型	rdfs2	(?x ?a ?y)（?a rdfs:domain ?z）-> (?x rdf:type ?z)
值域限制属性取值范围类型	rdfs3	(?x ?a ?y)（?a rdfs:range ?z）-> (?y rdf:type ?z)
主语是资源	rdfs4a	(?x ?a ?y) -> (?x rdf:type rdfs:Resource)
宾语是资源	rdfs4b	(?x ?a ?y) -> (?y rdf:type rdfs:Resource)
子属性具有传递性	rdfs5	(?a rdfs:subPropertyOf ?b)(?b rdfs:subPropertyOf ?c) -> (?a rdfs:subPropertyOf ?c)
一个属性是自身的子属性	rdfs6	(?a rdf:type rdf:Property) -> (?a rdfs:subPropertyOf ?a)
属性继承	rdfs7	(?x ?a ?y)(?a rdfs:subPropertyOf ?b) -> (?x ?b ?y)
类是资源	rdfs8	(?x rdf:type rdfs:Class) -> (?x rdfs:subClassOf rdfs:Resource)
子类的个体也属于父类	rdfs9	(?x rdfs:subClassOf ?y)(?a rdf:type ?x) -> (?a rdf:type ?y)
一个类是自身的子类	rdfs10	(?x rdf:type rdfs:Class) -> (?x rdfs:subClassOf ?x)
子类具有传递性	rdfs11	(?x rdfs:subClassOf ?y)(?y rdfs:subClassOf ?z) -> (?x rdfs:subClassOf ?z)
容器成员属性特征	rdfs12	(?x rdf:type rdfs:ContainerMembershipProperty) -> (?x rdfs:subPropertyOf rdfs:member)
数据类型属于字面量	rdfs13	(?x rdf:type rdfs:Datatype) -> (?x rdfs:subClassOf rdfs:Literal)

上面讨论的词汇语义并非 RDF/RDFS 模型的唯一标准，一些未在标准语义中的逻辑推论在某些特定场景下也可能成立。如果不对 RDF/RDFS 模型的语义进行扩展，则 RDF/RDFS 模型语义表达能力有限，其建模能力主要在于为各种分散的资源建立基本的联系框架，不能表达一个否定声明，说明一个事实不是真的，使用 RDF/RDFS 模型结构无法做到，只能将否定加在概念资源的命名上，例如，下列三元组声明了两个相互否定的类。

prefix kyys: <http://www.istic.ac.cn/kos/ontology/scietech/kyys#>
http://www.istic.ac.cn/kos/ontology/scietech/kyys# 文献成果
kyys: 文献成果　rdf:type　rdfs:Class.
http://www.istic.ac.cn/kos/ontology/scietech/kyys# 非文献成果
kyys: 非文献成果　rdf:type　rdfs:Class.

不过由于无法添加语义限制，难以表示两个类在语义上没有公共的交集，也就无法保证两个类按照预期的语义进行解释，因此会产生不一致性警告。

2.4 模型框架的序列化方法

（1）N-Triples

N-Triples 格式以 RDF 三元组顺序排列，不允许分行，每组三元组以"."结束。三元组中的元素节点通过完整的 URI 引用资源，URI 使用"< >"分隔，这种表示形式较为烦琐，需要更多的空间存储数据，但能清晰地表示数据的来源和关系。N-Triples 的表示形式如下所示（此处受行宽所限分行显示，实际表示不可分行）：

```
<http://www.istic.ac.cn/ student# 语义 web 技术与应用 >
<http://www.w3.org/1999/02/22-rdf-syntax-ns#type>
<http://www.istic.ac.cn/ student# 研究生专业课 > .
```

（2）Turtle

Turtle 格式以 RDF 三元组顺序排列，每组三元组以"."结束。三元组中的元素采用限定名，rdf:type 可用更简洁的"a"来表示，例如：

```
istic: 语义 web 技术与应用 a istic: 研究生专业课 .
```

多个共同主语的三元组，第一个以"主 – 谓 – 宾"表示，后加"；"分隔，后续三元组以"谓 - 宾"形式出现，最后以"."结束，例如：

```
istic: 语义 web 技术与应用 rdf:type istic: 研究生专业课；istic: 考核形式 istic: 系统研发 .
```

多个共同主语 – 谓语的三元组，第一个以"主 – 谓 – 宾"表示，后加","分隔，后续三元组以"宾"形式出现，最后以"."结束，例如：

```
istic: 语义 web 技术与应用 istic: 考核形式 istic: 系统研发， istic: 课外作业 .
```

（3）RDF/XML

RDF/XML 格式是所有解析器都支持的基本表示形式，RDF/XML 格式中的三元组主语使用 rdf:about 属性来引用，谓语、宾语作为主语的子元素表示，例如：

```
<istic: 研究生课程 rdf:about="http://www.istic.ac.cn/student# 语义 Web 技术与应用 ">
    <istic: 上课时间 > 星期二下午 </istic: 上课时间 >
    <rdfs:subClassOf rdf:resource="http://www.istic.ac.cn /student# 教学课程 "/>
</istic: 研究生课程 >
```

思考与练习

【1】RDF 三元组的主谓宾标识符构成有何特点？

【2】RDF 图中的空节点有何作用？如何使用 RDF/XML 语法表示空节点？

【3】RDF 图中的字面量有何作用？如何判断两个字面量相同？

【4】RDF 框架的容器类与集合类的功能有何不同？

【5】RDF 与 RDFS 有何关系？如何判断一个数据文件是 RDF 格式？

【6】RDF/RDFS 模型最基本的解释要素有哪些？

【7】设计一个 RDF 默认图和命名图，举例说明它们的标识形式有何不同？

【8】rdfs:Resource 和 rdfs:Class 的功能和用法有何不同？

【9】rdf:Bag、rdf:Seq 和 rdf:Alt 的功能有何相同和不同？如何发挥作用？

【10】RDF/RDFS 模型中具有推理语义的关系和属性有哪些？各有何作用？如何发挥作用？

【11】rdfs:domain 和 rdfs:range 有何功能？

【12】rdfs:subClassOf 和 rdf:type 的功能有何不同？如何判断两个概念具有 rdfs:subClassOf 关系，还是 rdf:type 关系？

【13】使用 rdfs:subPropertyOf 标识的子属性能够继承父属性的哪些特征？

【14】RDF 图常用的序列化表示有哪些？举例说明每种序列化方法的表现形式。

*【15】仔细分析下列 RDF 图中的节点关系，使用 XML 或 Turtle 语法描述图中内容。

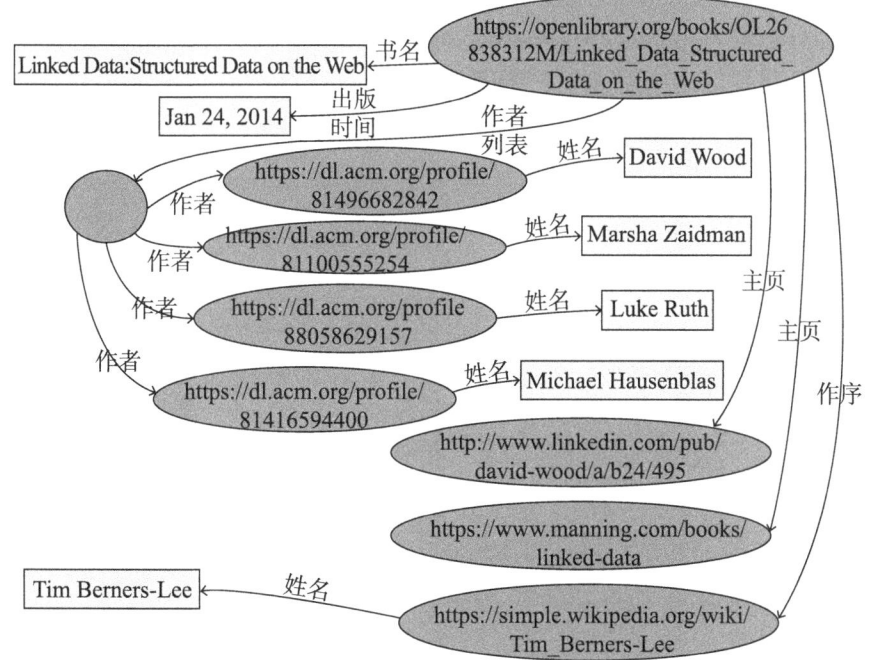

*【16】仔细分析下列 RDF 图中的节点关系，找出图中的错误表达，并使用 XML 或 Turtle 语法正确描述图中内容。

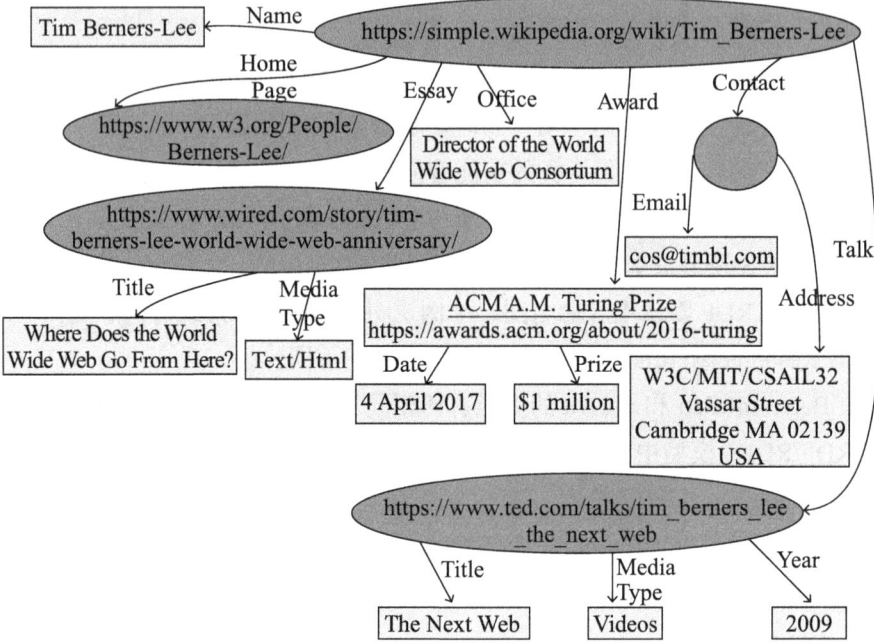

*【17】为【15】与【16】修正后的 RDF 图建立关联，使用 XML 或 Turtle 语法描述关联后的总图。

第3章 数据组织的知识模型

体系分类和主题关联是概念词汇组织的两种形式，也是人类认识事物的两种基本方式。图书情报领域编制和使用的图书分类法和叙词表便是体系分类和主题关联方法最直接的体现形式。图书分类法以科学分类为基础，依据概念的划分与组织原理，将概括文献内容与事物特征的概念作为类目，按逻辑关系排列成层级隶属关系。主题词又称叙词，是经过规范化处理，以基本概念或概念组配来表达信息主题的词汇或词汇组合。叙词表是由自然语言中优选出的语义相关、族性相关的科学术语所组成的一种规范化受控词典，用于将文献主题、标引及检索需求的自然语言转换为统一的叙词标识。分类体系中的类目层级及叙词系统中的用、代、属、分、参、族等关联要素构成了知识组织模型的基本结构。

互联网的迅猛发展和普及为知识的传播带来了新的方式。如今，数字资源逐步成为信息传播的主要载体，尤其在一些对信息实效性要求较高的部门和年轻用户群中，网络数字化信息已经成为其主要的知识来源。但长期以来，由于数据模型、概念模式、应用程序及数据本身的差异，搜索引擎和检索系统难以在语义层面上获得用户所需的信息。为了使机器能够理解数字信息，必然要从基础层面对语言词汇进行形式化表示，明确其语义关系，本体技术正是人们为了解决语义异构问题而提出的新思路。作为一种概念描述，本体在索引、查询、参考等方面的应用优势要超过数据库、文档、目录管理系统等传统数据组织系统。本体以良好的形式和可重用规则表示知识，可以在信息资源之上充当公共模式或语义平台，提高专用数据集的使用效率和互操作能力。例如，Linked Data 已将全球众多的本体知识模型链接起来，实现了不同语言概念资源的共享和链接。从具体形式来看，本体是一种对领域知识进行规范化抽象与描述的工具，清楚和明确地描述了领域内的概念及其之间的各种关系。与分类表、术语表、叙词表等词表相比，本体支持更完整、更精确的领域模型，能在一定程度上解决语义异构的问题，从而提高信息整合的深度和使用效果。

本体是一种知识组织的概念模型，它反映了一种设计和组织理念，而不是具体的表示形式，就像面向对象编程中的"对象"设计，它体现了程序运行中数据实体的组织方式，但具体的对象创建和使用则要通过某种程序语言来实现，例如，Java、Python 及 C++等，实用化的本体也要由具体的模型语言来描述，OWL 便是 W3C 推荐的用来构建本体的业界标准语言。OWL 由两种早期的本体语言 DAML（DARPA agent markup language）和 OIL（ontology inference layer）演化而来，DAML 是美国政府为支持语义 Web 应用而开发的一种本体构建语言，OIL 是欧盟在描述逻辑（description logic，DL）长期研究基础上研发的 Web 本体表示和推理语言。OWL 在 DAML 和 OIL 基础上进行了完善，2004 年成为 W3C 推荐的用来构建本体的业界标准语言。2012 年 W3C 发布 OWL2 推荐标准，目前主流的本体建模和解析工具都支持 OWL1 和 OWL2 两种模型。OWL1 词汇和 OWL2 词汇使用相同的命名空间和前缀，由于 OWL 的语义构建在 RDF 语义的基础上，使用 OWL 构建知识模型也要含有 RDF/RDFS 的命名空间。在一些标准化的 OWL 本体构建工具中通常将 xsd、rdf、rdfs 和 owl 等作为默认命名空间，不需要用户声明（表 3-1）。

表 3-1　默认命名空间及前缀

前缀	命名空间
rdf	http://www.w3.org/1999/02/22-rdf-syntax-ns#
rdfs	http://www.w3.org/2000/01/rdf-schema#
owl	http://www.w3.org/2002/07/owl#
xsd	http://www.w3.org/2001/XMLSchema#

3.1　OWL1 模型的结构和功能

根据表达能力和应用的需要，OWL1 被划分为 OWL Lite、OWL DL、OWL Full 3 种子语言。OWL Lite 是 OWL1 语言的最小子集，它在 RDF/RDFS 语言的基础之上，增加了描述本体最基本的部分，降低了本体中的公理约束，以保证一个高效的推理过程。OWL DL 在约束规则上进行了扩展，具有描述逻辑的表达能力。如果将保证可判定推理、表达能力丰富作为首要目标，最好选用 OWL DL，因为它忽略了对 RDFS 的兼容性，以保证对概念、性质、个体之间关系做精确的语义描述，能够非常方便地融入到语义网中。如果用户的目的是保持对 RDF 的向上兼容性，具备强大的描述能力，则要选用 OWL Full，它在 RDF/RDFS 的基础上扩展为一个完备的本体语言，克服了 OWL DL 和 RDFS 在语义上的冲突，但这带来了其在逻辑上的不可判定性，无法保证可判定的推理。3 种语言各有其优势，应该根据需要灵活选用。3 种子语言之间的关系如图 3-1 所示。

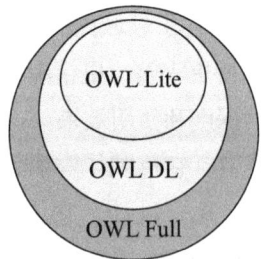

图 3-1　OWL1 的子语言

①每个合法的 OWL Lite 都是一个合法的 OWL DL；
②每个合法的 OWL DL 都是一个合法的 OWL Full；

③每个有效的 OWL Lite 结论都是一个有效的 OWL DL 结论；

④每个有效的 OWL DL 结论都是一个有效的 OWL Full 结论。

OWL1 建模词汇按功能可分为 13 大类，词汇类型如表 3-2 所列[21]。

表 3-2 OWL1 建模词汇类型

类型	建模词汇	语言类型
RDF/RDFS 特性	rdfs:Class（Thing，Nothing） rdfs:subClassOf rdf:Property rdfs:subPropertyOf rdfs:domain rdfs:range rdf:type	OWL Lite OWL DL OWL Full
等价/不等价特性	equivalentClass equivalentProperty sameIndividualAs diffenentFrom allDifferent distinctMembers	
属性特性	ObjectProperty DatatypeProperty inverseOf TransitiveProperty SystemmetricProperty FunctionalProperty InverseFunctionalProperty	
属性约束	Restriction onProperty allValuesFrom（宾语为单个类名或类标识） someValuesFrom（宾语为单个类名或类标识）	
受限基数	minCardinality（0 或 1） maxCardinality（0 或 1） cardinality（0 或 1）	
头信息	Ontology imports	
版本信息	versionInfo backwardCompartibleWith priorVersion incompatibleWith DeprecatedClass DeprecatedProperty	OWL Lite OWL DL OWL Full

续表

类型	建模词汇	语言类型
注释属性	rdfs:label rdfs:comment rdfs:seeAlso rdfs:inDefinedBy AnnotationProperty OntologyProperty	OWL Lite OWL DL OWL Full
数据类型	xsd datatypes	
类表达逻辑	intersectionOf	
类的公理	oneOf disjointWith equivalentClass（类定义） rdfs:subClassOf（类定义）	
任意基数	minCardinality（n>=0） maxCardinality（n>=0） cardinality（n>=0）	OWL DL OWL Full
补充信息	hasValue	
类表达逻辑	unionOf complementOf	

OWL Lite 中的基数约束只能取 0 或 1。属性的定义域只能为类，定义域可以有多个，其取值为多个类的交集。属性的值域可以是类或数据值，值域也可以有多个，取值为多个集合的交集。数据值型属性可设置函数性约束，类集合型属性可设置对称、函数、反函数、逆反或传递性约束。具有函数、逆函数、基数、逆反约束的属性称为复杂属性，复杂属性的派生属性也是复杂属性。复杂属性的推理会增加时间和资源的消耗，为了提高 OWL Lite 的推理效率，要减少不必要的属性约束和特性限制。

OWL 语言模型是 RDF 的扩展，OWL Full 本体可以包含 RDF 的任意内容，任何 RDF 图都可看作 OWL Full 本体。OWL DL 与 OWL Full 使用了相同的建模词汇，OWL DL 中的建模词汇做了类型分离和限制性约束，OWL DL 中 owl:Class 被定义为 rdfs:Class 的子类，类只能用作单一的类，不能再充当实例或属性，属性也不能充当实例或类。OWL DL 中 ObjectProperty 型属性的取值与 DatatypeProperty 型不同，ObjectProperty 型属性连接两个类，DatatypeProperty 型属性的主语连接类，宾语连接 RDF 字面量或 XML Schema 数据类型。在 OWL Full 中，owl:Class 和 rdfs:Class 等价，类可再作为实例使用，OWL Full 中的类可以是枚举类、属性约束类、布尔组合类。

OWL1 建模词汇由类和属性构成，整个模型的结构和元语扩展关系如图 3-2 所示。

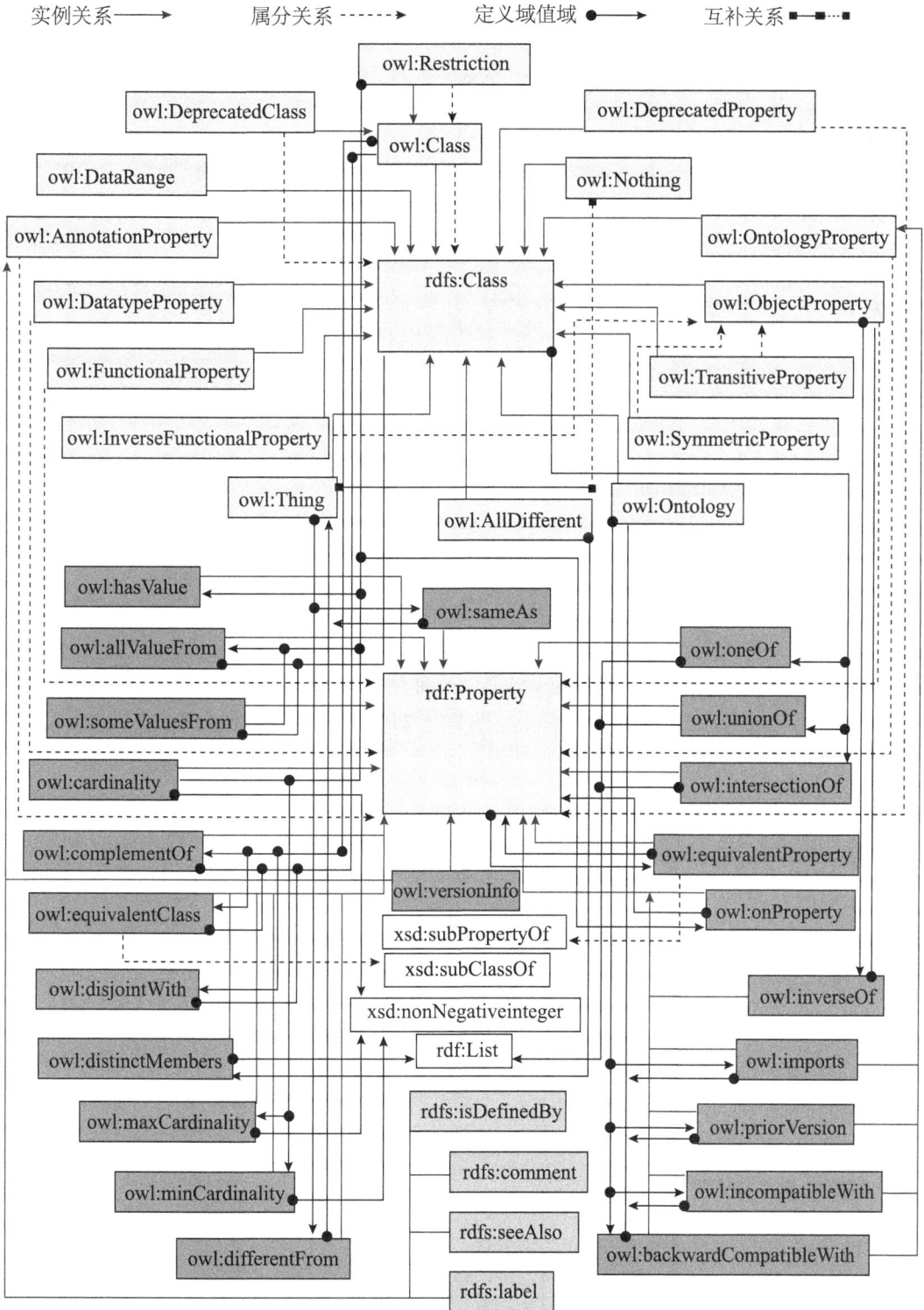

图 3-2　OWL1 的结构和元语扩展关系

OWL 本体语言是整个语义 Web 技术体系中最具"语义"特征的核心模块，下面详细介绍每个建模词汇的功能和用法。

3.1.1　OWL1 模型的类

（1）owl:AllDifferent

owl:AllDifferent 是一个表明集合中的所有个体彼此互不相同的类标识。OWL1 中 owl:AllDifferent 是 owl:Class 的实例。OWL2 中 owl:AllDifferent 是 rdfs:Class 的实例，rdfs:Resource 的子类。owl:AllDifferent 的模型化定义如下所示。

```
//OWL1
owl:AllDifferent  rdf:type  owl:Class ;
                  rdfs:label  "AllDifferent" .
```

```
//OWL2
owl:AllDifferent  a  rdfs:Class ;
        rdfs:label  "AllDifferent" ;
        rdfs:comment  "The class of collections of pairwise different individuals." ;
        rdfs:isDefinedBy  <http://www.w3.org/2002/07/owl#> ;
        rdfs:subClassOf  rdfs:Resource .
```

owl:AllDifferent 常与 owl:distinctMembers 搭配使用，用于声明一个所属个体成员互不相同的 owl:AllDifferent 实例。例如，下面片段声明了一个 owl:AllDifferent 实例"patent:patent_type"，其个体成员"patent: 发明专利"、"patent: 外观设计专利"和"patent: 实用新型专利"互不相同。

```
### prefix patent:<http://www.istic.ac.cn/kos/ontology/patent#>
### http://www.istic.ac.cn/kos/ontology/patent# 发明专利
patent: 发明专利  rdf:type  owl:NamedIndividual ,
                            patent: 专利类型 .
### http://www.istic.ac.cn/kos/ontology/patent# 外观设计专利
patent: 外观设计专利  rdf:type  owl:NamedIndividual ,
                            patent: 专利类型 .
### http://www.istic.ac.cn/kos/ontology/patent# 实用新型专利
patent: 实用新型专利  rdf:type  owl:NamedIndividual ,
                            patent: 专利类型 .
### http://www.istic.ac.cn/kos/ontology/patent#patent_type
patent:patent_type  rdf:type  owl:AllDifferent ;
           owl:distinctMembers  （
                        patent: 发明专利
                        patent: 外观设计专利
                        patent: 实用新型专利
                  ）.
```

(2) owl:AnnotationProperty

owl:AnnotationProperty 表示标注属性类。OWL1 中 owl:AnnotationProperty 是 owl:Class 的实例，rdf:Property 的子类。OWL2 中 owl:AnnotationProperty 是 rdfs:Class 的实例，rdfs:Property 的子类。owl:AnnotationProperty 的模型化定义如下所示。

```
//OWL1
owl:AnnotationProperty  rdf:type  owl:Class ;
                        rdfs:subClassOf  rdf:Property .
```

```
//OWL2
owl:AnnotationProperty  a rdfs:Class ;
                        rdfs:label "AnnotationProperty" ;
                        rdfs:comment "The class of annotation properties." ;
                        rdfs:isDefinedBy <http://www.w3.org/2002/07/owl#> ;
                        rdfs:subClassOf  rdf:Property .
```

OWL1 Full 中标注属性未作任何限制，OWL1 DL 中 owl:AnnotationProperty 标注属性实例在使用时必须显式声明，不能定义子属性、定义域、值域等属性公理，其连接的宾语必须为文字、URI 或个体实例，并且对象属性（owl:ObjectProperty）、数据属性（owl:DataProperty）、标注属性（owl:AnnotationProperty）和本体属性（owl:OntologyProperty）互不交叉。例如，下面片段声明了一个 owl:AnnotationProperty 标注属性实例"frame:title"，用于标识专利文献"patent:document001"的标题。

```
### prefix frame:< http://www.istic.ac.cn/kos/ontology/frame#>
### http://www.istic.ac.cn/kos/ontology/frame#title
### prefix patent:<http://www.istic.ac.cn/kos/ontology/patent#>
### http://www.istic.ac.cn/kos/ontology/patent#document001
frame:title  rdf:type  owl:AnnotationProperty.
patent:document001  rdf:type  patent: 专利文献；
                    frame:title  " 语篇结构抽取和存储装置 "@zh.
```

(3) owl:Class

owl:Class 表示概念类。OWL1 中 owl:Class 是 owl:Class 的实例，rdfs:Class 的子类。OWL2 中 owl:Class 是 rdfs:Class 的实例和子类。owl:Class 的模型化定义如下所示。

```
//OWL1
owl:Class  rdf:type  owl:Class ;
           rdfs:subClassOf  rdfs:Class ;
           rdfs:label "Class" .
```

```
//OWL2
owl:Class a rdfs:Class ;
        rdfs:label "Class" ;
        rdfs:comment "The class of OWL classes." ;
        rdfs:isDefinedBy<http://www.w3.org/2002/07/owl#> ;
        rdfs:subClassOf rdfs:Class .
```

　　owl:Class 既是 OWL 模型中所有类的类，也是其他扩展领域模型概念类的超类。一个 owl:Class 类的实例，既可以声明 URI 类名标识符，也可以是由个体枚举、属性约束、类并集、类交集和类补集描述的匿名类。例如，下面片段描述了一个具名类"期刊论文"，它是"文献载体是学术期刊的科技文献"这个匿名类的子类。

```
### prefix article:< http://www.istic.ac.cn/kos/ontology/article#>
### http://www.istic.ac.cn/kos/ontology/article# 期刊论文
article: 期刊论文  rdf:type  owl:Class ;
            rdfs:subClassOf [ owl:intersectionOf
                            ( article: 科技文献
                              [ rdf:type owl:Restriction ;
                                owl:onProperty  article: 文献载体 ;
                                owl:someValuesFrom  article: 学术期刊
                              ]) ;
                            rdf:type owl:Class
                          ] .
```

　　（4）owl:DataRange

　　owl:DataRange 是一个表示数据范围的过时类，OWL2 中由 rdfs:Datatype 取代，此处不再详述。owl:DataRange 的模型化定义如下所示。

```
//OWL1
owl:DataRange  rdf:type  owl:Class ;
            rdfs:label  "DataRange" .
```

```
//OWL2
owl:DataRange a rdfs:Class ;
    rdfs:label "DataRange" ;
    rdfs:comment "The class of OWL data ranges, which are special kinds of
datatypes. Note: The use of the IRI owl:DataRange has been deprecated as of OWL2.
The IRI rdfs:Datatype SHOULD be used instead." ;
    rdfs:isDefinedBy <http://www.w3.org/2002/07/owl#> ;
    rdfs:subClassOf rdfs:Datatype .
```

(5) owl:DatatypeProperty

owl:DatatypeProperty 表示数据属性类。OWL1 中 owl:DatatypeProperty 是 owl:Class 的实例，rdf:Property 的子类。OWL2 中 owl:DatatypeProperty 是 rdfs:Class 的实例，rdf:Property 的子类。owl:DatatypeProperty 的模型化定义如下所示。

```
//OWL1
owl:DatatypeProperty  rdf:type  owl:Class ;
                      rdfs:subClassOf  rdf:Property ;
                      rdfs:label  "DatatypeProperty" .
```

```
//OWL2
owl:DatatypeProperty  a  rdfs:Class ;
    rdfs:label  "DatatypeProperty" ;
    rdfs:comment  "The class of data properties." ;
    rdfs:isDefinedBy  <http://www.w3.org/2002/07/owl#> ;
    rdfs:subClassOf  rdf:Property .
```

owl:DatatypeProperty 声明的数据属性实例构成三元组的谓词，其主语为 URI 标识的类实例，宾语为文本、数字、日期等类型的数据。owl:DatatypeProperty 的属性实例不具有传递、对称及逆反性，OWL DL 中可以建立数据属性的子属性，但不可与对象属性交叉建立子属性（为数据属性建立对象子属性或为对象属性建立数据子属性）。例如，下面片段声明了一个 owl:DatatypeProperty 数据属性"CLC 分类号"，其值域为 xsd:string，该属性标识科技文献"article:document001"的 CLC 分类号时，取值为字符串"TP391.1"。

```
### prefix article:< http://www.istic.ac.cn/kos/ontology/article#>
### http://www.istic.ac.cn/kos/ontology/article#CLC 分类号
article: CLC 分类号  rdf:type  owl:DatatypeProperty ;
                    rdfs:subPropertyOf  article: 分类号 ;
                    rdfs:domain  article: 科技文献 ;
                    rdfs:range  xsd:string .
### http://www.istic.ac.cn/kos/ontology/article#document001
article:document001  rdf:type  owl:NamedIndividual , article: 科技文献 ;
                    rdfs:label  " 基于连续段落相似度的主题划分算法 "@zh ;
                    article:CLC 分类号  "TP391.1" .
```

(6) owl:DeprecatedClass

owl:DeprecatedClass 表示弃用类。OWL1 中 owl:DeprecatedClass 是 owl:Class 的实例，rdfs:Class 的子类。OWL2 中 owl:DeprecatedClass 是 rdfs:Class 的实例和子类。owl:DeprecatedClass 的模型化定义如下所示。

```
//OWL1
owl:DeprecatedClass  rdf:type  owl:Class ;
                     rdfs:subClassOf  rdfs:Class ;
                     rdfs:label  "DeprecatedClass" .
```

```
//OWL2
owl:DeprecatedClass  a  rdfs:Class ;
    rdfs:label  "DeprecatedClass" ;
    rdfs:comment  "The class of deprecated classes." ;
    rdfs:isDefinedBy  <http://www.w3.org/2002/07/owl#> ;
    rdfs:subClassOf  rdfs:Class .
```

owl:DeprecatedClass 用于标识已过时，新版本体不再使用的类。这一标识可以确保本体保持向前的兼容性，虽然 OWL 模型无法从自身语义上检测过时类，但解析程序或应用程序可以根据这一标识给出警告性提示或不再显示过时类，方便用户选择合适的建模词汇。例如，下面片段对弃用类"科技文档"做出标识。

```
### prefix article:< http://www.istic.ac.cn/kos/ontology/article#>
### http://www.istic.ac.cn/kos/ontology/article# 科技文档
article:科技文档  rdf:type  owl:DeprecatedClass ;
              rdfs:label  " 科技文档 "@zh ;
              rdfs:comment  " 科技文档不再使用，由科技文献替代。" .
```

（7）owl:DeprecatedProperty

owl:DeprecatedProperty 表示弃用属性类。OWL1 中 owl:DeprecatedProperty 是 owl:Class 的实例，rdf:Property 的子类。OWL2 中 owl:DeprecatedProperty 是 rdfs:Class 的实例，rdf:Property 的子类。owl:DeprecatedProperty 的模型化定义如下所示。

```
//OWL1
owl:DeprecatedProperty  rdf:type  owl:Class ;
                        rdfs:subClassOf  rdf:Property ;
                        rdfs:label  "DeprecatedProperty" .
```

```
//OWL2
owl:DeprecatedProperty  a  rdfs:Class ;
                        rdfs:label  "DeprecatedProperty" ;
                        rdfs:comment  "The class of deprecated properties." ;
                        rdfs:isDefinedBy  <http://www.w3.org/2002/07/owl#> ;
                        rdfs:subClassOf  rdf:Property .
```

owl:DeprecatedProperty 用于标识已过时，新版本体不再使用的属性。这一标识可以确保本体保持向前的兼容性，虽然 OWL 模型无法从自身语义上检测过时属性，但解析程序或应用程序可以根据这一标识给出警告性提示或不再显示过时属性，方便用户选择合适的建模词汇。例如，下面片段对弃用属性"所含主题词"做出标识。

```
### prefix article:< http://www.istic.ac.cn/kos/ontology/article#>
###  http://www.istic.ac.cn/kos/ontology/article# 所含主题词
article: 所含主题词  rdf:type  owl:DeprecatedProperty；
                rdfs:label " 所含主题词 "@zh；
                rdfs:comment " 所含主题词不再使用，由所含关键词替代。".
```

（8）owl:FunctionalProperty

owl:FunctionalProperty 表示函数属性类。OWL1 中 owl:FunctionalProperty 是 owl:Class 的实例，rdf:Property 的子类。OWL2 中 owl:FunctionalProperty 是 rdfs:Class 的实例，rdf:Property 的子类。owl:FunctionalProperty 的模型化定义如下所示。

```
//OWL1
owl:FunctionalProperty  rdf:type  owl:Class；
                rdfs:subClassOf  rdf:Property；
                rdfs:label  "FunctionalProperty".
```

```
//OWL2
owl:FunctionalProperty  a  rdfs:Class；
                rdfs:label  "FunctionalProperty"；
                rdfs:comment  "The class of functional properties."；
                rdfs:isDefinedBy  <http://www.w3.org/2002/07/owl#>；
                rdfs:subClassOf  rdf:Property.
```

owl:FunctionalProperty 用于说明定义域与值域间一对一的映射关系，对于定义域中的每个主体，值域中只能有唯一的客体值与之对应，但不要求定义域一定有个体（取值数量 0 或 1）。例如，下列片段声明了一个具有函数特性的对象属性"research: 负责人"，知识库中含有多个有关"W3C 负责人"的三元组。尽管"蒂姆_伯纳斯_李"、"Tim_Berners-Lee"和"Timothy_John_Berners-Lee"是不同的实例形式，但可以判定这 3 个实例为同一个体。

```
### prefix research:<http://www.istic.ac.cn/kos/ontology/research#>
###  http://www.istic.ac.cn/kos/ontology/research# 负责人
research: 负责人  rdf:type  owl:ObjectProperty，
                owl:FunctionalProperty；
        rdfs:domain  research: 机构；
rdfs:rangeresearch: 人员.
###  http://www.istic.ac.cn/kos/ontology/research#W3C
research:W3C  rdf:type  owl:NamedIndividual,
```

```
            research: 机构 ;
            research: 负责人  research: 蒂姆 _ 伯纳斯 _ 李 .
##################### 负责人其他表示形式 #####################
research:W3C research: 负责人  research:Tim_Berners-Lee.
research:W3C research: 负责人  research:Timothy_John_Berners-Lee.
```

owl:FunctionalProperty 既可用于对象属性约束，判断不同的实例资源为同一个体，也可用于数据属性约束，判断不同的表示形式为同义词。例如，下面片段声明了函数属性"申请日"，则专利文献"CN_110933640_A"只能拥有一个申请日期，如果知识库中含有多个不同形式的申请日期，则所有的形式都会被判定为同一个含义。

```
### prefix patent:<http://www.istic.ac.cn/kos/ontology/patent#>
### http://www.istic.ac.cn/kos/ontology/patent# 申请日
patent: 申请日  rdf:type  owl:DatatypeProperty ,
                    owl:FunctionalProperty ;
          rdfs:label " 申请日 "@zh ;
          rdfs:domain  patent: 专利文献 ;
rdfs:range xsd:string .
### http://www.istic.ac.cn/kos/ontology/patent#CN_110933640_A
patent: CN_110933640_A  rdf:type  owl:NamedIndividual,
                            patent: 专利文献 ;
      rdfs:label " 一种基于虚拟移动蜂窝的智能网联车无缝通信方法 "@zh ;
      patent: 申请日  "2019.11.18" .
##################### 申请日其他表示形式 #####################
patent: CN_110933640_A  patent: 申请日  "18November 2019" .
patent: CN_110933640_A  patent: 申请日  "2019 年 11 月 18 日 " .
```

（9）owl:InverseFunctionalProperty

owl:InverseFunctionalProperty 表示反函数属性类。OWL1 中 owl:InverseFunctionalProperty 是 owl:Class 的实例，owl:ObjectProperty 的子类。OWL2 中 owl:InverseFunctionalProperty 是 rdfs:Class 的实例，owl:ObjectProperty 的子类。owl:InverseFunctionalProperty 的模型化定义如下所示。

```
//OWL1
owl:InverseFunctionalProperty  rdf:type  owl:Class ;
                    rdfs:subClassOf  owl:ObjectProperty ;
                    rdfs:label "InverseFunctionalProperty" .
```

```
//OWL2
owl:InverseFunctionalProperty  a  rdfs:Class ;
                    rdfs:label "InverseFunctionalProperty" ;
                    rdfs:comment "The class of inverse-functional properties." ;
                    rdfs:isDefinedBy <http://www.w3.org/2002/07/owl#> ;
                    rdfs:subClassOf owl:ObjectProperty .
```

owl:InverseFunctionalProperty 用于说明值域与定义域间一对一的映射关系，值域中的每一个客体值，定义域中都有唯一的主体与之对应。客体值可以唯一确定主体，值域个体为定义域个体的唯一键值。如果推理机检测到具有反函数属性的谓词连接了相同的客体值，那么两个主体一定为同一主体。例如，下面片段声明了一个反函数属性的"项目成果"，一个项目可以研发出多种成果，但一项成果只能挂靠一个项目，通过成果物标识符可以唯一地确定项目。

```
### prefix project:<http://www.istic.ac.cn/kos/ontology/project#>
### prefix patent:<http://www.istic.ac.cn/kos/ontology/patent#>

###  http://www.istic.ac.cn/kos/ontology/project# 项目成果
project: 项目成果  rdf:type  owl:ObjectProperty ,
                         owl:InverseFunctionalProperty ;
                rdfs:label " 项目的产出成果 "@zh ;
                rdfs:domain  project: 科研项目 ;
                rdfs:range   project: 科研成果 .
###  http://www.istic.ac.cn/kos/ontology/project#project_ZD2021-17
project:project_ZD2021-17 rdf:type  owl:NamedIndividual,
                         project: 科研项目 ;
              project: 项目成果  patent:patent_2018105741677.
###  http://www.istic.ac.cn/kos/ontology/patent#patent_2018105741677
patent:patent_2018105741677 rdf:type  owl:NamedIndividual,
                         project: 科研成果 ;
                rdfs:label " 文本翻译系统 "@zh ;
                patent: 申请人  patent: 智星科技 ;
                patent: 申请日  "2018-06-06" .
```

需要注意：owl: FunctionalProperty 函数属性与 owl:InverseFunctionalProperty 反函数属性是两个独立的特性，一个属性具有函数属性不一定具有反函数属性，反之亦然。例如，一项专利只能有一个函数属性的"申请日期"，但同一日期会有若干项专利申请。一个反函数属性的"手机号码"可以联系到唯一的个人，但一个人可以同时拥有若干个手机号。

(10) owl:Nothing

owl:Nothing 表示空类。OWL1 中 owl:Nothing 是 owl:Class 的实例，owl:Thing 的补集。OWL2 中 owl:Nothing 是 owl:Class 的实例，owl:Thing 的子类。owl:Nothing 的模型化定义如下所示。

```
//OWL1
owl:Nothing rdf:type owl:Class ;
            owl:equivalentClass [ rdf:type owl:Class ;
                                  owl:complementOf owl:Thing
                                ] ;
            rdfs:label "Nothing" .
```

```
//OWL2
owl:Nothing  a owl:Class ;
            rdfs:label "Nothing" ;
            rdfs:comment "This is the empty class." ;
            rdfs:isDefinedBy <http://www.w3.org/2002/07/owl#> ;
            rdfs:subClassOf owl:Thing .
```

owl:Nothing 和 owl:Thing 是一对特殊的预定义标识类，owl:Nothing 表示概念类的空集，是每个类自动蕴含的子类，通常不直接声明该类型的实例。

(11) owl:ObjectProperty

owl:ObjectProperty 表示对象属性类。OWL1 中 owl:ObjectProperty 是 owl:Class 的实例，rdf:Property 的子类。OWL2 中 owl:ObjectProperty 是 rdfs:Class 的实例，rdf:Property 的子类。owl:ObjectProperty 的模型化定义如下所示。

```
//OWL1
owl:ObjectProperty rdf:type  owl:Class ;
                   rdfs:subClassOf  rdf:Property ;
                   rdfs:label  "ObjectProperty" .
```

```
//OWL2
owl:ObjectProperty  a rdfs:Class ;
                   rdfs:label "ObjectProperty" ;
                   rdfs:comment "The class of object properties." ;
                   rdfs:isDefinedBy <http://www.w3.org/2002/07/owl#> ;
                   rdfs:subClassOf rdf:Property .
```

owl:ObjectProperty 对象属性用于描述两个类间的关系，其实例充当三元组谓词，主语和宾语分别连接个体实例。由于宾语由 URI 标识的个体实例构成，对象属性连接的三元组便可以继续扩展，位于主语和宾语的概念成为领域知识的核心节点，从而构成覆盖整个领域的知识网络。例如，下面片段声明了一个对象属性实例"专利代理机构"，两端分别连接专利文献"CN_107766328_A"和代理机构"智星专利"。

```
### prefix patent:<http://www.istic.ac.cn/kos/ontology/patent#>
### http://www.istic.ac.cn/kos/ontology/patent# 专利代理机构
patent: 专利代理机构  rdf:type  owl:ObjectProperty ;
                    rdfs:label " 有专利代理机构 "@zh ;
                    rdfs:domain  patent: 专利文献 ;
                    rdfs:rangepatent: 组织机构 .
### http://www.istic.ac.cn/kos/ontology/patent#CN_107766328_A
patent: CN_107766328_A  rdf:type  owl:NamedIndividual,
                                  patent: 专利文献 ;
        rdfs:label " 结构化文本提取系统 "@zh ;
        patent: 专利代理机构  patent: 智星专利 .
### http://www.istic.ac.cn/kos/ontology/patent# 智星专利
patent: 智星专利  rdf:type  patent: 组织机构 ;
              rdfs:label " 智星专利事务所 "@zh .
```

（12）owl:Ontology

owl:Ontology 表示本体类。OWL1 中 owl:Ontology 是 owl:Class 的实例。OWL2 中 owl:Ontology 是 rdfs:Class 的实例，rdfs:Resource 的子类。owl:Ontology 的模型化定义如下所示。

```
//OWL1
owl:Ontology  rdf:type  owl:Class ;
              rdfs:label "Ontology" .
```

```
//OWL2
owl:Ontology   a rdfs:Class ;
            rdfs:label "Ontology" ;
            rdfs:comment "The class of ontologies." ;
            rdfs:isDefinedBy <http://www.w3.org/2002/07/owl#> ;
            rdfs:subClassOf rdfs:Resource .
```

owl:Ontology 用于说明 URI 标识的资源为一个 OWL 本体实例。owl:Ontology 标识的 Ontology 是一种广义的本体，不仅包含类、属性等本体要素，还可以包含个体实例数据。例如，下面片段是 RDF 模型的本体声明，表示命名空间"http://www.w3.org/1999/02/22-rdf-syntax-ns#"标识了一个 owl:Ontology 本体，该本体为"The RDF Concepts Vocabulary（RDF）"。

```
### prefix dc: <http://purl.org/dc/elements/1.1/>
### prefix rdf: <http://www.w3.org/1999/02/22-rdf-syntax-ns#>
<http://www.w3.org/1999/02/22-rdf-syntax-ns#> a owl:Ontology ;
    dc:title "The RDF Concepts Vocabulary（RDF）" ;
    dc:date "2019-12-16" ;
    dc:description "This is the RDF Schema for the RDF vocabulary terms in the RDF Namespace,
defined in RDF 1.1 Concepts." .
```

（13）owl:OntologyProperty

owl:OntologyProperty 表示本体属性类。OWL1 中 owl:OntologyProperty 是 owl:Class 的实例，rdf:Property 的子类。OWL2 中 owl:OntologyProperty 是 rdfs:Class 的实例，rdf:Property 的子类。owl:OntologyProperty 的模型化定义如下所示。

```
//OWL1
owl:OntologyProperty rdf:type owl:Class ;
                     rdfs:subClassOf rdf:Property .
//OWL2
owl:OntologyProperty a rdfs:Class ;
                     rdfs:label "OntologyProperty" ;
                     rdfs:comment "The class of ontology properties." ;
                     rdfs:isDefinedBy <http://www.w3.org/2002/07/owl#> ;
                     rdfs:subClassOf rdf:Property .
```

owl:OntologyProperty 用于声明与整个本体有关的元数据标识。例如，下面片段声明了本体属性"owl:imports"，用于标识当前本体需要依赖和导入的其他本体。

```
### prefix rdfs: <http://www.w3.org/2000/01/rdf-schema#>
### prefix owl: <http://www.w3.org/2002/07/owl#>
owl:imports a owl:OntologyProperty ;
    rdfs:label "imports" ;
    rdfs:comment "The property that is used for importing other ontologies into a given ontology." ;
    rdfs:domain owl:Ontology ;
    rdfs:isDefinedBy <http://www.w3.org/2002/07/owl#> ;
    rdfs:range owl:Ontology .
```

（14）owl:Restriction

owl:Restriction 表示约束类。OWL1 中 owl:Restriction 是 owl:Class 的实例和子类。OWL2 中 owl:Restriction 是 rdfs:Class 的实例，owl:Class 的子类。owl:Restriction 的模型化定义如下所示。

//OWL1
owl:Restriction rdf:type owl:Class ;
             rdfs:subClassOf owl:Class ;
             rdfs:label "Restriction" .

//OWL2
owl:Restriction a rdfs:Class ;
         rdfs:label "Restriction" ;
         rdfs:comment "The class of property restrictions." ;
         rdfs:isDefinedBy <http://www.w3.org/2002/07/owl#> ;
         rdfs:subClassOf owl:Class .

　　owl:Restriction 用于声明一个约束，常与 owl:onProperty 搭配使用，通过 owl:onProperty 将约束条件链接到指定的属性上，共同标识一个属性的限制条件。例如，下面片段声明了一个作用在"article: 文献载体"属性上的匿名约束，从形式语义上说明了"期刊论文是刊载在学术期刊上的科技文献"。

### prefix article:< http://www.istic.ac.cn/kos/ontology/article#> 	
### http://www.istic.ac.cn/kos/ontology/article# 期刊论文 	
article: 期刊论文 rdf:type owl:Class ;
             rdfs:subClassOf [owl:intersectionOf
                             (article: 科技文献
                              [rdf:type owl:**Restriction** ;
                                owl:onProperty article: 文献载体 ;
                                owl:someValuesFrom article: 学术期刊
                              ]);
                              rdf:type owl:Class
                         ] .

（15）owl:SymmetricProperty

　　owl:SymmetricProperty 表示对称属性类。OWL1 中 owl:SymmetricProperty 是 owl:Class 的实例，owl:ObjectProperty 的子类。OWL2 中 owl:SymmetricProperty 是 rdfs:Class 的实例，owl:ObjectProperty 的子类。owl:SymmetricProperty 的模型化定义如下所示。

//OWL1
owl:SymmetricProperty rdf:type owl:Class ;
                     rdfs:subClassOf owl:ObjectProperty ;
                     rdfs:label "SymmetricProperty" .

//OWL2
owl:SymmetricProperty a rdfs:Class ;
               rdfs:label "SymmetricProperty" ;
               rdfs:comment "The class of symmetric properties." ;
               rdfs:isDefinedBy <http://www.w3.org/2002/07/owl#> ;
               rdfs:subClassOf owl:ObjectProperty .

owl:SymmetricProperty 用于标识一个具有对称特性的属性，即如果 p 是对称属性，个体 A 通过属性 p 关联到个体 B，那么个体 B 通过属性 p 关联到个体 A 也成立。例如，下面片段声明了对象属性"research: 同事"为对称属性，属性两端的个体互换位置不影响语义表达。

```
### prefix research:< http://www.istic.ac.cn/ontology/research#>
### http://www.istic.ac.cn/ontology/research# 同事
research: 同事  rdf:type  owl:ObjectProperty ;
                rdf:type  owl:SymmetricProperty ;
                rdfs:domain  research: 科研人员 ;
                rdfs:range  research: 科研人员 .
```

（16）owl:Thing

owl:Thing 表示全体类。OWL1 中 owl:Thing 是 owl:Class 的实例，由 owl:Nothing 类和 owl:Nothing 补集类组合而成。OWL2 中 owl:Thing 是 owl:Class 的实例。owl:Thing 的模型化定义如下所示。

```
//OWL1
owl:Thing rdf:type owl:Class ;
          owl:equivalentClass [ rdf:type owl:Class ;
                                owl:unionOf
                                    ( owl:Nothing
                                      [ rdf:type owl:Class ;
                                        owl:complementOf owl:Nothing
                                      ])
                              ] ;
          rdfs:label "Thing" .
```

```
//OWL2
owl:Thing  a owl:Class ;
           rdfs:label "Thing" ;
           rdfs:comment "The class of OWL individuals." ;
           rdfs:isDefinedBy <http://www.w3.org/2002/07/owl#> .
```

owl:Thing 和 owl:Nothing 是一对特殊的预定义标识类。owl:Thing 是表示全体概念类的顶级类，每一个 OWL 类（包括 owl:Nothing）都是 owl:Thing 的子类，通常不直接声明该类型的实例，而是由构建工具作为领域知识体系的根节点使用，在下面按层级构建其他领域概念。

（17）owl:TransitiveProperty

owl:TransitiveProperty 表示传递属性类。OWL1 中 owl:TransitiveProperty 是 owl:Class 的实例，owl:ObjectProperty 的子类。OWL2 中 owl:TransitiveProperty 是 rdfs:Class 的实例，owl:ObjectProperty 的子类。owl:TransitiveProperty 的模型化定义如下所示。

```
//OWL1
owl:TransitiveProperty  rdf:type  owl:Class ;
                rdfs:subClassOf  owl:ObjectProperty ;
                rdfs:label "TransitiveProperty" .
```

```
//OWL2
owl:TransitiveProperty a rdfs:Class ;
                rdfs:label "TransitiveProperty" ;
                rdfs:comment "The class of transitive properties." ;
                rdfs:isDefinedBy <http://www.w3.org/2002/07/owl#> ;
                rdfs:subClassOf owl:ObjectProperty .
```

owl:TransitiveProperty 用于标识属性的传递特性，这一特性是 OWL 模型实现个体关系推理的基本条件，即如果 p 是一个传递属性，x 通过 p 关联到 y，y 通过 p 关联到 z，则 x 通过 p 关联到 z 也成立。例如，下面片段声明了一个传递属性"地域所属"，由"common: 北京 common: 地域所属 common: 华北地区"和"common: 华北地区 common: 地域所属 common: 北方地区"事实三元组，可以得出"common: 北京 common: 地域所属 common: 北方地区"结论也成立。

```
### prefix common:< http://www.istic.ac.cn/kos/ontology/common#>
### http://www.istic.ac.cn/kos/ontology/common# 地域所属
common: 地域所属  rdf:type  owl:ObjectProperty ,
                           owl:TransitiveProperty .
### http://www.istic.ac.cn/kos/ontology/common# 北京
common: 北京  rdf:type  owl:NamedIndividual ,
                        common: 地区 ;
              common: 地域所属  common: 华北地区 .
### http://www.istic.ac.cn/kos/ontology/common# 华北地区
common: 华北地区  rdf:type  owl:NamedIndividual ,
                           common: 地区 ;
                  common: 地域所属  common: 北方地区 .
### http://www.istic.ac.cn/kos/ontology/common# 北方地区
common: 北方地区  rdf:type  owl:NamedIndividual ,
                           common: 地区 .
```

3.1.2 OWL1 模型的对象属性

（1）owl:allValuesFrom

owl:allValuesFrom 表示全部取值来源。OWL1 中 owl:allValuesFrom 是 owl:ObjectProperty 的实例，定义域为 owl:Restriction，值域为 rdfs:Class。OWL2 中 owl:allValuesFrom 是 rdf:Property 的实例，定义域为 owl:Restriction，值域为 rdfs:Class。owl:allValuesFrom 的模型化定义如下所示。

```
//OWL1
owl:allValuesFrom  rdf:type  owl:ObjectProperty ;
                   rdfs:domain  owl:Restriction ;
                   rdfs:range  rdfs:Class ;
                   rdfs:label  "allValuesFrom" .
```

```
//OWL2
owl:allValuesFrom a rdf:Property ;
        rdfs:label "allValuesFrom" ;
        rdfs:comment "The property that determines the class that a universal
property restriction refers to." ;
        rdfs:domain owl:Restriction ;
        rdfs:isDefinedBy <http://www.w3.org/2002/07/owl#> ;
        rdfs:range rdfs:Class .
```

owl:allValueFrom 是全称量词，用于约束属性的值域取值状况。如果定义域中的个体有相应的属性取值，那么只能取该值域类所含的成员值，不可以再取其他类中的成员值，但这样的属性取值可以不存在。例如，下面片段使用全称量词对"article: 授予学位"属性的取值进行了限制，表明一名毕业生在修满学分后，只能被授予博士、学士或硕士学位，但也可能未被授予学位。

```
### prefix article:< http://www.istic.ac.cn/kos/ontology/article#>
### http://www.istic.ac.cn/kos/ontology/article# 毕业论文
article: 毕业论文  rdf:type  owl:Class ;
            rdfs:subClassOf
                [ owl:intersectionOf
                    ( article: 科技文献
                      [ rdf:type  owl:Restriction ;
                        owl:onProperty  article: 授予学位 ;
                        owl:allValuesFrom
                          [ rdf:type  owl:Class ;
                            owl:unionOf
                                ( article: 博士
                                  article: 学士
                                  article: 硕士 )
                          ]
                      ] ,
                      [ rdf:type  owl:Restriction ;
                        owl:onProperty  project: 学分 ;
                        owl:allValuesFrom
                          [ rdf:type rdfs:Datatype ;
                            owl:onDatatype xsd:integer ;
                            owl:withRestrictions ( [ xsd:minInclusive 40 ] )
                          ]
                      ]
                    );
                    rdf:type owl:Class
                ] .
```

（2）owl:complementOf

owl:complementOf 表示类的补集。OWL1 中 owl:complementOf 是 owl:ObjectProperty 的实例，定义域为 owl:Class，值域为 owl:Class。OWL2 中 owl:complementOf 是 rdf:Property 的实例，定义域为 owl:Class，值域为 owl:Class。owl:complementOf 的模型化定义如下所示。

```
//OWL1
owl:complementOf  rdf:type  owl:ObjectProperty ;
              rdfs:domain  owl:Class ;
              rdfs:range  owl:Class ;
              rdfs:label  "complementOf" .
```

```
//OWL2
owl:complementOf a rdf:Property ;
              rdfs:label "complementOf" ;
              rdfs:comment "The property that determines that a given class is the complement of another class." ;
              rdfs:domain owl:Class ;
              rdfs:isDefinedBy <http://www.w3.org/2002/07/owl#> ;
              rdfs:range owl:Class .
```

owl:complementOf 用于说明一个类的补集。例如，下面片段描述了 OWL1 中 owl:Nothing 的定义，即 owl:Nothing 空集等同于 owl:Thing 全集的补集。

```
### prefix owl: <http://www.w3.org/2002/07/owl#>
### prefix rdf: <http://www.w3.org/1999/02/22-rdf-syntax-ns#>
### prefix rdfs: <http://www.w3.org/2000/01/rdf-schema#>
owl:Nothing rdf:type owl:Class ;
         owl:equivalentClass [ rdf:type owl:Class ;
                            owl:complementOf owl:Thing
                          ] ;
         rdfs:label "Nothing" .
```

（3）owl:differentFrom

owl:differentFrom 表示不同个体。OWL1 中 owl:differentFrom 是 owl:ObjectProperty 的实例，定义域为 owl:Thing，值域为 owl:Thing。OWL2 中 owl:differentFrom 是 rdf:Property 的实例，定义域为 owl:Thing，值域为 owl:Thing。owl:differentFrom 的模型化定义如下所示。

```
//OWL1
owl:differentFrom  rdf:type  owl:ObjectProperty ;
               rdfs:domain  owl:Thing ;
               rdfs:range  owl:Thing ;
               rdfs:label  "differentFrom" .
```

```
//OWL2
owl:differentFrom a rdf:Property ;
            rdfs:label "differentFrom" ;
            rdfs:comment "The property that determines that two given individuals are different." ;
            rdfs:domain owl:Thing ;
            rdfs:isDefinedBy <http://www.w3.org/2002/07/owl#> ;
            rdfs:range owl:Thing .
```

owl:differentFrom 用于明确地说明一个与当前个体不同的个体。由于 OWL 模型采用开放世界假设，没有明确声明的事实不能认为成立。默认情况下两个不同标识的个体可以指代同一个事物，除非明确地使用 owl:differentFrom 标识个体不相同，这一明确的约束条件对知识库中多个体去重、指代消歧等任务产生重要影响。例如，下面片段以现代散文家朱自清与友人俞平伯同游秦淮河时所作的散文《桨声灯影里的秦淮河》为例声明了两个散文个体，两篇文章的标题及 "document: 发表时间" 和 "document: 文献载体" 均相同，为了区别不同的文章，声明使用 owl:differentFrom 对两篇文章做了明确标识。

```
### prefix document:< http://www.istic.ac.cn/kos/ontology/document#>
### http://www.istic.ac.cn/kos/ontology/document#qinhuaihe
document:qinhuaihe rdf:type owl:NamedIndividual ,
                        document: 散文 ;
            document: 作者 document: 朱自清 ;
            document: 文献载体 document: 东方杂志 ;
            document: 发表时间 "1924 年 1 月 25 日 "^^xsd:string ;
            rdfs:label " 桨声灯影里的秦淮河 "@zh .
### http://www.istic.ac.cn/kos/ontology/document# 秦淮河
document: 秦淮河 rdf:type owl:NamedIndividual ,
                        document: 散文 ;
            document: 作者 document: 俞平伯 ;
            document: 文献载体 document: 东方杂志 ;
            document: 发表时间 "1924 年 1 月 25 日 "^^xsd:string ;
            rdfs:label " 桨声灯影里的秦淮河 "@zh ;
            owl:differentFrom document:qinhuaihe .
```

（4）owl:disjointWith

owl:disjointWith 表示两个类集合不相交。OWL1 中 owl:disjointWith 是 owl:ObjectProperty 的实例，定义域为 owl:Class，值域为 owl:Class。OWL2 中 owl:disjointWith 是 rdf:Property 的实例，定义域为 owl:Class，值域为 owl:Class。owl:disjointWith 的模型化定义如下所示。

```
//OWL1
owl:disjointWith  rdf:type  owl:ObjectProperty ;
                  rdfs:domain  owl:Class ;
                  rdfs:range  owl:Class ;
                  rdfs:label  "disjointWith" .
```

```
//OWL2
owl:disjointWith a rdf:Property ;
        rdfs:label "disjointWith" ;
        rdfs:comment "The property that determines that two given classes are disjoint." ;
        rdfs:domain owl:Class ;
        rdfs:isDefinedBy <http://www.w3.org/2002/07/owl#> ;
        rdfs:range owl:Class .
```

由于 OWL 模型采用开放世界假设，没有明确声明的事实不能认为成立。owl:disjointWith 用于说明两个类不相交，没有共同的元素，这一明确标识对知识库中概念的语义消歧、个体类型判断产生重要影响。例如，下列片段声明了"article: 会议论文"和"article: 期刊论文"两个类，并通过 owl:disjointWith 明确地声明两个类中没有共同元素。

```
### prefix article:< http://www.istic.ac.cn/kos/ontology/article#>
### http://www.istic.ac.cn/kos/ontology/article# 会议论文
article: 会议论文  rdf:type  owl:Class ;
             rdfs:subClassOf  article: 科技文献 ;
             owl:disjointWith  article: 期刊论文 .
### http://www.istic.ac.cn/kos/ontology/article# 期刊论文
article: 期刊论文  rdf:type  owl:Class ;
             rdfs:subClassOf  article: 科技文献 .
```

（5）owl:distinctMembers

owl:distinctMembers 表示集合中的成员互不相同。OWL1 中 owl:distinctMembers 是 owl:ObjectProperty 的实例，定义域为 owl:AllDifferent，值域为 rdf:List。OWL2 中 owl:distinctMembers 是 rdfs:Property 的实例，定义域为 owl:AllDifferent，值域为 rdf:List。owl:distinctMembers 的模型化定义如下所示。

```
//OWL1
owl:distinctMembers  rdf:type  owl:ObjectProperty ;
                     rdfs:domain  owl:AllDifferent ;
                     rdfs:range  rdf:List ;
                     rdfs:label  "distinctMembers" .
```

```
//OWL2
owl:distinctMembers a rdf:Property ;
        rdfs:label "distinctMembers" ;
        rdfs:comment "The property that determines the collection of pairwise
different individuals in a owl:AllDifferent axiom." ;
        rdfs:domain owl:AllDifferent ;
        rdfs:isDefinedBy <http://www.w3.org/2002/07/owl#> ;
        rdfs:range rdf:List .
```

owl:distinctMembers 仅同 owl:AllDifferent 搭配使用，用于表明 owl:AllDifferent 集合所含个体成员互不相同。例如，下面片段声明了一个 owl:AllDifferent 实例集合"patent_type"，其个体成员"patent:发明专利"、"patent:外观设计专利"和"patent:实用新型专利"互不相同。

```
### prefix patent:<http://www.istic.ac.cn/kos/ontology/patent#>
### http://www.istic.ac.cn/kos/ontology/patent# 发明专利
patent: 发明专利  rdf:type  owl:NamedIndividual ,
                  patent: 专利类型 .
### http://www.istic.ac.cn/kos/ontology/patent# 外观设计专利
patent: 外观设计专利  rdf:type  owl:NamedIndividual ,
                  patent: 专利类型 .
### http://www.istic.ac.cn/kos/ontology/patent# 实用新型专利
patent: 实用新型专利  rdf:type  owl:NamedIndividual ,
                  patent: 专利类型 .
### http://www.istic.ac.cn/kos/ontology/patent#patent_type
patent:patent_type  rdf:type owl:AllDifferent ;
        owl:distinctMembers (
                  patent: 发明专利
                  patent: 外观设计专利
                  patent: 实用新型专利
        ) .
```

（6）owl:equivalentClass

owl:equivalentClass 表示等同类。OWL1 中 owl:equivalentClass 是 owl:ObjectProperty 的实例，rdfs:subClassOf 的子属性，定义域为 owl:Class，值域为 owl:Class。OWL2 中 owl:equivalentClass 是 rdf:Property 的实例，定义域为 rdfs:Class，值域为 rdfs:Class。owl:equivalentClass 的模型化定义如下所示。

```
//OWL1
owl:equivalentClass rdf:type  owl:ObjectProperty ;
              rdfs:subPropertyOf  rdfs:subClassOf ;
              rdfs:domain  owl:Class ;
              rdfs:range  owl:Class ;
              rdfs:label  "equivalentClass" .
```

```
//OWL2
owl:equivalentClass a rdf:Property ;
         rdfs:label "equivalentClass" ;
         rdfs:comment "The property that determines that two given classes are
equivalent, and that is used to specify datatype definitions." ;
         rdfs:domain rdfs:Class ;
         rdfs:isDefinedBy <http://www.w3.org/2002/07/owl#> ;
         rdfs:range rdfs:Class .
```

owl:equivalentClass 用于说明外延相同的两个类，即两个类含有完全一样的个体集，但每个类的关系属性不共享，仍按原状态描述各自的类。例如，下面片段声明了一个类"common: 东北大米产地"，通过 owl:equivalentClass 标识与"common: 吉林"、"common: 辽宁"和"common: 黑龙江"3 个实例构成的匿名类建立外延等同关系，即"common: 东北大米产地"也包含"common: 吉林"、"common: 辽宁"和"common: 黑龙江"3 个实例。

```
### prefix common:< http://www.istic.ac.cn/kos/ontology/common#>
### http://www.istic.ac.cn/kos/ontology/common# 东北大米产地
common: 东北大米产地  rdf:type  owl:Class ;
         owl:equivalentClass [ rdf:type owl:Class ;
                     owl:oneOf ( common: 吉林
                                 common: 辽宁
                                 common: 黑龙江
                              )
                     ] ;
         rdfs:subClassOf  common: 产区 .
```

（7）owl:equivalentProperty

owl:equivalentProperty 表示等同属性。OWL1 中 owl:equivalentProperty 是 owl:ObjectProperty 的实例，rdfs:subPropertyOf 的子属性。OWL2 中 owl:equivalentProperty 是 rdf:Property 的实例，定义域为 rdf:Property，值域为 rdf:Property。owl:equivalentProperty 的模型化定义如下所示。

```
//OWL1
owl:equivalentProperty  rdf:type  owl:ObjectProperty ;
                        rdfs:subPropertyOf  rdfs:subPropertyOf ;
                        rdfs:label  "equivalentProperty" .
```

```
//OWL2
owl:equivalentProperty  a  rdf:Property ;
        rdfs:label  "equivalentProperty" ;
        rdfs:comment  "The property that determines that two given properties are equivalent." ;
        rdfs:domain  rdf:Property ;
        rdfs:isDefinedBy  <http://www.w3.org/2002/07/owl#> ;
        rdfs:range  rdf:Property .
```

owl:equivalentProperty 用于说明外延相同的两个属性，即两个属性有着相同的"值"，可以相互替换。例如，下面片段声明了"article: 文献载体"和"project: 来源刊物"两个属性，并通过 owl:equivalentProperty 标识两个属性外延相同。推理运行后"project: 来源刊物"属性将拥有与"article: 文献载体"相同的定义域和值域。

```
### prefix article:<http://www.istic.ac.cn/kos/ontology/article#>
### prefix project:<http://www.istic.ac.cn/kos/ontology/project#>
### http://www.istic.ac.cn/kos/ontology/article# 文献载体
article: 文献载体  rdf:type  owl:ObjectProperty ;
            owl:equivalentProperty  project: 来源刊物 ;
            rdfs:domain  article: 期刊论文 ;
            rdfs:range  article: 期刊杂志 .
### http://www.istic.ac.cn/kos/ontology/project# 来源刊物
project: 来源刊物  rdf:type  owl:ObjectProperty ;
            rdfs:domain  project: 论文 ;
            rdfs:range  project: 期刊 .
```

（8）owl:intersectionOf

owl:intersectionOf 表示类相交。OWL1 中 owl:intersectionOf 是 owl:ObjectProperty 的实例，定义域为 owl:Class，值域为 rdf:List。OWL2 中 owl:intersectionOf 是 rdf:Property 的实例，定义域为 rdfs:Class，值域为 rdf:List。owl:intersectionOf 的模型化定义如下所示。

```
//OWL1
owl:intersectionOf  rdf:type  owl:ObjectProperty ;
                    rdfs:domain  owl:Class ;
                    rdfs:range  rdf:List ;
                    rdfs:label  "intersectionOf" .
```

```
//OWL2
owl:intersectionOf  a  rdf:Property ;
            rdfs:label "intersectionOf" ;
            rdfs:comment  "The property that determines the collection of classes or data ranges that build an intersection." ;
            rdfs:domain  rdfs:Class ;
            rdfs:isDefinedBy <http://www.w3.org/2002/07/owl#> ;
            rdfs:range rdf:List .
```

owl:intersectionOf 用于声明两个类的交集形成的共有个体集合。例如，下面片段用"article: 学术论文"与匿名类的交集描述了"article: 中文论文"这个类，即"article: 中文论文"为"正文为中文的学术论文"。

```
### prefix article:< http://www.istic.ac.cn/kos/ontology/article#>
### http://www.istic.ac.cn/kos/ontology/article# 中文论文
article: 中文论文  rdf:type  owl:Class ;
       rdfs:subClassOf [ owl:intersectionOf
                       ( article: 学术论文
                           [ rdf:type owl:Restriction ;
                             owl:onProperty article: 正文语言 ;
                             owl:hasValue  article: 中文
                           ]
                       ) ;
                       rdf:type owl:Class
                     ] .
```

（9）owl:inverseOf

owl:inverseOf 表示互逆关系。OWL1 中 owl:inverseOf 是 owl:ObjectProperty 的实例，定义域为 owl:ObjectProperty，值域为 owl:ObjectProperty。OWL2 中 owl:inverseOf 是 rdf:Property 的实例，定义域为 owl:ObjectProperty，值域为 owl:ObjectProperty。owl:inverseOf 的模型化定义如下所示。

```
//OWL1
owl:inverseOf  rdf:type  owl:ObjectProperty ;
            rdfs:domain  owl:ObjectProperty ;
            rdfs:range  owl:ObjectProperty ;
            rdfs:label "inverseOf" .
```

```
//OWL2
owl:inverseOf a rdf:Property ;
            rdfs:label "inverseOf" ;
            rdfs:comment "The property that determines that two given properties
are inverse." ;
            rdfs:domain owl:ObjectProperty ;
            rdfs:isDefinedBy<http://www.w3.org/2002/07/owl#> ;
            rdfs:range owl:ObjectProperty .
```

owl:inverseOf 用于说明两个对象属性语义方向相反，即定义域和值域互逆。例如，下面片段声明了"article: 产出论文"和"article: 挂靠项目"2 个对象属性，并通过 owl:inverseOf 标识互逆关系。推理运行后，"article: 产出论文"属性的定义域"article: 科研项目"和值域"article: 期刊论文"将变为"article: 挂靠项目"属性的值域和定义域。

```
### prefix article:< http://www.istic.ac.cn/kos/ontology/article#>
### http://www.istic.ac.cn/kos/ontology/article# 刊登论文
article: 产出论文  rdf:type  owl:ObjectProperty ;
            rdfs:label  " 科研项目产出的论文 "@zh ;
            rdfs:domain  article: 科研项目 ;
            rdfs:range  article: 期刊论文 ;
            owl:inverseOf  article: 挂靠项目 .
### http://www.istic.ac.cn/kos/ontology/article# 挂靠项目
article: 挂靠项目  rdf:type  owl:ObjectProperty ;
            rdfs:label  " 论文的支撑项目 "@zh ;
            rdfs:domain  article: 期刊论文 ;
            rdfs:range  article: 科研项目 .
```

（10）owl:oneOf

owl:oneOf 表示枚举型集合。OWL1 中 owl:oneOf 是 owl:ObjectProperty 的实例，定义域为 rdfs:Class，值域为 rdf:List。OWL2 中 owl:oneOf 是 rdf:Property 的实例，定义域为 rdfs:Class，值域为 rdf:List。owl:oneOf 的模型化定义如下所示。

```
//OWL1
owl:oneOf  rdf:type  owl:ObjectProperty ;
            rdfs:domain  rdfs:Class ;
            rdfs:range  rdf:List ;
            rdfs:label "oneOf" .
//OWL2
owl:oneOf  a  rdf:Property ;
    rdfs:label "oneOf" ;
    rdfs:comment  "The property that determines the collection of individuals or data values that build an enumeration." ;
    rdfs:domain rdfs:Class ;
    rdfs:isDefinedBy <http://www.w3.org/2002/07/owl#> ;
    rdfs:range rdf:List .
```

owl:oneOf 用于声明一个枚举型的个体列表。例如，下面片段声明了一个枚举类"common: 东北大米产地"，包含"common: 吉林"、"common: 辽宁"和"common: 黑龙江"3 个实例。

```
### prefix common:< http://www.istic.ac.cn/kos/ontology/common#>
### http://www.istic.ac.cn/kos/ontology/common# 东北大米产地
common: 东北大米产地  rdf:type  owl:Class ;
            owl:equivalentClass
                      [ rdf:type owl:Class ;
                       owl:oneOf ( common: 吉林
                                   common: 辽宁
                                   common: 黑龙江
                                 )
                      ] ;
            rdfs:subClassOf  common: 产区 .
```

（11）owl:onProperty

owl:onProperty 表示 owl:Restriction 约束所关联的属性。OWL1 中 owl:onProperty 是 owl:ObjectProperty 的实例，定义域为 owl:Restriction，值域为 rdf:Property。OWL2 中 owl:onProperty 是 rdf:Property 的实例，定义域为 owl:Restriction，值域为 rdf:Property。owl:onProperty 的模型化定义如下所示。

```
//OWL1
owl:onProperty  rdf:type  owl:ObjectProperty ;
            rdfs:domain  owl:Restriction ;
            rdfs:range  rdf:Property ;
            rdfs:label  "onProperty" .
```

```
//OWL2
owl:onProperty a rdf:Property ;
            rdfs:label "onProperty" ;
            rdfs:comment "The property that determines the property that a
property restriction refers to." ;
            rdfs:domain owl:Restriction ;
            rdfs:isDefinedBy <http://www.w3.org/2002/07/owl#> ;
            rdfs:range rdf:Property .
```

owl:onProperty 用于将 Restriction 约束条件关联到特定属性上。例如，下列片段描述了"一个预研项目申请最少要有 2 名参与人"这一事实，最小基数约束通过 owl:onProperty 作用到属性"project: 参与人"上。

```
### prefix project:<http://www.istic.ac.cn/kos/ontology/project#>
### http://www.istic.ac.cn/kos/ontology/project# 参与人
project: 参与人  rdf:type  owl:ObjectProperty ;
             rdfs:subPropertyOf owl:topObjectProperty ;
             rdfs:label " 有参与人 "@zh .
### http://www.istic.ac.cn/kos/ontology/project# 预研项目
project: 预研项目 rdf:type  owl:Class ;
             rdfs:subClassOf
                [ rdf:type owl:Restriction ;
                  owl:onProperty project: 参与人 ;
                  owl:minCardinality "2"^^xsd:nonNegativeInteger ;
                  owl:onClass  project: 科研人员
                ] .
```

（12）owl:sameAs

owl:sameAs 表示事物相同。OWL1 中 owl:sameAs 是 owl:ObjectProperty 的实例，定义域为 owl:Thing，值域为 owl:Thing。OWL2 中 owl:sameAs 是 rdf:Property 的实例，定义域为 owl:Thing，值域为 owl:Thing。owl:sameAs 的模型化定义如下所示。

```
//OWL1
owl:sameAs  rdf:type  owl:ObjectProperty ;
            rdfs:domain  owl:Thing ;
            rdfs:range  owl:Thing ;
            rdfs:label  "sameAs" .
```

```
//OWL2
owl:sameAs a rdf:Property ;
         rdfs:label "sameAs" ;
         rdfs:comment "The property that determines that two given individuals are equal." ;
         rdfs:domain owl:Thing ;
         rdfs:isDefinedBy <http://www.w3.org/2002/07/owl#> ;
         rdfs:range owl:Thing .
```

owl:sameAs 常用于不同本体间语义相同概念的匹配，即链接两个语义内涵相同的个体，标识两个 URI 标识符实际上指向相同的事物。由于 OWL Full 中类能够用作个体实例，owl:sameAs 也可以用来标识两个内涵相同的类，这一功能不同于 owl:equivalentClass 标识所体现的外延相同（两个类拥有相同的个体集合）。例如，下面片段描述了 project 模型中的实例，通过 owl:sameAs 与 patent 模型中的实例建立等同联系，表示指代同一个专利。

```
### prefix patent:<http://www.istic.ac.cn/kos/ontology/patent#>
### prefix project:<http://www.istic.ac.cn/kos/ontology/project#>
###  http://www.istic.ac.cn/kos/ontology/patent#P180985NN1
patent:P180985NN1  rdf:type owl:NamedIndividual,
                                        patent: 专利文献 ;
        rdfs:label " 文本翻译系统 "@zh ;
        patent: 申请人 patent: 智星科技 ;
        patent: 申请日 "2018-06-06" .
###  http://www.istic.ac.cn/kos/ontology/project# 专利 _2018105741677
project: 专利 _2018105741677 rdf:type owl:NamedIndividual,
                                        project: 项目成果 ;
                rdfs:label " 文本翻译系统 "@zh ;
                owl:sameAs  patent:P180985NN1 .
```

（13）owl:someValuesFrom

owl:someValuesFrom 表示有取值来源。OWL1 中 owl:someValuesFrom 是 owl:ObjectProperty 的实例，定义域为 owl:Restriction，值域为 rdfs:Class。OWL2 中 owl:someValuesFrom 是 rdf:Property 的实例，定义域为 owl:Restriction，值域为 rdfs:Class。owl:someValuesFrom 的模型化定义如下所示。

```
//OWL1
owl:someValuesFrom  rdf:type  owl:ObjectProperty ;
                rdfs:domain  owl:Restriction ;
                rdfs:range  rdfs:Class ;
                rdfs:label  "someValuesFrom" .
```

```
//OWL2
owl:someValuesFrom a rdf:Property ;
        rdfs:label "someValuesFrom" ;
        rdfs:comment "The property that determines the class that an existential property restriction refers to." ;
        rdfs:domain owl:Restriction ;
        rdfs:isDefinedBy <http://www.w3.org/2002/07/owl#> ;
        rdfs:range rdfs:Class .
```

owl:someValueFrom 具有存在特性，用于约束属性的值域取值状况。表示定义域个体的属性取值，至少在值域类所含个体中取一个值，但也可以在其他值域类中取值。例如，下面片段使用存在量词对"project: 结题项目"做了约束，表示如果一个项目要结题，可以产出会议论文、专利及软件等成果，但必须发表 1 篇"project: 期刊论文"，且有一个研究方向。

```
### prefix project:<http://www.istic.ac.cn/kos/ontology/project#>
### http://www.istic.ac.cn/kos/ontology/project# 结题项目
project: 结题项目  rdf:type  owl:Class ;
                owl:equivalentClass
                    [ rdf:type owl:Restriction ;
                      owl:onProperty  project: 项目产出 ;
                      owl:someValuesFrom  project: 期刊论文
                    ] ,
                    [ rdf:type owl:Restriction ;
                      owl:onProperty  project: 研究方向 ;
                      owl:someValuesFrom  rdf:string
                    ] .
```

(14) owl:unionOf

owl:unionOf 表示类相并。OWL1 中 owl:unionOf 是 owl:ObjectProperty 的实例，定义域为 owl:Class，值域为 rdf:List。OWL2 中 owl:unionOf 是 rdf:Property 的实例，定义域为 rdfs:Class，值域为 rdf:List。owl:unionOf 的模型化定义如下所示。

```
//OWL1
owl:unionOf  rdf:type  owl:ObjectProperty ;
            rdfs:domain  owl:Class ;
            rdfs:range  rdf:List ;
            rdfs:label  "unionOf" .
```

```
//OWL2
owl:unionOf  a rdf:Property ;
            rdfs:label "unionOf" ;
            rdfs:comment "The property that determines the collection of classes or
data ranges that build a union." ;
            rdfs:domain rdfs:Class ;
            rdfs:isDefinedBy <http://www.w3.org/2002/07/owl#> ;
            rdfs:range rdf:List .
```

owl:unionOf 用于声明两个类的并集形成的个体集合。例如，下面片段描述了"patent: 专利"这个类由"patent: 发明专利"、"patent: 外观设计专利"和"patent: 实用新型专利"3 个类共同构成。

```
### prefix patent:<http://www.istic.ac.cn/kos/ontology/patent#>
### http://www.istic.ac.cn/kos/ontology/patent# 专利
patent: 专利  rdf:type  owl:Class ;
            owl:equivalentClass
```

```
            [ rdf:type owl:Class ;
              owl:unionOf ( patent: 发明专利
            patent: 外观设计专利
            patent: 实用新型专利
            )
            ] .
```

3.1.3 OWL1 模型的数据属性

(1) owl:cardinality

owl:cardinality 表示基数约束。OWL1 中 owl:cardinality 是 owl:DatatypeProperty 的实例，定义域为 owl:Restriction，值域为 xsd:nonNegativeInteger。OWL2 中 owl:cardinality 是 rdf:Property 的实例，定义域为 owl:Restriction，值域为 xsd:nonNegativeInteger。owl:cardinality 的模型化定义如下所示。

```
//OWL1
owl:cardinality  rdf:type  owl:DatatypeProperty ;
                 rdfs:domain  owl:Restriction ;
                 rdfs:range  xsd:nonNegativeInteger ;
                 rdfs:label  "cardinality" .
```

```
//OWL2
owl:cardinality  a  rdf:Property ;
    rdfs:label  "cardinality" ;
    rdfs:comment  "The property that determines the cardinality of an exact cardinality restriction." ;
    rdfs:domain  owl:Restriction ;
    rdfs:isDefinedBy  <http://www.w3.org/2002/07/owl#> ;
    rdfs:range  xsd:nonNegativeInteger .
```

owl:cardinality 用于标识 Restriction 约束所作用的对象属性或数据属性的准确取值数量。例如，下列片段限定了对象属性"project: 推荐专家"的取值数量为 2，数据属性"project: 申请经费"的取值数量为 30 000，即一个预研项目必须由 2 名专家推荐，经费定额 3 万元。

```
### prefix project:<http://www.istic.ac.cn/kos/ontology/project#>
###  http://www.istic.ac.cn/kos/ontology/project# 预研项目
project: 预研项目  rdf:type  owl:Class ;
                  rdfs:subClassOf
                    [ rdf:type owl:Restriction ;
                      owl:onProperty  project: 推荐专家 ;
                      owl:cardinality "2"^^xsd:nonNegativeInteger
```

```
                    ] ,
                    [ rdf:type owl:Restriction ;
                      owl:onProperty project: 申请经费 ;
                      owl:cardinality "30000"^^xsd:nonNegativeInteger
                    ] .
```

OWL Lite 中的 cardinality 约束只能取 0 或 1，OWL DL 和 OWL Full 中可以取正整数。0 表示属性的最小基数约束和最大基数约束都为 0，1 表示属性的最小基数约束和最大基数约束都为 1。owl:cardinality 1 和 owl:FunctionalProperty 都具有限定取值唯一的功能，owl:cardinality 1 强调个体唯一或数量为 1，owl:FunctionalProperty 强调定义域中的每个主体，值域中只能有唯一的客体值与之对应，但不要求定义域一定有个体（取值数量为 0 或 1）。

（2）owl:maxCardinality

owl:maxCardinality 表示最大基数约束。OWL1 中 owl:maxCardinality 是 owl:DatatypeProperty 的实例，定义域为 owl:Restriction，值域为 xsd:nonNegativeInteger。OWL2 中 owl:maxCardinality 是 rdf:Property 的实例，定义域为 owl:Restriction，值域为 xsd:nonNegativeInteger。owl:maxCardinality 的模型化定义如下所示。

```
//OWL1
owl:maxCardinality rdf:type owl:DatatypeProperty ;
                   rdfs:domain owl:Restriction ;
                   rdfs:range xsd:nonNegativeInteger ;
                   rdfs:label "maxCardinality" .
```

```
//OWL2
owl:maxCardinality a rdf:Property ;
                   rdfs:label "maxCardinality" ;
                   rdfs:comment "The property that determines the cardinality of a maximum cardinality restriction." ;
                   rdfs:domain owl:Restriction ;
                   rdfs:isDefinedBy <http://www.w3.org/2002/07/owl#> ;
                   rdfs:range xsd:nonNegativeInteger .
```

owl:maxCardinality 用于标识 Restriction 约束所作用的对象属性或数据属性的最大取值数量。例如，下列片段限定了对象属性"project: 参与人"的最大取值数量为 5，数据属性"project: 研究年限"的最大取值数量为 2，即一个预研项目申请最多有 5 名参与人，至多研究 2 年。

```
### prefix project:<http://www.istic.ac.cn/kos/ontology/project#>
### http://www.istic.ac.cn/kos/ontology/project# 预研项目
project: 预研项目  rdf:type  owl:Class ;
                rdfs:subClassOf
                    [ rdf:type  owl:Restriction ;
                      owl:onProperty  project: 参与人 ;
                      owl:maxCardinality "5"^^xsd:nonNegativeInteger
                    ],
                    [ rdf:type  owl:Restriction ;
                      owl:onProperty  project: 研究年限 ;
                      owl:maxCardinality "2"^^xsd:nonNegativeInteger
                    ].
```

OWL Lite 中的 maxCardinality 约束只能取 0 或 1，OWL DL 和 OWL Full 中可以取正整数。0 表示主语类没有该类型的属性值，1 表示属性主语类中的每个实例，至多有 1 个宾语个体取值，这一约束特性也称为函数性或唯一性。例如，专利的授权公告号、学生的毕业证书号等属性具有唯一性，可将该属性的 maxCardinality 设置为 1。

（3）owl:minCardinality

owl:minCardinality 表示最小基数约束。OWL1 中 owl:minCardinality 是 owl:DatatypeProperty 的实例，定义域为 owl:Restriction，值域为 xsd:nonNegativeInteger。OWL2 中 owl:minCardinality 是 rdf:Property 的实例，定义域为 owl:Restriction，值域为 xsd:nonNegativeInteger。owl:minCardinality 的模型化定义如下所示。

```
//OWL1
owl:minCardinality  rdf:type  owl:DatatypeProperty ;
                    rdfs:domain  owl:Restriction ;
                    rdfs:range  xsd:nonNegativeInteger ;
                    rdfs:label  "minCardinality" .
```

```
//OWL2
owl:minCardinality  a rdf:Property ;
                    rdfs:label "minCardinality" ;
                    rdfs:comment "The property that determines the cardinality of a minimum cardinality restriction." ;
                    rdfs:domain owl:Restriction ;
                    rdfs:isDefinedBy <http://www.w3.org/2002/07/owl#> ;
                    rdfs:range xsd:nonNegativeInteger .
```

owl:minCardinality 用于标识 Restriction 约束所作用的对象属性或数据属性的最小取值数量。例如，下列片段限定了对象属性"project: 参与人"的最小取值数量为 2，数据属性"project: 发表论文"的最小取值数量为 2，即一个预研项目最少要有 2 名参与人，至少发表 2 篇论文。

```
### prefix project:<http://www.istic.ac.cn/kos/ontology/project#>
### http://www.istic.ac.cn/kos/ontology/project# 预研项目
project: 预研项目  rdf:type  owl:Class ;
                rdfs:subClassOf
                    [ rdf:type owl:Restriction ;
                      owl:onProperty  project: 参与人 ;
                      owl:minCardinality"2"^^xsd:nonNegativeInteger
                    ],
                    [ rdf:type owl:Restriction ;
                      owl:onProperty  project: 发表论文 ;
                      owl:minCardinality "2"^^xsd:nonNegativeInteger
                    ] .
```

OWL Lite 中的 minCardinality 约束只能取 0 或 1，OWL DL 和 OWL Full 中可以取正整数。0 表示属性为类的可选条件，1 表示属性主语类中的每个实例，至少有 1 个宾语个体取值。例如，对于连接"科研人员"类的属性"主持项目"，其 minCardinality 约束可设置为 0，因为不是每位科研人员都有主持项目的经历。而对于"项目负责人"类，"主持项目"属性的 minCardinality 约束可设置为 1，因为只有至少主持过 1 个项目的科研人员才能称为"项目负责人"。

3.1.4　OWL1 模型的标注属性

（1）owl:backwardCompatibleWith

owl:backwardCompatibleWith 表示兼容旧版本的本体。OWL1 中 owl:backwardCompatibleWith 是 owl:AnnotationProperty 的实例，定义域为 owl:Ontology，值域为 owl:Ontology。OWL2 中 owl:backwardCompatibleWith 是 owl:AnnotationProperty 和 owl:OntologyProperty 的实例，定义域为 owl:Ontology，值域为 owl:Ontology。owl:backwardCompatibleWith 的模型化定义如下所示。

```
//OWL1
owl:backwardCompatibleWith  rdf:type  owl:AnnotationProperty ;
                            rdfs:label "backwardCompatibleWitesh" ;
                            rdfs:domain  owl:Ontology ;
                            rdfs:range  owl:Ontology .
//OWL2
owl:backwardCompatibleWith a owl:AnnotationProperty,
                            owl:OntologyProperty ;
                            rdfs:label "backwardCompatibleWith" ;
                            rdfs:comment "The annotation property that indicates
that a given ontology is backward compatible with another ontology." ;
                            rdfs:domain owl:Ontology ;
                            rdfs:isDefinedBy <http://www.w3.org/2002/07/owl#> ;
                            rdfs:range owl:Ontology .
```

owl:backwardCompatibleWith 用于说明与新版兼容的旧版本体，旧版本所有标识符在新版中有相同的含义。考虑到 OWL 模型的开放世界假设，未明确声明兼容的两个本体，在使用时不应因名称相同或其他形式上相似而认为兼容。例如，下面片段声明了新旧 2 个本体，新版本 2.0 通过 owl:backwardCompatibleWith 与旧版本 1.0 兼容。

```
### prefix dc: <http://purl.org/dc/elements/1.1/>
### prefix paper:<http://www.istic.ac.cn/kos/ontology/paper#>
< http://www.istic.ac.cn/kos/ontology/paper> a owl:Ontology ;
            dc:title " 科技文献 Ontology"@zh ;
            dc:date "2020-09-03" ;
            owl:versionIRI < http://www.istic.ac.cn/kos/ontology/paper.owl> ;
            owl:versionInfo "1.0"^^xsd:string .
### prefix article:< http://www.istic.ac.cn/kos/ontology/article#>
< http://www.istic.ac.cn/kos/ontology/article> a owl:Ontology ;
   dc:title " 文献 Ontology 模型 "@zh ;
   dc:date "2021-11-10" ;
   owl:versionIRI < http://www.istic.ac.cn/kos/ontology/article.owl> ;
   owl:versionInfo "2.0"^^xsd:string ;
   owl:backwardCompatibleWith < http://www.istic.ac.cn/kos/ontology/paper> .
```

（2）owl:hasValue

owl:hasValue 表示取值。OWL1 中 owl:hasValue 是 owl:AnnotationProperty 的实例，定义域为 owl:Restriction。OWL2 中 owl:hasValue 是 rdf:Property 的实例，定义域为 owl:Restriction，值域为 rdfs:Resource。owl:hasValue 的模型化定义如下所示。

```
//OWL1
owl:hasValue rdf:type owl:AnnotationProperty ;
            rdfs:label "hasValue" ;
            rdfs:domain owl:Restriction .
```

```
//OWL2
owl:hasValue a rdf:Property ;
         rdfs:label "hasValue" ;
         rdfs:comment "The property that determines the individual that a has-value restriction refers to." ;
         rdfs:domain owl:Restriction ;
         rdfs:isDefinedBy <http://www.w3.org/2002/07/owl#> ;
         rdfs:range rdfs:Resource .
```

owl:hasValue 用于标识约束类的取值。例如，下面片段声明了"article: 中文论文"表示"article: 正文语言"取值为"article: 中文"的"article: 学术论文"。

```
### prefix article:< http://www.istic.ac.cn/kos/ontology/article#>
### http://www.istic.ac.cn/kos/ontology/article# 中文论文
article: 中文论文  rdf:type owl:Class ;
                rdfs:subClassOf
                        [ owl:intersectionOf
                            ( article: 学术论文
                                [ rdf:type  owl:Restriction ;
                                  owl:onProperty  article: 正文语言 ;
                                  owl:hasValue  article: 中文
                                ]
                            ) ;
                          rdf:type owl:Class
                        ] .
```

(3) owl:imports

owl:imports 表示导入本体。OWL1 中 owl:imports 是 owl:AnnotationProperty 的实例，定义域为 owl:Ontology，值域为 owl:Ontology。OWL2 中 owl:imports 是 owl:OntologyProperty 的实例，定义域为 owl:Ontology，值域为 owl:Ontology。owl:imports 的模型化定义如下所示。

```
//OWL1
owl:imports rdf:type  owl:AnnotationProperty ;
            rdfs:label  "imports" ;
            rdfs:range  owl:Ontology ;
            rdfs:domain  owl:Ontology .
```

```
//OWL2
owl:imports a owl:OntologyProperty ;
        rdfs:label "imports" ;
        rdfs:comment "The property that is used for importing other ontologies
into a given ontology." ;
        rdfs:domain owl:Ontology ;
        rdfs:isDefinedBy <http://www.w3.org/2002/07/owl#> ;
        rdfs:range owl:Ontology .
```

owl:imports 用于在当前本体中导入另外一个本体，将导入内容作为当前本体的一部分。一个本体导入自身是无效操作。owl:imports 具有传递性，如果本体 1 导入了本体 2，本体 2 导入了本体 3，则本体 1 将导入本体 2 和本体 3，直到没有可导入的本体为止。owl:imports 的实际功能取决于工具的设计目标，一个全功能的推理机需要实现所有依赖本体的导入功能，而普通的本体编辑器和解析器可以不具备或选择性具备本体的导入功能。owl:imports 指向的 URI 应为本体发布到网络上真实存在的位置，这一点与 namespace 命名空间不同，标识 namespace 命名空间的 URI 用于唯一标识概念词汇，不要求一定为真实的网络位置。例如，下面的片段展示了 OWL2 本体声明中通过 owl:imports 导入 rdf 本体的形式化描述。

```
### prefix dc: <http://purl.org/dc/elements/1.1/>
<http://www.w3.org/2002/07/owl> a owl:Ontology ;
        dc:title "The OWL2 Schema vocabulary (OWL2)" ;
        rdfs:isDefinedBy  <http://www.w3.org/TR/owl2-mapping-to-rdf/>,
                 <http://www.w3.org/TR/owl2-rdf-based-semantics/>,
                 <http://www.w3.org/TR/owl2-syntax/> ;
        owl:imports <http://www.w3.org/2000/01/rdf-schema> ;
        owl:versionIRI <http://www.w3.org/2002/07/owl> ;
        owl:versionInfo "$Date: 2009/11/15 10:54:12 $" .
```

（4）owl:incompatibleWith

owl:incompatibleWith 表示不兼容旧本体。OWL1 中 owl:incompatibleWith 是 owl:AnnotationProperty 的实例，定义域为 owl:Ontology，值域为 owl:Ontology。OWL2 中 owl:incompatibleWith 是 owl:AnnotationProperty 和 owl:OntologyProperty 的实例，定义域为 owl:Ontology，值域为 owl:Ontology。owl:incompatibleWith 的模型化定义如下所示。

```
//OWL1
owl:incompatibleWith  rdf:type  owl:AnnotationProperty ;
                rdfs:label  "incompatibleWith" ;
                rdfs:range  owl:Ontology ;
                rdfs:domain  owl:Ontology .
```

```
//OWL2
owl:incompatibleWith a owl:AnnotationProperty,
                 owl:OntologyProperty ;
        rdfs:label "incompatibleWith" ;
        rdfs:comment "The annotation property that indicates that a given ontology is incompatible with another ontology." ;
        rdfs:domain owl:Ontology ;
        rdfs:isDefinedBy <http://www.w3.org/2002/07/owl#> ;
        rdfs:range owl:Ontology .
```

owl:incompatibleWith 用于说明新版本体与旧版本体不兼容，使用旧版本体的应用不能直接替换到新版本体上，需要检测模型的变更状况后再选择使用。例如，下面片段标识了新旧 2 个本体，新版本声明与旧版本 1.0 不兼容。

```
### prefix dc: <http://purl.org/dc/elements/1.1/>
### prefix thesis:< http://www.istic.ac.cn/kos/ontology/thesis#>
< http://www.istic.ac.cn/kos/ontology/thesis> a owl:Ontology ;
           dc:title " 论文 Ontology 模型 "@zh ;
           dc:date "2021-11-10" ;
           owl:versionIRI < http://www.istic.ac.cn/kos/ontology/thesis.owl> ;
           owl:versionInfo "1.0"^^xsd:string .
### prefix article:< http://www.istic.ac.cn/kos/ontology/article#>
< http://www.istic.ac.cn/kos/ontology/paper> a owl:Ontology ;
           dc:title " 文献 Ontology 模型 "@zh ;
           dc:date "2022-03-02" ;
           owl:versionIRI < http://www.istic.ac.cn/kos/ontology/article.owl> ;
           owl:versionInfo "2.0"^^xsd:string ;
           **owl:incompatibleWith** < http://www.istic.ac.cn/kos/ontology/thesis> .
```

（5）owl:priorVersion

owl:priorVersion 表示前一个版本的本体。OWL1 中 owl:priorVersion 是 owl:AnnotationProperty 的实例，定义域为 owl:Ontology，值域为 owl:Ontology。OWL2 中 owl:priorVersion 是 owl:AnnotationProperty 和 owl:OntologyProperty 的实例，定义域为 owl:Ontology，值域为 owl:Ontology。owl:priorVersion 的模型化定义如下所示。

```
//OWL1
owl:priorVersion rdf:type owl:AnnotationProperty ;
                 rdfs:label "priorVersion" ;
                 rdfs:range owl:Ontology ;
                 rdfs:domain owl:Ontology .
//OWL2
owl:priorVersion a owl:AnnotationProperty,
                   owl:OntologyProperty ;
                 rdfs:label "priorVersion" ;
                 rdfs:comment "The annotation property that indicates the
predecessor ontology of a given ontology." ;
                 rdfs:domain owl:Ontology ;
                 rdfs:isDefinedBy <http://www.w3.org/2002/07/owl#> ;
                 rdfs:range owl:Ontology .
```

owl:priorVersion 用于说明当前本体的前一个版本，不过这种标识是指示性的，OWL 模型本身无法判断指示内容的真实性，版本的识别依赖于具体的解析和处理工具。例如，下面片段声明了新旧 2 个本体，新版本 2.0 通过 owl:priorVersion 指向 1.0 版本。

```
### prefix dc: <http://purl.org/dc/elements/1.1/>
### prefix paper:<http://www.istic.ac.cn/kos/ontology/paper#>
< http://www.istic.ac.cn/kos/ontology/paper> a owl:Ontology ;
          dc:title " 科技文献 Ontology"@zh ;
          dc:date "2020-09-03" ;
          owl:versionIRI < http://www.istic.ac.cn/kos/ontology/paper.owl > ;
          owl:versionInfo "1.0"^^xsd:string .
### prefix article:< http://www.istic.ac.cn/kos/ontology/article#>
< http://www.istic.ac.cn/kos/ontology/article> a owl:Ontology ;
          dc:title " 文献 Ontology 模型 "@zh ;
          dc:date "2021-11-10" ;
          owl:versionIRI < http://www.istic.ac.cn/kos/ontology/article.owl > ;
          owl:versionInfo "2.0"^^xsd:string ;
          **owl:priorVersion** < http://www.istic.ac.cn/kos/ontology/paper> .
```

（6）owl:versionInfo

owl:versionInfo 表示版本信息。OWL1 中 owl:versionInfo 是 owl:AnnotationProperty 的实例。OWL2 中 owl:versionInfo 是 owl:AnnotationProperty 的实例，定义域为 rdfs:Resource，值域为 rdfs:Resource。owl:versionInfo 的模型化定义如下所示。

```
//OWL1
**owl:versionInfo**  rdf:type  owl:AnnotationProperty ;
           rdfs:label  "versionInfo" .
```

```
//OWL2
**owl:versionInfo** a owl:AnnotationProperty ;
           rdfs:label "versionInfo" ;
           rdfs:comment "The annotation property that provides version
information for an ontology or another OWL construct." ;
           rdfs:domain rdfs:Resource ;
           rdfs:isDefinedBy <http://www.w3.org/2002/07/owl#> ;
           rdfs:range rdfs:Resource .
```

owl:versionInfo 是指示性标识符，通常以文字形式说明的本体版本信息，也可以用于类、属性等其他 OWL 结构的版本说明。例如，下面片段通过 owl:versionInfo 声明了"科技文献 Ontology 模型"的版本信息。

```
### prefix dc: <http://purl.org/dc/elements/1.1/>
### prefix paper:<http://www.istic.ac.cn/kos/ontology/paper#>
< http://www.istic.ac.cn/kos/ontology/paper> a owl:Ontology ;
         dc:title " 科技文献 Ontology 模型 "@zh ;
         dc:date "2020-09-03" ;
         owl:versionIRI < http://www.istic.ac.cn/kos/ontology/paper.owl > ;
         **owl:versionInfo**  "1.0"^^xsd:string .
```

3.2　OWL2 模型的结构和功能

OWL2 在 OWL1 的基础上增加了多种建模功能，具有更强的表达能力，类和属性描述也更丰富。OWL2 本体的表示和存储格式有多种选择，每种形式具有不同的功能和用途，表 3-3 列出了 OWL2 本体常用的语法表示。

表 3-3　OWL2 的常用语法表示

语法	工具功能	用途
RDF/XML	必选，所有 OWL2 解析工具都支持	数据交换和工具间数据互操作
OWL/XML	可选	更易于利用 XML 工具处理
Functional	可选	更易于看到本体的形式化结构
Manchester	可选	更易于读/写 DL 本体
Turtle	可选	更易于读/写 RDF 三元组

OWL2 模型采用描述逻辑和 RDF 图两种形式表达语义。基于描述逻辑的解释采用函数式语法描述本体，也称为 OWL2 本体的直接语义（direct semantics），直接语义可解释的 OWL2 本体称为 OWL2 DL 本体，OWL2 DL 是 OWL2 Full 的子集。函数式语法以直观的方式描述了 OWL2 的组成结构和关系约束，是 OWL2 的模型表示。RDF 图语义（RDF-based semantic）具有更强的描述和表达能力，覆盖了 OWL2 Full 的全部功能。构建 OWL2 本体既可以采用函数式语法也可以采用 RDF 语法，两者能够相互转换，附录 1 列出了 OWL2 模型词汇的 RDF 语义。为了展示 OWL2 的全部功能和特性，下面以 RDF 图语义为基础，详细介绍 OWL2 新增的建模词汇的功能和用法。

3.2.1　OWL2 模型的类

（1）owl:AllDisjointClasses

owl:AllDisjointClasses 表示集合中所有的类两两不相交。OWL2 中 owl:AllDisjointClasses 是 rdfs:Class 的实例，rdfs:Resource 的子类。owl:AllDisjointClasses 在 OWL2 中的模型化定义如下所示。

```
//OWL2
owl:AllDisjointClasses  a  rdfs:Class ;
    rdfs:label  "AllDisjointClasses" ;
    rdfs:comment  "The class of collections of pairwise disjoint classes." ;
    rdfs:isDefinedBy  <http://www.w3.org/2002/07/owl#> ;
    rdfs:subClassOf  rdfs:Resource .
```

owl:disjointWith 用于说明两个类不相交，没有共同的个体实例。如果要说明多个类的两两不相交关系，使用 owl:disjointWith 来标识效率不高，这种情况下使用 owl:AllDisjointClasses 来标识更加简单方便。owl:AllDisjointClasses 用于说明集合中所含的全部类之间两两不相交，这种功能性的模型元语在使用时通常不分配 URI 标识符，而是采用匿名空节点的形式完成描述。例如，下面片段声明了一个匿名 owl:AllDisjointClasses，用于说明 "article: 专利文献"、"article: 会议论文"、"article: 学位论文" 和 "article: 期刊论文" 4 个类两两不相交。

```
### prefix article: <http://www.istic.ac.cn/kos/ontology/article#>
### http://www.istic.ac.cn/kos/ontology/article# 专利文献
article: 专利文献  rdf:type  owl:Class ;
            rdfs:subClassOf  article: 科技文献 .
### http://www.istic.ac.cn/kos/ontology/article# 会议论文
article: 会议论文  rdf:type  owl:Class ;
            rdfs:subClassOf  article: 科技文献 .
### http://www.istic.ac.cn/kos/ontology/article# 学位论文
article: 学位论文  rdf:type  owl:Class ;
            rdfs:subClassOf  article: 科技文献 .
### http://www.istic.ac.cn/kos/ontology/article# 期刊论文
article: 期刊论文  rdf:type  owl:Class ;
            rdfs:subClassOf  article: 科技文献 .
##########################################################
[ rdf:type  owl:AllDisjointClasses ;
  owl:members  (   article: 专利文献
                   article: 会议论文
                   article: 学位论文
                   article: 期刊论文
                )
] .
```

（2）owl:AllDisjointProperties

owl:AllDisjointProperties 表示集合中所有的属性两两不相交。OWL2 中 owl:AllDisjointProperties 是 rdfs:Class 的实例，rdfs:Resource 的子类。owl:AllDisjointProperties 在 OWL2 中的模型化定义如下所示。

```
//OWL2
owl:AllDisjointProperties  a  rdfs:Class ;
     rdfs:label  "AllDisjointProperties" ;
     rdfs:comment  "The class of collections of pairwise disjoint properties." ;
     rdfs:isDefinedBy  <http://www.w3.org/2002/07/owl#> ;
     rdfs:subClassOf  rdfs:Resource .
```

OWL1 中没有专门说明两个属性不相交的建模词汇，OWL2 中新增 owl:AllDisjointProperties 类用于说明集合中所含的全部属性之间两两不相交，这种功能性的模型元语在使用时通常不分配 URI 标识符，而是采用匿名空节点的形式完成描述。例如，下面片段声明了一个匿名 owl:AllDisjointProperties，用于说明"project: 项目参与人"、"project: 项目推荐人"、"project: 项目评审人"和"project: 项目负责人"4 个对象属性两两不相交，即一名项目人员只能担任一种角色，不能兼任其他角色。

```
### prefix project: <http://www.istic.ac.cn/kos/ontology/project#>
### http://www.istic.ac.cn/kos/ontology/project# 项目参与人
project: 项目参与人  rdf:type  owl:ObjectProperty ;
            rdfs:subPropertyOf  project: 项目人员 ;
            rdfs:label  " 有项目参与人 "@zh .
### http://www.istic.ac.cn/kos/ontology/project# 项目推荐人
project: 项目推荐人  rdf:type  owl:ObjectProperty ;
            rdfs:subPropertyOf  project: 项目人员 ;
            rdfs:label  " 有项目推荐人 "@zh .
### http://www.istic.ac.cn/kos/ontology/project# 项目评审人
project: 项目评审人  rdf:type  owl:ObjectProperty ;
            rdfs:subPropertyOf  project: 项目人员 ;
            rdfs:label  " 有项目评审人 "@zh .
### http://www.istic.ac.cn/kos/ontology/project# 项目负责人
project: 项目负责人  rdf:type  owl:ObjectProperty ;
            rdfs:subPropertyOf  project: 项目人员 ;
            rdfs:label  " 有项目负责人 "@zh .
#######################################################
[ rdf:type  **owl:AllDisjointProperties** ;
  owl:members  (  project: 项目参与人
                  project: 项目推荐人
                  project: 项目评审人
                  project: 项目负责人
               )
] .
```

（3）owl:Annotation

owl:Annotation 表示标注类。OWL2 中 owl:Annotation 是 rdfs:Class 的实例，rdfs:Resource 的子类。owl:Annotation 在 OWL2 中的模型化定义如下所示。

```
//OWL2
**owl:Annotation**  a  rdfs:Class ;
     rdfs:label  "Annotation" ;
     rdfs:comment  "The class of annotated annotations for which the RDF serialization consists of an annotated subject, predicate and object." ;
     rdfs:isDefinedBy  <http://www.w3.org/2002/07/owl#> ;
     rdfs:subClassOf  rdfs:Resource .
```

owl:Annotation 用于声明一个标注型个体，从而对核心个体做出更详细的说明。例如，下面片段描述了 owl:Annotation 标注类的用法。

```
### prefix tc3: <http://example.kos.ac.cn/ontology/thes-clas-v3#>
### http://example.kos.ac.cn/ontology/thes-clas-v3#C1
tc3:C1  rdf:type  skos:Concept ;
      skos:narrower  tc3:C4 ;
      skos:related  tc3:C2 ;
      skos:notation  "G254.0" ;
      skos:altLabel  " 知识组织体系 "@zh ,
                    " 网络知识组织系统 "@zh ;
      skos:prefLabel  " 知识组织系统 "@zh .

[ rdf:type  owl:Annotation ;
  owl:annotatedSource  tc3:C1 ;
  owl:annotatedProperty  skos:prefLabel ;
  owl:annotatedTarget  " 知识组织系统 "@zh ;
  rdfs:comment  " 概念 C1 表示知识组织系统。"@zh
] .
```

3.2.2　OWL2 模型的属性

（1）owl:annotatedProperty

owl:annotatedProperty 表示属性的谓词标注。OWL2 中 owl:annotatedProperty 是 rdf:Property 的实例，定义域为 rdfs:Resource，值域为 rdfs:Resource。owl:annotatedProperty 在 OWL2 中的模型化定义如下所示。

```
//OWL2
owl:annotatedProperty a rdf:Property ;
        rdfs:label "annotatedProperty" ;
        rdfs:comment "The property that determines the predicate of an annotated
axiom or annotated annotation." ;
        rdfs:domain rdfs:Resource ;
        rdfs:isDefinedBy <http://www.w3.org/2002/07/owl#> ;
        rdfs:range rdfs:Resource .
```

owl:annotatedProperty 通常与 owl:annotatedSource 和 owl:annotatedTarget 配合使用，共同声明一个由三元关系构成的 owl:Annotation 标注或 owl:Axiom 公理，owl:annotatedProperty 用于标识三元关系的谓词。例如，下面片段描述了 owl:annotatedProperty 作为 owl:Axiom 谓词标识和 owl:Annotation 谓词标识的用法。

```
### prefixtc3: <http://example.kos.ac.cn/ontology/thes-clas-v3#>
### http://example.kos.ac.cn/ontology/thes-clas-v3#C1
tc3:C1 rdf:type skos:Concept ;
        skos:narrower tc3:C4 ;
        skos:related tc3:C2;
        skos:notation "G254.0" ;
        skos:altLabel " 知识组织体系 "@zh ,
                      " 网络知识组织系统 "@zh ;
        skos:prefLabel " 知识组织系统 "@zh .

[ rdf:type owl:Axiom ;
  owl:annotatedSource tc3:C1 ;
  owl:annotatedProperty skos:narrower ;
  owl:annotatedTarget tc3:C4 ;
  rdfs:comment "C4 是 C1 的下位概念。"@zh
] .
[ rdf:type owl:Annotation ;
  owl:annotatedSource tc3:C1 ;
  owl:annotatedProperty skos:prefLabel ;
  owl:annotatedTarget " 知识组织系统 "@zh ;
  rdfs:comment " 概念 C1 表示知识组织系统。"@zh
] .
```

（2）owl:annotatedSource

owl:annotatedSource 表示主语标注。OWL2 中 owl:annotatedSource 是 rdf:Property 的实例，定义域为 rdfs:Resource，值域为 rdfs:Resource。owl:annotatedSource 在 OWL2 中的模型化定义如下所示。

```
//OWL2
owl:annotatedSource  a  rdf:Property ;
    rdfs:label "annotatedSource" ;
    rdfs:comment "The property that determines the subject of an annotated axiom or annotated annotation." ;
    rdfs:domain  rdfs:Resource ;
    rdfs:isDefinedBy  <http://www.w3.org/2002/07/owl#> ;
    rdfs:range  rdfs:Resource .
```

owl:annotatedSource 通常与 owl:annotatedProperty 和 owl:annotatedTarget 配合使用，共同声明一个三元关系构成的 owl:Annotation 标注或 owl:Axiom 公理，owl:annotatedSource 用于标识三元关系的主语。例如，下面片段描述了 owl:annotatedSource 作为 owl:Axiom 主语标识和 owl:Annotation 主语标识的用法。

```
### prefixtc3: <http://example.kos.ac.cn/ontology/thes-clas-v3#>
### http://example.kos.ac.cn/ontology/thes-clas-v3#C1
tc3:C1 rdf:type skos:Concept ;
      skos:narrower tc3:C4 ;
      skos:related tc3:C2;
      skos:notation "G254.0" ;
      skos:altLabel " 知识组织体系 "@zh ,
                    " 网络知识组织系统 "@zh ;
      skos:prefLabel " 知识组织系统 "@zh .

[ rdf:type owl:Axiom ;
  owl:annotatedSource tc3:C1 ;
  owl:annotatedProperty skos:narrower ;
  owl:annotatedTarget tc3:C4 ;
  rdfs:comment "C4 是 C1 的下位概念。"@zh
] .
[ rdf:type owl:Annotation ;
  owl:annotatedSource tc3:C1 ;
  owl:annotatedProperty skos:prefLabel ;
  owl:annotatedTarget " 知识组织系统 "@zh ;
  rdfs:comment " 概念 C1 表示知识组织系统。"@zh
] .
```

（3）owl:annotatedTarget

owl:annotatedTarget 表示宾语标注。OWL2 中 owl:annotatedTarget 是 rdf:Property 的实例，定义域为 rdfs:Resource，值域为 rdfs:Resource。owl:annotatedTarget 在 OWL2 中的模型化定义如下所示。

```
//OWL2
owl:annotatedTarget a rdf:Property ;
    rdfs:label "annotatedTarget" ;
    rdfs:comment "The property that determines the object of an annotated axiom or annotated annotation." ;
    rdfs:domain rdfs:Resource ;
    rdfs:isDefinedBy <http://www.w3.org/2002/07/owl#> ;
    rdfs:range rdfs:Resource .
```

owl:annotatedTarget 通常与 owl:annotatedProperty 和 owl:annotatedSource 配合使用，共同声明一个三元关系构成的 owl:Annotation 标注或 owl:Axiom 公理，owl:annotatedTarget 用于标识三元关系的宾语。例如，下面片段描述了 owl:annotatedTarget 作为 owl:Axiom 宾语标识和 owl:Annotation 宾语标识的用法。

```
### prefixtc3: <http://example.kos.ac.cn/ontology/thes-clas-v3#>
### http://example.kos.ac.cn/ontology/thes-clas-v3#C1
tc3:C1  rdf:type skos:Concept ;
        skos:narrower tc3:C4 ;
        skos:related tc3:C2;
        skos:notation "G254.0" ;
        skos:altLabel " 知识组织体系 "@zh ,
                      " 网络知识组织系统 "@zh ;
        skos:prefLabel " 知识组织系统 "@zh .

[ rdf:type owl:Axiom ;
  owl:annotatedSource  tc3:C1 ;
  owl:annotatedProperty skos:narrower ;
  owl:annotatedTarget  tc3:C4 ;
  rdfs:comment "C4 是 C1 的下位概念。"@zh
] .
[ rdf:type owl:Annotation ;
  owl:annotatedSource  tc3:C1 ;
  owl:annotatedProperty skos:prefLabel ;
  owl:annotatedTarget  " 知识组织系统 "@zh ;
  rdfs:comment " 概念 C1 表示知识组织系统。"@zh
] .
```

（4）owl:assertionProperty

owl:assertionProperty 表示否定断言的谓词标注。OWL2 中 owl:assertionProperty 是 rdf:Property 的实例，定义域为 owl:NegativePropertyAssertion，值域为 rdf:Property。owl:assertionProperty 在 OWL2 中的模型化定义如下所示。

```
//OWL2
owl:assertionProperty  a  rdf:Property ;
     rdfs:label "assertionProperty" ;
     rdfs:comment "The property that determines the predicate of a negative property assertion." ;
     rdfs:domain  owl:NegativePropertyAssertion ;
     rdfs:isDefinedBy  <http://www.w3.org/2002/07/owl#> ;
     rdfs:range  rdf:Property .
```

owl:assertionProperty 通常与 owl:sourceIndividual 和 owl:targetIndividual 配合使用，共同声明一个三元关系构成的 owl:NegativePropertyAssertion 否定断言，owl:assertionProperty

用于标识否定断言声明的对象属性谓词或数据属性谓词。例如，下面片段描述了 owl:assertionProperty 作为 owl:NegativePropertyAssertion 的对象属性谓词标识和数据属性谓词标识的用法。如果谓词属性的真实取值与 owl:targetIndividual 的取值一致，则推理系统报错，提示用户修改错误信息。

```
### prefix patent:< http://www.istic.ac.cn/kos/ontology/patent#>
### http://www.istic.ac.cn/kos/ontology/patent#P180985NN1
patent:P180985NN1 rdf:type owl:NamedIndividual ,
                         patent: 专利文献 ;
               patent: 名称 " 文本翻译系统 "@zh ;
               patent: 申请人 patent: 智星科技 ;
               patent: 申请日 "2018-06-06" .

[ rdf:type owl:NegativePropertyAssertion ;
  owl:sourceIndividual patent:P180985NN1 ;
  owl:assertionProperty patent: 所属部门 ;
  owl:targetIndividual patent: 技术中心
] .
```

（5）owl:AsymmetricProperty

owl:AsymmetricProperty 表示非对称属性类。OWL2 中 owl:AsymmetricProperty 是 rdfs:Class 的实例，owl:ObjectProperty 的子类。owl:AsymmetricProperty 在 OWL2 中的模型化定义如下所示。

```
//OWL2
owl:AsymmetricProperty  a  rdfs:Class ;
    rdfs:label "AsymmetricProperty" ;
    rdfs:comment "The class of asymmetric properties." ;
    rdfs:isDefinedBy <http://www.w3.org/2002/07/owl#> ;
    rdfs:subClassOf  owl:ObjectProperty .
```

owl:AsymmertricProperty 用于说明对象属性的单向语义特征，如果类实例 IndSub 通过非对称属性 AP 关联到类实例 IndObj，则不能出现类实例 IndObj 通过 AP 关联到类实例 IndSub 的情况，否则推理机报错，提示知识库出现不一致事实。例如，下列片段声明了一个 owl:AsymmertricProperty 非对称对象属性"结构单元"，"article: 标题"、"article: 摘要"、"article: 正文"和"article: 参考文献"为"科研论文"的"结构单元"。知识库中不可以出现"article: 标题"、"article: 摘要"、"article: 正文"或"article: 参考文献"的"结构单元"有"article: 科研论文"这样的事实。

```
### prefix article:< http://www.istic.ac.cn/kos/ontology/article#>
### http://www.istic.ac.cn/kos/ontology/article# 结构单元
article: 结构单元 rdf:type owl:ObjectProperty,
                      owl:AsymmetricProperty;
             rdfs:label " 有结构单元 "@zh.
### http://www.istic.ac.cn/kos/ontology/article# 科研论文
article: 科研论文 rdf:type owl:NamedIndividual,
                article: 科技文献;
                article: 结构单元 article: 标题,
                              article: 摘要,
                              article: 正文,
                              article: 参考文献.
```

（6）owl:Axiom

owl:Axiom 表示公理类。OWL2 中 owl:Axiom 是 rdfs:Class 的实例，rdfs:Resource 的子类。owl:Axiom 在 OWL2 中的模型化定义如下所示。

```
//OWL2
owl:Axiom  a  rdfs:Class;
     rdfs:label "Axiom";
     rdfs:comment "The class of annotated axioms for which the RDF serialization consists of an annotated subject, predicate and object.";
     rdfs:isDefinedBy <http://www.w3.org/2002/07/owl#>;
     rdfs:subClassOf rdfs:Resource.
```

owl:Axiom 用于声明一个公理类个体，从而对核心个体做出更细致的关系限定。例如，下面片段描述了 owl:Axiom 公理类的用法。

```
### prefix tc3: <http://example.kos.ac.cn/ontology/thes-clas-v3#>
### http://example.kos.ac.cn/ontology/thes-clas-v3#C1
tc3:C1 rdf:type skos:Concept;
     skos:narrower tc3:C4;
     skos:related tc3:C2;
     skos:notation "G254.0";
     skos:altLabel " 知识组织体系 "@zh,
```

```
                  "网络知识组织系统"@zh ;
        skos:prefLabel "知识组织系统"@zh .

[ rdf:type  owl:Axiom ;
  owl:annotatedSource  tc3:C1 ;
  owl:annotatedProperty  skos:narrower ;
  owl:annotatedTarget  tc3:C4 ;
  rdfs:comment  "C4 是 C1 的下位概念。"@zh
] .
```

(7) owl:bottomDataProperty

owl:bottomDataProperty 表示最底层数据属性。OWL2 中 owl:bottomDataProperty 是 owl:DatatypeProperty 的实例，定义域为 owl:Thing，值域为 rdfs:Literal。owl:bottomDataProperty 在 OWL2 中的模型化定义如下所示。

```
//OWL2
owl:bottomDataProperty  a  owl:DatatypeProperty ;
    rdfs:label  "bottomDataProperty" ;
    rdfs:comment  "The data property that does not relate any individual to any data value." ;
    rdfs:domain  owl:Thing ;
    rdfs:isDefinedBy  <http://www.w3.org/2002/07/owl#> ;
    rdfs:range  rdfs:Literal .
```

owl:bottomDataProperty 和 owl:topDataProperty 是一对特殊的预定义数据属性，用户声明的数据属性都是 owl:topDataProperty 的子集和 owl:bottomDataProperty 的超集。owl:bottomDataProperty 用于说明一个空的数据属性，即不存在个体实例与数据值的对应关系。

(8) owl:bottomObjectProperty

owl:bottomObjectProperty 表示最底层对象属性。OWL2 中 owl:bottomObjectPropert 是 owl:ObjectProperty 的实例，定义域为 owl:Thing，值域为 owl:Thing。owl:bottomObjectPropert 在 OWL2 中的模型化定义如下所示。

```
//OWL2
owl:bottomObjectProperty  a  owl:ObjectProperty ;
    rdfs:label  "bottomObjectProperty" ;
    rdfs:comment  "The object property that does not relate any two individuals." ;
    rdfs:domain  owl:Thing ;
    rdfs:isDefinedBy  <http://www.w3.org/2002/07/owl#> ;
    rdfs:range  owl:Thing .
```

owl:bottomObjectProperty 和 owl:topObjectProperty 是一对特殊的预定义对象属性，用户声明的对象属性都是 owl:topObjectProperty 的子集和 owl:bottomObjectProperty 的超集。

owl:bottomObjectProperty 用于说明一个空的对象属性，即不存在个体实例与个体实例之间的对应关系。

（9）owl:datatypeComplementOf

owl:datatypeComplementOf 表示数据取值的补集。OWL2 中 owl:datatypeComplementOf 是 rdf:Property 的实例，定义域为 rdfs:Datatype，值域为 rdfs:Datatype。owl:datatypeComplementOf 在 OWL2 中的模型化定义如下所示。

```
//OWL2
owl:datatypeComplementOf  a  rdf:Property ;
    rdfs:label "datatypeComplementOf" ;
    rdfs:comment "The property that determines that a given data range is the complement of another data range with respect to the data domain." ;
    rdfs:domain  rdfs:Datatype ;
    rdfs:isDefinedBy  <http://www.w3.org/2002/07/owl#> ;
    rdfs:range  rdfs:Datatype .
```

OWL1 中可以通过类的组合构建新类，但无法通过已有数据的组配形成新的数据类型。owl:datatypeComplementOf 是 OWL2 中用于说明数据取值范围补集的属性，从而声明一个新的数据类型。例如，下列片段声明了 3 个数据类型"article: 短篇"、"article: 中篇"和"article: 长篇"，其中"article: 长篇"是通过"article: 短篇"与"article: 中篇"合集的补集进行定义的。

```
### prefix article: <http://www.istic.ac.cn/kos/ontology/article#>
### http://www.istic.ac.cn/kos/ontology/article# 短篇
article: 短篇  rdf:type  rdfs:Datatype ,
                        owl:Class ;
            rdfs:subClassOf  rdfs:Literal ;
            rdfs:label " 篇幅少于 2 万字 "@zh ;
            owl:equivalentClass
                [ rdf:type rdfs:Datatype ;
                  owl:onDatatype xsd:integer ;
                  owl:withRestrictions ( [ xsd:minInclusive 0 ]
                                         [ xsd:maxExclusive 20000])
                ] .
### http://www.istic.ac.cn/kos/ontology/article# 中篇
article: 中篇  rdf:type  rdfs:Datatype ,
                        owl:Class ;
            rdfs:subClassOf  rdfs:Literal ;
            rdfs:label " 篇幅大于等于 2 万字少于 8 万字 "@zh ;
            owl:equivalentClass
```

```
                    [ rdf:type rdfs:Datatype ;
                     owl:onDatatype xsd:integer ;
                     owl:withRestrictions ( [ xsd:minInclusive 20000 ]
                                            [ xsd:maxExclusive 80000 ])
                    ].
### http://www.istic.ac.cn/kos/ontology/article# 长篇
article: 长篇 rdf:type rdfs:Datatype ,
                    owl:Class ;
            rdfs:subClassOf rdfs:Literal ;
            rdfs:label " 篇幅大于等于 8 万字 "@zh ;
            owl:equivalentClass
                    [ rdf:type rdfs:Datatype ;
                       owl:datatypeComplementOf
                         [ rdf:type rdfs:Datatype ;
                            owl:unionOf ( project: 中篇
                                          project: 短篇
                            )
                         ]
                    ].
```

（10）owl:deprecated

owl:deprecated 表示过时标记。OWL2 中 owl:deprecated 是 owl:AnnotationProperty 的实例，定义域为 rdfs:Resource，值域为 rdfs:Resource。owl:deprecated 在 OWL2 中的模型化定义如下所示。

```
//OWL2
owl:deprecated  a  owl:AnnotationProperty ;
    rdfs:label  "deprecated" ;
    rdfs:comment  "The annotation property that indicates that a given entity has been deprecated." ;
    rdfs:domain  rdfs:Resource ;
    rdfs:isDefinedBy  <http://www.w3.org/2002/07/owl#> ;
    rdfs:range  rdfs:Resource .
```

owl:deprecated 的值域没有形式上的限制，但在实际应用中推荐使用 ""true"^^xsd:boolean" 的形式，以便直接给出资源的弃用标识信息。虽然 OWL 模型无法从自身语义上检测弃用属性，但解析程序或应用程序可以根据这一标识给出警告性提示，方便用户选择合适的建模词汇。例如，下面片段对弃用类"科技文档"使用 ""true"^^xsd:boolean" 的形式做出标识。

```
### prefix article:< http://www.istic.ac.cn/kos/ontology/article#>
### http://www.istic.ac.cn/kos/ontology/article# 科技文档
article: 科技文档  rdf:type  owl:Class ;
            rdfs:label  " 科技文档 "@zh ;
            rdfs:comment  " 科技文档不再使用,由科技文献替代。";
            owl:deprecated  "true"^^xsd:boolean .
```

(11) owl:disjointUnionOf

owl:disjointUnionOf 表示不相交类的并集。OWL2 中 owl:disjointUnionOf 是 rdf:Property 的实例,定义域为 owl:Class,值域为 rdf:List。owl:disjointUnionOf 在 OWL2 中的模型化定义如下所示。

```
//OWL2
owl:disjointUnionOf  a  rdf:Property ;
    rdfs:label "disjointUnionOf" ;
    rdfs:comment  "The property that determines that a given class is equivalent to the disjoint union of a collection of other classes." ;
    rdfs:domain  owl:Class ;
    rdfs:isDefinedBy  <http://www.w3.org/2002/07/owl#> ;
    rdfs:range  rdf:List .
```

owl:disjointUnionOf 用于将一个类定义为其他两两不相交类的并集,即使集合中的各类未声明两两不相交,owl:disjointUnionOf 标识后集合各类自动产生两两不相交关系。例如,下列片段声明了一项"patent: 专利"属于"patent: 发明专利"、"patent: 外观设计专利"或"patent: 实用新型专利"中的一种。

```
### prefix patent:< http://www.istic.ac.cn/kos/ontology/patent#>
### http://www.istic.ac.cn/kos/ontology/patent# 专利
patent: 专利  rdf:type  owl:Class ;
        rdfs:subClassOf patent: 科研成果;
        owl:disjointUnionOf  ( patent: 发明专利
                            patent: 外观设计专利
                            patent: 实用新型专利
                            ) .
```

(12) owl:hasKey

owl:hasKey 表示主键。OWL2 中 owl:hasKey 是 rdf:Property 的实例,定义域为 owl:Class,值域为 rdf:List。owl:hasKey 在 OWL2 中的模型化定义如下所示。

```
//OWL2
owl:hasKey  a  rdf:Property ;
    rdfs:label "hasKey" ;
    rdfs:comment "The property that determines the collection of properties that jointly build a key." ;
    rdfs:domain  owl:Class ;
    rdfs:isDefinedBy  <http://www.w3.org/2002/07/owl#> ;
    rdfs:range  rdf:List .
```

owl:hasKey 用于为概念类声明个体唯一标识的主键。例如，下面片段声明了"patent:专利"类的主键为"patent: 申请号"，两个专利实例"patent:P180985NN1"和"patent: 专利_2018105741677"的申请号都为"2018105741677"，由于 owl:hasKey 主键的唯一性，推理机运行后两项专利被判定为同一项专利。

```
### prefix patent:<http://www.istic.ac.cn/kos/ontology/patent#>
### http://www.istic.ac.cn/kos/ontology/patent# 专利
patent: 专利  rdf:type  owl:Class ;
        rdfs:subClassOf  patent: 项目成果 ;
        owl:disjointUnionOf ( patent: 发明专利
                              patent: 外观设计专利
                              patent: 实用新型专利
                            ) ;
        owl:hasKey ( patent: 申请号 ) .
### http://www.istic.ac.cn/kos/ontology/patent#P180985NN1
patent:P180985NN1  rdf:type  owl:NamedIndividual ,
                             patent: 专利 ;
        rdfs:label " 文本翻译系统 "@zh ;
        patent: 申请号 "2018105741677"^^xsd:string ;
        patent: 申请人  patent: 智星科技 ;
        patent: 申请日 "2018-06-06" .
### http://www.istic.ac.cn/kos/ontology/patent# 专利_2018105741677
patent: 专利_2018105741677  rdf:type  owl:NamedIndividual ,
                                     patent: 专利 ;
        rdfs:label " 文本翻译系统 "@zh ;
        patent: 申请号 "2018105741677"^^xsd:string ;
        patent: 申请人  patent: 智星科技 .
```

（13）owl:hasSelf

owl:hasSelf 表示自反属性。OWL2 中 owl:hasSelf 是 rdf:Property 的实例，定义域为 owl:Restriction，值域为 rdfs:Resource。owl:hasSelf 在 OWL2 中的模型化定义如下所示。

```
//OWL2
owl:hasSelf  a  rdf:Property ;
    rdfs:label  "hasSelf" ;
    rdfs:comment  "The property that determines the property that a self restriction refers to." ;
    rdfs:domain  owl:Restriction ;
    rdfs:isDefinedBy  <http://www.w3.org/2002/07/owl#> ;
    rdfs:range  rdfs:Resource .
```

owl:hasSelf 和 owl:ReflexiveProperty 都具有说明自反特性的功能，owl:hasSelf 通常用于说明能通过对象属性连接到自身的类，而 owl:ReflexiveProperty 则直接声明一个具有自反特性的属性。owl:hasSelf 的值域没有形式上的限制，但在实际应用中推荐使用""true"^^xsd:boolean" 的形式，以便直接给出作用属性的自反特性。例如，下面片段声明了一个概念类"ondata: 自荐人才"，这个类由对象属性"推荐专家"进行关联，推理机运行后，所有"推荐专家"两侧相同的"科技人员"个体，都被归入"自荐人才"类的实例集合。

```
### prefix ondata:< http://www.istic.ac.cn/kos/ontology/metadata#>
### http://www.istic.ac.cn/kos/ontology/metadata# 自荐人才
ondata: 自荐人才  rdf: type owl:Class ;
        owl:equivalentClass [ rdf:type owl:Restriction ;
                              owl:onProperty ondata: 推荐专家 ;
                              owl:hasSelf "true"^^xsd:boolean
                            ] ;
        rdfs:subClassOf  research: 科研人员 .
### http://www.istic.ac.cn/kos/ontology/metadata# 推荐专家
ondata: 推荐专家  rdf:type  owl:ObjectProperty ;
        rdfs:subPropertyOf  research: 人员关联 ;
        rdfs:domain  research: 科研人员 ;
        rdfs:range  research: 科研人员 .
```

（14）owl:IrreflexiveProperty

owl:IrreflexiveProperty 表示非自反属性。OWL2 中 owl:IrreflexiveProperty 是 rdfs:Class 的实例，owl:ObjectProperty 的子类。owl:IrreflexiveProperty 在 OWL2 中的模型化定义如下所示。

```
//OWL2
owl:IrreflexiveProperty  a  rdfs:Class ;
    rdfs:label  "IrreflexiveProperty" ;
    rdfs:comment  "The class of irreflexive properties." ;
    rdfs:isDefinedBy  <http://www.w3.org/2002/07/owl#> ;
    rdfs:subClassOf  owl:ObjectProperty .
```

owl:IrreflexiveProperty 用于直接声明一个非自反特性的属性，表示每个个体不可以通过声明的自反属性连接到自己。例如，下面片段声明了一个非自反属性"project: 下属机构"，"project: 智星科技 project: 下属机构 project: 研究中心"是可以通过推理机检查的合理的三元组，如果"project: 智星科技"通过非自反属性"project: 下属机构"关联到自己，则无法通过推理机验证。

```
### prefix project:< http://www.istic.ac.cn/kos/ontology/project#>
### http://www.istic.ac.cn/kos/ontology/project#下属机构
project: 下属机构  rdf:type  owl:ObjectProperty ,
                    owl:IrreflexiveProperty .
### http://www.istic.ac.cn/kos/ontology/project# 智星科技
project: 智星科技  rdf:type  owl:NamedIndividual ,
                                project: 组织机构 ;
                    project: 下属机构  project: 研究中心 .
```

（15）owl:maxQualifiedCardinality

owl:maxQualifiedCardinality 表示最大基数限定。OWL2 中 owl:maxQualifiedCardinality 是 rdf:Property 的实例，定义域为 owl:Restriction，值域为 xsd:nonNegativeInteger。owl:maxQualifiedCardinality 在 OWL2 中的模型化定义如下所示。

```
//OWL2
owl:maxQualifiedCardinality  a  rdf:Property ;
    rdfs:label   "maxQualifiedCardinality" ;
    rdfs:comment   "The property that determines the cardinality of a maximum qualified cardinality restriction." ;
    rdfs:domain   owl:Restriction ;
    rdfs:isDefinedBy   <http://www.w3.org/2002/07/owl#> ;
    rdfs:range   xsd:nonNegativeInteger .
```

owl:maxQualifiedCardinality 和 owl:maxCardinality 都可用于标识 Restriction 约束的最大取值数量。owl:maxCardinality 作用在属性上，owl:maxQualifiedCardinality 既作用在属性谓词上，又作用在宾语上。如果作用的属性谓词是对象属性，则作用的宾语为概念类，未指定宾语类时默认为 owl:Thing。如果作用的属性谓词是数据属性，则作用的宾语为数据值，未指定宾语值时默认为 rdfs:Literal。例如，下列片段限定了对象属性"project: 参与人"的最大取值数量为 5，数据属性"project: 研究年限"的最大取值数量为 2，即一个预研项目最多有 5 名参与人，最多研究 2 年。

```
### prefix project:<http://www.istic.ac.cn/kos/ontology/project#>
### http://www.istic.ac.cn/kos/ontology/project#预研项目
project: 预研项目  rdf:type  owl:Class ;
         rdfs:subClassOf
```

```
                [ rdf:type owl:Restriction ;
                  owl:onProperty project: 参与人 ;
                  owl:maxQualifiedCardinality "5"^^xsd:nonNegativeInteger ;
                  owl:onClass project: 科研人员
                ] ,
                [ rdf:type owl:Restriction ;
                  owl:onProperty project: 研究年限 ;
                  owl:maxQualifiedCardinality "2"^^xsd:nonNegativeInteger ;
                  owl:onDataRange xsd:integer
                ].
```

（16）owl:members

owl:members 表示集合成员。OWL2 中 owl:members 是 rdf:Property 的实例，定义域为 rdfs:Resource，值域为 rdf:List。owl:members 在 OWL2 中的模型化定义如下所示。

```
//OWL2
owl:members  a  rdf:Property ;
    rdfs:label  "members" ;
    rdfs:comment  "The property that determines the collection of members in either a owl:AllDifferent,
owl:AllDisjointClasses or owl:AllDisjointProperties axiom." ;
    rdfs:domain  rdfs:Resource ;
    rdfs:isDefinedBy  <http://www.w3.org/2002/07/owl#> ;
    rdfs:range  rdf:List .
```

owl:members 和 owl:distinctMembers 都可用于声明集合的不同成员。owl:distinctMembers 仅同 owl:AllDifferent 搭配使用，用于表明 owl:AllDifferent 集合所含个体成员互不相同。owl:members 用于说明 owl:AllDisjointClasses、owl:AllDisjointProperties 或 owl:AllDifferent 集合中互不相同的成员。例如，下面片段声明了一个匿名 owl:AllDisjointProperties 集合，owl:member 标识了集合中 4 个互不相交的对象属性，即一名项目人员只能担任一种角色，不能兼任其他角色。

```
### prefix project: <http://www.istic.ac.cn/kos/ontology/project#>
### http://www.istic.ac.cn/kos/ontology/project#项目参与人
project: 项目参与人  rdf:type  owl:ObjectProperty ;
              rdfs:subPropertyOf  project: 项目人员 ;
                 rdfs:label  " 有项目参与人 "@zh .
### http://www.istic.ac.cn/kos/ontology/project# 项目推荐人
project: 项目推荐人  rdf:type  owl:ObjectProperty ;
              rdfs:subPropertyOf  project: 项目人员 ;
                 rdfs:label  " 有项目推荐人 "@zh .
```

```
### http://www.istic.ac.cn/kos/ontology/project#项目评审人
project: 项目评审人  rdf:type  owl:ObjectProperty ;
            rdfs:subPropertyOf  project: 项目人员 ;
            rdfs:label " 有项目评审人 "@zh .
### http://www.istic.ac.cn/kos/ontology/project#项目负责人
project: 项目负责人  rdf:type  owl:ObjectProperty ;
            rdfs:subPropertyOf  project: 项目人员 ;
            rdfs:label " 有项目负责人 "@zh .
########################################################
[ rdf:type owl:AllDisjointProperties ;
  owl:members ( project: 项目参与人
                project: 项目推荐人
                project: 项目评审人
                project: 项目负责人
              )
] .
```

(17) owl:minQualifiedCardinality

owl:minQualifiedCardinality 表示最小基数限定。OWL2 中 owl:minQualifiedCardinality 是 rdf:Property 的实例，定义域为 owl:Restriction，值域为 xsd:nonNegativeInteger。owl:minQualifiedCardinality 在 OWL2 中的模型化定义如下所示。

```
//OWL2
owl:minQualifiedCardinality  a  rdf:Property ;
    rdfs:label "minQualifiedCardinality" ;
    rdfs:comment "The property that determines the cardinality of a minimum qualified cardinality restriction." ;
    rdfs:domain  owl:Restriction ;
    rdfs:isDefinedBy <http://www.w3.org/2002/07/owl#> ;
    rdfs:range  xsd:nonNegativeInteger .
```

owl:minQualifiedCardinality 和 owl:minCardinality 都可用于标识 Restriction 约束最小的取值数量。owl:minCardinality 作用在属性上，owl:minQualifiedCardinality 既作用在属性谓词上，又作用在宾语上。如果作用的属性谓词是对象属性，则作用的宾语为概念类，未指定宾语类时默认为 owl:Thing。如果作用的属性谓词是数据属性，则作用的宾语为数据值，未指定宾语值时默认为 rdfs:Literal。例如，下列片段限定了对象属性"project: 参与人"的最小取值数量为 2，数据属性"project: 论文产出量"的最小取值数量为 2，即一个预研项目最少要有 2 名参与人，至少发表 2 篇论文。

```
### prefix project:<http://www.istic.ac.cn/kos/ontology/project#>
### http://www.istic.ac.cn/kos/ontology/project#预研项目
project: 预研项目  rdf:type  owl:Class ;
            rdfs:subClassOf
                    [ rdf:type owl:Restriction ;
                     owl:onProperty  project: 参与人 ;
                     owl:minQualifiedCardinality "2"^^xsd:nonNegativeInteger ;
                     owl:onClass  project: 科研人员
                    ] ,
                    [ rdf:type owl:Restriction ;
                     owl:onProperty  project: 论文产出量 ;
                     owl:minQualifiedCardinality "2"^^xsd:nonNegativeInteger ;
                     owl:onDataRange xsd:integer
                    ] .
```

(18) owl:NamedIndividual

owl:NamedIndividual 表示具名个体类。OWL2 中 owl:NamedIndividual 是 rdfs:Class 的实例，owl:Thing 的子类。owl:NamedIndividual 在 OWL2 中的模型化定义如下所示。

```
//OWL2
owl:NamedIndividual  a  rdfs:Class ;
    rdfs:label  "NamedIndividual" ;
    rdfs:comment  "The class of named individuals." ;
    rdfs:isDefinedBy  <http://www.w3.org/2002/07/owl#> ;
    rdfs:subClassOf  owl:Thing .
```

owl:NamedIndividual 用于说明一个 IRI 标识的具名个体实例。例如，下面片段声明了一个"patent: 专利"类的具名个体实例，其 IRI 标识为"patent:P180985NN1"。

```
### prefix patent:<http://www.istic.ac.cn/kos/ontology/patent#>
### http://www.istic.ac.cn/kos/ontology/patent#P180985NN1
patent:P180985NN1 rdf:type  owl:NamedIndividual ;
                    patent: 专利 ;
    rdfs:label " 文本翻译系统 "@zh ;
    patent: 申请号 "2018105741677"^^xsd:string ;
    patent: 申请人  patent: 智星科技 ;
    patent: 申请日 "2018-06-06" .
```

(19) owl:NegativePropertyAssertion

owl:NegativePropertyAssertion 表示否定属性断言类。OWL2 中 owl:NegativePropertyAssertion 是 rdfs:Class 的实例，rdfs:Resource 的子类。owl:NegativePropertyAssertion 在 OWL2 中的

模型化定义如下所示。

```
//OWL2
owl:NegativePropertyAssertion  a  rdfs:Class ;
    rdfs:label  "NegativePropertyAssertion" ;
    rdfs:comment  "The class of negative property assertions." ;
    rdfs:isDefinedBy  <http://www.w3.org/2002/07/owl#> ;
    rdfs:subClassOf  rdfs:Resource .
```

owl:NegativePropertyAssertion 用于指出一个不能存在的断言，即两个个体不能通过给定的谓词属性产生联系。owl:NegativePropertyAssertion 通常与 owl:sourceIndividual、owl:assertionProperty 和 owl:targetIndividual 配合使用，共同声明一个否定断言。owl:sourceIndividual 用于标识否定断言声明的主语个体，owl:assertionProperty 用于标识否定断言声明的对象属性谓词或数据属性谓词，owl:targetIndividual 用于标识否定断言声明的宾语个体或取值。例如，下面片段描述了 owl:NegativePropertyAssertion 作为否定断言标识的用法。如果谓词属性的真实取值与 owl:targetIndividual 或 owl:targetValue 的取值一致，则推理系统报错，提示用户修改错误信息。

```
### prefix patent:< http://www.istic.ac.cn/kos/ontology/patent#>
###  http://www.istic.ac.cn/kos/ontology/patent#P180985NN1
patent:P180985NN1 rdf:type owl:NamedIndividual ,
                        patent: 专利文献 ;
              patent: 名称 " 文本翻译系统 "@zh ;
              patent: 申请人 patent: 智星科技 ;
              patent: 申请日 "2018-06-06" .

[ rdf:type owl:NegativePropertyAssertion ;
  owl:sourceIndividual patent:P180985NN1 ;
  owl:assertionProperty  patent: 所属部门 ;
  owl:targetIndividual  patent: 技术中心
] .

[ rdf:type owl:NegativePropertyAssertion ;
  owl:sourceIndividual patent:P180985NN1 ;
  owl:assertionProperty  patent: 名称 ;
  owl:targetValue  " 表格处理系统 "@zh
] .
```

（20）owl:onClass

owl:onClass 表示 owl:Restriction 约束作用的类。OWL2 中 owl:onClass 是 rdf:Property 的实例，定义域为 owl:Restriction，值域为 owl:Class。owl:onClass 在 OWL2 中的模型化

定义如下所示。

```
//OWL2
owl:onClass  a  rdf:Property ;
    rdfs:label  "onClass" ;
    rdfs:comment "The property that determines the class that a qualified object cardinality restriction refers to." ;
    rdfs:domain  owl:Restriction ;
    rdfs:isDefinedBy  <http://www.w3.org/2002/07/owl#> ;
    rdfs:range  owl:Class .
```

owl:onClass 用于说明对象属性最大、最小和精确基数约束所作用的类。例如，下列片段限定了对象属性"project: 参与人"要在"project: 科研人员"类中取值，即一个预研项目最少要有 2 名科研人员参加。

```
### prefix project:<http://www.istic.ac.cn/kos/ontology/project#>
### http://www.istic.ac.cn/kos/ontology/project#预研项目
project: 预研项目  rdf:type  owl:Class ;
         rdfs:subClassOf
              [ rdf:type owl:Restriction ;
                owl:onProperty project: 参与人 ;
                owl:minQualifiedCardinality "2"^^xsd:nonNegativeInteger ;
                owl:onClass  project: 科研人员
              ].
```

（21）owl:onDataRange

owl:onDataRange 表示 owl:Restriction 约束的取值类型。OWL2 中 owl:onDataRange 是 rdf:Property 的实例，定义域为 owl:Restriction，值域为 rdfs:Datatype。owl:onDataRange 在 OWL2 中的模型化定义如下所示。

```
//OWL2
owl:onDataRange  a  rdf:Property ;
    rdfs:label  "onDataRange" ;
    rdfs:comment "The property that determines the data range that a qualified data cardinality restriction refers to." ;
    rdfs:domain  owl:Restriction ;
    rdfs:isDefinedBy  <http://www.w3.org/2002/07/owl#> ;
    rdfs:range  rdfs:Datatype .
```

owl:onDataRange 用于说明数据属性最大、最小和精确基数约束所作用的取值类型。例如，下列片段限定了数据属性"project: 论文产出量"的取值为"xsd:integer"整数，即一个预研项目至少发表 2 篇论文。

```
### prefix project:<http://www.istic.ac.cn/kos/ontology/project#>
### http://www.istic.ac.cn/kos/ontology/project# 预研项目
project: 预研项目  rdf:type  owl:Class ;
           rdfs:subClassOf
               [ rdf:type owl:Restriction ;
                 owl:onProperty  project: 论文产出量 ;
                 owl:minQualifiedCardinality "2"^^xsd:nonNegativeInteger ;
                 owl:onDataRange xsd:integer
               ] .
```

（22）owl:onDatatype

owl:onDatatype 表示数据类型约束的取值类型。OWL2 中 owl:onDatatype 是 rdf:Property 的实例，定义域为 rdfs:Datatype，值域为 rdfs:Datatype。owl:onDatatype 在 OWL2 中的模型化定义如下所示。

```
//OWL2
owl:onDatatype  a   rdf:Property ;
    rdfs:label  "onDatatype" ;
    rdfs:comment  "The property that determines the datatype that a datatype restriction refers to." ;
    rdfs:domain   rdfs:Datatype ;
    rdfs:isDefinedBy   <http://www.w3.org/2002/07/owl#> ;
    rdfs:range   rdfs:Datatype .
```

owl:onDatatype 仅用于 rdfs:Datatype 实例声明中，说明一个数据类型定义的取值类型。例如，下列片段声明了 2 个数据类型"article: 短篇"和"article: 中篇"，它们都是"xsd:integer"类型的数据。

```
### prefix article: <http://www.istic.ac.cn/kos/ontology/article#>
### http://www.istic.ac.cn/kos/ontology/article# 短篇
article: 短篇  rdf:type  rdfs:Datatype ,
                        owl:Class ;
         rdfs:subClassOf rdfs:Literal ;
         rdfs:label " 篇幅少于 2 万字 "@zh ;
         owl:equivalentClass
             [ rdf:type rdfs:Datatype ;
               owl:onDatatype xsd:integer ;
               owl:withRestrictions ( [ xsd:minInclusive 0 ]
                                      [ xsd:maxExclusive 20000] )
             ] .
### http://www.istic.ac.cn/kos/ontology/article# 中篇
```

```
article: 中篇  rdf:type  rdfs:Datatype ,
                     owl:Class ;
           rdfs:subClassOf rdfs:Literal ;
           rdfs:label " 篇幅大于等于 2 万字少于 8 万字 "@zh ;
           owl:equivalentClass
               [ rdf:type rdfs:Datatype ;
                 owl:onDatatype xsd:integer ;
                 owl:withRestrictions ( [ xsd:minInclusive 20000 ]
                                         [ xsd:maxExclusive 80000 ])
               ] .
```

（23）owl:onProperties

owl:onProperties 表示作用在多个数据域上的若干属性。OWL2 中 owl:onProperties 是 rdf:Property 的实例，定义域为 owl:Restriction，值域为 rdf:List。owl:onProperties 在 OWL2 中的模型化定义如下所示。

```
//OWL2
owl:onProperties  a  rdf:Property ;
    rdfs:label  "onProperties" ;
    rdfs:comment  "The property that determines the n-tuple of properties that a property restriction on an n-ary data range refers to." ;
    rdfs:domain  owl:Restriction ;
    rdfs:isDefinedBy  <http://www.w3.org/2002/07/owl#> ;
    rdfs:range  rdf:List .
```

owl:onProperties 和 owl:onProperty 都可用于属性作用域的声明。owl:onProperty 的使用范围比 owl:onProperties 广，可用于对象属性和数据属性的各种约束条件，而 owl:onProperties 仅用于全称量词或存在量词作用在若干个数据属性上的描述。例如，下面片段描述了与"project: 个人研究项目"有关的 3 个数据属性"project: 论文产出量"、"project: 申请经费"和"project: 研究年限"只能取整数值。

```
### prefix project:<http://www.istic.ac.cn/kos/ontology/project#>
### http://www.istic.ac.cn/kos/ontology/project#个人研究项目
project: 个人研究项目  rdf:type  owl:Class ;
         rdfs:subClassOf
              [ rdf:type owl:Restriction ;
                owl:onProperties ( project: 论文产出量
                                   project: 申请经费
                                   project: 研究年限 )
                owl:allValuesFrom xsd:integer
              ] .
```

（24）owl:propertyChainAxiom

owl:propertyChainAxiom 表示属性链公理。OWL2 中 owl:propertyChainAxiom 是 rdf:Property 的实例，定义域为 owl:ObjectProperty，值域为 rdf:List。owl:propertyChainAxiom 在 OWL2 中的模型化定义如下所示。

```
//OWL2
owl:propertyChainAxiom   a   rdf:Property ;
    rdfs:label  "propertyChainAxiom" ;
    rdfs:comment   "The property that determines the n-tuple of properties that build a sub property chain of a given property." ;
    rdfs:domain   owl:ObjectProperty ;
    rdfs:isDefinedBy   <http://www.w3.org/2002/07/owl#> ;
    rdfs:range   rdf:List .
```

owl:propertyChainAxiom 用于描述由多个对象属性语义衔接而构成的复合对象属性，即两个实例间存在的多个对象属性链可由复合对象属性替代。例如，下列片段声明了一个由对象属性"project: 下属机构"和"project: 申请专利"前后衔接而构成的复合对象属性"project: 科研成果"。推理机运行后，根据事实三元组"project: 智星科技 project: 下属机构 project: 研究中心"和"project: 研究中心 project: 申请专利 project:P180985NN1"可以得出新的推论三元组"project: 智星科技 project: 科研成果 project:P180985NN1"，即"文本翻译系统"这项专利是"project: 智星科技"的一项"project: 科研成果"。

```
### prefix project:<http://www.istic.ac.cn/kos/ontology/project#>
### http://www.istic.ac.cn/kos/ontology/project# 下属机构
project: 下属机构 rdf:type owl:ObjectProperty .
### http://www.istic.ac.cn/kos/ontology/project# 申请专利
project: 申请专利 rdf:type owl:ObjectProperty .
### http://www.istic.ac.cn/kos/ontology/project# 科研成果
project: 科研成果  rdf:type  owl:ObjectProperty ;
                owl:propertyChainAxiom  ( project: 下属机构
                                          project: 申请专利 ) .
### http://www.istic.ac.cn/kos/ontology/project# 智星科技
project: 智星科技  rdf:type  owl:NamedIndividual ,
                          project: 组织机构 ;
                project: 下属机构 project: 研究中心 .
### http://www.istic.ac.cn/kos/ontology/project# 研究中心
project: 研究中心  rdf:type  owl:NamedIndividual ,
                          project: 组织机构 ;
                project: 申请专利 project:P180985NN1 .
```

```
### http://www.istic.ac.cn/kos/ontology/project#P180985NN1
project:P180985NN1  rdf:type  owl:NamedIndividual ;
            rdfs:label " 文本翻译系统 "@zh .
```

（25）owl:propertyDisjointWith

owl:propertyDisjointWith 表示两属性不相交。OWL2 中 owl:propertyDisjointWith 是 rdf:Property 的实例，定义域为 rdf:Property，值域为 rdf:Property。owl:propertyDisjointWith 在 OWL2 中的模型化定义如下所示。

```
//OWL2
owl:propertyDisjointWith  a  rdf:Property ;
    rdfs:label "propertyDisjointWith" ;
    rdfs:comment "The property that determines that two given properties are disjoint." ;
    rdfs:domain  rdf:Property ;
    rdfs:isDefinedBy  <http://www.w3.org/2002/07/owl#> ;
    rdfs:range  rdf:Property .
```

owl:propertyDisjointWith 用于说明两个属性不相交，对象属性没有共同主语个体和宾语个体映射关系，数据属性没有共同主语个体和宾语取值映射关系。例如，下面片段声明了两个对象属性"project: 项目参与人"和"project: 项目评审人"互不相交，即项目参与人不能同时为该项目的评审人。两个数据属性"patent: 申请号"和"patent: 公布号"互不相交，即专利申请号和专利公布号不能相同。

```
### prefix project: <http://www.istic.ac.cn/kos/ontology/project#>
### http://www.istic.ac.cn/kos/ontology/project#项目参与人
project: 项目参与人  rdf:type  owl:ObjectProperty ;
            rdfs:subPropertyOf  project: 项目人员 ;
            owl:propertyDisjointWith  project: 项目评审人 ;
            rdfs:label " 有项目参与人 "@zh .
### http://www.istic.ac.cn/kos/ontology/project# 项目评审人
project: 项目评审人  rdf:type  owl:ObjectProperty ;
            rdfs:subPropertyOf  project: 项目人员 ;
            rdfs:label " 有项目评审人 "@zh .
### prefix patent: <http://www.istic.ac.cn/kos/ontology/patent#>
### http://www.istic.ac.cn/kos/ontology/patent# 公布号
patent: 公布号  rdf:type  owl:DatatypeProperty ;
            rdfs:subPropertyOf owl:topDataProperty ;
            owl:propertyDisjointWith  patent: 申请号 ;
            rdfs:label " 专利公布号 "@zh .
### http://www.istic.ac.cn/kos/ontology/patent# 申请号
patent: 申请号  rdf:type  owl:DatatypeProperty ;
            rdfs:label " 专利申请号 "@zh .
```

（26）owl:qualifiedCardinality

owl:qualifiedCardinality 表示精确基数。OWL2 中 owl:qualifiedCardinality 是 rdf:Property 的实例，定义域为 owl:Restriction，值域为 xsd:nonNegativeInteger。owl:qualifiedCardinality 在 OWL2 中的模型化定义如下所示。

```
//OWL2
owl:qualifiedCardinality  a  rdf:Property ;
    rdfs:label  "qualifiedCardinality" ;
    rdfs:comment  "The property that determines the cardinality of an exact qualified cardinality restriction." ;
    rdfs:domain  owl:Restriction ;
    rdfs:isDefinedBy  <http://www.w3.org/2002/07/owl#> ;
    rdfs:range  xsd:nonNegativeInteger .
```

owl:qualifiedCardinality 和 owl:cardinality 都可用于标识 Restriction 约束准确的取值数量。owl:cardinality 仅作用在属性谓词上，owl:qualifiedCardinality 既作用在属性谓词上，又作用在宾语上。如果作用的属性谓词是对象属性，则作用的宾语为概念类，未指定宾语类时默认为 owl:Thing。如果作用的属性谓词是数据属性，则作用的宾语为数据值，未指定宾语值时默认为 rdfs:Literal。例如，下列片段限定了对象属性"project: 推荐专家"的取值数量为 2，数据属性"project: 申请经费"的取值数量为 30000，即一个预研项目必须由 2 名专家推荐，经费定额 3 万元。

```
### prefix project:<http://www.istic.ac.cn/kos/ontology/project#>
### http://www.istic.ac.cn/kos/ontology/project#预研项目
project: 预研项目  rdf:type  owl:Class ;
            rdfs:subClassOf
                [ rdf:type owl:Restriction ;
                  owl:onProperty  project: 推荐专家 ;
                  owl:qualifiedCardinality  "2"^^xsd:nonNegativeInteger ;
                  owl:onClass  project: 科研人员
                ] ,
                [ rdf:type owl:Restriction ;
                  owl:onProperty  project: 申请经费 ;
                  owl:qualifiedCardinality  "30000"^^xsd:nonNegativeInteger ;
                  owl:onDataRange  xsd:integer
                ].
```

（27）owl:ReflexiveProperty

owl:ReflexiveProperty 表示自反属性类。OWL2 中 owl:ReflexiveProperty 是 rdfs:Class 的实例，owl:ObjectProperty 的子类。owl:ReflexiveProperty 在 OWL2 中的模型化定义如下所示。

```
//OWL2
owl:ReflexiveProperty  a  rdfs:Class ;
    rdfs:label  "ReflexiveProperty" ;
    rdfs:comment  "The class of reflexive properties." ;
    rdfs:isDefinedBy  <http://www.w3.org/2002/07/owl#> ;
    rdfs:subClassOf  owl:ObjectProperty .
```

owl:ReflexiveProperty 和 owl:hasSelf 都具有说明自反特性的功能，owl:ReflexiveProperty 直接声明一个具有自反特性的属性，每个个体可以通过声明的自反属性连接到自己，而 owl:hasSelf 通常用于说明能通过对象属性连接到自身的类。例如，下面片段声明了自反属性"research: 团队成员"，推理机运行后自动将属性左侧连接的个体作为右侧一个属性取值，即自己是自己的团队成员。

```
### prefix researcht:< http://www.istic.ac.cn/ontology/research#>
### http://www.istic.ac.cn/ontology/research# 团队成员
research: 团队成员  rdf:type  owl:ObjectProperty ;
              rdfs:subPropertyOf  research: 同事 ;
              rdf:type  owl:ReflexiveProperty .
```

（28）owl:sourceIndividual

owl:sourceIndividual 表示否定断言的主语。OWL2 中 owl:sourceIndividual 是 rdf:Property 的实例，定义域为 owl:NegativePropertyAssertion，值域为 owl:Thing。owl:sourceIndividual 在 OWL2 中的模型化定义如下所示。

```
//OWL2
owl:sourceIndividual  a  rdf:Property ;
    rdfs:label  "sourceIndividual" ;
    rdfs:comment  "The property that determines the subject of a negative property assertion." ;
    rdfs:domain  owl:NegativePropertyAssertion ;
    rdfs:isDefinedBy  <http://www.w3.org/2002/07/owl#> ;
    rdfs:range  owl:Thing .
```

owl:sourceIndividual 通常与 owl:targetIndividual 和 owl:assertionProperty 配合使用，共同声明一个三元关系构成的 owl:NegativePropertyAssertion 否定断言，owl:sourceIndividual 用于标识否定断言声明的主语个体。例如，下面片段描述了 owl:sourceIndividual 作为 owl:NegativePropertyAssertion 的主语个体标识的用法。如果谓词属性的真实取值与 owl:targetIndividual 或 owl:targetValue 的取值一致，则推理系统报错，提示用户修改错误信息。

第 3 章 数据组织的知识模型

```
### prefix patent:< http://www.istic.ac.cn/kos/ontology/patent#>
### http://www.istic.ac.cn/kos/ontology/patent#P180985NN1
patent:P180985NN1 rdf:type owl:NamedIndividual ,
                        patent: 专利文献 ;
            patent: 名称 " 文本翻译系统 "@zh ;
            patent: 申请人 patent: 智星科技 ;
            patent: 申请日 "2018-06-06" .

[ rdf:type owl:NegativePropertyAssertion ;
  owl:sourceIndividual patent:P180985NN1 ;
  owl:assertionProperty  patent: 所属部门 ;
  owl:targetIndividual  patent: 技术中心
] .

[ rdf:type owl:NegativePropertyAssertion ;
  owl:sourceIndividual patent:P180985NN1 ;
  owl:assertionProperty  patent: 名称 ;
  owl:targetValue  " 表格处理系统 "@zh
] .
```

（29）owl:targetIndividual

owl:targetIndividual 表示否定断言的宾语。OWL2 中 owl:targetIndividual 是 rdf:Property 的实例，定义域为 owl:NegativePropertyAssertion，值域为 owl:Thing。owl:targetIndividual 在 OWL2 中的模型化定义如下所示。

```
//OWL2
owl:targetIndividual  a  rdf:Property ;
     rdfs:label   "targetIndividual" ;
     rdfs:comment   "The property that determines the object of a negative object property assertion." ;
     rdfs:domain   owl:NegativePropertyAssertion ;
     rdfs:isDefinedBy   <http://www.w3.org/2002/07/owl#> ;
     rdfs:range   owl:Thing .
```

owl:targetIndividual 通常与 owl:sourceIndividual 和 owl:assertionProperty 配合使用，共同声明一个三元关系构成的 owl:NegativePropertyAssertion 否定断言，owl:targetIndividual 用于标识否定断言声明的宾语个体。例如，下面片段描述了 owl:targetIndividual 作为 owl:NegativePropertyAssertion 的宾语个体标识的用法。如果谓词属性真实连接的个体与 owl:targetIndividual 连接的个体一致，则推理系统报错，提示用户修改错误信息。

```
### prefix patent:< http://www.istic.ac.cn/kos/ontology/patent#>
### http://www.istic.ac.cn/kos/ontology/patent#P180985NN1
patent:P180985NN1 rdf:type owl:NamedIndividual ,
                    patent: 专利文献 ;
                    patent: 名称 " 文本翻译系统 "@zh ;
                    patent: 申请人 patent: 智星科技 ;
                    patent: 申请日 "2018-06-06" .

[ rdf:type owl:NegativePropertyAssertion ;
  owl:sourceIndividual patent:P180985NN1 ;
  owl:assertionProperty  patent: 所属部门 ;
  owl:targetIndividual  patent: 技术中心
] .
```

（30）owl:targetValue

owl:targetValue 表示否定断言的取值。OWL2 中 owl:targetValue 是 rdf:Property 的实例，定义域为 owl:NegativePropertyAssertion，值域为 rdfs:Literal。owl:targetValue 在 OWL2 中的模型化定义如下所示。

```
//OWL2
owl:targetValue   a   rdf:Property ;
    rdfs:label    "targetValue" ;
    rdfs:comment   "The property that determines the value of a negative data property assertion." ;
    rdfs:domain   owl:NegativePropertyAssertion ;
    rdfs:isDefinedBy   <http://www.w3.org/2002/07/owl#> ;
    rdfs:range   rdfs:Literal .
```

owl:targetValue 通常与 owl:sourceIndividual 和 owl:assertionProperty 配合使用，共同声明一个三元关系构成的 owl:NegativePropertyAssertion 否定断言，owl:targetValue 用于标识否定断言声明的宾语取值。例如，下面片段描述了 owl:targetValue 作为 owl:NegativePropertyAssertion 的宾语取值标识的用法。如果谓词属性的真实取值与 owl:targetValue 的取值一致，则推理系统报错，提示用户修改错误信息。

```
### prefix patent:< http://www.istic.ac.cn/kos/ontology/patent#>
### http://www.istic.ac.cn/kos/ontology/patent#P180985NN1
patent:P180985NN1 rdf:type owl:NamedIndividual ,
                    patent: 专利文献 ;
                    patent: 名称 " 文本翻译系统 "@zh ;
                    patent: 申请人 patent: 智星科技 ;
                    patent: 申请日 "2018-06-06" .
```

```
[ rdf:type owl:NegativePropertyAssertion ;
  owl:sourceIndividual patent:P180985NN1 ;
  owl:assertionProperty patent: 名称 ;
  owl:targetValue  " 表格处理系统 "@zh
] .
```

(31) owl:topObjectProperty

owl:topObjectProperty 表示最顶层对象属性。OWL2 中 owl:topObjectProperty 是 owl:ObjectProperty 的实例，定义域为 owl:Thing，值域为 owl:Thing。owl:topObjectProperty 在 OWL2 中的模型化定义如下所示。

```
//OWL2
owl:topObjectProperty  a  owl:ObjectProperty ;
    rdfs:label   "topObjectProperty" ;
    rdfs:comment   "The object property that relates every two individuals." ;
    rdfs:domain   owl:Thing ;
    rdfs:isDefinedBy <http://www.w3.org/2002/07/owl#> ;
    rdfs:range   owl:Thing .
```

owl:topObjectProperty 和 owl:bottomObjectProperty 是一对特殊的数据属性，owl:topObject-Property 用于说明最高抽象层级的对象属性，每一个对象属性都是 owl:topObjectProperty 的子属性。owl:topObjectProperty 通常由构建工具作为对象属性的根节点使用，在下面按层级构建其他子属性。

(32) owl:topDataProperty

owl:topDataProperty 表示最顶层数据属性。OWL2 中 owl:topDataProperty 是 owl:DatatypeProperty 的实例，定义域为 owl:Thing，值域为 rdfs:Literal。owl:topDataProperty 在 OWL2 中的模型化定义如下所示。

```
//OWL2
owl:topDataProperty  a  owl:DatatypeProperty ;
    rdfs:label   "topDataProperty" ;
    rdfs:comment   "The data property that relates every individual to every data value." ;
    rdfs:domain   owl:Thing ;
    rdfs:isDefinedBy  <http://www.w3.org/2002/07/owl#> ;
    rdfs:range   rdfs:Literal .
```

owl:topDataProperty 和 owl:bottomDataProperty 是一对特殊的数据属性，owl:topData-Property 用于说明最高抽象层级的数据属性，每一个数据属性都是 owl:topDataProperty 的子属性。owl:topDataProperty 通常由构建工具作为数据属性的根节点使用，在下面按层级构建其他子属性。

(33) owl:versionIRI

owl:versionIRI 表示 Ontology 版本 IRI。OWL2 中 owl:versionIRI 是 owl:OntologyProperty 的实例，定义域为 owl:Ontology，值域为 owl:Ontology。owl:versionIRI 在 OWL2 中的模型化定义如下所示。

```
//OWL2
owl:versionIRI   a   owl:OntologyProperty ;
    rdfs:label   "versionIRI" ;
    rdfs:comment   "The property that identifies the version IRI of an ontology." ;
    rdfs:domain   owl:Ontology ;
    rdfs:isDefinedBy   <http://www.w3.org/2002/07/owl#> ;
    rdfs:range   owl:Ontology .
```

owl:versionIRI 用于指向本体版本的位置，如果一个 ontology 拥有 IRI 唯一标识，还可以拥有一个版本 IRI 标识，用于说明当前 ontology 的版本，两个 IRI 可以相同，也可以不同。如果 ontology 没有声明 IRI 唯一标识，则不必含有版本 IRI。例如，下面的片段展示了 OWL2 本体模型的版本 IRI，由于 OWL2 本体是通用的共享模型，访问"http://www.w3.org/2002/07/owl"可以获取 OWL2 本体文件。

```
### prefix dc: <http://purl.org/dc/elements/1.1/>
<http://www.w3.org/2002/07/owl> a owl:Ontology ;
         dc:title "The OWL2 Schema vocabulary (OWL2)" ;
         rdfs:isDefinedBy   <http://www.w3.org/TR/owl2-mapping-to-rdf/>,
                            <http://www.w3.org/TR/owl2-rdf-based-semantics/>,
                            <http://www.w3.org/TR/owl2-syntax/> ;
         owl:imports <http://www.w3.org/2000/01/rdf-schema> ;
         owl:versionIRI <http://www.w3.org/2002/07/owl> ;
         owl:versionInfo "$Date: 2009/11/15 10:54:12 $" .
```

(34) owl:withRestrictions

owl:withRestrictions 表示数据类型约束的内容。OWL2 中 owl:withRestrictions 是 rdf:Property 的实例，定义域为 rdfs:Datatype，值域为 rdfs:range。owl:withRestrictions 在 OWL2 中的模型化定义如下所示。

```
//OWL2
owl:withRestrictions   a   rdf:Property ;
    rdfs:label   "withRestrictions" ;
    rdfs:comment   "The property that determines the collection of facet-value pairs that define a datatype restriction." ;
```

```
    rdfs:domain   rdfs:Datatype ;
    rdfs:isDefinedBy   <http://www.w3.org/2002/07/owl#> ;
    rdfs:range   rdf:List .
```

owl:withRestriction 仅用于 rdfs:Datatype 实例声明中，说明 owl:onDatatype 作用类型对应的"分面—取值"集合。例如，下列片段声明了数据类型"article: 中篇"，owl:onDatatype 取值范围为大于等于 20 000 小于 80 000 的整数。

```
### prefix article: <http://www.istic.ac.cn/kos/ontology/article#>
### http://www.istic.ac.cn/kos/ontology/article#中篇
article: 中篇   rdf:type   rdfs:Datatype ,
                          owl:Class ;
         rdfs:subClassOf  rdfs:Literal ;
         rdfs:label  " 篇幅大于等于 2 万字少于 8 万字 "@zh ;
         owl:equivalentClass
             [ rdf:type  rdfs:Datatype ;
               owl:onDatatype  xsd:integer ;
               owl:withRestrictions ( [ xsd:minInclusive 20000 ]
                                      [ xsd:maxExclusive 80000 ] )
             ] .
```

（35）owl:rational

owl:rational 表示有理数。OWL2 中 owl:rational 是 rdfs:Datatype 的实例，rdfs:Literal 的子类。owl:rational 在 OWL2 中的模型化定义如下所示。

```
//OWL2
owl:rational   rdf:type   rdfs:Datatype ;
               rdfs:subClassOf   rdfs:Literal .
```

OWL2 模型的保留关键字，用于标识 XML Schema 中未定义的有理数数据类型，它是 owl:real 实数空间的子集。

（36）owl:real

owl:real 表示实数。OWL2 中 owl:real 是 rdfs:Datatype 的实例，rdfs:Literal 的子类。owl:real 在 OWL2 中的模型化定义如下所示。

```
//OWL2
owl:real   rdf:type   rdfs:Datatype ;
           rdfs:subClassOf   rdfs:Literal .
```

OWL2 模型的保留关键字，用于标识 XML Schema 中未定义的实数数据类型。

（37）rdf:PlainLiteral

rdf:PlainLiteral 表示普通字面量类。OWL2 中 rdf:PlainLiteral 是 rdfs:Datatype 的实例，rdfs:Literal 的子类。rdf:PlainLiteral 在 OWL2 中的模型化定义如下所示。

```
//OWL2
rdf:PlainLiteral  rdf:type  rdfs:Datatype ;
                  rdfs:subClassOf  rdfs:Literal .
```

OWL2 模型的保留关键字，用于标识普通字面量集合类数据类型。普通字面量不带有数据类型或语言标识。

（38）rdf:XMLLiteral

rdf:XMLLLiteral 表示 XML 字面量类。rdf:XMLLiteral 是 rdfs:Datatype 的实例，rdfs:Literal 的子类。rdf:XMLLiteral 的规范定义如下所示。

```
//OWL2
rdf:XMLLiteral  rdf:type  rdfs:Datatype ;
                rdfs:subClassOf  rdfs:Literal .
```

OWL2 模型的保留关键字，用于标识 RDF/OWL 文档中包含的 XML 内容。

（39）rdf:langRange

rdf:langRange 表示语言标签模式。OWL2 rdf:langRange 是 owl:DatatypeProperty 的实例，定义域为 rdfs:Resource，值域为 rdfs:Literal。rdf:langRange 在 OWL2 中的模型化定义如下所示。

```
//OWL2
rdf:langRange  rdf:type  owl:DatatypeProperty ;
               rdfs:domain  rdfs:Resource ;
               rdfs:range  rdfs:Literal .
```

OWL2 模型的保留关键字，用于限制语言标签的文本形式符合正则表达式的描述。

3.3 OWL2 模型的子语言

OWL2 在 OWL1 的基础上增加了许多新的特性，通过限制语言的词汇数量、表达能力和约束条件，对 OWL1 在某一方面的适用能力进行优化，分为 EL、QL 和 RL 3 种子语言[22-23]。EL 适合结构简单的大规模类和属性的描述。QL 支持关系数据库的连接查询，适合结构简单、轻量级、大规模数据建模。RL 有较强的推理功能，适合数据量较大的轻量级本体描述和推理。3 种子语言的关系如图 3-3 所示。

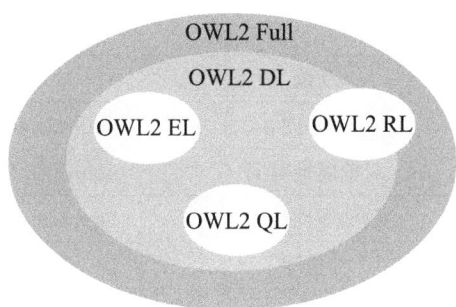

图 3-3 OWL2 的子语言

OWL2 EL、OWL2 QL 和 OWL2 RL 3 种子语言互不包含，OWL2 QL 和 OWL2 EL 是 OWL2 DL 的子集，OWL2 DL 是 OWL2 Full 的子集。通常 OWL2 EL 和 OWL2 QL 推理机采用直接语义实现，而 OWL2 RL 推理机采用基于 RDF 的语义实现。除了标注（Annotation）功能有所不同，OWL2 DL 与 OWL2 Full 几乎无差异，一个 OWL2 DL 推理机基本可以兼容 OWL2 EL、OWL2 QL 和 OWL2 RL（非 Annotation 推断）的推理任务。

3.3.1 OWL2 EL

EL 代表描述逻辑的 EL（Existential Language）语族，OWL2 EL 适合构建拥有大量属性和类的应用本体，确保在多项式时间复杂度下完成本体一致性检测、类的逻辑蕴涵及实例推理等任务。OWL2 EL 不支持匿名个体声明，对象属性的值域约束对各级子属性的值域约束都起作用。

（1）OWL2 EL 支持的语言特性（表 3-4）

表 3-4 OWL2 EL 支持的语言特性

序号	特性	功能	函数式元语
1	存在量词	对象属性存在量词	ObjectSomeValuesFrom
		数据属性存在量词	DataSomeValueFrom
2	取值量词	个体值量词	ObjectHasValue
		字面量量词	DataHasValue
3	自反	对象自反	ObjectHasSelf
4	单枚举	单个个体值枚举	ObjectOneOf
		单个字面量枚举	DataOneOf
5	交集	类相交	ObjectIntersectionOf
		数据集相交	DataIntersectionOf
6	包含	类包含	SubClassOf
		对象属性包含	SubObjectPropertyOf
		数据属性包含	SubDataPropertyOf

续表

序号	特性	功能	函数式元语
7	等同	类等同	EquivalentClasses
		对象属性等同	EquivalentObjectProperties
		数据属性等同	EquivalentDataProperties
8	排斥	类排斥	DisjointClasses
9	定义域	对象属性定义域	ObjectPropertyDomain
		数据属性定义域	DataPropertyDomain
10	值域	对象属性值域	ObjectPropertyRange
		数据属性值域	DataPropertyRange
11	属性特征	自反型对象属性	ReflexiveObjectProperty
		传递型对象属性	TransitiveObjectProperty
		函数型数据属性	FunctionalDataProperty
12	主键	设置主键	HasKey
13	断言	个体相同断言	SameIndividual
		个体不同断言	DifferentIndividuals
		类断言	ClassAssertion
		对象属性断言	ObjectPropertyAssertion
		数据属性断言	DataPropertyAssertion
		对象属性否定断言	NegativeObjectPropertyAssertion
		数据属性否定断言	NegativeDataPropertyAssertion

（2）OWL2 EL 不支持的语言特性（表 3-5）

表 3-5　OWL2 EL 不支持的语言特性

序号	特性	功能	函数式元语
1	全称量词	对象属性全称量词	ObjectAllValuesFrom
		数据属性全称量词	DataAllValuesFrom
2	基数约束	对象属性最大基数	ObjectMaxCardinality
		对象属性最小基数	ObjectMinCardinality
		对象属性定值基数	ObjectExactCardinality
		数据属性最大基数	DataMaxCardinality
		数据属性最小基数	DataMinCardinality
		数据属性定值基数	DataExactCardinality

续表

序号	特性	功能	函数式元语
3	并集	类相并	ObjectUnionOf
		排斥类相并	DisjointUnion
		数据集相并	DataUnionOf
4	补集	类相补	ObjectComplementOf
5	多枚举	多个体值枚举	ObjectOneOf
		多字面量枚举	DataOneOf
6	排斥	对象属性排斥	DisjointObjectProperties
		数据属性排斥	DisjointDataProperties
7	逆反	对象属性逆反	InverseObjectProperties
8	属性特征	非自反型对象属性	IrreflexiveObjectProperty
		函数型对象属性	FunctionalObjectProperty
		反函数型对象属性	InverseFunctionalObjectProperty
		对称型对象属性	SymmetricObjectProperty
		非对称型对象属性	AsymmetricObjectProperty

（3）OWL2 EL 支持的数据类型（图 3-4）

rdf:PlainLiteral	rdf:XMLLiteral	rdfs:Literal
owl:real	owl:rational	xsd:decimal
xsd:integer	xsd:nonNegativeInteger	xsd:string
xsd:normalizedString	xsd:token	xsd:Name
xsd:NCName	xsd:NMTOEKN	xsd:hexBinary
xsd:base64Binary	xsd:anyURI	xsd:dateTime
xsd:dateTimeStamp		

图 3-4　OWL2 EL 支持的数据类型

（4）OWL2 EL 不支持的数据类型（图 3-5）

xsd:double	xsd:float	xsd:nonPositiveInteger
xsd:positiveInteger	xsd:negativeInteger	xsd:long
xsd:int	xsd:short	xsd:byte
xsd:unsignedLong	xsd:unsignedInt	xsd:unsignedShort
xsd:unsignedByte	xsd:language	xsd:boolean

图 3-5　OWL2 EL 不支持的数据类型

3.3.2 OWL2 QL

QL 代表关系查询语言（query language），OWL2 QL 的表达能力比较有限，适用于构建拥有大量实例数据，通过连接查询便能获取结果的本体知识库，可在多项式时间复杂度下完成本体一致性检测和类的逻辑蕴涵推理。OWL2 QL 融合了 RDFS 和 OWL2 DL 的共性要素，具有 UML 类图和 ER 图（实体关系）等概念模型主要特征的描述能力。OWL2 QL 以描述逻辑的 DL-Lite 语族为基础，通过 Ontology 与 SQL 的重写机制实现对关系数据库的访问。

OWL2 QL 的功能由建模词汇覆盖范围和元语所处位置决定。OWL2 QL 不支持匿名个体声明，子类表达式中可以使用数据属性存在量词 DataSomeValuesFrom，但对象属性存在量词 ObjectSomeValuesFrom 仅 owl:Thing 类可使用。超类表达式中可使用类相交 ObjectIntersectionOf、类相补 ObjectComplementOf、对象属性存在量词 ObjectSomeValuesFrom 和数据属性存在量词 DataSomeValuesFrom。除了对子类和超类表达式的限制，OWL2 QL 还具有下列语言特性。

（1）OWL2 QL 支持的语言特性（表 3-6）

表 3-6　OWL2 QL 支持的语言特性

序号	特性	功能	函数式元语
1	存在量词	对象属性存在量词	ObjectSomeValuesFrom
		数据属性存在量词	DataSomeValuesFrom
2	补集	类相补	ObjectComplementOf
3	交集	类相交	ObjectIntersectionOf
		数据集相交	DataIntersectionOf
4	包含	类包含	SubClassOf
		对象属性包含（非属性链）	SubObjectPropertyOf
		数据属性包含	SubDataPropertyOf
5	等同	类等同	EquivalentClasses
		对象属性等同	EquivalentObjectProperties
		数据属性等同	EquivalentDataProperties
6	排斥	类排斥	DisjointClasses
		对象属性排斥	DisjointObjectProperties
		数据属性排斥	DisjointDataProperties
7	逆反	对象属性逆反	InverseObjectProperties
8	定义域	对象属性定义域	ObjectPropertyDomain
		数据属性定义域	DataPropertyDomain
9	值域	对象属性值域	ObjectPropertyRange
		数据属性值域	DataPropertyRange

续表

序号	特性	功能	函数式元语
10	属性特征	自反型对象属性	ReflexiveObjectProperty
		对称型对象属性	SymmetricObjectProperty
		非对称型对象属性	AsymmetricObjectProperty
11	断言	个体不同断言	DifferentIndividuals
		类断言	ClassAssertion
		对象属性断言	ObjectPropertyAssertion
		数据属性断言	DataPropertyAssertion

（2）OWL2 QL 不支持的语言特性（表 3-7）

表 3-7　OWL2 QL 不支持的语言特性

序号	特性	功能	函数式元语
1	自反	对象自反	ObjectHasSelf
2	取值量词	个体值量词	ObjectHasValue
		字面量量词	DataHasValue
3	枚举	个体值枚举	ObjectOneOf
		字面量枚举	DataOneOf
4	全称量词	对象属性全称量词	ObjectAllValuesFrom
		数据属性全称量词	DataAllValuesFrom
5	基数约束	对象属性最大基数	ObjectMaxCardinality
		对象属性最小基数	ObjectMinCardinality
		对象属性定值基数	ObjectExactCardinality
		数据属性最大基数	DataMaxCardinality
		数据属性最小基数	DataMinCardinality
		数据属性定值基数	DataExactCardinality
6	并集	类相并	ObjectUnionOf
		排斥类相并	DisjointUnion
		数据集相并	DataUnionOf
7	补集	数据集相补	DataComplementOf
8	包含	对象属性包含（属性链）	SubObjectPropertyOf
9	属性特征	传递型对象属性	TransitiveObjectProperty
		非自反型对象属性	IrreflexiveObjectProperty
		函数型对象属性	FunctionalObjectProperty
		反函数型对象属性	InverseFunctionalObjectProperty

续表

序号	特性	功能	函数式元语
9	属性特征	函数型数据属性	FunctionalDataProperty
10	主键	设置主键	HasKey
11	断言	个体相同断言	SameIndividual
		对象属性否定断言	NegativeObjectPropertyAssertion
		数据属性否定断言	NegativeDataPropertyAssertion

（3）OWL2 QL 支持的数据类型（图 3-6）

rdf:PlainLiteral	rdf:XMLLiteral	rdfs:Literal
owl:real	owl:rational	xsd:decimal
xsd:integer	xsd:nonNegativeInteger	xsd:string
xsd:normalizedString	xsd:token	xsd:Name
xsd:NCName	xsd:NMTOEKN	xsd:hexBinary
xsd:base64Binary	xsd:anyURI	xsd:dateTime
xsd:dateTimeStamp		

图 3-6 OWL2 QL 支持的数据类型

（4）OWL2 QL 不支持的数据类型（图 3-7）

xsd:double	xsd:float	xsd:nonPositiveInteger
xsd:positiveInteger	xsd:negativeInteger	xsd:long
xsd:int	xsd:short	xsd:byte
xsd:unsignedLong	xsd:unsignedInt	xsd:unsignedShort
xsd:unsignedByte	xsd:language	xsd:boolean

图 3-7 OWL2 QL 不支持的数据类型

3.3.3 OWL2 RL

RL 代表规则语言（rule language），可使用规则推理机进行 OWL 模型推理，附录 2 列出了规则引擎使用的主要逻辑规则。OWL2 RL 适用于构建既需要丰富的概念表达能力，又需要语义推理能力的本体模型，能够在多项式时间复杂度下完成本体一致性和类表达检测、类蕴涵和实例推理及连接查询等任务。

OWL2 RL 支持 owl:Noting 和 owl:Thing 两个预定义类的使用，但不支持 owl:topObjectProperty、owl:bottomObjectProperty、owl:topDataProperty 和 owl:bottomDataProperty 4 个预定义属性。为了获得确定性的推理结果，OWL2 RL 对建模词汇的作用位置有所限制。子类表达式中的类不能为 owl:Thing，支持个体值枚举 ObjectOneOf、类相交

ObjectIntersectionOf、类相并 ObjectUnionOf、对象属性存在量词 ObjectSomeValuesFrom、数据属性存在量词 DataSomeValuesFrom、个体值量词 ObjectHasValue 和字面量量词 DataHasValue。超类表达式中的类不能为 owl:Thing，支持类相交 ObjectIntersectionOf、类相补 ObjectComplementOf、对象属性全称量词 ObjectAllValuesFrom、数据属性全称量词 DataAllValuesFrom、个体值量词 ObjectHasValue、字面量量词 DataHasValue、取值 0 或 1 的对象属性最大基数 ObjectMaxCardinality 和数据属性最大基数 DataMaxCardinality。除了对子类和超类表达式的限制，OWL2 RL 还具有下列语言特性。

（1）OWL2 RL 支持的语言特性（表 3-8）

表 3-8　OWL2 RL 支持的语言特性

序号	特性	功能	函数式元语
1	存在量词	对象属性存在量词	ObjectSomeValuesFrom
		数据属性存在量词	DataSomeValueFrom
2	全称量词	对象属性全称量词	ObjectAllValuesFrom
		数据属性全称量词	DataAllValuesFrom
3	基数约束	对象属性最大基数	ObjectMaxCardinality
		数据属性最大基数	DataMaxCardinality
4	取值量词	个体值量词	ObjectHasValue
		字面量量词	DataHasValue
5	枚举	个体值枚举	ObjectOneOf
6	交集	类相交	ObjectIntersectionOf
		数据集相交	DataIntersectionOf
7	并集	类相并	ObjectUnionOf
8	补集	类相补	ObjectComplementOf
9	包含	类包含	SubClassOf
		对象属性包含	SubObjectPropertyOf
		数据属性包含	SubDataPropertyOf
10	等同	类等同	EquivalentClasses
		对象属性等同	EquivalentObjectProperties
		数据属性等同	EquivalentDataProperties
11	排斥	类排斥	DisjointClasses
		对象属性排斥	DisjointObjectProperties
		数据属性排斥	DisjointDataProperties
12	定义域	对象属性定义域	ObjectPropertyDomain
		数据属性定义域	DataPropertyDomain

续表

序号	特性	功能	函数式元语
13	值域	对象属性值域	ObjectPropertyRange
		数据属性值域	DataPropertyRange
14	逆反	对象属性逆反	InverseObjectProperties
15	属性特征	非自反型对象属性	IrreflexiveObjectProperty
		传递型对象属性	TransitiveObjectProperty
		函数型数据属性	FunctionalDataProperty
		函数型对象属性	FunctionalObjectProperty
		反函数型对象属性	InverseFunctionalObjectProperty
		对称型对象属性	SymmetricObjectProperty
		非对称型对象属性	AsymmetricObjectProperty
16	主键	设置主键	HasKey
17	断言	个体相同断言	SameIndividual
		个体不同断言	DifferentIndividuals
		类断言	ClassAssertion
		对象属性断言	ObjectPropertyAssertion
		数据属性断言	DataPropertyAssertion
		对象属性否定断言	NegativeObjectPropertyAssertion
		数据属性否定断言	NegativeDataPropertyAssertion

（2）OWL2 RL 不支持的语言特性（表 3-9）

表 3-9　OWL2 RL 不支持的语言特性

序号	特性	功能	函数式元语
1	属性特征	自反型对象属性	ReflexiveObjectProperty
2	并集	排斥类相并	DisjointUnion
		数据集相并	DataUnionOf
3	补集	数据集相补	DataComplementOf
4	基数约束	对象属性最小基数	ObjectMinCardinality
		对象属性定值基数	ObjectExactCardinality
		数据属性最小基数	DataMinCardinality
		数据属性定值基数	DataExactCardinality
5	自反	对象自反	ObjectHasSelf
6	枚举	字面量枚举	DataOneOf

(3) OWL2 RL 支持的数据类型 (图 3-8)

rdf:PlainLiteral	rdf:XMLLiteral	rdfs:Literal
xsd:decimal	xsd:integer	xsd:nonNegativeInteger
xsd:nonPositiveInteger	xsd:positiveInteger	xsd:negativeInteger
xsd:long	xsd:int	xsd:short
xsd:byte	xsd:unsignedLong	xsd:unsignedInt
xsd:unsignedShort	xsd:unsignedByte	xsd:float
xsd:double	xsd:string	xsd:normalizedString
xsd:token	xsd:language	xsd:Name
xsd:NCName	xsd:NMTOKEN	xsd:boolean
xsd:baseBinary	xsd:base64Binary	xsd:anyURI
xsd:dateTime	xsd:dateTimeStamp	

图 3-8 OWL2 RL 支持的数据类型

(4) OWL2 RL 不支持的数据类型 (图 3-9)

owl:rational	owl:real

图 3-9 OWL2 RL 不支持的数据类型

3.4 OWL2 DL 与 OWL2 Full

OWL2 DL 保持了 OWL1 DL 的兼容性，每一个 OWL1 DL 本体都是一个合法的 OWL2 DL 本体。OWL1 DL 与 OWL2 DL 的功能也有所差异。OWL1 DL 中的类只能用作单一的类，不能再充当实例或属性，属性也不能充当实例或类，但在 OWL2 DL 中可以这样使用，OWL2 DL 采用直接语义描述，可以识别同一个 IRI 充当的不同角色。如果两个个体等同，它们所属的类在基于 RDF 图的语义下可看作等同类，但在直接语义下不存在等同关系。基于 RDF 图的语义完全兼容 RDF 模型，以 RDF 图的视角来看待 OWL2，包含了 RDFS 数据类型和 OWL2 的全部建模词汇，也称为 OWL2 Full。如果一个 OWL2 DL 能够转换为 RDF 图本体，RDF 图本体也能转换为相应的 OWL2 DL 本体，则这两个本体的模型结构相等，附录 3 详细列出了函数式直接语义与 RDF 图语义的转换规则。

3.4.1 OWL2 DL 的语言特性

OWL2 DL 推理可以返回确定的结果，设计和实现 OWL2 DL 推理机要比 OWL2 Full 更容易，目前已有多款性能较好、使用广泛的 DL 推理机，如 Fact++、Hermit、Pellet 及

RacerPro 等。OWL2 Full 会产生不确定的推理结果，目前还没有推理机能完全支持 OWL2 Full 的推理。OWL2 DL 的语言特性如表 3-10 所示。

表 3-10　OWL2 DL 的语言特性

序号	特性	功能	函数式元语
1	对象属性	逆向关联	ObjectInverseOf
		对象属性包含	SubObjectPropertyOf
		对象属性包含（属性链）	SubObjectPropertyOf（ObjectPropertyChain）
		对象属性等同	EquivalentObjectProperties
		对象属性排斥	DisjointObjectProperties
		对象属性定义域	ObjectPropertyDomain
		对象属性值域	ObjectPropertyRange
		对象属性逆反	InverseObjectProperties
		函数型对象属性	FunctionalObjectProperty
		反函数型对象属性	InverseFunctionalObjectProperty
		自反型对象属性	RreflexiveObjectProperty
		非自反型对象属性	IrreflexiveObjectProperty
		对称型对象属性	SymmetricObjectProperty
		非对称型对象属性	AsymmetricObjectProperty
		传递型对象属性	TransitiveObjectProperty
2	数据取值	数据集相交	DataIntersectionOf
		数据集相并	DataUnionOf
		数据集相补	DataComplementOf
		字面量枚举	DataOneOf
		数据类型约束	DatatypeRestriction
		数据类型定义	DatatypeDefinition
3	类表达式	对象属性最大基数	ObjectMaxCardinality
		对象属性最小基数	ObjectMinCardinality
		对象属性定值基数	ObjectExactCardinality
		数据属性最大基数	DataMaxCardinality
		数据属性最小基数	DataMinCardinality
		数据属性定值基数	DataExactCardinality
		类相交	ObjectIntersectionOf
		类相并	ObjectUnionOf
		类相补	ObjectComplementOf

续表

序号	特性	功能	函数式元语
3	类表达式	个体值枚举	ObjectOneOf
		对象属性存在量词	ObjectSomeValuesFrom
		数据属性存在量词	DataSomeValuesFrom
		对象属性全称量词	ObjectAllValuesFrom
		数据属性全称量词	DataAllValuesFrom
		个体值量词	ObjectHasValue
		字面量量词	DataHasValue
		对象自反	ObjectHasSelf
		类包含	SubClassOf
		类等同	EquivalentClasses
		类排斥	DisjointClasses
		排斥类相并	DisjointUnion
4	数据属性	数据属性包含	SubDataPropertyOf
		数据属性等同	EquivalentDataProperties
		数据属性排斥	DisjointDataProperties
		数据属性定义域	DataPropertyDomain
		数据属性值域	DataPropertyRange
		函数型数据属性	FunctionalDataProperty
5	主键	设置主键	HasKey
6	断言	个体相同断言	SameIndividual
		个体不同断言	DifferentIndividuals
		类断言	ClassAssertion
		对象属性断言	ObjectPropertyAssertion
		数据属性断言	DataPropertyAssertion
		对象属性否定断言	NegativeObjectPropertyAssertion
		数据属性否定断言	NegativeDataPropertyAssertion

3.4.2　OWL2 Full 的语言特性

OWL DL 与 OWL Full 使用了相同的建模词汇，其主要不同在于标注在直接语义下没有正式的语义，不参与推理活动，而在 RDF 图语义下会引起推理活动。OWL2 Full 中含有的标注特性如表 3-11 所示。

表 3-11　OWL2 Full 独有的语言特性

特性	功能	函数式元语
标注属性	标注属性断言	AnnotationAssertion
	标注属性包含	SubAnnotationPropertyOf
	标注属性定义域	AnnotationPropertyDomain
	标注属性值域	AnnotationPropertyRange

标注可以用于描述其他建模词汇，建模词汇的功能不同，转换为 RDF 图语法的形式也有所不同。基于 RDF 图的标注功能转换可分为基本转换、二元关系转换、属性链转换、主键转换、多元关系转换和否定断言转换。

（1）基本标注的转换

基本标注类型的 RDF 三元组表示规则如表 3-12 所示。

表 3-12　基本标注的 RDF 三元组表示规则

函数式语法	RDF-Based 语法
Annotation（AP av）	T（y）T（AP）T（av）.
Annotation（An1... Ann（AP av））	T（y）T（AP）T（av）. _:x rdf:type owl:Annotation . _:x owl:annotatedSource T（y）. _:x owl:annotatedProperty T（AP）. _:x owl:annotatedTarget T（av）. TANN（annotation1，_:x）...TANN（annotationN，_:x）

基本标注用于模型概念的标识说明，形式较为简单，例如，概念 ex:facets-model 的标注描述为：

Annotation（ rdfs:label " 主题分面模型 " @zh）

转换为 RDF 图为：

ex:facets-model rdfs:label " 主题分面模型 " @zh .

为基本标注添加标注信息可形成嵌套型标注，嵌套型标注需要转换为多个 RDF 三元组进行描述，例如：

Annotation（Annotation（ex: 作者 ex: 语言组） rdfs:label " 主题分面模型 " @zh ）

转换为下面多个 RDF 三元组。

```
ex:facets-model rdfs:label " 主题分面模型 " @zh .
_:x rdf:type owl:Annotation .
_:x owl:annotatedSource ex:facets-model .
_:x owl:annotatedProperty rdfs:label .
_:x owl:annotatedTarget " 主题分面模型 " @zh .
_:x ex:作者 ex:语言组 .
```

（2）二元关系标注的转换

二元关系标注的 RDF 三元组表示规则如表 3-13 所示。

表 3-13 二元关系标注的 RDF 三元组表示规则

函数式语法 Predicate（Annotation（Ap av）p v）	RDF-Based 语法
SubClassOf	
DisjointClasses（2 个类）	
SubObjectPropertyOf（非属性链）	
SubDataPropertyOf	
ObjectPropertyDomain	
DataPropertyDomain	
ObjectPropertyRange	
DataPropertyRange	
InverseObjectProperties	
FunctionalObjectProperty	
FunctionalDataProperty	_:x rdf:type owl:Axiom .
InverseFunctionalObjectProperty	_:x owl:annotatedSource subject .
ReflexiveObjectProperty	_:x owl:annotatedProperty **predicate** .
IrreflexiveObjectProperty	_:x owl:annotatedTarget object .
SymmetricObjectProperty	_:x Ap av.
AsymmetricObjectProperty	TANN（annotation1，_:x）...TANN（annotationN，_:x）
TransitiveObjectProperty	
DisjointObjectProperties（2 个属性）	
DisjointDataProperties（2 个属性）	
ClassAssertion	
ObjectPropertyAssertion	
DataPropertyAssertion	
Declaration	
DifferentIndividuals（2 个个体）	
AnnotationAssertion	

二元关系表现为一个公理三元组，在进行 RDF 图转换时，形成多个新的三元组。整个三元组标识为 owl:Axiom 类的实例，三元组的主语标识为 owl:annotatedSource 属性取值，

谓词关系标识为 owl:annotatedProperty 属性取值，宾语标识为 owl:annotatedTarget 属性取值。例如：

SubClassOf（Annotation（rdfs:comment " 发表的期刊论文可作为科研成果。"@zh ）   ex: 期刊论文 ex: 科研成果 ）

转换为下面多个 RDF 三元组。

ex: 期刊论文 rdfs:subClassOf ex: 科研成果 .
_:x rdf:type owl:Axiom .
_:x owl:annotatedSource ex: 期刊论文 .
_:x owl:annotatedProperty rdfs:subClassOf .
_:x owl:annotatedTarget ex: 科研成果 .
_:x rdfs:comment " 发表的期刊论文可作为科研成果。"@zh .

（3）属性链标注的转换

属性链标注的 RDF 三元组表示规则如表 3-14 所示。

表 3-14　属性链标注的 RDF 三元组表示规则

函数式语法 Predicate（Annotation（Ap av） ObjectPropertyChain（p1...pn） p）	RDF-Based 语法
DisjointUnion SubObjectPropertyOf	_:x rdf:type owl:Axiom . _:x owl:annotatedSource p. _:x owl:annotatedProperty **owl:propertyChainAxiom** . _:x owl:annotatedTarget _:y1 . _:x Ap av. TANN（annotation1，_:x）...TANN（annotationN，_:x） p owl:propertyChainAxiom _:y1. _:y1 rdf:first p1 . _:y1 rdf:rest _:y2 . _:y2 rdf:first p2 . ... _:yn rdf:rest rdf:nil .

属性链标注在进行 RDF 图转换时，需要生成 2 个模块，每个模块形成多个新的三元组。第一个模块组织标注结构，整个属性链标注节点表示为 owl:Axiom 类的实例，链属性 p 表示为 owl:annotatedSource 属性取值，属性链公理标识符 owl:propertyChainAxiom 表示

为 owl:annotatedProperty 属性取值，属性链节点 _:y1 表示为 owl:annotatedTarget 属性取值。第二个模块组织属性链结构，链属性 p 通过 owl:propertyChainAxiom 指向属性链节点 _:y1，_:y1 为属性链列表结构，将多个属性前后关联起来。例如：

SubPropertyOf（Annotation（rdfs:comment " 由项目资助发表的论文属于项目产出成果。"@zh ）
ObjectPropertyChain（ex: 发表论文 ex: 资助项目） ex: 项目产出 ）

转换为下面多个 RDF 三元组。

_:x rdf:type owl:Axiom .
_:x owl:annotatedSource ex: 项目产出 .
_:x owl:annotatedProperty owl:propertyChainAxiom .
_:x owl:annotatedTarget _:y1 .
_:x rdfs:comment " 由项目资助发表的论文属于项目产出成果。"@zh .

ex: 项目产出 owl:propertyChainAxiom _:y1.
_:y1 rdf:first ex: 发表论文 .
_:y1 rdf:rest _:y2 .
_:y2 rdf:first ex: 资助项目 .
_:y2 rdf:rest rdf:nil .

（4）主键标注的转换

主键标注的 RDF 三元组表示规则如表 3–15 所示。

表 3–15 主键标注的 RDF 三元组表示规则

函数式语法	RDF–Based 语法
Predicate(Annotation(Ap av) T(c) (key))	_:x rdf:type owl:Axiom . _:x owl:annotatedSource T（c）. _:x owl:annotatedProperty **owl:hasKey** . _:x owl:annotatedTarget _:y .
HasKey(Annotation(Ap av) T(c) (key))	_:x Ap av. TANN（annotation1, _:x）...TANN（annotationN, _:x） T（c）**owl:hasKey** _:y. _:y rdf:first key . _:y rdf:rest rdf:nil .

主键标注在进行 RDF 图转换时，需要生成 2 个模块，每个模块形成多个新的三元组。第一个模块组织标注结构，整个主键标注节点表示为 owl:Axiom 类的实例，概念类 T（c）表示为 owl:annotatedSource 属性取值，主键标识符 owl:hasKey 表示为

owl:annotatedProperty 属性取值，主键节点 _:y 表示为 owl:annotatedTarget 属性取值。第二个模块组织主键结构，概念类 T（c）通过 owl:hasKey 指向主键节点 _:y，_:y 为列表结构的主键节点。例如：

```
HasKey( Annotation( rdfs:comment "专利号是专利取得授权后的唯一编号。"@zh )  ex:专利( ) ( ex:专利号) )
```

转换为下面多个 RDF 三元组。

```
_:x rdf:type owl:Axiom .
_:x owl:annotatedSource ex:专利 .
_:x owl:annotatedProperty owl:hasKey .
_:x owl:annotatedTarget _:y .
_:x rdfs:comment "专利号是专利取得授权后的唯一编号。"@zh .

ex:专利 owl:hasKey _:y .
_:y rdf:first ex:专利号 .
_:y rdf:rest rdf:nil .
```

（5）多元关系标注的转换

多元关系标注的 RDF 三元组表示规则如表 3-16 所示。

表 3-16 多元关系标注的 RDF 三元组表示规则

函数式语法 Predicate（Annotation（Ap av）T1 Tn）	RDF-Based 语法
EquivalentClasses	T1 **Predicate** T2 .
EquivalentObjectProperties	_:x1 rdf:type owl:Axiom .
EquivalentDataProperties	_:x1 owl:annotatedSource T1 .
SameIndividual	_:x1 owl:annotatedProperty **Predicate** . _:x1 owl:annotatedTarget T2 .
DisjointClasses（多个类）	_:x1 Ap av .
DisjointObjectProperties（多个属性）	...
DisjointDataProperties（多个属性）	Tn-1 **Predicate** Tn . _:x2 rdf:type owl:Axiom . _:x2 owl:annotatedSource Tn-1 .
DifferentIndividuals（多个个体）	_:x2 owl:annotatedProperty **Predicate** . _:x2 owl:annotatedTarget Tn . _:x2 Ap av .

多元关系标注在进行 RDF 图转换时，根据 Tn 的数量生成 $n-1$ 个模块，每个模块形成多个新的三元组。模块的第一个三元组表示两个相邻元素的关系，整个三元组节点表示为

owl:Axiom 类的实例，相邻的前元素表示为 owl:annotatedSource 属性取值，多元等同关系 Predicate 表示为 owl:annotatedProperty 属性取值，相邻的后元素表示为 owl:annotatedTarget 属性取值。例如：

> EquivalentClasses（Annotation（ex: 作者 ex: 科研人员）ex: 科研产出 ex: 学术成果 ex: 研究成果）

转换为下面多个 RDF 三元组。

> ex: 科研产出 owl:equivalentClass ex: 学术成果 .
> _:x1 rdf:type owl:Axiom .
> _:x1 owl:annotatedSource ex: 科研产出 .
> _:x1 owl:annotatedProperty owl:equivalentClass .
> _:x1 owl:annotatedTarget ex: 学术成果 .
> _:x1 ex: 作者 ex: 科研人员 .
>
> ex: 学术成果 owl:equivalentClass ex: 研究成果 .
> _:x2 rdf:type owl:Axiom .
> _:x2 owl:annotatedSource ex: 学术成果 .
> _:x2 owl:annotatedProperty owl:equivalentClass .
> _:x2 owl:annotatedTarget ex: 研究成果 .
> _:x2 ex: 作者 ex: 科研人员 .

（6）否定断言标注的转换

否定断言标注的 RDF 三元组表示规则如表 3-17 所示。

表 3-17 否定断言标注的 RDF 三元组表示规则

函数式语法 Predicate（Annotation（Ap av）P T1 T2）	RDF-Based 语法
NegativeObjectPropertyAssertion	_:x rdf:type **Predicate** . _:x owl:sourceIndividual T1 . _:x owl:assertionProperty **P** . _:x owl:targetIndividual T2 . _:x Ap av .
NegativeDataPropertyAssertion	

否定断言标注在进行 RDF 图转换时，形成多个新的三元组。整个否定断言标注节点表示为 Predicate 的实例，断言关系表示为 owl:assertionProperty 属性取值，主语表示为 owl:sourceIndividual 属性取值，宾语表示为 owl:targetIndividual 属性取值。例如：

> NegativeObjectPropertyAssertion（Annotation（rdfs:comment "汉语词系统由方法中心研发。"@zh）ex: 科研成果 ex: 方法中心 ex: 汉语词系统）

转换为下面多个 RDF 三元组。

```
_:x rdf:type  owl:NegativePropertyAssertion .
_:x owl:sourceIndividual  ex: 方法中心 .
_:x owl:assertionProperty  ex: 科研成果 .
_:x owl:targetIndividual  ex: 汉语词系统 .
_:x rdfs:comment  " 汉语词系统由方法中心研发。"@zh.
```

3.5 OWL/XML 序列化

OWL 语言是 RDF/RDFS 的扩展，一个用 OWL 语言来描述的本体，可以看成一个 RDF 图或一个 RDF 三元组的集合。OWL 的形式化可采用 XML、N-Triples、N3 和 Turtle 等多种方式，其中 XML 序列化是各种 OWL 本体解析器都支持的基本格式。为了便于描述资源特性，XML/RDF 序列化语法定义了一些新的 RDF 词汇，例如，rdf:RDF、rdf:ID、rdf:about、rdf:parseType、rdf:resource、rdf:nodeID、rdf:datatype、rdf:Description、rdf:li 等，这些词汇在 RDF/RDFS 模型中并不存在，仅用于 XML 描述的 RDF/RDFS 数据中，下列示例展示了部分 XML/RDF 词汇的用法[24]。

（1）概念类和关系的描述

```
<owl:Class rdf:ID=" 高新技术企业 ">
    <rdfs:subClassOf>
        <owl:Class rdf:ID=" 企业 "/>
    </rdfs:subClassOf>
</owl:Class>
```

标签 owl:Class 用来描述"高新技术企业"概念类，rdfs:subClassOf 表明这个概念类是概念类"企业"的一个子类。

（2）属性的描述

```
<owl:ObjectProperty rdf:ID=" 有科研成果 ">
    <rdfs:range rdf:resource="# 科技成果 "/>
    <rdfs:domain rdf:resource="# 科研机构 "/>
</owl:ObjectProperty>
```

标签 owl:ObjectProperty 表示"有科研成果"是一个对象属性，rdfs:domain 表明属性的定义域是"科研机构"，rdfs:range 表明属性的值域是"科研成果"。

```
<owl:DatatypeProperty rdf:ID=" 购置设备费 ">
    <rdfs:subPropertyOf rdf:resource="# 设备费 "/>
</owl:DatatypeProperty>
```

标签 owl:DatatypeProperty、rdfs:subPropertyOf 表示"购置设备费"是一个数据属性，并且是"设备费"的一个子属性。

（3）个体的描述

```
<owl:Class rdf:ID=" 本科院校 "/>
    < 本科院校 rdf:ID=" 清华大学 "/>
    < 本科院校 rdf:ID=" 北京大学 "/>
    < 本科院校 rdf:ID=" 山东大学 "/>
</owl:Class>
```

标签"本科院校"表示概念类，"清华大学"、"北京大学"和"山东大学"表示"本科院校"概念类的个体实例。

（4）逻辑关系的描述

OWL 中的逻辑关系包括：交集（owl:intersectionOf）、并集（owl:unionOf）、补集（owl:complementOf）。

```
<owl:Class rdf:ID=" 科技论文 ">
    <owl:equivalentClass>
        <owl:Class>
            <owl:intersectionOf rdf:parseType="Collection">
                <owl:Class rdf:about="# 科技文献 "/>
                    <owl:Class rdf:about="# 学术论文 "/>
                        <owl:Class rdf:about="# 期刊论文 "/>
            </owl:intersectionOf>
        </owl:Class>
    </owl:equivalentClass>
</owl:Class>
<owl:ObjectProperty rdf:ID=" 成果产出机构 ">
    <rdfs:domain rdf:resource="# 科技成果 "/>
    <rdfs:range>
        <owl:Class>
            <owl:unionOf rdf:parseType="Collection">
                <owl:Class rdf:about="# 大专院校 "/>
                <owl:Class rdf:about="# 企业 "/>
                <owl:Class rdf:about="# 科研机构 "/>
            </owl:unionOf>
        </owl:Class>
    </rdfs:range>
</owl:ObjectProperty>
```

上述片段中 owl:intersectionOf 标签描述概念类"科技论文"的等价类是"科技文

献"、"学术论文"与"期刊论文"的交集，即发表在期刊上的科技类学术论文。标签 owl:unionOf 表示科技成果的产出机构包括"大专院校"、"企业"及"科研机构"，是它们的并集。

>> 思考与练习 <<

【1】OWL1 的 3 种子语言有何特点？每种语言适用于什么场景？

【2】OWL2 的 3 种子语言有何特点？每种语言适用于什么场景？

【3】OWL1 DL 与 OWL2 DL 有何相同和不同之处？

【4】OWL2 DL 与 OWL2 Full 有何不同之处？

【5】OWL2 与 OWL1 相比有何优势？

【6】OWL 与 RDF、RDFS 之间有何联系？

【7】OWL1 中具有推理语义的关系和属性有哪些？各有何作用？如何发挥作用？

【8】OWL2 中具有推理语义的关系和属性有哪些？各有何作用？如何发挥作用？

【9】owl:ObjectProperty、owl:DatatypeProperty 和 owl:AnnotationProperty 的功能有何不同？

【10】owl:allValuesFrom 与 owl:someValuesFrom 各有何作用？

【11】owl:Class 与 rdfs:Class 的功能有何不同？

【12】owl:AllDifferent、owl:distinctMembers 与 owl:differentFrom 的用法有何区别？

【13】owl:AllDisjointClasses 与 owl:disjointWith 的用法有何区别？

【14】owl:equivalentClass、owl:equivalentProperty 与 owl:sameAs 的用法有何区别？

【15】owl:hasKey 与 owl:hasValue 的用法有何区别？

【16】owl:cardinality 与 owl:qualifiedCardinality 的用法有何区别？

【17】owl:maxCardinality 与 owl:maxQualifiedCardinality 的用法有何区别？

【18】owl:minCardinality 与 owl:minQulifiedCardinality 的用法有何区别？

【19】rdf:PlainLiteral 与 rdfs:Literal 有何关系？二者的用法有何区别？

*【20】下列两组概念资源同是采用树形结构进行组织，请指出它们的语义关系有何不同？请使用 OWL 为它们建立模型表示。

计算机	计算机
硬件	量子计算机
机箱	电子计算机
显示器	大型计算机
键盘	小型计算机
内存	个人台式机
硬盘	笔记本电脑
主板	平板电脑
软件	
操作系统	
办公软件	
会议视频软件	
程序开发工具	

*【21】仔细分析下列图谱中的节点关系，使用 OWL 为它们建立模型表示。

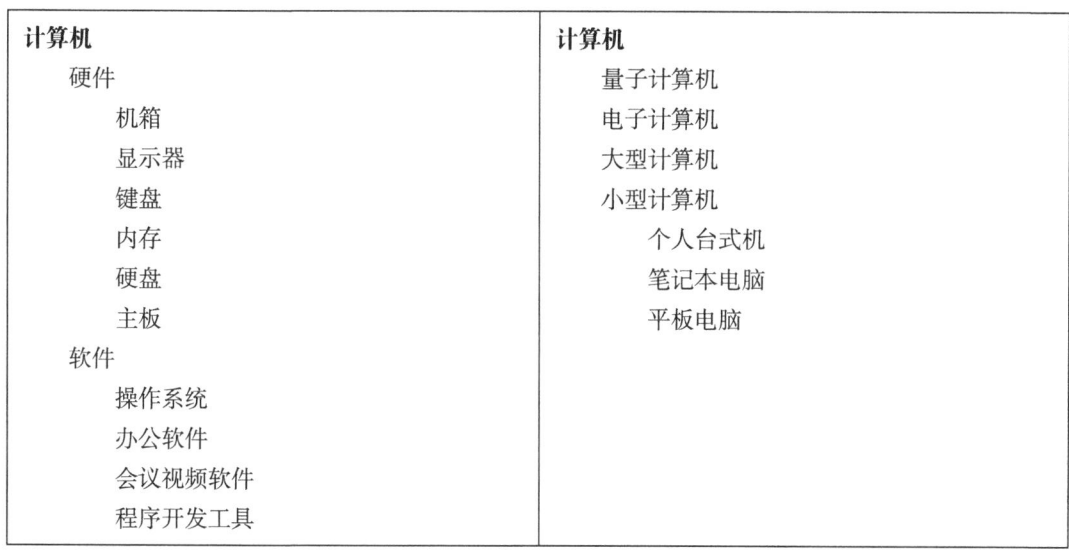

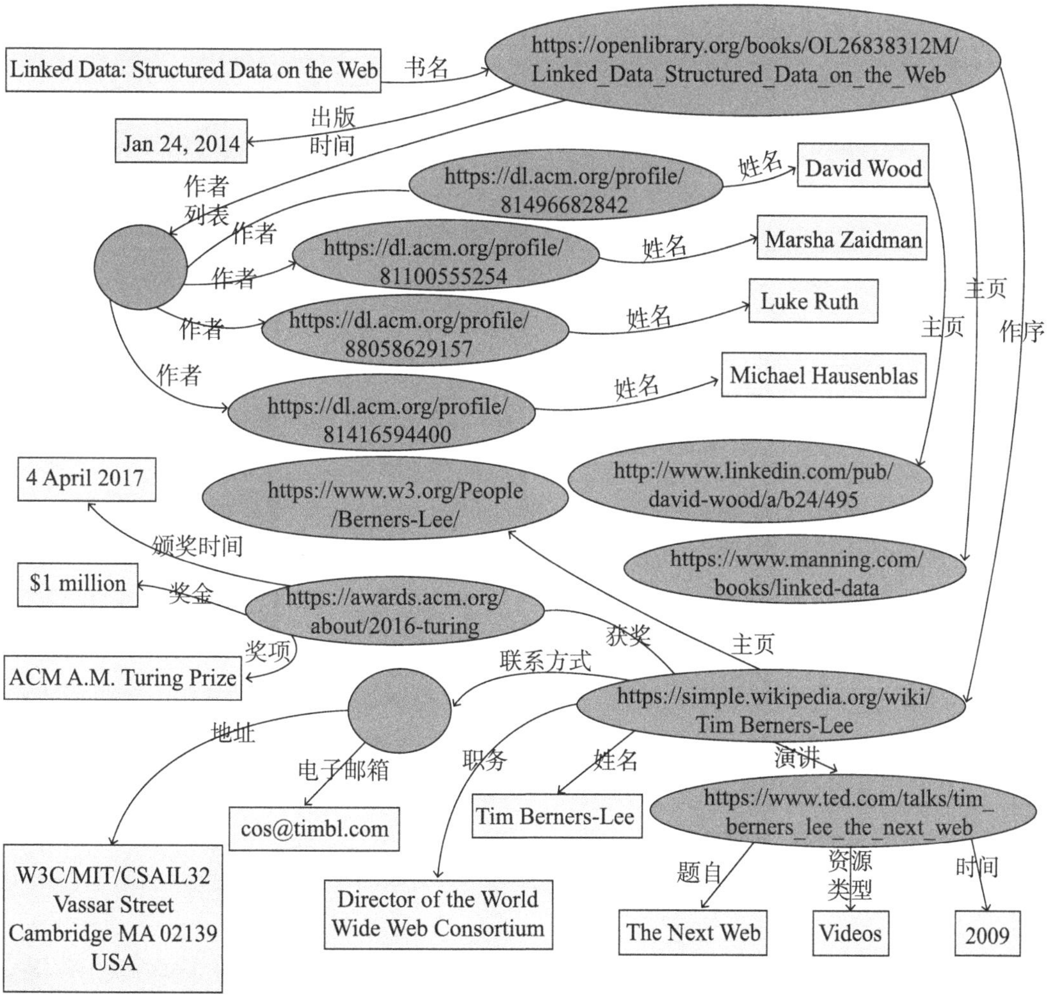

第 4 章　词表资源的网络化组织

SKOS（Simple Knowledge Organization System）是 W3C 推荐的简单知识组织标准，与已有的早期其他词表规范不同，SKOS 的设计立足于语义 Web 技术，是基于 RDF 和 OWL 语言的简单知识组织模型，为受控词表、主题词表、术语表、分类表等知识系统的管理提供了可重用、分布式的词汇链接组织方式[25]。

4.1　SKOS 模型的结构和功能

SKOS 模型以 RDF 图的形式进行概念资源组织，概念是 SKOS 的核心元素，也是 SKOS 格式词表系统的知识节点，概念强调词条的内涵语义，通常由 IRI 或空节点充当。词表中的每一个词汇映射为概念节点的各种标识，概念节点通过上下位、相关、同义、近义等关系链接到其他概念节点，从而构成词汇概念网络，其组织结构如图 4-1 所示。

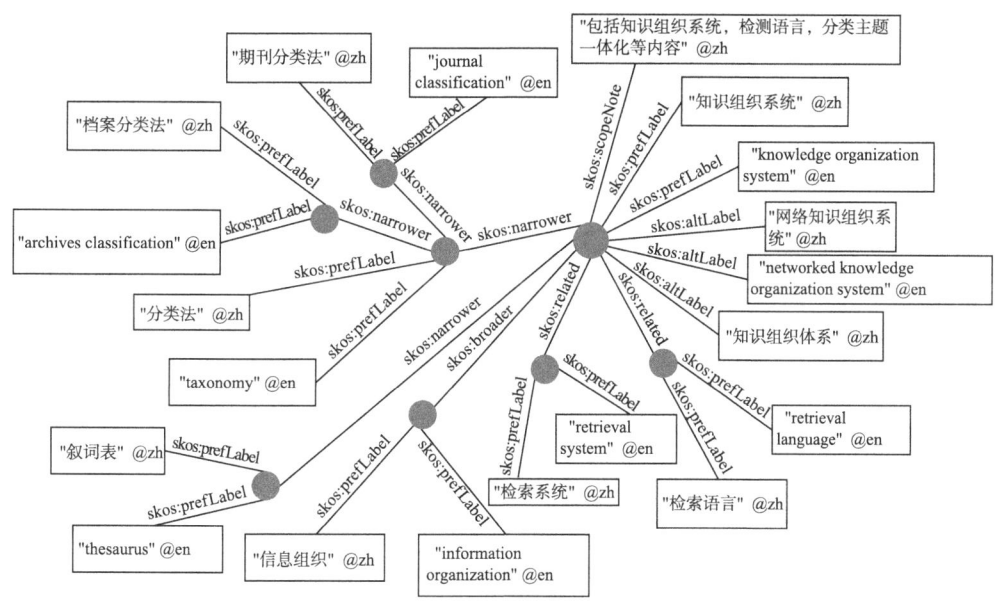

图 4-1　SKOS 概念网络

SKOS 模型的设计基于 RDF 和 OWL，其词汇语义继承了 owl:Class、owl:ObjectProperty、owl:AnnotationProperty 及 rdfs:label、rdfs:List 等建模词汇的特性，默认命名空间为 http://www.w3.org/2004/02/skos/core#，整个模型的组织结构和内部关系如图 4-2 所示。

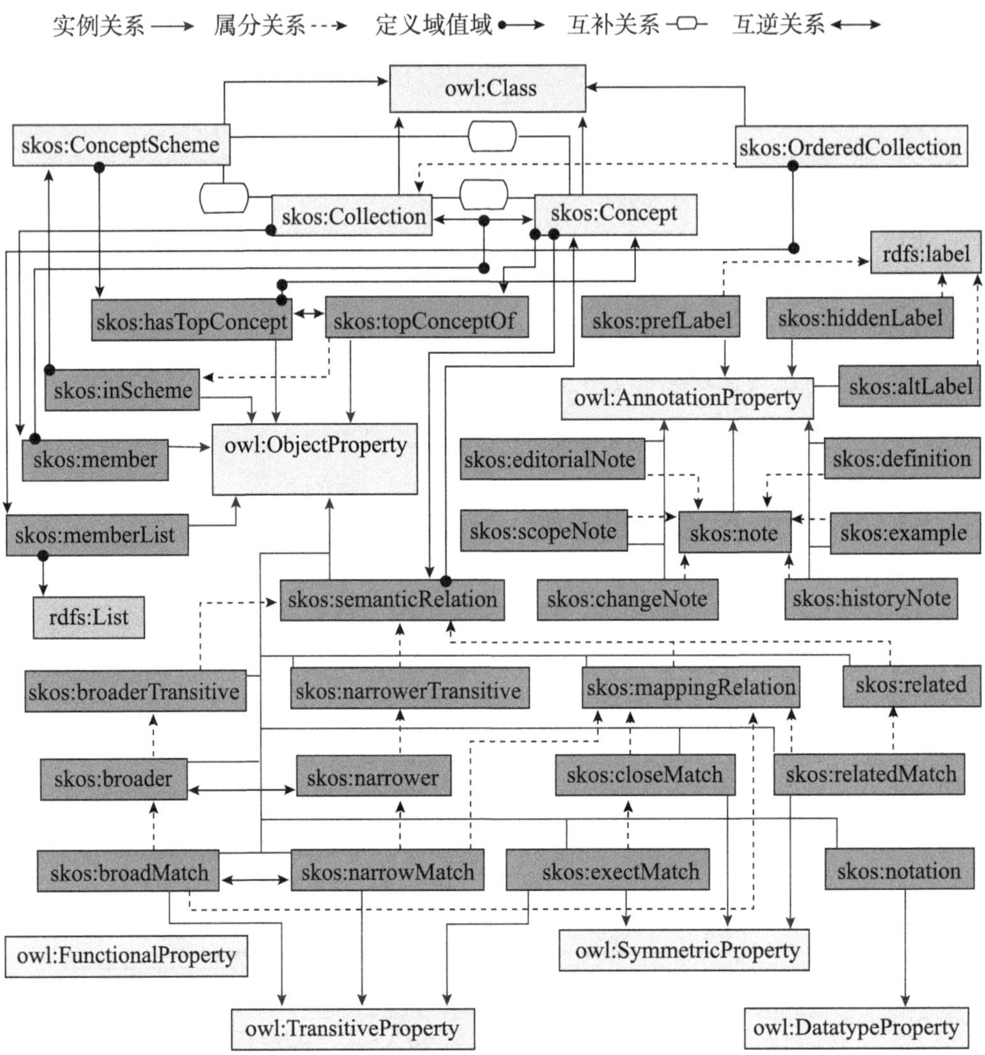

图 4-2　SKOS 模型的结构

SKOS 模型由 32 个词汇组成，包括 4 个类、17 个对象属性、10 个标注属性、1 个数据属性。类词汇用于声明一个概念或概念集合，对象属性用于描述概念上下位、近义、同义、相关、成员等关系，标注属性用于描述概念的各种标识和编辑信息[26]。SKOS 模型覆盖了分类表、叙词表等知识组织系统的核心关系，为传统词表系统的网络化共享和发布提供了通用词汇，下面详细介绍每个词汇的含义和用法。

4.1.1　SKOS 模型的类

（1）skos:Concept

skos:Concept 表示概念的类。skos:Concept 是 owl:Class 的实例，与 skos:ConceptScheme 互斥。skos:Concept 的模型化定义如下所示。

```
skos:Concept  rdf:type  owl:Class；
              owl:disjointWith  skos:ConceptScheme；
              rdfs:isDefinedBy  <http://www.w3.org/2004/02/skos/core>；
              rdfs:label  "Concept"@en；
              skos:definition  "An idea or notion； a unit of thought."@en .
```

skos:Concept 用于标识一个领域概念。概念是词表中的知识节点，构成了领域知识的主干，SKOS 标识的概念通常由叙词转化而来。例如，下面片段标识了一个新能源词表的领域概念"燃料电池"。

```
### prefix ne:< http://example.kos.ac.cn/ontology/new_energy#>
### http://example.kos.ac.cn/ontology/new_energy# 燃料电池
ne: 燃料电池    rdf:type  skos:Concept；
              skos:prefLabel  " 燃料电池 "@zh .
```

（2）skos:ConceptScheme

skos:ConceptScheme 表示概念体系。skos:ConceptScheme 是 owl:Class 的实例，与 skos:Concept 互斥。skos:ConceptScheme 的模型化定义如下所示。

```
skos:ConceptScheme  rdf:type  owl:Class；
              rdfs:isDefinedBy  <http://www.w3.org/2004/02/skos/core>；
              rdfs:label  "Concept Scheme"@en；
              skos:definition  "A set of concepts， optionally including statements about semantic relationships between those concepts."@en；
              skos:example  "Thesauri， classification schemes， subject heading lists， taxonomies，
'folksonomies'，and other types of controlled vocabulary are all examples of concept schemes. Concept schemes are also embedded in glossaries and terminologies."@en；
              skos:scopeNote  "A concept scheme may be defined to include concepts from different sources."@en .
```

skos:ConceptScheme 用于标识叙词表、分类表或主题词表等词汇集合。一个 skos:ConceptScheme 概念体系类似于一部专门的词典，收录了体现领域知识结构的核心概念。例如，下面片段使用 skos:ConceptScheme 标识了"新能源汽车词系统"这部领域词表。

```
### prefix on:< http://example.kos.ac.cn/ontology#>
### http://example.kos.ac.cn/ontology# 新能源汽车词系统
on: 新能源汽车词系统    rdf:type  skos:ConceptScheme；
      dcl:title  " 汉语科技词系统 - 新能源汽车卷 "@zh；
      dcl:creator  " 中国科学技术信息研究所 "；
      rdfs:comment  " 包含类目 180 个，收录新能源汽车领域核心词 6117 条，基础词 49845 条，核心词英文翻译 13190 条，关系 78 种，关系实例 57164 个，属性 45 种属性，属性实例 18309 个，词条定义 5873 条。"@zh .
```

（3）skos:Collection

skos:Collection 表示概念集合。skos:Collection 是 owl:Class 的实例，与 skos:Concept、skos:ConceptScheme 两两互斥。skos:Collection 的模型化定义如下所示。

```
skos:Collection  rdf:type  owl:Class;
                 owl:disjointWith  skos:Concept,
                                   skos:ConceptScheme;
                 rdfs:isDefinedBy  <http://www.w3.org/2004/02/skos/core>;
                 rdfs:label  "Collection"@en;
                 skos:definition  "A meaningful collection of concepts."@en;
                 skos:scopeNote  "Labelled collections can be used where you would like a set of concepts to be displayed under a 'node label' in the hierarchy."@en.
```

skos:Collection 用于说明一个有含义的概念集合。可采用 IRI 形式声明一个 skos:Collection 实例，但多数情况下集合仅作为元素框架来使用，不必分配 IRI，而是采用空节点的形式。例如，下面片段说明了一个包含 4 个成员的概念集合"丝纺机械"。

```
### prefix th:< http://example.kos.ac.cn/ontology/thesaurus#>
_:bn1234  rdf:type  skos:Collection;
     skos:prefLabel  "丝纺机械"@zh;
     skos:member  th:剥茧机,
                  th:开绵机,
                  th:排绵机,
                  th:切绵机.
### http://example.kos.ac.cn/ontology/thesaurus# 开绵机
th:开绵机  rdf:type  skos:Concept;
     skos:prefLabel  "开绵机"@zh;
     skos:narrower  th:立式开绵机;
     skos:broader  th:纺织机械.
### http://example.kos.ac.cn/ontology/thesaurus# 剥茧机
th:剥茧机  rdf:type  skos:Concept;
     skos:prefLabel  "剥茧机"@zh;
     skos:broader  th:纺织机械.
### http://example.kos.ac.cn/ontology/thesaurus# 排绵机
th:排绵机  rdf:type  skos:Concept;
     skos:prefLabel  "排绵机"@zh;
     skos:broader  th:纺织机械.
### http://example.kos.ac.cn/ontology/thesaurus# 切绵机
th:切绵机  rdf:type  skos:Concept;
     skos:prefLabel  "切绵机"@zh;
     skos:broader  th:纺织机械.
```

(4) skos:OrderedCollection

skos:OrderedCollection 表示有序概念集合。skos:OrderedCollection 是 skos:Collection 的子类，owl:Class 的实例。skos:OrderedCollection 的模型化定义如下所示。

```
skos:OrderedCollection  rdf:type  owl:Class；
                rdfs:subClassOf  skos:Collection；
                rdfs:isDefinedBy  <http://www.w3.org/2004/02/skos/core>；
                rdfs:label "Ordered Collection"@en；
                skos:definition "An ordered collection of concepts, where both the grouping and the ordering are meaningful."@en；
                skos:scopeNote "Ordered collections can be used where you would like a set of concepts to be displayed in a specific order, and optionally under a 'node label'."@en .
```

skos:OrderedCollection 用于说明一个有序排列所属成员的概念集合，成员相同但排列顺序不同的两个有序集合，不能看作相同的集合。例如，下面片段说明了一个有序的概念集合"丝纺机械"，集合成员按顺序排列，如果成员按其他顺序排列，则是与原集合不同的新集合。

```
### prefix th:< http://example.kos.ac.cn/ontology/thesaurus#>
_:bn1234  rdf:type  skos:OrderedCollection；
        skos:prefLabel " 丝纺机械 "@zh；
        skos:memberList  _:bn1.
_:bn1  rdf:first  th: 剥茧机；
    rdf:rest  _:bn2.
_:bn2  rdf:first  th: 开绵机；
    rdf:rest  _:bn3.
_:bn3  rdf:first  th: 排绵机；
    rdf:rest  _:bn4.
_:bn4  rdf:first  th: 切绵机；
    rdf:rest  rdf:nil .
### http://example.kos.ac.cn/ontology/thesaurus# 开绵机
th: 开绵机  rdf:type  skos:Concept；
        skos:prefLabel " 开绵机 "@zh；
        skos:narrower  th: 立式开绵机；
        skos:broader  th: 纺织机械 .
### http://example.kos.ac.cn/ontology/thesaurus# 剥茧机
th: 剥茧机  rdf:type  skos:Concept；
        skos:prefLabel " 剥茧机 "@zh；
        skos:broader  th: 纺织机械 .
### http://example.kos.ac.cn/ontology/thesaurus# 排绵机
th: 排绵机  rdf:type  skos:Concept；
        skos:prefLabel " 排绵机 "@zh；
        skos:broader  th: 纺织机械 .
### http://example.kos.ac.cn/ontology/thesaurus# 切绵机
```

```
th: 切绵机  rdf:type  skos:Concept;
         skos:prefLabel  " 切绵机 "@zh;
         skos:broader  th: 纺织机械 .
```

4.1.2 SKOS 模型的对象属性

(1) skos:inScheme

skos:inScheme 表示概念的来源集合。skos:inScheme 是 owl:ObjectProperty 的实例，值域为 skos:ConceptScheme。skos:inScheme 的模型化定义如下所示。

```
skos:inScheme  rdf:type  owl:ObjectProperty;
         rdfs:range  skos:ConceptScheme;
         rdfs:isDefinedBy  <http://www.w3.org/2004/02/skos/core>;
         rdfs:label  "is in scheme"@en;
         skos:definition  "Relates a resource (for example a concept) to a concept scheme in which it is included."@en;
         skos:scopeNote  "A concept may be a member of more than one concept scheme."@en .
```

现实生活中的概念词汇可能在不同词典中都有收录，因此一个概念可以来自多个词表，skos:inScheme 用于指明所述概念来源于哪个概念体系。例如，下面片段说明了"三元锂电池"这一概念来源于"新能源汽车词系统"词表。

```
### prefix ne:< http://example.kos.ac.cn/ontology/new_energy#>
### http://example.kos.ac.cn/ontology/new_energy# 三元锂电池
### prefix on:< http://example.kos.ac.cn/ontology#>
### http://example.kos.ac.cn/ontology# 新能源汽车词系统
ne: 三元锂电池   rdf:type   skos:Concept;
         skos:prefLabel  " 三元锂电池 "@zh;
         dc:creator  " 中国科学技术信息研究所 ";
         skos:inScheme  on: 新能源汽车词系统 .
```

(2) skos:hasTopConcept

skos:hasTopConcept 表示概念层级的顶层概念。skos:hasTopConcept 是 owl:ObjectProperty 的实例，定义域为 skos:ConceptScheme，值域为 skos:Concept，与 skos:topConceptOf 互逆 (owl:inverseOf)。skos:hasTopConcept 的模型化定义如下所示。

```
skos:hasTopConcept  rdf:type  owl:ObjectProperty;
              owl:inverseOf  skos:topConceptOf;
              rdfs:domain  skos:ConceptScheme;
              rdfs:range  skos:Concept;
              rdfs:isDefinedBy  <http://www.w3.org/2004/02/skos/core>;
              rdfs:label  "has top concept"@en;
              skos:definition  "Relates, by convention, a concept scheme to a concept which is topmost in the broader/narrower concept hierarchies for that scheme, providing an entry point to these hierarchies."@en .
```

skos:hasTopConcept 用于指定词表中抽象程度最高的顶层概念，分类表中的顶层概念通常为顶层类，叙词表中的顶层概念通常为族首词。例如，下面片段说明了"分类主题词系统"这部词表中的一个顶层概念"哲学宗教"。

```
### prefix on:< http://example.kos.ac.cn/ontology#>
### http://example.kos.ac.cn/ontology# 分类主题词系统
### prefix cl:< http://example.kos.ac.cn/ontology/classified#>
### http://example.kos.ac.cn/ontology/classified#B 哲学宗教
on: 分类主题词系统   rdf:type   skos:ConceptScheme ;
        skos:prefLabel  " 分类主题词系统 "@zh ;
        skos:altLabel  " 分类主题词表 "@zh ;
        skos:hasTopConcept cl:B 哲学宗教 .
```

（3）skos:topConceptOf

skos:topConceptOf 表示顶层概念的来源集合。skos:topConceptOf 是 skos:inSchema 的子属性，owl:ObjectProperty 的实例，与 skos:hasTopConcept 互逆（owl:inverseOf）。skos:topConceptOf 的模型化定义如下所示。

```
skos:topConceptOf  rdf:type  owl:ObjectProperty ;
                   rdfs:subPropertyOf  skos:inScheme ;
                   rdfs:domain  skos:Concept ;
                   rdfs:range  skos:ConceptScheme ;
                   rdfs:isDefinedBy  <http://www.w3.org/2004/02/skos/core> ;
                   rdfs:label  "is top concept in scheme"@en ;
                   skos:definition  "Relates a concept to the concept scheme that it is a top level concept of."@en .
```

skos:topConceptOf 用于说明顶层概念（顶层类、族首词等）来源于哪个概念集合。例如，下面片段说明了顶层概念"哲学、宗教"来源于"分类主题词系统"这部词表，是这部词表的一个顶层概念。

```
### prefix on:< http://example.kos.ac.cn/ontology#>
### http://example.kos.ac.cn/ontology# 分类主题词系统
### prefix cl:< http://example.kos.ac.cn/ontology/classified#>
### http://example.kos.ac.cn/ontology/classified#B 哲学宗教
cl:B 哲学宗教  rdf:type  skos:Concept ;
        skos:prefLabel " 哲学、宗教 "@zh ;
        skos:notation  "B" ;
        skos:topConceptOf  on: 分类主题词系统 .
```

（4）skos:broader

skos:broader 表示概念的上位概念。skos:broader 是 skos:broaderTransitive 的子属性，owl:ObjectProperty 的实例，skos:broader 与 skos:narrower 互逆（owl:inverseOf）。skos:broader 的模型

化定义如下所示。

> **skos:broader** rdf:type owl:ObjectProperty;
> rdfs:subPropertyOf skos:broaderTransitive;
> owl:inverseOf skos:narrower;
> rdfs:comment "Broader concepts are typically rendered as parents in a concept hierarchy（tree）."@en;
> rdfs:isDefinedBy <http://www.w3.org/2004/02/skos/core>;
> rdfs:label "has broader"@en;
> skos:definition "Relates a concept to a concept that is more general in meaning."@en;
> skos:scopeNote "By convention, skos:broader is only used to assert an immediate（i.e. direct）hierarchical link between two conceptual resources."@en .

skos:broader 用于对两个概念间的泛化关系做出直接说明，但不具有传递性推理功能，即如果 A skos:broader B 且 B skos:broader C，不能得出 A skos:broader C 这一结论。例如，下列片段说明了"哲学基本问题"这一概念的上位概念是"哲学理论"。

> \### prefix cl:< http://example.kos.ac.cn/ontology/classified#>
> \### http://example.kos.ac.cn/ontology/classified#B01 哲学基本问题
> cl:B01 哲学基本问题 rdf:type skos:Concept;
> skos:prefLabel " 哲学基本问题 "@zh;
> skos:notation "B01";
> **skos:broader** cl:B0 哲学理论 .

（5）skos:broaderTransitive

skos:broaderTransitive 表示概念的传递性泛化关系。skos:broaderTransitive 是 skos:semanticRelation 的子属性，owl:TransitiveProperty 和 owl:ObjectProperty 的实例，与 skos:narrowerTransitive 互逆（owl:inverseOf）。skos:broaderTransitive 的模型化定义如下所示。

> **skos:broaderTransitive** rdf:type owl:ObjectProperty ;
> rdfs:subPropertyOf skos:semanticRelation ;
> owl:inverseOf skos:narrowerTransitive ;
> rdf:type owl:TransitiveProperty ;
> rdfs:isDefinedBy <http://www.w3.org/2004/02/skos/core> ;
> rdfs:label "has broader transitive"@en ;
> skos:definition "skos:broaderTransitive is a transitive superproperty of skos:broader." ;
> skos:scopeNote "By convention, skos:broaderTransitive is not used to make assertions. Rather, the properties can be used to draw inferences about the transitive closure of the hierarchical relation, which is useful e.g. when implementing a simple query expansion algorithm in a search application."@en .

skos:broaderTransitive 用于说明概念的传递性泛化关系，该关系仅用于概念间泛化关系推理，但不具有泛化关系的直接说明功能。例如，下面片段可得出"th: 分面叙词表 skos:broaderTransitive th: 知识组织系统"这一结论，但不能由此得出"th: 分面叙词表"的上位概念就是"th: 知识组织系统"。skos:broaderTransitive 在实现概念泛化查询时很有用处，通过传递性泛化功能，可以将概念泛化链路上所有的上位概念都检索出来。

```
### prefix th:< http://example.kos.ac.cn/ontology/thesaurus#>
### http://example.kos.ac.cn/ontology/thesaurus# 分面叙词表
th: 分面叙词表  rdf:type  skos:Concept；
        skos:prefLabel  " 分面叙词表 "@zh；
        skos:broaderTransitive  th: 叙词表．
### prefix th:< http://example.kos.ac.cn/ontology/thesaurus#>
### http://example.kos.ac.cn/ontology/thesaurus# 叙词表
th: 叙词表  rdf:type  skos:Concept；
        skos:prefLabel  " 叙词表 "@zh；
        skos:broaderTransitive  th: 知识组织系统．
```

（6）skos:narrower

skos:narrower 表示概念的下位概念。skos:narrower 是 skos:narrowerTransitive 的子属性，owl:ObjectProperty 的实例，skos:narrower 与 skos:broader 互逆（owl:inverseOf）。skos:narrower 的模型化定义如下所示。

```
skos:narrower  rdf:type  owl:ObjectProperty；
        rdfs:subPropertyOf  skos:narrowerTransitive；
        rdfs:comment  "Narrower concepts are typically rendered as children in a concept hierarchy（tree）."@en；
        rdfs:isDefinedBy  <http://www.w3.org/2004/02/skos/core>；
        rdfs:label  "has narrower"@en；
        skos:definition  "Relates a concept to a concept that is more specific in meaning."@en；
        skos:scopeNote  "By convention， skos:broader is only used to assert an immediate（i.e. direct）hierarchical link between two conceptual resources."@en．
```

skos:narrower 用于对两个概念间的细化关系做出直接说明，但不具有传递性推理功能，即如果 A skos:narrower B 且 B skos:narrower C，不能得出 A skos:narrower C 这一结论。例如，下列片段说明了"哲学基本问题"这一概念的下位概念有"本体论"。

```
### prefix th:< http://example.kos.ac.cn/ontology/thesaurus#>
### http://example.kos.ac.cn/ontology/thesaurus#
cl:B01 哲学基本问题  rdf:type  skos:Concept ;
     skos:prefLabel  " 哲学基本问题 "@zh ;
     skos:notation "B01" ;
     skos:narrower  cl:B016 本体论 .
```

（7）skos:narrowerTransitive

skos:narrowerTransitive 表示概念的传递性细化关系。skos:narrowerTransitive 是 skos:semanticRelation 的子属性，owl:TransitiveProperty 和 owl:ObjectProperty 的实例，与 skos:broaderTransitive 互逆（owl:inverseOf）。skos:narrowerTransitive 的模型化定义如下所示。

```
skos:narrowerTransitive rdf:type owl:ObjectProperty;
                        rdfs:subPropertyOf skos:semanticRelation;
                        rdf:type owl:TransitiveProperty;
                        rdfs:isDefinedBy <http://www.w3.org/2004/02/skos/core>;
                        rdfs:label "has narrower transitive"@en;
                        skos:definition "skos:narrowerTransitive is a transitive superproperty of skos:narrower.";
                        skos:scopeNote "By convention, skos:narrowerTransitive is not used to make assertions. Rather, the properties can be used to draw inferences about the transitive closure of the hierarchical relation, which is useful e.g. when implementing a simple query expansion algorithm in a search application."@en .
```

skos:narrowerTransitive 用于说明概念的传递性细化关系，该关系仅用于概念间细化关系推理，但不具有细化关系的直接说明功能。例如，下面片段可得出"th: 知识组织系统 skos:narrowerTransitive th: 分面叙词表"这一结论，但不能由此得出"th: 知识组织系统"的下位概念一定有"th: 分面叙词表"。skos:narrowerTransitive 在实现概念细化查询时很有用处，通过传递性细化功能，可以将概念细化链路上所有的下位概念都检索出来。

```
### prefix th:< http://example.kos.ac.cn/ontology/thesaurus#>
### http://example.kos.ac.cn/ontology/thesaurus# 知识组织系统
th: 知识组织系统  rdf:type  skos:Concept;
     skos:prefLabel  " 知识组织系统 "@zh;
     skos:narrowerTransitive  th: 叙词表 .
### prefix th:< http://example.kos.ac.cn/ontology/thesaurus#>
### http://example.kos.ac.cn/ontology/thesaurus# 叙词表
th: 叙词表  rdf:type  skos:Concept;
     skos:prefLabel  " 叙词表 "@zh;
     skos:narrowerTransitive  th: 分面叙词表 .
```

(8) skos:related

skos:related 表示与概念相关的概念。skos:related 是 skos:semanticRelation 的子属性，owl:SymmetricProperty 和 owl:ObjectProperty 的实例，与 skos:broaderTransitive 互斥。skos:related 的模型化定义如下所示。

```
skos:related  rdf:type  owl:ObjectProperty ,
                        owl:SymmetricProperty ;
              rdfs:subPropertyOf skos:semanticRelation ;
              rdfs:comment "skos:related is disjoint with skos:broaderTransitive"@en ;
              rdfs:isDefinedBy <http://www.w3.org/2004/02/skos/core> ;
              rdfs:label "has related"@en ;
              skos:definition "Relates a concept to a concept with which there is an associative semantic relationship."@en .
```

skos:related 用于说明两个概念间的相关联系。例如，下面片段说明了与"板块构造"概念有关的其他概念。

```
### prefix th:< http://example.kos.ac.cn/ontology/thesaurus#>
### http://example.kos.ac.cn/ontology/thesaurus# 板块构造
th: 板块构造  rdf:type skos:Concept;
            skos:prefLabel " 板块构造 "@zh;
            skos:notation "P541";
            skos:related  th: 板块,
                          th: 板块边界 .
```

(9) skos:semanticRelation

skos:semanticRelation 表示两个概念间的语义关联。skos:semanticRelation 是 owl:ObjectProperty 的实例，定义域为 skos:Concept，值域为 skos:Concept。skos:semanticRelation 的模型化定义如下所示。

```
skos:semanticRelation  rdf:type  owl:ObjectProperty;
                       rdfs:domain  skos:Concept;
                       rdfs:range  skos:Concept;
                       rdfs:isDefinedBy <http://www.w3.org/2004/02/skos/core>;
                       rdfs:label  "is in semantic relation with"@en;
                       skos:definition  "Links a concept to a concept related by meaning."@en;
                       skos:scopeNote  "This property should not be used directly,  but as a super-property for all properties denoting a relationship of meaning between concepts."@en .
```

skos:semanticRelation 是一个抽象属性，用于表明与概念语义有关联的其他概念。skos:semanticRelation 不直接使用，而是作为其他细分语义关系的封装属性。

(10) skos:member

skos:member 表示集合成员。skos:member 是 owl:ObjectProperty 的实例，定义域为 skos:Collection，值域为 skos:Concept 和 skos:Collection 的并集。skos:member 的模型化定义如下所示。

```
skos:member rdf:type owl:ObjectProperty ;
        rdfs:domain skos:Collection ;
        rdfs:range
                [ rdf:type owl:Class ;
                  owl:unionOf(skos:Collection skos:Concept )
                ] ;
        rdfs:isDefinedBy <http://www.w3.org/2004/02/skos/core> ;
        rdfs:label "has member"@en ;
        skos:definition "Relates a collection to one of its members."@en .
```

skos:member 用于说明构成集合的不同成员。skos:member 常与 skos:Collection 搭配使用，共同标识一个结构化的概念集合。例如，下面片段说明了"丝纺机械"集合所含的 4 个成员概念。

```
### prefix th:< http://example.kos.ac.cn/ontology/thesaurus#>
_:bn1234  rdf:type  skos:Collection;
          skos:prefLabel " 丝纺机械 "@zh;
      skos:member  th: 剥茧机，
                   th: 开绵机，
                   th: 排绵机，
                   th: 切绵机．
```

(11) skos:memberList

skos:memberList 表示有序成员列表。skos:memberList 是 owl:ObjectProperty 和 owl:FunctionalProperty 的实例，定义域为 skos:OrderedCollection，值域为 rdf:List，skos:memberList 的取值也是 skos:member 的取值。skos:memberList 的模型化定义如下所示。

```
skos:memberList rdf:type  owl:ObjectProperty ,
                          owl:FunctionalProperty;
            rdfs:domain  skos:OrderedCollection;
            rdfs:range  rdf:List;
            rdfs:comment "For any resource, every item in the list given as the value of the skos:memberList property is also a value of the skos:member property."@en;
            rdfs:isDefinedBy  <http://www.w3.org/2004/02/skos/core>;
            rdfs:label  "has member list"@en;
            skos:definition  "Relates an ordered collection to the RDF list containing its members."@en .
```

skos:memberList 用于说明一个构成有序集合的成员列表。skos:memberList 常与 skos:OrderedCollection 搭配使用，共同标识一个结构化的有序概念集合。例如，下面片段说明了"丝纺机械"有序集合 4 个成员概念的排列顺序。

```
### prefix th:< http://example.kos.ac.cn/ontology/thesaurus#>
_:bn1234  rdf:type  skos:OrderedCollection ;
          skos:prefLabel " 丝纺机械 "@zh ;
          skos:memberList  _:bn1.
_:bn1  rdf:first  th: 剥茧机 ;
       rdf:rest  _:bn2.
_:bn2  rdf:first  th: 开绵机 ;
       rdf:rest  _:bn3.
_:bn3  rdf:first  th: 排绵机 ;
       rdf:rest  _:bn4.
_:bn4  rdf:first  th: 切绵机 ;
       rdf:rest  rdf:nil .
```

（12）skos:broadMatch

skos:broadMatch 表示概念在其他集合中的上位概念。skos:broadMatch 是 skos:mappingRelation 和 skos:broader 的子属性，与 skos:narrowMatch 互逆（owl:inverseOf）。skos:broadMatch 的模型化定义如下所示。

```
skos:broadMatch rdf:type owl:ObjectProperty ;
                rdfs:subPropertyOf skos:broader ,
                                   skos:mappingRelation ;
                owl:inverseOf skos:narrowMatch ;
                rdfs:isDefinedBy <http://www.w3.org/2004/02/skos/core> ;
                rdfs:label "has broader match"@en ;
                skos:definition "skos:broadMatch is used to state a hierarchical
mapping link between two conceptual resources in different concept schemes."@en .
```

skos:broader 用于标识同一集合（词表）中两个概念的泛化关系，而 skos:broadMatch 则用于表明不同概念集合中的两个概念间的泛化（上位）关系。例如，下列片段说明了 th 叙词表中的概念"外汇交易市场"与 cl 分类表中的上位概念"外汇市场"间的泛化关系。

```
### prefix th:< http://example.kos.ac.cn/ontology/thesaurus#>
### http://example.kos.ac.cn/ontology/thesaurus# 外汇交易市场
th: 外汇交易市场  rdf:type  skos:Concept;
        skos:prefLabel " 外汇交易市场 "@zh;
        skos:notation "F830.92";
        skos:broadMatch  cl:F83092 外汇市场 .
### prefix cl:< http://example.kos.ac.cn/ontology/classified#>
### http://example.kos.ac.cn/ontology/classified#F83092 外汇市场
cl:F83092 外汇市场  rdf:type  skos:Concept;
        skos:prefLabel " 外汇市场 "@zh;
        skos:notation  "F830.92";
        skos:broader  cl:F8309 金融市场 ,
```

（13）skos:closeMatch

skos:closeMatch 表示概念在其他集合中的近义概念。skos:closeMatch 是 skos:mappingRelation 的子属性，owl:ObjectProperty 和 owl:SymmetricProperty 的实例。skos:closeMatch 的模型化定义如下所示。

```
skos:closeMatch  rdf:type  owl:ObjectProperty;
                rdfs:subPropertyOf  skos:mappingRelation;
                rdf:type  owl:SymmetricProperty;
                rdfs:isDefinedBy  <http://www.w3.org/2004/02/skos/core>;
                rdfs:label  "has close match"@en;
                skos:definition "skos:closeMatch is used to link two concepts that are sufficiently similar that they can be used interchangeably in some information retrieval applications. In order to avoid the possibility of \"compound errors\" when combining mappings across more than two concept schemes,  skos:closeMatch is not declared to be a transitive property."@en .
```

skos:closeMatch 用于表明不同概念集合中的两个概念含义相近，某些检索场合可以互换。例如，下面片段说明了 th 叙词表中的概念"外币市场"与 cl 分类表中的概念"外汇市场"间的相近关系。

```
### prefix th:< http://example.kos.ac.cn/ontology/thesaurus#>
### http://example.kos.ac.cn/ontology/thesaurus# 外币市场
th: 外币市场  rdf:type  skos:Concept;
        skos:prefLabel " 外币市场 "@zh;
        skos:notation "F830.92";
        skos:closeMatch  cl:F83092 外汇市场 .
### prefix cl:< http://example.kos.ac.cn/ontology/classified#>
### http://example.kos.ac.cn/ontology/classified#F83092 外汇市场
cl:F83092 外汇市场  rdf:type  skos:Concept;
        skos:prefLabel " 外汇市场 "@zh;
        skos:notation  "F830.92";
        skos:broader  cl:F8309 金融市场 ,
```

（14）skos:exactMatch

skos:exactMatch 表示概念在其他集合中的同义概念。skos:exactMatch 是 skos:closeMatch 的子属性，owl:SymmetricProperty 和 owl:TransitiveProperty 的实例。skos:exactMatch 的模型化定义如下所示。

```
skos:exactMatch  rdf:type  owl:ObjectProperty;
         rdfs:subPropertyOf skos:closeMatch;
         rdf:type  owl:SymmetricProperty ,
             owl:TransitiveProperty;
         rdfs:comment "skos:exactMatch is disjoint with each of the properties skos:broadMatch and skos:relatedMatch."@en;
         rdfs:isDefinedBy  <http://www.w3.org/2004/02/skos/core>;
         rdfs:label  "has exact match"@en;
         skos:definition "skos:exactMatch is used to link two concepts, indicating a high degree of confidence that the concepts can be used interchangeably across a wide range of information retrieval applications. skos:exactMatch is a transitive property, and is a sub-property of skos:closeMatch."@en .
```

skos:exactMatch 用于表明不同概念集合中的两个概念含义相同，通常的检索中可以互换。例如，下面片段说明了 th 叙词表中的概念"外汇市场"与 cl 分类表中的概念"外汇市场"间的同义关系。

```
### prefix th:< http://example.kos.ac.cn/ontology/thesaurus#>
### http://example.kos.ac.cn/ontology/thesaurus# 外汇市场
th: 外汇市场  rdf:type  skos:Concept;
      skos:prefLabel " 外汇市场 "@zh;
      skos:notation "F830.92";
      skos:exactMatch cl:F83092 外汇市场 .
### prefix cl:< http://example.kos.ac.cn/ontology/classified#>
### http://example.kos.ac.cn/ontology/classified#F83092 外汇市场
cl:F83092 外汇市场  rdf:type  skos:Concept;
      skos:prefLabel " 外汇市场 "@zh;
      skos:notation "F830.92";
      skos:broader cl:F8309 金融市场 ,
```

（15）skos:mappingRelation

skos:mappingRelation 表示概念在其他集合中的意义映射。skos:mappingRelation 是 skos:semanticRelation 的子属性，owl:ObjectProperty 的实例。skos:mappingRelation 的模型化定义如下所示。

> **skos:mappingRelation** rdf:type owl:ObjectProperty;
> rdfs:subPropertyOf skos:semanticRelation;
> rdfs:comment "These concept mapping relations mirror semantic relations, and the data model defined below is similar（with the exception of skos:exactMatch）to the data model defined for semantic relations. A distinct vocabulary is provided for concept mapping relations, to provide a convenient way to differentiate links within a concept scheme from links between concept schemes. However, this pattern of usage is not a formal requirement of the SKOS data model, and relies on informal definitions of best practice."@en;
> rdfs:isDefinedBy <http://www.w3.org/2004/02/skos/core>;
> rdfs:label "is in mapping relation with"@en;
> skos:definition "Relates two concepts coming, by convention, from different schemes, and that have comparable meanings"@en ..

skos:mappingRelation 用于不同概念集合中两个概念的直接映射，但通常不直接使用，而是作为同义映射、近义映射、相关映射、上位映射和下位映射等细分关系的封装属性。skos:mappingRelation 的使用主要依赖具体的实践场景，并非 SKOS 模型硬性规定。例如，下列片段说明了 th 叙词表中的概念"古代哲学世界"与 cl 叙词表中的概念"古代哲学"间的意义映射关系。

> ### prefix th:< http://example.kos.ac.cn/ontology/thesaurus#>
> ### http://example.kos.ac.cn/ontology/thesaurus# 古代哲学世界
> th: 古代哲学世界 rdf:type skos:Concept;
> skos:prefLabel " 古代哲学\世界 "@zh;
> skos:notation "B12";
> skos:altLabel " 世界古代哲学 "@zh;
> **skos:mappingRelation** cl: 古代哲学 .
> ### prefix cl:< http://example.kos.ac.cn/ontology/classified#>
> ### http://example.kos.ac.cn/ontology/classified#B12 古代哲学
> cl:B12 古代哲学 rdf:type skos:Concept;
> skos:prefLabel " 古代哲学 "@zh;
> skos:notation "B12";
> skos:broader cl:B1 世界哲学 .

（16）skos:narrowMatch

skos:narrowMatch 表示概念在其他集合中的下位概念。skos:narrowMatch 是 skos:mappingRelation 和 skos:narrower 的子属性，owl:ObjectProperty 的实例，与 skos:broadMatch 互逆（owl:inverseOf）。skos:narrowMatch 的模型化定义如下所示。

> **skos:narrowMatch** rdf:type owl:ObjectProperty ;
> 　　　　　　rdfs:subPropertyOf skos:mappingRelation ,
> 　　　　　　　　　　　skos:narrower ;
> 　　　　　　rdfs:isDefinedBy <http://www.w3.org/2004/02/skos/core> ;
> 　　　　　　rdfs:label "has narrower match"@en ;
> 　　　　　　skos:definition "skos:narrowMatch is used to state a hierarchical mapping link between two conceptual resources in different concept schemes."@en .

skos:narrower 用于标识同一集合（词表）中两个概念的细化关系，而 skos:narrowMatch 则用于表明不同概念集合中的两个概念间的细化（下位）关系。例如，下列片段说明了 cl 叙词表中的概念"哲学理论"与 th 叙词表中的 4 个下位概念"哲学范畴"、"哲学基础"、"哲学问题"和"哲学形态学"间的细化关系。

> \### prefix th:< http://example.kos.ac.cn/ontology/thesaurus#>
> \### prefix cl:< http://example.kos.ac.cn/ontology/classified#>
> \### http://example.kos.ac.cn/ontology/classified#B0 哲学理论
> cl:B0 哲学理论 rdf:type skos:Concept;
> 　　　skos:prefLabel " 哲学理论 "@zh;
> 　　　skos:notation "B0";
> 　　　**skos:narrowMatch** th: 哲学范畴,
> 　　　　　　　　　　th: 哲学基础,
> 　　　　　　　　　　th: 哲学问题,
> 　　　　　　　　　　th: 哲学形态学 .

（17）skos:relatedMatch

skos:relatedMatch 表示概念在其他集合中的相关概念。skos:relatedMatch 是 skos:mappingRelation 和 skos:related 的子属性，owl:ObjectProperty 和 owl:SymmetricProperty 的实例。skos:relatedMatch 的模型化定义如下所示。

> **skos:relatedMatch** rdf:type owl:ObjectProperty ;
> 　　　　　　rdfs:subPropertyOf skos:mappingRelation ,
> 　　　　　　　　　　　skos:related ;
> 　　　　　　rdf:type owl:SymmetricProperty ;
> 　　　　　　rdfs:isDefinedBy <http://www.w3.org/2004/02/skos/core> ;
> 　　　　　　rdfs:label "has related match"@en ;
> 　　　　　　skos:definition "skos:relatedMatch is used to state an associative mapping link between two conceptual resources in different concept schemes."@en .

skos:related 用于说明同一集合中的两个概念相关，而 skos:relatedMatch 则用于表明不同概念集合中的两个概念相关。例如，下列片段说明了 cl 叙词表中概念"马克思主义哲学"与 th 叙词表中的概念"辩证唯物主义"和"历史唯物主义"相关。

```
### prefix cl:< http://example.kos.ac.cn/ontology/classified#>
### http://example.kos.ac.cn/ontology/classified#B00 马克思主义哲学
cl:B00 马克思主义哲学  rdf:type  skos:Concept ;
                    skos:prefLabel " 马克思主义哲学 "@zh ;
                    skos:notation "B0-0" ;
                    skos:broader ct3:B0 哲学理论 ;
                    skos:relatedMatch tc3: 辩证唯物主义 ,
                                      tc3: 历史唯物主义 .
```

4.1.3 SKOS 模型的标注属性

（1）skos:altLabel

skos:altLabel 表示概念的候选标识。skos:altLabel 是 rdfs:label 的子属性，owl:AnnotationProperty 的实例，rdfs:altLabel 的值域为 rdf:PlainLiteral，skos:prefLabel、skos:altLabel、skos:hiddenLabel 两两互斥。skos:altLabel 的模型化定义如下所示。

```
skos:altLabel rdf:type owl:AnnotationProperty ;
        rdfs:comment "The range of skos:altLabel is the class of RDF plain literals. skos:prefLabel, skos:altLabel and skos:hiddenLabel are pairwise disjoint properties."@en ;
        rdfs:isDefinedBy <http://www.w3.org/2004/02/skos/core> ;
        rdfs:label "alternative label"@en ;
        skos:definition "An alternative lexical label for a resource."@en ;
        skos:example "Acronyms, abbreviations, spelling variants, and irregular plural/singular forms may be included among the alternative labels for a concept. Mis-spelled terms are normally included as hidden labels（see skos:hiddenLabel）."@en ;
        rdfs:subPropertyOf rdfs:label .
```

对于每个语种，一个资源可以拥有多个候选标识。skos:altLabel 用于说明其他能够体现概念内涵的可选标识。例如，下面片段说明了"知识组织系统"这一概念的其他名称。

```
### prefix th:< http://example.kos.ac.cn/ontology/thesaurus#>
### http://example.kos.ac.cn/ontology/thesaurus# 知识组织系统
th: 知识组织系统  skos:altLabel  " 网络知识组织系统 "@zh ,
                              " 知识组织体系 "@zh .
```

（2）skos:hiddenLabel

skos:hiddenLabel 表示概念的隐含标识。skos:hiddenLabel 是 rdfs:label 的子属性，owl:AnnotationProperty 的实例，rdfs:hiddenLabel 的值域为 rdf:PlainLiteral，skos:prefLabel、skos:altLabel、skos:hiddenLabel 两两互斥。skos:hiddenLabel 的模型化定义如下所示。

```
skos:hiddenLabel  rdf:type  owl:AnnotationProperty;
            rdfs:comment  "The range of skos:hiddenLabel is the class of RDF plain literals. skos:prefLabel,
skos:altLabel and skos:hiddenLabel are pairwise disjoint properties."@en;
            rdfs:isDefinedBy  <http://www.w3.org/2004/02/skos/core>;
            rdfs:label  "hidden label"@en;
            skos:definition  "A lexical label for a resource that should be hidden when generating visual
displays of the resource, but should still be accessible to free text search operations."@en;
            rdfs:subPropertyOf  rdfs:label .
```

skos:hiddenLabel 用于说明概念的非规范化标识（如漏写、错写字符，汉字简繁体及异体等情况）。隐含标识在展示时不可见，但搜索时仍可被查询到。例如，下面片段说明了"眉山"这一概念的非规范名称。

```
### prefix th:< http://example.kos.ac.cn/ontology/thesaurus#>
### http://example.kos.ac.cn/ontology/thesaurus# 眉山
th: 眉山  rdf:type  skos:Concept;
        skos:prefLabel  " 眉山 "@zh;
        skos:hiddenLabel  " 眉山地区 "@zh,
                        " 眉山市 "@zh,
                        " 眉州 "@zh .
```

（3）skos:prefLabel

skos:prefLabel 表示概念的首选标识。skos:prefLabel 是 rdfs:label 的子属性，owl:AnnotationProperty 的实例，rdfs:prefLabel 的值域为 rdf:PlainLiteral，skos:prefLabel、skos:altLabel、skos:hiddenLabel 两两互斥。skos:prefLabel 的模型化定义如下所示。

```
skos:prefLabel  rdf:type   owl:AnnotationProperty;
            rdfs:comment  "A resource has no more than one value of skos:prefLabel per language tag, and no
more than one value of skos:prefLabel without language tag. The range of skos:prefLabel is the class of RDF
plain literals. skos:prefLabel,  skos:altLabel and skos:hiddenLabel are pairwise disjoint properties. "@en;
            rdfs:isDefinedBy  <http://www.w3.org/2004/02/skos/core>;
            rdfs:label  "preferred label"@en;
            skos:definition  "The preferred lexical label for a resource,  in a given language."@en;
            rdfs:subPropertyOf  rdfs:label .
```

skos:prefLabel 用于说明一个最能体现概念内涵的首选标识。对于每个语种，一个资源只能有一个带语种标签的首选标识（语种可以多样化）。例如，下面片段说明了"concept_cyldc"这一概念表示的是"三元锂电池"。

```
### prefix cl:< http://example.kos.ac.cn/ontology/classified#>
### http://example.kos.ac.cn/ontology/classified#concept_syldc
cl:concept_cyldc  rdf:type   skos:Concept;
            skos:prefLabel  " 三元锂电池 "@zh .
```

（4）skos:changeNote

skos:changeNote 表示概念的变更注释。skos:changeNote 是 skos:note 的子属性，owl:AnnotationProperty 的实例。skos:changeNote 的模型化定义如下所示。

```
skos:changeNote   rdf:type  owl:AnnotationProperty;
                  rdfs:isDefinedBy <http://www.w3.org/2004/02/skos/core>;
                  rdfs:label "change note"@en;
                  skos:definition "A note about a modification to a concept."@en;
                  rdfs:subPropertyOf skos:note .
```

skos:changeNote 用于说明概念的修订情况。例如，下面片段说明了"实验心理学、实验法"这一概念在词表不同版本中的变更情况。

```
### prefix cl:< http://example.kos.ac.cn/ontology/classified#>
### http://example.kos.ac.cn/ontology/classified#B8414 实验心理学实验法
cl:B8414 实验心理学实验法  rdf:type  skos:Concept;
    skos:prefLabel " 实验心理学、实验法 "@zh;
    skos:notation "B841.4";
    skos:changeNote " 第 4 版类名：实验法。实验心理学，第 4 版中入 B84"@zh .
```

（5）skos:definition

skos:definition 表示概念的定义。skos:definition 是 skos:note 的子属性，owl:AnnotationProperty 的实例。skos:definition 的规范化定义如下所示。

```
skos:definition rdf:type owl:AnnotationProperty ;
         rdfs:isDefinedBy <http://www.w3.org/2004/02/skos/core> ;
         rdfs:label "definition"@en ;
         skos:definition "A statement or formal explanation of the meaning of a concept."@en ;
         rdfs:subPropertyOf skos:note .
```

skos:definition 用于说明概念的规范化定义。例如，下面片段说明了"增强型透光材料"这一概念的规范化定义。

```
### prefix ne:< http://example.kos.ac.cn/ontology/new_energy#>
### http://example.kos.ac.cn/ontology/new_energy# 增强型透光材料
ne: 增强型透光材料  rdf:type  skos:Concept;
    skos:prefLabel " 增强型透光材料 "@zh;
    skos:notation  "NEKC-11020C0A";
    skos:definition " 用塑料与纤维状材料复合而成的透光性强的新型材料 "@zh.
```

（6）skos:editorialNote

skos:editorialNote 表示概念的编辑性注释。skos:editorialNote 是 skos:note 的子属性，

owl:AnnotationProperty 的实例。skos:editorialNote 的模型化定义如下所示。

> **skos:editorialNote** rdf:type owl:AnnotationProperty；
> rdfs:isDefinedBy <http://www.w3.org/2004/02/skos/core>；
> rdfs:label "editorial note"@en；
> skos:definition "A note for an editor, translator or maintainer of the vocabulary."@en；
> rdfs:subPropertyOf skos:note .

skos:editorialNote 为词汇编辑者、翻译者、维护者提供辅助或警告说明。例如，下面片段对"茂县"这一概念提供了编辑提示。

```
### prefix th:< http://example.kos.ac.cn/ontology/thesaurus#>
### http://example.kos.ac.cn/ontology/thesaurus# 茂县
th: 茂县 rdf:type skos:Concept；
    skos:prefLabel " 茂县 "@zh；
    skos:editorialNote " 注：1958 年由茂县、汶川两县改设茂汶羌族自治县，1987 年复改茂县。"@zh；
    skos:altLabel " 茂汶羌族自治县 "@zh .
```

（7）skos:example

skos:example 表示概念的用例。skos:example 是 skos:note 的子属性，owl:AnnotationProperty 的实例。skos:example 的模型化定义如下所示。

> **skos:example** rdf:type owl:AnnotationProperty；
> rdfs:isDefinedBy <http://www.w3.org/2004/02/skos/core>；
> rdfs:label "example"@en；
> skos:definition "An example of the use of a concept."@en；
> rdfs:subPropertyOf skos:note .

skos:example 用于给出概念的使用示例。例如，下面片段通过实例说明了"专类统计学"这一概念类的用法。

```
### prefix cl:< http://example.kos.ac.cn/ontology/classified#>
### http://example.kos.ac.cn/ontology/classified#C82 专类统计学
cl:C82 专类统计学 rdf:type skos:Concept；
    skos:prefLabel " 专类统计学 "@zh；
    skos:notation "[C82]"；
    skos:broader cl:C8 统计学；
    skos:example " 宜入有关各学科，如愿集中于此者，可用组配编号法。例：教育统计学为 C82:G40-051"@zh .
```

（8）skos:historyNote

skos:historyNote 表示概念的历史性注释。skos:historyNote 是 skos:note 的子属性，

owl:AnnotationProperty 的实例。skos:historyNote 的模型化定义如下所示。

```
skos:historyNote   rdf:type  owl:AnnotationProperty；
                   rdfs:isDefinedBy  <http://www.w3.org/2004/02/skos/core>；
                   rdfs:label  "history note"@en；
                   skos:definition "A note about the past state/use/meaning of a concept."@en；
                   rdfs:subPropertyOf  skos:note .
```

skos:historyNote 用于对概念过去的含义、用法、情况做出说明。例如，下面片段对"学派、学说及其评论研究"这一概念的过去情况作了描述。

```
### prefix cl:< http://example.kos.ac.cn/ontology/classified#>
### http://example.kos.ac.cn/ontology/classified#C06 学派学说及评论研究
cl:C06 学派学说及评论研究  rdf:type  skos:Concept；
        skos:prefLabel " 学派、学说及其评论研究 "@zh；
        skos:broader  cl:C 社会科学总论；
        skos:historyNote "〈4 版类名：学派及其学说〉"@zh .
```

（9）skos:note

skos:note 表示概念的注释信息。skos:note 是 owl:AnnotationProperty 的实例。skos:note 的模型化定义如下所示。

```
skos:note   rdf:type  owl:AnnotationProperty；
            rdfs:isDefinedBy  <http://www.w3.org/2004/02/skos/core>；
            rdfs:label  "note"@en；
            skos:definition "A general note, for any purpose."@en；
            skos:scopeNote "This property may be used directly, or as a superproperty for more specific note types."@en .
```

skos:note 用于提供概念的注释说明，注释信息可以是文字、超链接、图片及其他形式。例如，下面片段给出了"应用管理学"这一概念的注释信息。

```
### prefix cl:< http://example.kos.ac.cn/ontology/classified#>
### http://example.kos.ac.cn/ontology/classified#C939 应用管理学
cl:C939 应用管理学  rdf:type  skos:Concept；
        skos:prefLabel " 应用管理学 "@zh；
        skos:broader  cl:C93 管理学；
        skos:note " 具体应用入有关各类。"@zh .
```

（10）skos:scopeNote

skos:scopeNote 表示概念的内涵注释。skos:scopeNote 是 skos:note 的子属性，owl:AnnotationProperty 的实例。skos:scopeNote 的模型化定义如下所示。

```
skos:scopeNote   rdf:type  owl:AnnotationProperty；
                 rdfs:isDefinedBy  <http://www.w3.org/2004/02/skos/core>；
                 rdfs:label  "scope note"@en；
                 skos:definition  "A note that helps to clarify the meaning and/or the use of a concept."@en；
                 rdfs:subPropertyOf   skos:note .
```

skos:scopeNote 用于对概念的含义、用法做出明确的说明。例如，下面片段对"手迹"这一概念的含义提供了注释说明。

```
### prefix cl:< http://example.kos.ac.cn/ontology/classified#>
### http://example.kos.ac.cn/ontology/classified#A15 手迹
cl:A15 手迹  rdf:type  skos:Concept；
        skos:prefLabel  " 手迹"@zh；
        skos:scopeNote  " 著作和题词等的原稿及影印本入此。"@zh .
```

4.1.4　SKOS 模型的数据属性

skos:notation 是 SKOS 模型中唯一的数据属性，表示概念的分类号。skos:notation 是 owl:DatatypeProperty 的实例。skos:notation 的模型化定义如下所示。

```
skos:notation   rdf:type  owl:DatatypeProperty；
                rdfs:isDefinedBy  <http://www.w3.org/2004/02/skos/core>；
                rdfs:label  "notation"@en；
                skos:definition  "A notation, also known as classification code, is a string of characters such as \"T58.5\" or \"303.4833\" used to uniquely identify a concept within the scope of a given concept scheme."@en；
                skos:scopeNote  "By convention, skos:notation is used with a typed literal in the object position of the triple."@en .
```

skos:notation 用于说明一个词表范围内唯一标识概念的字符型的分类号。例如，下面片段说明了"心理学"这一概念在分类主题词系统中的分类号为"B84"。

```
### prefix cl:< http://example.kos.ac.cn/ontology/classified#>
### http://example.kos.ac.cn/ontology/classified#B84 心理学
cl:B84 心理学  rdf:type   skos:Concept；
        skos:prefLabel  " 心理学"@zh；
        skos:notation  "B84" .
```

4.2 SKOS 模型的语义关系

SKOS 中的词汇在推理方面比较弱，其推理语义依赖于使用这些词汇的解析器或检索系统。SKOS 模型中的属性关系如图 4-3 所示（单向箭头表示子属性关系，双向箭头表示互逆关系）。

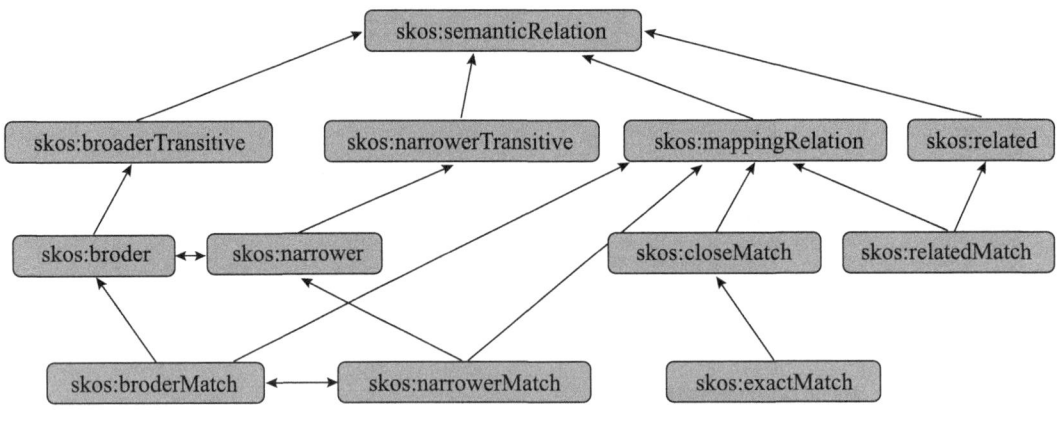

图 4-3　SKOS 模型中属性关系

SKOS 模型的关系属性可进一步解释为多个关系的集合，利用这些蕴含关系能实现简单关系推理，详细的蕴含关系如表 4-1 所示。

表 4-1　SKOS 模型的蕴含关系

SKOS 关系属性	蕴含关系
\<A\> skos:related \<B\> .	\<B\> skos:related \<A\> .
\<A\> skos:broader \<B\> . \<B\> skos:broader \<C\> .	\<A\> skos:broaderTransitive \<B\> . \<B\> skos:broaderTransitive \<C\> . \<A\> skos:broaderTransitive \<C\> .
\<oc\> rdf:type skos:OrderedCollection; 　　skos:memberList （\<X\>\<Y\>\<Z\>）.	\<oc\> rdf:type skos:Collection; 　　skos:member \<X\>，\<Y\>，\<Z\> .
\<ocm\> skos:memberList 　　（\<A\>\<B\>），（\<X\>\<Y\>）.	\<ocm\> skos:memberList 　　[rdf:first \<A\>，\<X\>; 　　　rdf:rest [rdf:first \<B\>; 　　　　　　rdf:rest rdf:nil]， 　　　　[rdf:first \<Y\>; 　　　　　rdf:rest rdf:nil]] .
\<A\> skos:broadMatch \<B\> .	\<A\> skos:mappingRelation \<B\> . \<A\> skos:broader \<B\> . \<A\> skos:broaderTransitive \<B\> . \<A\> skos:semanticRelation \<B\> . \<A\> rdf:type skos:Concept . \<B\> rdf:type skos:Concept .

续表

SKOS 关系属性	蕴含关系
<A> skos:narrowMatch <B> .	<A> skos:mappingRelation <B> . <A> skos:narrower <B> . <A> skos:narrowerTransitive <B> . <A> skos:semanticRelation <B> . <A> rdf:type skos:Concept . <B> rdf:type skos:Concept .
<A> skos:relatedMatch <B> .	<A> skos:mappingRelation <B> . <A> skos:related <B> . <A> skos:semanticRelation <B> . <A> rdf:type skos:Concept . <B> rdf:type skos:Concept .
<A> skos:exactMatch <B> .	<A> skos:closeMatch <B> . <A> skos:mappingRelation <B> . <A> skos:semanticRelation <B> . <A> rdf:type skos:Concept . <B> rdf:type skos:Concept .
<A> skos:exactMatch <B> . <B> skos:exactMatch <C> .	<A> skos:exactMatch <C> .
<A> skos:exactMatch <B>	<A> skos:exactMatch <A> . <A> skos:closeMatch <A> .
<_:氨水> skosxl:prefLabel <A>; 　　　skosxl:altLabel <B>; 　　　skosxl:hiddenLabel <C> . <A> rdf:type skosxl:Label; 　skosxl:literalForm " 氨水 "@zh . <B> rdf:type skosxl:Label; 　skosxl:literalForm " 氨溶液 "@zh . <C> rdf:type skosxl:Label; 　skosxl:literalForm " 氨肥 "@zh .	<_:氨水> skos:prefLabel " 氨水 "@zh; 　　　skos:altLabel " 氨溶液 "@zh; 　　　skos:hiddenLabel " 氨肥 "@zh .

4.3 SKOS-XL 模型的词汇

SKOS 模型中的 skos:prefLabel、skos:altLabel 和 skos:hiddenLabel 标签属性取值被限定为 rdf:PlainLiteral，这种文本标识只能放在三元组的客体位置，因此无法再产生新的描述链接。词表中的概念描述有时需要更加详细和复杂的关系指代,如一个概念的全称标识和简称标识之间的联系。为了解决文本标签间的指代和联系,SKOS 模型推出了扩展版本 SKOS-XL(SKOS extension for labels),对词汇标签实体提供额外的支持。SKOS-XL 模型由 6 个词汇组成[26],默认命名空间如表 4-2 所示。

表 4-2 SKOS-XL 模型默认命名空间

前缀	命名空间
skosxl	http://www.w3.org/2008/05/skos-xl#
rdf	http://www.w3.org/1999/02/22-rdf-syntax-ns#
rdfs	http://www.w3.org/2000/01/rdf-schema#
owl	http://www.w3.org/2002/07/owl#
skos	http://www.w3.org/2004/02/skos/core#

(1) skosxl:Label

skosxl:Label 是 SKOS-XL 模型提供的文字标识符类。skosxl:Label 是 owl:Class 的实例,且仅含一种 skosxl:literalForm 文字标识符的类,与 skos:Concept、skos:ConceptScheme 和 skos:Collection 互斥。skosxl:Label 的模型化定义如下所示。

```
skosxl:Label rdf:type owl:Class ;
    rdfs:subClassOf [ rdf:type owl:Restriction ;
            owl:onProperty skosxl:literalForm ;
            owl:cardinality "1"^^xsd:nonNegativeInteger
        ] ;
    rdfs:isDefinedBy <http://www.w3.org/2008/05/skos-xl> ;
    rdfs:label "Label"@en ;
    owl:disjointWith skos:Concept ,
            skos:ConceptScheme ,
            skos:Collection ;
    skos:definition "A special class of lexical entities."@en .
```

skosxl:Label 用于声明一个文字标识符,常与 skosxl:literalForm 搭配使用,每一个 skosxl:Label 实例只能有一种 skosxl:literalForm 文字标识形式。例如,下面片段声明了一个文字标识符实例"th:cslw_label_1"。

```
### prefix th:< http://example.kos.ac.cn/ontology/thesaurus#>
### http://example.kos.ac.cn/ontology/thesaurus#cslw_label_1
th:cslw_label_1  rdf:type  skosxl:Label;
          skosxl:literalForm  " 城市道路网 "@zh .
```

（2）skosxl:literalForm

skosxl:literalForm 表示 skosxl:Label 实例的文字标识形式。skosxl:literalForm 是 owl:Datatype-Property 的实例，定义域为 skosxl:Label，值域为 rdf:PlainLiteral。skosxl:literalForm 的模型化定义如下所示。

```
skosxl:literalForm  rdf:type  owl:DatatypeProperty;
          rdfs:domain  skosxl:Label;
          rdfs:comment  "If two instances of the class skosxl:Label have the same literal form, they are not necessarily the same resource. The range of skosxl:literalForm is the class of RDF plain literals."@en;
          rdfs:isDefinedBy  <http://www.w3.org/2008/05/skos-xl>;
          rdfs:label  "literal form"@en;
          skos:definition  "The property skosxl:literalForm is used to give the literal form of an skosxl:Label."@en .
```

skosxl:literalForm 用于说明标识符的文字表现形式，常与 skosxl:Label 搭配使用，每一个 skosxl:Label 实例只能有一种 skosxl:literalForm 文字标识形式。需要注意的是，skosxl:Label 实例与 skosxl:literalForm 唯一标识形式间是多对一的关系，两个不同的 skosxl:Label 实例，可能拥有相同的 skosxl:literalForm 标识形式。例如，下面的片段声明了 2 个不同的文字标识符 "th:cslw_label_1" 和 "th:cslw_label_2"，2 个标识符含有相同的标识形式 "城市道路网"。

```
### prefix th:< http://example.kos.ac.cn/ontology/thesaurus#>
### http://example.kos.ac.cn/ontology/thesaurus#csjtw_label_1
th:csjtw_label_1  rdf:type  skosxl:Label;
          skosxl:literalForm  " 城市道路网 "@zh .
### http://example.kos.ac.cn/ontology/thesaurus#csjtw_label_2
th:csjtw_label_2  rdf:type  skosxl:Label;
          skosxl:literalForm  " 城市道路网 "@zh .
```

（3）skosxl:prefLabel

skosxl:prefLabel 表示概念首选标识节点。skosxl:prefLabel 是 owl:ObjectProperty 的实例，值域为 skosxl:Label。skosxl:prefLabel 的模型化定义如下所示。

```
skosxl:prefLabel  rdf:type  owl:ObjectProperty；
           rdfs:range  skosxl:Label；
           rdfs:comment "If C skosxl:prefLabel L and L skosxl:literalForm V，then X skos:prefLabel V."@en；
           rdfs:isDefinedBy <http://www.w3.org/2008/05/skos-xl>；
           rdfs:label "preferred label"@en；
           rdfs:seeAlso  skos:prefLabel；
           skos:definition "The property skosxl:prefLabel is used to associate an skosxl:Label with a skos:Concept. The property is analogous to skos:prefLabel."@en .
```

skosxl:prefLabel 用于说明一个概念的首选标识节点。skosxl:prefLabel 与 skos:prefLabel 的取值范围不同，skos:prefLabel 是 owl:AnnotationProperty 的实例，rdfs:label 的子属性，值域为 rdf:PlainLiteral。skos:prefLabel 主语位置为 URI 标识的概念资源，宾语位置为文字标签，skosxl:prefLabel 的主语位置虽然也同为 URI 标识的概念资源，但其宾语位置不再是文字标签，而是已声明存在的一个 skosxl:Label 标签实例。例如，下面片段说明了概念"城市路网"的首选标识符节点"th:csjtw_label_1"，该节点表示"城市道路网"。

```
### prefix th:< http://example.kos.ac.cn/ontology/thesaurus#>
### http://example.kos.ac.cn/ontology/thesaurus#csjtw_label_1
th:csjtw_label_1  rdf:type  skosxl:Label；
           skosxl:literalForm " 城市道路网 "@zh .
### http://example.kos.ac.cn/ontology/thesaurus# 城市路网
th: 城市路网  rdf:type  skos:Concept；
           skosxl:prefLabel  th:csjtw_label_1 .
```

（4）skosxl:altLabel

skosxl:altLabel 表示概念的候选标识节点。skosxl:altLabel 是 owl:ObjectProperty 的实例，值域为 skosxl:Label。skosxl:altLabel 的模型化定义如下所示。

```
skosxl:altLabel  rdf:type  owl:ObjectProperty；
           rdfs:range  skosxl:Label；
           rdfs:comment "If C skosxl:altLabel L and L skosxl:literalForm V，then X skos:altLabel V."@en；
           rdfs:isDefinedBy <http://www.w3.org/2008/05/skos-xl>；
           rdfs:label "alternative label"@en；
           rdfs:seeAlso  skos:altLabel；
           skos:definition "The property skosxl:altLabel is used to associate an skosxl:Label with a skos:Concept. The property is analogous to skos:altLabel."@en .
```

skosxl:altLabel 用于说明一个概念的候选标识资源节点。skosxl:altLabel 与 skos:altLabel 的取值范围不同，skos:altLabel 是 owl:AnnotationProperty 的实例，rdfs:label 的子属性，值域为 rdf:PlainLiteral。skosxl:altLabel 与 skos:altLabel 的主语位置虽然同为 URI

标识的概念资源，但其宾语位置不是文字标签，而是已声明存在的一个 skosxl:Label 标签实例。例如，下面片段说明了概念"城市路网"的候选标识符节点"th:csjtw_label_2"，该节点表示"城市公路网"。

```
### prefix th:< http://example.kos.ac.cn/ontology/thesaurus#>
### http://example.kos.ac.cn/ontology/thesaurus#csjtw_label_2
th:csjtw_label_2  rdf:type  skosxl:Label ;
              skosxl:literalForm  " 城市公路网 "@zh .
### http://example.kos.ac.cn/ontology/thesaurus# 城市路网
th: 城市路网  rdf:type  skos:Concept ;
              skosxl:altLabel  th:csjtw_label_2 .
```

（5）skosxl:hiddenLabel

skosxl:hiddenLabel 表示概念的隐含标识节点（不显示，可检索）。skosxl:hiddenLabel 是 owl:ObjectProperty 的实例，值域为 skosxl:Label。skosxl:hiddenLabel 的模型化定义如下所示。

```
skosxl:hiddenLabel  rdf:type  owl:ObjectProperty ;
              rdfs:range  skosxl:Label ;
              rdfs:comment  "If C skosxl:hiddenLabel L and L skosxl:literalForm V, then C skos:hiddenLabel V."@en ;
              rdfs:isDefinedBy  <http://www.w3.org/2008/05/skos-xl> ;
              rdfs:label  "hidden label"@en ;
              rdfs:seeAlso  skos:hiddenLabel ;
              skos:definition  "The property skosxl:hiddenLabel is used to associate an skosxl:Label with a skos:Concept. The property is analogous to skos:hiddenLabel."@en .
```

skosxl:hiddenLabel 用于说明一个概念的隐含标识资源节点。skosxl:hiddenLabel 与 skos:hiddenLabel 的取值范围不同，skos:hiddenLabel 是 owl:AnnotationProperty 的实例，rdfs:label 的子属性，值域为 rdf:PlainLiteral。skosxl:hiddenLabel 与 skos:hiddenLabel 的主语位置虽然同为 URI 标识的概念资源，但其宾语位置不是文字标签，而是已声明存在的一个 skosxl:Label 标签实例。例如，下面片段说明了概念"城市路网"的隐含标识符节点"th:csjtw_label_3"，该节点表示"城市路图"。

```
### prefix th:< http://example.kos.ac.cn/ontology/thesaurus#>
### http://example.kos.ac.cn/ontology/thesaurus#csjtw_label_3
th:csjtw_label_3  rdf:type  skosxl:Label ;
              skosxl:literalForm  " 城市路图 "@zh .
### http://example.kos.ac.cn/ontology/thesaurus# 城市路网
th: 城市路网  rdf:type  skos:Concept ;
              skosxl:hiddenLabel  th:csjtw_label_3 .
```

（6）skosxl:labelRelation

skosxl:labelRelation 表示标签实例间的映射关系。skosxl:labelRelation 是 owl:ObjectProperty 的实例，定义域为 skosxl:Label，值域为 skosxl:Label。skosxl:labelRelation 的模型化定义如下所示。

```
skosxl:labelRelation rdf:type owl:ObjectProperty ,
                              owl:SymmetricProperty ;
                     rdfs:domain skosxl:Label ;
                     rdfs:range skosxl:Label ;
                     rdfs:isDefinedBy <http://www.w3.org/2008/05/skos-xl> ;
                     rdfs:label "label relation"@en ;
                     skos:definition "The property skosxl:labelRelation is used for representing binary ('direct') relations between instances of the class skosxl:Label."@en ;
                     skos:scopeNote "skosxl:labelRelation is not intended to be used directly, but rather as the basis for a design pattern which can be refined for more specific labeling scenarios."@en .
```

skosxl:labelRelation 用于表明两个 skosxl:Label 类实例间的直接关系，通常不直接使用，而是充当其他细化属性的上位概念。例如，下面片段说明了"城市道路网"标签实例"th:csjtw_label_1"与"城市公路网"标签实例"th:csjtw_jabel_2"间的映射关系。

```
### prefix th:< http://example.kos.ac.cn/ontology/thesaurus#>
### http://example.kos.ac.cn/ontology/thesaurus#csjtw_label_1
th:csjtw_label_1 rdf:type skosxl:Label；
            skosxl:literalForm " 城市道路网 "@zh .
### http://example.kos.ac.cn/ontology/thesaurus#csjtw_label_2
th:csjtw_label_2 rdf:type skosxl:Label；
            skosxl:literalForm " 城市公路网 "@zh .
####################################################
th:csjtw_label_1 skosxl:labelRelation th:csjtw_label_2 .
```

4.4 词表 SKOS 模型转换应用

体系分类法和主题分类法是文献分类组织的两种基本方式。《中国分类主题词表》（简称《中分表》）在内容结构的组织上属于体系分类法。体系分类法以科学分类为基础，依据概念的划分与概括原理，将概括文献内容与事物特征的概念作为类目，按逻辑关系排列成层级隶属关系。《中国分类主题词表》第 3 版中的主题词与《中国图书馆分类法》第五版类目对应，相当于《汉语主题词表》的第三次修订。《中国分类主题词表》第 3 版是我国目前规模最大、内容组织最全面和丰富的分类主题一体化词表，该表融合了《中国图书馆分类法》和《汉语主题词表》的优势，满足了用户对领域分类组织和主题聚焦检索的双重需求。《中国分类主题词表》第 3 版分为 2 卷共 8 册。第 1 卷为"分类号—主题词对应表"（共 2 册），第 2 卷为"主题词—分类号对应表"（共 6 册）。第 3 版包括类目 51 873 条；优选主题词 120 818 条、非优选主题词（指向优选主题词的入口词）46 434 条；主题概念短语（与《中国图书馆分类法》类目对应的入口短语）66 373 条（其中指向主题词组配式 61 892 条），涵盖了哲学、社会科学和自然科学等各领域学科与主题概念[27]。

分类主题词表中的主题词又称叙词，是经过规范化处理，以基本概念或概念组配来表达信息主题的词汇或词汇组合。GB 13190—1991《汉语叙词表编制规则》对叙词表中的词汇标识做了规定，详情如表 4-3 所示。

表 4-3 叙词表的结构

术语	含义
叙词	一种规范化主题词，在标引与检索中用以表达文献主题
非叙词	叙词的同义词或近义词，又称入口词，用于指向叙词，不能用于标引和检索
上位叙词	又称广义叙词，表示属概念或整体概念的叙词
下位叙词	又称狭义叙词，表示种概念或部分概念的叙词
相关叙词	仅在语义上或使用中有密切联系的叙词
族首词	叙词表中具有属分关系的最上位叙词

叙词表通过建立多种词间关系、词族索引和范畴索引形成概念网络，通常用于检索和发现特定主题的文献资源。叙词间的关系控制方法主要有 3 种：①建立范畴和词族分类索引；②利用结构图和箭头连线；③建立参照系统。《汉语主题词表》主要使用范畴索引、词族索引和参照系统来建立叙词关系，其中又以参照系统为主要方法来标识叙词间的等同、层级和相关关系。GB 13190—1991《汉语叙词表编制规则》规定了叙词关系的编制方法和符号表示，详情如表 4-4 所示。

表 4-4 叙词表的词汇关系

关系符号	含义	用法
Y	叙词指引符	只用在非叙词下，其后所列词是与款目词等同的叙词
D	非叙词指引符	只用在叙词下，其后所列的词是款目词所代替的非叙词
S	上位叙词指引符	其后所列的叙词是款目词的上位叙词
F	下位叙词指引符	其后所列的叙词是款目词的下位叙词
C	相关叙词指引符	其后所列的叙词是款目词的相关叙词
Z	族首词指引符	其后所列的叙词是款目词所属词族的族首词

SKOS 模型可以用于各种传统词表的形式化组织，为了说明 SKOS 的使用方法，下面以图书情报领域最常用的《中国分类主题词表》为例，详细介绍核心词汇的功能和用法，其他词表的转换方法与此类似。

4.4.1 分类号—主题词对应表的内容组织

"分类号—主题词对应表"以《中国图书馆分类法》第五版为主干，每个款目由类号、类名、类目注释、复分表、复分表对应的所有主题词及主题词组配形式构成。

（1）款目格式

款目分左右两栏，左栏为层级类目，右栏为类目对应的主题词。主题词部分的黑体字段是与类名对应的主题词及主题词组配式，一般分别按单个主题词（优选词）、主题词组配式的各自拼音顺序排序。非黑体字段类目注释对应的主题词、主题词组配式及归属该类目的其他主题词，一般分别按主题词和主题词组配式各自拼音顺序排列。

（2）款目符号

①加号："+"仅用于区别图书、资料，不用来标引文献。

②方括号："[ ]"仅用于表示交替类目及对应的主题词。

③分号："；"用作多个主题词或主题词组配式间的分隔符号。

④斜线："/"用作组配符号，表示概念相交、概念限定、倒置等关系。

⑤圈码：加在主表分类号的后部或附表分类号的前部，①～⑨表示复分表。

⑥竖线："| |"加在类号两侧，表示次要类号，也可为互见类号提供检索途径，区别于主要类号（排架类号）。竖线为类号使用范围标记，类分图书、资料时需省略。

（3）类目设置

"分类号—主题词对应表"的左栏是由类名、类号、父类名、父类号、子类名、子类号构成的层级结构，右侧为可以表达类名的主题词。层级结构体现的属分关系可转化为 SKOS 模型中的上下位关系，类名可转化为 SKOS 概念，类号转化为 SKOS 分类标识，词表名转化为 SKOS 概念模式，示例转化为 SKOS 示例，注释转化为 SKOS 注释，对应的主题词转化为 SKOS 成员列表,"分类号—主题词对应表"中含有的 38 个顶层类转换为 SKOS 中的顶层概念。38 个顶层类如表 4-5 所示。

表 4-5 中国图书馆分类法的 38 个顶层类

类号	类名	类号	类名
A	马克思主义、列宁主义、毛泽东思想、邓小平理论	TD	矿业工程
B	哲学、宗教	TE	石油、天然气工业
C	社会科学总论	TF	冶金工业
D	政治、法律	TG	金属学与金属工艺
E	军事	TH	机械、仪表工业
F	经济	TJ	武器工业
G	文化、科学、教育、体育	TK	能源与动力工程
H	语言、文字	TL	原子能技术
I	文学	TM	电工技术
J	艺术	TN	电子技术、通信技术
K	历史、地理	TP	自动化技术、计算机技术
N	自然科学总论	TQ	化学工业
O	数理科学和化学	TS	轻工业、手工业、生活服务业
P	天文学、地球科学	TU	建筑科学
Q	生物科学	TV	水利工程
R	医药、卫生	U	交通运输
S	农业科学	V	航空、航天
T	工业技术	X	环境科学、安全科学
TB	一般工业技术	Z	综合性图书

4.4.2 分类号—主题词对应表的转换方法和语法表示

使用 SKOS 模型组织分类主题表中的词条,首先将每个词表标识为 SKOS 概念,然后使用 SKOS 词汇建立概念间的各种关联和属性描述。为了便于概念节点组织和分配唯一标识符,最好为"分类—主题表"和"主题—分类表"分别建立命名空间。转换中的命名空间设置如表 4-6 所示。

表 4-6 转换中的命名空间

表名	前缀	命名空间
OntologyLibrary	ol	http://www.example.com/kos/ontologylibrary#
ThesaurusV3	tc3	http://www.example.com/kos/thesaurus#
ClassifiedV3	ct3	http://www.example.com/kos/classified#

"分类号—主题词对应表"中可转化的结构元素主要有顶层类目、类款目、类号书、上下位关系、注释信息、类名主题词及类目主题词等,下面详细介绍每种结构元素与

SKOS 模型的对应关系。

（1）词表名称

skos:ConceptScheme 用于标识叙词表、分类表或主题词表等词汇集合，"分类号—主题词对应表"应标识为 skos:ConceptScheme 的实例。根据命名空间设置规则，"分类号—主题词对应表"的注册名称为 ol:ct3。词表名称转换后的 SKOS 语法如下所示。

```
ol:ct3   rdf:type   skos:ConceptScheme;
         dct:title   "Classified Thesaurus Ontology"@en ,
                     " 分类主题词关联集合 "@zh;
         rdfs:comment   " 分类号—主题词对应表 SKOS 概念模式 "@zh .
```

（2）顶层类目

skos:topConceptOf 用于说明顶层概念（顶层类、族首词等）来源于哪个概念集合。顶层类目（38 个）属于整个词表，每个顶层类定义为一个 skos:Concept 实例（去掉空格和标点符号的文本串），使用 topConceptOf 指向词表 ol:ct3。例如，顶层类"H 语言、文字"转换后的 SKOS 语法如下所示。

```
ct3:H 语言文字   rdf:type   skos:Concept;
                skos:prefLabel   " 语言、文字 "@zh;
                skos:notation   "H";
                skos:topConceptOf   ol:ct3 .
```

（3）类款目

skos:Concept 用于标识一个领域概念，概念是词表中的知识节点，构成了领域知识的主干。skos:prefLabel 用于说明一个最能体现概念内涵的首选标识，对于每个语种，一个资源只能有一个带语种标签的首选标识（语种可以多样化）和一个不带语言标签的首选标识。每个带有类号的条目应定义为一个 skos:Concept 实例（去掉空格和标点符号的文本串），并使用 skos:prefLabel 标识类名。例如，类目"H16 字书、字典、词典"转换后的 SKOS 语法如下所示。

```
ct3:H16 字书字典词典   rdf:type   skos:Concept;
                    skos:prefLabel   " 字书、字典、词典 "@zh .
```

（4）分类号

skos:notation 用于说明一个词表范围内唯一标识概念的字符型的分类号。"分类号—主题词对应表"中的分类号位于款目前方，可使用 skos:notation 进行标识。例如，类目"H16 字书、字典、词典"的分类号转换后的 SKOS 语法如下所示。

```
ct3:H16 字书字典词典   rdf:type   skos:Concept;
                    skos:prefLabel   " 字书、字典、词典 "@zh .
                    skos:notation   "H16" .
```

（5）所属类目

skos:broader 用于对两个概念间的泛化关系做出直接说明，"分类号—主题词对应表"中的类目，可使用 skos:broader 指向上位所属类目。例如类目"H16 字书、字典、词典"与所属类目"H1 汉语"之间的关系，转换后的 SKOS 语法如下所示。

```
ct3:H16 字书字典词典  rdf:type  skos:Concept;
                     skos:prefLabel  " 字书、字典、词典 "@zh;
                     skos:notation  "H16";
                     skos:broader  ct3:H1 汉语 .
```

（6）细分类目

skos:narrower 用于对两个概念间的细化关系做出直接说明，"分类号—主题词对应表"中的类目，可使用 skos:narrower 指向下位细分类目。例如，类目"H16 字书、字典、词典"与细分类目"**H163 字典**"之间的关系，转换后的 SKOS 语法如下所示。

```
ct3:H16 字书字典词典  rdf:type  skos:Concept;
                     skos:prefLabel  " 字书、字典、词典 "@zh;
                     skos:notation  "H16";
                     skos:broader  ct3:H1 汉语;
                     skos:narrower  ct3:H163 字典 .
```

（7）用例

skos:example 用于给出概念的使用示例，"分类号—主题词对应表"中的类目示例描述常含有关键字"**例：……**"，整个示例文本可使用 skos:example 进行标识。例如，"H06 词典学"类目的用例描述：

```
H06 词典学
    词典编纂法入此。
    各语言字典、词典编纂法入有关语言类。例：《汉语字典编纂法》入 H163。
```

转换后的 SKOS 语法如下所示。

```
ct3:H06 词典学  rdf:type  skos:Concept;
               skos:prefLabel  " 词典学 "@zh;
               skos:notation  "H06";
               skos:broader  ct3:H0 语言学;
               skos:scopeNote " 词典编纂法入此。"@zh;
               skos:note " 各语言字典、词典编纂法入有关语言类。"@zh;
               skos:example " 例：《汉语字典编纂法》入 H163。"@zh .
```

（8）提示

skos:note 用于提供概念的注释说明，注释信息可以是文字、超链接、图片及其他形式。"分类号—主题词对应表"中的类目使用提示常含有"**入某一类目**"关键字,整个提示文本可使用 skos:note 进行标识。例如,"H16 字书、字典、词典"类目的提示信息:

H16 字书、字典、词典
    汉语字典、词典的编纂法入此。
    总论词典学及编纂法入 H06。

转换后的 SKOS 语法如下所示。

---
ct3:H16 字书字典词典   rdf:type   skos:Concept;
            skos:prefLabel   " 字书、字典、词典 "@zh;
            skos:notation   "H16";
            skos:broader   ct3:H1 汉语;
            skos:narrower   ct3:H163 字典;
            skos:note   " 总论词典学及编纂法入 H06。"@zh;
            skos:scopeNote   " 汉语字典、词典的编纂法入此。"@zh .

---

(9)使用范围

skos:scopeNote 用于对概念的含义、用法做出明确的说明,"分类号—主题词对应表"中的类目使用范围描述常含有"**入此**"关键字,整个注释文本可使用 skos:scopeNote 进行标识。例如,"H16 字书、字典、词典"类目的使用范围描述:

H16 字书、字典、词典
    汉语字典、词典的编纂法入此。
    总论词典学及编纂法入 H06。

转换后的 SKOS 语法如下所示。

---
ct3:H16 字书字典词典   rdf:type   skos:Concept;
            skos:prefLabel   " 字书、字典、词典 "@zh;
            skos:notation   "H16";
            skos:broader   ct3:H1 汉语;
            skos:narrower   ct3:H163 字典;
            skos:note   " 总论词典学及编纂法入 H06。"@zh;
            skos:scopeNote   " 汉语字典、词典的编纂法入此。"@zh .

---

(10)参考信息

skos:related 用于说明两个概念间的相关联系,"分类号—主题词对应表"中的类目参考信息常含有"**参见……**"关键字,可使用 skos:related 指向参见类目标识。例如,"G252 信息资源服务"类目的参考信息描述:

G252 信息资源服务
    读者工作、情报资料的利用等入此。
    参见 G272。

转换后的 SKOS 语法如下所示。

```
ct3:G252 信息资源服务   rdf:type   skos:Concept;
                      skos:prefLabel   "信息资源服务"@zh;
                      skos:notation   "H16";
                      skos:related   ct3:G272 收集和整理.
```

（11）类名主题词

skos:closeMatch 用于表明不同概念集合中的两个概念含义相近，某些检索场合可以互换。"分类号—主题词对应表"中的类目属于 ct3 词表，而解释类名的主题词来源于"主题词—分类号对应表"tc3，可使用 skos:closeMatch 连接 ct3 表中的类目名称与 tc3 表中的主题概念 ID，ID 标识符为不带空格和标点符号的文本串。例如，"H163 字典"的类名主题词：

```
H163 字典    汉语 / 字典
            《汉语大字典》；《康熙字典》
```

转换后的 SKOS 语法如下所示。

```
ct3:H163 字典   rdf:type   skos:Concept;
              skos:prefLabel   "字典"@zh;
              skos:notation   "H163";
              skos:closeMatch   tc3:汉语字典.
```

（12）类目主题词

skos:narrowMatch 用于表明不同概念集合中的两个概念间的细化（下位）关系，而 skos:relatedMatch 则用于表明不同概念集合中的两个概念相关。"分类号—主题词对应表"ct3 中的类目主题词分为主类目主题词和次类目主题词，不带"||"分隔的主类目主题词如果符合上下位关系，可使用 skos:narrowMatch 指向 tc3 的主题概念 ID；带"||"分隔的次类目主题词，使用 relatedMatch 指向 tc3 的主题概念 ID，ID 标识符为不带空格和标点符号的文本串。例如，"G254.9 信息检索"的类目主题词：

```
G254.9 信息检索   信息检索
             查询；检索；浏览；|情报源|；|信息获取|；|信息源|
```

转换后的 SKOS 语法如下所示。

```
ct3:G2549 信息检索   rdf:type   skos:Concept;
                  skos:prefLabel   "信息检索"@zh;
                  skos:notation   "G254.9";
                  skos:closeMatch   tc3:信息检索;
                  skos:narrowMatch   tc3:查询,
                                     tc3:检索,
                                     tc3:浏览;
                  skos:relatedMatch   tc3:情报源,
                                      tc3:信息获取,
                                      tc3:信息源.
```

下面以主题词"知识组织系统 G254.0"这一概念所涉及的类目及距离较近的关系类目为基础，列出各分类款目和分类主题词的转换模式，所列款目可与"主题词—分类号"SKOS 格式转换一节的内容相互对照和参考（表 4-7）。

表 4-7　分类款目和分类主题词的转换

词表分类款目	分类主题词
G 文化、科学、教育、体育 　　依总论复分表分。	**文化；科学；教育；体育** 文化机构
G2 信息与知识传播	**信息；知识传播** 不对称信息
G25 图书馆事业、信息事业	**图书馆事业；图书情报事业；信息事业** 基层情报工作；情报资料工作；信息工作；图书馆工作；现代图书馆；资料室工作
G254 信息组织	**信息组织**
G254.0 信息组织理论 　　总论知识组织系统、检索语言、分类主题词一体化的著作入此。 　　专论信息描述或文献编目的理论入 G254.3	**信息组织 / 理论** 分类法 / 关系 / 主题法；标识；标引；标引深度；分类主题词表；分类主题一体化；|检索效率|；检索语言；文献标引；知识组织系统；《中国分类主题词表》；组配

转换后的 SKOS 概念三元组采用格式简单、语义明晰的 Turtle 语法来表示。Turtle 格式以 RDF 三元组属性排列，每组三元组以"."结束，三元组中的元素采用命名空间前缀表示 URI，rdf:type 可用更简洁的"a"来表示。Turtle 格式表示多个共同主语的三元组，第一个以"主-谓-宾"表示，后加"；"分隔，后续三元组以"谓-宾"形式出现，最后以"."结束。多个共同主语-谓语的三元组，第一个以"主-谓-宾"表示，后加"，"分隔，后续三元组以"宾"形式出现，最后以"."结束。每一个 skos 词表文件由头部标识信息和概念三元组序列组成。头部标识信息包含 rdf、owl、skos 等通用命名空间及分类主题表转换所用的专用命名空间和 SKOS 模型导入指令。

```
################################################################
#        SKOS 分类主题表 头部信息
################################################################
@prefix owl: <http://www.w3.org/2002/07/owl#> .
@prefix rdf: <http://www.w3.org/1999/02/22-rdf-syntax-ns#> .
@prefix xml: <http://www.w3.org/XML/1998/namespace> .
@prefix xsd: <http://www.w3.org/2001/XMLSchema#> .
@prefix rdfs: <http://www.w3.org/2000/01/rdf-schema#> .
@prefix skos: <http://www.w3.org/2004/02/skos/core#> .
@prefix dct: <http://purl.org/dc/terms/> .
################################################################
@prefix ol: <http://www.example.com/kos/ontologylibrary#> .
@prefix tc3:<http://www.example.com/kos/thesaurus#> .
@prefix  ct3:<http://www.example.com/kos/classified#> .
################################################################
```

```
owl:imports <http://www.w3.org/2004/02/skos/core> .
####################################################################
#   Individuals-skos:Concept  三元组序列
####################################################################
ol:ct3   rdf:type   skos:ConceptScheme；
       dct:title   "Classified Thesaurus Ontology"@en ，
                 " 分类主题词关联集合 "@zh；
       rdfs:comment   " 分类主题词表 SKOS 概念模式 "@zh .
####################################################################
### 以下部分由分类款目 skos 三元组按转换顺序排列
```

上述类目和主题词结构转换为下列三元组序列，全部类目经转换完成后与头部标识信息合并，可组成完整的 SKOS 词表文件。

```
ct3:G 文化科学教育体育   rdf:type   skos:Concept；
                     skos:prefLabel  " 文化、科学、教育、体育 "@zh；
                     skos:notation   "G"；
                     skos:topConceptOf  ol:tc3；
                     skos:note  " 依总论复分表分。"@zh；
                     skos:closeMatch   tc3: 教育 ，
                                      tc3: 科学 ，
                                      tc3: 体育 ，
                                      tc3: 文化 ；
                     skos:narrowMatch   tc3: 文化机构 .

ct3:G2 信息与知识传播   rdf:type   skos:Concept；
                    skos:prefLabel   " 信息与知识传播 "@zh；
                    skos:notation    "G2"；
                    skos:broader    ct3:G 文化科学教育体育；
                    skos:closeMatch   tc3: 信息 ，
                                     tc3: 知识传播；
                    skos:narrowMatch   tc3: 不对称信息 .

ct3:G25 图书馆事业信息事业   rdf:type   skos:Concept；
                         skos:prefLabel  " 图书馆事业、信息事业 "@zh；
                         skos:notation   "G25"；
                         skos:broader    ct3:G2 信息与知识传播；
                         skos:closeMatch   tc3: 图书馆事业 ，
                                          tc3: 图书情报事业 ，
                                          tc3: 信息事业；
                         skos:narrowMatch   tc3: 基层情报工作 ，
```

	tc3: 情报资料工作， tc3: 信息工作， tc3: 图书馆工作， tc3: 现代图书馆， tc3: 资料室工作．
ct3:G254 信息组织	rdf:type　skos:Concept； 　　skos:prefLabel　"信息组织"@zh； 　　skos:notation　"G254"； 　　**skos:broader　ct3:G25 图书馆事业信息事业；** 　　skos:closeMatch　tc3: 信息组织．
ct3:G2540 信息组织理论	rdf:type　skos:Concept； 　　skos:prefLabel　"信息组织理论"@zh； 　　skos:notation　"G254.0"； 　　**skos:broader　ct3:G254 信息组织；** 　　skos:scopeNote　"总论知识组织系统、检索语言、分类主题词一体化的著作入此。"@zh； 　　skos:note　"专论信息描述或文献编目的理论入 G254.3。"@zh； 　　skos:closeMatch　tc3: 信息组织理论； 　　skos:narrowMatch　tc3: 分类法关系主题法， 　　　　　　tc3: 标识， 　　　　　　tc3: 标引， 　　　　　　tc3: 标引深度， 　　　　　　tc3: 分类主题词表， 　　　　　　tc3: 分类主题一体化， 　　　　　　tc3: 检索语言， 　　　　　　tc3: 文献标引， 　　　　　　tc3: 知识组织系统， 　　　　　　tc3: 组配； 　　skos:relatedMatch　tc3: 检索效率， 　　　　　　tc3: 中国分类主题词表．

4.4.3　主题词—分类号对应表的内容组织

"主题词—分类号对应表"以《汉语主题词表》为主干，每个款目由主题词（优选词与非优选词）及参照项、入口短语及主题词组配式、分类号及各种符号（加号、圈码、方括号、双竖线等）构成。

(1) 款目格式

①优选词。印刷版略去了汉语拼音、英译名。优选词后为主题词注释、类号及各种参照关系。

②主题词注释缩进一字，回行时退两字，标明"注："。

③类号与优选词空格同行著录，多个类号按主次排序，多个次要类号一般按类序排，并用"| |"标识。

④D（代）、Z（族）、C（参）参照符在类号下起头，回行时退两字。

⑤主题词等级符号"·"在"D"和"C"参照之下，与D、C齐头。

⑥同类参照项、同级族内词分别按主题词的拼音顺序排，不同类型参项一般按人名、团体名、地名、题名、论题等类型主题词顺序排列。

⑦非优选词。通过Y（用）指向优选词。

⑧入口短语。通过Y（用）指向主题词组配式。

(2) 款目符号

①圈码：加在主表分类号的后部或附表分类号的前部，①～⑨表示复分表。

②加号："+"加在类号前或类号间，带"+"的类号表示为类分资料的类号，类分图书时归其上位类，即"+"前的部分或依据类表判断其直接上位类号。加号为类号主次选择标记，类分图书、资料时需省略。

③双竖线："| |"加在类号两侧，表示次要类号，也可为互见类号提供检索途径，区别于主要类号（排架类号）。竖线为类号使用范围标记，类分图书、资料时需省略。

(3) 结构设置

"主题词—分类号对应表"具有叙词表的结构特征，由主题词（优选词与非优选词）及Y（用）、D（代）、Z（族）、C（参）、分类号及各种符号（加号、圈码、方括号、双竖线等）构成。主题词等级符号"·"下的词汇与主题词形成上下位关系。"主题词—分类号对应表"的整体结构由族首词节点、叙词节点和入口词节点组成，其中主体框架由族首词节点担当，族首词既是所列词族的最上位概念，也是组织词族概念的主节点，与族首词节点关联的概念都是叙词，因此族首词节点中没有Y（用）关系，主题词间的D（代）、C（参）、S（属）及F（分）关系，都通过族首词节点进行组织，形成相互关联的概念网络。叙词节点含有D（代）、C（参）及Z（族）关系，是族首词和其他叙词通过C（参）关系连接的主题词，构成概念网络的中间节点。入口词节点独立于族首词和叙词，仅含有指向叙词的Y（用）关系。

4.4.4 主题词—分类号对应表的转换方法和语法表示

"主题词—分类号对应表"的SKOS转化主要以族首词关系的分解和叙词关系的重组为重点。族首词的组织结构中，概念关联与上下位层级树混杂在一起，这种复杂结构在

SKOS 模型中难以表示。SKOS 模型中所有的主题词都是 skos:Concept 概念实例，每个节点的重要性在组织结构上没有差异，使用中的不同仅通过 SKOS 关系标签来区分。每个族首词概念会有一个指向词表 ID 的 skos:topConceptOf 顶层概念标识，与叙词表中族首词的视角不同，族首词是以词族为描述对象的，而顶层概念的对象为词表本身。这种形式上的变化仅是组织管理的需要，并不影响概念功能。因此，尽管"主题词—分类号对应表"中的族首词与"分类号—主题词对应表"中的顶层类性质不同，但其承担的功能是相似的，在 SKOS 模型中都采用了同样的 skos:topConceptOf 顶层概念标识。下面详细介绍每种结构元素与 SKOS 模型的对应关系。

（1）词表名称

skos:ConceptScheme 用于标识叙词表、分类表或主题词表等词汇集合，"主题词—分类号对应表"应标识为 skos:ConceptScheme 的实例。根据命名空间设置规则，"主题词—分类号对应表"的注册名称标识为 ol:tc3。词表名称转换后的 SKOS 语法如下所示。

```
ol:tc3  rdf:type  skos:ConceptScheme ;
     dct:title    "Thesaurus Classified Ontology"@en ,
                  " 叙词分类关联集合 "@zh ;
     rdfs:comment " 主题词 - 分类号对应表 SKOS 概念模式 "@zh.
```

（2）主题词

skos:Concept 用于标识一个领域概念，概念是词表中的知识节点，构成了领域知识的主干。skos:prefLabel 用于说明一个最能体现概念内涵的首选标识，对于每个语种，一个资源只能有一个带语种标签的首选标识（语种可以多样化）。叙词表中词条后面含有分类号的为规范叙词，是产生概念联系的核心节点，每个叙词需要分配唯一 ID，使用 skos:Concept 标识为概念节点，ID 标识符为不带空格和标点符号的文本串。例如，主题词条目"知识组织系统"：

```
知识组织系统 G254.0
  ·分类法
```

转换后的 SKOS 语法如下所示。

```
tc3: 知识组织系统   rdf:type   skos:Concept;
                skos:prefLabel  " 知识组织系统 "@zh .
```

（3）分类号

skos:notation 用于说明一个词表范围内唯一标识概念的字符型的分类号。"主题词—分类号对应表"中的叙词（非入口词）都含有类号，位于叙词后方，类号可以有多个，其中带有"[]"的分类号为次分类号。例如，主题词条目"标准分类法"的分类号：

标准分类法 **G255.54；[G254.124]**
　　Z 知识组织系统

转换后的 SKOS 语法如下所示。

tc3: 标准分类法　**skos:notation**　"G255.54；[G254.124]" .

（4）属关系

skos:broader 用于对两个概念间的泛化关系做出直接说明，"主题词—分类号对应表"中的属分关系在族首词中以"·"层级结构体现，下位词可以通过 skos:broader 指向上位词。例如，主题词"分类法"与"知识组织系统"的关系：

知识组织系统 G254.0
　·分类法

转换后的 SKOS 语法如下所示。

tc3: 分类法　**skos:broader**　tc3: 知识组织系统 .

（5）分关系

skos:narrower 用于对两个概念间的细化关系做出直接说明，"主题词—分类号对应表"中的属分关系在族首词中以"·"层级结构体现，上位词可以通过 skos:narrower 指向下位词。例如，主题词"分类法"与"标准分类法"和"档案分类法"的关系：

·分类法
　··**标准分类法**
　··**档案分类法**

转换后的 SKOS 语法如下所示。

tc3: 分类法　**skos:narrower**　tc3: 标准分类法 ,
　　　　　　　　　　　　　　tc3: 档案分类法 .

（6）用关系

skos:altLabel 用于说明其他能够体现概念内涵的可选标识，"主题词—分类号对应表"中的入口词无分类号，与其他概念不产生联系，不需要分配 ID，可看作候选主题词。入口词通过 Y（用）关系指向叙词，可将 Y（用）关系融合到指向的叙词节点中，使用 skos:altLabel 标识入口词。例如，入口词"知识组织体系"与叙词"知识组织系统"间的关系：

知识组织体系
　Y 知识组织系统

转换后的 SKOS 语法如下所示。

tc3: 知识组织系统　**skos:altLabel**　" 知识组织体系 "@zh .

（7）代关系

skos:altLabel 用于说明其他能够体现概念内涵的可选标识，"主题词—分类号对应表"中 D（代）关系位于叙词中，Y（用）、D（代）关系仅是方向不同，D（代）关系由叙词指向入口词，可看作候选主题词，转换时可直接使用 skos:altLabel 替代 D（代）关系。例如，主题词"知识组织系统"与入口词"网络知识组织系统"和"知识组织体系"的关系：

知识组织系统 G254.0
　　D **网络知识组织系统**
　　D **知识组织体系**

转换后的 SKOS 语法如下所示。

tc3: 知识组织系统　**skos:altLabel**　" 网络知识组织系统 "@zh ,
　　　　　　　　　　　　　　　　　" 知识组织体系 "@zh .

（8）参关系

skos:related 用于说明两个概念间的相关联系，"主题词—分类号对应表"中的 C（参）关系表示与所列叙词密切相关的概念，C（参）关系连接的通常为核心概念，可构成关联节点，使用 skos:related 指向相关概念时，需为相关概念配 ID。例如，主题词"知识组织系统"的相关概念"检索系统"和"检索语言"：

知识组织系统 G254.0
　　C **检索系统**
　　C **检索语言**

转换后的 SKOS 语法如下所示。

tc3: 知识组织系统　**skos:related**　tc3: 检索系统 ,
　　　　　　　　　　　　　　　　　tc3: 检索语言 .

（9）族关系

skos:hasTopConcept 用于指定词表中抽象程度最高的顶层概念，分类表中的顶层概念通常为顶层类，叙词表中的顶层概念通常为族首词。skos:topConceptOf 用于说明顶层概念（顶层类、族首词等）来源于哪个概念集合。skos:hasTopConcept 与 skos:topConceptOf 仅是关系的方向不同，"主题词—分类号对应表"中的 Z（族）关系有隐式和显式两种体现形式。隐式形式是指既含有 D（代）、C（参）关系，又含有"·"概念层次树的叙词；显式形式是指叙词节点除了 D（代）、C（参）关系，还通过 Z（族）关系明确地指向了族首词。族首词转换时需分配 ID，并使用 skos:topConceptOf 指向词表 ID。例如，主题词"标准分类法"与族首词"知识组织系统"的关系：

标准分类法 G255.54；[G254.124]
　Z 知识组织系统

转换后的 SKOS 语法如下所示。

tc3: 知识组织系统　**skos:topConceptOf**　ol:tc3 .

（10）注释

skos:note 用于提供概念的注释说明，注释信息可以是文字、超链接、图片及其他形式。"主题词—分类号对应表"中的注释信息常含有"**注：**"关键字，整个注释文本可使用 skos:note 进行标识。例如，主题词"Gopher"的注释信息：

Gopher TP393.099；|G254.92|
　注：是一种用菜单方式来查找资源的工具。

转换后的 SKOS 语法如下所示。

tc3:Gopher　**skos:note**　" 是一种用菜单方式来查找资源的工具 "@zh .

下面以"知识组织系统""网络知识组织系统""知识组织体系""检索系统""检索语言""分类法""标准分类法"7 个主题款目为例，列出各种关系的转换模式，所列词条内容可与"分类号—主题词"转换一节的内容相互对照和参考，其他词条的处理和转换与之类似。

词表概念体系
知识组织系统 G254.0
D 网络知识组织系统
D 知识组织体系
C 检索系统
C 检索语言
C 信息组织
· 分类法
·· 标准分类法
·· 档案分类法
·· 分面分类法
·· 期刊分类法

‥十进分类法
‥四部分类法
‥体系分类法
‥图书分类法
‥专利分类法
‥组配分类法
·标题表
·叙词表
‥分面叙词表
·知识本体
网络知识组织系统
Y 知识组织系统
知识组织体系
Y 知识组织系统
检索系统 G254.92；G254.929.9；[G252.7]；G254.97
D 公共检索系统
D 光盘检索系统
D 情报检索系统
D 文献检索系统
D 信息检索系统
·超文本检索系统
·多媒体检索系统
·环球信息网
·搜索引擎
‥垂直搜索引擎
‥元搜索引擎
·智能检索系统
·主题网关
·Gopher
检索语言 G254.0
D 标记语言
D 标识系统
D 标引语言
D 查询语言
D 情报检索语言
D 受控语言

D 文献检索语言
C 标识
C 机器检索
C 检索工具
C 检索功能
C 检索系统
C 知识组织系统
分类法 G254.1
Z 知识组织系统
C 标记制度
C 分类表
C 分类号
C 分类检索语言
C 分类体系
C 分类主题词表
C 类目
C 类目设置
C 类目注释
C 期刊分类
C 图书分类
标准分类法 G255.54；[G254.124]
Z 知识组织系统

"主题词—分类号对应表"的 SKOS 转换处理，需要将族首词、关联叙词及关联入口词作为一个整体，从族首词节点中分离出概念层级树，将上下位关系逐个融合到对应的叙词中，入口词包含的 Y（用）关系也融合到对应的叙词中，用 skos:altLabel 标识，从而构成以叙词节点为主干的概念网络。SKOS 格式的"主题词—分类号"数据表与"分类号—主题词"数据表的头部标识信息基本一致，只需将表名信息替换为下列片段。

```
################################################################
ol:tc3   rdf:type   skos:ConceptScheme；
      dct:title   "Thesaurus  Classified Ontology"@en，
                  " 叙词分类关联集合 "@zh；
      rdfs:comment " 主题词—分类号对应表 SKOS 概念模式 "@zh．
################################################################
```

上述主题词结构转换为以下三元组序列，主题词三元组序列由主题词节点转换后的

skos 三元组按词条顺序排列而成，全部类目经转换完成后与头部标识信息合并，可组成完整的 SKOS 词表文件。

tc3: 知识组织系统　rdf:type　skos:Concept； 　　　　　　skos:prefLabel　" 知识组织系统 "@zh； 　　　　　　skos:notation　"G254.0"； 　　　　　　skos:altLabel　" 网络知识组织系统 "@zh， 　　　　　　　　　　" 知识组织体系 "@zh； 　　　　　　skos:related　tc3: 检索系统， 　　　　　　　　　　tc3: 检索语言， 　　　　　　　　　　tc3: 信息组织； 　　　　　　skos:narrower　tc3: 分类法， 　　　　　　　　　　tc3: 标题表， 　　　　　　　　　　tc3: 叙词表， 　　　　　　　　　　tc3: 知识本体； 　　　　　　**skos:topConceptOf　ol:tc3 .**
tc3: 知识组织系统　skos:altLabel　" 网络知识组织系统 "@zh .
tc3: 知识组织系统　skos:altLabel　" 知识组织体系 "@zh .
tc3: 检索系统　rdf:type　skos:Concept； 　　　　　skos:prefLabel　" 检索系统 "@zh； 　　　　　skos:notation　" G254.92；G254.929.9；[G252.7]；G254.97"； 　　　　　skos:altLabel　" 公共检索系统 "@zh， 　　　　　　　" 光盘检索系统 "@zh， 　　　　　　　" 情报检索系统 "@zh， 　　　　　　　" 文献检索系统 "@zh， 　　　　　　　" 信息检索系统 "@zh； 　　　　　skos:narrower　tc3: 超文本检索系统， 　　　　　　　tc3: 多媒体检索系统， 　　　　　　　tc3: 环球信息网， 　　　　　　　tc3: 搜索引擎， 　　　　　　　tc3: 智能检索系统， 　　　　　　　tc3: 主题网关， 　　　　　　　tc3:Gopher； 　　　　　**skos:topConceptOf　ol:tc3.**
tc3: 检索语言　rdf:type　skos:Concept； 　　　　　skos:prefLabel　" 检索语言 "@zh； 　　　　　skos:notation　"G254.0"； 　　　　　skos:altLabel　" 标记语言 "@zh， 　　　　　　　" 标识系统 "@zh，

"标引语言 "@zh，
"查询语言 "@zh，
"情报检索语言 "@zh，
"受控语言 "@zh，
"文献检索语言 "@zh；
　　skos:related　tc3: 标识，
　　　　　　　　tc3: 机器检索，
　　　　　　　　tc3: 检索工具，
　　　　　　　　tc3: 检索功能，
　　　　　　　　tc3: 检索系统，
　　　　　　　　tc3: 知识组织系统．

tc3: 分类法　rdf:type　skos:Concept；
　　skos:prefLabel　"分类法 "@zh；
　　skos:notation　"G254.1"；
　　skos:broader　tc3: 知识组织系统；
　　skos:related　tc3: 标记制度，
　　　　　　　　tc3: 分类表，
　　　　　　　　tc3: 分类号，
　　　　　　　　tc3: 分类检索语言，
　　　　　　　　tc3: 分类体系，
　　　　　　　　tc3: 分类主题词表，
　　　　　　　　tc3: 类目，
　　　　　　　　tc3: 类目设置，
　　　　　　　　tc3: 类目注释，
　　　　　　　　tc3: 期刊分类，
　　　　　　　　tc3: 图书分类；
　　skos:narrower　tc3: 标准分类法，
　　　　　　　　　tc3: 档案分类法，
　　　　　　　　　tc3: 分面分类法，
　　　　　　　　　tc3: 期刊分类法，
　　　　　　　　　tc3: 十进分类法，
　　　　　　　　　tc3: 四部分类法，
　　　　　　　　　tc3: 体系分类法，
　　　　　　　　　tc3: 图书分类法，
　　　　　　　　　tc3: 专利分类法，
　　　　　　　　　tc3: 组配分类法．

tc3: 标准分类法　rdf:type　skos:Concept；
　　skos:prefLabel　"标准分类法 "@zh；
　　skos:notation　" G255.54；[G254.124]"；
　　skos:broader　tc3: 分类法．

4.4.5 映射转换注意事项

（1）分类号 ID

"分类号—主题词对应表"转换时，每个类目都有相应的分类号，可使用类号作为概念唯一标识（去掉标点符号），例如，O625.63⁺6 氨基羧酸及其衍生物的概念 ID 为 ct3:O625636，描述三元组如下：

```
ct3:O625636   rdf:type   skos:Concept;
              skos:prefLabel  " 氨基羧酸及其衍生物 "@zh;
              skos:notation   "O625.63⁺6".
```

（2）分类主题词与叙词

"分类号—主题词对应表"中的主题词分为独立主题词（如标准分类法）和组配主题词（使用/组配，如芳香族化合物/氨基酸/羧酸），两种主题词都是"主题词—分类号对应表"中的叙词（规范正式词汇）。"主题词—分类号对应表"中的独立叙词单独列出了各种相关联系，并通过 D 关系指向入口词，而组配叙词是通过入口词（非正式词汇）的 Y 关系给出的，在处理"主题词—分类号对应表"时，要对两种叙词分别处理，避免遗漏。

（3）专用名 ID

"主题词—分类号对应表"中含有大量人名、会议名、事件名和特定时代等专用主题词，例如，下列实例中：王选（1937—2005）、中共一大（1921）、选举制度/中国/?-1911，可使用去除标点符号的字符串作为其概念 ID。

```
tc3: 王选 19372005   rdf:type   skos:Concept;
                    skos:prefLabel  " 王选（1937-2005）"@zh .
tc3: 中共一大 1921   rdf:type   skos:Conecpt;
                    skos:prefLabel  " 中共一大（1921）"@zh .
tc3: 选举制度中国 1911   rdf:type   skos:Concept;
                        skos:prefLabel  " 选举制度/中国/?-1911"@zh .
```

（4）分类号的层级关系

《中国图书馆分类法》经过几次修订，"分类号—主题词对应表"中的类号并非都是规则和连续的，类号间也不都是按数字占位符构成上下级关系。例如：G255.53 专利 和 G255.54 标准 类目，因表中无 G255.5 类目，这两个类目的上级类目可以连接到更上层的 G255 各类信息资源工作。G254.929.1 智能检索系统 和 G254.929.9 其他 类目，因表中无 G254.929 类目，这两个类目的上级目可以连接到 G254.92 信息检索工具、检索系统。

"分类号—主题词对应表"中相似的情况还有不少，对于这种无法直接找到上下级关系的类目可以建立空节点作为中间桥梁。空节点 ID 以下划线开始，后面紧接分类号文本序列（无标点符号），空节点无 skos:prefLabel 和 skos:altLabel 等文字标签，仅作为上下级连接关系，如 G255.5 类目和 G254.929 类目的空节点表示如下。

```
ct3:_G2555   rdf:type  skos:Concept;
             skos:broader  ct3:G255 .
ct3:G25553   rdf:type  skos:Concept;
             skos:prefLabel  " 专利 "@zh;
             skos:notation  "G255.53";
             skos:broader  ct3:_G2555 .
ct3:G25554   rdf:type  skos:Concept;
             skos:prefLabel  " 标准 "@zh;
             skos:notation  "G255.54";
             skos:broader  ct3:_G2555 .
##################################################
ct3:_G254929  rdf:type  skos:Concept;
              skos:broader  ct3:G25492 .
ct3:G2549291  rdf:type  skos:Concept;
              skos:prefLabel  " 智能检索系统 "@zh;
              skos:notation  "G254.929.1";
              skos:broader  ct3:_G254929 .
ct3:G2549299  rdf:type  skos:Concept;
              skos:prefLabel  " 其他 "@zh;
              skos:notation  "G254.929.9";
              skos:broader  ct3:_G254929 .
```

（5）类目主题词的关联差异

"分类号—主题词对应表"中的主类目主题词，大多数情况下为类目的下位概念，有时也会有少量书名、人名、专用术语等构成的主题词不符合上下位语义，例如，"H06 词典学"的主类目主题词"布隆菲尔德（Bloomfield, L., 1887—1949）"及"G255.53 专利"的主类目主题词《国际专利分类表》与类目相关，这些词汇更适合使用 relatedMatch 进行关联。

思考与练习

【1】SKOS 模型的应用场景有哪些？

【2】SKOS 模型与 RDF/RDFS 模型和 OWL 模型有何关系？

【3】哪些 SKOS 词汇具有语义推理特性？各有何作用？如何发挥作用？

【4】skos:hasTopConcept 和 skos:topConceptOf 能否直接指代分类表中的顶层类或叙词

表中的族首词?

【5】skos:broader 和 skos:broadMatch 的使用场景有何不同?

【6】skos:broader 与 skos:broaderTransitive 的功能有何不同?

【7】skos:narrower 与 skos:narrowerTransitive 的功能有何不同?

【8】请指出《中国分类主题词表》中的以下分类—主题片段中哪些词汇概念是"顶层类",哪些是主题"主类目",哪些是"次类目",并将上述片段转换为 Turtle 格式的 SKOS 数据。

TP 自动化技术、计算机技术 依总论复分表分	**计算机技术;自动化技术** 输入输出处理;阿兰·图灵(Alan Mathison Turing,1921—1954)
……	……
TP3 计算技术、计算机技术	**计算机技术;计算技术** 计算机;计算机科学;|计算机系统|;数据处理机;数码技术;数字化;|数字技术|;|数字压缩|
……	……
TP39 计算机的应用	**计算机应用** |多媒体应用系统|;入-出管理;|三金工程|
……	……
TP393 计算机网络 总论计算机网络工程、联机网络系统入此。 总论通信网的著作入 TN915	**计算机网络** 微机网络;文件共享;信关;虚拟网络;|用户接入|;用户通信网;|用户网络接口|;终端互联;主干网;总线式网络;CSCW 系统;DECNET 网络
……	……
TP393.4 国际互联网⑨ 因特网(Internet)入此。 国家信息基础设施(信息高速公路)入 TN915	**互联网络** 环球信息网;|科技信息网络|:全球网络;洲际网络

【9】请指出《中国分类主题词表》中的以下主题—分类片段中哪些词汇概念是"族首词",哪些是"叙词",哪些是"入口词",并将上述片段转换为 Turtle 格式的 SKOS 数据。

标记语言
　Y 检索语言

标识系统
　Y 检索语言

标引语言
　Y 检索语言

……

机器检索 G254.929.9；|TP391.3|
　D 计算机检索
　D 计算机情报检索
　D 自动化检索
　Z 检索方法
　C 检索系统
　C 检索语言
　C 信息检索技术
　C 自动编文摘
　C 字面组配

信息加工 G254.37；|B849|
　Z 信息处理
　C 信息组织

……

信息描述 G254.3
　D 信息资源描述
　C 信息检索
　C 信息组织
　C 元数据
　·编目
　··藏品编目
　··重新编目
　··档案编目
　··计算机编目
　···联机编目

```
·· 联合编目
··· 集中编目
·· 期刊编目
·· 统一编目
·· 图书编目
·· 文献编目
·· 在版编目
·· 资料编目
· 文摘
```

【10】知识组织学习小组计划加工一部反义词词典,将每个词条与其反义词建立关联。小组成员讨论后认为:①仅采用 SKOS 模型无法完成反义词条的标识,需要融合 OWL 模型;②将每个词条声明为 skos:Concept 概念,利用 skos:prefLabel 给出词条的文字标识;③使用 owl:inverseOf 元语建立词条和反义词间的逆向关联。请你根据所学内容思考一下,知识组织小组的设计方案是否合适,并给出你的建议。

【11】知识组织学习小组计划加工一部同义词词典,将每个词条与其同义词建立关联。小组成员讨论后认为:①仅采用 SKOS 模型无法完成同义词条的标识,需要融合 OWL 模型;②将每个词条声明为 skos:Concept 概念,利用 skos:prefLabel 给出词条的文字标识;③使用 owl:sameAs 元语建立词条和同义词间的语义关联。请你根据所学内容思考一下,知识组织小组的设计方案是否合适,并给出你的建议。

*【12】一词多义是自然语言处理和词典构建工作中常见的现象,下列片段是汉语词典(龚学胜,现代汉语大词典,2018)中词条的描述信息,由词汇、词性、多语境词义及词义用例构成。请你根据所学内容为下列词条片段建立模型表示,使用 Turtle 语法展示出词条构成要素间的各种关系。

【华夏】	名	①怀有崇高美好的道德,拥有灿烂高雅的礼乐,穿着华丽优美的服饰的族群。古人说"服章之美谓之华","礼仪之大谓之夏",故称。②古代汉族的自称;也指中国。
【吸收】	动	①物体把外界的某些物质吸到内部:海绵吸收水分。②有机体把组织外部的物质吸到内部:人体吸收养分。③物体使某些现象、作用减弱或消失:树木吸收噪声。④组织或团体接纳成员:吸收会员。⑤吸取、接受:吸收新知识。
【幸运】	名	好的运气:但愿幸运能够降临。
【幸运】	形	有好运气的:这次能中奖,他感到很幸运。
【西洋】	名	①古指南海以西的区域。包括南洋群岛、马来半岛、印度、斯里兰卡、阿拉伯半岛、东非等地:郑和下西洋。②通称欧美各国。
【西洋】	形	来自或产自欧美各国的:西洋镜|西洋参|西洋艺术。

*【13】反义词典是相似度计算和观点分析研究的常用资源，下列片段是反义词词典（王文襄，现代汉语反义词词典，1988）中词条的描述信息，由词汇、多语境词义、词义用例及词义的反义词构成。请你根据所学内容为下列词条片段建立模型表示，使用 Turtle 语法展示出词条构成要素间的各种关系。

【百花齐放】①比喻不同形式和风格的艺术作品自由发展——一花独放（一花独放不是春，百花齐放春满园）。②形容艺术界的繁荣景象——万花凋谢（万花凋谢的景象）。
【固定】①不变动或不移动的——流动（流动资金）、浮动（浮动工资）、机动（机动时间）。②使固定——活动（那个试管架活动了，要固定一下）。③较长时间的——临时（临时工）。
【正】①垂直或符合标准方向——歪（脚正不怕鞋歪）、斜（身正不怕影斜）、枉（矫枉过正）。②位置在中间——侧（侧门）、偏（偏南）。③正面——反（一正一反）。④正当——邪（改邪归正）。⑤基本的；主要的——副（副本）。⑥大于零的——负（负数）。⑦指失去电子的——负（负电）。⑧正确——误（正误各半）、谬（理有正谬之分）。

第 5 章 关联数据的发布与获取

由于历史原因，传统的 Web 数据通常是非结构化、分散、格式不兼容的孤立数据源，难以有效地共享和融合。关联数据（linked data）由 Tim Berners-Lee 提出，旨在通过开放标准将网络数据关联在一起，发现更多新事物和新应用。链接数据使用 URI 标识资源，并通过统一的 RDF 模型发布、分享、链接各类资源，框架简洁易用，不同的数据集易于融合形成更大的知识结构。借助通用模型的语义结构，还可以从链接数据中推断出术语概念的含义及概念间的各种关系，形成新的知识结构。关联数据避免了传统数据组织和管理方式带来的数据孤岛问题，为构建人机理解的数据网络和实现语义网远景提供了基础框架。

5.1 关联数据构建和管理

LOD（linking open data）项目由 W3C 于 2007 年发起，目前已成为最大的公开数据集，这些数据资源和模型通过内部链接相互关联，构成了一个内容丰富、关系复杂的数据网络。LOD 是一个开放的链接数据平台，发布到 Web 的链接数据集通过 RDF 框架建立关联，逐渐汇聚成大规模的链接数据云。链接数据云中的数据集使用了多种 RDF 序列化格式，但由于共享通用的数据模型，数据集间可以保持兼容和互通。关联数据发布遵循 4 个原则：①使用 URI 作为网络资源的标识名称；②采用 HTTP URI 方式以便用户可以访问资源；③利用 RDF、SPARQL 等标准向访问 URI 的用户提供有用的信息；④提供其他资源的链接，以使人们可以发现更多信息。W3C 按链接数据的形式化程度将其分为下面 5 个等级（表 5-1）。

表 5-1 关联数据的等级

级别	描述
1 星	Web 上的非结构化数据，例如：扫描的图片
2 星	在 1 星基础上，形成机读格式的结构化数据，例如：Excel 表
3 星	在 2 星基础上，形成通用格式的结构化数据，例如：CSV 格式
4 星	在 3 星基础上，使用 W3C 公开的数据标准发布数据，例如：RDF
5 星	在 4 星基础上，与其他数据集建立链接

5.1.1 概念资源的访问机制

通常在浏览器中输入一个 URI 将返回一个含有信息的 Web 页面，虽然发布后的概念资源可以通过 URI 实现唯一定位,但概念本身是抽象资源,并非已经设计好的信息页面,这个地址无法直接被浏览器(HTTP 协议)解析。对于抽象概念之类的非信息资源的访问,有 2 种解决方法:片段化 URI 和重定向 URI。

(1)片段化 URI

片段化 URI 是带有"#"分隔符的 URI 标识符,相关内容已在 1.3.1 节简单介绍。使用浏览器访问片段化 URI 时,HTTP 协议发送的是"#"之前的 URI,"#"后面的非信息资源标识符并不发送,因此浏览器返回的是包含非信息标识符的整个页面描述。"#"后面的非信息标识符只对浏览器产生影响,访问同一页面中的不同非信息资源片段,不需要重新加载页面,具有片段定位功能的浏览器,可以将非信息标识符所处的位置内容呈现给用户。

(2)重定向 URI

采用 303 重定向来发布非信息资源是另一种有效的方式,303 重定向采用带"/"的 URI 来标识非信息资源,如 W3C 发布的 SKOS 模型,其核心术语 core 标识为 http://www.w3.org/2004/02/skos/core。按照关联数据发布的等级标准,发布一个高质量的非信息资源至少要提供 3 种有效的唯一标识:URI 标识、HTML 页面和 RDF 数据。URI 标识定位概念资源,HTML 页面供用户阅读,RDF 数据方便机器处理。表 5-2 列出了简单知识组织系统 SKOS 核心模型 core 的 3 种标识。

表 5-2 SKOS 核心模型 core 的 3 种标识

标识类型	URI
资源 URI 标识	http://www.w3.org/2004/02/skos/core
人读 HTML 页面	http://www.w3.org/2009/08/skos-reference/skos.html
机读 RDF 数据	http://www.w3.org/2009/08/skos-reference/skos.rdf

关联数据模型中的概念资源由 URI 标识,即使术语含义发生变化,也不必改变术语的 URI,只需在其他描述文档中修改术语定义或添加新的信息说明其使用范围和时效。如果在 IE 浏览器中输入概念 URI 标识 http://www.w3.org/2004/02/skos/core,界面将显示"SKOS Simple Knowledge Organization System Namespace Document - HTML Variant"文档,但此时地址栏的 URI 却不再是输入的概念资源 URI,而是换成 http://www.w3.org/2009/08/skos-reference/skos.html,这是用来说明 core 模型的 HTML 页面所用的 URI。通过快捷键 F12 打开浏览器的调试功能,可以查看整个访问过程。例如,输入 http://www.w3.org/2004/02/skos/core 后,HTTP 协议先向 http://www.w3.org/2004/02/skos/core 发送 GET 请求,返回结果 303;接下来 HTTP 协议向 http://www.w3.org/2009/08/skos-reference/skos.html 发送 GET 请求,返回结果 200;然后 HTTP 协议向 http://www.w3.org/TR/skos-reference/extras.css 发送 GET 请求,返回结果 200;最后 HTTP 协议向 http://www.w3.org/StyleSheets/TR/base 发送 GET 请求,返回结果 200。

HTTP 的报文分为请求报文和响应报文 2 种。请求报文向服务器发送一个资源操作,响应报文返回操作结果。常用的请求操作如表 5-3 所示[28]。

表 5-3　HTTP 的请求操作

请求方法	功能描述	报文内容
GET	从服务器获取一份资源	不含数据
HEAD	从服务器仅获取资源的首部	不含数据
POST	向服务器发送需要处理的数据	包含数据
PUT	向服务器上传资源	包含数据
DELETE	从服务器删除一份资源	不含数据

第一个请求发生时，HTTP 协议向 http://www.w3.org 服务器发送 GET 方法获取 /2004/02/skos/core 资源，客户端浏览器向服务器发送 HTTP 请求时，在每条响应报文的首行包含一条数字状态码。数字码按范围划分为不同的状态类型：100-199 为提示信息，200-299 表示请求成功，300-399 表示资源移除，400-499 表示客户端请求出错，500-599 表示服务器错误[29]。

服务器接收请求后发现 /2004/02/skos/core 为非信息资源，返回 303 状态码，303 状态码表示资源重定向，告知客户端从另一个 URL 位置获取所需资源。客户端向 location 位置 http://www.w3.org/2009/08/skos-reference/skos.html 再次发出 GET 请求，获取到 HTML 形式的 SKOS 模型定义文档。如果将 location 位置定向为 http://www.w3.org/2009/08/skos-reference/skos.rdf，则返回 RDF 形式的 SKOS 模型定义文档。HTML 形式的 SKOS 页面和 RDF 形式的 SKOS 模型定义文档只是资源后缀不同，访问路径完全相同，303 重定向方式为非信息资源的发布带来了便利，如果有其他形式，如 xml、owl 或 ttl 形式的模型文档，可以继续沿用这一路径，只需修改文件后缀，然后通过概念化的资源 URI 重定向到所需的资源。例如，在浏览器中输入 http://www.w3.org/2009/08/skos-reference/skos.owl，将返回如图 5-1 所示的结果页面。

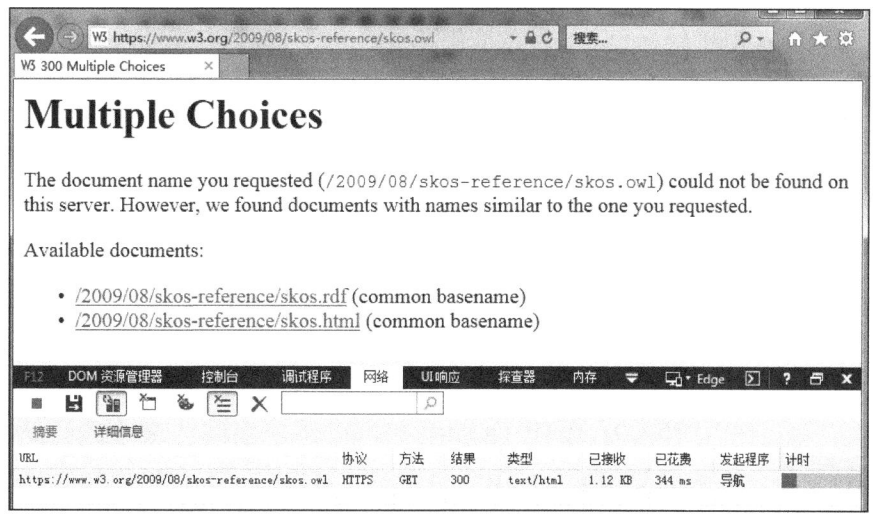

图 5-1　HTTP 的内容协商机制

服务器返回了 300 状态码，Multiple Choices 表明请求的资源不存在，但发现有多个同名的其他版本可供用户选择，资源列表列在返回页面中。上图的返回页面中指明 SKOS 没有 skos.owl 形式，仅有 skos.rdf 和 skos.html 两种文档。除了设置资源重定向，关联数据发布过程中还常使用内容协商机制。这种 HTTP 协议的内容协商机制能够使多种形式的同一文档采用相同的 URI 路径标识，由客户端和服务器相互协商来决定发送哪种文档最合适。如果在浏览器中输入 http://www.w3.org/2004/02/skos/core，系统将返回 HTML 形式的 http://www.w3.org/2009/08/skos-reference/skos.html 文档，而不是 RDF 形式的 http://www.w3.org/2009/08/skos-reference/skos.rdf 文档。IE 浏览器 GET 请求的报文头部含有"Accept: text/html, application/xhtml+xml, *.*"信息，要求优先返回 text/html、application/xhtml+xml 等类型的文件，服务器收到请求后，将资源重定向到 http://www.w3.org/2009/08/skos-reference/skos.html，浏览器就返回了人读形式的 HTML 文档。如果使用 RDF 浏览器，浏览器 GET 报文会默认发送"Accept: application/rdf+xml"，客户端就会收到 RDF 形式的资源文件[30]。

片段化 URI 和重定向 URI 都可用于发布链接数据。片段化 URI 的优势是可以发送一次请求返回含有概念的整个资源文档，对服务器的访问次数少，但如果整个文档的规模较大，传输速度和资源消耗都会增加，返回结果中还会含有大量的不相关内容。303 重定向方式则正好弥补了片段化 URI 的不足，可以准确地访问所需资源，减少带宽占用和网络延迟，但在满足用户需求时需要准备多种资源配置方式，发布方式要比片段化 URI 复杂。所以 303 重定向常用在像 DBpidia 之类含有百千万知识三元组的大规模数据集的发布中，通过对数据集合理拆分，有效地利用资源。片段化 URI 则更适合那些万级或更小量词汇、术语资源集的发布，这种类型的 RDF 数据通常为一个具有自我描述功能的知识模型，整体获取更利于模型的利用，片段化 URI 还常用于 RDFa 格式中，利用 about 属性在 HTML 网页中嵌入 RDF 信息[31]。实际的应用场景中这两种标识方式可以配合使用，例如，在"http://www.w3.org/2004/02/skos/core#Concept"这一 URI 中，"/"后的"core"为标识 SKOS 核心模型的一个抽象概念（非文档资源），"#"后的"Concept"为核心模型含有的建模元语词汇，用于标识词汇表中的一个概念。

5.1.2 数据集构建方法

（1）确定命名空间

URI 用来唯一命名链接数据中的事物，URL 是 URI 的一种特定类型，用于 Web 上资源的定位和访问。FTP URL 和 HTTP URL 都可以用于网络资源的定位，Web 环境中标识和浏览网络资源常采用 HTTP URL 方式，它可以通过浏览器进行访问。数据集或本体构建阶段可以采用命名空间的前缀形式标识概念资源，如创建一个科技文献本体，以 stdoc:<http://temp.com/stdocument> 表示命名空间，stdoc 为前缀，http://temp.com/stdocument 为命名空间 URL，采用前缀标识概念资源可以方便后期发布数据时对命名空间做出调整。在数据集创建阶段命名空间 URL 仅用于唯一标识集合中的概念，但数据集发布时必须替换为能够通过 Web 浏览器访问的真实 URL。

（2）复用现有词汇集合

复用现有的数据资源和模型是快速构建新本体和数据集的有效方式。使用链接数据时，可用专门的链接数据平台或工具搜索所需数据，如 LOD 云、Data Hub 和 DBpedia 等。LOD 平台融合了百科全书、词典、统计数据、物理、化学、生物、书目、音乐、学术论文等多源数据，为用户建立知识资源库提供了丰富的数据资源。DataHub 门户提供类似 Wikipedia 样式的开放式数据目录，搜索和收集了大量的链接数据 URI，用户访问 URI 链接便可浏览和下载所需的链接数据[32]。Wikipedia 是 Web 上最大的结构化百科全书，每个 Wikipedia 条目页面都含有 Box 结构框架，框架单元中填充着各种名称、定义、地点等信息，并链接到其他条目结构中[33]。DBpedia 项目从 Wikipedia 条目页面中抽取了大量结构化数据，依据链接数据原则，发布成可公开访问和重用的链接数据[34]。用户可以从 LOD 云、DataHub、DBpedia 或其他 Web 上的链接数据集中抽取数据，融合成自己需要的数据。如果在门户网站浏览或搜索到与需求相关的数据资源，可以下载后进行分析和利用，也可以利用网络爬虫批量下载到本地，导入到构建工具中修改、完善后使用。除了从网站下载链接数据，还可以利用程序从数据集发布的 sparql 查询端获取数据，在实际的开发应用中需要交互和频繁使用数据时，可以通过程序访问数据平台的 SPARQL 服务接口，高效地检索三元组结构。程序 5-1 展示了使用 Jena 工具获取链接数据的处理流程。

```
//### 程序 5-1###
public void queryByServiceURI（）
{
  //sparql 查询端 URI
  String serviceURI = "http://dbpedia-live.openlinksw.com/sparql";
  // 查询语句
  String queryString= "SELECT * WHERE "
          + "{ SERVICE <" + serviceURI + ">"
          + " { SELECT DISTINCT ?company WHERE "
          + "   { ?company a <http://dbpedia.org/ontology/Company>"
          + "   } LIMIT 20 "
          + " }"
          + "}";
```

```
// 创建查询模型
Query query = QueryFactory.create（queryString）;
// 查询运行
QueryExecution qexec = QueryExecutionFactory.create（query，ModelFactory.createDefaultModel（））
{
    // 处理查询结果
    ResultSet rs = qexec.execSelect（）;
    ResultSetFormatter.out（System.out，rs，query）;
}
}
```

（3）构建领域词汇

链接数据并非完美，数据质量和服务性能制约着链接数据的使用效果。链接数据分布在不同地点、网络的服务器上，数据查询效率不容易提升和优化。数据质量是所有数据管理系统都面临的问题，由质量不高的关系数据表或网页数据生成的链接数据，其质量也不会高。如果在各种链接数据门户中找不到合适的概念描述和数据模型，可以借助领域词典或网络百科自己构建：①首先将描述领域问题的相关概念归类整理，列出概念间的修饰和制约关系；②然后给领域概念分配 URL，为了简洁方便，可采用命名空间前缀标识概念词汇；③最后利用 RDF/RDFS、SKOS、OWL 等核心数据模型，建立领域概念间及与 LOD 其他数据集的关联，并通过相应的推理机验证概念间的关系是否合理，逐步完善整个数据集[35]。一般规模的数据集通常采用构建工具来完成，数据集领域概念较多时，可通过编程操作相应的 API 批量导入。如果使用自定义数据模型时发现网络上存在相似的术语概念，此时不必大量修改自定义数据集，而是分析二者的合理性和权威性，对于可信度较高的已有概念，可将自己构建的术语与已有术语通过 owl:sameAs 建立概念语义关联。sameAs 门户汇集了大量由 owl:sameAs 关联的三元组，构建定义词表、发布新的 owl:sameAs 关系之前，最好先到 http://sameAs.org 网站去查验一下是否已有相似的词汇[36]。

（4）数据发布和访问

链接数据必须依靠一致性的基础数据模型才能互联资源，RDF 模型不仅结构简单、方便实用，而且具有多种序列化方式，可以适应不同用户的使用需求，非常适合构建链接数据。采用 RDF 模型发布链接数据时需要注意一些技术细节，链接数据要求使用 http 形式的 URIs 作为资源标识符，便于用户访问到相应的资源，而 RDF 数据模型中的 URIs 仅做资源唯一标识符，不强制访问到该链接。构建阶段可以仅使用命名空间前缀来标识领域概念，但在发布关联数据时需要根据服务器域名重新配置命名空间，将 RDF 数据模型中使用的 URIs 转换为实际的部署地址，以便可以通过 Web 浏览器访问概念链接。例如，数据集 stdoc 构建阶段使用 http://temp.com/stdoc# 作为默认命名空间，发布服务器域名为 http://ke.istic.ac.cn，若发布时放在服务器的 ontology 目录中，则发布前要将命名空间替换为实际的 URL- http://ke.istic.ac.cn/ontology/stdoc#。

链接数据的获取方式取决于数据集的发布方式，数据集可以采用 Web 页面、RDF 数据文件、SPARQL 查询端和 Web 服务接口等方式发布。Web 页面和 RDF 数据文件可以通过浏览器（安装 RDF 插件）查看，SPARQL 查询端支持三元组检索，Web 服务接口需要通过编程实现数据访问。Web 服务器能自动识别 PNG、JPEG 和 HTML 等资源格式，如果 Web 服务器无法识别 RDF 格式的资源，客户端将收到服务器默认的数据格式，通常为 text/plain 文本文件。修改 Web 服务器配置文件中的 HTTP header 报头参数能增加对 RDF 格式的支持。HTTP header 中支持的 Linked Data 数据格式如表 5-4 所示。

表 5-4 HTTP header 支持的 Linked Data 数据格式

RDF 格式	首选内容类型（content-type）	可选内容类型（content-type）
RDF/Turtle file	text/turtle	
RDF/XML file	application/rdf+xml	
RDFa	text/html	
JSON-LD file	application/ld+json	application/json
OWL file	application/owl+xml	application/rdf+xml
N-Triples	application/N-Triples	text/plain

注：RDFa 是一种将 Linked Data 嵌入到 HTML 中的表示形式，以 HTML 为载体，详情见"5.3.1 RDFa - 嵌入式 RDF 属性"。

5.1.3 关联数据管理工具

关联数据创建、管理和发布是一项复杂的工作，如果数据集的规模较大，则需要借助工具完成操作。常用的关联数据管理和发布工具如下。

（1）D2R Server

D2R Server 是一款关系数据库数据发布工具，该工具支持 RDF 数据的浏览和搜索功能。数据库的规模通常都比较大，D2R Server 并没有将关系型数据库发布成真实的 RDF 数据，而是使用 D2RQMapping 文件将其映射成虚拟的 RDF 格式，使 RDF 数据空间减小，内容更新更容易。D2R Server 的功能结构如图 5-2 所示[37]。

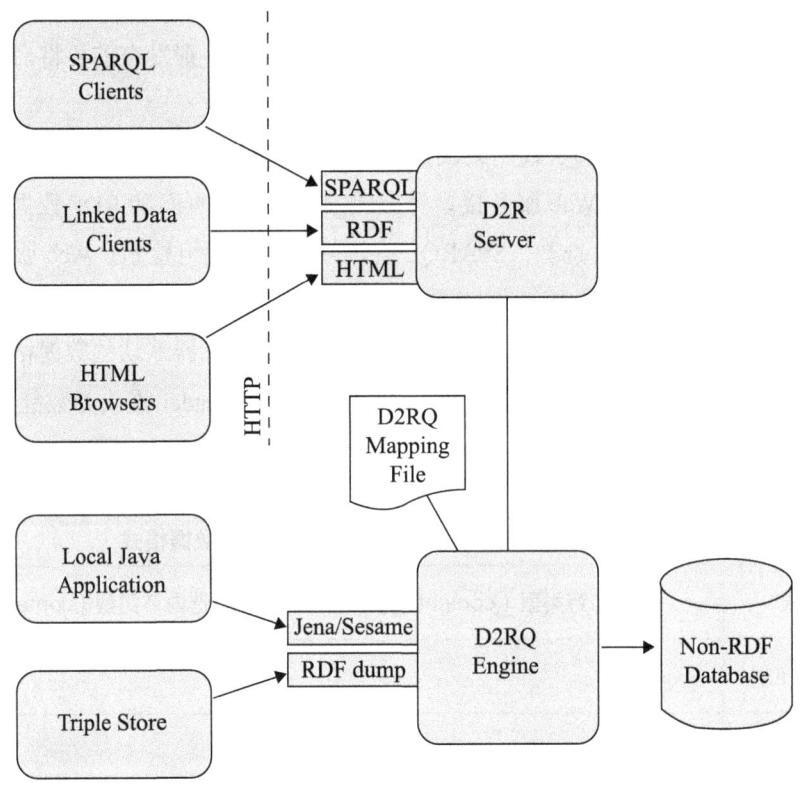

图 5-2　D2R Server 的功能结构

D2R Server 集成了 Jena ARQ、Joseki 服务器及 Pubby 工具包，Jena ARQ 和 Joseki 用于三元组管理和检索，Pubby 承担前端页面的生成和展示。如果前期已有数据库格式的资源，用 D2R Server 将其映射成 RDF 三元组进行发布展示要比自行转换更为方便和快捷。

（2）Virtuoso

Virtuoso 是一个可伸缩的高性能对象关系数据库引擎，提供了丰富的 SQL、XML 和 RDF 数据管理功能，可以通过数据界面或 SPARQL 查询端将数据转化为 RDF 数据，并直接存储在 Virtuoso 中。Virtuoso 支持 ODBC、JDBC、OLE-DB、SQL、SPARQL、XQuery、SOAP、HTTP、RSS、RDF 等多种工业标准查询协议和数据格式。Virtuoso 的功能结构如图 5-3 所示[38]。

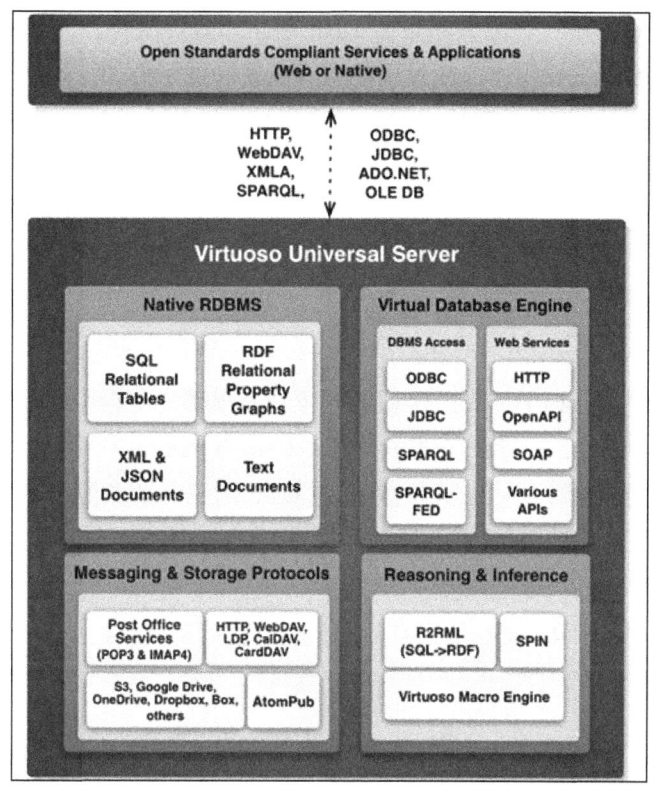

图 5-3　Virtuoso 的功能结构

Virtuoso 功能强大，可用于企业级的数据发布和管理，在业界有广泛的应用。Virtuoso 目前推出了 Docker 映像版本，以满足分布式计算、云服务等场景的需求。

（3）Pubby

Pubby 是一款 RDF 三元组数据发布工具，它不仅可以提供本地和远程 SPARQL 服务端的访问接口，还能通过解析 URI 将发现的数据集导入到 Pubby 服务器中。Pubby 与 Tomcat 和 Jetty 的 Servlet 容器保持兼容，并为每个资源的可获取数据提供了简单的 HTML 浏览界面。Pubby 的功能结构如图 5-4 所示[39]。

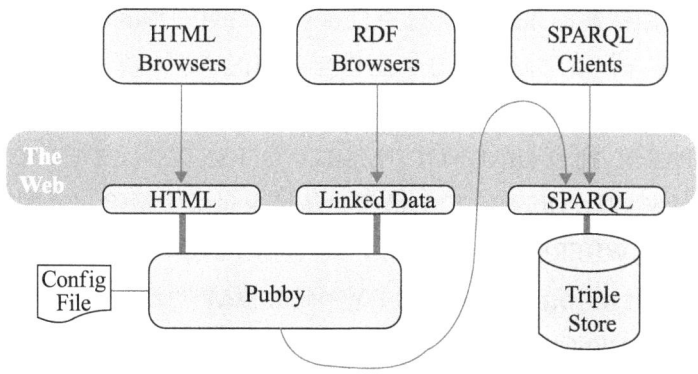

图 5-4　Pubby 的功能结构

Pubby 的功能较为单一，因其不带有 RDF 存储和管理组件，无法单独完成三元组数据的发布过程。Pubby 主要用作前端页面的生成工具和展示框架，因结构简单、轻巧，很容易与其他工具融合，本章后面的三元组发布示例便采用 Pubby 充当前端页面工具，后端采用 RDF4J 存储和管理知识条目。

5.2 SPARQL 三元组查询语言

SPARQL 是一种面向 RDF 数据模型的查询语言和数据访问协议，现在已成为 W3C 的推荐标准[40]。SPARQL 查询语言通过图模式（graph pattern）匹配实现查询功能。最简单的图模式是三元组模式，一个三元组模式与 RDF 的三元组类似，不同的是三元组模式允许查询变量出现在主体、谓词或客体的位置上，通过绑定查询变量和 RDF 词汇，使三元组模式合并形成一个基本的图模式。

SPARQL 的语法规则与 SQL 语言有些类似，其常用语法结构如下所示[41]：

```
PREFIX  pre1:<uri1>
PREFIX  pre2:<uri2>
PREFIX  preN:<uriN>
SELECT  ?variable1，?variable2，?varibleN
FROM <OntologyDataSetN>
WHERE { ?pre1:variableN  ?pre2:variableN  ?preN:variableN.
FILTER（REGEX（?variable2，"XXX"））}
ORDER BY ASC（?variable1）
LIMIT 10
OFFSET 10
```

SELECT 后面是检索变量，用于存储查询后的结果，SELECT 子句后面的每一个检索变量必须在 WHERE 子句的检索条件中存在。FROM 子句标明进行查询的知识库。WHERE 子句后面是检索的条件，所有条件都以三元组的形式表示，每一个三元组以英文半角标点符号"."结束，并且每个变量与前面的"?"（或"$"）之间不能有空格。SPARQL 语言功能强大，利用关键词 FILTER 能对检索结果进行过滤，为了进一步提炼查询的结果，SPARQL 拥有 DISTINCT、LIMIT、OFFSET 和 ORDER BY 关键字，功能与 SQL 中的关键字类似。DISTINCT 关键字会从结果里集中清除重复的查询结果，其他关键字都放在查询的 WHERE 子句之后。LIMIT n 把查询返回的结果数量限制在 n 个，而 OFFSET n 则忽略前面 n 个结果。ORDER BY ?var 会根据"?var"的顺序对结果进行排序，可以用 ASC[?var] 和 DESC[?var] 指定排序的升降顺序。DISTINCT、LIMIT、OFFSET 和 ORDER BY 可以组合起来一起使用，产生更强的功能。

5.2.1 三元组基本查询

（1）文本标识查询

字面量是资源节点的一种描述信息，只能出现在三元组的宾语位置，通常不分配 IRI，无法从字面量内容再连接到其他三元组。RDF 图中的字面量通常由文本标签、数据类型 IRI 和语言标签构成。常用的语言标签有"@zh"中文、"@en"英文、"@ru"俄文。例如，下列数据片段描述了概念资源 C1 的不同语种标识符，FILTER 子句使用了 SPARQL 语言内置的语种过滤器函数，设置检索表达式返回中文标识符。

数据	@prefix owl: <http://www.w3.org/2002/07/owl#> .
	@prefix rdf: <http://www.w3.org/1999/02/22-rdf-syntax-ns#> .
	@prefix tc3: <http://example.kos.ac.cn/thes-clas-v3#> .
	@prefix xml: <http://www.w3.org/XML/1998/namespace> .
	@prefix xsd: <http://www.w3.org/2001/XMLSchema#> .
	@prefix rdfs: <http://www.w3.org/2000/01/rdf-schema#> .
	@prefix skos: <http://www.w3.org/2004/02/skos/core#> .
	###
	# Individuals
	###
	
	### http://example.kos.ac.cn/thes-clas-v3#C1
	tc3:C1 rdf:type skos:Concept ;
	    skos:narrower tc3:C4 ;
	    skos:related tc3:C2 ;
	    skos:notation "G254.0" ;
	    skos:altLabel " 知识组织体系 "@zh ,
	              " 网络知识组织系统 "@zh ,
	              "kos"@en;
	    skos:prefLabel " 知识组织系统 "@zh ,
	              "Knowledge Organization System"@en .

查询	PREFIX rdf: <http://www.w3.org/1999/02/22-rdf-syntax-ns#>
	PREFIX owl: <http://www.w3.org/2002/07/owl#>
	PREFIX rdfs: <http://www.w3.org/2000/01/rdf-schema#>
	PREFIX xsd: <http://www.w3.org/2001/XMLSchema#>
	PREFIX skos: <http://www.w3.org/2004/02/skos/core#>
	
	SELECT ?concept ?label
	WHERE { ?concept rdf:type skos:Concept ;
	        skos:prefLabel ?label.
	    FILTER **langMatches(lang**(?label),"zh")
	    }

结果	<table><tr><th>concept</th><th>label</th></tr><tr><td>tc3:C1</td><td>" 知识组织系统 "@zh</td></tr></table>

（2）空节点查询

空节点仅作为资源描述的占位标识使用，可以出现在主语和宾语位置，通常不分配 IRI，无法在外部访问。空节点 ID 以下划线开始，后面紧接内部符号指代。例如，下面数据片段描述了两个空节点表示的概念资源 _:c1 和 _:c2，_:c2 满足指定的分类号查询条件，由于 _:c2 空节点标识只在局部起标识作用，检索表达式返回后将重新生成新的标识符。

数据	@prefix owl: <http://www.w3.org/2002/07/owl#> .
	@prefix rdf: <http://www.w3.org/1999/02/22-rdf-syntax-ns#> .
	@prefix tc3: <http://example.kos.ac.cn/thes-clas-v3#> .
	@prefix xml: <http://www.w3.org/XML/1998/namespace> .
	@prefix xsd: <http://www.w3.org/2001/XMLSchema#> .
	@prefix rdfs: <http://www.w3.org/2000/01/rdf-schema#> .
	@prefix skos: <http://www.w3.org/2004/02/skos/core#> .
	###
	# Individuals
	###
	_:c1 rdf:type skos:Concept ;
	    skos:narrower tc3:C4 ;
	    skos:related tc3:C2 ;
	    skos:notation "G254.0" ;
	    skos:altLabel " 知识组织体系 "@zh ,
	            " 网络知识组织系统 "@zh ;
	    skos:prefLabel " 知识组织系统 "@zh .
	_:c2 rdf:type skos:Concept ;
	    skos:notation "G254.92 " ;
	    skos:altLabel " 信息检索系统 "@zh ,
	            " 光盘检索系统 "@zh ,
	            " 公共检索系统 "@zh ,
	            " 情报检索系统 "@zh ,
	            " 文献检索系统 "@zh ;
	    skos:prefLabel " 检索系统 "@zh .

查询	PREFIX rdf: <http://www.w3.org/1999/02/22-rdf-syntax-ns#>
	PREFIX owl: <http://www.w3.org/2002/07/owl#>
	PREFIX rdfs: <http://www.w3.org/2000/01/rdf-schema#>
	PREFIX xsd: <http://www.w3.org/2001/XMLSchema#>
	PREFIX skos: <http://www.w3.org/2004/02/skos/core#>
	
	SELECT **DISTINCT** ?concept ?label
	WHERE {?concept rdf:type skos:Concept ;
	        skos:notation "G254.92 " ;
	        skos:prefLabel ?label .
	}

结果	concept: urn:AnonId:d29ea527_b64a_4db3_b8c7_a77530bf5c2d label: " 检索系统 "@zh

（3）多三元组查询

复杂的 RDF 图可以由相互关联的多个简单图组合而成，检索复合 RDF 图时，WHERE 条件由多个简单图模式通过共同的节点连接起来，形成关系链路。查询模式中的关系链路可以由多个三元组前后连接而成，也可以用衔接符号"/"标识。例如，下列数据片段声明了 3 个概念资源 C1、C2 和 C4，C2 是 C1 的相关概念，C4 是 C1 的下位概念，WHERE 条件通过相关关系和下位关系形成多图关联查询。

数据	@prefix owl: <http://www.w3.org/2002/07/owl#> .
	@prefix rdf: <http://www.w3.org/1999/02/22-rdf-syntax-ns#> .
	@prefix tc3: <http://example.kos.ac.cn/thes-clas-v3#> .
	@prefix xml: <http://www.w3.org/XML/1998/namespace> .
	@prefix xsd: <http://www.w3.org/2001/XMLSchema#> .
	@prefix rdfs: <http://www.w3.org/2000/01/rdf-schema#> .
	@prefix skos: <http://www.w3.org/2004/02/skos/core#> .
	###
	# Individuals
	###
	
	### http://example.kos.ac.cn/thes-clas-v3#C1
	tc3:C1 rdf:type skos:Concept ;
	    skos:narrower tc3:C4 ;
	    skos:related tc3:C2 ;
	    skos:notation "G254.0" ;
	    skos:altLabel " 知识组织体系 "@zh ,
	        " 网络知识组织系统 "@zh ;
	    skos:prefLabel " 知识组织系统 "@zh .
	### http://example.kos.ac.cn/thes-clas-v3#C2
	tc3:C2 rdf:type skos:Concept ;
	    skos:notation "G254.92 " ;
	    skos:altLabel " 信息检索系统 "@zh ,
	        " 光盘检索系统 "@zh ,
	        " 公共检索系统 "@zh ,
	        " 情报检索系统 "@zh ,
	        " 文献检索系统 "@zh ;
	    skos:prefLabel " 检索系统 "@zh .
	### http://example.kos.ac.cn/thes-clas-v3#C4
	tc3:C4 rdf:type skos:Concept ;
	    skos:narrower tc3:C5 ;
	    skos:notation "G254.1" ;
	    skos:prefLabel " 分类法 "@zh .

查询	PREFIX rdf: <http://www.w3.org/1999/02/22-rdf-syntax-ns#>
	PREFIX owl: <http://www.w3.org/2002/07/owl#>
	PREFIX rdfs: <http://www.w3.org/2000/01/rdf-schema#>
	PREFIX xsd: <http://www.w3.org/2001/XMLSchema#>
	PREFIX skos: <http://www.w3.org/2004/02/skos/core#>
	
	SELECT ?concept ?narrowConcept ?relatedConcept
	WHERE { ?concept skos:narrower **?narrow**;
	    skos:related **?related**;
	    skos:prefLabel " 知识组织系统 "@zh .
	  ?narrow skos:prefLabel ?narrowConcept .
	  ?related skos:prefLabel ?relatedConcept .
	}

查询	PREFIX rdf: <http://www.w3.org/1999/02/22-rdf-syntax-ns#>
	PREFIX owl: <http://www.w3.org/2002/07/owl#>
	PREFIX rdfs: <http://www.w3.org/2000/01/rdf-schema#>
	PREFIX xsd: <http://www.w3.org/2001/XMLSchema#>
	PREFIX skos: <http://www.w3.org/2004/02/skos/core#>
	
	SELECT ?concept ?narrowConcept ?relatedConcept
	WHERE { ?concept skos:narrower/skos:prefLabel ?narrowConcept;
	    skos:related/skos:prefLabel ?relatedConcept;
	    skos:prefLabel " 知识组织系统 "@zh .
	}

结果	concept	narrowConcept	relatedConcept
	tc3:C1	" 分类法 "@zh	" 检索系统 "@zh

（4）通配符查询

SPARQL 通配符 "*" 与 SQL 语言的通配符功能和用法相似，用于返回和展示 WHERE 条件中所有变量所绑定的值。例如，下面数据片段声明了一个概念资源 C1，WHERE 条件绑定了概念标识、概念主标签、分类号、相关概念和下位概念 5 个变量，则使用通配符 * 查询后，将返回 5 个变量绑定的数据值。

数据	@prefix : <http://example.kos.ac.cn/thes-clas-v3#> . @prefix owl: <http://www.w3.org/2002/07/owl#> . @prefix rdf: <http://www.w3.org/1999/02/22-rdf-syntax-ns#> . @prefix tc3: <http://example.kos.ac.cn/thes-clas-v3#> . @prefix xml: <http://www.w3.org/XML/1998/namespace> . @prefix xsd: <http://www.w3.org/2001/XMLSchema#> .

数据	@prefix rdfs: <http://www.w3.org/2000/01/rdf-schema#> .
	@prefix skos: <http://www.w3.org/2004/02/skos/core#> .
	###
	# Individuals
	###
	
	### http://example.kos.ac.cn/thes-clas-v3#C1
	tc3:C1 rdf:type skos:Concept ;
	    skos:narrower tc3:C4 ;
	    skos:related tc3:C2 ;
	    skos:notation "G254.0" ;
	    skos:altLabel " 知识组织体系 "@zh ,
	            " 网络知识组织系统 "@zh ;
	    skos:prefLabel " 知识组织系统 "@zh .

查询	PREFIX rdf: <http://www.w3.org/1999/02/22-rdf-syntax-ns#>
	PREFIX owl: <http://www.w3.org/2002/07/owl#>
	PREFIX rdfs: <http://www.w3.org/2000/01/rdf-schema#>
	PREFIX xsd: <http://www.w3.org/2001/XMLSchema#>
	PREFIX skos: <http://www.w3.org/2004/02/skos/core#>
	
	SELECT *
	WHERE { ?concept skos:prefLabel ?label ;
	        skos:notation ?notation;
	        skos:narrower ?narrower;
	        skos:related ?related;
	        skos:altLabel " 知识组织体系 "@zh .
	      }

结果	<table><tr><th>concept</th><th>label</th><th>notation</th><th>narrower</th><th>related</th></tr><tr><td>tc3:C1</td><td>" 知识组织系统 "@zh</td><td>"G254.0"</td><td>tc3:C4</td><td>tc3:C2</td></tr></table>

（5）过滤检索

FILTER 关键字用于对 WHERE 条件的变量做进一步的特性限定和筛选。FILTER 后通常使用内置函数或表达式作为过滤条件。例如，下面数据片段声明了两个概念资源，检索过滤条件 FILTER 限定概念主标识必须含有字符"知识"，数据集中只有概念 C1 "知识检索系统"满足条件。

数据	@prefix : <http://example.kos.ac.cn/thes-clas-v3#> . @prefix owl: <http://www.w3.org/2002/07/owl#> .

数据	`@prefix rdf: <http://www.w3.org/1999/02/22-rdf-syntax-ns#> .`
	`@prefix tc3: <http://example.kos.ac.cn/thes-clas-v3#> .`
	`@prefix xml: <http://www.w3.org/XML/1998/namespace> .`
	`@prefix xsd: <http://www.w3.org/2001/XMLSchema#> .`
	`@prefix rdfs: <http://www.w3.org/2000/01/rdf-schema#> .`
	`@prefix skos: <http://www.w3.org/2004/02/skos/core#> .`
	`#####################################################`
	`#    Individuals`
	`#####################################################`
	
	`### http://example.kos.ac.cn/thes-clas-v3#C1`
	`tc3:C1  rdf:type  skos:Concept ;`
	`        skos:narrower  tc3:C4 ;`
	`        skos:related  tc3:C2 ;`
	`        skos:notation  "G254.0" ;`
	`        skos:altLabel  " 知识组织体系 "@zh ,`
	`                       " 网络知识组织系统 "@zh ;`
	`        skos:prefLabel  " 知识组织系统 "@zh .`
	`### http://example.kos.ac.cn/thes-clas-v3#C2`
	`tc3:C2  rdf:type  skos:Concept ;`
	`        skos:notation  "G254.92 " ;`
	`        skos:altLabel  " 信息检索系统 "@zh ,`
	`                       " 光盘检索系统 "@zh ,`
	`                       " 公共检索系统 "@zh ,`
	`                       " 情报检索系统 "@zh ,`
	`                       " 文献检索系统 "@zh ;`
	`        skos:prefLabel  " 检索系统 "@zh .`
	`### http://example.kos.ac.cn/thes-clas-v3#C4`
	`tc3:C4  rdf:type  skos:Concept ;`
	`        skos:narrower  tc3:C5 ;`
	`        skos:notation  "G254.1" ;`
	`        skos:prefLabel  " 分类法 "@zh .`

查询	`PREFIX  rdf: <http://www.w3.org/1999/02/22-rdf-syntax-ns#>`
	`PREFIX  owl: <http://www.w3.org/2002/07/owl#>`
	`PREFIX  rdfs: <http://www.w3.org/2000/01/rdf-schema#>`
	`PREFIX  xsd: <http://www.w3.org/2001/XMLSchema#>`
	`PREFIX  skos: <http://www.w3.org/2004/02/skos/core#>`
	
	`SELECT ?concept ?label`
	`WHERE { ?concept skos:prefLabel ?label`
	`        FILTER REGEX(?label," 知识 ")`
	`}`

结果	<table><tr><th>concept</th><th>label</th></tr><tr><td>tc3:C1</td><td>" 知识组织系统 "@zh</td></tr></table>

（6）条件选择性查询

OPTIONAL 关键字用于为必要条件指定可选条件，满足必要条件的三元组必须返回结果，如果可选条件满足，则输出满足可选条件的三元组；如果可选条件不满足，则不输出可选结果。例如，下面数据片段声明了两个概念资源 C1 和 C4，C1 拥有语义相关概念 C2，C4 拥有下位概念 C5，WHERE 子句中的第一个三元组为必要条件，OPTIONAL 指定了相关或下位两个可选条件，由于数据集可以满足必要条件和可选条件，因此检索表达式返回概念的主标识及主标识对应的相关概念或下位概念。

数据	`@prefix owl: <http://www.w3.org/2002/07/owl#> .`
	`@prefix rdf: <http://www.w3.org/1999/02/22-rdf-syntax-ns#> .`
	`@prefix tc3: <http://example.kos.ac.cn/thes-clas-v3#> .`
	`@prefix xml: <http://www.w3.org/XML/1998/namespace> .`
	`@prefix xsd: <http://www.w3.org/2001/XMLSchema#> .`
	`@prefix rdfs: <http://www.w3.org/2000/01/rdf-schema#> .`
	`@prefix skos: <http://www.w3.org/2004/02/skos/core#> .`
	`#######################################################`
	`#    Individuals`
	`#######################################################`
	
	`###  http://example.kos.ac.cn/thes-clas-v3#C1`
	`tc3:C1  rdf:type  skos:Concept ;`
	`        skos:related  tc3:C2 ;`
	`        skos:notation  "G254.0" ;`
	`        skos:altLabel  " 知识组织体系 "@zh ,`
	`                       " 网络知识组织系统 "@zh ;`
	`        skos:prefLabel  " 知识组织系统 "@zh .`
	`###  http://example.kos.ac.cn/thes-clas-v3#C4`
	`tc3:C4  rdf:type  skos:Concept ;`
	`        skos:narrower  tc3:C5 ;`
	`        skos:notation  "G254.1" ;`
	`        skos:prefLabel  " 分类法 "@zh .`

查询	`PREFIX  rdf: <http://www.w3.org/1999/02/22-rdf-syntax-ns#>`
	`PREFIX  owl: <http://www.w3.org/2002/07/owl#>`
	`PREFIX  rdfs: <http://www.w3.org/2000/01/rdf-schema#>`
	`PREFIX  xsd: <http://www.w3.org/2001/XMLSchema#>`
	`PREFIX  skos: <http://www.w3.org/2004/02/skos/core#>`
	
	`SELECT  ?label  ?narrower  ?related`
	`WHERE { ?concept  skos:prefLabel  ?label.`
	`        OPTIONAL { ?concept  skos:narrower  ?narrower} .`
	`        OPTIONAL { ?concept  skos:related  ?related}`
	`}`

结果	label	narrower	related
	"分类法"@zh	tc3:C5	
	"知识组织系统"@zh		tc3:C2

（7）并集查询

UNION 关键字用于指定并集操作，即返回多个匹配模式中的每一个满足条件的结果。例如，下面数据片段声明了一件专利和一件软件著作，UNION 以名称为条件指定了两个匹配模式，检索表达式返回专利名称或软件著作名称。

数据	@prefix owl: <http://www.w3.org/2002/07/owl#> .
	@prefix rdf: <http://www.w3.org/1999/02/22-rdf-syntax-ns#> .
	@prefix xml: <http://www.w3.org/XML/1998/namespace> .
	@prefix xsd: <http://www.w3.org/2001/XMLSchema#> .
	@prefix rdfs: <http://www.w3.org/2000/01/rdf-schema#> .
	@prefix skos: <http://www.w3.org/2004/02/skos/core#> .
	@prefix patent:<http://www.istic.ac.cn/kos/ontology/patent#> .
	@prefix program:<http://www.istic.ac.cn/kos/ontology/program#> .
	###
	# Individuals
	###
	
	### http://www.istic.ac.cn/kos/ontology/patent#P180985NN1
	patent:P180985NN1 rdf:type owl:NamedIndividual ,
	      patent: 专利文献 ;
	 patent: 名称 "文本翻译系统"@zh ;
	 patent: 申请人 patent: 智星科技 ;
	 patent: 申请日 "2018-06-06" .
	### http://www.istic.ac.cn/kos/ontology/program# 软件 _20201827959
	program: 软件 _20201827959 rdf:type owl:NamedIndividual ,
	      program: 软件著作 ;
	    program: 名称 "元数据生成系统"@zh ;
	    program: 著作权人 program: 智星科技 ;
	    owl:versionInfo "V1.0".

查询	PREFIX rdf: <http://www.w3.org/1999/02/22-rdf-syntax-ns#> PREFIX owl: <http://www.w3.org/2002/07/owl#> PREFIX rdfs: <http://www.w3.org/2000/01/rdf-schema#>

查询	PREFIX xsd: <http://www.w3.org/2001/XMLSchema#>
	PREFIX skos: <http://www.w3.org/2004/02/skos/core#>
	PREFIX patent:<http://www.istic.ac.cn/kos/ontology/patent#>
	PREFIX program:<http://www.istic.ac.cn/kos/ontology/program#>
	
	SELECT (?patent as ?专利) (?program as ?软件)
	WHERE {
	　　　　{ ?pa patent: 名称 ?patent }
	　　UNION{ ?pr program: 名称 ?program}
	}

结果	专利	软件
	"文本翻译系统"@zh	
		"元数据生成系统"@zh

（8）排除性查询

NOT EXISTS 和 MINUS 关键字都可以指定排除条件用于过滤符合限定条件的三元组。NOT EXISTS 先排除指定模式，再检索数据集中的三元组；MINUS 则在检索完成后去除指定模式的三元组。例如，下面数据片段声明了两个概念资源 C1 和 C4，C1 与 C2 是语义相关的概念，C4 无语义相关概念，由于检索表达式使用 NOT EXISTS 和 MINUS 两种方式排除含有语义相关性的概念，因此结果集合中只有 C4 满足条件。

数据	@prefix owl: <http://www.w3.org/2002/07/owl#> . @prefix rdf: <http://www.w3.org/1999/02/22-rdf-syntax-ns#> . @prefix tc3: <http://example.kos.ac.cn/thes-clas-v3#> . @prefix xml: <http://www.w3.org/XML/1998/namespace> . @prefix xsd: <http://www.w3.org/2001/XMLSchema#> . @prefix rdfs: <http://www.w3.org/2000/01/rdf-schema#> . @prefix skos: <http://www.w3.org/2004/02/skos/core#> . ### #　　Individuals ### ### http://example.kos.ac.cn/thes-clas-v3#C1 tc3:C1 rdf:type skos:Concept ; 　　　skos:related tc3:C2 ; 　　　skos:notation "G254.0" ; 　　　skos:altLabel "知识组织体系"@zh , 　　　　　　　　"网络知识组织系统"@zh ; 　　　skos:prefLabel "知识组织系统"@zh .

数据	### http://example.kos.ac.cn/thes-clas-v3#C4 tc3:C4 rdf:type skos:Concept ; 　　skos:narrower tc3:C5 ; 　　skos:notation "G254.1" ; 　　skos:prefLabel " 分类法 "@zh .
查询	PREFIX　rdf: \<http://www.w3.org/1999/02/22-rdf-syntax-ns#\> PREFIX　owl: \<http://www.w3.org/2002/07/owl#\> PREFIX　rdfs: \<http://www.w3.org/2000/01/rdf-schema#\> PREFIX　xsd: \<http://www.w3.org/2001/XMLSchema#\> PREFIX　skos: \<http://www.w3.org/2004/02/skos/core#\> PREFIX　tc3: \<http://example.kos.ac.cn/thes-clas-v3#\> SELECT ?label WHERE {?concept　rdf:type　skos:Concept . 　　　?concept　skos:prefLabel　?label . 　　　　FILTER **NOT EXISTS** { ?concept skos:related ?related} }
	PREFIX　rdf: \<http://www.w3.org/1999/02/22-rdf-syntax-ns#\> PREFIX　owl: \<http://www.w3.org/2002/07/owl#\> PREFIX　rdfs: \<http://www.w3.org/2000/01/rdf-schema#\> PREFIX　xsd: \<http://www.w3.org/2001/XMLSchema#\> PREFIX　skos: \<http://www.w3.org/2004/02/skos/core#\> PREFIX　tc3: \<http://example.kos.ac.cn/thes-clas-v3#\> SELECT ?label WHERE {?concept　rdf:type　skos:Concept . 　　　?concept　skos:prefLabel　?label . 　　　　**MINUS** { ?concept skos:related ?related} }
结果	**label** " 分类法 "@zh

（9）分组查询

GROUP BY 子句用于对满足条件的 RDF 图数据进行分组查询，查询条件通过 HAVING 子句设置。聚合函数和常量组成的表达式和仅含一个分组变量的简单表达式都可以直接投射为 SELECT 后的查询子句；使用了内置函数或运算的复合表达式，可以用 AS 关键字指定新名称作为查询子句。例如，下列数据片段描述了 2020 年度、2021 年度和

2022年度3个部门的论文产出情况，查询表达式使用 GROUP BY 按年度分组，HAVING 限定年度为2020年以后，SELECT 后的查询结果返回每年的论文产出总量。

数据	@prefix owl: <http://www.w3.org/2002/07/owl#> .
	@prefix rdf: <http://www.w3.org/1999/02/22-rdf-syntax-ns#> .
	@prefix xml: <http://www.w3.org/XML/1998/namespace> .
	@prefix xsd: <http://www.w3.org/2001/XMLSchema#> .
	@prefix rdfs: <http://www.w3.org/2000/01/rdf-schema#> .
	@prefix project: <http://www.istic.ac.cn/kos/ontology/project#> .
	###
	# Individuals
	###
	
	### http://www.istic.ac.cn/kos/ontology/project# 工程中心
	project: 工程中心 rdf:type owl:NamedIndividual ,
	              project: 部门机构 ;
	        project: 科研产出 [project: 工作年度 2020 ;
	              project: 论文产出量 3] ,
	           [project: 工作年度 2021 ;
	              project: 论文产出量 6] ,
	           [project: 工作年度 2022 ;
	              project: 论文产出量 4] .
	### http://www.istic.ac.cn/kos/ontology/project# 技术中心
	project: 技术中心 rdf:type owl:NamedIndividual ,
	              project: 部门机构 ;
	      project: 科研产出 [project: 工作年度 2020 ;
	              project: 论文产出量 4] ,
	        [project: 工作年度 2021 ;
	          project: 论文产出量 7] ,
	        [project: 工作年度 2022 ;
	          project: 论文产出量 5] .
	### http://www.istic.ac.cn/kos/ontology/project# 方法中心
	project: 方法中心 rdf:type owl:NamedIndividual ,
	              project: 部门机构 ;
	     project: 科研产出 [project: 工作年度 2020 ;
	              project: 论文产出量 5] ,
	        [project: 工作年度 2021 ;
	         project: 论文产出量 8] ,
	      [project: 工作年度 2022 ;
	         project: 论文产出量 6] .

查询	PREFIX rdf: <http://www.w3.org/1999/02/22-rdf-syntax-ns#> PREFIX owl: <http://www.w3.org/2002/07/owl#> PREFIX rdfs: <http://www.w3.org/2000/01/rdf-schema#> PREFIX xsd: <http://www.w3.org/2001/XMLSchema#> PREFIX project:<http://www.istic.ac.cn/kos/ontology/project#> SELECT （?year AS ?年度）（SUM（?count）AS ?论文产出总量） 　　WHERE { ?subject project:科研产出 ?object. 　　　　　　?object project:论文产出量 ?count; 　　　　　　　　project:工作年度 ?year } **GROUP BY** ?year **HAVING** (?year > 2020)
结果	年度　　　　　　　　　　　　　论文产出总量 2022　　　　　　　　　　　　　　15 2021　　　　　　　　　　　　　　21

5.2.2　RDF 数据集查询

RDF 数据集是 RDF 图的集合，由一个默认图和 0 个或多个命名图组成。默认图无名称标识，可以为空。每个命名图由一个 IRI（或空节点）图名和一个 RDF 图组对而成。同一 RDF 数据集中的两个图可以共享空节点。命名图中的图名与图没有强制联系，仅是形式上的标识。如果 RDF 数据集中含有命名图，则默认图中通常要含有命名图的描述信息。

（1）RDF 默认图查询

一个 RDF 数据集可以不含命名图，但必须包含一个默认图，默认图由"{ }"符号包围的三元组序列构成。例如，下列数据片段声明了一个默认图，检索表达式用 FROM 关键字指向默认图在网络上的发布位置。

数据	@prefix owl:<http://www.w3.org/2002/07/owl#> . @prefix rdf:<http://www.w3.org/1999/02/22-rdf-syntax-ns#> . @prefix xml:<http://www.w3.org/XML/1998/namespace> . @prefix xsd:<http://www.w3.org/2001/XMLSchema#> . @prefix rdfs:<http://www.w3.org/2000/01/rdf-schema#> . @prefix skos:<http://www.w3.org/2004/02/skos/core#> . @prefix ontology:<http://www.istic.ac.cn/kos/ontology/> . ### 默认图位置 http://www.istic.ac.cn/kos/ontology/ 知识组织系统 { 　　_:node skos:prefLabel " 知识组织系统 "@zh ;

数据	skos:notation "G254.0" ; 　　　skos:altLabel " 网络知识组织系统 "@zh , 　　　　　　　　" 知识组织体系 "@zh . }
查询	PREFIX rdf: <http://www.w3.org/1999/02/22-rdf-syntax-ns#> PREFIX owl: <http://www.w3.org/2002/07/owl#> PREFIX rdfs: <http://www.w3.org/2000/01/rdf-schema#> PREFIX xsd: <http://www.w3.org/2001/XMLSchema#> PREFIX skos: <http://www.w3.org/2004/02/skos/core#> PREFIX ontology:<http://www.istic.ac.cn/kos/ontology/> SELECT ?概念 ?标识 ?可选标识 **FROM**<http://www.istic.ac.cn/kos/ontology/ 知识组织系统 > WHERE { ?概念 skos:prefLabel ?标识 ; 　　　　　skos:altLabel ?可选标识 }

	概念	标识	可选标识
结果	_:gn123	" 知识组织系统 "@zh	" 知识组织体系 "@zh
	_:gn123	" 知识组织系统 "@zh	" 网络知识组织系统 "@zh

（2）RDF 命名图和默认图查询

命名图由 IRI 标识的图名和 "{ }" 符号包围的三元组序列构成。例如，下列数据片段声明了一个默认图和两个命名图，检索表达式用 FROM 关键字指向默认图的网络发布位置，使用 FROM NAMED 关键字指向命名图的网络发布位置。

数据	@prefix owl:<http://www.w3.org/2002/07/owl#> . @prefix rdf:<http://www.w3.org/1999/02/22-rdf-syntax-ns#> . @prefix xml:<http://www.w3.org/XML/1998/namespace> . @prefix xsd:<http://www.w3.org/2001/XMLSchema#> . @prefix rdfs:<http://www.w3.org/2000/01/rdf-schema#> . @prefix skos:<http://www.w3.org/2004/02/skos/core#> . @prefix ontology:<http://www.istic.ac.cn/kos/ontology/> . @prefix ct3:<http://example.kos.ac.cn/ct3/> . @prefix tc3:<http://example.kos.ac.cn/tc3/> . ### 默认图　http://www.istic.ac.cn/kos/ontology/G2540 信息组织理论 { _:node skos:prefLabel " 信息组织理论 "@zh ; 　　　skos:notation "G254.0" ;

	skos:broader <http://example.kos.ac.cn/ct3/G254 信息组织 > ; skos:narrowMatch <http://example.kos.ac.cn/tc3/ 知识组织系统 > . }

数据	@prefix owl:<http://www.w3.org/2002/07/owl#> .
	@prefix rdf:<http://www.w3.org/1999/02/22-rdf-syntax-ns#> .
	@prefix xml:<http://www.w3.org/XML/1998/namespace> .
	@prefix xsd:<http://www.w3.org/2001/XMLSchema#> .
	@prefix rdfs:<http://www.w3.org/2000/01/rdf-schema#> .
	@prefix skos:<http://www.w3.org/2004/02/skos/core#> .
	@prefix ontology:<http://www.istic.ac.cn/kos/ontology/> .
	@prefix ct3:<http://example.kos.ac.cn/ct3/> .
	@prefix tc3:<http://example.kos.ac.cn/tc3/> .
	
	### 命名图 http://example.kos.ac.cn/ct3/G254 信息组织
	<http://example.kos.ac.cn/ct3/G254 信息组织 >
	{
	    _:node1 skos:prefLabel " 信息组织 "@zh ;
	        skos:notation "G254" ;
	        skos:historyNote "〈第 4 版类名：文献标引与编目〉"@zh .
	}

	@prefix owl:<http://www.w3.org/2002/07/owl#> .
	@prefix rdf:<http://www.w3.org/1999/02/22-rdf-syntax-ns#> .
	@prefix xml:<http://www.w3.org/XML/1998/namespace> .
	@prefix xsd:<http://www.w3.org/2001/XMLSchema#> .
	@prefix rdfs:<http://www.w3.org/2000/01/rdf-schema#> .
	@prefix skos:<http://www.w3.org/2004/02/skos/core#> .
	@prefix ontology:<http://www.istic.ac.cn/kos/ontology/> .
	@prefix ct3:<http://example.kos.ac.cn/ct3/> .
	@prefix tc3:<http://example.kos.ac.cn/tc3/> .
	
	### 命名图 http://example.kos.ac.cn/tc3/ 知识组织系统
	<http://example.kos.ac.cn/tc3/ 知识组织系统 >
	{
	    _:node2 skos:prefLabel " 知识组织系统 "@zh ;
	        skos:notation "G254.0" ;
	        skos:altLabel " 网络知识组织系统 "@zh ,
	                " 知识组织体系 "@zh .
	}

查询	PREFIX rdf: <http://www.w3.org/1999/02/22-rdf-syntax-ns#> PREFIX owl: <http://www.w3.org/2002/07/owl#> PREFIX rdfs: <http://www.w3.org/2000/01/rdf-schema#> PREFIX xsd: <http://www.w3.org/2001/XMLSchema#> PREFIX skos: <http://www.w3.org/2004/02/skos/core#> PREFIX ontology:<http://www.istic.ac.cn/kos/ontology/> PREFIX ct3:<http://example.kos.ac.cn/ct3/> PREFIX tc3:<http://example.kos.ac.cn/tc3/> SELECT ?概念 ?上位概念 ?下位概念 FROM<http://www.istic.ac.cn/kos/ontology/G2540 信息组织理论 > FROM NAMED <http://example.kos.ac.cn/ct3/G254 信息组织 > FROM NAMED <http://example.kos.ac.cn/tc3/ 知识组织系统 > WHERE{ ?概念　skos:broader ?broader; 　　　　　　　skos:narrowMatch ?narrow. 　　　GRAPH ?broader 　　　{?bnode skos:prefLabel ?上位概念； 　　　　　　skos:notation ?bnotation. 　　　} 　　　GRAPH ?narrow 　　　{?nnode skos:prefLabel ?下位概念； 　　　　　　skos:notation ?nnotation. 　　　} }

结果	概念	上位概念	下位概念
	_:node123	ct3:G254 信息组织	tc3: 知识组织系统

5.2.3 扩展功能

（1）CONSTRUCT- 新图生成

使用 CONSTRUCT 查询模式可以按照需求模板生成一个新的 RDF 图。新生成的 RDF 图由多个查询条件三元组结果组合而成，未绑定变量和元素角色错误的三元组（主语和谓语不能由 Literal 文字充当）无法输出到新图中。例如，下面数据片段描述了一个专利信息，获取专利的名称、申请人和申请日数据后，通过 CONSTRUCT 模式生成了一个含有上述信息，但关系标签不同的新图。

数据	@prefix owl: <http://www.w3.org/2002/07/owl#> . @prefix rdf: <http://www.w3.org/1999/02/22-rdf-syntax-ns#> . @prefix tc3: <http://example.kos.ac.cn/thes-clas-v3#> . @prefix xml: <http://www.w3.org/XML/1998/namespace> . @prefix xsd: <http://www.w3.org/2001/XMLSchema#> . @prefix rdfs: <http://www.w3.org/2000/01/rdf-schema#> . @prefix skos: <http://www.w3.org/2004/02/skos/core#> . @prefix patent:<http://www.istic.ac.cn/kos/ontology/patent#> . ### # Individuals ### ### http://www.istic.ac.cn/kos/ontology/patent#P180985NN1 patent:P180985NN1 rdf:type owl:NamedIndividual , 　　　　　　patent: 专利文献 ; 　　　patent: 名称 " 文本翻译系统 "@zh ; 　　　patent: 申请人 patent: 智星科技 ; 　　　patent: 申请日 "2018-06-06" .
语句	PREFIX rdf: <http://www.w3.org/1999/02/22-rdf-syntax-ns#> PREFIX owl: <http://www.w3.org/2002/07/owl#> PREFIX rdfs: <http://www.w3.org/2000/01/rdf-schema#> PREFIX xsd: <http://www.w3.org/2001/XMLSchema#> PREFIX skos: <http://www.w3.org/2004/02/skos/core#> PREFIX patent:<http://www.istic.ac.cn/kos/ontology/patent#> PREFIX istic:<http://www.istic.ac.cn/kos/ontology/istic#> **CONSTRUCT** { ?pa istic: 专利名称 ?patent . 　　　　　　?pa istic: 专利权人 ?app . 　　　　　　?pa istic: 申请时间 ?date } WHERE { ?pa patent: 名称 ?patent . 　　　?pa patent: 申请人 ?app. 　　　?pa patent: 申请日 ?date. }

	Subject	Predicate	Object
结果	patent:P180985NN1	istic: 专利名称	" 文本翻译系统 "@zh
	patent:P180985NN1	istic: 专利权人	patent: 智星科技
	patent:P180985NN1	istic: 申请时间	"2018-06-06"

（2）ASK- 是非查询

ASK 模式用于检测知识库中是否含有满足查询条件的知识条目，如果知识库中含有满足条件则返回 true，如果不含则返回 false。例如，下面查询片段中的 ASK 模式检测方法中心 2022 年度的论文发表数量是否有记录，由于数据片段中含有相应的信息片段，因此查询返回 true。

数据	@prefix owl: <http://www.w3.org/2002/07/owl#> .
	@prefix rdf: <http://www.w3.org/1999/02/22-rdf-syntax-ns#> .
	@prefix xml: <http://www.w3.org/XML/1998/namespace> .
	@prefix xsd: <http://www.w3.org/2001/XMLSchema#> .
	@prefix rdfs: <http://www.w3.org/2000/01/rdf-schema#> .
	@prefix project: <http://www.istic.ac.cn/kos/ontology/project#> .
	###
	# Individuals
	###
	
	### http://www.istic.ac.cn/kos/ontology/project# 方法中心
	project: 方法中心 rdf:type owl:NamedIndividual ,
	      project: 部门机构 ;
	   project: 科研产出 [project: 工作年度 2020 ;
	       project: 论文产出量 5] ,
	    [project: 工作年度 2021 ;
	      project: 论文产出量 8] ,
	    [project: 工作年度 2022 ;
	      project: 论文产出量 6] .

查询	PREFIX rdf: <http://www.w3.org/1999/02/22-rdf-syntax-ns#>
	PREFIX owl: <http://www.w3.org/2002/07/owl#>
	PREFIX rdfs: <http://www.w3.org/2000/01/rdf-schema#>
	PREFIX xsd: <http://www.w3.org/2001/XMLSchema#>
	PREFIX project:<http://www.istic.ac.cn/kos/ontology/project#>
	
	ASK {
	  project: 方法中心 project: 科研产出
	      [project: 论文产出量 ?count;
	      project: 工作年度 2022]
	  }

结果	**Result** true

（3）DESCRIBE- 关联信息查询

DESCRIBE 模式用于返回一个与检索条件直接关联的全部三元组构成的 RDF 图。DESCRIBE 的查询结果无法通过检索模式固定，而是由 RDF 数据集服务端根据查询条件直接关联的图结构生成结果集。例如，下面数据片段描述了一个概念资源的主标识、可选标识、分类号及相关概念等信息，通过 DESCRIB 模式生成了一个与 WHERE 条件直接相关的全部三元组集合。

数据	\@prefix : <http://example.kos.ac.cn/thes-clas-v3#\> .
	\@prefix owl: <http://www.w3.org/2002/07/owl#\> .
	\@prefix rdf: <http://www.w3.org/1999/02/22-rdf-syntax-ns#\> .
	\@prefix tc3: <http://example.kos.ac.cn/thes-clas-v3#\> .
	\@prefix xml: <http://www.w3.org/XML/1998/namespace\> .
	\@prefix xsd: <http://www.w3.org/2001/XMLSchema#\> .
	\@prefix rdfs: <http://www.w3.org/2000/01/rdf-schema#\> .
	\@prefix skos: <http://www.w3.org/2004/02/skos/core#\> .
	###
	# Individuals
	###
	
	### http://example.kos.ac.cn/thes-clas-v3#C1
	tc3:C1 rdf:type skos:Concept ;
	    skos:related tc3:C2 ;
	    skos:notation "G254.0" ;
	    skos:altLabel " 知识组织体系 "@zh ,
	        " 网络知识组织系统 "@zh ;
	    skos:prefLabel " 知识组织系统 "@zh .		

查询	PREFIX rdf: <http://www.w3.org/1999/02/22-rdf-syntax-ns#\> PREFIX owl: <http://www.w3.org/2002/07/owl#\> PREFIX rdfs: <http://www.w3.org/2000/01/rdf-schema#\> PREFIX xsd: <http://www.w3.org/2001/XMLSchema#\> PREFIX skos: <http://www.w3.org/2004/02/skos/core#\> PREFIX tc3: <http://example.kos.ac.cn/thes-clas-v3#\> DESCRIBE ?subject WHERE { ?subject skos:prefLabel " 知识组织系统 "@zh }		
结果	**Subject**	**Predicate**	**Object**
	tc3:C1	rdf:type	skos:Concept
	tc3:C1	skos:notation	"G254.0"
	tc3:C1	skos:prefLabel	" 知识组织系统 "@zh
	tc3:C1	skos:related	tc3:C2
	tc3:C1	skos:altLabel	" 知识组织体系 "@zh
	tc3:C1	skos:altLabel	" 网络知识组织系统 "@zh

5.2.4 操作表达式

(1) 变量绑定

BOUND 关键字用于测试三元组元素是否绑定了取值，若绑定了取值则返回 true，若未绑定则返回 false。ASK 模式也具有类似的功能，用于检测知识库中是否含有满足查询条件的知识条目，若知识库中含有满足条件的信息则返回 true，若不含则返回 false。不同之处在于：ASK 检测取值返回到结果中，给出 true 或 false 的结论；BOUND 的检测结果返回到条件中，反映绑定条件是否成立，其结果输出取决于 SELECT 后的变量选择。BOUND 的用法如下列片段所示。

数据	`@prefix owl: <http://www.w3.org/2002/07/owl#> .`
	`@prefix rdf: <http://www.w3.org/1999/02/22-rdf-syntax-ns#> .`
	`@prefix tc3: <http://example.kos.ac.cn/thes-clas-v3#> .`
	`@prefix xml: <http://www.w3.org/XML/1998/namespace> .`
	`@prefix xsd: <http://www.w3.org/2001/XMLSchema#> .`
	`@prefix rdfs: <http://www.w3.org/2000/01/rdf-schema#> .`
	`@prefix skos: <http://www.w3.org/2004/02/skos/core#> .`
	`#########################################################`
	`#    Individuals`
	`#########################################################`
	
	`###  http://example.kos.ac.cn/thes-clas-v3#C1`
	`tc3:C1 rdf:type skos:Concept ;`
	`       skos:related tc3:C2;`
	`       skos:notation "G254.0" ;`
	`       skos:altLabel " 知识组织体系 "@zh ,`
	`                     " 网络知识组织系统 "@zh ;`
	`       skos:prefLabel " 知识组织系统 "@zh .`
	`###  http://example.kos.ac.cn/thes-clas-v3#C2`
	`tc3:C2 rdf:type skos:Concept ;`
	`       skos:prefLabel " 分类法 "@zh ;`
	`       skos:narrower tc3:C3 ,`
	`                     tc3:C4.`
	`###  http://example.kos.ac.cn/thes-clas-v3#C3`
	`tc3:C3 rdf:type skos:Concept ;`
	`       skos:prefLabel " 标准分类法 "@zh .`
	
	`###  http://example.kos.ac.cn/thes-clas-v3#C4`
	`tc3:C4 rdf:type skos:Concept ;`
	`       skos:prefLabel " 档案分类法 "@zh .`

查询	PREFIX rdf: <http://www.w3.org/1999/02/22-rdf-syntax-ns#>
	PREFIX owl: <http://www.w3.org/2002/07/owl#>
	PREFIX rdfs: <http://www.w3.org/2000/01/rdf-schema#>
	PREFIX xsd: <http://www.w3.org/2001/XMLSchema#>
	PREFIX skos: <http://www.w3.org/2004/02/skos/core#>
	
	SELECT ?叙词 ?入口词
	WHERE { ?concept skos:prefLabel ?叙词 ;
	           skos:altLabel ?入口词 .
	    FILTER (**BOUND**(?入口词)&&**BOUND**(?叙词))
	}

	叙词	入口词
结果	" 知识组织系统 "@zh	" 知识组织体系 "@zh
	" 知识组织系统 "@zh	" 网络知识组织系统 "@zh

查询	PREFIX rdf: <http://www.w3.org/1999/02/22-rdf-syntax-ns#>
	PREFIX owl: <http://www.w3.org/2002/07/owl#>
	PREFIX rdfs: <http://www.w3.org/2000/01/rdf-schema#>
	PREFIX xsd: <http://www.w3.org/2001/XMLSchema#>
	PREFIX skos: <http://www.w3.org/2004/02/skos/core#>
	
	SELECT ?叙词 ?下位词
	WHERE { ?concept skos:prefLabel ?叙词 ;
	           skos:narrower ?narrower.
	    ?narrower skos:prefLabel ?下位词 .
	OPTIONAL { ?concept skos:altLabel ?altlabel. }
	OPTIONAL { ?concept skos:related ?related. }
	FILTER (!**BOUND**(?altlabel)||!**BOUND**(?related))
	}

	叙词	下位词
结果	" 分类法 "@zh	" 档案分类法 "@zh
	" 分类法 "@zh	" 标准分类法 "@zh

（2）文字相同

sameTerm 关键字用于测试两个字符串是否相同，相同返回 true，不相同返回 false。通常情况下使用 "=" 也可以完成同样的功能，sameTerm 的用法如下列片段所示。

数据	@prefix owl: <http://www.w3.org/2002/07/owl#> .
	@prefix rdf: <http://www.w3.org/1999/02/22-rdf-syntax-ns#> .
	@prefix xml: <http://www.w3.org/XML/1998/namespace> .
	@prefix xsd: <http://www.w3.org/2001/XMLSchema#> .
	@prefix rdfs: <http://www.w3.org/2000/01/rdf-schema#> .
	@prefix research:<http://www.istic.ac.cn/kos/ontology/research#> .
	###
	# Individuals
	###
	### http://www.istic.ac.cn/kos/ontology/research#W3C
	research:W3C rdf:type owl:NamedIndividual,
	    research: 机构 ;
	   research: 名称 " 万维网联盟 "@zh;
	   research: 负责人 "Tim_Berners-Lee".
	### http://www.istic.ac.cn/kos/ontology/research#Turing_Award
	research:Turing_Award rdf:type owl:NamedIndividual,
	    research: 奖项 ;
	   rdfs:label " 图灵奖 ";
	   research: 年度 "2016";
	   research: 获奖人 "Tim_Berners-Lee".

查询	PREFIX rdf: <http://www.w3.org/1999/02/22-rdf-syntax-ns#>
	PREFIX owl: <http://www.w3.org/2002/07/owl#>
	PREFIX rdfs: <http://www.w3.org/2000/01/rdf-schema#>
	PREFIX xsd: <http://www.w3.org/2001/XMLSchema#>
	PREFIX skos: <http://www.w3.org/2004/02/skos/core#>
	PREFIX research: <http://www.istic.ac.cn/kos/ontology/research#>
	
	SELECT ?机构 ?负责人 ?年度 ?奖项
	WHERE { ?sub research: 名称 ?机构 ;
	   research: 负责人 ?负责人 .
	  ?awa rdfs:label ?奖项 ;
	   research: 年度 ?年度 ;
	   research: 获奖人 ?获奖人
	  FILTER (**sameTerm**(?负责人 ,?获奖人))
	}

	机构	负责人	年度	奖项
结果	" 万维网联盟 "@zh	"Tim_Berners-Lee"	"2016"	" 图灵奖 "

sameTerm 是全字符串匹配，如果字符串带有语言标识或数据类型，标识或类型也要

精确匹配。例如,"Tim_Berners-Lee"与"Tim_Berners-Lee"@en 在 sameTerm 匹配中是两个不同的字符串。

(3) 唯一标识判断

isIRI 关键字用于测试三元组元素是否为 IRI 资源,在具有大量空节点和数据值的知识库检索应用中,使用 isIRI 可以过滤掉无效的空节点和字面量,提高检索精度和效率。isIRI 的用法如下列片段所示。

数据	@prefix owl: <http://www.w3.org/2002/07/owl#> .
	@prefix rdf: <http://www.w3.org/1999/02/22-rdf-syntax-ns#> .
	@prefix xml: <http://www.w3.org/XML/1998/namespace> .
	@prefix xsd: <http://www.w3.org/2001/XMLSchema#> .
	@prefix rdfs: <http://www.w3.org/2000/01/rdf-schema#> .
	@prefix research:<http://www.istic.ac.cn/kos/ontology/research#> .
	###
	# Individuals
	###
	### http://www.istic.ac.cn/kos/ontology/research#W3C
	research:W3C rdf:type owl:NamedIndividual ;
	          research: 名称 "万维网联盟"@zh;
	          research: 创建人 research:Tim_Berners-Lee .
	### http://www.istic.ac.cn/kos/ontology/research#Web
	research:Web rdf:type owl:NamedIndividual ;
	          research: 名称 "Web 技术";
	          research: 创建人 "Tim_Berners-Lee".

查询	PREFIX rdf: <http://www.w3.org/1999/02/22-rdf-syntax-ns#>
	PREFIX owl: <http://www.w3.org/2002/07/owl#>
	PREFIX rdfs: <http://www.w3.org/2000/01/rdf-schema#>
	PREFIX xsd: <http://www.w3.org/2001/XMLSchema#>
	PREFIX skos: <http://www.w3.org/2004/02/skos/core#>
	PREFIX research: <http://www.istic.ac.cn/kos/ontology/research#>
	
	SELECT ? 名称 ? 创建人
	WHERE { ?sub research: 名称 ? 名称 ;
	          research: 创建人 ? 创建人 .
	          FILTER (**isIRI**(? 创建人))
	}

结果	名称 | 创建人 "万维网联盟"@zh | http://www.istic.ac.cn/kos/ontology/research#Tim_Berners-Lee

（4）字面量判断

isLiteral 关键字用于测试三元组宾语元素是否为字面量，isLiteral 的用法如下列片段所示。

数据	@prefix owl: <http://www.w3.org/2002/07/owl#> .
	@prefix rdf: <http://www.w3.org/1999/02/22-rdf-syntax-ns#> .
	@prefix xml: <http://www.w3.org/XML/1998/namespace> .
	@prefix xsd: <http://www.w3.org/2001/XMLSchema#> .
	@prefix rdfs: <http://www.w3.org/2000/01/rdf-schema#> .
	@prefix research:<http://www.istic.ac.cn/kos/ontology/research#> .
	###
	# Individuals
	###
	### http://www.istic.ac.cn/kos/ontology/research#W3C
	research:W3C rdf:type owl:NamedIndividual ;
	   research: 名称 " 万维网联盟 "@zh;
	   research: 创建人 research:Tim_Berners-Lee .
	### http://www.istic.ac.cn/kos/ontology/research#Web
	research:Web rdf:type owl:NamedIndividual ;
	   research: 名称 "Web 技术 " ;
	   research: 创建人 "Tim_Berners-Lee".

查询	PREFIX rdf: <http://www.w3.org/1999/02/22-rdf-syntax-ns#>
	PREFIX owl: <http://www.w3.org/2002/07/owl#>
	PREFIX rdfs: <http://www.w3.org/2000/01/rdf-schema#>
	PREFIX xsd: <http://www.w3.org/2001/XMLSchema#>
	PREFIX skos: <http://www.w3.org/2004/02/skos/core#>
	PREFIX research: <http://www.istic.ac.cn/kos/ontology/research#>
	
	SELECT ? 名称 ? 创建人
	WHERE { ?sub research: 名称 ? 名称 ;
	   research: 创建人 ? 创建人 .
	   FILTER (**isLiteral**(? 创建人))
	}

结果	名称 创建人 "Web 技术 " "Tim_Berners-Lee"

（5）语言标识获取

lang 关键字可以获取字面量的语言标识，特别适合在多语言知识库的检索中使用。lang 的用法如下列片段所示。

数据	@prefix owl: <http://www.w3.org/2002/07/owl#> .
	@prefix rdf: <http://www.w3.org/1999/02/22-rdf-syntax-ns#> .
	@prefix xml: <http://www.w3.org/XML/1998/namespace> .
	@prefix xsd: <http://www.w3.org/2001/XMLSchema#> .
	@prefix rdfs: <http://www.w3.org/2000/01/rdf-schema#> .
	@prefix research:<http://www.istic.ac.cn/kos/ontology/research#> .
	###
	# Individuals
	###
	### http://www.istic.ac.cn/kos/ontology/research#W3C
	research:W3C rdf:type owl:NamedIndividual ;
	  research: 名称 " 万维网联盟 "@zh;
	  research: 创建人 " 伯纳斯 - 李 "@zh .
	### http://www.istic.ac.cn/kos/ontology/research#Web
	research:Web rdf:type owl:NamedIndividual ;
	  research: 名称 "Web 技术 ";
	  research: 创建人 "Tim_Berners-Lee"@en.

查询	PREFIX rdf: <http://www.w3.org/1999/02/22-rdf-syntax-ns#>
	PREFIX owl: <http://www.w3.org/2002/07/owl#>
	PREFIX rdfs: <http://www.w3.org/2000/01/rdf-schema#>
	PREFIX xsd: <http://www.w3.org/2001/XMLSchema#>
	PREFIX skos: <http://www.w3.org/2004/02/skos/core#>
	PREFIX research: <http://www.istic.ac.cn/kos/ontology/research#>
	
	SELECT ? 名称 ? 创建人
	WHERE { ?sub research: 名称 ? 名称 ;
	   research: 创建人 ? 创建人 .
	   FILTER (**lang**(? 创建人)="zh")
	}

结果	名称	创建人
	" 万维网联盟 "@zh	" 伯纳斯 - 李 "@zh

  lang 可以单独使用，也可以同 langMatches 关键字配合使用，如将"FILTER（lang（? 创建人）="zh"）"修改为"FILTER langMatches（lang（? 创建人），"zh"）"，其运行结果相同。此外，lang 模式与 langMatches 模式对通配符"*"的使用存在差异，例如，"FILTER（lang（? 创建人）="*"）"匹配语言标签为"*"的字符串，而"FILTER langMatches（lang（? 创建人），"*"）"匹配所有带有语言标签的字符串。

（6）正则匹配

  regex 关键字用于按设定的模式匹配字符串，其功能和参数设置与程序语言中的正则表达式类似。regex 的用法如下列片段所示，其中 "i" 参数表示大小写不敏感，用于英文字符模糊匹配。

数据	`@prefix owl: <http://www.w3.org/2002/07/owl#> .`
	`@prefix rdf: <http://www.w3.org/1999/02/22-rdf-syntax-ns#> .`
	`@prefix xml: <http://www.w3.org/XML/1998/namespace> .`
	`@prefix xsd: <http://www.w3.org/2001/XMLSchema#> .`
	`@prefix rdfs: <http://www.w3.org/2000/01/rdf-schema#> .`
	`@prefix research:<http://www.istic.ac.cn/kos/ontology/research#> .`
	`#######################################################`
	`#    Individuals`
	`#######################################################`
	`###  http://www.istic.ac.cn/kos/ontology/research#W3C`
	`research:W3C  rdf:type   owl:NamedIndividual ;`
	`          research: 名称 " 万维网联盟 "@zh;`
	`          research: 创建人 " 伯纳斯 - 李 "@zh .`
	`###  http://www.istic.ac.cn/kos/ontology/research#Web`
	`research:Web rdf:type   owl:NamedIndividual ;`
	`          research: 名称 "Web 技术 " ;`
	`          research: 创建人 "Tim_Berners-Lee"@en.`

查询	`PREFIX  rdf: <http://www.w3.org/1999/02/22-rdf-syntax-ns#>`
	`PREFIX  owl: <http://www.w3.org/2002/07/owl#>`
	`PREFIX  rdfs: <http://www.w3.org/2000/01/rdf-schema#>`
	`PREFIX  xsd: <http://www.w3.org/2001/XMLSchema#>`
	`PREFIX  skos: <http://www.w3.org/2004/02/skos/core#>`
	`PREFIX  research: <http://www.istic.ac.cn/kos/ontology/research#>`
	
	`SELECT ? 名称 ? 创建人`
	`WHERE { ?sub research: 名称 ? 名称 ;`
	`             research: 创建人 ? 创建人 .`
	`        FILTER regex(? 名称 ,"^web","i")`
	`}`

结果	名称： "Web 技术 " 创建人："Tim_Berners-Lee"@en

5.3 Web 数据资源的描述和抽取

新加工的结构化数据资源可以采用 RDF 形式发布为关联数据，而那些已有的海量传统 Web 页面也需要考虑向语义 Web 过渡。通过 W3C 的 RDFa、POWDER（protocol for Web description resources）、微格式和微数据等方式在传统的 HTML、XHTML 页面中嵌入机器可读取和可处理的语义标签，既简单实用，又操作方便，已成为语义 Web 构建的主流方法。嵌入语义标签的页面再通过 GRDDL（gleaning resource descriptions from dialects of languages）处理，便可抽取出 RDF 三元组，形成关联知识库。

5.3.1 RDFa- 嵌入式 RDF 属性

Web 页面在组织时不仅包含结构化数据，还包含大量不易识别和抽取的非结构化数据，如电话号码、联系地址、产品信息等内容。RDFa 可为 Web 页面中的非结构化数据加入属性标识，使其成为结构化数据的嵌入式 RDF 属性集合。RDFa 在 Web 中加入一些简单的 HTML 属性来标记网页内容，方便浏览器和网络爬虫等解析程序识别结构化数据。早期的 RDFa 1.0 仅支持 XHTML 网页的标记，目前最新的 RDF 1.1 支持 XHTML、HTML5 及 SVG 等基于 XML 的语言。RDFa 由一套属性集合构成，一部分属性来源于 HTML 的原有属性，其余为 RDFa 的新增属性。浏览器可以忽略无法识别的属性，在展示嵌入 RDFa 的网页时通常不会出现问题，但某些 HTML 解析器可能需要升级后才能识别这些新增属性。RDFa 对网页内容的结构化展示不会产生影响，界面效果与原始的 HTML 页面保持一致。RDFa 模型的属性词汇如表 5-5 所示，表中的粗体属性为 RDFa Lite 1.1 使用的词汇。

表 5-5　RDFa 模型的属性词汇

功能	属性	用法
声明	**prefix**	"prefixname:URI" 形式的列表
	vocab	属性词汇的命名空间位置
主语	about	要描述的主语资源
谓语	**property**	主语资源与宾语（IRI 标识或字面量）的关系标识列表
	rel	两个资源的关系标识列表
	rev	两个资源的反向关系标识列表
资源	**resource**	宾语资源在新描述中的 IRI 引用
	href（可选）	宾语资源的 IRI
	src（可选）	嵌入式资源的对应资源
字面量	content	可解析的字面量内容，常与 datatype 配合使用
	datatype	字面量内容的数据类型，常与 content 配合使用
结构	inlist	相同 rel 或 property 属性构成的多个不同宾语的列表
	typeof	主语资源的类型（RDF）列表

嵌入 RDFa 的 HTML 页面，其头部 DOCTYPE 标签含有 RDFa 声明，RDFa 1.0 声明为 "<!DOCTYPE html PUBLIC '-//W3C//DTD XHTML+RDFa 1.0//EN' 'http://www.w3.org/MarkUp/DTD/xhtml-rdfa-1.dtd'>"，RDFa 1.1 声明为 "<!DOCTYPE html PUBLIC "-//W3C//DTD HTML+RDFa 1.1//EN" "http://www.w3.org/MarkUp/DTD/xhtml-rdfa-2.dtd">"，采用 RDFa 1.1 的 HTML5 页面可以简化为 "<!DOCTYPE html>" 或其他合法 DOCTYPE 形式。

RDFa 解析程序通过 DOCTYPE 类型判断页面是否嵌入 RDFa，RDFa 中的资源标识符采用被称为 CRUIES（compact URI expressions）的紧凑式风格，该风格是 XML 中 QNames 的超集，可以在（:）后的地址片段中包含非 XML 元素。2011 年，谷歌、微软和雅虎三大公司联合发起 Schema.org 项目，为了让机器更容易地处理和理解网页内容，Schema.org 使用了简化的 RDFa 和 Microformats 标签[42-43]。RDFa 为 HTML（XHTML）或 XML 文档提供了表达人物、地点、事件关系的复杂结构，包含所有属性词汇的集合称为 RDFa Core，但在实际的应用中通常使用一个被称为 RDFa Lite 的子集来表达页面内容。RDFa Lite 仅包含 vocab、typeof、property、resource 和 prefix 5 个属性词汇，使用起来简单、方便，适合普通用户标注 Web 资源。RDFa 的属性词汇以 rdfa 为前缀，命名空间为 http://www.w3.org/ns/rdfa#。下面通过一个简单的标注示例，详细介绍 RDFa Lite 中 5 个属性词汇的使用方法，其他 RDF Core 属性词汇的用法请参考 RDFa 推荐标准[44-45]。

```
<!DOCTYPE html PUBLIC "-//W3C//DTD XHTML 1.0 Transitional//EN"
"http://www.w3.org/TR/xhtml1/DTD/xhtml1-transitional.dtd">
<html                      vocab="http://www.istic.ac.cn/ontology/research#"
prefix="meta:http://www.istic.ac.cn/ontology/metadata#" >
  <head>
    <title> 中国科学技术信息研究所
      <span rel="meta: 简称 " resource=" 中信所 " typeof=" 科研机构 "></span>
    </title>
  </head>
  <body>
    <p about=" 中国科学技术信息研究所 ">
      <a property="meta: 机构名称 "> 中国科学技术信息研究所 </a>
（简称中信所）是在周恩来总理、聂荣臻元帅等党和国家领导人的指示和关怀下，
于 1956 年 10 月成立的。
    </p>
    <p about=" 中国科学技术信息研究所 ">
      <a property="foaf:homepage" href="https://www.istic.ac.cn/"> 中信所 </a>
是科技部直属的国家级公益类科技信息研究机构。
    </p>
  </body>
</html>
```

vocab 用于指明用户对 Web 资源标记时，所使用的各种词汇的命名空间。vocab 声明的 URI 是页面标记词汇引用的默认位置，后面使用命名空间"http://www.istic.ac.cn/ontology/research#"中定义的各种词汇时，不需要前缀标识。resource 用于标注"中信所"这一网络资源，其绝对位置为"http://www.istic.ac.cn/ontology/research# 中信所"，由于声明了 vocab 引用，因此标注时省略了命名空间。typeof 用于指明所描述资源的类型，此处的类型词汇"科研机构"也来源于 vocab 标注的命名空间，表明"中国科学技术信息研究所"是一个"科研机构"。property 指向的"meta: 机构名称"是对文本内容中出现的有关"中国科学技术信息研究所"这一资源的"机构名称"进行标注。由于"机构名称"未在 vocab 默认空间中进行定义，因此需要采用 prefix 属性为其声明命名空间。prefix 声明的命名空间采用了"前缀名:URI"形式的列表，可以声明多个词汇空间。前缀名的使用既可以减少词汇引用的长度，又可以区分不同的词汇来源。需要注意的是，"foaf:homepage"的引用没有在 prefix 进行声明，这是因为符合 RDFa Lite 1.1 推荐标准的解析工具，支持一些常用预定义前缀声明，使用这些预定义空间中的词汇时，可以直接采用"前缀名：词汇"的形式进行引用，常用命名空间详情见文献[46]。如果实际应用中因为解析工具的差异，无法识别这些默认空间，可在 prefix 中临时声明。嵌入 RDFa 的 HTML 页面可以通过编写 XSLT 样式表来抽取 RDF 结构化数据，更方便的方式是访问网络上的抽取器服务页面，如 RDFa 1.1 Distiller，输入源文档 URI，由抽取器完成 RDF 三元组的抽取[47]。

5.3.2　POWDER-Web 资源描述机制

POWDER 主要用于 Web 资源的描述和应用，包括基本型 POWDER 和增强型 POWDER-S。POWDER 的命名空间如表 5-6 所示。

表 5-6　POWDER 的命名空间

描述模型	前缀	命名空间
POWDER	wdr	http://www.w3.org/2007/05/powder#
POWDER-S	wdrs	http://www.w3.org/2007/05/powder-s#

基本型 POWDER 采用简单的标识性语义，以 XML 形式为载体，是所有 POWDER 工具都支持的形式。增强型 POWDER-S 强调可操作性语义的形式化描述，方便语义 Web 环境下描述信息的集成应用，不要求每个工具都支持。POWDER-S 文档的可信度取决于 POWDER 文档，如果一个 POWDER 文档合法并值得信任，可以直接利用 GRDDL 完成文档转换，可信 POWDER-S 文档内部的 RDF 图可以融合到其他图中。一个 POWDER/XML 文档以 powder 为根节点元素，并在根节点声明文档内部词汇的命名空间，http://www.w3.org/2007/05/powder# 通常作为 POWDER 的默认命名空间声明，不含前缀名称，其他命名空间为含有前缀的 URI。每一个合法的 POWDER 文档必须仅含 1 个 attribution 元素，其内部必须包含 issuedby 元素用于说明文档的创建者。表 5-7 简要列出了 POWDER 的组织结构[48]。

表 5-7　POWDER 的组织结构

元素	结构模块	模块构成	要素
POWDER 根节点	attribution 必备	issuedby 必备；用于标识 POWDER 文档的创建者（需为 RDF 类），优先使用 foaf:Agent 或 dcterms:Agent 的实例或子类，src 为搭配属性	
		issued 可选；取值类型为 xsd:dateTime	
		abouthosts 可选；空格分隔的主机列表，包含该属性时，POWDER 文档不能使用超出列表的其他主机的资源	
		validfrom 可选；取值类型为 xsd:dateTime	
		validuntil 可选；取值类型为 xsd:dateTime	
		certifiedby 0 或多；src（通过 xsd:anyURI，指向证明物）	
		supportedby 0 或多；src（通过 xsd:anyURI，指向证明支撑数据）	
	dr 0 或多	iriset 1 或多个	
		descriptorset 数量不限，如果含有 tagset，每个 dr 至少 1 个	displaytext 0 或多，最好不超过 1 个
			displayicon 0 或多，最好不超过 1 个；属性 src 指向 xsd:anyURI 图片
			seealso 0 或多；属性 src 指向 xsd:anyURI
			label 0 或多
			comment 0 或多

续表

元素	结构模块	模块构成	要素	
POWDER 根节点	dr 0 或多	descriptorset 数量不限，如果含有 tagset，每个 dr 至少 1 个	sha1sum 可选；描述资源数量的 64 位 SHA-1 编码值	
			certified 可选；取值类型为 xsd:boolean，用于标识 dr 内容是否验证其他资源	
			typeof 0 或多；属性 src 指向 xsd:anyURI	
			不含空节点的 RDF/XML 片段或其他 descriptorset 链接	
	ol 0 或多；包含至少 1 个 dr			
	tagset 0 或多	tag 至少 1 个；取值类型为 xsd:token		
		seealso 0 或多；属性 src 指向 xsd:anyURI		
		label 0 或多		
		comment 0 或多		
	more 0 或多；属性 src 指向 xsd:anyURI			

POWDER-S 文档是一个属性信息编码到头部模块的本体文件，其中的 IRI 集合和 descriptor 集合声明为 OWL 类，且 IRI 集合为 descriptor 集合的子类（rdfs:subClassOf）。POWDER-S 在语法上是一个有效的 RDF/OWL 文档，但模型内部的语义逻辑关系，则由解析 POWDER-S 形式语义的应用程序自行处理。POWDER-S 词汇的基本功能如表 5-8 所示[48-49]。

表 5-8 POWDER-S 词汇的基本功能

术语	功能	类型
issuedby	POWDER 文档发布者，优先使用 dcterms:Agent 或 foaf:Agent 类实例	owl:AnnotationProperty

续表

术语	功能	类型
issued	xsd:dateTime 型取值的发布时间	owl:AnnotationProperty
text	displaytext 显示的文本	owl:AnnotationProperty
logo	displayicon 显示的图标	owl:AnnotationProperty
matchesregex	RDF/OWL 解析器支持的 POWDER-S 属性，定义域为 rdfs:Resource，值域为 xsd:string	owl:DatatypeProperty
notmatchesregex	RDF/OWL 解析器不支持的 POWDER-S 属性，定义域为 rdfs:Resource，值域为 xsd:string	owl:DatatypeProperty
Processor	POWDER 处理器类，标识处理文档的软件代理	dcterms:Agent 的子类
Document	POWDER 文档类，标识待处理的文档	owl:Ontology 的子类
data_error	POWDER 文档处理时发生的错误，定义域为 wdrs:Document	owl:DatatypeProperty
proc_error	POWDER 文档处理时发生的错误信息，定义域为 wdrs:Processor	owl:DatatypeProperty
error_code	POWDER 文档处理时发生的错误代码，值域为 xsd:nonNegativeInterger	owl:DatatypeProperty
describedby	说明描述资源的 POWDER 文档	owl:ObjectProperty
tag	可含空格的字符标签	owl:DatatypeProperty
notknownto	无法获取资源信息的处理器的 IRI，值域为 wdrs:Processor	owl:ObjectProperty
authenticate	dcterms:Agent 或 foaf:Agent 通过该属性指向授权代理	owl:ObjectProperty
validfrom	xsd:dateTime 型取值的有效期开始时间，供 POWDER 处理器使用	owl:AnnotationProperty
validuntil	xsd:dateTime 型取值的有效期结束时间，供 POWDER 处理器使用	owl:AnnotationProperty
sha1sum	xsd:base64Binary 型的资源标识	owl:DatatypeProperty
certified	xsd:boolean 型取值，标识文档是否用于验证其他资源	owl:DatatypeProperty
certifiedby	标识对资源进行合理性验证的文档	owl:ObjectProperty
supportedby	标识为文档提供支持的数据源	owl:ObjectProperty

发布资源描述文档最简便直接的方法是利用 RDFa 属性将 POWSER-S 标识元素"describedBy"嵌入到 HTML 文档中。例如，下列 postdoctor.html 文档简单描述了一个博士后工作站资源，根节点声明了"**wsrs**"命名空间引用，然后通过"**wdrs:describedby**"元素指向博士后工作站资源的详细描述文档"**http://example.istic.ac.cn/postdoctor.xml**"。

```
<html
    xmlns="http://www.w3.org/1999/xhtml" version="XHTML+RDFa 1.0"
    xmlns:wdrs="http://www.w3.org/2007/05/powder-s#">
  <head>
    <title> 中信所博士后工作站 </title>
```

```
        <link                               rel="wdrs:describedby"
href="http://example.istic.ac.cn/postdoctor.xml" type="application/powder+xml" />
    </head>
    <body>
        <p>
            <a> 图书情报与档案管理博士后工作站 </a>
        </p>
    </body>
</html>
```

工作站描述原始描述文档 http://example.istic.ac.cn/powder/postdoctor.xml 的内容结构如下列片段所示。

```
<?xml version="1.0"?>
<powder xmlns="http://www.w3.org/2007/05/powder#"
        xmlns:data="http://www.istic.ac.cn/ontology/metadata#">

    <attribution>
        <issuedby src="http://www.istic.ac.cn/ontology/entity# 所办公室 " />
        <issued>2022-08-12T00:00:00</issued>
    </attribution>

    <dr>
        <iriset>
            <includehosts>www.istic.ac.cn</includehosts>
            <includeports>80 8080 </includeports>
        </iriset>
        <descriptorset>
            <data: 标题 > 博士后工作站 </data: 标题 >
            <data: 内容 > 工作站介绍 </data: 内容 >
            <displaytext> 中国科学技术信息研究所博士后科研工作站于 2002 年经国家人社部人发 [2002]97 号文和全国博士后管理委员会批准设立，是具有独立招收资格的国内首家"图书情报与档案管理"学科博士后科研工作站。
            </displaytext>
            <displayicon src="https://www.istic.ac.cn/isticcms/upload/1/editor/1563521265191.jpg" />
        </descriptorset>
    </dr>

</powder>
```

为了适应语义 Web 环境下的资源描述，需要将 POWDER 文档转化为 POWDER-S 文档。整个转化过程可分为 2 个步骤：①使用正则表达式替换 IRI 集合表述，其他元素不做修改，形成中间状态的 POWDER-BASE 文档；②将 POWDER-BASE 文档转换为 POWDER-S 文档。

原始 POWDER 文档 postdoctor.xml 经转换处理后生成 POWDER-BASE 形式的 postdoctor-pb.xml，其内容结构如下列片段所示。

```xml
<?xml version="1.0"?>
<powder xmlns="http://www.w3.org/2007/05/powder#"
        xmlns:data="http://www.istic.ac.cn/ontology/metadata#">

  <attribution>
    <issuedby src="http://www.istic.ac.cn/ontology/entity# 所办公室 " />
    <issued>2022-08-12T00:00:00</issued>
  </attribution>

  <dr>
    <iriset>
<includeregex>\:\/\/(([^\/\?#]*)\@)?([^\:\/\?#\@]+\.)?(www\.istic\.ac\.cn)(\:([0-9]+))?\/</includeregex>
<includeregex>\:\/\/(([^\/\?#]*)\@)?([^\:\/\?#\@]+\.)*[^\:\/\?#\@]+\:(80|8080)\/</includeregex>
    </iriset>
    <descriptorset>
      <data: 标题 > 博士后工作站 </data: 标题 >
      <data: 内容 > 工作站介绍 </data: 内容 >
      <displaytext> 中国科学技术信息研究所博士后科研工作站于 2002 年经国家人社部人发 [2002]97 号文和全国博士后管理委员会批准设立，是具有独立招收资格的国内首家"图书情报与档案管理"学科博士后科研工作站。
      </displaytext>
      <displayicon src="https://www.istic.ac.cn/isticcms/upload/1/editor/1563521265191.jpg" />
    </descriptorset>
  </dr>

</powder>
```

postdoctor-pb.xml 仅在 IRI 表现形式上做了替换，其结构仍保持原始的 XML 标签。中间状态的 postdoctor-pb.xml 文档需要再次经过转换，添加 RDF 和 POWDER-S 标签，形成最终的结构化模型文档 postdoctor-ps.xml，其内容结构如下列片段所示。

```xml
<?xml version="1.0"?>
<rdf:RDF
    xmlns:wdrs="http://www.w3.org/2007/05/powder-s#"
    xmlns:rdf="http://www.w3.org/1999/02/22-rdf-syntax-ns#"
    xmlns:rdfs="http://www.w3.org/2000/01/rdf-schema#"
    xmlns:owl="http://www.w3.org/2002/07/owl#"
    xmlns:data="http://www.istic.ac.cn/ontology/metadata#">

  <owl:Ontology rdf:about="">
      <wdrs:issuedby rdf:resource=" http://www.istic.ac.cn/ontology/entity# 所办公室 " />
      <wdrs:issued>2022-08-12T00:00:00</wdrs:issued>
    </owl:Ontology>

    <owl:Class rdf:nodeID="iriset_1">
      <owl:equivalentClass>
        <owl:Class>
        <owl:intersectionOf rdf:parseType="Collection">
          <owl:Restriction>
              <owl:onProperty rdf:resource="http://www.w3.org/2007/05/powder-s#matchesregex" />
              <owl:hasValue rdf:datatype="http://www.w3.org/2001/XMLSchema-datatypes#string">\:\/\/(([^\/\?\#]*)\@)?([^\:\/\?\#\@]+\.)?(www\.istic\.ac\.cn)(\:([0-9]+))?\/</owl:hasValue>
          </owl:Restriction>
          <owl:Restriction>
              <owl:onProperty rdf:resource="http://www.w3.org/2007/05/powder-s#matchesregex" />
              <owl:hasValue rdf:datatype="http://www.w3.org/2001/XMLSchema-datatypes#string">\:\/\/(([^\/\?\#]*)\@)?([^\:\/\?\#\@]+\.)*[^\:\/\?\#\@]+\:(80|8080)\/</owl:hasValue>
          </owl:Restriction>
        </owl:intersectionOf>
        </owl:Class>
      </owl:equivalentClass>
    </owl:Class>

    <owl:Class rdf:nodeID="descriptorset_1">
      <rdfs:subClassOf>
        <owl:Class>
      <owl:intersectionOf rdf:parseType="Collection">
        <owl:Restriction>
            <owl:onProperty rdf:resource=" http://www.istic.ac.cn/ontology/metadata# 标题 " />
            <owl:hasValue> 博士后工作站 </owl:hasValue>
        </owl:Restriction>
```

```
        <owl:Restriction>
              <owl:onProperty rdf:resource="
http://www.istic.ac.cn/ontology/metadata# 内容 " />
              <owl:hasValue> 工作站介绍 </owl:hasValue>
        </owl:Restriction>
      </owl:intersectionOf>
        </owl:Class>
      </rdfs:subClassOf>
  <wdrs:text> 中国科学技术信息研究所博士后科研工作站于 2002 年经国家人
社部人发 [2002]97 号文和全国博士后管理委员会批准设立，是具有独立招收
资格的国内首家"图书情报与档案管理"学科博士后科研工作站。</wdrs:text>
      <wdrs:logo rdf:resource="
https://www.istic.ac.cn/isticcms/upload/1/editor/1563521265191.jpg" />
  </owl:Class>

  <owl:Class rdf:nodeID="iriset_1">
      <rdfs:subClassOf rdf:nodeID="descriptorset_1"/>
  </owl:Class>

</rdf:RDF>
```

如果在实际的转换应用中数据量较大，可以直接输出 Turtle 格式的结构模型，以方便后期数据发布、传输和存储。例如，原始数据文档 postdoctor.xml 经过 POWDER-S 描述化处理后，直接生成 Turtle 格式的 RDF 数据文档 postdoctor-ps.ttl，其内容结构如下列片段所示。

```
@prefix rdfs:    <http://www.w3.org/2000/01/rdf-schema#> .
@prefix data:    <http://www.istic.ac.cn/ontology/metadata#> .
@prefix wdrs:    <http://www.w3.org/2007/05/powder-s#> .
@prefix owl:     <http://www.w3.org/2002/07/owl#> .
@prefix rdf:     <http://www.w3.org/1999/02/22-rdf-syntax-ns#> .

<>      rdf:type owl:Ontology ;
        wdrs:issued "2022-08-12T00:00:00" ;
        wdrs:issuedby < http://www.istic.ac.cn/ontology/entity# 所办公室 > .

[]      rdf:type owl:Class ;
        rdfs:subClassOf
                [ rdf:type owl:Class ;
                    rdfs:subClassOf
                        [ rdf:type owl:Class ;
                            owl:intersectionOf ([ rdf:type owl:Restriction ;
                                owl:hasValue " 博士后工作站 " ;
                                owl:onProperty data: 标题
```

```
                                    ] [ rdf:type owl:Restriction ;
                                        owl:hasValue " 工作站介绍 ";
                                        owl:onProperty data: 内容
                                    ])
                                ];
                            wdrs:logo <
https://www.istic.ac.cn/isticcms/upload/1/editor/1563521265191.jpg> ;
                            wdrs:text " 中国科学技术信息研究所博士后科研工作站于 2002
年经国家人社部人发 [2002]97 号文和全国博士后管理委员会批准设立，是具
有独立招收资格的国内首家"图书情报与档案管理"学科博士后科研工作站。"
                        ] ;
            owl:equivalentClass
                    [ rdf:type owl:Class ;
                        owl:intersectionOf ([ rdf:type owl:Restriction ;
owl:hasValue
"\\:\/\/(([^\/\/\?\#]*)\\@)?([^\\:\/\/\?\#\\@]+\\.)?(www\\.istic\\.ac\\.cn)(\\:([0-9]+))?
\/"^^<http://www.w3.org/2001/XMLSchema-datatypes#string>;
                                    owl:onProperty wdrs:matchesregex
                        ] [ rdf:type owl:Restriction ;
owl:hasValue
"\\:\/\/(([^\/\/\?\#]*)\\@)?([^\\:\/\/\?\#\\@]+\\.)*[^\\:\/\/\?\#\\@]+\\:(80|8080)\/"^
^<http://www.w3.org/2001/XMLSchema-datatypes#string> ;
                                    owl:onProperty wdrs:matchesregex
                        ])
                    ] .
```

5.3.3 GRDDL-RDF 三元组抽取语言

GRDDL 是一种从 XML 文档或 XHTML 页面中抽取 RDF 三元组的数据处理机制。文档或页面的创建者通过在 head 模块中使用 link 元素，将文档或页面与 XSLT 抽取模板建立关联，用户解析文档或页面时，调用 link 指向抽取模板，输出 RDF 数据[50]。为了方便 RDF 数据的收集和获取，一些功能丰富的 SPARQL 引擎或浏览器通常将 GRDDL 处理器作为抽取模块融合到系统中。GRDDL 标注元素的命名空间为"http://www.w3.org/2003/g/data-view"，其中"transformation"、"namespaceTransformation"和"profileTransformation"是最常用的嵌入标识元素，下面详细介绍这 3 个元素的功能和用法，其他元素的用法请参阅标准文献[51-52]。

（1）transformation

transformation 用于为源文档指定 XSLT 转换模板，定义域为 RootNode，值域为 Transformation。向 XML 文档的根节点添加信息标识是最简单方便的 GRDDL 转换方式。例如，下列文档 GrddlTest.html 的根节点 <html> 中声明了 GRDDL 的命名空间标识

grddl="http://www.w3.org/2003/g/data-view",并通过 GRDDL 元素"transformation"指向页面结构抽取器 Extraction.xsl 的网络位置"http://example.istic.ac.cn/grddl/Extraction.xsl"。

```
<!DOCTYPE html PUBLIC "-//W3C//DTD XHTML 1.0 Transitional//EN" "http://www.w3.org/TR/xhtml1/DTD/xhtml1-transitional.dtd">
<html xmlns="http://www.w3.org/1999/xhtml"
    xmlns:grddl="http://www.w3.org/2003/g/data-view"
    grddl:transformation="http://example.istic.ac.cn/grddl/Extraction.xsl">
  <head>
    <title> 中国科学技术信息研究所 </title>
  </head>
  <body>
    <p> 中国科学技术信息研究所（简称中信所）是在周恩来总理、聂荣臻元帅等党和国家领导人的指示和关怀下，于 1956 年 10 月成立的。中信所是科技部直属的国家级公益类科技信息研究机构。
    </p>
  </body>
</html>
```

（2）namespaceTransformation

namespaceTransformation 用于为相同命名空间的所有文档指定转换模板，值域为 Transformation。例如，下列片段描述了信息资源"http://www.istic.ac.cn/grddl/example"，通过 GRDDL 标签元素"namespaceTransformation"指向页面结构抽取器 Extraction 的网络位置，表明 Extraction.xsl 抽取器可以处理以"http://www.istic.ac.cn/grddl/example"为命名空间的所有文档。

```
<rdf:RDF
  xmlns:rdf="http://www.w3.org/1999/02/22-rdf-syntax-ns#"
  xmlns:grddl="http://www.w3.org/2003/g/data-view#">
  <rdf:Description rdf:about="http://www.istic.ac.cn/grddl/example">
    <grddl:namespaceTransformation
        rdf:resource="http://example.istic.ac.cn/grddl/Extraction.xsl"/>
  </rdf:Description>
</rdf:RDF>
```

（3）profileTransformation

profileTransformation 用于为 profile 文档关联的所有文档指定转换模板，值域为 Transformation。例如，下列文档 GrddlTest.html 中 <head> 标签的属性"profile"并未指向 GRDDL profile 描述文件，而是指向了一个自定义的页面抽取处理描述文件。GRDDL 处理器加载 GrddlTest.html 后，首先利用"profile"指向的 URL 获取描述文件"extractprofile"。

```
<!DOCTYPE html PUBLIC "-//W3C//DTD XHTML 1.0 Transitional//EN" "http://www.w3.org/TR/xhtml1/DTD/xhtml1-transitional.dtd">
<html xmlns="http://www.w3.org/1999/xhtml">
  <head profile="http://example.istic.ac.cn/grddl/extractprofile">
    <title> 中国科学技术信息研究所 </title>
  </head>
  <body>
    <p> 中国科学技术信息研究所（简称中信所）是在周恩来总理、聂荣臻元帅等党和国家领导人的指示和关怀下，于 1956 年 10 月成立的。中信所是科技部直属的国家级公益类科技信息研究机构。
    </p>
  </body>
</html>
```

下列片段描述了"extractprofile"文件的组织结构，页面中含有 GRDDL profile 引用，并通过"transformation"指向了 GRDDL 转换器的 URL"http://www.w3.org/2003/g/glean-profile"。此外，"extractprofile"文件页面还含有一个由"profileTransformation"属性标识的页面内容抽取器"http://example.istic.ac.cn/grddl/Extraction.xsl"。GRDDL 处理器获取"extractprofile"文件后，利用具有 GRDDL 元素识别功能的"glean-profile"转换器来解析"extractprofile"页面，获取"profileTransformation"属性指向的页面抽取器"Extraction.xsl"，最后使用"Extraction.xsl"抽取器来抽取 GrddlTest.html 页面中的所需内容。

```
<!DOCTYPE html PUBLIC "-//W3C//DTD XHTML 1.0 Transitional//EN" "http://www.w3.org/TR/xhtml1/DTD/xhtml1-transitional.dtd">
<html xmlns="http://www.w3.org/1999/xhtml">
  <head profile=" http://www.w3.org/2003/g/data-view#">
    <title> 页面抽取处理描述文件 -extractprofile</title>
    <link rel="transformation" href="http://www.w3.org/2003/g/glean-profile"/>
  </head>
  <body>
    <p>
      <a rel="profileTransformation"
        href="http://example.istic.ac.cn/grddl/Extraction.xsl">Extraction.xsl
      </a>
    </p>
  </body>
</html>
```

"profileTransformation"属性通常用于在源文件引用的嵌入式说明中声明抽取转换器，因此所有引用了这一嵌入式说明的文件都采用"profileTransformation"指向的转换器抽取文件页面内容。

（4）result

result 用于表示转换模板解析文档后生成信息资源的 RDF 图，定义域为 InformationResource，值域为 RDFGraph。

（5）transformationProperty

transformationProperty 用于将 XSTL1 转换器 transformation 与抽取算法建立连接，定义域为 Transformation，值域为 TransformationProperty。

（6）Transformation

Transformation 表示一种信息资源，描述从 XML 文档到 RDF 图转换方法，每个 Transformation 至少含有 1 个关联到 TransformationProperty 的 transformationProperty 属性。

（7）TransformationProperty

TransformationProperty 表示用于关联 XML 文档根节点与 RDF 图的函数属性。

（8）RootNode

RootNode 表示 XPath 层级数据模型的根节点。

（9）RDFGraph

RDFGraph 表示 RDF 三元组集合。

（10）InformationResource

InformationResource 表示全部基本特征由消息封装的资源。

使用 GRDDL 发布 XML 文档或 XHTML 页面，需要将 GRDDL 的命名空间 http://www.w3.org/2003/g/data-view 和标注元素嵌入到文件内部，使用时通过配套的 XSLT 转换器抽取文档内容，形成 RDF 三元组数据集。一个典型的 GRDDL 处理流程如图 5-5 所示。

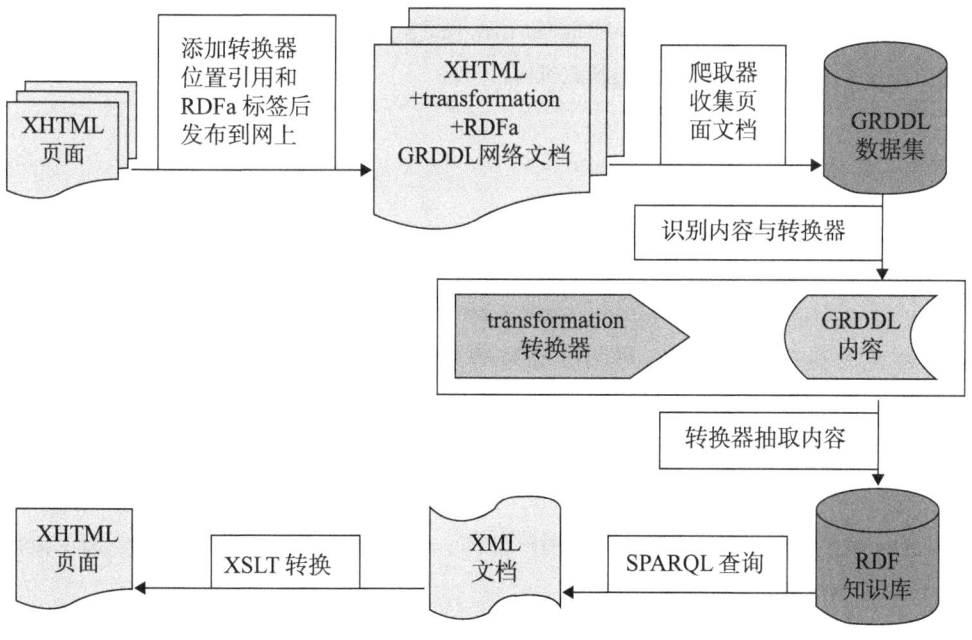

图 5-5　GRDDL 的处理流程

嵌入 GRDDL 的页面实质上还是一种 XML 文档，因此 GRDDL 的处理可以使用 XSLT 转换语言实现。下面以一个简单的 RDFa 标注文档为示例，展示 GRDDL 元素的嵌入和转换方法。

```
<!DOCTYPE html PUBLIC "-//W3C//DTD XHTML 1.0 Transitional//EN"
"http://www.w3.org/TR/xhtml1/DTD/xhtml1-transitional.dtd">
<html
xmlns="http://www.w3.org/1999/xhtml" vocab="http://www.istic.ac.cn/ontology/research#" prefix="meta:http://www.istic.ac.cn/ontology/metadata#">
    <head profile="http://www.w3.org/2003/g/data-view">
        <title> 中国科学技术信息研究所
            <sapn rel="meta: 简称 " resource=" 中信所 " typeof=" 科研机构 "></span>
        </title>
        <link rel="transformation"
            href="http://ns.inria.fr/grddl/rdfa/2008/09/03/RDFa2RDFXML.xsl">
    </head>
    <body>
        <p about=" 中信所 ">
        <a property="meta: 机构名称 "> 中国科学技术信息研究所 </a>（简称中信所）是在周恩来总理、聂荣臻元帅等党和国家领导人的指示和关怀下，于 1956 年 10 月成立的。
        </p>
        <p about=" 中信所 ">
        <a property="foaf:homepage" href="https://www.istic.ac.cn/"> 中信所 </a>是科技部直属的国家级公益类科技信息研究机构。
        </p>
    </body>
</html>
```

上述文档内容以 XHTML 格式组织，文件名为 GrddlExample.html，网络发布位置为 http://example.istic.ac.cn/kos/GrddlExample.html。XHTML 是以 HTML 4.0 为基础，遵循 XML 规范的新一代 HTML，目前已成为 W3C 推荐标准。一个正确组织的 XHTML 文档必须含有 <!DOCTYPE...> 声明，每个正确的 XHTML 文档也是一个合法的 XML 文档，因此可以使用 XML 解析工具处理 XHTML 文档。"程序 5-2"描述了 GrddlExample.html 文档内容的转换过程，转换处理器使用了 Saxon 工具包。Saxon 由 XSLT 标准的作者 Michael Kay 设计和开发，有着广泛的用户群体，功能强大，是最为常用的 XSLT 处理器，其最新版本支持 XSLT 3.0 的相关特性。

```
//### 程序 5-2###
private void transform（String xslt，String html，String result）
{
    // 获取 XSLT 转换模板
    URL xsltUrl = new URL（xslt）;
    HttpURLConnection xsltCon =（HttpURLConnection）xsltUrl.openConnection（）;
    xsltCon.connect（）;
    InputStream xsltIn = xsltCon.getInputStream（）;
    // 创建 XSLT 处理器
    Processor processor = new Processor（false）;
    XsltCompiler compiler = processor.newXsltCompiler（）;
    XsltExecutable stylesheet = compiler.compile（new StreamSource（xsltIn））;
    Xslt30Transformer transformer = stylesheet.load30（）;
    // 获取 html 页面
    URL htmlUrl = new URL（html）;
    HttpURLConnection htmlCon =（HttpURLConnection）htmlUrl.openConnection（）;
    htmlCon.connect（）;
    InputStream htmlIn = htmlCon.getInputStream（）;
    // 设置输出文件
    Serializer out = processor.newSerializer（new File（result））;
    // 数据转换处理
    transformer.transform（new StreamSource（（htmlIn）），out）;
}
```

5.4 数据集的部署和使用

发布链接数据需要 Web 服务器的支持，Web 服务器自动识别 HTML、JPEG 等文件格式，但并非都能默认支持 RDF，通常需要自行配置 Web 服务器使其支持 RDF 格式，也可以考虑使用链接数据发布工具来生成链接数据，这些发布工具拥有良好的适用性，可以自动识别和处理 Turtle、RDF/XML、RDFa、JSOn-LD 及 N-Triple 等格式。三元组数据的发布需要考虑资源的规模和复杂程度，大型的应用项目可采用性能稳定、功能齐全、文档丰富的企业级产品，如 Oracle Enterprise Edition、Virtuoso 等。中小型的发布应用可使用 Pubby、RDF4J 等开源工具实现，本小节将详细介绍如何利用 RDF4J 服务和 Pubby 前端来发布"分类主题词示例"数据。

5.4.1 RDF4J 网络知识库部署

（1）部署 RDF4J 服务

部署 RDF4J 需要使用服务器中间件，可下载最新的服务器中间件 Tomcat，此处使用的版本为 apache-tomcat-9.0.21。Tomcat 解压到两个独立的文件夹，分别命名为 apache-tomcat-9.0.21-rdf4j-server 和 apache-tomcat-9.0.21-pubby，然后将 eclipse-rdf4j-3.7.1 工具的 war 目录中的两个文件 rdf4j-server.war 和 rdf4j-workbench.war 复制到 apache-tomcat-9.0.21-rdf4j-server 的 webapps 目录中。修改 tomcat 的服务配置文件（server.xml），服务端口设置中的端口为 9696，端口信息如图 5-6 所示。

```
<Connector connectionTimeout="20000" port="9696" protocol="HTTP/1.1" redirectPort="9643"/>
<!-- A "Connector" using the shared thread pool -->
<!--
    <Connector executor="tomcatThreadPool"
               port="8080" protocol="HTTP/1.1"
               connectionTimeout="20000"
               redirectPort="8443" />
-->
```

图 5-6　端口信息

启动 tomcat 后，在浏览器中输入 http://localhost:9696/rdf4j-workbench，返回 Workbench 操作界面表示 RDF4J 服务部署成功。

（2）创建知识库

点击"New repository"菜单，出现知识库创建界面，"Type"为知识库的类型用于不同的服务需求，主要的类型如表 5-9 所示。

表 5-9　RDF4J 的知识库类型

存储方式	知识库类型	功能描述
Memory	Memory	基于内存的 RDF 知识库
	Memory-lucene	基于内存的 lucene 索引知识库
	Memory-rdfs	基于内存的 RDFS 推理知识库
	Memory-rdfs-direct	基于内存的 RDFS 和直接类型推理知识库
	Memory-rdfs-lucene	基于内存的 RDFS 推理和 lucene 索引知识库
	Memory-custom	基于内存的自定义规则推理知识库
	Memory-spin	基于内存的 Sparql 推理知识库
	Memory-rdfs-spin	基于内存的 RDFS 和 Sparql 推理知识库
	Memory-shalc	基于内存的 Shalc 规则知识库

续表

存储方式	知识库类型	功能描述
Native	Native	基于本地的 RDF 知识库
	Native-lucene	基于本地的 lucene 索引知识库
	Native-rdfs	基于本地的 RDFS 推理知识库
	Native-rdfs-direct	基于本地的 RDFS 和直接类型推理知识库
	Native-rdfs-lucene	基于本地的 RDFS 推理和 lucene 索引知识库
Native	Native-custom	基于本地的自定义规则推理知识库
	Native-spin	基于本地的 Sparql 推理知识库
	Native-rdfs-spin	基于本地的 RDFS 和 Sparql 推理知识库
	Native-shalc	基于本地的 Shalc 规则知识库
Remote	Remote RDF	知识库远程服务端
Endpoint	Sparql Endpoint	RESTful 式 Sparql 查询服务端

小规模的数据导入，通常选择"Native Store"创建本地存储库即可承当。"ID"参数为知识库的唯一标识符，用于系统内部知识库的识别和发布。"Title"参数为知识库的名称，用于说明知识库存储的内容。信息输入如图 5-7 所示。

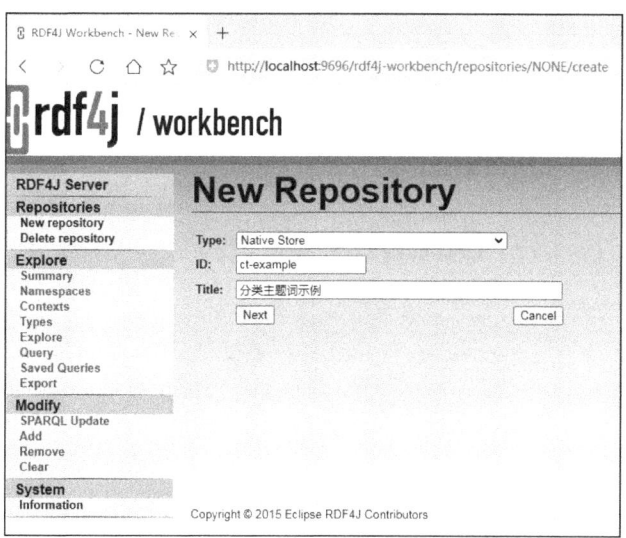

图 5-7 使用 Workbench 创建 Native Store 知识库

点击"Next"后，系统弹出详细配置参数，可以设置三元组索引方式，"spoc"表示按 subject、predicate、object、context 的顺序排列，通常按默认值配置完成创建即可。配置详情如图 5-8 所示。

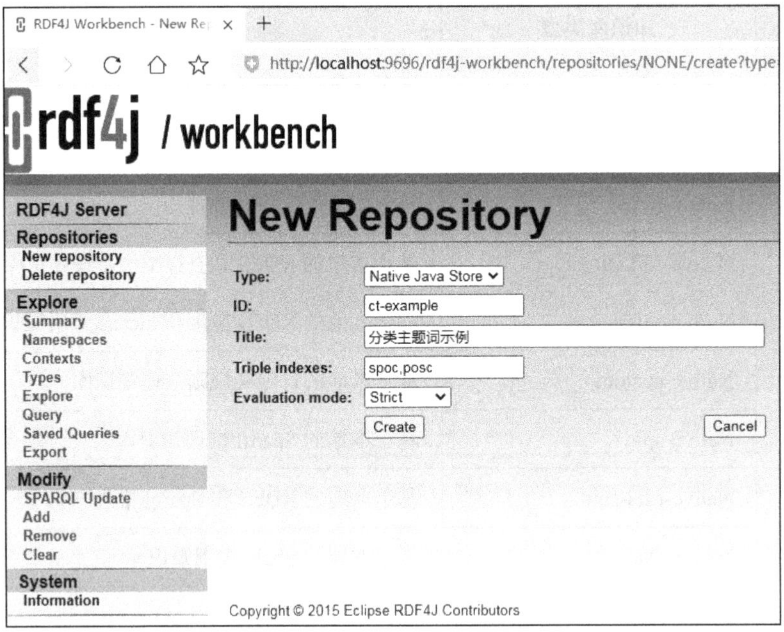

图 5-8　RDF4J 知识库配置

知识库创建完成后生成摘要信息，列出了知识库的位置和规模，"Location"位置信息采用 ID 的网络形式，对知识库的引用和访问都要以知识库的 URL 位置为标准。如图 5-9 所示，摘要信息显示目前创建了一个存储三元组数据的空知识库。

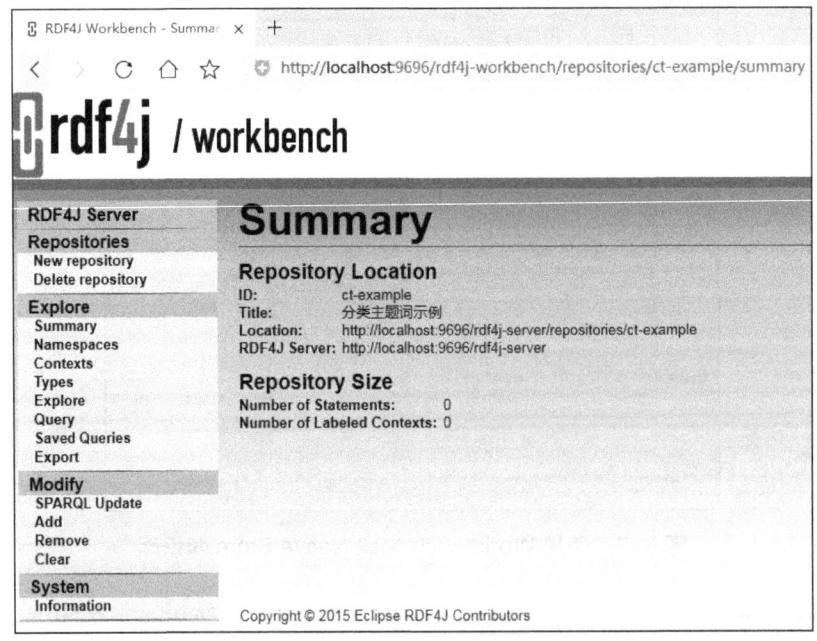

图 5-9　RDF4J 空知识库参数信息

（3）三元组数据装载

为了方便理解和查看，这里以主题词"知识组织系统"的 SKOS 转换结果为示例装入知识库。选择"Modify->Add"菜单，输入"Base URI"和"Context"。数据发布可采用 3 种形式，"RDF Data URL"表示使用 RDF 数据的网络地址上传，"RDF Data File"表示选择本地文件上传，"RDF Content"表示通过页面输入框上传。此处点击"选择文件"按钮，选中转换后的 Turtle 文件 ctskosexample.ttl，"Data format"选择"Turtle"。配置详情如图 5-10 所示。

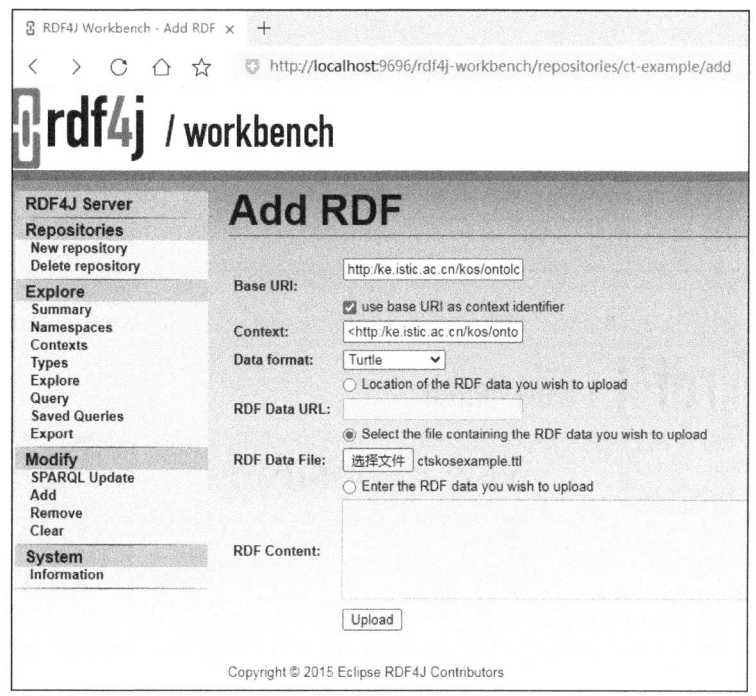

图 5-10　RDF4J 知识库数据导入

文件上传成功后，知识库摘要信息随之更新，显示当前知识库中存储的三元组数量。

（4）三元组查询

数据入库成功后，可通过知识库的"浏览"功能进行检查，点击"Explore->Query"菜单，系统返回检索表达式编辑界面。目前支持 SeRQL 和 SPARQL 两种查询语言，用户可根据需求编辑检索表达式。根据查询需求输入 SPARQL 检索表达式，点击"Execute"按钮，系统返回查询结果列表。

为了适应多语种环境应用，Workbench 为 URL 链接设置了编码转换方案，如果中文概念链接无法点击访问，可修改 rdf4j-workbench\transformations\table.xsl 中的转码设置，详情如下列片段所示。

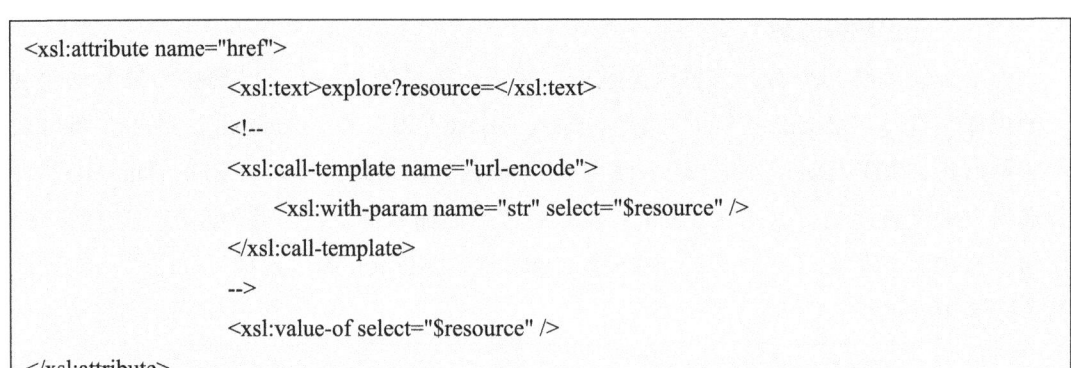

（5）SPARQL endpoint 创建

SPARQL endpoint 是一种采用 HTTP 协议的 RESTful 式服务接口，用于通过 Web 服务的方式共享远程数据。点击 "New Repository" 菜单，选择 "SPARQL endpoint proxy"，创建 endpoint 服务接口（图 5-11）。

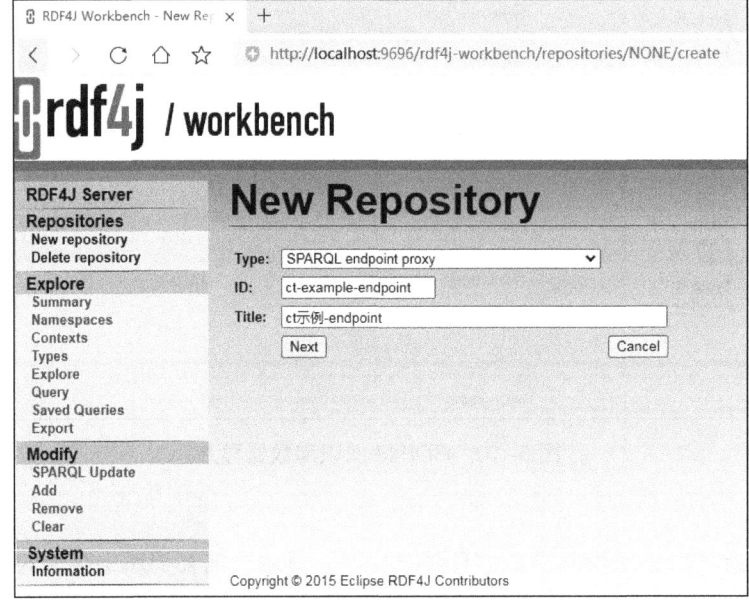

图 5-11　创建 SPARQL 远程服务端

SPARQL endpoint 不能独立运行，必须指向一个以 URL 作为标识的内存或本地知识库。详细配置参数如图 5-12 所示。

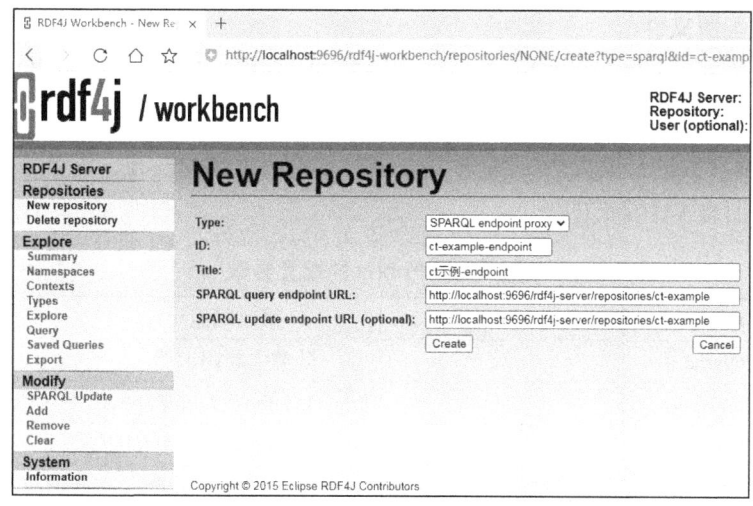

图 5–12　SPARQL 远程服务端配置参数

SPARQL endpoint 成功创建后，服务接口与内存或本地知识库建立关联，endpoint 成为知识库的服务映像，内存或本地知识库的规模和内容都可以通过 endpoint 进行查看。

（6）知识库本地位置

在浏览器输入 http://localhost:9696/rdf4j-server，页面返回后点击"System"菜单，可以查看服务系统的配置信息。"Data Directory"表示知识库的本地存储路径，该路径网络映射地址为 http://localhost:9696/rdf4j-server。"rdf4j-workbench"中创建的知识库以 ID 为库名存储在"Data Directory"路径指向的 repositories 目录中。内存或本地知识库目录中存有 config.ttl 配置文件和 *.dat 数据文件，而 endpoint 服务端目录中仅含有 config.ttl 配置文件。

5.4.2　Pubby 前端界面的配置和部署

Pubby 是一款简单、轻巧的前端页面生成和展示框架，通过访问本地或远程 SPARQL 服务端的接口，能够将发现的 RDF 三元组数据发布为网络化的关联数据。以下内容将详细介绍使用 Pubby 作为前端界面框架的参数配置和访问 RDF4J 知识库的整个过程。

（1）下载工具包

访问 http://wifo5-03.informatik.uni-mannheim.de/pubby/download/，下载最新的工具包，此处使用的最新版本为 Pubby-0.3.3。

（2）部署系统

作为一款系统前端展示工具，Pubby 需要中间件服务器才能运行，在 apache-tomcat-9.0.21-pubby/webapps 目录下新建 Pubby 文件夹，将 pubby-0.3.3/webapp 下的文件全部复制到新建的 Pubby 文件夹中。

(3)修改配置文件

修改 apache-tomcat-9.0.21-pubby/webapp/Pubby/WEB-INF 目录下的 config.ttl 配置文件。该配置文件是 Pubby 工具最重要的系统文件，Pubby 的各种功能和页面效果都可以通过 config.ttl 的各种参数进行设置[53]。为了满足分类主题词示例的发布，需要修改部分参数配置，取值详情如表 5-10 所示。

表 5-10 Pubby 的配置参数

参数名称	修改取值
conf:projectName	分类主题词示例
conf:projectHomepage	http://localhost:9686/Pubby/
conf:webBase	http://localhost:9686/Pubby/
conf:sparqlEndpoint	http://localhost:9696/rdf4j-server/repositories/ct-example-endpoint
conf:datasetBase	http://example.kos.ac.cn/ontology/
conf:indexResource	http://localhost:9686/Pubby/thesaurus-classified-v3%23C1

conf:projectName 和 conf:projectHomepage 用于设置主界面的标题及项目主页。conf:webBase 用于设置知识库三元组 URL 映射到 Pubby 服务器的基准定位。conf:sparqlEndpoint 用于设置页面展示的数据来源，即 Pubby 服务器访问的远程 Sparql 服务端。conf:datasetBase 用于标识三元组在知识库中的基准位置，这个位置通常是三元组元素命名空间的一部分。

(4)服务运行

运行 Tomcat 启动 Pubby 服务。在浏览器中输入知识库映射的基准位置 http://localhost:9686/Pubby/，服务成功启动后返回索引界面，详细列出了知识库中所含的知识条目信息（图 5-13）。

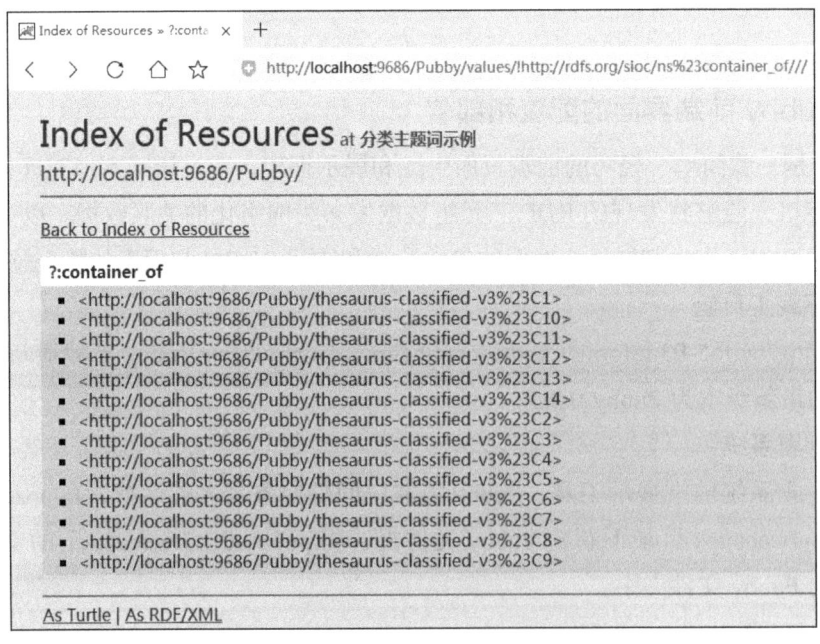

图 5-13 使用 Pubby 显示词条信息

（5）概念 URL 映射方法

Pubby 服务将知识库三元组自带的命名空间 URL 通过 conf:webBase、conf:datasetBase 的配置信息映射为 Pubby 服务的本地 URL。例如：知识库概念节点 http://example.kos.ac.cn/ontology/thesaurus-classified-v3#C1，通过设置 conf:datasetBase 基准位置 http://example.kos.ac.cn/ontology/ 取得相对位置 thesaurus-classified-v3#C1，这一相对位置与 conf:webBase 相加后，经浏览器转为 UTF-8 编码形式，从而构成 RDF4J 服务器中的本地映射位置 http://localhost:9686/Pubby/thesaurus-classified-v3%23C1（图 5-14）。

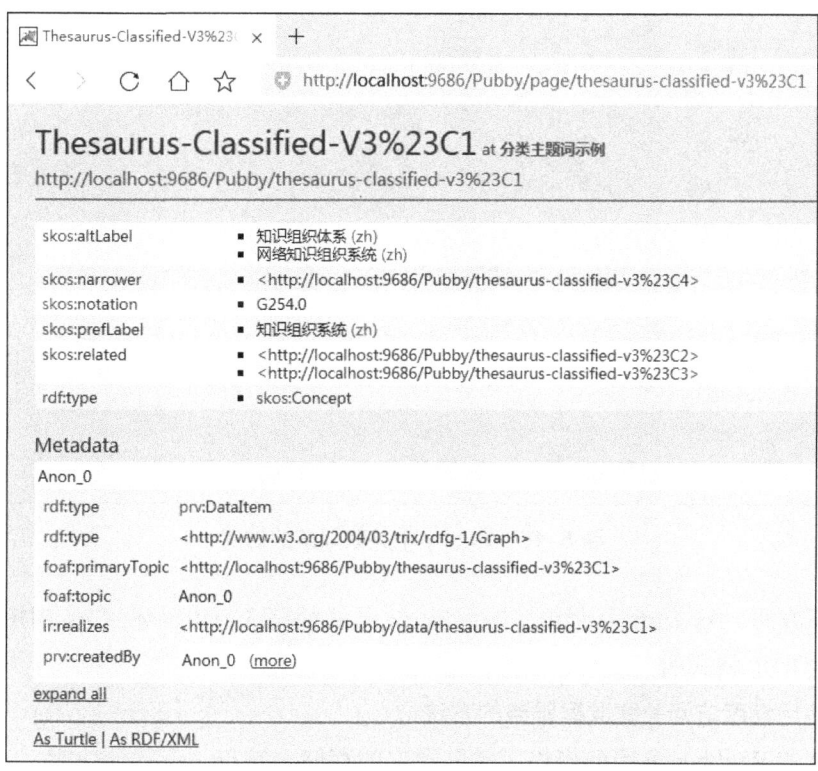

图 5-14　Pubby 中 URL 的映射方法

（6）概念关联和访问

知识库中的相关概念通过页面提供的关系链接，可以访问与当前节点有关的其他节点，查看相关信息，从而形成复杂的概念网络。例如，图 5-15 展示了 C1 概念节点"知识组织系统"产生 skos:related 关系的 C3 概念节点"检索语言"的有关信息。

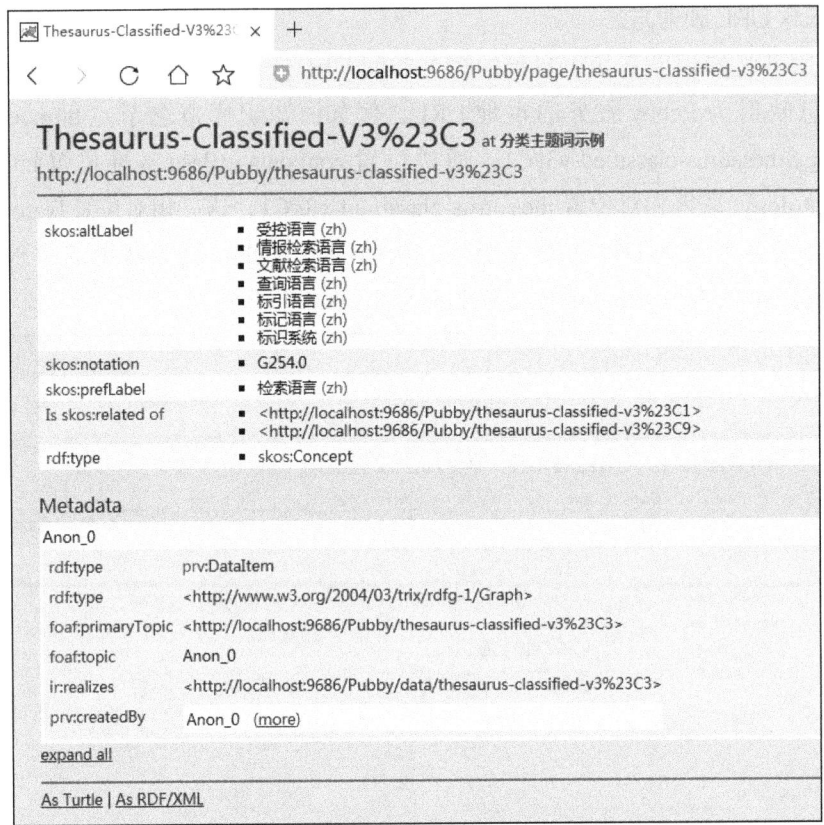

图 5-15　Pubby 中关联词条的访问

页面下方的"As Turtle"菜单，展示 Turtle 格式的概念节点描述，"As RDF/XML"菜单可以下载 RDF 格式的概念节点描述。

（7）使用程序访问关联数据服务的方法

RDF4J 的 Workbench 服务提供了关联数据的存储、发布、查看等功能，为一般性的知识库内容浏览提供了方便。SPARQL endpoint 服务端不仅为 Workbench 页面展示提供了数据保障，还为用户通过程序方式访问关联数据提供了强大的支持。利用 RDF4J 提供的 SPARQLRepository 功能，用户仅需设置几个参数，便可以像访问本地知识库一样操作远程知识库。"程序 5-3"展示了访问"分类主题词示例"知识库获取三元组的整个过程。

```
//### 程序 5-3 ###
public void getEndpointTriple（）
{
    // 分类主题词示例发布位置
    String endpoint = "http://localhost:9696/rdf4j-server/repositories/ct-example-endpoint";
    // 创建 SPARQL 远程知识库
    Repository repo = new SPARQLRepository（endpoint）;
```

```
        String sparql = "select ?s ?p ?o where {?s ?p ?o}";
        // 连接远程知识库
        RepositoryConnection conn = repo.getConnection（）;
        // 远程数据检索
        TupleQuery query = conn.prepareTupleQuery（sparql）;
        TupleQueryResult result = query.evaluate（）;
        // 结果集合遍历输出
        while（result.hasNext（））
        {
                BindingSet bindingSet=result.next（）;
                Value vS=bindingSet.getValue（"s"）;
                Value vP=bindingSet.getValue（"p"）;
                Value vO=bindingSet.getValue（"o"）;
                /////////////////////////////////
                System.out.println（vS+" "+vP+" "+vO）;
        }
}
```

RDF4J 内置了默认命名空间列表（rdf、rdfs、owl、skos 等），为 W3C 标准命名空间的词汇引用提供了方便，如果在 SPARQL 检索式中引用了标准词汇（如"rdfs:label""owl:hasValue""skos:prefLabel""foaf:name"等），则不需要在检索式中声明命名空间。如果引用了非默认命名空间，则需要在检索式头部声明词汇所在的命名空间。例如，下列片段展示了 patent 和 istic 词汇的用法。

```
PREFIX   patent:<http://www.istic.ac.cn/kos/ontology/patent#>
PREFIX   istic:<http://www.istic.ac.cn/kos/ontology/istic#>

SELECT  { ?pa istic: 专利名称 ?patent .
          ?pa istic: 专利权人 ?app .
          ?pa istic: 申请时间 ?date.
        }
WHERE  { ?pa patent: 名称 ?patent .
         ?pa patent: 申请人 ?app.
         ?pa patent: 申请日 ?date.
       }
```

>> 思考与练习 <<

【1】Linked Open Data 包含哪些数据集？这些数据集如何产生联系？

【2】三元组查询语言 SPARQL 与关系数据库查询语言 SQL 在功能和语法上有何相同之处？有何区别？

【3】下列 SPARQL 检索表达式有何功能？能否正常运行？有何问题？

```
SELECT distinct $individual ?label $app_id ?date
WHERE
{
        $individual a owl:NamedIndividual，
                  patent:专利；
                rdfs:label ?label；
                patent:申请号 ?app_id；
                patent:申请人 patent:智星科技；
                patent:申请日 ?date．
}
```

【4】下列 SPARQL 检索表达式有何功能？能否正常运行？"OPTIONAL"关键词与"|"符号的用法有何不同？

```
SELECT ?concept ?related_label ?narrower_label
WHERE
{
  ?concept rdf:type skos:Concept；
      skos:related/（skos:altLabel|skos:prefLabel）?related_label;
      skos:narrower/（skos:altLabel|skos:prefLabel）?narrower_label;
      skos:notation "G254.0"．
}
```

【5】阅读 SPARQL 1.1 Query Language（2013-3-21）文档的相关章节，设计合适的数据集和检索表达式，举例说明"^""/""|""*""+""?""!"等符号的用法。

【6】RDF 数据集中的默认图与命名图有何关系？设计相应的数据集和表达式，举例说明默认图数据和命名图数据的检索方法。

【7】使用 SPARQL 检索 RDF 数据集时经常返回各种空节点数据，如何过滤掉这些非相关信息？

【8】设计合适的数据集和表达式，举例说明 CONSTRUCT 模式与 DESCRIBE 模式的功能和用法。

【9】下列 3 个 SPARQL 检索表达式的功能是否相同？能否正确运行？

```
SELECT ?class
WHERE
{
  ?class rdfs:subClassOf* <http://www.istic.ac.cn/ontology/document# 科技文献 >
}
```

```
SELECT ?class
WHERE
{
        ?class  rdfs:subClassOf*  < 科技文献 >
}
```

```
PREFIX :< http://www.istic.ac.cn/ontology/document#>
SELECT ?class
WHERE
{
        ?class  rdfs:subClassOf*  :科技文献
}
BASE  < http://www.istic.ac.cn/ontology/patent#>
```

【10】下列数据片段描述了概念 C123 的首选标识、可选标识和分类号，设计一个 SPARQL 表达式以英文首选标识为筛选条件获取概念的可选标识和分类号。

```
### prefix kos: <http://www.istic.ac.cn/ontology/kos#>
kos:C123  rdf:type  skos:Concept ;
        skos:notation  "G254.0" ;
        skos:altLabel  " 知识组织体系 "@zh ,
                       " 网络知识组织系统 "@zh ,
                       "kos"@en;
        skos:prefLabel  " 知识组织系统 "@zh ,
                        "Knowledge Organization System"@en .
```

【11】下列数据片段有何功能？设计一个 SPARQL 表达式获取 4 个直辖市名称。

```
### prefix city: <http://www.istic.ac.cn/kos/city#>
city: 直辖市  rdf:type  owl:Class ;
            owl:equivalentClass [ rdf:type  owl:Class ;
                                  owl:oneOf ( city: 北京
                                              city: 天津
                                              city: 上海
                                              city: 重庆
                                            )
                                ].
```

*【12】资源建设学习小组计划构建一个中英双语的科技论文知识模型,并希望模型与全球的 Linked Open Data 建立语义关联,经过讨论分析后,大家认为知识模型要覆盖以下内容:

论文类型	元数据		
期刊论文	论文标题	作者	作者机构
会议论文	分类号	发文期刊名	收录会议名
	关键词	发文时间	研究主题

请你根据所学内容帮他们设计一份实施方案,详细说明论文本体的结构、发布方式和开放关联的技术细节,帮助他们尽快完成目标。

*【13】下列两个图谱分别描述了"蒂姆·伯纳斯·李"的不同信息,请为 2 个图谱建立 OWL 模型表示,并利用 RDF4J、Pubby 等工具发布为关联数据。

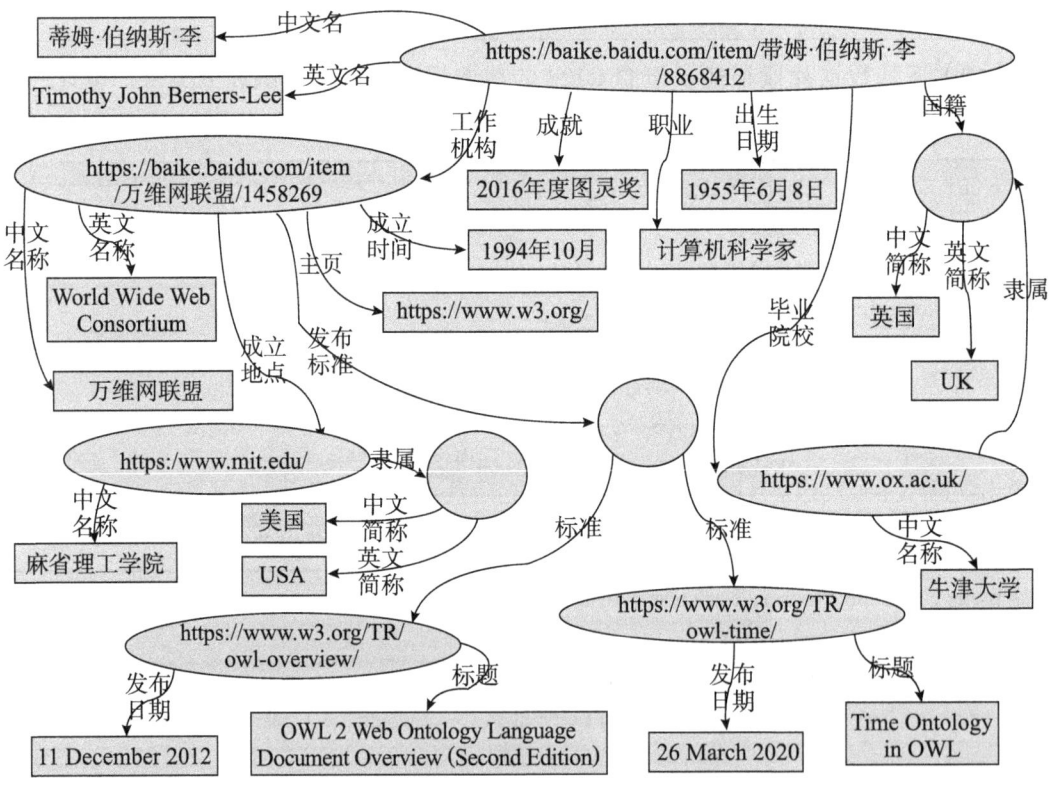

图谱 1

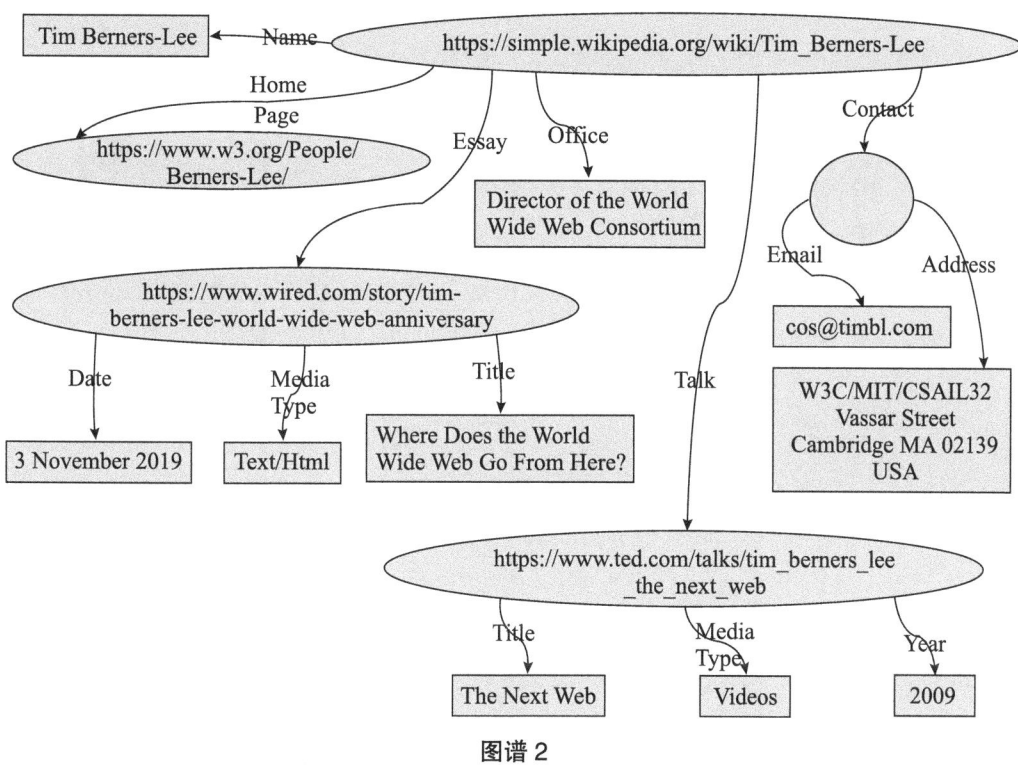

图谱 2

*【14】根据练习【13】构建的关联数据结构设计一个表达式,从中获取"蒂姆·伯纳斯·李"任职机构颁布的标准文献。

*【15】根据练习【13】构建的关联数据结构设计一个推理查询,获取"蒂姆·伯纳斯·李"在哪个国家工作。

*【16】根据练习【13】构建的关联数据结构设计一个表达式,获取 2015 年后与"Web"相关的研究成果。

第 6 章 本体知识库构建

传统知识管理应用以某种共同的、有组织的数据存储为基础，将非结构化的、半结构化的、结构化的知识整合在一起，成为业务处理的一部分，以便每位成员解决自己或团体的任务时，方便、快捷地对各种知识进行访问、共享、重用。这种知识管理系统的底层结构模型的规模相对较小，可由系统分析师完成需求分析后设计完成。随着资源规模的不断增长和业务需求的快速变化，大量的知识资源分布在网络环境中，那些基于传统的、集中式的知识管理系统已经无法应对大量开放用户群体的动态需求。语义 Web 的发展和资源整合技术的进步，使得数字资源的组织形式从结构化数据扩展到半结构化和非结构化数据，但由于不同的数据库采用不同的数据模型来描述数据，数字资源在语法和语义上产生了异构。语法上的异构，可以通过元数据映射进行融合；语义异构的产生在于数据模型、概念模式、应用程序及数据本身的不同，实现语义异构数据的融合需要对不同层面的数据结构进行关联和再组织。知识组织体系的形式和能力在很大程度上决定了知识检索的能力。

6.1 本体知识模型

本体的概念来源于哲学界，属于哲学的一个分支。Ontology 最早来源于希腊文，"On"相当于英文中的 Being，从 Ontology 的字面意义来看，它是一门关于"是"和一切"是者"的学问[54]。Ontology 的译法主要有"本体论""存在论""万有理论"等，本体论主要研究客观世界存在的本质、存在物的基本分类及其相互关系的抽象描述，其主要关注世界的本原和存在问题，是客观存在抽象、系统的解释和说明[55]。中文"本体论"的含义与 Ontology 的含义有所差异，但从其深层来看，"存在"和"是"之间确实具有密切的联系。"存在"是事物固有的属性特征，人们可能用不同的词汇、不同的语句，甚至是不同的语言来描述同一事物，但该事物不会因为不同的描述而改变。一个概念"是"什么，所是的东西必然已成为已有的事物，而一个事物要被认知必然要归入（是）某一类已知概念。

6.1.1 本体的功能与类型

20 世纪 80 年代，人工智能领域首先将"Ontology"这一术语引入科学界，并赋予了其新的含义，称为本体。本体最受认同的定义，是 Gurber 给出的："本体是一个精确的、明细化的概念,它以抽象化、简单化的视角展示了我们为了某个目的所希望描述的世界。"[56] 另外,一个广泛认同的定义是 Borst 提出的:"本体是共享的概念模型形式化的规范说明。"[57] 尽管各领域对本体的定义有所差别,但都把它当作领域内部不同主体(人、机器、软件系统等)间进行交流(对话、互操作、共享等)的一种语义基础,即由本体提供一种共识,这种共识要让人可以理解,但更主要的目的是让计算机可以解析。

哲学领域对本体的研究与知识工程领域的研究侧重点不同,哲学家们较少关心建立各种共识的形式化表示,如叙词表、分类表等知识描述体系。知识工程领域的研究者则较少关心存在的基本问题,他们更加关心的是领域知识的形式化描述。在各种知识组织系统中,人们经常研究词汇间不同的关系,从而找出人们对同一事物的不同描述,或者从含有相关词汇的语句中,找出它们共同描述的事物,本体作为一种知识表示模型,用来描述概念本身、属性及其各种关系,是知识概念本身及其相互关系的形式化描述,它为人工智能中的知识表示提供了范例,也为知识库互操作和可重用性提供了简单易用的方法。知识工程领域主要研究如何利用本体思想来表达对概念的共同认识,也就是概念的形式化问题。在概念关联体系中,本体作为领域知识的描述和抽象表示,能够形式化地描述概念含义和概念间的内在关联,是实现知识检索的有效手段。

由于人类知识表达和描述的复杂性,设计一个全面、系统、满足各种应用的本体并不容易实现,在实际的本体构建和开发中,通常针对特定的需求进行设计,形成不同类型的本体模型。在众多的本体分类方法中,下列 3 种方法具有代表性[58-59]。

(1) 按应用主题分类

领域本体:提供一个特定领域的概念定义和概念之间的关系,这些概念涉及该领域中人、事、物及重要的理论和活动。

通用本体:关注通用的常识概念,典型的研究有 Cycorp 公司的 OpenCyc 本体,斯坦福大学的知识交换格式(knowledge interchange format,KIF)。

语言学本体:关于语言、词汇等的本体。典型的实例有 GUM(generalized upper model)和普林斯顿大学研制的 WordNet。

任务本体:也称方法本体,主要研究与领域无关、可共享的问题求解方法,研究主题包括通用任务、任务方法结构、推理结构和任务结构。

(2) 按形式化程度分类

非形式化本体:采用自然语言进行表示,结构非常松散,如术语列表。

结构非形式化本体:采用受限结构化的自然语言进行表示,能有效提高本体论的清晰度,减少二义性。

半形式化本体:采用人工定义的形式化语言进行表示。

完全形式化本体:建模词汇具有形式化的语义,且有一定的一致性和完整性。

(3) 按使用场景分类

顶层本体:涉及通用的概念,如空间、时间、对象、事件、行为等,概念完全独立于特定的问题或领域。

领域本体：描述一个特定领域的有关概念，如交通、医学、航空等。

应用本体：用来描述具体的操作和处理过程。

6.1.2 本体的构成

为了更好地理解新事物，解释者通常会引入一些例子，从不同的角度来描述这个新事物，而最直观和形象的例子就是提供实物或图片。在形式化本体的描述系统中也会提供相应的建模词汇来响应这一认知过程，如 SKOS 模型中语义标签 skos:example 用来为抽象事物的描述提供实例标记，而在另一元数据描述规范 FOAF 中则通过 foaf:img 语义标签给出具体事物的图片[60]。本体是对领域知识内容的抽象，它强调概念间的关联，并通过多种知识元素将这些关联表达出来，虽然不同的本体描述系统对本体的构成要素有不同的称谓，但其所包含的基本框架大体相同。从形式上看，一个完整的本体由类或概念、属性、关系、函数约束、公理和实例 6 种元素组成。这 6 种元素恰好体现了哲学界对现实世界的抽象描述，知识工程领域借用了哲学本体的思想来组织现实世界中的各种信息，从而构成了本体的形式化结构。

（1）概念类

类是本体中最主要的知识单元，也是本体结构的基本组织单元，用于描述具有共性的实例对象。在本体的实现中，概念用类来定义，通常具有一定的层次结构，是构成领域知识的术语系统。类标识只是一种约定俗成的认识，在形式化本体的构建中一般不用概念名称来标识事物，而是使用特定的唯一标识符。因为同一事物会存在多个名字，甚至会有不同语义的名字，但无论什么样的名字，其实说明的都是这个事物本身。因此，在本体中类或概念的名字只是人们为了查找和记忆的方便标识，并非事物本身，事物的特性需要通过属性和关系来体现，属性标明了事物的存在，关系则标明了事物的语义联系。

（2）属性描述

属性是概念的内部结构特征，描述概念的各种性质，是一个概念区别于其他概念的个性化标识。一个事物之所以存在必定要有标定量来说明该事物，即便是思维中的概念也需要一定的有形载体来呈现，这些特征标识构成了区别于其他事物的基本特征。这种认知层面的思考反映到形式化本体的构成中，便成为其属性元素，而其中的概念或类就是所要表明的那类事物。

（3）语义关系

关系是概念之间产生联系的纽带，是描述领域知识的基础框架。本体内的各种概念通过关系建立连接，形成知识网络。知识工程领域对知识的研究不是纯粹理论性的，而是面向计算机处理的知识表示方法、技术、理论的统一体，其更侧重知识获取的可操作性及获取过程的智能化[61]。对知识工程中的形式化本体来说，事物的存在并没有特别的意义，它更看重的是事物间的各种关系，对知识的处理和获取就是要发现事物间的不同联系，特定的知识总是存在于特定的关系中，我们之所以知道事物的存在也正是因为通过各种关系找到了它，如果没有各种关系脉络，即便该事物是客观存在的也难以被发现和认知。因此，在形式化本体的构建过程中，关系的梳理和描述是知识工程师的主要工作。

（4）函数约束

知识工程中的本体是一种形式化的知识表示方式，为了方便计算机做出精确的推理，属性和关系要有精确的设计。有些属性和关系较为复杂，需要有额外的信息对其进行规定，函数和约束便承担了这样的功能，可对特殊的属性和关系进行说明，以增强推理效果。每个属性或关系的取值范围及使用方式可以从多个侧面进行描述，这些侧面构成了本体知识结构的限定条件。

（5）公理规则

在对客观世界的认识中，有些知识是大家的共识，不需要由其他判断加以证明的命题和原理，我们称之为公理。本体作为领域知识的表示形式，也内含了一定的公理。这些初始公理是推出该系统内其他命题的基本命题，在该系统内不需要其他命题来证明。

（6）实例

概念类反映了具有同一类属性的事物集合，是领域知识的抽象描述。类中的每一个个体被称作实例，它们是人们所要认识的特定对象，也是领域概念在知识库中的具体载体。大量的领域知识需要通过实例属性及其之间的关系进行表示（如概念类为公园，实例为颐和园）。

本体知识库能够用来存储、查询和管理结构化数据，作为数据库管理系统的替代品来提供服务，使不同数据的整合更容易，数据分析更有力。在本体知识库中概念、属性、关系、约束条件和实例等元素共同描述领域知识，其中概念、关系、属性、约束条件构成知识框架，概念填充实例后，就构成了彼此相连的知识网络。虽然这些元素的语义特征并不相同，但它们之间都可以通过"主语 – 关系 – 宾语""主语 – 属性 – 取值"两种形式产生联系。因此，整个本体知识结构都可以转化为关系三元组和属性三元组，这就为本体知识库的扩展和存储带来了便利。

6.2 构建方法

早期的本体构建方法大多诞生于具体的项目中，这些方法通常以一个具体任务为起点，先使用某种逻辑语言构建一个基础本体，然后逐步补充完善。由于学科领域和工程性质不同，构建知识模型的过程没有统一的方法和标准，本体模型之间互操作能力十分有限。相对于传统的知识系统，本体强调概念的共享和重用，可为不同的数据模型提供统一的语义框架，其工程和应用性更为明显。目前的本体研究主要从知识工程和知识组织的角度来探讨本体的构建方法。狭义的知识工程也称为本体工程，它将软件工程和专家系统的设计思想引入到模型构建中，按照需求分析、概念选取、关系梳理、模型表示、结构验证、内容完善等环节组织整个流程，每项任务尽量遵循通用的规范和标准。知识组织则探讨利用现有的词表资源直接向本体转化的方法。为了文献标引和检索的需要，各专业领域一般都编制自己的分类表和主题词表，与其他术语和词汇表相比，这些经过专家设计和筛选的词汇系统具有更清晰的语义结构和概念关系，经过简单的调整、删改或补充便能转换为本体所需的核心结构，从而节省大量的人工和时间。

尽管近年来自然语言处理、大数据分析、深度学习等人工智能领域取得了突飞猛进的发展，但完全采用自动化的方法生成一个本体知识模型仍然难以实现。目前比较可行的方法首先是由领域专家使用通用的建模语言构建一个含有少量公理约束的内核本体，然后由数据处理或算法工程师综合利用各种机器学习方法从数据集中提取知识条目并填充到本体知识库中，最后通过推理机检测和人工审查形成新的知识结构。整个过程不断循环运行，本体知识库结构将越来越完善，知识条目覆盖范围也越来越广，从而形成一个良性的本体学习机制。

6.2.1 层级树的语义

层级树可以形象方便地列出概念关系，在日常工作生活中得到广泛使用。OWL 本体概念也采用层级树进行组织，虽然与通用层级树的结构相似，但结构关系有所不同，通用层级结构既可列举属分关系（如分类表），也可列举组成关系（如图书目录）。为了消除组织结构带来的歧义性，确保概念类型的精确推导，OWL 本体中的概念层级仅表示属分关系，在序列化存储时转换为 rdfs:subClassOf 标识，其语义解释为：属于细分概念类型的实例也属于上位概念的类型。

交叉分类是本体建模时经常遇到的问题，一个抽象概念可以从不同的认识角度进行细分，这些不同侧面反映了普通大众的认知需求。例如，"研究论文"按写作场景分为"期刊论文"、"会议论文"和"学位论文"，也可按内容分为"方法探索论文"、"系统设计论文"、"数据分析论文"和"研究综述论文"，下列片段描述了形式和内容交叉形成的细分类结构。

```
研究论文
    期刊论文
        方法探索论文
        系统设计论文
        数据分析论文
        研究综述论文
    会议论文
        方法探索论文
        系统设计论文
        数据分析论文
        研究综述论文
    学位论文
        方法探索论文
        系统设计论文
        数据分析论文
        研究综述论文
```

如果每一细分类都覆盖各个分面，势必造成概念树枝干繁杂、交叉冗余，严重影响模型的运行效率和使用效果，一种可行的解决方案是采用分面分类法。目前比较有影响的分面分类法主要有冒号分类法（CC）、布利斯书目分类法第二版（BC2），其中冒号分类法影响最大、使用最广泛。冒号分类法的组织形式与体系分类法相似，由若干个顶层大类作为基本分面，这些基本分面是对整个知识体系的抽象总结，通常归纳为本体、物质、能量、空间和时间等抽象概念。分面分类法的类目标记方法、关系结构与体系分类法不同，基本大类的细类不是等级列举结构，而是在大类下列出若干分面，按照"分面 – 亚面 – 类目"的结构组织词汇，各类目相互组配形成主题概念，各种分面按"本体→物质→能量→空间→时间"的顺序进行引用。

由于本体层级树只能表示单一的父子类蕴涵关系，概念树无法像传统分面分类法那样在同一类树下列举不同的分面，只能以一种通用分类为主干来构建层级树，其他分面类作为子类并列组织在合适的概念类下，并建立"分面标识"关系（对象属性），将分面类与分面类型建立关联。例如，下列片段描述了"研究论文"类的分面组织结构。

```
研究论文
        期刊论文 分面标识 some 场景分面
        会议论文 分面标识 some 场景分面
        学位论文 分面标识 some 场景分面
        方法探索论文 分面标识 some 内容分面
        系统设计论文 分面标识 some 内容分面
        数据分析论文 分面标识 some 内容分面
        研究综述论文 分面标识 some 内容分面
分面类型
        场景分面
        内容分面
```

6.2.2 概念的词性与功能

体系分类和主题分面是人类认识事物和组织知识的两种基本方式。形式化的体系框架结构可以有效地解释数据类型，但并不能适应和兼容主题层面的语义。主题语义更接近概念的内涵语义，无法通过集合包含、成员关系和基数约束来建模，语义的区分无法依靠实例的集合（扩展的集合）来完成，而是通过其本身的定义和所定义信息内容的精确性来断定。内涵语义在某种意义上要比形式逻辑更接近人类的联想思维。一个主题是否为其他主题的子主题，与主题类的实例集合关系不大。由于主题本体和模式本体具有不同的语义特性，在建模时应该考虑使它们保持分离状态，模式本体的类层次不应与主题层次混合在一起，否则很容易产生自相矛盾和非协调判定。对不同的领域和应用来说，一个主题时常成为其他主题的子主题，采用主题层次组织概念会更有效。例如，在一个描述"机构科研产出"的知识体系中，"论文"和"专利"可归为"科技文献"的子类，"高校"和"专利"

虽然都与机构科研产出相关，但无法互相包含，不能建立子类关联，如果要描述"高校申请的专利"，只能构建新的关系，如通过"专利申请"关系将"高校"类和"专利"类联系起来。知识表示语言的表达性会受其形式、基本模型及设计原理所限制，根据本体的描述能力和计算能力，可将其分成轻量级和重量级本体。重量级本体通常提供类和关系的全部形式化定义，而轻量级本体的形式化约束通常较少，其概念结构更加标签化，概念定义也较为片面，概念解释也不会像重量级本体那样严格，其概念类型推断和一致化检查能力较弱。在应用实践中通常将一些难以形成公认定义的抽象概念设计为轻量级的上层本体，将范围明确的领域知识设计为中量级的中层本体，将特定主题和需求任务相关的知识概念设计为重量级本体。

概念的属分蕴涵关系反映了自然语言中名词术语的组合方式。较短的词汇语义抽象，适合作为上位概念；较长的词汇指代范围具体，适合作为下位概念。汉语中的名词结构通常将语义重点放在后端，如"图书馆"、"高校图书馆"和"公共图书馆"3个词汇中，"图书馆"为基础概念，"高校图书馆"和"公共图书馆"为扩展概念，位于词汇后端的"图书馆"为核心语义，"高校"和"公共"作为修饰词汇承担专属语义，表示服务于一个细分领域的图书馆。本体概念关系组织时，可将较短的"图书馆"作为上位类，"高校图书馆"和"公共图书馆"作为"图书馆"的子类。如果核心词位于前端，后端词常承担分面语义，表示核心概念某一方面的特征，在概念组织时可将核心词作为类，分面词作为类的关系或属性，如"图书馆建设"、"图书馆管理"与"图书馆文化"3个词汇中，核心词"图书馆"适合设置为概念类，"建设"、"管理"和"文化"适合设置为"图书馆"的属性。

本体中的类、关系和属性在构建知识模型方面具有不同的功能特性，关系可以连接不同的实例节点，具有扩展知识网络的功能。关系可以设置定义域和值域，推理机运行时，使用该关系连接的两侧个体被推断为定义域或值域类型。属性连接个体与取值，只能用于描述实例节点，无法再延伸扩展，为属性设置定义域和值域，可用于推断个体类型和取值类型。约束条件包括取值范围、数量、唯一性等参数，用于对关系和属性进行分面限定，以便形成不同的细分特征。关系和属性可以不依附具体的概念类而独立存在，其继承和扩展性不像面向对象程序那样严格，子关系和子属性可以继承父关系和父属性的定义域及值域设置，但基数、传递、函数等约束条件无法继承，使用时还需要根据实际情况进行设置。

6.2.3 子类与实例的划分

本体中类和实例的划分，受概念的使用角色和构建者认知角度的影响，不存在固定唯一的原则。实际应用中常把本体与事实库结合起来形成本体知识库，由本体充当领域知识结构，事实库存储实例数据。实例的获取通常有两种途径：①收集和整理各种领域词典，批量导入本体模型中，并使领域词汇与本体概念建立关联（以人工匹配为主）；②从电子文献中进行实体抽取（以机器处理为主）。

人工构建的本体库知识量有限，只能支撑特定领域问题的检索，可作为最初的知识资源，实现更丰富的内容检索需要不断更新知识库。本体扩展性可以从两个方面考虑：一是在开始的时候进行规划，预留一些通用概念，能将后续的概念包含进去；二是使用具有多本体融合功能的知识库系统，能将后续加入的本体中相同或相似的概念合并。本体知识库的学习功能是一个动态的更新过程，需要多种工具和技术的支持，如命名实体抽取、实体关系抽取、篇章结构分析等技术，每种技术实现的方法多种多样。

类是本体中最主要的知识单元，也是本体结构的核心框架。类用于描述一类具有共性的实例对象集合。类具有继承性，子类比父类更加具体，范围更小。描述概念类特征的属性可以有多个分面，每个分面从不同的角度来描述属性，对属性进行约束限定。每个类概念下可以含有若干个实例，这些实例构建关联后，本体就具有了知识库的功能。本体知识库利用本体模型组织和管理具体数据，对某一领域的知识进行封装，形成一种通用的概念模型，可以更容易地实现知识的共享和复用。通常用于知识库模式的本体在设计时不包括实例的定义，没有一种简单的方式来断定一个概念应该定义成类还是实例，类概念和实例概念在某种程度上只是本体使用中的一种倾向。例如，在描述文献时有语种信息，每个语种（中文、英文、日文等）应该建成子类还是实例取决于其用途。如果构建为"语种"的子类，则每篇论文既要归入"文献"类目下，也要归入具体的语种类目下，语义上并不合适。如果构建为语种的个体，则可以通过"语言"关系（对象属性）建立关联，语义解释合理，使用起来方便。如果具体语种还可以进一步细分，如"中文"分为"简体中文"和"繁体中文"，则将"中文"构建为"语种"的子类，"简体中文"和"繁体中文"构建为"中文"的实例更易使用。鉴于OWL2中同一概念既可用作类，也可用作实例，"中文"类下还可以构建"中文"实例，以满足文献语种的标引需求，而只用"中文"类，无法实现这一功能。

6.3 基于Protege的OWL本体构建

直接在文本编辑器中使用OWL建模语言来描述一个领域本体最为简单方便，适合小规模的测试数据建模和结构修改。结构复杂的本体模型通常使用专用的编辑器来构建，本体编辑器提供界面化的操作和组织，避免了大量输入带来的语法错误。如果要描述的问题领域概念众多、关系复杂，从头构建一个完整的本体难度较大，由一个人来构建效率很低。比较可行的做法是把本体涉及的概念分为几个大的主题类，由熟悉该主题的人承担相应的子类概念和关系的梳理，并将梳理后的知识条目构建为子本体，然后通过推理机来检测子类关系和实例约束的一致性，最后由负责整个本体构建的知识工程师根据需要融合成一个大本体，再次通过推理机检测整个本体的一致性。经过测试后的本体可分配版本号，并设置URI路径，然后上传到注册服务器发布为正式的共享模型。用户在实体标注、知识抽取、相似度计算等应用中需要使用本体模型时，可通过本体解析工具访问 URI，将本体加载到工作空间，根据需要做进一步的查询、计算或推理操作。

由斯坦福大学医学院开发的 Protege，是目前使用最广泛的本体编辑器，其基本功能和使用方法详见附录4。Protege 拥有众多的专用插件，可提供数据导入、结构编辑、格式转换、三元组检索及模型推理等丰富的功能。构建一个本体模型通常要完成 7 项任务[62]：①确定本体涉及的领域和范围；②查找可复用的现有本体；③列举出本体中重要的术语；④定义类和类的层级结构；⑤定义类具有的属性；⑥定义约束属性的分面；⑦创建实例。

本体的覆盖范围和功能作用与应用场景密切相关。构建一个 OWL 本体首先要明确待解决的问题，分析解决问题需要用到哪些领域概念，领域概念有哪些细分术语，形成树形层级列表。然后对各种描述概念特性的元数据进行整理、归并，形成关系集合和属性集合。总体来看，本体概念间的基本关系主要有以下 5 种（表 6–1）。

表 6–1　本体概念间的基本关系

基本关系	关系描述
part-of	部分与整体的关系
kind-of	概念间的上下层级关系
instance-of	实例与类目关系
attribute-of	属性与类目关系
relate-to	类目相关关系

下面以一个简单的科研本体 research 为例，介绍使用 Protege 编辑器构建 OWL 本体的过程。需要注意的是，一个实用的本体模型通常只使用 OWL 的某些特性，并根据应用目标进行设计和优化，而示例本体的内容安排旨在展示 Protege 对 OWL 语言各种特性的全面支持，并非一个针对具体应用、内容真实、结构完善的知识模型。research 本体探索了 OWL 本体建模过程中遇到的众多问题并提供了可行的解决方案，熟练掌握 OWL 本体建模和推理机制后，以 research 为基础进行调整完善，可以快速地改造成一个满足实际需求的本体模型。

6.3.1　本体描述信息

使用 Protege 构建本体的第一步是设置本体自身的描述信息，包括本体的唯一标识符、版本标识符及名称和用途说明。这些信息可以帮助用户快速了解本体功能，判断是否满足自身需求。

（1）本体 IRI 和标注信息

本体 IRI 是本体在网络上的唯一标识符，通过 IRI 可以访问到发布的本体文件。如果一个本体拥有 IRI 唯一标识，则还可以拥有一个版本 IRI 标识，用于说明当前本体的版本，两个IRI可以相同，也可以不同。标注信息由rdfs:label标签和rdfs:comment标签组成，用于提供本体的名称和功能描述。research本体的IRI和标注信息设置如图6-1所示。

图6-1 research本体的IRI和标注信息设置

research本体的IRI为"http://ke.istic.ac.cn/ontology/research"，版本IRI为"http://ke.istic.ac.cn/ontology/research/1.0"，发布research本体时可同时准备几个不同格式的文件（html、rdf/xml或turtle），网络程序或浏览器访问本体IRI，利用内容协商机制适配相应的本体文件。本体IRI在存储时会转换为"<http://ke.istic.ac.cn/ontology/research> rdf:type owl:Ontology"三元组，Version IRI则转换为"<http://ke.istic.ac.cn/ontology/research> owl:versionIRI <http://ke.istic.ac.cn/ontology/research/1.0>"三元组。

（2）本体导入及命名空间设置

建立模型的过程中，经常使用由prefix标识的各种词汇。prefix标识的命名空间不要求一定通过http访问到，引用的词汇也不会参与推理，但import导入的本体模型则会参与推理过程。通过import导入本体后，Protege界面可以显示本体的名称和结构，实例的ObjectProperty和DataProperty断言、规则和约束将参与推理。融合后的本体中可以出现同名不同命名空间的Class、Property和Individual，OWL2模型中允许一个概念同时作为类、属性和个体存在。ObjectProperry、DataProperty和AnnotationProperty也可以有同名的属性，但Individual在使用时只能保留AnnotationProperty属性，ObjectProperty和DataProperty属性约束不再保留。

owl、rdf、rdfs是建立OWL本体默认的命名空间，其语义直接由OWL推理机解释。swrl、swrla及swrlb为SWRL（semantic Web rule language）规则函数默认的命名空间。research本体中设置了两个自定义的命名空间，research前缀为领域概念使用的命名空间，ondata前缀为通用概念使用的命名空间。本体命名空间及前缀设置如图6-2所示。

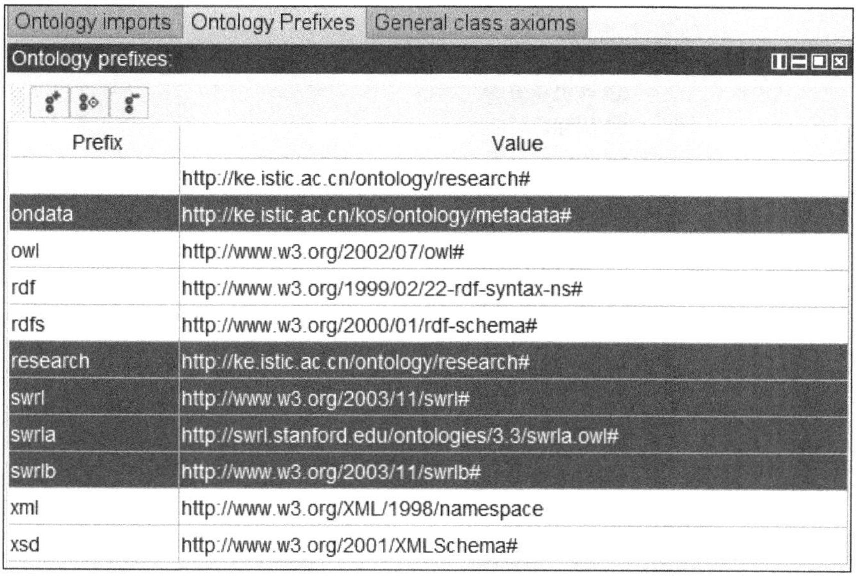

Prefix	Value
	http://ke.istic.ac.cn/ontology/research#
ondata	http://ke.istic.ac.cn/kos/ontology/metadata#
owl	http://www.w3.org/2002/07/owl#
rdf	http://www.w3.org/1999/02/22-rdf-syntax-ns#
rdfs	http://www.w3.org/2000/01/rdf-schema#
research	http://ke.istic.ac.cn/ontology/research#
swrl	http://www.w3.org/2003/11/swrl#
swrla	http://swrl.stanford.edu/ontologies/3.3/swrla.owl#
swrlb	http://www.w3.org/2003/11/swrlb#
xml	http://www.w3.org/XML/1998/namespace
xsd	http://www.w3.org/2001/XMLSchema#

图 6-2 本体命名空间及前缀设置

(3) 本体保存格式

OWL 本体可以采用 RDF/XML、OWL/XML、Turtle、Manchester 等多种语法表示和存储，其中 Turtle 格式结构简单、语义明晰，最为常用。Turtle 格式以 RDF 三元组属性排列，每组三元组以 "." 结束，三元组中的元素采用命名空间前缀表示 URI，rdf:type 可用更简洁的 "a" 来表示。Turtle 格式表示多个共同主语的三元组，第一个以 "主-谓-宾" 表示，后加 ";" 分隔，后续三元组以 "谓-宾" 形式出现，最后以 "." 结束。多个共同主语-谓语的三元组，第一个以 "主-谓-宾" 表示，后加 "," 分隔，后续三元组以 "宾" 形式出现，最后以 "." 结束。基本描述信息设置完成后，选择 File->Save 菜单，按 "Turtle Syntax" 格式将本体模型保存为 research.ttl 文件。

6.3.2 概念类的组织

一个 OWL 本体通常由类、关系、属性、实例和数据类型 5 个模块组成，分别对应 Protege 编辑器中 Class、ObjectProperty、DataProperty、Individual 和 Datatype 5 个核心功能插件。类是本体知识模型中的核心节点，其他结构要素都要依附于类，research 本体以科研活动中的人员、机构、项目、成果、会议、文献及职称等概念为基础，经分析整理后形成类层级树，结构如图 6-3 所示。

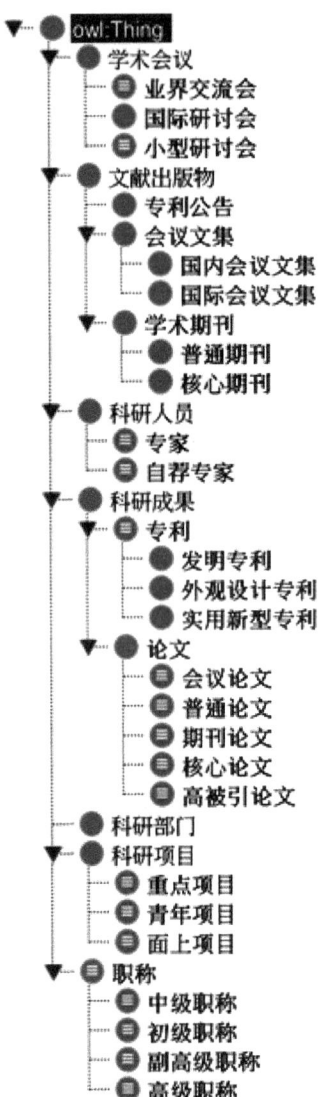

图 6-3 research 本体的类结构

　　IRI 形式的类标识符主要用于区分知识模型中的概念节点，并非类的语义名称，IRI 标识符创建后通常使用 rdfs:label 声明一个供人阅读的类名称。唯一标识符的设计需要遵循 IRI 规范，而类名称没有类似的限制，可以采用多种文本形式，二者并不要求保持一致，但有时为了组织和阅读方便，尽量使用与类名相同的 IRI 标识，research 本体中的概念标识便采用了这种设计方式。

　　类的设计与应用目标密切相关，在组织时应根据使用需求设计其结构，一部分描述核心问题的功能类需要通过与其他类的关联和取值约束进行构造，以确保语义准确和结构完整，这样的类称为"定义类"。一些承担概念组织功能的非核心类可只添加类名，作为其他类的容器，这样的类称为"原始类"。本体中的顶层类抽象程度高，可容纳大量的细分概念，适合设计为"原始类"。下面详细介绍 research 本体中每个概念类的功能设计。

（1）学术会议

"学术会议"类按规模划分为"业界交流会"、"国际研讨会"和"小型研讨会"。"业界交流会"通常为中等规模的会议，为描述其语义特征在等同类中设置条件描述，详情如图 6-4 所示。

图 6-4　"业界交流会"等同类条件描述

"国际研讨会"通常为参会人数众多的大型会议，其等同类条件描述如图 6-5 所示。

图 6-5　"国际研讨会"等同类条件描述

"小型研讨会"参与人数少，规模小，其等同类条件描述如图 6-6 所示。

图 6-6　"小型研讨会"等同类条件描述

等同类也称为充分必要条件，即条件描述为类名的语义解释。OWL 本体中拥有等同类条件的类是"定义类"。"业界交流会"、"国际研讨会"和"小型研讨会"3 个子类的定义使用了数据属性公理，其中"会议规模"为数据属性，"中会"、"大会"和"小会"为自定义数据类型，"some"为 OWL 模型中存在量词的简化形式。Protege 界面中的每项操作都会转换为 Turtle 格式语法进行序列化保存，3 个子类的 Turtle 语法序列化表示如下所示。

```
### http://ke.istic.ac.cn/ontology/research# 业界交流会
research: 业界交流会 rdf:type owl:Class ;
         owl:equivalentClass
                 [ rdf:type owl:Restriction ;
                   owl:onProperty ondata: 会议规模 ;
                   owl:someValuesFrom ondata: 中会
                 ] ;
         rdfs:subClassOf research: 学术会议 .

### http://ke.istic.ac.cn/ontology/research# 国际研讨会
research: 国际研讨会 rdf:type owl:Class ;
         owl:equivalentClass
                 [ rdf:type owl:Restriction ;
                   owl:onProperty ondata: 会议规模 ;
                   owl:someValuesFrom ondata: 大会
                 ] ;
         rdfs:subClassOf research: 学术会议 .

### http://ke.istic.ac.cn/ontology/research# 小型研讨会
research: 小型研讨会 rdf:type owl:Class ;
         owl:equivalentClass
                 [ rdf:type owl:Restriction ;
                   owl:onProperty ondata: 会议规模 ;
                   owl:someValuesFrom ondata: 小会
                 ] ;
         rdfs:subClassOf research: 学术会议 .
```

（2）文献出版物

"文献出版物"顶层类包含"专利公告"、"会议文集"和"学术期刊"3个子类，其中"会议文集"包含"国内会议文集"和"国际会议文集"两个子类，"学术期刊"包含"普通期刊"和"核心期刊"两个子类。"文献出版物"类及其各级子类未设置条件描述，均为"原始类"，其概念层级树的 Turtle 表示形式如下所示。

```
### http://ke.istic.ac.cn/ontology/research# 文献出版物
research: 文献出版物 rdf:type owl:Class .

### http://ke.istic.ac.cn/ontology/research# 专利公告
research: 专利公告 rdf:type owl:Class ;
                 rdfs:subClassOf research: 文献出版物 .
```

```
### http://ke.istic.ac.cn/ontology/research# 会议文集
research: 会议文集 rdf:type owl:Class ;
         rdfs:subClassOf research: 文献出版物 .

### http://ke.istic.ac.cn/ontology/research# 国内会议文集
research: 国内会议文集 rdf:type owl:Class ;
         rdfs:subClassOf research: 会议文集 .

### http://ke.istic.ac.cn/ontology/research# 国际会议文集
research: 国际会议文集 rdf:type owl:Class ;
         rdfs:subClassOf research: 会议文集 .

### http://ke.istic.ac.cn/ontology/research# 学术期刊
research: 学术期刊 rdf:type owl:Class ;
         rdfs:subClassOf research: 文献出版物 .

### http://ke.istic.ac.cn/ontology/research# 普通期刊
research: 普通期刊 rdf:type owl:Class ;
         rdfs:subClassOf research: 学术期刊 .

### http://ke.istic.ac.cn/ontology/research# 核心期刊
research: 核心期刊 rdf:type owl:Class ;
         rdfs:subClassOf research: 学术期刊 .
```

(3) 科研人员

"科研人员"顶层类包含"专家"和"自荐人才"两个子类，两个类均为定义类，"专家"类的定义使用存在量词"some"，其中"技术职称"为对象属性，"高级职称"为枚举型概念类。"专家"类（高级技术职称的科研人员）的等同条件描述如图 6-7 所示。

图 6-7 "专家"类等同条件描述

"自荐人才"类（自己推荐自己的科研人员）的定义使用了自反特性，即关系（对象属性）作用于自身，其中"推荐专家"为对象属性，"Self"为 OWL 模型自反特性的简化形式。"自荐人才"类的等同条件描述如图 6-8 所示。

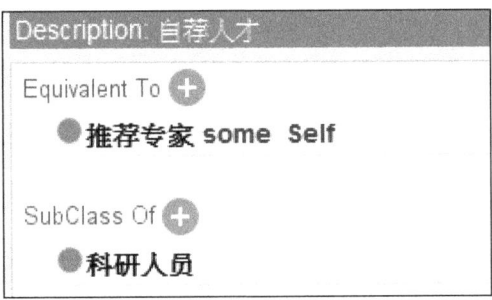

图 6-8 "自荐人才"类等同条件描述

"专家"和"自荐人才"类的 Turtle 描述形式如下所示。

```
### http://ke.istic.ac.cn/ontology/research# 专家
research: 专家 rdf:type owl:Class ;
         owl:equivalentClass
             [ rdf:type owl:Restriction ;
               owl:onProperty research: 技术职称 ;
               owl:someValuesFrom research: 高级职称
             ] ;
         rdfs:subClassOf research: 科研人员 .

### http://ke.istic.ac.cn/kos/ontology/metadata# 自荐人才
ondata: 自荐人才 rdf:type owl:Class ;
         owl:equivalentClass
             [ rdf:type owl:Restriction ;
               owl:onProperty ondata: 推荐专家 ;
               owl:hasSelf "true"^^xsd:boolean
             ] ;
         rdfs:subClassOf research: 科研人员 .
```

（4）科研成果

"科研成果"类包含"专利"和"论文"两个子类，其中"专利"类包含"发明专利"、"外观设计专利"和"实用新型专利"3 个原始子类，"论文"类包含按写作场景分面的"会议论文"、"期刊论文"和按应用价值分面的"普通论文"、"核心论文"及"高被引论文"5 个子类。

每项专利有唯一的"授权公告号"，可将"授权公告号"作为专利的主键，在个体实例推理中发挥作用。"专利"类的定义使用了"覆盖公理"（Covering Axioms）设置，其详细操作如图 6-9 所示。

图 6-9 "专利"类等同条件描述

DisjointUnionOf 用于将一个类定义为其他两两不相交类的并集，即使集合中的各类未声明两两不相交，DisjointUnionOf 标识后集合各类自动产生两两不相交关系。在等同类条件中可以设置"覆盖公理"，但要同时为其覆盖子类声明互不相交关系。"专利"类层级树的 Turtle 描述形式如下所示。

```
### http://ke.istic.ac.cn/ontology/research# 专利
research: 专利 rdf:type owl:Class ;
        owl:equivalentClass
            [ a owl:Class ;
                owl:unionOf ( research: 发明专利
                              research: 外观设计专利
                              research: 实用新型专利
                            )
            ] ;
        rdfs:subClassOf research: 科研成果 ;
        owl:disjointUnionOf ( research: 发明专利
                              research: 外观设计专利
                              research: 实用新型专利
                            ) ;
```

```
                owl:hasKey ( research: 授权公告号 ) .

### http://ke.istic.ac.cn/ontology/research# 发明专利
research: 发明专利 rdf:type owl:Class ;
            rdfs:subClassOf research: 专利 .

### http://ke.istic.ac.cn/ontology/research# 外观设计专利
research: 外观设计专利 rdf:type owl:Class ;
            rdfs:subClassOf research: 专利 .

### http://ke.istic.ac.cn/ontology/research# 实用新型专利
research: 实用新型专利 rdf:type owl:Class ;
            rdfs:subClassOf research: 专利 .
```

"论文"类为"原始类",用于组织领域概念。该类包含"会议论文"、"普通论文"、"期刊论文"、"核心论文"和"高被引论文"5个定义子类。"会议论文"与"期刊论文"互不相交,其等同条件描述如图 6-10 所示。

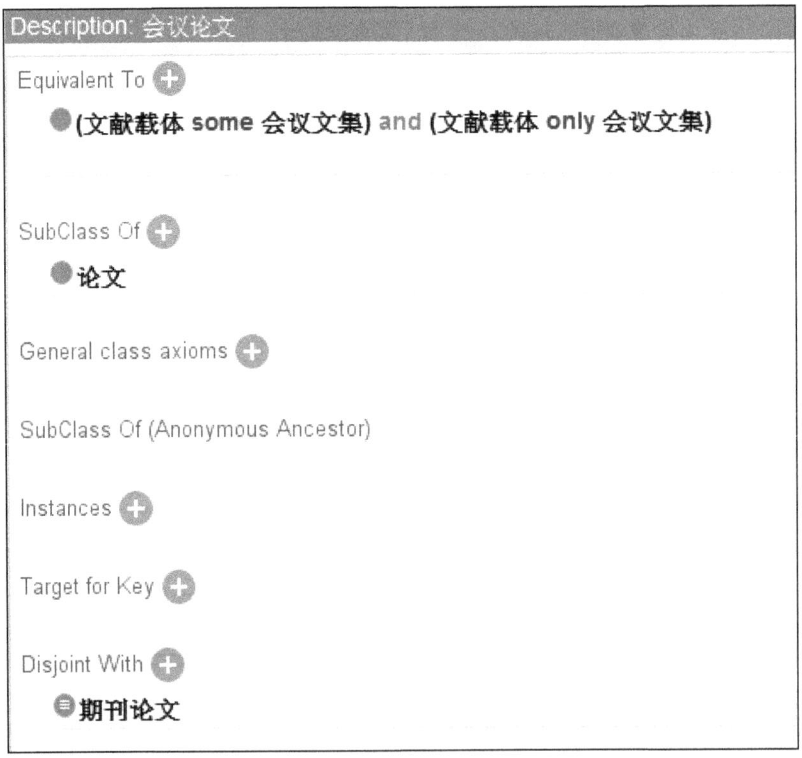

图 6-10 "会议论文"类等同条件描述

"普通论文"与"核心论文"、"高被引论文"不相交,其定义使用了补集操作,即"核心论文"的补集,其等同条件描述如图 6-11 所示。

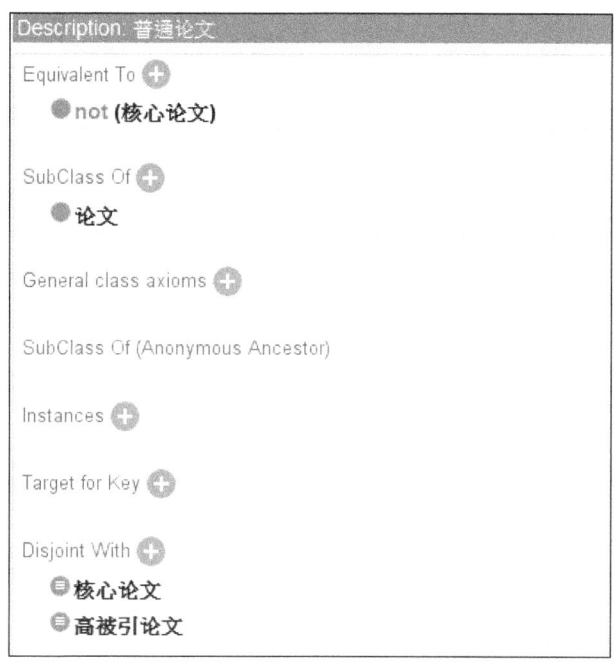

图 6-11　"普通论文"类等同条件描述

"期刊论文"类定义为"发表于学术期刊的论文",其等同条件描述如图 6-12 所示。

图 6-12　"期刊论文"类等同条件描述

"核心论文"类定义为"发表于核心期刊,被引频次 ≥ 50 的论文",其等同条件描述如图 6-13 所示。

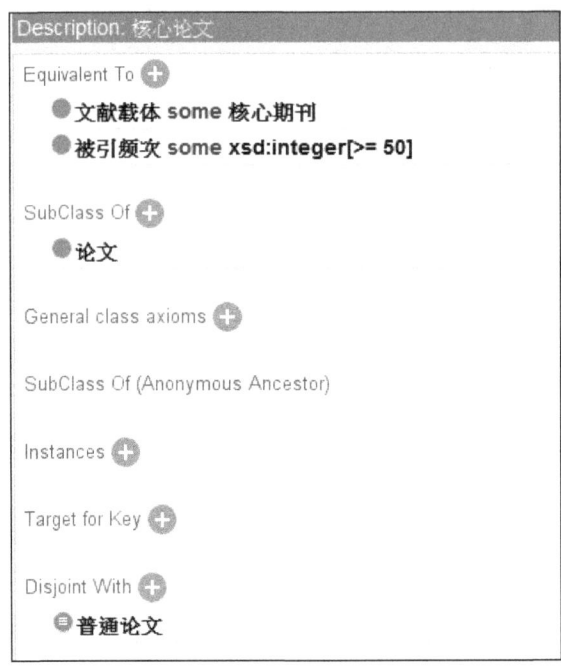

图 6-13 "核心论文"类等同条件描述

"高被引论文"类定义为"被引频次 ≥ 100 的论文",其等同条件描述如图 6-14 所示。

图 6-14 "高被引论文"类等同条件描述

OWL 本体中的子类推理主要针对定义类,即将满足等同条件的定义类或原始类归入定义类下成为其子类。由于"高被引论文"满足"核心论文"的条件,推理机运行后,"高被引论文"将被划分到"核心论文"类下。

"论文"类层级树的 Turtle 描述形式如下所示。

```
### http://ke.istic.ac.cn/ontology/research# 论文
research: 论文 rdf:type owl:Class ;
         rdfs:subClassOf research: 科研成果 ,
             [ rdf:type owl:Class ;
               owl:unionOf
                 ( [ rdf:type owl:Restriction ;
                     owl:onProperty research: 文献载体 ;
                     owl:someValuesFrom research: 会议文集
                   ]
                   [ rdf:type owl:Restriction ;
                     owl:onProperty research: 文献载体 ;
                     owl:someValuesFrom research: 学术期刊
                   ]
                 )
             ] .

### http://ke.istic.ac.cn/ontology/research# 会议论文
research: 会议论文 rdf:type owl:Class ;
         owl:equivalentClass
             [ owl:intersectionOf
                 ( [ rdf:type owl:Restriction ;
                     owl:onProperty research: 文献载体 ;
                     owl:someValuesFrom research: 会议文集
                   ]
                   [ rdf:type owl:Restriction ;
                     owl:onProperty research: 文献载体 ;
                     owl:allValuesFrom research: 会议文集
                   ]
                 ) ;
               rdf:type owl:Class
             ] ;
         rdfs:subClassOf research: 论文 ;
         owl:disjointWith research: 期刊论文 .

### http://ke.istic.ac.cn/ontology/research# 普通论文
research: 普通论文 rdf:type owl:Class ;
         owl:equivalentClass [ rdf:type owl:Class ;
                               owl:complementOf research: 核心论文
                             ] ;
         rdfs:subClassOf research: 论文 ;
         owl:disjointWith research: 核心论文 ,
                          research: 高被引论文 .

### http://ke.istic.ac.cn/ontology/research# 期刊论文
research: 期刊论文 rdf:type owl:Class ;
         owl:equivalentClass
             [ owl:intersectionOf
```

```
                ( [ rdf:type owl:Restriction ;
                  owl:onProperty research: 文献载体 ;
                  owl:someValuesFrom research: 学术期刊
                  ]
                  [ rdf:type owl:Restriction ;
                  owl:onProperty research: 文献载体 ;
                  owl:allValuesFrom research: 学术期刊
                  ]
                );
             rdf:type owl:Class
            ] ;
        rdfs:subClassOf research: 论文 .

### http://ke.istic.ac.cn/ontology/research# 核心论文
research: 核心论文 rdf:type owl:Class ;
        owl:equivalentClass
            [ rdf:type owl:Restriction ;
              owl:onProperty research: 文献载体 ;
              owl:someValuesFrom research: 核心期刊
            ] ,
            [ rdf:type owl:Restriction ;
              owl:onProperty research: 被引频次 ;
              owl:someValuesFrom
                  [ rdf:type rdfs:Datatype ;
                    owl:onDatatype xsd:integer ;
                    owl:withRestrictions ( [ xsd:minInclusive 50 ] )
                  ]
            ] ;
        rdfs:subClassOf research: 论文 .

### http://ke.istic.ac.cn/ontology/research# 高被引论文
research: 高被引论文 rdf:type owl:Class ;
        owl:equivalentClass
            [ rdf:type owl:Restriction ;
              owl:onProperty research: 被引频次 ;
              owl:someValuesFrom
                  [ rdf:type rdfs:Datatype ;
                    owl:onDatatype xsd:integer ;
                    owl:withRestrictions ( [ xsd:minInclusive 100 ] )
                  ]
            ] ;
        rdfs:subClassOf research: 论文 .
```

（5）科研项目

"科研项目"类包含"重点项目"、"青年项目"和"面上项目"3个定义型子类。"重点项目"类的定义使用了关系基数约束和存在量词（图6-15）。

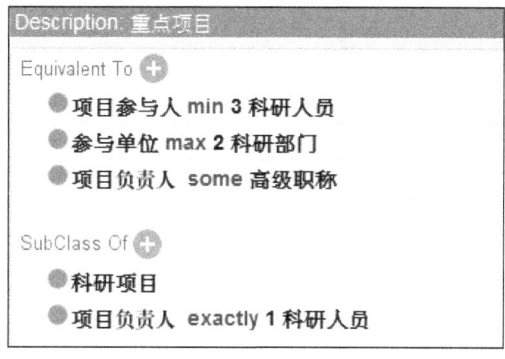

图 6-15 "重点项目"类等同条件描述

"重点项目"必须同时满足"项目参与人至少 3 人，参与单位至多 2 家，项目负责人必须为高级职称"等条件。充分必要条件中的"项目参与人"、"参与单位"和"项目负责人"为对象属性，"min"和"max"为 OWL 模型中最小基数和最大基数的简写形式，"项目负责人 exactly 1 科研人员"为必要条件，即"重点项目"只能有一名项目负责人，但一名项目负责人承担的科研项目不都是"重点项目"。

"青年项目"类（项目负责人年龄小于 36 岁，项目经费 1 万～3 万元的科研项目）的定义使用了存在量词和全称量词，其等同条件描述如图 6-16 所示。

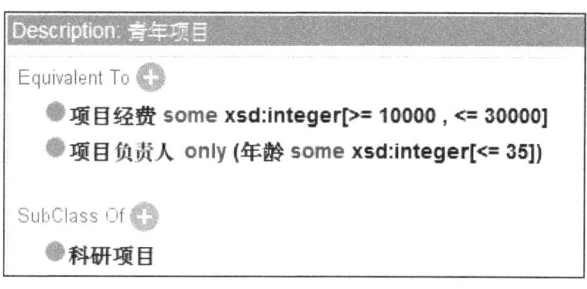

图 6-16 "青年项目"类等同条件描述

"面上项目"类（项目经费 3 万～5 万元的科研项目）的定义使用了数据属性（项目经费）存在量词，其等同条件描述如图 6-17 所示。

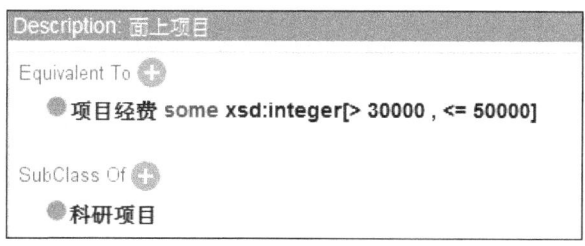

图 6-17 "面上项目"类等同条件描述

"科研部门"类为单一结构的顶层"原始类"，作为组织个体实例的容器。"科研部门"和"科研项目"类层级树的 Turtle 描述形式如下所示。

http://ke.istic.ac.cn/ontology/research# 科研部门
research: **科研部门** rdf:type owl:Class .

http://ke.istic.ac.cn/ontology/research# 科研项目
research: **科研项目** rdf:type owl:Class .
http://ke.istic.ac.cn/ontology/research# 重点项目
research: **重点项目** rdf:type owl:Class ;
  owl:equivalentClass
   [rdf:type owl:Restriction ;
    owl:onProperty research: 项目负责人 ;
    owl:someValuesFrom research: 高级职称
   ] ,
   [rdf:type owl:Restriction ;
    owl:onProperty research: 项目参与人 ;
    owl:minQualifiedCardinality "3"^^xsd:nonNegativeInteger ;
    owl:onClass research: 科研人员
   ] ,
   [rdf:type owl:Restriction ;
    owl:onProperty research: 参与单位 ;
    owl:maxQualifiedCardinality "2"^^xsd:nonNegativeInteger ;
    owl:onClass research: 科研部门
   ] ;
  rdfs:subClassOf research: 科研项目 ,
   [rdf:type owl:Restriction ;
    owl:onProperty research: 项目负责人 ;
    owl:qualifiedCardinality "1"^^xsd:nonNegativeInteger ;
    owl:onClass research: 科研人员
   ] .

http://ke.istic.ac.cn/ontology/research# 青年项目
research: **青年项目** rdf:type owl:Class ;
  owl:equivalentClass
   [rdf:type owl:Restriction ;
    owl:onProperty research: 项目负责人 ;
    owl:allValuesFrom
     [rdf:type owl:Restriction ;
      owl:onProperty research: 年龄 ;
      owl:someValuesFrom

```
                    [ rdf:type rdfs:Datatype ;
                      owl:onDatatype xsd:integer ;
                      owl:withRestrictions （ [ xsd:maxInclusive 35 ] ）
                    ]
                ]
        ] ,
        [ rdf:type owl:Restriction ;
          owl:onProperty research: 项目经费 ;
          owl:someValuesFrom
                [ rdf:type rdfs:Datatype ;
                  owl:onDatatype xsd:integer ;
                  owl:withRestrictions （ [ xsd:minInclusive 10000 ]
                                          [ xsd:maxInclusive 30000 ] ）
                ]
        ] ;
    rdfs:subClassOf research: 科研项目 .

### http://ke.istic.ac.cn/ontology/research# 面上项目
research: 面上项目 rdf:type owl:Class ;
    owl:equivalentClass
        [ rdf:type owl:Restriction ;
          owl:onProperty research: 项目经费 ;
          owl:someValuesFrom
                [ rdf:type rdfs:Datatype ;
                  owl:onDatatype xsd:integer ;
                  owl:withRestrictions （ [ xsd:minExclusive 30000 ]
                                          [ xsd:maxInclusive 50000 ] ）
                ]
        ] ;
    rdfs:subClassOf research: 科研项目 .
```

（6）职称

"职称"类为定义类，包含"中级职称"、"初级职称"、"副高级职称"和"高级职称"4个定义型子类。"职称"类的定义使用了"覆盖公理"，即父类由全部不相交子类的并集构成，为父类设置"覆盖公理"时，需同时为覆盖子类设置互不相交标识（图6-18）。

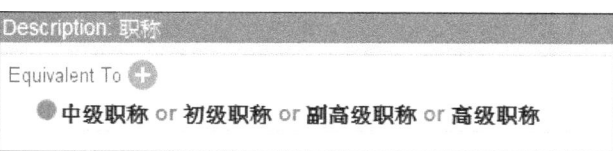

图6-18 "职称"类等同条件描述

复合条件无法通过选定关系、属性和类直接设置，只能使用类编辑器（Class Expression Editor）来构建。"中级职称"类的定义使用了"枚举"机制，概念类的语义由所含的个体列表来解释，"枚举"类的形式与"覆盖"类不同，"覆盖"类是子类的交集操作，而"枚举"类是由"{ }"表示、","分隔的个体列表。"中级职称"类与其他兄弟类互不包含，应为其设置互不相交关系，使用"Disjoint With"按钮操作时，需要单次同时选择多个兄弟类，而不能采用多次单个选取的方式，选定后子类间自动设置为互不相交，无须再重复设置。"中级职称"类的等同条件描述如图 6-19 所示。

图 6-19 "中级职称"类等同条件描述

"初级职称"类由"助理工程师"和"研究实习员"两个实例枚举构建，其等同条件描述如图 6-20 所示。

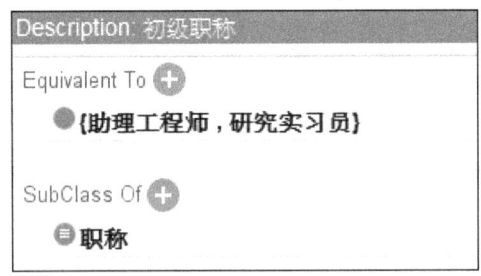

图 6-20 "初级职称"类等同条件描述

"副高级职称"类由"副教授"、"副研究员"和"高级工程师"3 个实例枚举构成，其等同条件描述如图 6-21 所示。

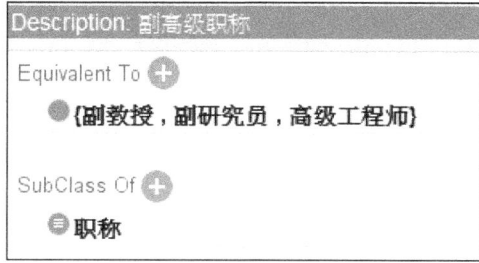

图 6-21 "副高级职称"类等同条件描述

"高级职称"类由"教授"、"研究员"和"研究馆员"3 个实例枚举构成,其等同条件描述如图 6-22 所示。

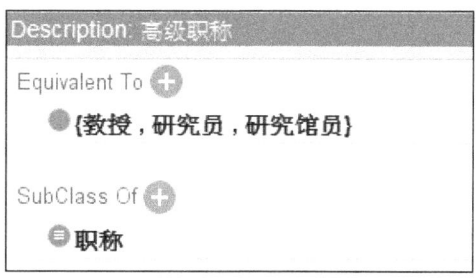

图 6-22 "高级职称"类等同条件描述

通常情况下,"教授"、"研究员"及"工程师"等概念应当构建为类,为了方便标识每位"科研人员"的职称,research 本体中将其构建为个体实例。

"职称"类层级树的 Turtle 描述形式如下所示。

```
###  http://ke.istic.ac.cn/ontology/research# 职称
research: 职称 rdf:type owl:Class ;
          owl:equivalentClass [ rdf:type owl:Class ;
                                owl:unionOf ( research: 中级职称
                                              research: 初级职称
                                              research: 副高级职称
                                              research: 高级职称
                                            )
                              ] .

###  http://ke.istic.ac.cn/ontology/research# 初级职称
research: 初级职称 rdf:type owl:Class ;
          owl:equivalentClass [ rdf:type owl:Class ;
                                owl:oneOf ( research: 助理工程师
                                            research: 研究实习员
                                          )
```

```
                              ] ;
              rdfs:subClassOf research: 职称 .

### http://ke.istic.ac.cn/ontology/research# 中级职称
research: 中级职称 rdf:type owl:Class ;
              owl:equivalentClass [ rdf:type owl:Class ;
                              owl:oneOf ( research: 助理研究员
                                        research: 工程师
                                        research: 讲师
                                        )
                              ] ;
              rdfs:subClassOf research: 职称 .

### http://ke.istic.ac.cn/ontology/research# 副高级职称
research: 副高级职称 rdf:type owl:Class ;
              owl:equivalentClass [ rdf:type owl:Class ;
                              owl:oneOf ( research: 副教授
                                        research: 副研究员
                                        research: 高级工程师
                                        )
                              ] ;
              rdfs:subClassOf research: 职称 .

### http://ke.istic.ac.cn/ontology/research# 高级职称
research: 高级职称 rdf:type owl:Class ;
              owl:equivalentClass [ rdf:type owl:Class ;
                              owl:oneOf ( research: 教授
                                        research: 研究员
                                        research: 研究馆员
                                        )
                              ] ;
              rdfs:subClassOf research: 职称 .
```

6.3.3 关联属性

关联属性又称对象属性，用于描述两个实例间的联系，可以通过 Protege 的 "Object Property" 面板来构建。research 本体中的对象属性由 "人员关联"、"文献关联"、"机构关联" 和 "项目关联" 4 种关系构成，其详细结构如图 6-23 所示。

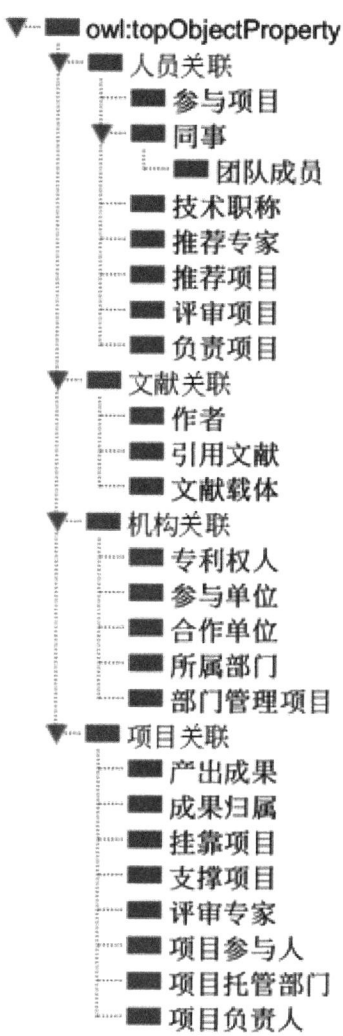

图 6-23 research 本体的关系层级

(1) 人员关联

"人员关联"用于描述科研人员间及与项目产生的联系,其中"参与项目"与"项目参与人"互为逆关系,与"负责项目"、"推荐项目"和"评审项目"之间不相交。"参与项目"关系的语义设置如图 6-24 所示。

图 6-24 "参与项目"关系语义设置

"同事"关系描述两个科研人员之间的关系,具有对称性,其定义域和值域均为"科研人员"类。"同事"关系的语义设置如图 6-25 所示。

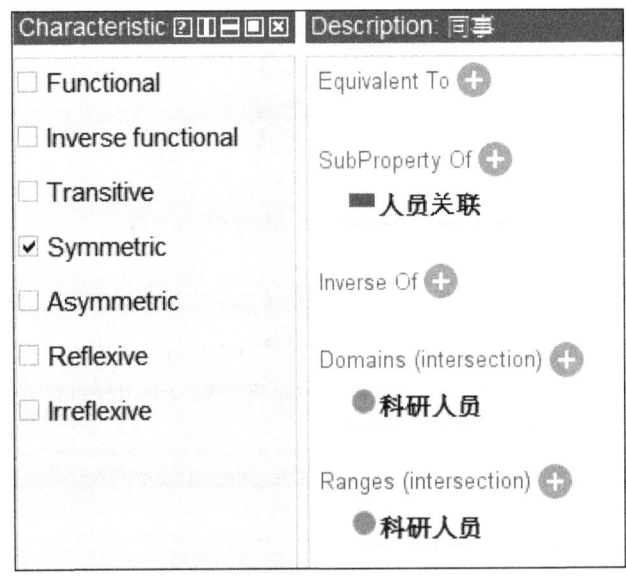

图 6-25 "同事"关系语义设置

"同事"关系下包含一个细分关系"团队成员",该关系同样具有对称性,但本体中的子类、子关系及子属性不继承父类、父关系和父属性拥有的特性(函数/反函数、传递、对称/非对称、自反/反自反），作为细分关系的"团队成员"需要单独设置"Symmetric"特性。

"技术职称"用于描述每名科研人员的职称信息，其定义域为"科研人员"类，值域为"职称"类，"技术职称"关系的语义设置如图 6-26 所示。

图 6-26　"技术职称"关系语义设置

"推荐专家"用于描述科研人员间的推荐关系，其定义域和值域均为"科研人员"类，其语义设置如图 6-27 所示。

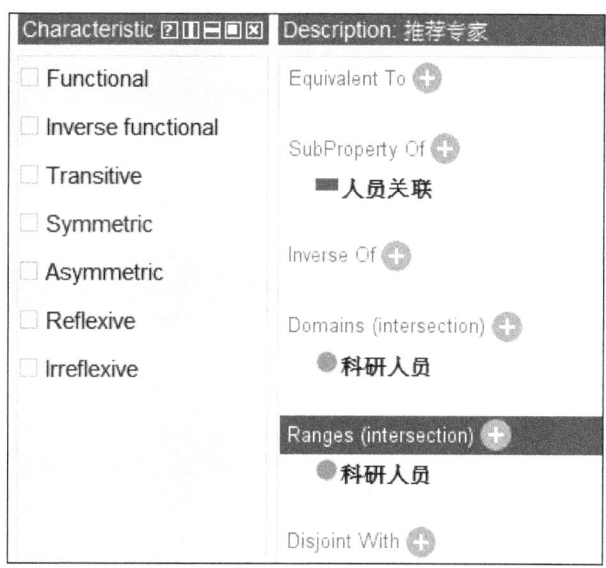

图 6-27　"推荐专家"关系语义设置

"推荐项目"用于描述科研人员与项目的关联，其定义域为"科研人员"类，值域为"科研项目"类，项目推荐者通常不能为项目参与人，因此"推荐项目"与"参与项目"应设置不相交。"推荐项目"关系的语义设置如图 6-28 所示。

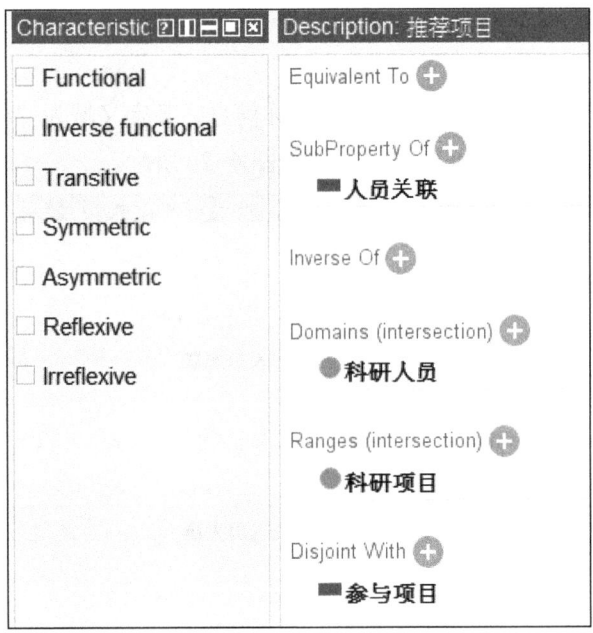

图 6-28 "推荐项目"关系语义设置

"评审项目"用于描述科研人员与具体项目的关联信息,该关系与"评审专家"互为逆关系,项目评审人员通常不能作为项目参与人和负责人,因此需要设置"评审项目"与"参与项目"、"负责项目"不相交,其语义设置如图 6-29 所示。

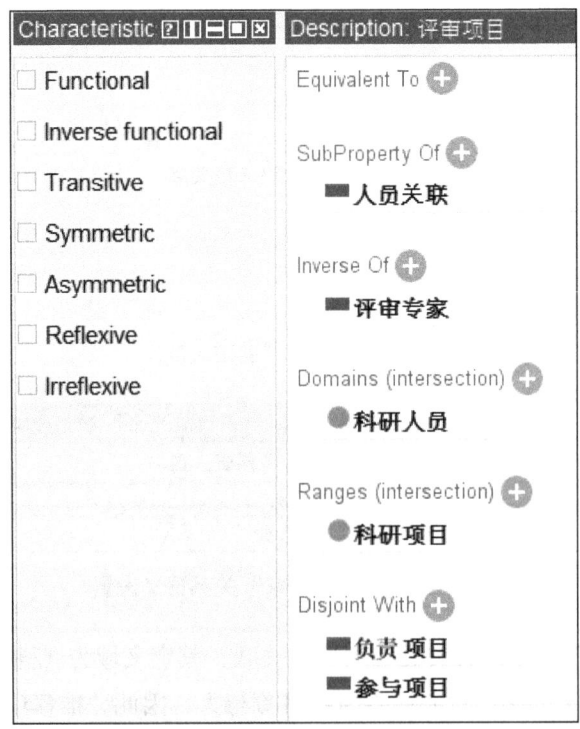

图 6-29 "评审项目"关系语义设置

"负责项目"描述负责人与项目的联系，通常一个项目只能有一名负责人，且负责人不能参与项目评审，因此应为"负责项目"设置反函数属性并与"评审项目"不相交，其语义设置如图 6-30 所示。

图 6-30 "负责项目"关系语义设置

"人员关联"关系层级树的 Turtle 描述形式如下所示。

```
### http://ke.istic.ac.cn/ontology/research# 人员关联
research: 人员关联 rdf:type owl:ObjectProperty .

### http://ke.istic.ac.cn/ontology/research# 参与项目
research: 参与项目 rdf:type owl:ObjectProperty ;
         rdfs:subPropertyOf research: 人员关联 ;
         owl:inverseOf research: 项目参与人 ;
         owl:propertyDisjointWith research: 推荐项目 ,
                                  research: 评审项目 .

### http://ke.istic.ac.cn/ontology/research# 同事
research: 同事 rdf:type owl:ObjectProperty ;
         rdfs:subPropertyOf research: 人员关联 ;
         rdf:type owl:SymmetricProperty ;
         rdfs:domain research: 科研人员 ;
         rdfs:range research: 科研人员 .
```

```
### http://ke.istic.ac.cn/ontology/research# 团队成员
research: 团队成员 rdf:type owl:ObjectProperty ;
         rdfs:subPropertyOf research: 同事 ;
         rdf:type owl:SymmetricProperty .

### http://ke.istic.ac.cn/ontology/research# 技术职称
research: 技术职称 rdf:type owl:ObjectProperty ;
         rdfs:subPropertyOf research: 人员关联 ;
         rdfs:domain research: 科研人员 ;
         rdfs:range research: 职称 .

### http://ke.istic.ac.cn/ontology/research# 推荐专家
research: 推荐专家 rdf:type owl:ObjectProperty ;
         rdfs:subPropertyOf research: 人员关联 ;
         rdfs:domain research: 科研人员 ;
         rdfs:range research: 科研人员 .

### http://ke.istic.ac.cn/ontology/research# 推荐项目
research: 推荐项目 rdf:type owl:ObjectProperty ;
         rdfs:subPropertyOf research: 人员关联 ;
         rdfs:domain research: 科研人员 ;
         rdfs:range research: 科研项目 .

### http://ke.istic.ac.cn/ontology/research# 评审项目
research: 评审项目 rdf:type owl:ObjectProperty ;
         rdfs:subPropertyOf research: 人员关联 ;
         rdfs:domain research: 科研人员 ;
         rdfs:range research: 科研项目 ;
         owl:propertyDisjointWith research: 负责项目 .

### http://ke.istic.ac.cn/ontology/research# 负责项目
research: 负责项目 rdf:type owl:ObjectProperty ;
         rdfs:subPropertyOf research: 人员关联 ;
         owl:inverseOf research: 项目负责人 ;
         rdf:type owl:InverseFunctionalProperty ;
         rdfs:domain research: 科研人员 ;
         rdfs:range research: 科研项目 .
```

（2）文献关联

"文献关联"为简单关系，包含"作者"、"引用文献"和"文献载体"3个子关系。"作者"的定义域为"论文"类，值域为"科研人员"类。"引用文献"的定义域和值域均为"论文"类，为了避免出现自引，应为其设置"Irreflexive"非自反特性。"文献载体"的定义域为"论文"类,值域为"文献出版物"类。"文献关联"关系层级树的 Turtle 描述形式如下所示。

```
### http://ke.istic.ac.cn/ontology/research# 文献关联
research: 文献关联 rdf:type owl:ObjectProperty .

### http://ke.istic.ac.cn/ontology/research# 作者
research: 作者 rdf:type owl:ObjectProperty ;
            rdfs:subPropertyOf research: 文献关联 ;
            rdfs:domain research: 论文 ;
            rdfs:range research: 科研人员 .

### http://ke.istic.ac.cn/ontology/research# 引用文献
research: 引用文献 rdf:type owl:ObjectProperty ;
            rdfs:subPropertyOf research: 文献关联 ;
            rdf:type owl:IrreflexiveProperty ;
            rdfs:domain research: 论文 ;
            rdfs:range research: 论文 .

### http://ke.istic.ac.cn/ontology/research# 文献载体
research: 文献载体 rdf:type owl:ObjectProperty ;
            rdfs:subPropertyOf research: 文献关联 ;
            rdfs:domain research: 论文 ;
            rdfs:range research: 文献出版物 .
```

（3）机构关联

"机构关联"包含"专利权人"、"参与单位"、"合作单位"、"所属部门"和"部门管理项目"5 个子关系。"专利权人"的定义域为"专利"类,值域为"科研部门"类。"参与单位"的定义域为"科研项目"类,值域为"科研部门"类。"合作单位"具有对称性,其定义域和值域均为"科研部门"类,项目的合作单位通常也是参与单位,应为"合作单位"设置等同关系"参与单位"。"所属部门"的定义域为"科研人员"类,值域为"科研部门"类,由于每名科研人员只能属于一个部门,应为"所属部门"关系设置"Functional"函数特性。"部门管理项目"的定义域为"科研部门"类,值域为"科研项目"类,为了避免出现多方管理,应为其设置"Inverse functional"反函数特性,即一个项目只能由一个部门管理,该关系还与"项目托管部门"互为逆关系。"机构关联"关系层级树的 Turtle 描述形式如下所示。

```
### http://ke.istic.ac.cn/ontology/research# 机构关联
research: 机构关联 rdf:type owl:ObjectProperty .

### http://ke.istic.ac.cn/ontology/research# 专利权人
research: 专利权人 rdf:type owl:ObjectProperty ;
```

```
            rdfs:subPropertyOf research: 机构关联；
            rdfs:domain research: 专利；
            rdfs:range research: 科研部门．
```

http://ke.istic.ac.cn/ontology/research# 参与单位
```
research: 参与单位 rdf:type owl:ObjectProperty；
         owl:equivalentProperty research: 合作单位；
         rdfs:subPropertyOf research: 机构关联；
         rdfs:domain research: 科研项目；
         rdfs:range research: 科研部门．
```

http://ke.istic.ac.cn/ontology/research# 合作单位
```
research: 合作单位 rdf:type owl:ObjectProperty；
         rdfs:subPropertyOf research: 机构关联；
         rdf:type owl:SymmetricProperty；
         rdfs:domain research: 科研部门；
         rdfs:range research: 科研部门．
```

http://ke.istic.ac.cn/ontology/research# 所属部门
```
research: 所属部门 rdf:type owl:ObjectProperty；
         rdfs:subPropertyOf research: 机构关联；
         rdf:type owl:FunctionalProperty；
         rdfs:domain research: 科研人员；
         rdfs:range research: 科研部门．
```

http://ke.istic.ac.cn/ontology/research# 部门管理项目
```
research: 部门管理项目 rdf:type owl:ObjectProperty；
         rdfs:subPropertyOf research: 机构关联；
         owl:inverseOf research: 项目托管部门；
         rdf:type owl:InverseFunctionalProperty；
         rdfs:domain research: 科研部门；
         rdfs:range research: 科研项目．
```

(4) 项目关联

"项目关联"用于组织与项目相关的各种关系，包含"产出成果"、"成果归属"、"挂靠项目"、"支撑项目"、"评审专家"、"项目参与人"、"项目托管部门"和"项目负责人"子关系。

"产出成果"的定义域为"科研项目"类，值域为"科研成果"类，通常一项成果只能属于一个项目，为此应为"产出成果"设置"Inverse functional"反函数特性。"产出成果"的语义设置如图 6-31 所示。

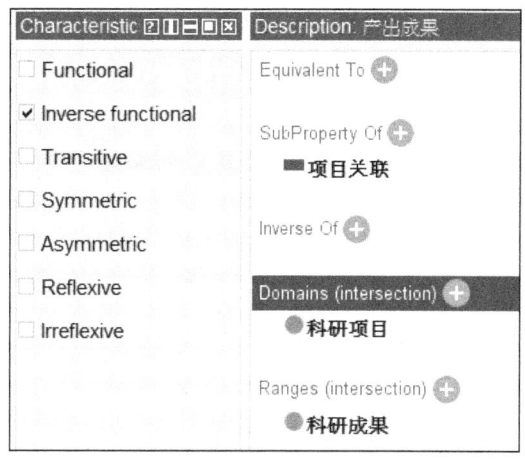

图 6-31 "产出结果"语义设置

"成果归属"关系是一个复杂的关系链,由"挂靠项目"、"项目负责人"和"所属部门"关系的定义域和值域前后连接而成,即科研成果属于某个部门。"成果归属"的语义设置如图 6-32 所示。

图 6-32 "成果归属"语义设置

"挂靠项目"关系的定义域为"科研成果"类,值域为"科研项目"类,其语义设置如图 6-33 所示。

图 6-33 "挂靠项目"语义设置

"支撑项目"的定义域和值域均为"科研项目"类，由于受支撑的项目还可以支撑其他项目，"支撑项目"关系具有传递性，应为其设置"Transitive"传递特性。"支撑项目"的语义设置如图 6-34 所示。

图 6-34 "支撑项目"语义设置

"评审专家"关系的定义域为"科研项目"类，值域为"科研人员"类，该关系与"评审项目"互为逆关系。"项目负责人"的定义域为"科研项目"类，值域为"科研人员"类，该关系与"参与项目"互为逆关系。"项目托管部门"的定义域为"科研项目"类，值域为"科研部门"类，该关系与"部门管理项目"互为逆关系。"项目负责人"的定义域为"科研项目"类，值域为"科研人员"类，该关系与"负责项目"互为逆关系。

"项目关联"关系层级树的 Turtle 描述形式如下所示。

```
### http://ke.istic.ac.cn/ontology/research# 项目关联
research: 项目关联 rdf:type owl:ObjectProperty .


### http://ke.istic.ac.cn/ontology/research# 产出成果
research: 产出成果 rdf:type owl:ObjectProperty ;
            rdfs:subPropertyOf research: 项目关联 ;
            rdf:type owl:InverseFunctionalProperty ;
            rdfs:range research: 科研成果 .


### http://ke.istic.ac.cn/ontology/research# 成果归属
research: 成果归属 rdf:type owl:ObjectProperty ;
            rdfs:subPropertyOf research: 项目关联 ;
            owl:propertyChainAxiom ( research: 挂靠项目
                                     research: 项目负责人
                                     research: 所属部门
                                   ) .


### http://ke.istic.ac.cn/ontology/research# 挂靠项目
```

research: **挂靠项目** rdf:type owl:ObjectProperty；
　　　　rdfs:subPropertyOf research: 项目关联；
　　　　rdfs:domain research: 科研成果；
　　　　rdfs:range research: 科研项目．

http://ke.istic.ac.cn/ontology/research# 支撑项目
research: **支撑项目** rdf:type owl:ObjectProperty；
　　　　rdfs:subPropertyOf research: 项目关联；
　　　　rdf:type owl:TransitiveProperty；
　　　　rdfs:domain research: 科研项目；
　　　　rdfs:range research: 科研项目．

http://ke.istic.ac.cn/ontology/research# 评审专家
research: **评审专家** rdf:type owl:ObjectProperty；
　　　　rdfs:subPropertyOf research: 项目关联；
　　　　owl:inverseOf research: 评审项目；
　　　　rdfs:domain research: 科研项目；
　　　　rdfs:range research: 科研人员．

http://ke.istic.ac.cn/ontology/research# 项目参与人
research: **项目参与人** rdf:type owl:ObjectProperty；
　　　　rdfs:subPropertyOf research: 项目关联；
　　　　rdfs:domain research: 科研项目；
　　　　rdfs:range research: 科研人员．

http://ke.istic.ac.cn/ontology/research# 项目托管部门
research: **项目托管部门** rdf:type owl:ObjectProperty；
　　　　rdfs:subPropertyOf research: 项目关联；
　　　　rdfs:domain research: 科研项目；
　　　　rdfs:range research: 科研部门．

http://ke.istic.ac.cn/ontology/research# 项目负责人
research: **项目负责人** rdf:type owl:ObjectProperty；
　　　　rdfs:subPropertyOf research: 项目关联；
　　　　rdfs:domain research: 科研项目；
　　　　rdfs:range research: 科研人员．

6.3.4 数据属性

数据属性用于描述实例与取值间的联系，可以通过 Protege 的"Data Property"面板来构建。research 本体中的数据属性由"专利属性"、"人员属性"、"会议属性"、"文献属性"

和"项目属性"构成，其详细结构如图 6-35 所示。

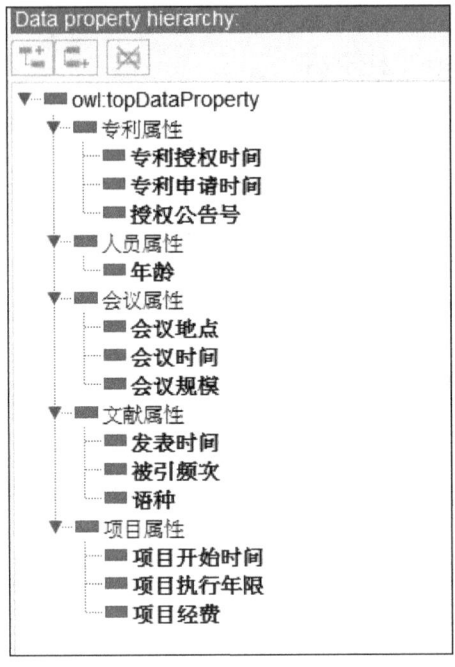

图 6-35　research 本体的属性层级

（1）专利属性

"专利属性"用于组织专利的元数据信息，包含"专利授权时间"、"专利申请时间"和"授权公告号"子属性。3 个子属性的定义域均为"专利"类，由于时间和编号形式多样，3 个子属性的值域未设定。

为了描述每一项专利只能有一个授权公告号，应为"授权公告号"设置"Functional"函数特性，详情如图 6-36 所示。

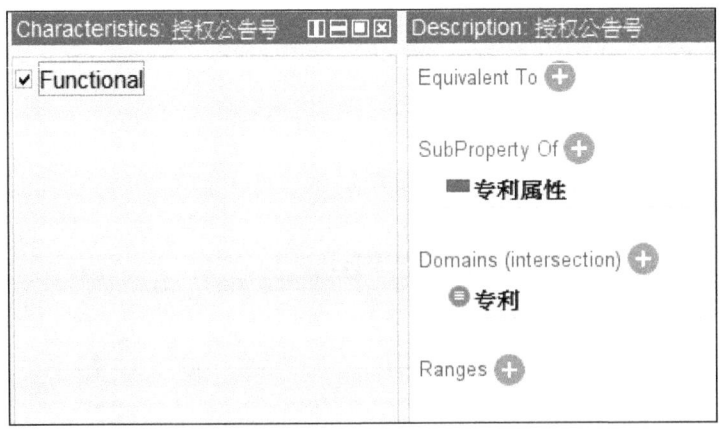

图 6-36　"授权公告号"设置"Functional"函数特性

"专利属性"层级树的 Turtle 描述形式如下所示。

```
### http://ke.istic.ac.cn/kos/ontology/research# 专利属性
research: 专利属性 rdf:type owl:DatatypeProperty .

### http://ke.istic.ac.cn/kos/ontology/research# 专利授权时间
research: 专利授权时间 rdf:type owl:DatatypeProperty ;
           rdfs:subPropertyOf research: 专利属性 ;
           rdfs:domain research: 专利 .

### http://ke.istic.ac.cn/kos/ontology/research# 专利申请时间
research: 专利申请时间 rdf:type owl:DatatypeProperty ;
           rdfs:subPropertyOf research: 专利属性 ;
           rdfs:domain research: 专利 .

### http://ke.istic.ac.cn/kos/ontology/research# 授权公告号
research: 授权公告号 rdf:type owl:DatatypeProperty ;
           rdfs:subPropertyOf research: 专利属性 ;
           rdf:type owl:FunctionalProperty ;
           rdfs:domain research: 专利 .
```

（2）人员属性

"人员属性"是一个简单属性，用于描述科研人员的个人信息，包含"年龄"子属性。"年龄"属性的定义域为"科研人员"，值域为 xsd:integer 整数。"人员属性"层级树的 Turtle 描述形式如下所示。

```
### http://ke.istic.ac.cn/kos/ontology/research# 人员属性
research: 人员属性 rdf:type owl:DatatypeProperty .

### http://ke.istic.ac.cn/kos/ontology/research# 年龄
research: 年龄 rdf:type owl:DatatypeProperty ;
         rdfs:subPropertyOf research: 人员属性 ;
         rdfs:domain research: 科研人员 ;
         rdfs:range xsd:integer .
```

（3）会议属性

"会议属性"包含"会议地点"、"会议时间"和"会议规模"子属性。3个子属性的定义域均为"学术会议"类，为了便于使用，值域未设定。"会议属性"层级树的 Turtle 描述形式如下所示。

```
### http://ke.istic.ac.cn/kos/ontology/research# 会议地点
research: 会议地点 rdf:type owl:DatatypeProperty ;
           rdfs:subPropertyOf research: 会议属性 ;
           rdfs:domain research: 学术会议 .
```

```
### http://ke.istic.ac.cn/kos/ontology/research# 会议属性
research: 会议属性 rdf:type owl:DatatypeProperty .

### http://ke.istic.ac.cn/kos/ontology/research# 会议时间
research: 会议时间 rdf:type owl:DatatypeProperty ;
          rdfs:subPropertyOf research: 会议属性 ;
          rdfs:domain research: 学术会议 .

### http://ke.istic.ac.cn/kos/ontology/research# 会议规模
research: 会议规模 rdf:type owl:DatatypeProperty ;
          rdfs:subPropertyOf research: 会议属性 ;
          rdfs:domain research: 学术会议 .
```

（4）文献属性

"文献属性"包含"发表时间"、"被引频次"和"语种"子属性。3个子属性的定义域均为"论文"类，"被引频次"的值域为 xsd:integer 整数。"文献属性"层级树的 Turtle 描述形式如下所示。

```
### http://ke.istic.ac.cn/kos/ontology/research# 文献属性
research: 文献属性 rdf:type owl:DatatypeProperty .

### http://ke.istic.ac.cn/kos/ontology/research# 发表时间
research: 发表时间 rdf:type owl:DatatypeProperty ;
          rdfs:subPropertyOf research: 文献属性 ;
          rdfs:domain research: 论文 .

### http://ke.istic.ac.cn/kos/ontology/research# 被引频次
research: 被引频次 rdf:type owl:DatatypeProperty ;
          rdfs:subPropertyOf research: 文献属性 ;
          rdfs:domain research: 论文 ;
          rdfs:range xsd:integer .

### http://ke.istic.ac.cn/kos/ontology/research# 语种
research: 语种 rdf:type owl:DatatypeProperty ;
          rdfs:subPropertyOf research: 文献属性 ;
          rdfs:domain research: 论文 .
```

（5）项目属性

"项目属性"包含"项目开始时间"、"项目执行年限"和"项目经费"子属性。3个子属性的定义域均为"科研项目"类，值域未设定。"项目属性"层级树的 Turtle 描述形式如下所示。

http://ke.istic.ac.cn/kos/ontology/research# 项目属性
research: 项目属性 rdf:type owl:DatatypeProperty .

http://ke.istic.ac.cn/kos/ontology/research# 项目开始时间
research: 项目开始时间 rdf:type owl:DatatypeProperty ;
        rdfs:subPropertyOf research: 项目属性 ;
        rdfs:domain research: 科研项目 .

http://ke.istic.ac.cn/kos/ontology/research# 项目执行年限
research: 项目执行年限 rdf:type owl:DatatypeProperty ;
        rdfs:subPropertyOf research: 项目属性 ;
        rdfs:domain research: 科研项目 .

http://ke.istic.ac.cn/kos/ontology/research# 项目经费
research: 项目经费 rdf:type owl:DatatypeProperty ;
        rdfs:subPropertyOf research: 项目属性 ;
        rdfs:domain research: 科研项目 .

6.3.5 标注属性

research 本体中含有自建的标注属性"部门介绍",用于描述每个科研部门的业务和人员状况。由于"标注属性"及"数据类型"主要用于描述概念特征,为了与核心概念分离,在构建属性概念时可以点击"New entity options"功能,使用新的命名空间,操作详情如图 6-37 所示。

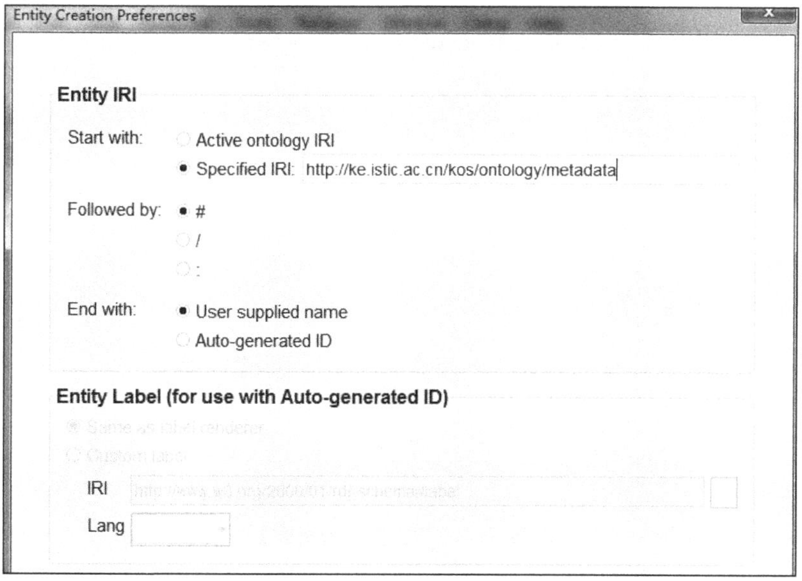

图 6-37 概念新命名空间设置

"部门介绍"的 Turtle 描述形式如下所示。

http://ke.istic.ac.cn/kos/ontology/metadata# 部门介绍
ondata: **部门介绍** rdf:type owl:AnnotationProperty ;
    rdfs:label " 部门业务功能及人员状况介绍 "@zh ;
    rdfs:range xsd:string ;
    rdfs:domain research: 科研部门 .

6.3.6 自定义数据类型

数据类型不是一个标准的插件面板，而是一个功能视图。为了使用这一功能，可以通过"Windows->Create new tab"菜单创建一个新面板，然后将 Datatype 视图拖放到新面板上，详细操作如图 6-38 所示。

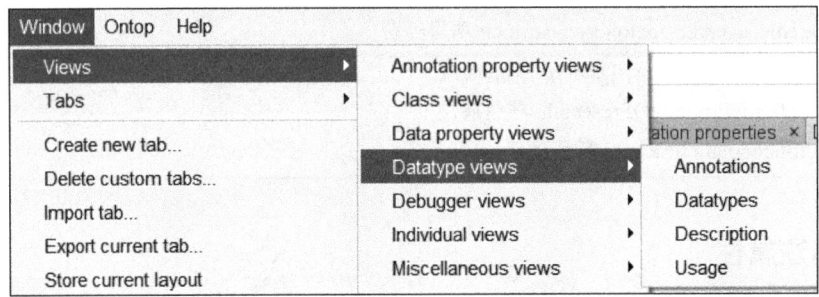

图 6-38 Datatype 面板创建

research 本体有"中会"、"大会"和"小会"3 个自定义数据类型，"中会"人数 100 至 500，"大会"人数 500 以上，"小会"人数 100 以下，"中会"的语义设置如图 6-39 所示。

图 6-39 "中会"语义设置

"中会"、"大会"和"小会"的 Turtle 描述形式如下所示。

```
### http://ke.istic.ac.cn/kos/ontology/metadata# 中会
ondata: 中会 rdf:type rdfs:Datatype ;
        rdfs:comment " 参会人数大于 100，小于 500 的会议 "@zh ;
        rdfs:label " 中等规模会议 "@zh ;
        owl:equivalentClass
            [ rdf:type rdfs:Datatype ;
              owl:onDatatype xsd:integer ;
              owl:withRestrictions ( [ xsd:minInclusive 100 ]
                                     [ xsd:maxExclusive 500 ] )
            ] .

### http://ke.istic.ac.cn/kos/ontology/metadata# 大会
ondata: 大会 rdf:type rdfs:Datatype ;
        rdfs:comment " 参会人数在 500 以上的会议 "@zh ;
        rdfs:label " 大规模会议 "@zh ;
        owl:equivalentClass
            [ rdf:type rdfs:Datatype ;
              owl:onDatatype xsd:integer ;
              owl:withRestrictions ( [ xsd:minInclusive 500 ] )
            ] .

### http://ke.istic.ac.cn/kos/ontology/metadata# 小会
ondata: 小会 rdf:type rdfs:Datatype ;
        rdfs:comment " 参会人数在 100 以下的会议 "@zh ;
        rdfs:label " 小规模会议 "@zh ;
        owl:equivalentClass
            [ rdf:type rdfs:Datatype ;
              owl:onDatatype xsd:integer ;
              owl:withRestrictions ( [ xsd:maxExclusive 100 ] )
            ] .
```

6.3.7 个体实例

个体实例是本体模型的事实数据，其内容结构以现实状况为依据。research 本体中的个体实例分为两种：一种是由论文、部门、会议、专利、人员、项目组成的实体个体，另一种是由职称、专利类型构成的抽象个体。

（1）实体个体

实体个体构成领域知识网络的核心节点，拥有丰富的关系和属性，research 本体中所含的实体个体如图 6-40 所示。

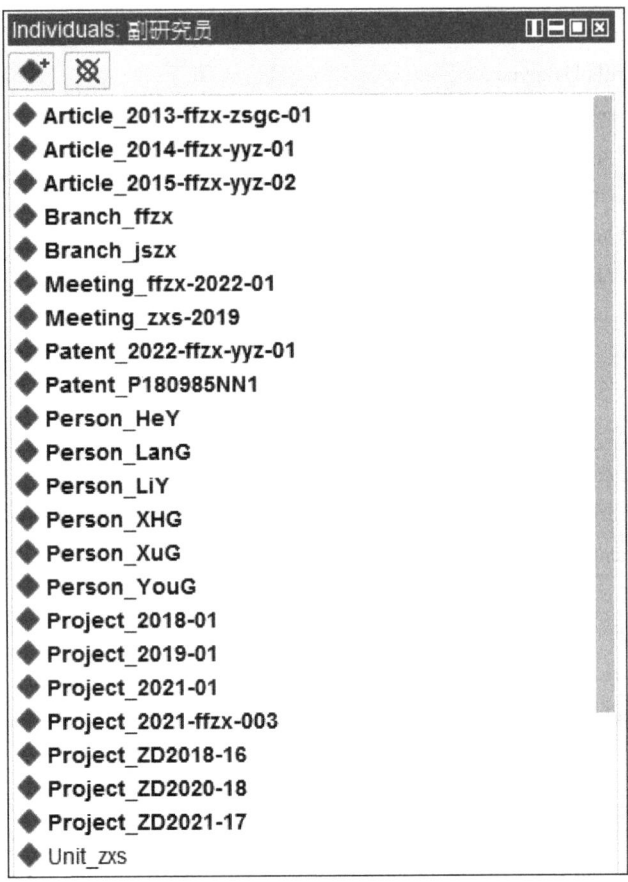

图 6-40 research 本体中所含的实体个体

实体个体的声明使用了符号标识，并通过 rdfs:label 提供可读名称。Article 前缀表示论文个体，research 本体含有 3 个论文个体，"Article_2013-ffzx-zsgc-01"的语义设置如图 6-41 所示。

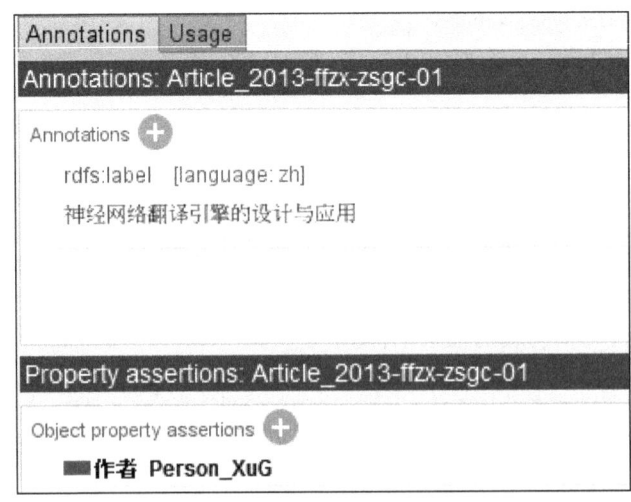

图 6-41 "Article_2013-ffzx-zsgc-01"语义设置

"Article_2014-ffzx-yyz-01"的语义设置如图 6-42 所示。

图 6-42 "Article_2014-ffzx-yyz-01"语义设置

"Article_2014-ffzx-yyz-01"论文的被引频次为 120，推理机运行后，该论文个体被归入"高被引论文"类（被引频次 ≥ 100）和"核心论文"类（被引频次 ≥ 50），如果"高被引论文"类不是定义类，则不会被归入其中。

"Article_2015-ffzx-yyz-02"的语义设置如图 6-43 所示。

图 6-43 "Article_2015-ffzx-yyz-02"语义设置

"Article_2015-ffzx-yyz-02"论文的被引频次为 50，推理机运行后，该论文个体被归入

"核心论文"类（被引频次≥50）。

Branch 前缀表示部门个体，research 本体含有两个部门个体，"Branch_ffzx"的语义设置如图 6-44 所示。

图 6-44 "Branch_ffzx"语义设置

默认情况下，两个不同标识的个体可以指代同一资源，由于部门之间互不隶属，可为"Branch_ffzx"和"Branch_jszx"设置不同个体声明，"Branch_jszx"的语义设置如图 6-45 所示。

图 6-45 "Branch_jszx"语义设置

Meeting 前缀表示会议个体，research 本体包含两个会议个体，每个会议设置了地点、时间及规模属性，"Meeting_ffzx-2022-01"的语义设置如图 6-46 所示。

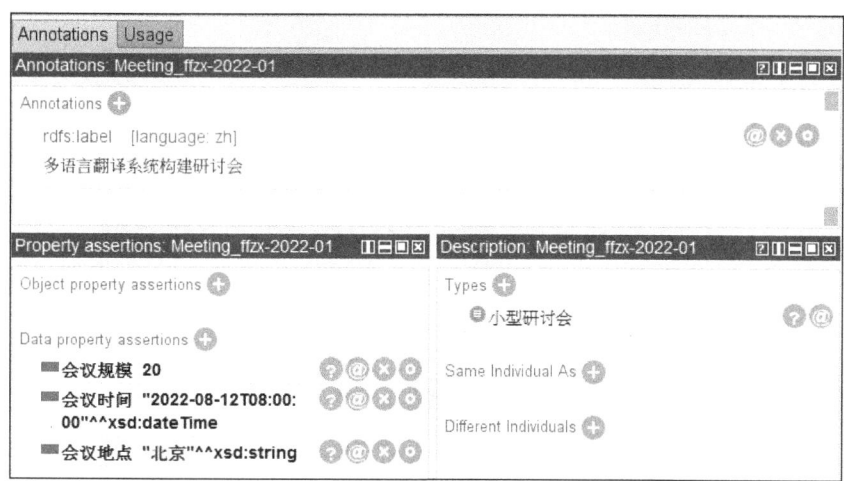

图 6-46 "Meeting_ffzx-2022-01"语义设置

由于"Meeting_ffzx-2022-01"会议的规模符合小型会议的条件，推理机运行后，该会议被划分到"小型研讨会"类中。"Meeting_zxs-2019"的语义设置如图 6-47 所示。

图 6-47 "Meeting_zxs-2019"语义设置

"Meeting_zxs-2019"会议的规模符合中型会议的条件，推理机运行后，该会议被划分到"业界交流会"类中。

Patent 前缀表示专利个体，research 本体含有两个专利个体，两项专利拥有相同的"授权公告号"，由于"授权公告号"设置为专利类的主键，推理机运行后，两项专利应被判断为同一个实例（same individual as）。

"Patent_2022-ffzx-yyz-01"的语义设置如图 6-48 所示。

图 6-48 "Patent_2022-ffzx-yyz-01"语义设置

"Patent_P180985NN1"的语义设置如图 6-49 所示。

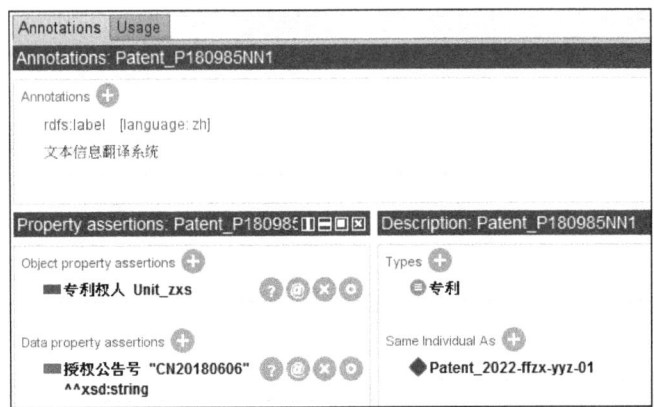

图 6-49 "Patent_P180985NN1"语义设置

Person 前缀表示人员个体，research 本体包含 6 个人员个体，由于每位人员都是单独的个体，应为人员个体设置互不相同的描述，其中"Person_HeY"的语义设置如图 6-50 所示。

图 6-50 "Person_HeY"语义设置

"Person_HeY"个体的技术职称为"研究员",符合"专家"类(高级技术职称的科研人员)的定义,推理机运行后,"Person_HeY"被归入"专家"类。

"Person_LanG"的语义设置如图6-51所示。

图6-51 "Person_LanG"语义设置

"Person_LiY"的语义设置如图6-52所示。

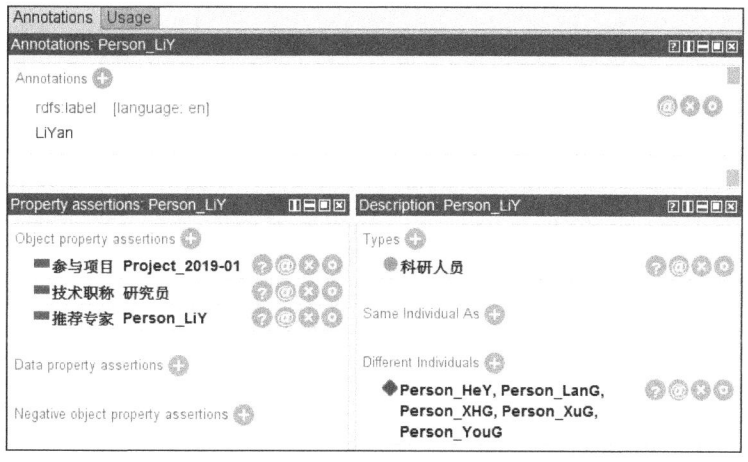

图6-52 "Person_LiY"语义设置

"Person_LiY"的技术职称为研究员,符合"专家"类定义,"Person_LiY"推荐自己为评审专家,这一条件符合"自荐人才"类的定义,推理机运行后"Person_LiY"被归入"专家"类和"自荐人才"类。

"Person_XHG"的语义设置如图6-53所示。

图 6-53 "Person_XHG"语义设置

"Person_XuG"的语义设置如图 6-54 所示。

图 6-54 "Person_XuG"语义设置

"Person_YouG"的语义设置如图 6-55 所示。

图 6-55 "Person_YouG"语义设置

Project 前缀表示项目个体，research 本体包含 7 个项目个体，"Project_2018-01"的语义设置如图 6-56 所示。

图 6-56 "Project_2018-01"语义设置

"Project_2018-01"的项目经费为 3 万元，"Person_LanG"个体设置了"年龄 34"且"负责项目 Project_2018-01"等条件，"负责项目"与"项目负责人"互为逆关系，上述条件符合"青年项目"类的定义，推理机运行后"Project_2018-01"被归入"青年项目"类。

"Project_2019-01"的语义设置如图 6-57 所示。

图 6-57 "Project_2019-01"语义设置

"Project_2019-01"项目的参与单位为两个不同的部门,"Person_HeY"设置了"技术职称 研究员"且"负责项目 Project_2019-01"等条件,"Person_LanG"、"Person_LiY"、"Person_XuG"和"Person_YouG"4个实例分别设置了"参与项目 Project_2019-01"条件,由于"参与项目"与"项目参与人"互为逆关系,上述条件符合"重点项目"类的定义,推理机运行后"Project_2019-01"被归入"重点项目"类。

"Project_2021-01"的语义设置如图6-58所示。

图6-58 "Project_2021-01"语义设置

"Project_2021-01"的项目经费为5万元,符合"面上项目"类的定义(经费3万~5万元),推理机运行后,"Project_2021-01"被归入"面上项目"类。

"Project_2021-ffzx-003"的语义设置如图6-59所示。

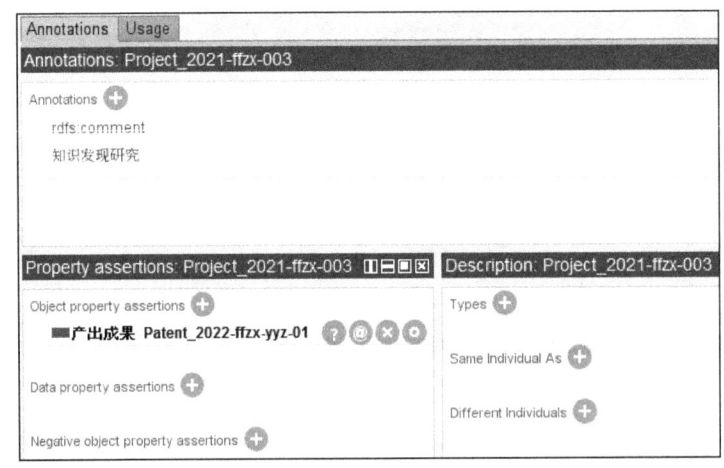

图6-59 "Project_2021-ffzx-003"语义设置

"Project_2021-ffzx-003"项目的产出成果为"Patent_2022-ffzx-yyz-01","Project_ZD2021-17"项目的产出成果也为"Patent_2022-ffzx-yyz-01"。由于"产出成果"关系被

设置为反函数特性,"Project_2021-ffzx-003"项目和"Project_ZD2021-17"项目应判断为不同标识符描述的相同个体。

"Project_ZD2018-16"的语义设置如图 6-60 所示。

图 6-60 "Project_ZD2018-16"语义设置

"Project_ZD2018-16"项目设置了两条否定断言,即评审专家不能是"Person_LiY"和"Person_HeY"。如果推理机检测到"Project_ZD2018-16"项目的评审专家中出现断言中设置的两个实例,则系统将发出警告信息。

"Project_ZD2020-18"的语义设置如图 6-61 所示。

图 6-61 "Project_ZD2020-18"语义设置

"Project_ZD2021-17"的语义设置如图 6-62 所示。

图 6-62 "Project_ZD2021-17"语义设置

"Project_ZD2021-17"项目的产出成果为"Patent_2022-ffzx-yyz-01"和"Project_2021-ffzx-003"项目的产出成果相同。由于"产出成果"具有反函数特性，推理机运行后，"Project_2021-ffzx-003"项目和"Project_ZD2021-17"项目被判定为同一项目，又因为"支撑项目"具有传递特性，所以"Project_ZD2018-16"也被判定为"Project_ZD2021-17"的支撑项目。

Unit 前缀表示机构单位，"Unit_zxs"是一个标识机构节点的简单个体，用于为其他核心节点提供描述信息，其本身不含关系和属性。实体个体的 Turtle 描述形式如下所示。

```
### http://ke.istic.ac.cn/ontology/research#Article_2013-ffzx-zsgc-01
research:Article_2013-ffzx-zsgc-01 rdf:type owl:NamedIndividual ;
            research: 作者 research:Person_XuG ;
            rdfs:label " 神经网络翻译引擎的设计与应用 "@zh .

### http://ke.istic.ac.cn/ontology/research#Article_2014-ffzx-yyz-01
research:Article_2014-ffzx-yyz-01 rdf:type owl:NamedIndividual ;
         research: 作者 research:Person_XuG ;
         research: 引用文献 research:Article_2013-ffzx-zsgc-01 ;
         research: 被引频次 120 ;
         rdfs:label " 语篇知识元索引方法研究 "@zh .

### http://ke.istic.ac.cn/ontology/research#Article_2015-ffzx-yyz-02
research:Article_2015-ffzx-yyz-02 rdf:type owl:NamedIndividual ;
                research: 被引频次 50 ;
                research: 语种 " 中文 ";
                rdfs:label " 知识三元组标引方法研究 " @zh.


### http://ke.istic.ac.cn/ontology/research#Branch_ffzx
```

research:**Branch_ffzx** rdf:type owl:NamedIndividual，
   research: 科研部门；
   research: 部门管理项目 research:Project_ZD2021-17；
   rdfs:label " 研发中心 "@zh .

http://ke.istic.ac.cn/ontology/research#Branch_jszx
research:**Branch_jszx** rdf:type owl:NamedIndividual，
   research: 科研部门；
   rdfs:label " 技术中心 "@zh .

http://ke.istic.ac.cn/ontology/research#Meeting_ffzx-2022-01
research:**Meeting_ffzx-2022-01** rdf:type owl:NamedIndividual；
  ondata: 会议地点 " 北京 "^^xsd:string；
  ondata: 会议时间 "2022-08-12T08:00:00"^^xsd:dateTime；
  ondata: 会议规模 20；
  rdfs:label " 多语言翻译系统构建研讨会 "@zh .

http://ke.istic.ac.cn/ontology/research#Meeting_zxs-2019
research:**Meeting_zxs-2019** rdf:type owl:NamedIndividual；
  ondata: 会议地点 " 北京 "^^xsd:string；
  ondata: 会议时间 "2019-12-13T08:00:00"^^xsd:dateTime；
  ondata: 会议规模 150；
  rdfs:label " 知识组织与知识发现学术交流会 "@zh .

http://ke.istic.ac.cn/ontology/research#Patent_2022-ffzx-yyz-01
research:**Patent_2022-ffzx-yyz-01** rdf:type owl:NamedIndividual；
  owl:sameAs research:Patent_P180985NN1；
  research: 挂靠项目 research:Project_2019-01；
  research: 专利授权时间 2022；
  research: 专利申请时间 "2018-06-06"；
  research: 授权公告号 "CN108845993B"^^xsd:string；
  rdfs:label " 文本翻译系统 "@zh .

http://ke.istic.ac.cn/ontology/research#Patent_P180985NN1
research:**Patent_P180985NN1** rdf:type owl:NamedIndividual；
  research: 专利权人 research: 机构 _zxs；

```
                    research: 授权公告号 "CN108845993B"^^xsd:string ;
                    rdfs:label " 文本信息翻译系统 "@zh .


### http://ke.istic.ac.cn/ontology/research#Person_HeY
research:**Person_HeY** rdf:type owl:NamedIndividual ,
                    research: 科研人员 ;
                    research: 同事 research:Person_LanG ;
                    research: 所属部门 research:Branch_ffzx ;
                    research: 技术职称 research: 研究员 ;
                    research: 负责项目 research:Project_2019-01 ;
                    rdfs:label "HeYan"@en .


### http://ke.istic.ac.cn/ontology/research#Person_LanG
research:**Person_LanG** rdf:type owl:NamedIndividual ,
                    research: 科研人员 ;
                    research: 参与项目 research:Project_2019-01 ;
                    research: 所属部门 research:Branch_ffzx ;
                    research: 技术职称 research: 助理工程师 ;
                    research: 负责项目 research:Project_2018-01 ;
                    research: 年龄 34 ;
                    rdfs:label "LanGong"@en .


### http://ke.istic.ac.cn/ontology/research#Person_LiY
research:**Person_LiY** rdf:type owl:NamedIndividual ,
                    research: 科研人员 ;
                    ondata: 推荐专家 research:Person_LiY ;
                    research: 参与项目 research:Project_2019-01 ;
                    research: 技术职称 research: 研究员 ;
                    rdfs:label "LiYan"@en .


### http://ke.istic.ac.cn/ontology/research#Person_XHG
research:**Person_XHG** rdf:type owl:NamedIndividual ,
                    research: 科研人员 ;
                    research: 所属部门 research:Branch_jszx ;
                    research: 技术职称 research: 高级工程师 ;
                    rdfs:label "XuGaoGong"@en .


### http://ke.istic.ac.cn/ontology/research#Person_XuG
```

research:**Person_XuG** rdf:type owl:NamedIndividual，
    research: 科研人员；
    research: 参与项目 research:Project_2019-01；
    research: 团队成员 research:Person_LanG；
    research: 所属部门 research:Branch_ffzx；
    research: 技术职称 research: 工程师；
    rdfs:label "XuGong"@en .

http://ke.istic.ac.cn/ontology/research#Person_YouG
research:**Person_YouG** rdf:type owl:NamedIndividual，
    research: 科研人员；
    research: 参与项目 research:Project_2018-01，
            research:Project_2019-01；
    research: 技术职称 research: 助理工程师；
    research: 年龄 34；
    rdfs:label "PanGong"@en .

http://ke.istic.ac.cn/ontology/research#Project_2018-01
research:**Project_2018-01** rdf:type owl:NamedIndividual，
    research: 科研项目；
    research: 项目参与人 research:Person_YouG；
    research: 项目开始时间 "2020-06-01"；
    research: 项目执行年限 1；
    research: 项目经费 30000；
    rdfs:label " 知识库构建与服务系统 "@zh .

http://ke.istic.ac.cn/ontology/research#Project_2019-01
research:**Project_2019-01** rdf:type owl:NamedIndividual，
    research: 科研项目；
    research: 参与单位 research:Branch_ffzx，
            research:Branch_jszx；
    research: 项目开始时间 "2019-06-01"；
    research: 项目执行年限 3；
    research: 项目经费 1000000；
    rdfs:label " 多语言翻译系统 "@zh .

http://ke.istic.ac.cn/ontology/research#Project_2021-01
research:**Project_2021-01** rdf:type owl:NamedIndividual，
    research: 科研项目；
    research: 项目开始时间 "2021-06-01"；

```
                research: 项目执行年限 2 ;
                research: 项目经费 50000 ;
                rdfs:label " 科技文献结构化解析系统 "@zh .


### http://ke.istic.ac.cn/ontology/research#Project_2021-ffzx-003
research:Project_2021-ffzx-003 rdf:type owl:NamedIndividual ;
                research: 产出成果 research:Patent_2022-ffzx-yyz-01 ;
                rdfs:label " 知识发现研究 "@zh .


### http://ke.istic.ac.cn/ontology/research#Project_ZD2018-16
research:Project_ZD2018-16 rdf:type owl:NamedIndividual ;
                research: 项目参与人 research:Person_LanG ;
                research: 项目负责人 research:Person_HeY ;
                research: 项目开始时间 "2018-07-01" ;
                research: 项目执行年限 1 ;
                rdfs:label " 知识服务研究 "@zh .


### http://ke.istic.ac.cn/ontology/research#Project_ZD2020-18
research:Project_ZD2020-18 rdf:type owl:NamedIndividual ;
                research: 支撑项目 research:Project_ZD2018-16 ;
                research: 项目开始时间 "2020-07-01" ;
                research: 项目执行年限 1 ;
                research: 项目经费 1000000 ;
                rdfs:label " 深度学习机器翻译研究 "@zh .


### http://ke.istic.ac.cn/ontology/research#Project_ZD2021-17
research:Project_ZD2021-17 rdf:type owl:NamedIndividual ;
                research: 产出成果 research:Patent_2022-ffzx-yyz-01 ;
                research: 支撑项目 research:Project_ZD2020-18 ;
                research: 项目开始时间 "2021-07-01" ;
                research: 项目执行年限 3 ;
                research: 项目经费 1500000 ;
                rdfs:label " 知识单元抽取研究 "@zh .
```

（2）抽象个体

抽象个体通常由不宜充当子类的概念转换而来，用于描述实体的某项特征，几乎不含关系和属性，research 本体中所含的抽象个体如图 6-63 所示。

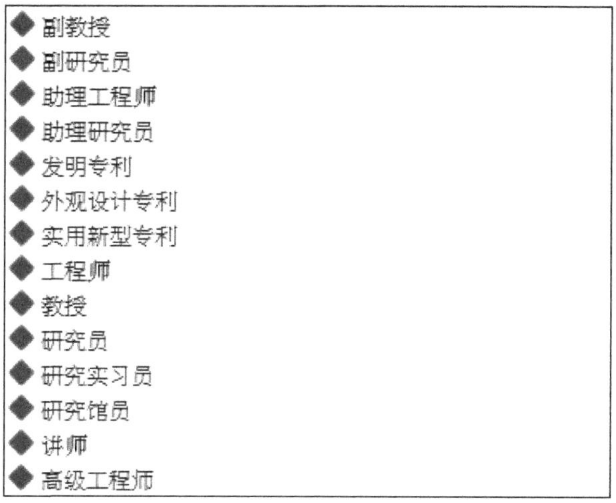

◆ 副教授
◆ 副研究员
◆ 助理工程师
◆ 助理研究员
◆ 发明专利
◆ 外观设计专利
◆ 实用新型专利
◆ 工程师
◆ 教授
◆ 研究员
◆ 研究实习员
◆ 研究馆员
◆ 讲师
◆ 高级工程师

图 6-63　research 本体的抽象个体

抽象个体的 Turtle 描述形式如下所示。

```
# ### http://ke.istic.ac.cn/ontology/research# 副教授
research: 副教授 rdf:type owl:NamedIndividual .

### http://ke.istic.ac.cn/ontology/research# 副研究员
research: 副研究员 rdf:type owl:NamedIndividual .

### http://ke.istic.ac.cn/ontology/research# 助理工程师
research: 助理工程师 rdf:type owl:NamedIndividual .

### http://ke.istic.ac.cn/ontology/research# 助理研究员
research: 助理研究员 rdf:type owl:NamedIndividual .

### http://ke.istic.ac.cn/ontology/research# 发明专利
research: 发明专利 rdf:type owl:NamedIndividual .

### http://ke.istic.ac.cn/ontology/research# 外观设计专利
research: 外观设计专利 rdf:type owl:NamedIndividual .

### http://ke.istic.ac.cn/ontology/research# 实用新型专利
research: 实用新型专利 rdf:type owl:NamedIndividual .

### http://ke.istic.ac.cn/ontology/research# 工程师
research: 工程师 rdf:type owl:NamedIndividual .
```

```
### http://ke.istic.ac.cn/ontology/research# 教授
research: 教授 rdf:type owl:NamedIndividual .

### http://ke.istic.ac.cn/ontology/research# 研究员
research: 研究员 rdf:type owl:NamedIndividual .

### http://ke.istic.ac.cn/ontology/research# 研究实习员
research: 研究实习员 rdf:type owl:NamedIndividual .

### http://ke.istic.ac.cn/ontology/research# 研究馆员
research: 研究馆员 rdf:type owl:NamedIndividual .

### http://ke.istic.ac.cn/ontology/research# 讲师
research: 讲师 rdf:type owl:NamedIndividual .

### http://ke.istic.ac.cn/ontology/research# 高级工程师
research: 高级工程师 rdf:type owl:NamedIndividual .
```

思考与练习

【1】Ontology 与 OWL 有何关系？

【2】Ontology 与分类表、叙词表等传统知识组织系统相比有何优势？

【3】Ontology 由哪些元素构成？可分为哪些类型？举例说明每种类型的功能和作用。

【4】Ontology 建模时需要考虑哪些因素？构建大而全的单个本体和模块化的多个本体哪种方法更好？

【5】Ontology 的 IRI、版本 IRI 与命名空间的用法有何区别？

【6】使用 Protege 界面构建 OWL 本体时，属性的定义域和值域可以设置多个类，一次选择多个类与一次选一个类多次选择，两种操作的结果是否相同？

【7】Protege 构建的本体类，可分为原始类、定义类和枚举类，3 种类的功能和推理机制有何不同？

【8】类不相交设置有何功能？使用 Protege 界面设置类不相交，一次选择多个类与一次选一个类多次选择，两种操作的结果是否相同？每种操作形成的建模词汇标识是什么？

【9】Protege 中同时使用 some 和 only 约束时，需要具备哪些条件？

【10】何为闭包公理？何为覆盖公理？举例说明闭包公理和覆盖公理有何功能？

【11】枚举类与覆盖类都采用概念列举方式进行定义，二者有何不同之处？

【12】Protege 中使用 exactly、min、max 约束时需要注意哪些问题才能发挥作用？

【13】使用 Protege 构建本体时，Functional 和 someValuesFrom 约束的作用范围是否相同？能否同时使用？

【14】使用 Protege 构建本体时，属性的 Transitive 或 Functional（Inverse Functional）约束与类的 exactly、min、max 等基数限制能否同时使用？

【15】使用 Protege 构建本体时，属性的 Transitive、Functional、Inverse functional 约束能否同时使用？

【16】举例说明 owl:versionInfo 与 owl:versionIRI 的功能和用法有何不同？

【17】举例说明 owl:hasSelf 与 owl:ReflexiveProperty 的功能和用法有何不同？

*【18】Manchester 语法是一种简洁高效的 OWL 模型表示方法，Protege 界面采用 Manchester 语法输入和表示概念信息，模型存储后自动转换为 OWL 词汇。请学习相关内容，将下表中的对应标识补充完整。

Manchester 词汇	OWL 词汇
some	
only	
value	
min	
max	
exactly	
and	
or	
not	
	owl:hasSelf
	owl:propertyChainAxiom

*【19】为了分析科技文献的引证规律，知识组织学习小组建立了一个引文分析的知识模型。由于文献自引是参考文献引用的常见现象，学习小组认为自引现象具有自反性，将其概念化为"自引文献"类，并通过 Protege 的类面板设置了等同条件"发表论文 some（引用文献 some（作者 Self））"，条件要素的形式化特征如下表所示。

ObjectProperty	Domain	Range
发表论文	科研人员	论文
引用文献	论文	论文
作者	论文	科研人员

请你根据所学内容分析思考,"自引文献"类能否实现类型推理,将符合条件的个体实例归入"自引文献"类?如果无法实现,如何设计才能实现?

*【20】知识组织学习小组计划建立一个描述学生成绩的知识模型,为了区分不同的成绩,学习小组抽象出"优秀"、"良好"和"合格"3个定义类,并通过 Protege 类面板为其设置了等同条件,条件要素的形式化特征如下表所示。

考核等级	等同条件定义
优秀	(成绩 max 100 xsd:integer) and (成绩 min 90 xsd:integer)
良好	(成绩 max 89 xsd:integer) and (成绩 min70 xsd:integer)
合格	(成绩 max 69 xsd:integer) and (成绩 min 60 xsd:integer)

DatatypeProperty	Domain	Range
成绩	学生	xsd:integer

请根据所学内容分析思考,"优秀"、"良好"和"合格"类能否实现类型推理,将符合条件的个体实例归入相应的类?如果无法实现,如何设计才能实现?

*【21】知识组织学习小组计划构建一个科研本体——SR,以便将科研过程中的人员、机构、论文、专利和项目信息整合到一起,经小组成员调研后发现,资源建设学习小组已经构建了一个包含科技人员、科研机构及科研项目相关概念的模型——SROP;数据分析学习小组构建了一个包含论文、专利及科技报告相关概念的模型——SAPR。知识组织学习小组讨论分析后认为,SROP 模型和 SAPR 模型可用度很高,可以构建一个上层本体将两个模型融合起来,但大家在融合方法的问题上产生了分歧,一部分成员认为应该在 SR 模型中使用 prefix 将两个模型的命名空间包含到上层本体中;另一部分成员认为应该在 SR 模型中使用 import 标识,将两个模型导入到融合本体中。请你根据所学内容帮他们分析一下,应该如何实现多个模型的融合?

*【22】知识组织学习小组计划构建一个手机本体——mobilephone,用于组织不同品牌和型号的手机特征,便于用户挑选合适的产品。小组成员分析讨论后整理出了描述"手机"特征的相关词汇,详情见如下所列。但在构建手机知识模型时,大家对如何组织各种分类产生了分歧和困惑,一部分组员认为应该减少类目,只使用一种分类侧面,避免复杂的多类交叉现象,以便用户快速查找和定位所需信息。另一部分组员认为应该尽量梳理出不同的分类侧面,从各种认知维度建立知识关联,方便用户根据自己的知识背景获取信息。请你根据所学内容帮他们设计一个 OWL 知识模型,内容覆盖以下所列概念,可根据设计需要修改词汇表达和添加描述词汇,不必完全一致。

手机	移动电话	无线电话		
折叠手机	翻盖手机	直板手机	滑盖手机	旋转手机
单屏手机	双屏手机	智能手机	传统手机	触屏手机	按键手机

高端机　中端机　低端机		
3G 手机　4G 手机　5G 手机		
Android 系统　iOS 系统		
三星　小米　华为　魅族　OPPO　苹果		
芯片　CPU　RAM　ROM　GPU　屏幕　摄像头　电池　传感器　外壳		
5.5 英寸　5.7 英寸　5.8 英寸　6 英寸　6.1 英寸　6.5 英寸　7 英寸		

*【23】利用网上商城的手机信息为 mobilephone 本体添加 8～10 个个体实例，覆盖不同的特征。完善手机本体模型，设置定义类、定义域、值域、闭包、覆盖、属性约束等公理，实现概念分类和个体推断等功能。

第 7 章 本体模型的解析和推理

本体模型中的类、属性、关系及公理约束构成了领域概念框架，形成了可以共享的知识结构。这些知识结构都可以转化为关系三元组和属性三元组。关系三元组描述各种概念间的语义联系，属性三元组描述概念具有的个性特征。此时的本体文件只是静态的领域知识组织结构，并不含有与日常生活相关的具体事物（实例），也无法支撑与大众生活相关的资源标引和问题检索。本体模型想要发挥作用就必须与文献资源建立联系，应将文献中出现的命名实体、主题结构等元素关联到本体模型中，填充为个体实例，使实例间通过"主语 - 关系 - 宾语"三元组和"主语 - 属性 - 取值"三元组产生关联，形成知识网络。这些相互关联的三元组构成了本体知识库中的最小知识单元，是进行语义推理、关系发现和相似度计算的基本单位。由于标引的领域词汇来源于本体知识库，知识库中的概念又通过三元组产生各种关联，因此文献内容经过标引处理后，这些领域概念便与文献中的关键词建立链接，形成具有语义关系的文献概念网络，从而为文献主题内容的深度挖掘提供支撑。

7.1 模型管理工具

构建完成的 OWL 本体模型仅为一个使用 RDF/RDFS、OWL 词汇标识的文本文件，里面包含了领域概念的层次结构、概念的属性、概念间的关系及概念组合等内容的描述信息。本体不能独立运行，需要使用解析工具来操作，以获取所需的概念描述和关联信息。这些解析工具多采用 Java 或 Python 开发，尤以 Java 平台的工具最丰富，下面介绍几款常用的本体模型操作工具。

7.1.1 Jena API

Jena 是一套开发语义应用程序的开源 Java API，能对 RDF 和 OWL 形式的本体进行解析和操作，并提供 SPARQL 查询功能。其主要结构和功能如图 7-1 所示[63]。

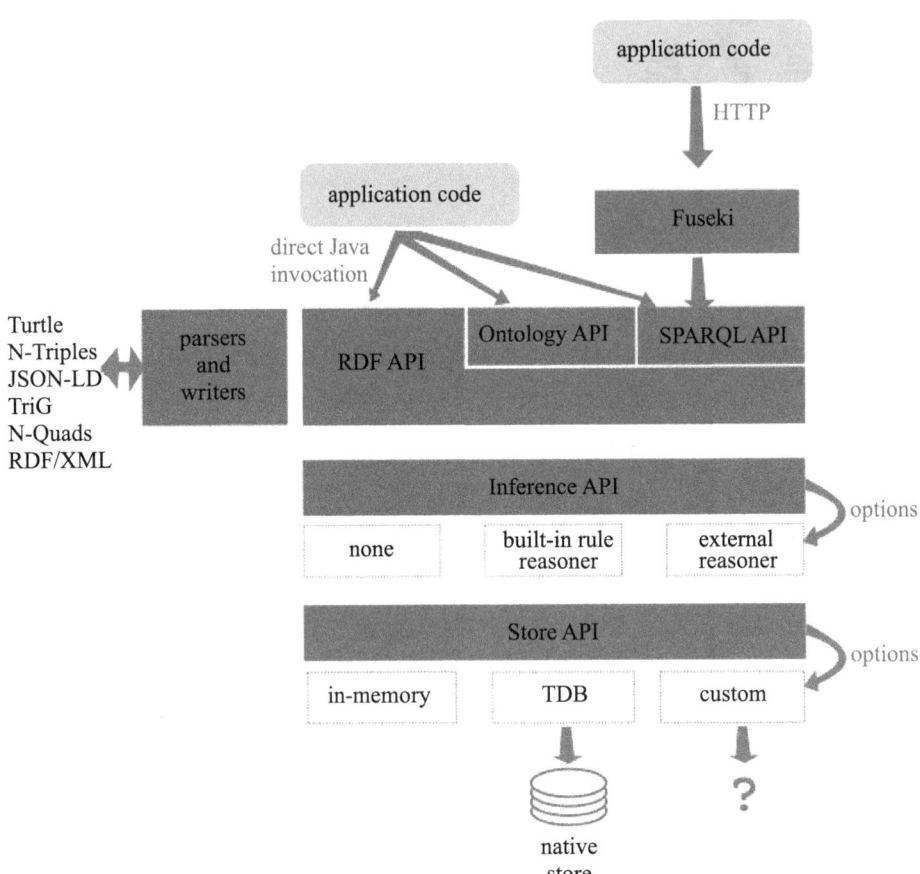

图 7-1　Jena 框架结构

（1）以 RDF/XML、三元组形式读写 RDF

Jena RDF API 支持 RDF 模型的创建、读写、查询等操作。

（2）支持 RDFS、OWL、DAML+OIL 等本体的操作

Jena API 可以处理 RDFS、OWL 和 DAML+OIL 形式的本体，并支持对导入本体的管理。Jena 本体模型与推理子系统配合能够进行概念体系的一致性检测。

（3）利用数据库保存数据

Jena 提供了支持 MySQL、PostgreSQL、Oracle 和 Microsoft SQL Server 等数据库的程序接口，可以将 RDF 数据存入关系数据库。

（4）查询模型

Jena 提供了 ARQ 查询引擎，支持 SPARQL 和 RDQL 对本体模型的查询。其核心处理过程可分为 6 个步骤：①利用 ModelFactory 创建 Model 本体模型，并加载本体文件；②编写 SPARQL 检索表达式；③利用 QueryFactory 创建 Query 查询包装器，并加载 SPARQL 语句；④利用 QueryExecutionFactory 创建 QueryExecution 查询引擎，并加载

Model 本体知识库和 Query 查询条件；⑤运行 QueryExecution 查询引擎，获得检索集合 ResultSet；⑥遍历 ResultSet，输出每条查询记录 QuerySolution 所含信息。查询引擎仅把查询条件三元组和本体模型进行匹配，查询语言本身不支持推理功能。

（5）基于规则的推理

Jena 支持基于规则的简单推理，提供 Racer、FaCT、Pellet 等第三方推理机的调用接口，用户可以根据需要自定义推理规则。

Jena 提供了读取、创建、检索及推理本体模型的 API，表 7-1 列出了解析和查询本体模型的 API 常用功能和方法。

表 7-1 Jena API 常用功能和方法

功能和方法		功能说明
Jena ARQ 包的重要类和接口	QueryExecution	查询引擎
	QueryExecutionFactory	查询引擎生成器
	QuerySolution	查询结果记录
	ResultSet	查询结果集合
	Query	查询表达式
	QueryFactory	查询表达式生成器
OntClass 接口的重要方法	listSubClasses()	遍历该类所有子类
	listSuperClasses()	遍历该类所有超类
OntModel 接口的重要方法	getOntClass(java.lang.String uri)	将字符表示的资源映射为模型中的类
	getOntProperty(java.lang.String uri)	将字符表示的资源映射为模型中的属性
OntProperty 接口的重要方法	listSubProperties()	遍历该属性的所有子属性
	listSuperProperties()	遍历该属性的所有父属性

使用 Jena API 对本体知识库进行查询之前，要先把本体读入内存中，并在内存中建立模型，然后生成查询处理器实例，并将 SPARQL 检索表达式送入查询处理器中进行检索，详细流程如"程序 7-1"所示。

```
//### 程序 7-1###
public void getTripleInfo()
{
  // 创建本体模型
  Model model = ModelFactory.createDefaultModel();
  // 加载 Turtle 格式的本体文件
  model.read("data/data.ttl");
  // 创建 sparql 检索表达式
  String queryString
      = "PREFIX foaf: <http://xmlns.com/foaf/0.1/> "
      + "SELECT ?name WHERE { "
      + "  ?person foaf:mbox <mailto:alice@example.org> . "
      + "  ?person foaf:name ?name . "
      + "}";
  // 生成检索表达式模型
  Query rsquery=QueryFactory.create (queryString);
  // 建立检索模型,并将检索表达式模型和知识库模型送入检索模型
  QueryExecution rsqe=QueryExecutionFactory.create (rsquery,model);
  // 执行检索,生成结果
  ResultSet rsresults=rsqe.execSelect ()
  // 遍历结果集合中的信息
  while (rsresults.hasNext ())
  {
    // 取出结果集中的一条记录
    QuerySolution qSolution = rsresults.nextSolution ();
    int qpos=qSolution.get ("name").toString ().indexOf ("#");
    String qSubString=qSolution.get("name").toString().substring (qpos+1);
  }
}
```

7.1.2 Protege-OWL API

Protege-OWL API 是 Protege 实现 OWL 和 RDF/RDFS 操作的开源 Java 类库,核心包 edu.stanford.smi.protegex.owl.model 提供加载、保存、检索 RDF/RDF(S)和 OWL 本体的数据模型,以及执行描述逻辑推理的类和方法[64]。Protege-OWL API 是 Protege 早期版本解析和操作 OWL 本体的核心模块,Protege 4.0 之后的版本采用 OWL API 实现本体操作,不再使用 Protege-OWL API,因此 Protege-OWL API 仅支持 OWL1。

(1) OWL1 本体解析

Protege-OWL API 与 Jena 的联系密切,其底层功能仍然依赖 Jena 实现,Protege 使

用 JenaOWLModel 加载本体模型，该模型可以直接操作 OWL 本体，比使用 Jena API 的 Model 更加简洁。本体解析的处理流程如"程序 7-2"所示。

```
//### 程序 7-2###
public void parseOwl（File file）
{
    // 本体文件读取
    FileInputStream fileIns = new FileInputStream（file）;
    // 创建本体模型，加载本体文件
    JenaOWLModel owlModel =
                ProtegeOWL.createJenaOWLModelFromInputStream（fileIns）;
    // 获取所有的类
    Collection classes = owlModel.getUserDefinedOWLNamedClasses（）;
    // 获取所有的属性
    Collection proterty = owlModel.getUserDefinedOWLProperties（）;
    // 输出全部属性
    for（Iterator pit = proterty.iterator（）; pit.hasNext（）;）
    {
            OWLProperty property =（OWLProperty）pit.next（）;
            System.out.println（property.getBrowserText（））;
    }
    // 输出全部类
    for（Iterator it = classes.iterator（）; it.hasNext（）;）
    {
        // 获取类的实例
        OWLNamedClass namedclass =（OWLNamedClass）it.next（）;
        Collection instances = namedclass.getInstances（true）;
        System.out.println( "Class " + namedclass.getBrowserText( ) + " ( " + instances.size( ) + " )" );
        // 输出类的实例
        for（Iterator jt = instances.iterator（）; jt.hasNext（）;）
        {
            OWLIndividual individual =（OWLIndividual）jt.next（）;
            System.out.println（" \t - " + individual.getBrowserText（））;
        }
    }
}
```

（2）OWL1 本体创建

Protege-OWL API 是 Protege 平台编辑 OWL 本体的核心模块，Protege 提供界面操作，Protege-OWL API 在后台负责 OWL 模型元素的创建、管理和序列化存储，因此可以直接通过 Java 程序调用 Protege-OWL API 来创建和操作 OWL 本体，调用过程如"程序 7-3"所示。

```java
//### 程序 7-3###
public void createOwl()
{
    // 创建本体模型
    JenaOWLModel owlModel = ProtegeOWL.createJenaOWLModel();
    // 创建命名类
    OWLNamedClass personClass = owlModel.createOWLNamedClass("Person");
    // 创建类的数据属性
    OWLDatatypeProperty ageProperty =
                    owlModel.createOWLDatatypeProperty("age");
    // 设置数据属性的值域
    ageProperty.setRange(owlModel.getXSDint());
    // 设置数据属性的定义域
    ageProperty.setDomain(personClass);
    // 创建类的关系属性
    OWLObjectProperty childrenProperty =
                    owlModel.createOWLObjectProperty("children");
    // 设置关系属性的值域
    childrenProperty.setRange(personClass);
    // 设置关系属性的定义域
    childrenProperty.setDomain(personClass);
    // 创建实例
    RDFIndividual tom = personClass.createRDFIndividual("Tom");
    // 设置实例的数据属性和取值
    tom.setPropertyValue(ageProperty, new Integer(1));
    // 创建实例
    RDFIndividual jerry = personClass.createRDFIndividual("Jerry");
    // 设置实例的关系属性和取值
    jerry.setPropertyValue(childrenProperty, tom);
    // 设置实例的数据属性和取值
    jerry.setPropertyValue(ageProperty, new Integer(33));
    // 输出 OWL/RDF 本体
    Jena.dumpRDF(owlModel.getOntModel());
}
```

7.1.3　OWL API

OWL API 是专门解析和操作 OWL 本体的开源 Java API，核心包提供表示 OWL 本体的类和接口，主要有 OWLClass、OWLObjectProperty、OWLDatatypeProperty 和 OWLIndividual。

OWL API 支持 OWL2、RDF/XML、OWL/XML、OWL Functional Syntax、Turtle 和 KRSS 格式本体的解析，并提供了 FaCT++、HermiT、Pellet、Racer 等推理机接口[65]。

（1）OWL 本体解析

OWL API 提供的本体模型为 OWLOntology，操作 OWL 本体时要先创建 OWLOntology-Manager 本体管理器，由本体管理器将本体文件加载到 OWLOntology 模型中，OWLOntology 提供了类、关系、属性及实例等元素的访问机制，其处理流程如"程序 7-4"所示。

```java
//### 程序 7-4 ###
public void loadOntology（String path）
{
    // 创建本体管理器
    OWLOntologyManager manager =
        OWLManager.createOWLOntologyManager（）;
    // 本体文件读取
    File file = new File（path）;
    // 本体模型加载本体文件
    OWLOntology ontology = manager.loadOntologyFromOntologyDocument（file）;
    // 获取所有的类
    Iterator<OWLClass> owls = ontology.getClassesInSignature（）.iterator（）;
    while（owls.hasNext（））
    {
        String owlClass = owls.next（）.toString（）;
        System.out.println（owlClass）;
    }
    // 获取所有的对象属性
    Iterator<OWLObjectProperty> owls =
        ontology.getObjectPropertiesInSignature（）.iterator（）;
    while（owls.hasNext（））
    {
        String owlProperty = owls.next（）.toString（）;
        System.out.println（owlProperty）;
    }
    // 获取所有的实例
    Iterator<OWLNamedIndividual> owls =
        ontology.getIndividualsInSignature（）.iterator（）;
    while（owls.hasNext（））
    {
        String owlIndividual = owls.next（）.toString（）;
        System.out.println（owlIndividual）;
    }
}
```

（2）多本体合并

本体工程化过程中，有时为了加快工作进度或扩大覆盖范围，常将一个本体模型拆分为若干模块，由不同知识背景的工程师分工完成，最后合并为一个整体。OWL API 提供了多本体合并功能，可以帮助用户高效地实现模块整合，其处理流程如"程序 7-5"所示。

```java
//### 程序 7-5###
public OWLOntology getMergedOnto（String path）
{
    // 创建本体管理器
        OWLOntologyManager manager =
            OWLManager.createOWLOntologyManager();
    // 加载全部本体文件
    File fileDir = new File(path);
    File[] files = fileDir.listFiles();
     for (int i = 0; i < files.length; i++)
      {
        File file = files[i];
        manager.loadOntologyFromOntologyDocument(file);
      }
    // 创建本体合并模型，加载本体文件
    OWLOntologyMerger merger = new OWLOntologyMerger(manager);
    // 合并后的命名空间
    IRI mergedOntologyIRI = IRI.create("http://ke.istic.ac.cn/ontology");
    // 合并本体
    OWLOntology mergedOnto =
        merger.createMergedOntology(manager，mergedOntologyIRI);
    return mergedOnto;
}
```

（3）本体子模块抽取

本体工程化过程中，经常遇到规模较大的知识模型，为了适合局部性细分领域应用，需要将大型本体切分为小模块。OWL API 提供了子本体的抽取功能，分割后的小本体仅在概念规模上进行细分优化，其结构仍保持局部内容的完整性，本体模块化的处理流程如"程序 7-6"所示。

```java
//### 程序 7-6###
public void extractOntologyModules()
{
    // 抽取后的模块本体
    String moduleOntology = "file:/D:/temp/OWLExample/data/modulePizza.owl";
```

```java
// 待抽取的本体文件
String inOntology=" file:/D:/temp/OWLExample/data/pizza.owl";
OWLOntologyManager man = OWLManager.createOWLOntologyManager();
// 创建本体模型，加载本体
OWLOntology ont =
    man.loadOntologyFromOntologyDocument(IRI.create(inOntology));
System.out.println(" 加载 ->" + ont.getOntologyID());
OWLDataFactory datafactory = man.getOWLDataFactory();
// 设置种子概念
OWLClass toppingClass =
    datafactory.getOWLClass(IRI.create(ont.getOntologyID()
                    .getOntologyIRI().toString()
                        + "#PizzaTopping"));
Set<OWLEntity> seeds = new HashSet<OWLEntity>();
seeds.add(toppingClass);
// 抽取种子概念及其子类
Set<OWLEntity> seedSub = new HashSet<OWLEntity>();
OWLReasoner reasoner = new StructuralReasoner(ont,
        new SimpleConfiguration(),BufferingMode.NON_BUFFERING);
for (OWLEntity entity : seeds)
{
    seedSub.add(entity);
    if (OWLClass.class.isAssignableFrom(entity.getClass()))
    {
        NodeSet<OWLClass> subClasses =
                    reasoner.getSubClasses((OWLClass) entity,false);
        seedSub.addAll(subClasses.getFlattened());
    }
}
// 种子概念模块抽取
SyntacticLocalityModuleExtractor sme =
        new SyntacticLocalityModuleExtractor(man,ont, ModuleType.STAR);
IRI moduleIRI = IRI.create(moduleOntology);
OWLOntology module = sme.extractAsOntology(seedSub, moduleIRI);
// 子模块保存
man.saveOntology(module);
}
```

7.1.4 SKOS API

SKOS API 是 OWL2 API 提供的操作 SKOS 模型的 Java 接口。SKOS API 提供了

SKOS 抽象模型构建、RDF/XML、OWL/XML、OWL Functional Syntax 和 Turtle 语法解析和存储功能，并提供了 Pellet、FaCT++ 等推理机接口[66]。

（1）SKOS 本体构建

SKOS API 主要通过 SKOSManager、SKOSDataset、SKOSDataFactory 等类来操作 SKOS 模型。SKOSManager 是最基础的 SKOS 模型管理器，负责创建 SKOSDataset 数据模型，再由 SKOSDataFactory 数据模型工厂创建其他模型元素。"程序 7-7"展示了一个 SKOS 数据集的详细创建过程。

```
//### 程序 7-7###
public void createSkos()
{
    //SKOS 数据集的命名空间
    String baseURI = "http://www.isitc.ac.cn/skosexample/";
    // 创建 SKOS 模型管理器
    SKOSManager manager= new SKOSManager();
    //SKOS 本体模型，该模型可以包括多个概念模式
    SKOSDataset vocabulary=
    manager.createSKOSDataset(URI.create(baseURI));
    //SKOS 数据工厂，创建各种 SKOS 对象
    SKOSDataFactory factory = manager.getSKOSDataFactory();
    // 创建 SKOS 概念模式 conceptSchemeA
    SKOSConceptScheme scheme1 =
    factory.getSKOSConceptScheme(URI.create(baseURI+ conceptSchemeA"));
    // 概念模式断言 - conceptSchemeA 为 SKOS:ConceptScheme 的实例
    SKOSEntityAssertion schemaAs =
            factory.getSKOSEntityAssertion(scheme1);
    // 创建 SKOS 概念 -concept1，concept2
    SKOSConcept concept1 =
            factory.getSKOSConcept(URI.create(baseURI + "concept1"));
    SKOSConcept concept2 =
            factory.getSKOSConcept(URI.create(baseURI + "concept2"));
    // 创建概念实体断言 -concept1，concept2 为 SKOS:Concept 的实例
    SKOSEntityAssertion conceptAssertion1 =
            factory.getSKOSEntityAssertion(concept1);
    SKOSEntityAssertion conceptAssertion2 =
            factory.getSKOSEntityAssertion(concept2);
    // 创建对象关系断言
    SKOSObjectRelationAssertion inScheme =
            factory.getSKOSObjectRelationAssertion(concept1,
                factory.getSKOSInSchemeProperty()，scheme1);
```

```java
SKOSObjectRelationAssertion inScheme1 =
    factory.getSKOSObjectRelationAssertion(concept2,
        factory.getSKOSInSchemeProperty(), scheme1);
SKOSObjectRelationAssertion topConcept =
    factory.getSKOSObjectRelationAssertion(scheme1,
        factory.getSKOSHasTopConceptProperty(), concept1);
SKOSObjectRelationAssertion conceptRelationAssertion =
    factory.getSKOSObjectRelationAssertion(concept2,
        factory.getSKOSBroaderProperty(), concept1);
// 标注属性操作
SKOSAnnotation labelAnnotation = factory.getSKOSAnnotation(
    factory.getSKOSPrefLabelProperty().getURI(), "Label", "en");
SKOSAnnotation altLabelAnnotation = factory.getSKOSAnnotation(
    factory.getSKOSAltLabelProperty().getURI(), "altLabel", "en");
SKOSAnnotationAssertion labelAnnotationAssertion =
    factory.getSKOSAnnotationAssertion(concept2, labelAnnotation);
SKOSAnnotationAssertion altLabelAnnotationAssertion =
    factory.getSKOSAnnotationAssertion(concept2, altLabelAnnotation);
// 新的关系断言
SKOSResource skosResource =
    factory.getSKOSResource(URI.create("http://www.istic.ac.cn/example"));
SKOSObjectRelationAssertion resourceAssertion =
    factory.getSKOSObjectRelationAssertion(concept2,
        factory.getSKOSScopeNoteObjectProperty(), skosResource);
SKOSDataRelationAssertion dataPropertyAssertion =
    factory.getSKOSDataRelationAssertion(concept2,
        factory.getSKOSScopeNoteDataProperty(),
            "SKOS data property note for a concept", "en");
// 创建 dc:creator 和 rdfs:comment
SKOSAnnotation dateAnnotation =
    factory.getSKOSAnnotation(
        DublinCoreVocabulary.DATE.getURI(), "11-08-2017");
SKOSAnnotation creatorAnnotation1 =
    factory.getSKOSAnnotation(
        DublinCoreVocabulary.CREATOR.getURI(), "Tom Li", "en");
SKOSAnnotation uriAnnotation =
    factory.getSKOSAnnotation(
        URI.create("http://www.istic.ac.cn/example"), skosResource);
SKOSAnnotation creatorAnnotation2 =
    factory.getSKOSAnnotation(DublinCoreVocabulary.CREATOR.getURI(),
```

```
                    factory.getSKOSUntypedConstant("Jack Wang", "en"));
// 创建标注属性断言
SKOSAnnotationAssertion assertion6 =
        factory.getSKOSAnnotationAssertion(concept2, dateAnnotation);
SKOSAnnotationAssertion assertion7 =
        factory.getSKOSAnnotationAssertion(concept2, creatorAnnotation1);
SKOSAnnotationAssertion assertion8 =
        factory.getSKOSAnnotationAssertion(concept2, uriAnnotation);
SKOSAnnotationAssertion assertion9 =
        factory.getSKOSAnnotationAssertion(concept2, creatorAnnotation2);
// 本体元素整合
List<SKOSChange> addList = new ArrayList<SKOSChange>();
addList.add(new AddAssertion(vocabulary, schemaAs));
addList.add(new AddAssertion(vocabulary, inScheme));
addList.add(new AddAssertion(vocabulary, inScheme1));
addList.add(new AddAssertion(vocabulary, conceptAssertion1));
addList.add(new AddAssertion(vocabulary, conceptAssertion2));
addList.add(new AddAssertion(vocabulary, topConcept));
addList.add(new AddAssertion(vocabulary, conceptRelationAssertion));
addList.add(new AddAssertion(vocabulary, labelAnnotationAssertion));
addList.add(new AddAssertion(vocabulary, altLabelAnnotationAssertion));
addList.add(new AddAssertion(vocabulary, resourceAssertion));
addList.add(new AddAssertion(vocabulary, dataPropertyAssertion));
addList.add(new AddAssertion(vocabulary, assertion6));
addList.add(new AddAssertion(vocabulary, assertion7));
addList.add(new AddAssertion(vocabulary, assertion8));
addList.add(new AddAssertion(vocabulary, assertion9));
//SKOS-Rdf.rdf 本体输出
manager.applyChanges(addList);
System.out.println("skos-ontology 保存位置：" + skosRdfURI);
manager.save(vocabulary,SKOSFormatExt.RDFXML, RI.create(skosRdfURI));
}
```

（2）SKOS 本体解析

SKOSDataset 模型是 SKOS 本体的内存映像，操作本体时先由 SKOSManger 管理器将 SKOS 文件加载到模型中。SKOSDataset 提供了词表模式、概念、属性、上下位关系等多种模型元素的操作功能，详情如"程序 7-8"所示。

```
//### 程序 7-8###
public void readSkos（String skosRdfURI）
```

```java
{
    // 创建 SKOS 模型管理器
    SKOSManager manager = new SKOSManager();
    //SKOS 本体模型，该模型可以包括多个概念模式
    SKOSDataset dataSet =
                manager.loadDatasetFromPhysicalURI(URI.create(skosRdfURI));
    // 输出词表模式
    for (SKOSConceptScheme scheme : dataSet.getSKOSConceptSchemes())
    {
        System.out.println("ConceptScheme: " + scheme.getURI());
        // 输出概念
        for (SKOSConcept concept : dataSet.getSKOSConcepts())
        {
            System.out.println("Concept: " + concept.getURI());
            // 输出概念的下位概念
            for (SKOSEntity narrowerConcepts : concept.getSKOSRelatedEntitiesByProperty(dataSet, manager.getSKOSDataFactory().getSKOSNarrowerProperty()))
            {
                System.err.println("\t hasNarrower: " + narrowerConcepts.getURI());
            }
            // 输出概念的上位概念
            for (SKOSEntity broaderConcepts : concept.getSKOSRelatedEntitiesByProperty(dataSet, manager.getSKOSDataFactory().getSKOSBroaderProperty()))
            {
                System.err.println("\t hasBroader: " + broaderConcepts.getURI());
            }
            System.err.print("\n");
            // 输出概念的标注属性
            for (SKOSAnnotation annotation : concept.getSKOSAnnotations(dataSet))
            {
                System.err.print("\t Annotation: " + annotation.getURI() + "-> ");
                if (annotation.isAnnotationByConstant())
                {
                    if (annotation.getAnnotationValueAsConstant().isTyped())
                    {
                        SKOSTypedLiteral typedLiteral =
                    annotation.getAnnotationValueAsConstant().getAsSKOSTypedLiteral();
                        System.err.print(typedLiteral.getLiteral() + "-> Type: " + typedLiteral.getDataType().getURI());
                    } else
                    {
```

```
                    SKOSUntypedLiteral untypedLiteral =
annotation.getAnnotationValueAsConstant().getAsSKOSUntypedLiteral();
                    System.err.print(untypedLiteral.getLiteral());
                    if (untypedLiteral.hasLang())
                    {
                        System.err.print("@" + untypedLiteral.getLang());
                    }
                }
                    System.err.println("");
            } else
            {
                    System.err.println(annotation.getAnnotationValue().getURI().toString());
            }
        }
    }
  }
}
```

（3）SKOS-OWL 转化

SKOS 模型的词汇语义由操作或使用这些词汇的解析器或检索系统负责。由于 SKOS 的语义以 RDF/RDFS 和 OWL 模型为基础，SKOS API 没有直接提供 SKOS 模型的解释和推理机制，而是提供了 SKOS 模型与 OWL 模型的转换功能，转换后可以使用 Hermit、Pellet 及 Fact++ 等 OWL DL 推理机来处理 SKOS 数据集。SKOS 模型与 OWL 模型的转换流程如"程序 7-9"所示。

```
//### 程序 7-9###
public void convertSkosToOwl(String skosOwlURI)
{
    // 创建 SKOS 标注属性
    SKOSAnnotationProperty newAltLabel =
            factory.getSKOSAnnotationProperty(URI.create(
                "http://www.istic.ac.cn/skosTestExample/altLable/newAltLabel"));
    // 创建可选标签属性
    SKOSAltLabelProperty altLabel =
                factory.getSKOSAltLabelProperty();
    // 创建 SKOS-OWL 转换器
    SKOStoOWLConverter converter = new SKOStoOWLConverter();
    // 创建本体管理器和数据模型
    OWLOntologyManager owlManager = manager.getOWLManger();
    OWLDataFactory owlFactory = owlManager.getOWLDataFactory();
```

```java
    // 创建子属性公理
    OWLSubAnnotationPropertyOfAxiom axiom=
            owlFactory.getOWLSubAnnotationPropertyOfAxiom(
                    converter.getAsOWLAnnotationProperty(newAltLabel),
    converter.getAsOWLAnnotationProperty(altLabel));
    //SKOS 转换为 OWL
    owlManager.applyChange(new AddAxiom(
                    converter.getAsOWLOntology(vocabulary)，axiom));
    // 保存 SKOS-OWL 本体
    System.out.println("SKOS-OWL: " + skosOwlURI);
    manager.save(vocabulary,                    SKOSFormatExt.TURTRLE,
URI.create(skosOwlURI));
}
```

(4) SKOS-OWL 模型推理

转换为 OWL 模型的 SKOS 数据集可以使用 OWL DL 推理机进行概念分类、上下位关系判断等操作，详细处理流程如"程序 7-10"所示。

```java
//### 程序 7-10###
public void inferSkosOwl()
{
    // 加载 SKOS-OWL.ttl 本体
    IRI uri = IRI.create("file:/D:/temp/SkosExample/data/SKOS-OWL.ttl");
    OWLOntology ontology =
        manager.getOWLManger().createOntology(uri);
    // 创建 Pellet 推理机
    PelletReasonerFactory pelletFactory = new PelletReasonerFactory();
    OWLReasoner pelletReasoner =pelletFactory.createReasoner(ontology);
    // 创建 SKOS 推理模型
    SKOSReasoner skosReasoner =
        new SKOSReasoner(manager，pelletReasoner，skosOwlURI);
    System.err.println(" 推理开始 ");
    long start = System.currentTimeMillis();
    // 推理分类
    skosReasoner.classify();
    for (SKOSConcept concept : skosReasoner.getSKOSConcepts())
    {
        System.out.println(" 概念：" + concept.getURI());
        // 输出概念的上位概念
        for        (SKOSConcept        broader :
skosReasoner.getSKOSBroaderConcepts(concept))
        {
```

```
                System.err.println("\t hasBroader: " + broader.getURI());
        }
        //输出概念的下位概念
        for             (SKOSConcept            narrower :
skosReasoner.getSKOSNarrowerConcepts(concept))
        {
                System.err.println("\t hasNarrower: " + narrower.getURI());
        }
                System.err.print("\n");
    }
    long end = System.currentTimeMillis();
    System.out.println(" 推理用时 : " + (end - start) / 1000);
}
```

7.1.5　RDF4J API

RDF4J 是一个使用 Java 语言开发的开源 RDF 处理工具，能够进行三元组的解析、存储、推理和查询。RDF4J 由三元组存储和管理工具 Sesame 发展而来，Sesame 是早期 RDF 数据管理的通用开源框架，它提供了基于关系数据库、文件系统及内存的存储实现。Sesame 体系结构如图 7-2 所示[67]。

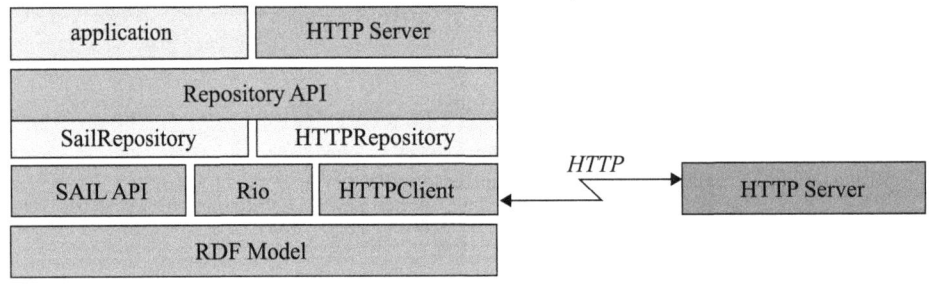

图 7-2　Sesame 体系结构

其中 RDF Model 模块为上层提供统一的三元组存储模型。SAIL（storage and inference layer）API 提供 RDF 数据的存储及推理功能，同时为查询引擎提供数据存取接口。Rio（RDF I/O）模块包含多个 RDF 文档解析器及生成器（Writer），解析器将原始 RDF 文档解析成 RDF 三元组后由 RDF Model 层进行存储，生成器负责将存储的 RDF 三元组转换成 RDF 文档。Repository API 封装了底层存储和查询 API，以使用户使用统一的接口访问本地或远程的 RDF 数据。Sesame 提供了丰富的三元组存储和管理功能，使用时先在硬盘上建立本地知识库文件夹，然后通过 Repository 模型打开本地知识库进行增、删、改、查等操作。

RDF4J 对早期的体系结构做了调整和完善，为通过 SPARQL 查询 Linked Data 和开发语义 Web 应用提供了简单易用的 API。RDF4J 目前由 Eclipse 基金会维护，提供内存和本地文件两种数据操作模式，并支持 RDF/XML、Turtle、N-Triples、N-Quads、JSON-LD、TriG 和 TriX 等格式的 RDF 文件[68]（图 7-3）。

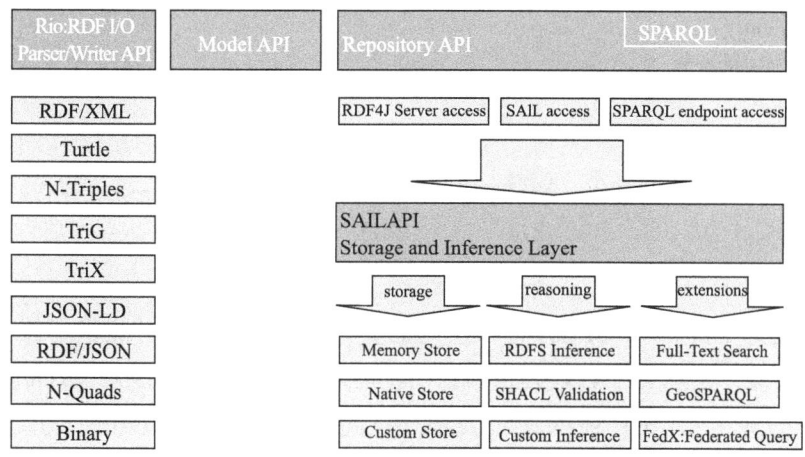

图 7-3　RDF4J 的结构

RDF4J 核心框架提供了一套通用的 API，用于大规模 RDF 和 OWL 三元组数据存储、推理和检索。MemoryStore 是利用内存与磁盘保持同步的事务型 RDF 数据库，这种随机访问方式在小规模数据集上性能优良。NatvieStroe 是利用磁盘 I/O 保持一致性的事务型 RDF 数据库。这种存储方式内存占用小，数据持久性和一致性好，适用于上亿级别的中等规模三元组存储。ElasticsearchStore 是利用 Elasticserch 索引工具来存储 RDF 三元组的实验性数据库。对于已经采用 Elasticserch 的项目若想加入一些小规模的 RDF 图数据（如本体或其他数据模型），则这种数据存储方式更适合。用 RDF4J 进行三元组存储的具体方法如"程序 7-11"所示。

```
/### 程序 7-11###
public void tripleStore()
{
    // 手工创建存储三元组的本地文件夹 repository，通过 File 指向该文件夹
    // 如果使用 tomcat 等中间件发布服务，需使用绝对路径
    File dataDir = new File("repository/");
    // 建立本地知识库的内存模型
    Repository myRepository = new SailRepository(new NativeStore(dataDir));
    if (!myRepository.isInitialized())
    {
        // 加载三元组知识库
        myRepository.initialize();
        // 建立知识库连接
        RepositoryConnection con = myRepository.getConnection();
        // 将本体文件添加到知识库中
```

```
        con.add(file, "", RDFFormat.RDFXML);
        // 提交添加的信息
        con.commit();
        // 关闭知识库连接
        con.close();
        // 关闭知识库
        myRepository.shutDown();
    }
}
```

RDF4J 完全支持 SPARQL 1.1 标准所列的查询和更新功能，并提供本体模型推理及内容更新等功能，此外 RDF4J 还提供大量的扩展函数，用于全文搜索、RDFS 模型推理、基于规则的推理和 SHACL/SPIN 验证及地理空间查询，使用 RDF4J 知识库进行三元组检索的方法如"程序 7-12"所示，更多详细的功能介绍和用法可参考 RDF4J 提供的使用指南[69]。

```
//### 程序 7-12###
public void getTriple()
{
    // 命名空间前缀
    String prefix =
    " prefix pizza:<http://www.co-ode.org/ontologies/pizza/pizza.owl#>" +
     " prefix food:<http://www.w3.org/TR/2003/PR-owl-guide-20031209/food#>";
    // 检索条件
    String sparql = " select  ?s ?p ?o "
                    + "where{ ?s ?p ?o."
                    + "filter isURI(?o)"
                    + "filter isURI(?s)"
                    +"?s ?p pizza:PizzaTopping}";
    // 检索语句
    String query = prefix + sparql;
    // 启动知识库
    Repository myRepository = initRepository();
    // 连接知识库
    RepositoryConnection con = myRepository.getConnection();
    // 创建检索引擎，加载 SPARQL 检索表达式
    TupleQuery tupleQuery =
            con.prepareTupleQuery(QueryLanguage.SPARQL, query);
    // 获取检索结果
    TupleQueryResult result = tupleQuery.evaluate();
```

```
        while (result.hasNext())
        {
            // 三元组记录
            BindingSet bs = result.next();
            // 主语
            String sub = bs.getValue("s").toString();
            // 关系
            String pre = bs.getValue("p").toString();
            // 客体
            String obj = bs.getValue("o").toString();
            // 主语 - 关系 - 客体
            System.out.println("s-p-o:" + sub + "-" + pre + "-" + obj);
        }

        // 保护性关闭知识库
        myRepository.shutDown();
}
/*********** 启动知识库 ************/
public static Repository initRepository()
{
        // 知识库路径，如果使用 tomcat 等中间件发布服务，需使用绝对路径
        File dataDir = new File("repository/");
        // 知识库模型
        Repository myRepository = new SailRepository(new NativeStore(dataDir));
        if (!myRepository.isInitialized())
        {
            // 加载知识库
            myRepository.initialize();
        }
        return myRepository;
}
```

7.2 知识模型的推理机制

语义 Web 的发展离不开本体技术的支撑，作为一种知识组织技术，本体在知识组织和服务中得到了广泛的应用。国外大量科研机构开发了多种本体推理机，用来完成领域知识的推理，发现更多隐性知识。由于本体描述语言的多样性及逻辑基础不同，各种推理机在设计时具有一定的针对性，在使用时应根据推理机的实现机制、技术特点和应用方式合理选择。

本体推理的主要任务是将显式声明背后的隐含知识提取出来，但在不同的阶段，推理任务的侧重点不同。在构建和编辑本体的过程中，推理机的主要任务是优化概念系统和检测一致性，而在本体的使用阶段，其主要任务是获取特定的知识并通过现有的知识发现其他隐含知识。

7.2.1 本体的推理任务

（1）不同语言类型的推理

随着语义 Web 不断发展，本体的描述语言也经历了几次大的变革。不同的本体语言有不同的描述能力，进行推理时要根据建模语言的复杂程度选择相应的推理机。

① DAML+OIL：DAML+OIL 融合了早期的两个本体描述语言 DAML 与 OIL 的优点，将框架和描述逻辑充分结合起来，具有较强的自动推理功能，尤其是概念的一致性和包含关系的检查。例如，美国马里兰大学的 HOWLIR 系统采用 DAML 建模，并利用 DAML-JessKB 作为推理引擎[70]。

② RDF/RDFS：RDF 建立资源关联，RDFS 为 RDF 模型提供简单的语义描述，RDF/RDFS 模型可完成资源一致性检查和蕴涵推理等任务。

③ OWL：OWL 被划分为 OWL Lite、OWL DL、OWL Full 3 种子语言。OWL Lite、OWL DL 具有描述逻辑的表达能力，能够对概念、性质、个体之间的关系进行强大的语义描述，并能进行高效推理。而 OWL Full 在 RDF/RDFS 的基础上扩展为一个完备的本体语言，克服了 OWL DL 和 RDFS 在语义上的冲突，但带来了逻辑上的不可判定，无法保证推理结果的有效性，因此当前推理工作主要集中在 OWL Lite、OWL DL 上。OWL 当前的最新标准为 OWL2，包括 OWL2 EL、OWL2 QL 和 OWL2 RL 3 种子语言[71]。其中 OWL2 EL 能高效地完成标准推理任务，适合结构较为简单的大型本体。OWL2 QL 支持数据库的连接查询，适合拥有大量个体的轻量级本体。OWL2 RL 采用规则扩展的方式直接运行在 RDF 三元组之上，适合直接操作 RDF 三元组推理和含有大量个体的轻量级本体。

（2）不同逻辑类型的推理

为了条理清晰地描述周围世界，人们提出了多种知识表示系统，现有的本体推理系统主要采用框架逻辑（frame logic，F-Logic）和描述逻辑（description logic，DL），这两种逻辑在一阶逻辑的基础上进行改进和演变，以满足不同的应用场景。

①框架逻辑推理：框架逻辑是一种知识表示和本体描述语言，它融合了面向对象模型和框架语言的优势，通过简洁、明快、紧凑的语法结构充分展示语言的语义信息[72]。最初的框架逻辑主要用于数据库的演绎推理，随着语义 Web 的发展，框架逻辑也大量用于本体的构建。NeOn 和早期的 Protege 等本体编辑工具都支持框架逻辑的本体描述。

②描述逻辑推理：描述逻辑又称为术语逻辑，是在语义网络和框架的基础上发展起来的，其主要目的是为语义网络中知识的形式化描述提供基础[73]。描述逻辑由概念、角色、个体组成，其中复杂的概念和角色可以通过简单的概念和角色进行定义。因此，描述

逻辑适合表述结构化和半结构化的数据。

描述逻辑是 OWL 的逻辑基础，构建在描述逻辑之上的本体知识库一般由 TBox 和 ABox 两部分组成，OWL 的推理任务主要围绕着 TBox 和 ABox 进行。TBox 是本体的术语系统，包含领域概念和角色的词汇体系[74]。本体中的概念系统构成了领域知识的基本框架，其内部的新概念可以通过其他已定义的概念来解释，而新定义的概念是否有意义则需要通过系统地验证。TBox 推理负责完成上述概念满足性、包含关系、等价关系、不相交关系等推理任务。ABox 包含个体实例命名的各种断言，描述个体和个体间的关系[75]。ABox 推理主要完成实例的检查，即判断某一个体是否为类的实例。因此，可以利用 ABox 进行概念、角色及个体间关系的查询。

7.2.2 OWL 推理机

OWL 模型推理需要处理 RDF/RDFS 蕴含规则和 OWL 蕴含规则。推理机是完成知识推理的基本部件，知识的组织形式不同，采用的推理机制也会不同。为了提高推理的实用性，当前的本体推理机大都融合了多个推理组件，能够完成多种格式和模型的推理任务。使用推理机制时要根据特定的用途和预期目标选用合适的推理引擎。如果要处理复杂的推理任务，也可以将多个推理机整合起来，分别完成不同阶段的推理任务，充分发挥各自的优势。

（1）RacerPro

由德国汉堡大学计算机系的科研人员开发，基于描述逻辑，能够操作大规模的本体，并提供了高效的检索功能，是一个功能强大的商用推理机[76]。RacerPro 也为科研活动提供试用版，支持单机和客户端/服务器两种模式。

（2）KAON2

来源于早期德国卡尔斯鲁厄（Karlsruhe）大学的 KAON 项目，并在 KAON 的基础上做了改进，能够管理和操作 OWL-DL、SWRL、F-Logic 类型的本体。KAON2 并未采用主流的 tableaux 算法，而是基于 SHIQ 进行改进，使得查询速度更快，并可以通过 RMI 完成分布式环境下本体的单机访问[77]。KAON2 不仅支持描述逻辑推理，还提供 F-Logic 推理，并且支持 SPARQL 的联合检索，但不支持 owl:oneOf、owl:hasValue 等推理。

（3）FaCT++

由英国曼彻斯特大学开发的描述逻辑推理机，构建在早期的 Fact 系统之上，但采用了不同的构架体系。为了提高推理效率、获得更好的平台移植性，FaCT++ 在开发时放弃了早期使用的 Lisp 语言，采用了 C++ 来实现，并对 tableux 算法进行优化，适合嵌入到编辑器中处理大规模的本体推理任务。FaCT++ 系统包含两个基本分类器：SHIF 分类器主要完成传递属性、函数属性、上下位关系的推理；SHIQ 分类器主要处理逆属性、数量限定等属性的推理[78]。

（4）Jena2

Jena 是用来构建语义 Web 应用程序的一套 Java 工具包，由 HP 语义 Web 实验室开发，现在成为 Apache 的子项目。Jena2 对 Jena 的推理引擎进行改造，采用通用且较为开放的结构设计，提供推理机的注册功能，支持 RDFS 和 OWL 推理，并能从实例数据中推理出新的事实[79]。Jena2 的推理机制构建在 Graph SPI 上，提供数据绑定机制，使得同一 Schema 可以被不同的实例集合多次利用，同时也可以完成多个不同 Schema 的重复推理。

（5）Hermit

由牛津大学计算技术实验室开发，采用"hypertableau"算法，与当前的各种推理算法相比，该算法提供更加有效的推理机制，使得以前需要数分钟甚至数小时才可以完成的分类处理，在数秒钟内即可完成[80]。Hermit 于 2009 年 8 月发布 1.0 版本，是第一个可以公开获取的采用"hypertableau"算法的 OWL 推理机，能够完成大规模复杂本体的推理任务。

（6）Pellet

由美国马里兰大学的 MINDSWAP 语义 Web 研究实验室开发，支持 OWL-DL 的所有特性，包括对枚举类和 XML 数据类型的推理，并提供部分 Built-ins 的推理功能，该系统在设计时将连接查询与增量式推理融合在一起，支撑 OWL2 EL 的推理[81]。

为了便于了解各推理系统状况，表 7-2 从用户使用、推理机制、功能特征等方面对上述推理机进行较为详细的整理。

表 7-2　主流 OWL 推理机功能比较

	RacerPro	KAON2	FaCT++	Jena2	Hermit	Pellet
用户界面	复杂强大的 GUI	简单操作界面	无	无	命令行	命令行
推理机制	描述逻辑 tableaux 算法	改进型 SHIQ 算法、框架逻辑	描述逻辑 tableaux 算法	Graph SPI	hypertableau 算法	描述逻辑 tableaux 算法
源码发布	无	无	开源	开源	开源	开源
支持的描述语言	AllegroGraph、RDFS、OWL、OWL2	OWL、F-Logic	OWL、OWL2	RDF、OWL、DAML	OWL、OWL2	KRSS、RDFS、OWL、OWL2
查询语言	nRQL、SPARQL、	SPARQL、F-Logic	无	SPARQL	无	SPARQL
使用方式	Protege 推理插件、DIG Interface 接口	DIG Interface 接口、Java OWLAPI	Protege 4.1 推理插件、DIG Interface、Java OWLAPI、动态链接库	Java OWLAPI	Protege 推理插件、Java OWLAPI	Protege 4.1 推理插件、DIG Interface、Java OWLAPI

续表

	RacerPro	KAON2	FaCT++	Jena2	Hermit	Pellet
开发语言	C++	Java	C++	Java	Java	Java
使用协议	商用版、科研免费版，限期试用版	免费公开获取	免费公开获取	免费公开获取	免费公开获取	商业应用、免费公开获取
使用支持	详细的用户文档	示例源码	简单的使用说明	详细的用户文档和示例代码	示例源码	详细的用户文档和示例代码
规则推理	SWRL	SWRL 子集 DL-Safe	无	JavaRule 规则	无	SWRL 子集 DL-Safe

从上表的信息可以发现，当前推理机在设计和完善过程中呈现下列特点。

①开发语言以 Java 为主，提供源码和文档，方便用户二次开发。

Java 语言，有广泛的用户群，并且开源软件众多，主流的推理机大都提供 Java 接口，方便用户嵌入到应用系统中。Racer、Pellet、FaCT++ 和 Hermit 还提供 DIG 接口，将推理机和本体编辑器连接在一起，能够高效地完成一致性检查和蕴含推理。Pellet、Jena2 及 Hermit 不但开放源码，还提供了使用说明和示例代码，方便用户进行二次开发。

② SPARQL 检索、SWRL 规则和 OWL 模型推理融于一体。

提供对主流本体语言 OWL 的支持，其中 RacerPro、Pellet、Jena2、KAON2 还提供其他语言和格式的推理功能。针对 OWL 在知识描述和推理能力上的不足，多数推理机都提供 SPARQL 查询和 DL-Safe 子集的支持。在规则推理方面 RacerPro、KAON2、Pellet 提供对 SWRL 的支持，能够用于本体中命名个体的推理。本体的构建和推理中应尽可能利用 OWL 自身的建模词汇进行描述，如需使用规则，应将变量绑定到本体中已知的个体实例上，限定其描述能力，使规则具有可判定性。

③以 tableaux 算法为基础进行改进和提升。

推理机的实现以基于描述逻辑的 tableaux 算法为主。Racer、Pellet、FaCT++ 对 tableaux 进行优化处理，RacerPro 提供包含、邻接等概念空间关系的推理能力，并将描述逻辑推理与空间关系推理融合到一起，通过绑定 ABox 推理后的查询变量，进一步验证空间关系网中约束条件的一致性。

此外，还有一些针对 OWL2 子语言的专用推理机，详情如表 7-3 所示[22]。

表 7-3 OWL2 子语言专用推理机

机构	推理机	支持语言
德累斯顿工业大学 Dresden University of Technology	CEL	OWL2 EL

续表

机构	推理机	支持语言
罗马萨皮恩扎大学 Sapienza Università di Roma	QuOnto	OWL2 QL
甲骨文公司 Oracle	Oracle11g	OWL2 RL

7.3 SWRL 语义 Web 规则语言

SWRL 是一种综合了 OWL DL 和 Datalog RuleML 特性的语言。SWRL 在 OWL 的基础上补充了规则定义的能力，可以引用本体概念来组成规则元素，从而清晰地描述概念间的复杂关系，具有人机可读的优点。

7.3.1 SWRL 的语法结构

一个规则由一个前提（Body）和一个结论（Head）构成，每个前提和结论都由多个（可以没有）原子集合组成，其句法形式如下所示[82]。

```
rule::= 'Implies（'[URIreference]{annotation}antecedent consequent'）'
antecedent::= 'Antecedent（'{atom}'）'
consequent::= 'Consequent（'{atom}'）'
atom::=deseription '（' i-object '）'
| dataRange'（'d-object'）'
| individualvaluedPropertyID '（'i-object i-object'）'
| datavaluedPropertyID '（'i-object d-object'）'
| sameAs'（'i-object i-object'）'
| differentFrom '（'i-object i-object'）'
| builtIn'（'builtinID {d-object}'）'
builtinID::= URIreference
i-object::= i-variable | individualID
d-object::= d-variable | dataLiteral
i-vailable::= 'I-variable（'URIreference'）'
d-variable::= 'D-variable（'URIreference'）'
```

规则元素 atom 可以由 C（x）、P（x，y）、sameAs（x，y）、differentFrom（x，y）等形式表达，C（x）表示 x 是类 C 的一个实例或 x 的数据范围是 C，P（x，y）表示 x 与 y 之间存在属性 P 的关系，sameAs（x，y）表示 x 与 y 是同一个对象，differentFrom（x，y）表示 x 与 y 是不同的对象。规则元素也可由个体实例、数据文本（Dataliteral）、实例变量

（I-variables）或数据变量（D-variable）等组成。抽象句法描述了 SWRL 规则的组成结构，实际的规则编写采用概念形式化描述，通过对概念类的各种关系进行组合操作实现规则的编写。例如，下列规则片段中通过概念类"专利"、"论文"与专利的"挂靠项目"、论文的"第一作者"、项目的"承担部门"及人员的"所属部门"进行组合，可以获得一个部门的科研成果。部分规则描述如下所示。

> Rule- 方法中心成果 1：专利（?x）∧挂靠项目（?x, ?p）∧承担部门（?p，方法中心）→科研成果（?x）
> Rule- 方法中心成果 2：论文（?x）∧第一作者（?x, ?p）∧所属部门（?p，方法中心）→科研成果（?x）

本体进行领域知识组织时，遵循最小承诺、最小编码偏好、语义距离最小化等原则，领域知识以最小的粒度进行组织，复杂的概念可以通过简单概念的组配来表示，例如，下面的规则可以检索"2017 年至今知识组织与服务项目组发表的所有论文"。

> 科技项目（知识组织与服务）∧产出论文（知识组织与服务，?b）∧发表时间（?b, ?x）
> ∧ **swrlb:greaterThan**（?x, "2017-01-01"）→近期论文（?b）

7.3.2 Built-Ins 功能函数

SWRL 的 Built-Ins 库提供了大量的数据处理方法，通过使用这些方法可以有效地实现推理规则的表示。Built-Ins 库函数涉及比较运算、数学运算、布尔运算、字符串操作、日期、时间、URIs、列表等各种运算操作，所有函数以 swrlb 为前缀，命名空间为 http://www.w3.org/2003/11/swrlb 。SWRL 中的函数方法是对 XQuery 和 XPath 中 Build-ins 函数的重用，其功能和用法以 XML Schema 中的 Datatypes 为基础，SWRL Built-Ins 函数的基本功能如表 7-4～表 7-9 所示[82]。

（1）比较函数

表 7-4 Built-Ins 中的比较函数

函数方法	功能
equal（x1, x2）	x1 与 x2 相等
noEqual（x1, x2）	x1 与 x2 不等
lessThan（x1, x2）	x1 小于 x2
lessThanOrEqual（x1, x2）	x1 小于等于 x2
greaterThan（x1, x2）	x1 大于 x2
greaterThanOrEqual（x1, x2）	x1 大于等于 x2

（2）数学函数

表 7-5 Built-Ins 中的数学函数

函数方法	功能
add（x, y1, …, yn）	x=y1+…+yn 和
subtract（x, y1, y2）	x=y1-y2 差

续表

函数方法	功能
mutiply（x，y1，…，yn）	x=y1×…×yn2 积
divide（x，y1，y2）	x=y1/y2 小数商
integerDivide（x，y1，y2）	x=y1/y2 整数商
mod（x，y1，y2）	x=y1/y2 余数
pow（x，y1，y2）	x=y1^{y2} 幂
unaryPlus（x，y）	x=+y 正号
unaryMimus（x，y）	x=-y 负号
abs（x，y）	x=|y| 绝对值
ceiling（x，y）	x= 大于 y 的最小整数部分
floor（x，y）	x= 小于 y 的最大整数部分
round（x，y）	x=y 的四舍五入整数部分
sin（x，y）	x=sin（y）
cos（x，y）	x=cos（y）
tan（x，y）	x=tan（y）

（3）字符串函数

表 7-6　Built-Ins 中的字符串操作函数

函数方法	功能
stringEqualIgnoreCase（x，y）	x=y 忽略大小写
stringConcat（x，y1，…，yn）	x=y1…yn 字符串连接
substring（x，y，m，n）	x=y 字符串中 m 位至 m+n 位的子串
stringLength（x，y）	x=y 字符串的长度
normalizeSpace（x，y）	x=y 字符串内部分隔仅用一个空格
upperCase（x，y）	x=y 大写字符
lowercase（x，y）	x=y 小写字符
translate（x，y，s，r）	x=y 字符串中 s 子串替换为 r 子串
contains（x，y）	x=y 全字符匹配
containsIgnoreCase（x，y）	x=y 忽略大小写匹配
startsWith（x，y）	x= 以 y 子串开头
endsWith（x，y）	x= 以 y 子串结尾
substringBefore（x，y）	x=y 子串前面的子串
substringAfter（x，y）	x=y 子串后面的子串
matches（x，y）	x=y 正则表达匹配
replace（x，y，r，s）	x=y 字符串中 r 表达式替换为 s 子串
tokenize（x，y，r）	x=y 字符串被 r 表达式分割的子串序列

（4）日期时间函数

表 7-7 Built-Ins 中的日期时间函数

函数方法	功能
yearMonthDuration（x, y, m）	x=xsd:duration 格式 y 年 m 月
dayTimeDuration（x, d, h, m, s）	x=xsd:duration 格式 d 日 h 时 m 分 s 秒
dateTime（x, y, m, d, h, i, s, z）	x=xsd:dateTime 格式 y 年 m 月 d 日 h 时 i 分 s 秒 z 区
date（x, y, m, d, z）	x=xsd:date 格式 y 年 m 月 d 日 z 区
time（x, h, m, s, z）	x=xsd:time 格式 h 时 m 分 s 秒 z 区
addYearMonthDurations（x, y1, ⋯, yn）	x=xsd:duration 格式 y1+⋯+yn
subtractYearMonthDurations（x, y1, y2）	x=xsd:duration 格式 y1−y2
multiplyYearMonthDurations（x, y1, y2）	x=xsd:duration 格式 y1×y2
divideYearMonthDurations（x, y1, y2）	x=xsd:duration 格式 y1/y2
addDayTimeDurations（x, d1, ⋯, dn）	x=xsd:duration 格式 d1+⋯+dn
subtractDayTimeDurations（x, d1, d2）	x= xsd:duration 格式 d1−d2
multiplyDayTimeDurations（x, d1, d2）	x=xsd:duration 格式 d1×d2
divideDayTimeDurations（x, d1, d2）	x=xsd:duration 格式 d1/d2
subtractDates（x, d1, d2）	x= xsd:date 格式 d1−d2
subtractTimes（x, t1, t2）	x= xsd:time 格式 t1−t2
addYearMonthDurationToDateTime（x, y1, y2）	x=xsd:dateTime 格式 y1+y2
addDayTimeDurationToDateTime（x, d1, d2）	x=xsd:dateTime 格式 d1+d2
subtractYearMonthDurationFromDateTime（x, y1, y2）	x=xsd:dateTime 格式 y1−y2
subtractDayTimeDurationFromDateTime（x, d1, d2）	x=xsd:dateTime 格式 d1−d2
addYearMonthDurationToDate（x, y1, y2）	x=xsd:date 格式 y1+y2
addDayTimeDurationToDate（x, d1, d2）	x=xsd:date 格式 d1+d2
subtractYearMonthDurationFromDate（x, y1, y2）	x=xsd:date 格式 y1−y2
subtractDayTimeDurationFromDate（x, d1, d2）	x=xsd:date 格式 d1−d2
addDayTimeDurationToTime（x, d1, d2）	x=xsd:time 格式 t1+t2
subtractDayTimeDurationFromTime（x, t1, t2）	x=xsd:time 格式 t1−t2
subtractDateTimesYieldingYearMonthDuration（x, y1, y2）	x=xsd:dateTime 格式 y1−y2
subtractDateTimesYieldingDayTimeDuration（x, d1, d2）	x=xsd:dateTime 格式 d1−d2

(5) URIs 和 Boolean 函数

表 7-8 Built-Ins 中的 URIS 和 Boolean 函数

函数方法	功能
resolveURI（x, r, b）	x=b+r 以 b 为 base, r 为 relative 的完整 URI
anyURI（x, s, h, p, d, q, f）	x=s+h+p+d+q+f 以 s 为 schema, h 为 host, p 为 port, d 为 path, q 为 query, f 为 fragment 的完整 URI
booleanNot（x, y）	x=-y 真假取反

(6) 列表函数

列表函数的功能定义基于 RDF 的 list 列表，不能用于 OWL Lite 和 OWL DL 本体，只能用于 OWL Full 本体中。

表 7-9 Built-Ins 中的列表函数

函数方法	功能
listConcat（x, L1, …, Ln）	x=L1…Ln 列表连接
listIntersection（x, L1, L2）	x=L1 ∩ L2 列表交集
listSubtraction（x, L1, L2）	x=L1-L2 列表差集
member（x, L）	x= 列表 L 的成员
length（x, L）	x= 列表 L 的长度，即成员数量
first（x, L）	x= 列表 L 的第一个成员
rest（x, L）	x= 列表 L 除第一个外的所有成员
sublist（L1, L2）	列表 L1 是否包含列表 L2
empty（L）	列表 L 是否为空列表

7.3.3 OWL2 的 SWRL 表示

在 OWL2 本体建模中可以使用 SWRL 规则语言来表达复杂的概念和关系。为了满足 OWL2 的建模需求，SWRL 语言需要在前期基础上进行改进和完善。改进后的 SWRL 语法如下所示[83]：

```
aaxioms ::= { Axiom | Rule | DGAxiom }
Rule ::= DLSafeRule | DGRule
DLSafeRule ::= 'DLSafeRule' '(' {Annotation} 'Body' '(' {Atom} ')' 'Head' '(' {Atom} ')' ')'
Atom ::= 'ClassAtom' '(' ClassExpression IArg ')'
       | 'DataRangeAtom' '(' DataRange DArg ')'
       | 'ObjectPropertyAtom' '(' ObjectPropertyExpression IArg IArg ')'
       | 'DataPropertyAtom' '(' DataProperty IArg DArg ')'
       | 'BuiltInAtom' '(' IRI DArg {DArg} ')'
       | 'SameIndividualAtom' '(' IArg IArg ')'
       | 'DifferentIndividualsAtom' '(' IArg IArg ')'
IArg ::= 'Variable' '(' IRI ')' | Individual
DArg ::= 'Variable' '(' IRI ')' | Literal
DGRule ::= 'DescriptionGraphRule' '(' {Annotation} 'Body' '(' {DGAtom} ')'
'Head' '(' {DGAtom} ')' ')'
DGAtom ::= 'ClassAtom' '(' ClassExpression IArg ')'
         | 'ObjectPropertyAtom' '(' ObjectPropertyExpression IArg IArg ')'
DGAxiom ::= 'DescriptionGraph' '(' {Annotation}
DGNodesDGEdgesMainClasses')'
DGNodes ::= 'Nodes' '(' NodeAssertion {NodeAssertion} ')'
NodeAssertion ::= 'NodeAssertion' '(' Class DGNode ')'
DGNode ::= IRI
DGEdges ::= 'Edges' '(' EdgeAssertion {EdgeAssertion} ')'
EdgeAssertion ::= 'EdgeAssertion' '(' ObjectProperty DGNodeDGNode ')'
MainClasses ::= 'MainClasses' '(' Class {Class} ')'
```

面向 OWL2 的 SWRL 规则除了使用类和属性，还可以使用下列结构元素。

（1）类表达式

不限于命名类，可以是任意的类表达式（匿名类）。

（2）属性表达式

仅支持对象属性的逆关系表达式，但此操作可以通过交换对象属性参数实现，因此实际使用中不必使用属性表达式。

（3）数据值域约束

包括整数型、日期型、枚举型和一些 XML Schema 的类型。

（4）相同个体

SameFrom（?x，?y）声明 x 与 y 为同一个体。

（5）不同个体

DifferentFrom（?x，?y）声明 x 与 y 为不同个体。

（6）Built-Ins

SWRL 语义定义的标准 Built-Ins。

（7）自定义 Built-Ins

通过 Java 语言实现的内部函数。

类表达式、属性表达式和 Built-Ins 的用法已在前面介绍，下列片段描述了数据值域约束规则、相同或不同个体规则的语法表示。

```
// "数据值域约束" 规则
Rule- 准驾年龄：integer[>= 18，<= 70](?age)，hasAge(?p, ?age)，Person(?p) →
hasDriverAge(?p, true)
// 函数式抽象语法表示
DLSafeRule(
    Annotation(rdfs:comment "Rule- 准驾年龄，使用数据值域约束 ")
    Body(
        ClassAtom(:Person Variable(var:p))
        DataPropertyAtom(:hasAge Variable(var:p) Variable(var:age))
        DataRangeAtom(DatatypeRestriction(xsd:integer xsd:maxInclusive
"70"^^xsd:integer xsd:minInclusive "18"^^xsd:integer) Variable(var:age))
    )
    Head(DataPropertyAtom(:hasDriverAge Variable(var:p) "true"^^xsd:boolean))
)
///////////////////////////////////////////////////////
// "相同或不同个体" 规则
Rule- 同胞：parent(?x,?y) ∧ parent(?z,?y) ∧ DifferentFrom(?x,?y) → sibling(?x,?z)
// 函数式抽象语法表示
DLSafeRule(
    Annotation(rdfs:comment "Rule- 同胞，使用不同个体声明 ")
    Body(
        ObjectPropertyAtom(:parent Variable(:x) Variable(:y))
        ObjectPropertyAtom(:parent Variable(:z) Variable(:y))
        DifferentIndividualsAtom(Variable(:x) Variable(:z))
    )
    Head(ObjectPropertyAtom(:sibling Variable(:x) Variable(:z)))
)
```

7.4 本体模型的推理

作为一种结构化的领域知识模型，本体在数据资源组织和语义检索方面发挥着重要作用。在检索对象的描述上，检索模型借助语义标引工具，按照领域本体的概念及关联，对资源对象进行概念分析、分类、标引、描述和处理，形成可以理解的带有语义信息的元数据。基于本体的知识检索系统，可为用户提供领域概念模型，并建立与概念体系相对应的具有层次结构的自然语言术语体系。这种知识检索模型，能对自然语言提问和本体库的概念进行语义分析和匹配，并依据本体概念间的语义关系实现知识检索。

7.4.1 Hermit 的 OWL 模型推理

Hermit 由牛津大学计算技术实验室设计，是 Protege 本体编辑器配套的推理引擎，常以插件形式安装在 Protege 的 plugins 目录中，最新版本为基于 OWL API 3.4.3 开发的 Hermit 1.3.8。

（1）公理推理

Hermit 采用高效的"hypertableau"推理算法，能够胜任大规模复杂 OWL 本体的推理任务。"程序 7-18"声明了"专家""高级职称""副高级职称"等概念类，并设置"高级职称"和"副高级职称"的匿名并集类，通过使用 Hermit 推理机可完成公理类的推理和检测。

```
//### 程序 7-18 ###
public void axiomChecking()
{
    // 使用 OWL API 模型加载本体
    OWLOntologyManager manager = OWLManager.createOWLOntologyManager();
    File inputOntologyFile = new File("examples/ontologies/research.ttl");
    OWLOntology ontology = manager.loadOntologyFromOntologyDocument(inputOntologyFile);
    //<<<<<< 构建检测用例 #######
    OWLDataFactory dataFactory = manager.getOWLDataFactory();
    // 专家类
    String zj = "http://www.istic.ac.cn/ontology/research# 专家 ";
    OWLClass zjClass = dataFactory.getOWLClass(IRI.create(zj));
    // 科研人员的技术职称
    String zc = "http://www.istic.ac.cn/ontology/research# 技术职称 ";
    OWLObjectProperty zcProperty = dataFactory.getOWLObjectProperty(IRI.create(zc));
    // 高级职称类
    String gjzc = "http://www.istic.ac.cn/ontology/research# 高级职称 ";
    OWLClass gjzcClass = dataFactory.getOWLClass(IRI.create(gjzc));
    // 副高级职称类
    String fgzc = "http://www.istic.ac.cn/ontology/research# 副高级职称 ";
    OWLClass fgzcClass = dataFactory.getOWLClass(IRI.create(fgzc));
    // 高级与副高级的并集
    OWLClassExpression gjExpre = dataFactory.getOWLObjectUnionOf(gjzcClass，fgzcClass);
    // 匿名复合类：技术职称为高级职称或副高级职称
    OWLClassExpression zjzcExpre = dataFactory.getOWLObjectSomeValuesFrom(zcProperty，gjExpre);
```

```
// 专家类的描述：专家 的 技术职称为高级职称或副高级职称
OWLAxiom axiom = dataFactory.getOWLSubClassOfAxiom(zjClass，zjzcExpre);
//########## 检测用例完毕 >>>>>>
// 使用简单的限定名标识符显示概念
SimpleRenderer renderer = new SimpleRenderer();
renderer.setPrefixesFromOntologyFormat(ontology，manager，true);
ToStringRenderer.getInstance().setRenderer(renderer);
//Hermit 加载 本体
Reasoner hermit = new Reasoner(ontology);
//Hermit 加载 公理描述
hermit.isEntailed(axiom);
// 获取匿名类的子类
NodeSet<OWLClass> subs = hermit.getSubClasses(zjzcExpre，true);
NodeSet<OWLClass> domains = hermit.getObjectPropertyDomains(zcProperty，true);
System.out.println("【匿名复合类】" + zjzcExpre + "【的子类】->");
for (Node<OWLClass> sub : subs.getNodes())
{
    for (OWLClass owlClass : sub)
    {
        for (Node<OWLClass> domain : domains.getNodes())
        {
            for (OWLClass domainClass : domain)
            {
                System.out.print(owlClass + "【是】" + zcProperty + "【为】" +gjExpre + "【的】" + domainClass);
            }
        }
    }
    System.out.println();
}
```

由于"专家"类描述为"高级职称"与"副高级职称"的科研人员，匿名复合类设置为"高级职称"与"副高级职称"的并集，推理机运行后"专家"类将归入匿名复合类中，推理结果如下列片段所示。

【匿名复合类】ObjectSomeValuesFrom（:技术职称 ObjectUnionOf（:副高级职称 :高级职称））【的子类】->
:专家【是】:技术职称【为】ObjectUnionOf（:副高级职称 :高级职称）【的】:科研人员

（2）结论的解释

大规模的本体中概念类众多、关系依赖交叉、条件设置复杂，推理过程中出现矛盾需要快速地找到原因，Hermit 提供推理结论的溯源和解释功能。"程序 7-19"描述了 research.ttl 本体中的概念类"科研产品"与"专利"和"论文"的合理性检测及推理结论的解释过程。

```java
//### 程序7-19###
public void interpretation ()
{
    // 使用 OWL API 模型加载本体
    OWLOntologyManager manager = OWLManager.createOWLOntologyManager();
    File inputOntologyFile = new File("examples/ontologies/research.ttl");
    OWLOntology ontology = manager.loadOntologyFromOntologyDocument(inputOntologyFile);
    ReasonerFactory factory = new ReasonerFactory();
    Reasoner hermit = new Reasoner(ontology);
    // 使用简单的限定名标识符显示概念
    SimpleRenderer renderer = new SimpleRenderer();
    renderer.setPrefixesFromOntologyFormat(ontology, manager, true);
    ToStringRenderer.getInstance().setRenderer(renderer);
    // 构建检测用例
    String entityClass = "http://www.istic.ac.cn/ontology/research# 科研产品 ";
    OWLDataFactory dataFactory = manager.getOWLDataFactory();
    OWLClass namedClass = dataFactory.getOWLClass(IRI.create(entityClass));
    // 合理性检测
    System.out.println(" 概念的合理性 -> " + hermit.isSatisfiable(namedClass));
    System.out.println("***** 判断依据 *****");
    // 构建解析模块
    BlackBoxExplanation explanation = new BlackBoxExplanation(ontology, factory, hermit);
    // 解析集合生成器
    HSTExplanationGenerator generator = new HSTExplanationGenerator(explanation);
    // 解释集合
    Set<Set<OWLAxiom>> explains = generator.getExplanations(namedClass);
    for (Set<OWLAxiom> explain : explains)
    {
        for (OWLAxiom cause : explain)
        {
            System.out.println(cause);
        }
        System.out.println("*******************")
    }
}
```

Hermit 推理机运行后发现"科研产品"既属于"论文"，又属于"专利"，由于概念类"论文"和"专利"在 research.ttl 本体中设置了不相交关系，结论与条件公理设置相交矛盾，因此将输出下列片段所示的推断依据。

```
概念的合理性 -> false
***** 判断依据 *****
DisjointClasses（:专利 :论文）
SubClassOf（:科研产品 :专利）
SubClassOf（:科研产品 :论文）
********************
```

（3）本体推理

一个重量级的 OWL 本体通常含有类、属性及个体的定义和约束设置，为了高效实现特定问题的推理，使用 Hermit 进行 OWL 本体推理时，需设置相应的推理特性，有选择性地处理计算任务。OWL API 提供了各种推理任务的功能方法，这些功能由 InferredOntologyGenerator 推理任务管理器负责装载，默认情况下 InferredOntologyGenerator 管理器仅装载下列几项推理任务（表 7-10）。

表 7-10　Hermit 支持的默认推理任务

功能方法	推理任务
InferredClassAssertionAxiomGenerator（）	类断言
InferredDataPropertyCharacteristicAxiomGenerator（）	数据属性特性
InferredEquivalentClassAxiomGenerator（）	等同类判断
InferredEquivalentDataPropertiesAxiomGenerator（）	等同数据属性判断
InferredEquivalentObjectPropertyAxiomGenerator（）	等同对象属性判断
InferredInverseObjectPropertiesAxiomGenerator（）	逆反对象属性判断
InferredObjectPropertyCharacteristicAxiomGenerator（）	对象属性特性
InferredPropertyAssertionGenerator（）	对象属性断言
InferredSubClassAxiomGenerator（）	类蕴涵
InferredSubDataPropertyAxiomGenerator（）	数据属性蕴涵
InferredSubObjectPropertyAxiomGenerator（）	对象属性蕴涵

如果用户需要执行更多的推理任务，可以根据需要创建功能方法，由 InferredOntologyGenerator 管理器装载到 Hermit 推理机中，详细的处理流程如"程序 7-20"所示。

```
// ### 程序 7-20###
public void ontologyInference（）
{
    // 使用 OWL API 模型加载本体
```

```java
OWLOntologyManager manager = OWLManager.createOWLOntologyManager();
File inputOntologyFile = new File("examples/ontologies/research.ttl");
OWLOntology ontology = manager.loadOntologyFromOntologyDocument(inputOntologyFile);
// 配置推理过程信息显示
Configuration config = new Configuration();
config.reasonerProgressMonitor = new ConsoleProgressMonitor();
// 创建 hermit 推理机，加载推理过程配置信息
ReasonerFactory factory = new ReasonerFactory();
OWLReasoner hermit = factory.createReasoner(ontology, config);
//<<<<<<<< 创建推理特性处理器，设置推理特性 #####
List<InferredAxiomGenerator<? extends OWLAxiom>> generators = new ArrayList<InferredAxiomGenerator<? extends OWLAxiom>>();
// 类蕴涵推理设置
generators.add(new InferredSubClassAxiomGenerator());
// 对象属性蕴涵推理设置
generators.add(new InferredSubObjectPropertyAxiomGenerator());
// 数据属性蕴涵推理设置
generators.add(new InferredSubDataPropertyAxiomGenerator());
// 类断言推理设置
generators.add(new InferredClassAssertionAxiomGenerator());
// 对象属性断言推理设置
generators.add(new InferredPropertyAssertionGenerator());
// 等同类推理设置
generators.add(new InferredEquivalentClassAxiomGenerator());
// 等同对象属性推理设置
generators.add(new InferredEquivalentObjectPropertyAxiomGenerator());
// 等同数据属性推理设置
generators.add(new InferredEquivalentDataPropertiesAxiomGenerator());
// 非相交类推理设置
generators.add(new InferredDisjointClassesAxiomGenerator());
// 逆反对象属性推理设置
generators.add(new InferredInverseObjectPropertiesAxiomGenerator());
// 对象属性特性推理设置，包括 < 函数性、反函数性、对称性、非对称性、自反性、非自反性、传递性 >
generators.add(new InferredObjectPropertyCharacteristicAxiomGenerator());
// 数据属性特性推理设置，包括 < 函数性 >
generators.add(new InferredDataPropertyCharacteristicAxiomGenerator());
//##### 推理特性设置完毕 >>>>>>>>>>
// 获取推理结果
InferredOntologyGenerator inferredGenerator = new InferredOntologyGenerator(hermit, generators);
// 创建本体模型，将推理结果填充到新模型
```

```java
        OWLOntology inferredOntology = manager.createOntology();
        inferredGenerator.fillOntology(manager, inferredOntology);
        // 创建本地存储文件,输出新模型
        File inferredOntologyFile = new File("examples/ontologies/inferred.ttl");
        OutputStream outputStream = new FileOutputStream(inferredOntologyFile);
        manager.saveOntology(inferredOntology,
                    manager.getOntologyFormat(ontology), outputStream);
}
```

7.4.2 Pellet 自定义函数推理

自定义 Built-Ins 的使用较为复杂,需要编写程序实现函数功能并配合推理机来实现,如下列规则:

```
// 自定义"built-ins"规则
Rule- 成年人:Person(?person), bornInYear(?person, ?bYear), example:thisYear(?tYear), swrlb:subtract(?age, ?tYear, ?bYear), greaterThan(?age, 18) → Adult(?person)
```

概念"成年人"指年龄超过 18 周岁的人。本体中没有"年龄"信息,只有个体的"出生年份",因此需要使用"**thisYear**"函数获取当前年份,然后减去出生年份就可以得到"年龄"数值。自定义函数 **thisYear** 可通过 **Pellet API** 来实现,并利用 **Pellet API** 的 **BuiltInRegistry** 进行注册,然后就可以在编写规则时正常引用[84]。"程序 7-21"描述了 **thisYear** 函数的实现方法。

```java
//### 程序 7-21###
private static class ThisYear implements GeneralFunction
{
    @Override
    public boolean apply(ABox abox, Literal[] args)
    {
        // 获取日历中的年份
        Calendar calendar = Calendar.getInstance();
        int year = calendar.get(Calendar.YEAR);
        args[0] =
            abox.addLiteral(ATermUtils.makeTypedLiteral(Integer.toString(year), XSD + "integer"));
        return args[0] != null;
    }
    @Override
    public boolean isApplicable(boolean[] boundPositions)
    {
        return boundPositions.length == 1;
    }
}
```

新的 BuiltIns 构建完成后，需要使用 BuiltInRegistry 注册器登记到函数库中，注册标识符可采用前缀限定名形式，自定义函数的注册不需要额外调用 Pellet 推理机进行功能关联，这一过程由 BuiltInRegistry 注册器自行控制，下列片段描述了"example:thisYear"自定义函数的注册方法。

```
// 注册新创建的 BuintIn 函数
BuiltInRegistry.instance.registerBuiltIn（"example:thisYear"，new
GeneralFunctionBuiltIn（new ThisYear（）））；
```

注册完成后的自定义函数能在 SWRL 规则中引用，SWRL 规则可以在 Protege 的 SWRL 模块中进行编辑，整合到本体中，也可以将 SWRL 规则单独写入文件，由解析器载入。推理机的运行效率除了受本体模型体量大小影响，还与规则中条件的数量密切相关。一些复杂的关系推理往往需要多个限制条件，耗费一定时间才能得出结论，这种情况下及时获知结论的准确性就很有必要，为此 Pellet 推理机提供了结论解释功能，可以列出结论推导的整个过程。"程序 7-22"描述了 Pellet 推理机执行规则和输出结论解释的流程。

```
//### 程序 7-22 ###
public void getInferResult()
{
  // 推理结论三元组列表
  List<Triple> tripleList = new LinkedList();
  // 创建本体管理器
  OWLOntologyManager manager = OWLManager.createOWLOntologyManager();
  // 创建本体数据模型
  OWLDataFactory factory = manager.getOWLDataFactory();
  // 创建 Pellet 管理器
  OWLReasonerFactory reasonerFactory = PelletReasonerFactory.getInstance();
  // 获取本体文档
  OWLOntology ontology = initOntology();
  // 创建 OWL 推理机，使用基本设置加载本体模型
  OWLReasoner reasoner = reasonerFactory.createReasoner(ontology，new SimpleConfiguration());
  // 获取本体模型含有的所有关系（对象属性）
  List<OWLObjectProperty> relationList = getRelationProperty(factory，ontology);
  // 遍历所有的关系
  for (OWLObjectProperty relation : relationList)
  {
    // 获取关系的定义域
    List<OWLClass> classList = getDomainClass(ontology，relation);
    for (OWLClass owlClass : classList)
    {
      // 获取定义域类中的所有个体
```

```java
            Set<OWLNamedIndividual> individuals = reasoner.getInstances(owlClass, true).getFlattened();
            // 遍历每一个个体
            for (OWLNamedIndividual namedIndi : individuals)
            {
                // 输出个体和关系构成的三元组
                getTriple(relation, namedIndi, ontology, reasoner, tripleList);
            }
        }
    }
    System.out.println("----------------------------------------");
    // 创建结论解释器
    DefaultExplanationGenerator exGenerator
            = new DefaultExplanationGenerator( manager, reasonerFactory, ontology, reasoner, new SilentExplanationProgressMonitor());
    // 创建解释顺序表
    ExplanationOrderer exOrder = new ExplanationOrdererImpl(manager);
    // 推理结论解释
    explanationRule(exGenerator, exOrder, factory, tripleList);
}
/////////////////////////////////////////////////////////
// 获取个体和关系构成的三元组
private void getTriple(OWLObjectProperty objProp, OWLNamedIndividual individual, OWLOntology ontology, OWLReasoner reasoner)
{
    // 获取包含个体的所有三元组 assertedValues
    Map<OWLObjectPropertyExpression, Set<OWLIndividual>> assertedValues = individual.getObjectPropertyValues(ontology);
    // 遍历个体和 objProp 关系三元组的取值 namedIndividual
    for (Node<OWLNamedIndividual> namedIndividual : reasoner.getObjectPropertyValues(individual, objProp))
    {
        // 获取 assertedValues 集合中包含 objProp 关系的全部个体 individualSet
        Set<OWLIndividual> individualSet = assertedValues.get(objProp);
        // 如果 individualSet 不空且包含个体，则创建个体 - 关系 - 取值三元组
        boolean asserted = (individualSet != null && individualSet.contains(namedIndividual.getRepresentativeElement()));
        Triple triple = new Triple(individual, objProp, namedIndividual.getRepresentativeElement());
        tripleList.add(triple);
        String subject = renderer.render(individual);
        String relation = renderer.render(objProp);
        String object = renderer.render(namedIndividual.getRepresentativeElement());
        // 如果三元组主语与宾语为不同的资源
```

```java
        if (!subject.equalsIgnoreCase(object))
        {
            // 输出推理出的三元组信息
            System.out.println(++count + "->"
                    + (asserted ? "asserted" : "inferred") + " object property for-> "
                    + subject + " : "
                    + object + " -> " + relation);
        }
    }
}
//////////////////////////////////////////////////////
// 推理结论解释
private void explanationRule(DefaultExplanationGenerator exGenerator,
        ExplanationOrderer exOrder, OWLDataFactory factory, List<Triple> tripleList)
{
    // 遍历结论三元组
    for (Triple triple : tripleList)
    {
        OWLNamedIndividual sub = triple.getSubject();
        OWLObjectProperty pre = triple.getRelation() ;
        OWLNamedIndividual obj = triple.getObject();
        // 获取结论推导的前提条件
        OWLLogicalAxiom exAxiom = factory.getOWLObjectPropertyAssertionAxiom(pre, sub, obj);
        Set<OWLAxiom> explanation = exGenerator.getExplanation(exAxiom);
        // 获取结论推导树
        ExplanationTree explanationTree = exOrder.getOrderedExplanation(exAxiom, explanation);
        System.out.println("<------- 结论的前提条件 ------>");
        // 如果三元组主语与宾语为不同资源
        if (!sub.equals(obj))
        {
            // 输出结论解释信息
            printIndented(explanationTree);
        }
    }
}
//////////////////////////////////////////////////
// 输出结论推导过程
private void printIndented(Tree<OWLAxiom> node)
{
    // 输出前提条件
    OWLAxiom axiom = node.getUserObject();
```

```
System.out.println(renderer.render(axiom));
// 如果当前条件不是最基本条件
if (!node.isLeaf())
{
    // 遍历当前条件的前置条件
    for (Tree<OWLAxiom> child : node.getChildren())
    {
        // 递归调用结论推导过程
        printIndented(child);
    }
}
```

7.4.3 基于 Jess 的规则推理

(1) Jess 推理机

Jess（Java expert system shell）是基于 Java 语言的 CLISP 推理机。CLISP 是基于产生式的前向推理引擎，许多上层的推理任务，都可以映射到这个推理引擎上运行。Jess 系统由事实库、规则库、推理机三大部分组成，并采用产生式规则作为基本的知识表述模式[85]。只要系统能够提供这个领域的特有领域规则（产生式形式）和事实信息（Assertion 形式），Jess 推理机原则上就可以处理各种领域的推理任务。

(2) Protege-OWL API 的 Jess 推理接口

本体规则可以映射到 Jess 推理机上进行推理，但必须以产生式规则的形式，向系统中输入 OWL 每种语言成分含义的有关规则，有了这些规则后，就可以用 Jess 对 OWL 本体进行推理。整个运行流程如图 7-4 所示。

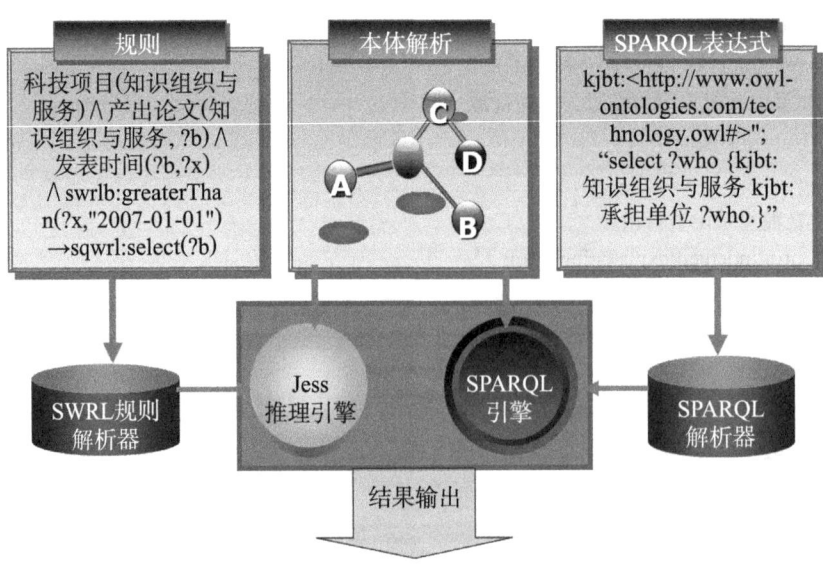

图 7-4　Jess 规则推理运行流程

SWRLRuleEngineBridge 接口是 Protege OWL SWRLTab 模块的一个子组件，为 OWL 本体模型的 SWRL 规则和 Jess 规则推理器提供桥连接。通过使用 SWRLRuleEngineBridge 接口的各种方法，可以完成规则推理的各种操作，常用的方法如表 7-11 所示 [86]。

表 7-11 SWRLRuleEngineBridge 的常用方法

方法名	功能说明
reset	清除规则推理引擎的所有知识
importSWRLRuleAndOWLKnowledge	将 OWL 模型中的所有 SWRL 规则和相关知识导入桥连接器
run	启动规则推理引擎
writeInferredKnowledge2OWL	通过推理引擎将各种信息的断言转化到 OWL 模型中
infer	完成 OWL 规则到桥接器的引导，并将它们送入规则推理引擎，随后运行推理，将推理结果写回 OWL

SWRLFactory 接口提供了强大的功能，可以用来修改 OWL 本体中 SWRL 规则的元素及其他 SWRL 规则操作。推理时所有规则通常作为一个整体处理，若仅需要对特定的规则进行推理，则可以将不同的推理规则放入不同的本体中，通过使用 SWRLFactory 接口替换机制来交换规则集合，完成新规则的推理操作，推理执行过程如"程序 7-23"所示。

```
//### 程序 7-23 ###
// 建立领域知识核心本体模型
OWLModel owlModelDomainCore =
    ProtegeOWL.createJenaOWLModelFromInputStream (fileInCore);
// 建立包含规则集合 1 的本体模型
OWLModel owlModelSWRLRuleSet1 =
    ProtegeOWL.createJenaOWLModelFromInputStream (fileInSWRL1);
// 建立包含规则集合 2 的本体模型
OWLModel owlModelSWRLRuleSet2 =
    ProtegeOWL.createJenaOWLModelFromInputStream (fileInSWRL2);
// 建立 SWRL 规则操作模型
SWRLFactory factory = new SWRLFactory(owlModelDomainCore);
// 建立本体模型和规则推理器的桥连接
SWRLRuleEngineBridge bridge=
    BridgeFactory.createBridge ("SWRLJessBridge", owlModelDomainCore);
// 将规则集合 1 复制到领域核心本体中，并执行推理操作
factory.copyImps(owlModelSWRLRuleSet1);
bridge.infer();
// 使用新的规则集合替换领域核心本体中存在的规则集合，并执行推理操作
factory.replaceImps(owlModelSWRLRuleSet2);
bridge.infer();
```

(3) 推理结果的访问

SQWRLQueryAPI 是 Protege-OWL 模块中 SWRLTab 插件的一个子系统, SWRLTab 插件提供了两种访问查询结果集合的方式, 一种方式是通过 SQWRLQueryAPI, 提供类似 JDBC 的 Java 接口, 可以非常方便地对 SQWRL 查询的结果集合进行访问。另一种方式是使用 Protege 工具的图形化用户界面进行操作。

SQWRL 是 Protege-OWL 工具包提供的一种基于 SWRL 的 OWL 本体语义规则查询语言, 其操作类似于 SQL 语言。SQWRL 语言默认的命名空间前缀是 sqwrl。例如, 科研项目本体中"科研项目"与"项目经费"概念, 通过关系属性"有项目经费"产生联系, 通过下面的规则可以从所有已知的科研项目中检索出"经费大于 50 万元的项目"。

Rule-经费金额: 科研项目 (?project) ∧ 有项目经费 (?project, ?money) ∧ swrlb:greaterThan (?money, 500000) → sqwrl:select (?project, ?money)

使用 SQWRLQueryAPI 进行推理时, 首先利用 SQWRLQueryEngineFactory 类建立一个 SQWRL 查询引擎实例, 然后利用 SQWRLQueryEngine 接口启动 Jess 推理机进行推理, 最后结果以行列的二维表格形式返回。SQWRLResult 接口定义了查询处理的方法, 通过 getSQWRLResult 方法, 可以得到特定检索式的处理结果。一般在检索结果集中有 4 种返回值的类型: ①数据; ②对象; ③类; ④属性。可以分别通过 getDatatypeValue、getObjectValue、getClassValue、getProperyValue 4 个方法获取相应的值, 推理结果的获取方法如"程序 7-24"所示。

```
//### 程序7-24###
// 加载本体
OWLModel owlModel = ProtegeOWL.createJenaOWLModelFromInputStream (fileInSm);
// 通过推理查询引擎类生成模型的推理引擎实例
SQWRLQueryEngine queryEngine=SQWRLQueryEngineFactory.create (owlModel);
// 运行查询引擎, 执行所有的规则
queryEngine.runSQWRLQueries ();
// 返回经费金额规则的推理结果
SQWRLResult result=queryEngine.getSQWRLResult ("Rule-经费金额");
// 遍历推理后的结果
While (result.hasNext ())
{ DatatypeValue nameValue=result.getDatatypeValue ("?project");
  DatatypeValue salaryValue=result.getDatatypeValue ("?money");
}
```

思考与练习

【1】选择自己熟悉的领域构建一个简单的 OWL 本体用例,使用 Jena API 提供的功能,实现子类查询、关系查询、属性查询和个体查询。

【2】研究探索 Jena API 的推理功能,举例说明 Reasoner 能够完成哪些推理任务?如何利用 Jena 实现规则推理?

【3】选择自己熟悉的领域构建一个简单的 OWL 本体用例,使用 OWL API 提供的功能,实现子类查询、关系查询、属性查询和个体查询。

【4】选择自己熟悉的领域构建一个简单的 OWL 本体用例,使用 OWL API 为概念类的约束条件添加闭包公理。

【5】选择自己熟悉的领域构建一个简单的 OWL 本体用例,使用 OWL API 输出本体模型的层级结构。

【6】研究探索 OWL API 的推理功能,举例说明 OWLReasoner 能够完成哪些推理任务?

【7】OWL API 能够外接其他专用推理机,构建一个具备推理功能的 OWL 本体,选择 3 个常用的推理机,使用 OWL API 推理接口进行推理测试。

【8】从自己熟悉的专业叙词表中选 5 个概念关联片段,加工为 SKOS 本体用例,使用 SKOS API 提供的功能将 SKOS 本体转换为 OWL 本体。

【9】研究探索 SKOS API 的推理功能,举例说明 SKOSReasoner 能够完成哪些推理任务?

【10】OWL 模型本身具有推理功能,为何还要设计和使用 SWRL?

【11】SWRL 规则由哪些单元构成?每个单元承担什么功能?

【12】SPARQL 语言的 CONSTRUCT 查询模式和 SWRL 推理规则都可以通过多个三元组的连接生成一个新关系,二者的功能有何区别?

*【13】为下列书目列表建立 OWL 知识模型 Book.owl,使用程序读取表格内容填充到 OWL 模型中。

书名	作者	出版社	出版日期	页数	定价
数据集成与原理	AnHai Doan; Alon Halevy; Zachary Ives	机械工业出版社	2014年9月	373	85元
Linked Data: Structured Data on the Web	David Wood; Marsha Zaidman; Luke Ruth; Michael Hausenblas	Manning Publications Co.	2014	276	$49
语义万维网——工程实践指南(第2版)	Dean Allemang; Jim Hendler	高等教育出版社	2015	291	¥38
人工智能:计算 Agent 基础	David L.Poole; Alan K.Machkworth	机械工业出版社	2016-07	453	79

*【14】解析上面的 Book.owl 书目知识库，按页数降序排序，输出书名和页数。

*【15】解析上面的 Book.owl 书目知识库，按出版日期降序排序，输出书名和出版日期。

*【16】解析上面的 Book.owl 书目知识库，按出版社分组，输出书名和出版社。

*【17】解析上面的 Book.owl 书目知识库，输出全部书目总价。

*【18】解析上面的 Book.owl 书目知识库，按作者人数降序输出书名和作者列表。

第 8 章 语义服务

多源异构数据的集成与融合是所有信息资源管理者面临的巨大挑战，进行大规模点到点的集成，代价昂贵且不灵活，为了使异构信息的共享和集成从点到点的业务组织中脱离出来，出现了面向服务的体系架构（SOA）。在 SOA 中，应用围绕服务建立，服务是业务功能的实现，能在不同应用和业务流程中被客户端使用。SOA 提供的业务灵活性可让组织机构更加快速地响应市场需求和吸引用户，不过对于有着复杂内部组织和业务链条的机构，若对有助于服务发现和集成的服务组件缺乏语义描述，则很难实现大规模 SOA 应用系统。由于 Web 的异质性、自主性和分布性，Web 服务本身不足以形成有价值、复杂的 Web 流程，使用 SOA 带来的效率提升十分有限。Web 服务发挥优势潜能，还需要做很多工作，其中服务的语义化描述是关键，思路是利用结构化知识模型构建语义 Web 服务，建立机器可读的服务功能和接口描述，允许服务的动态发现和执行。

8.1 面向服务的系统架构

一个基于面向服务架构的系统，其资源作为独立服务，通过标准化接入方式，可以让网络上其他参与者获取。由于服务接口结构描述的稳定性，业务人员可以集中时间和精力专注于自己所研究问题的改进和提升，功能性组合和交互式访问都交由系统平台负责，这种松耦合的功能组织方式使程序部署和资源重用更加灵活方便。

8.1.1 Web 服务器与服务端口

Web 服务是采用 HTTP 协议进行交互式通信、可在网络中被调用的分布式软件组件。Web 服务包括服务端和客户端，服务端通常采用 Web 服务器进行发布，服务本身可以完成一项简单任务，也可以由其他任意多个单一服务组合而成，完成一项复杂功能。客户端通过 HTTP 消息向服务端发送请求，服务端处理后做出响应，这称为请求 – 响应模式。消息从服务端发出，客户端回应，这称为要求 – 响应模式。

Web 服务作为一种专门服务，需要部署和运行在相应的服务器环境中才能发挥作用。服务器这一概念有不同的场景指代，可以是物理上承担服务功能的高性能、高稳定的计算机硬件（如浪潮、HP 等品牌的服务器），也可以是运行在计算机上承担应用程序交互功能的计算机软件（如 WebLogic、JBoss），还可以是承担 Web 生成和展示功能的软件中间件（如 Apache、微软 IIS）。早期的计算机系统受硬件性能和操作系统环境所限，只能服务于单用户，每台服务器按任务提交顺序依次处理数据，上一个任务没完成，下一个任务只能等待。现代计算机系统无论是硬件性能还是操作系统功能都有了质的飞跃，多用户、多任务处理能力已是基本配置，一台计算机可以同时运行数据库服务、文件服务、网页服务等多项任务。同时处理多项任务，必须为每项任务分配识别编号，以便协调任务处理过程与客户端的网络通信问题，这一编号称为网络端口。与键盘、鼠标及网卡等输入/输出接口不同，网络端口由操作系统自身进程和集成到内核中的 TCP/IP 协议来管理，是一种抽象的软接口，在编程实现上也称为套接字（socket）应用程序接口。通过套接字接口程序，计算机可以通过软件方式与其他具有套接字接口的计算机进行通信。端口便是套接字提供的对外连接出口，套接字分配的出口编号，称为端口号，范围为 0～65535。按使用性质，这些端口号可以分为 3 类[87]。

①公认端口（well known ports）：端口号 0～1023，也称为"常用端口"。这些端口分配给了一些特定的服务协议，为了避免冲突，不可再用作其他功能。例如：HTTP 协议使用的 80 号端口，FTP 协议使用的 21 号端口及 Telnet（远程登录协议）服务使用的 23 号端口等。

②注册端口（registered ports）：端口号 1024～49151。这些端口没有明确的分配对象，仅分散地绑定了一些知名应用，用户可根据需要自己定义这些端口号的功能，用户自行开发和部署的应用程序通常使用这些端口号来提供服务功能。例如，SQL Server 默认使用 1433 号端口，MySql 数据库默认使用 3306 号端口。

③动态或私有端口（dynamic and/or private ports）：端口号 49152～65535。用户部署的应用程序不应使用这一号段，这些端口通常由系统自行保留使用，动态地分配给临时需要连接服务器的应用程序，使用完毕后通信进程关闭，端口号自动回收。

8.1.2 服务本体的功能

SOA 中的服务是可独立执行的有明确接口的软件组件，服务具有下列特点：①服务是自包含的；②服务是松散耦合的；③服务能够被动态地发现；④组合服务可通过其他服务的汇集来构建。

一个典型的 Web 服务系统包括 SOAP（simple object access protocol）、WSDL（Web services description language）和 UDDI（universal description discovery and integration）等模块，这些技术围绕在操作层面的语法上，通过共同的标准来支持不同平台之间的互操作性，Web 服务的运行流程如图 8-1 所示。

服务供应者首先在 UDDI 处注册其服务，UDDI 标准最初由 IBM、Microsoft 和 Ariba 于 2000 年提出，是一种描述、发现、集成 Web 服务的技术。UDDI 平台像一个服务市场，既为服务商提供注册地点，也为用户提供服务导航。客户使用 UDDI 寻找符合一定标准的服务，如果发现服务，UDDI 将为客户提供接入该服务的协议和消息。

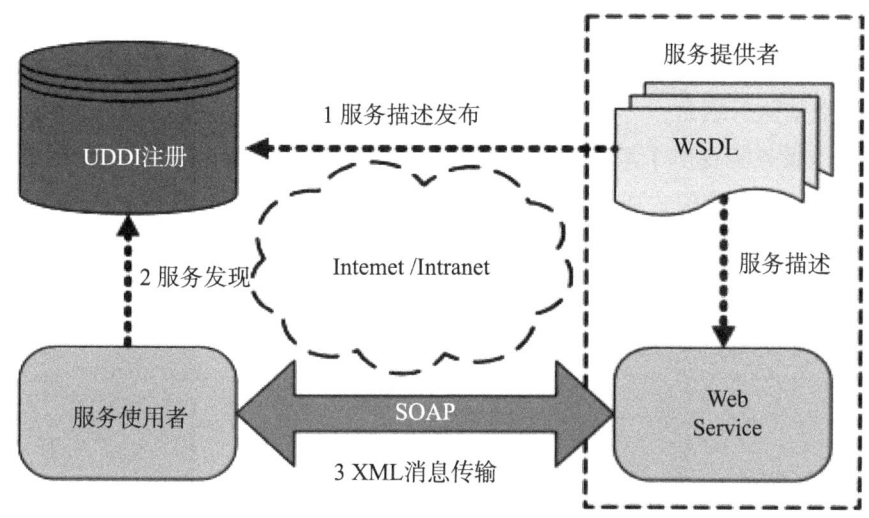

图 8-1 Web 服务运行流程

Web 服务一般使用基于 XML 的标准,即 WSDL（用户可按照"能做什么""输入是什么""输出是什么"描述 Web 服务）、UDDI（用户发现 Web 服务、注册服务的地方）及 SOAP（用户执行服务的协议）来描述。这些标准都不提供按照明确语义描述 Web 服务的方法。对于给定的服务,提供者可能想要描述:①服务是什么类型;②输入需要什么;③输出提供什么;④执行服务需要什么条件（前置条件）;⑤服务被执行后产生什么结果（后置条件）;⑥哪些因素对信息状态产生影响（消费和提供的信息）。

第一个需求由 UDDI 模块来描述,通过人工方式为 Web 服务加入分类和功能信息。不过功能描述和类型信息不被机器理解,UDDI 自动发现服务的能力比较有限。第二个和第三个需求由 WSDL 模块描述,通过 XML 来标记服务的输入和输出。虽然计算机能比较容易匹配这些标记,但无法理解含义并与其他数据建立联系,大部分解析和匹配工作留给用户来完成。如果将服务与本体进行关联,使用知识模型为服务提供语义化描述,可有效提升服务的发现和匹配能力。

SOA 式的语义服务,以传统的 Web 服务为基础,将每项业务功能封装为独立的网络服务,通过对外接口提供访问连接,服务描述转化为结构化的本体知识模型,需求发现、功能组装及服务调用等操作都通过本体模型的解析处理来实现。为了降低成本、提高效率,越来越多的机构和企业正在利用 SOA 式的语义服务作为互操作和资源集成的手段。本体模型可以提供一致性和形式化的概念描述,使服务和需求间的语义调解变得更加动态化。具体而言,SOA 中本体可以发挥下列功能。

（1）提升服务发现和重用能力

关键词式的服务搜索能寻找一个词语出现的描述,但不能给出上下位语义及关联信息。基于本体的语义 Web 搜索技术可以按照概念来搜索服务功能,用户（计算机程序）可以更快地发现最适合的服务,即便无法匹配到所需的服务,也可以根据进一步的条件缩小查询范围。由于语义服务更容易被发现、理解和应用，减少了构造相同功能的新服务需求，服务系统更加简洁、高效。

（2）半自动服务组合

复合应用服务需要多个单一服务的相互作用，如果服务间的消息通信语义相同，但语法不同（不同的消息模式或数据格式），将很难整合到一起。在这种情况下，需要通过本体模型自动建立一个消息数据元素间的映射关联，使服务之间进行通信。通过本体调解消息和数据元素映射到同一概念，可以推断出语义等价的独立服务，然后根据需求条件进行匹配关联，形成复合服务。

8.2 Web 服务

人们日常使用的各种应用和平台软件，搭建在各种程序语言和操作环境中，运行平台的多样性是网络化系统开发无法避免的现状。实现不同系统间的互操作性是产品型应用系统面临的现实问题，也是 SOA 的长期挑战，Web 服务便是 SOA 系统中实现互操作的一种方法。从用户视角来看，Web 服务就像一种可以在不同服务器上部署的分布式组件，对客户端发出的请求做出处理和回复，这种网络式的服务程序可以采用各种新的、旧的程序语言来开发，架构方式也多种多样，其中 SOAP 和 RESTful（REpresentational）是两种最常用的 Web 服务实现方式。SOAP 利用 XML 语法定义基本结构，有业界标准、工具包和第三方软件库，而 RESTful 更像一种架构理念，RESTful 服务中，HTTP 本身就可以作为一个 API。与传统分布式系统软件相比，Web 服务更像一种软件系统的整合机制，具有以下 3 方面的特点：①使用 HTTP、XML、JSON 等行业标准开发和部署系统，不依赖具体的企业和机构产品，使用成本低；②不受平台和语言影响，C/C++、Python、Java、JavaScript、Go 等不同语言都提供 Web 服务框架和基础库，可在不同的硬件平台和操作系统下开发和部署，客户端无缝衔接，互通操作；③采用模块化设计，使功能单一、结构不同的基础服务可以根据用户需求自由灵活地组合，形成功能强大的复合服务。

Web 服务为搭建语义服务提供了技术基础，通过将本体模型引入服务查询和服务发现的过程，可以提升服务的自动化组配质量。为了便于理解后面章节介绍的语义 Web 服务，下面对 SOAP 和 REST（representational state transfer）做简单介绍。

8.2.1 SOAP 式 Web 服务

SOAP 是一种轻量、简单、基于 XML 的协议，目前有 SOAP 1.1 和 SOAP 1.2 两个版本得到了业界支持。SOAP 1.1 技术草案于 2000 年提交 W3C 审定。2007 年 SOAP 1.2 成为 W3C 推荐标准。基于 SOAP 的 Web 服务中，客户端向服务端发送 SOAP 消息，服务端处理后使用 SOAP 消息做出响应。SOAP 消息使用 XML 来进行编码，但不含有 DTD 引用和 XML 处理指令。SOAP 可采用下列 3 种方式实现和部署。

（1）Endpoint

使用 Java 平台自带的 javax.xml.ws.Endpoint 发布 SOAP 服务。下面通过一个简单的示例介绍 SOAP 服务的开发和部署方法。在 Netbeans 中新建一个 Java 类库项目，项目名称为 SoapExample。项目下创建一个名为 SoapServiceExample 的 Java 类，包含 add 和 link 两个方法。add 为整数求和运算，link 为字符串连接操作。SOAP 服务类与普通 Java 类的功能相同，只需将类名和方法添加服务注释，将其暴露为服务接口便可，详情如"程序 8-1"所示。

```
//### 程序 8-1 ###
@WebService
public class SoapServiceExample
{
    // 标记服务方法
    @WebMethod
    public int add（int x，int y）
    {
        return x + y;
    }
    // 标记服务方法
    @WebMethod
    public String link（String x，String y）
    {
        return x + y;
    }
}
```

Java 开发环境支持 SOAP 服务的开发和部署，无须中间件服务器，采用 Endpoint 方式发布 SOAP 是测试和开发小型服务系统最简单快捷的方式，"程序 8-2"描述了使用 javax.xml.ws.Endpoint 代理发布 SoapServiceExample.java 服务类的流程。

```
//### 程序 8-2 ###
public class SoapServicePublisher
{
    public static void main(String[] args)
    {
        // 服务端 URL，建议使用大于 1024 的端口号
        final String url="http://localhost:8888/soapservice?wsdl";
        System.out.println("Soap Web 服务 url "+url);
        // 服务发布
        Endpoint.publish(url, new SoapServiceExample());
    }
}
```

服务端发布后，程序在 8888 端口等待客户端访问连接。打开 cmd 命令窗口，进入项目文件夹，转到 src 源码目录下，运行 wsdl 解析程序，命令如下：

---

wsimport -p client -keep http://localhost:8888/soapservice?wsdl

---

命令执行后在 src 目录中生成本地调用接口，利用客户端接口可以访问远程服务功能。Netbeans 提供了客户端生成工具，可以更方便、快捷地完成这一任务，选定 SoapExample 项目，右击鼠标选择"新建 ->Web 服务客户端"，输入服务的 WSDL 位置及生成代码的包名，详情如图 8-2 所示。

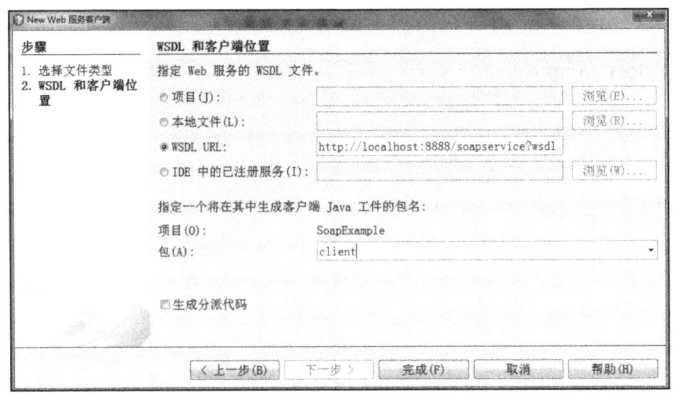

图 8-2　WSDL 客户端创建

确认完成后，在项目的 client 包中生成本地客户端接口类，详情如图 8-3 所示。

图 8-3　服务客户端生成类

其中，client/SoapServiceExampleService.java 类为本地客户端代理，负责创建本地服务访问接口 SoapServiceExample，并通过该接口操作服务方法，详细过程如"程序 8-3"所示。

```java
// ### 程序 8-3 ###
public class SoapClient
{
    public static void main(String[] args)
    {
        // 创建客户端代理
        SoapServiceExampleService soapService=
                new SoapServiceExampleService();
        SoapServiceExample servicePort=
                (SoapServiceExample)soapService.getSoapServiceExamplePort();
        // 整数求和
        int x=10;
        int y=20;
        System.out.println(servicePort.add(x, y));
        // 字符串连接
        String str1=" 中国科学技术信息研究所研究生课程 ";
        String str2=" 语义网技术与应用 ";
        System.out.println(servicePort.link(str1, str2));
    }
}
```

（2）Servlet 服务注释

使用 JAX-WS 在 Servlet 方法中添加 @WebService 注释，打包为 WAR 部署到 Web 服务器中。Servlet 注释方式需要使用中间件服务器，可利用 Netbeans 的服务器管理器进行配置，Netbeans 平台自带 Tomcat 服务器，性能稳定，但版本较老，也可自行下载最新版本。通过"工具 -> 服务器"菜单，选择"Tomcat"服务器，设置服务器名称为"WebService"，关联 Tomcat 服务器的本地位置。最后设置 Tomcat 对外服务的端口号，确保端口不被占用，详情如图 8-4 所示。

图 8-4 Tomcat 服务器配置

利用Netbeans新建"Java Web项目->Web应用程序",项目名称为"RDFWebServiceExample"。选择新配置的WebService服务器作为发布容器,完成后系统自动生成项目框架。鼠标右击项目名称,选择新建"Web服务",设置服务类名称为"RDFService",包名称为"service",完成后系统自动生成"RDFService"服务类,手动将前面介绍的RDF4J知识库检索功能导入到项目中,详情如图8-5所示。

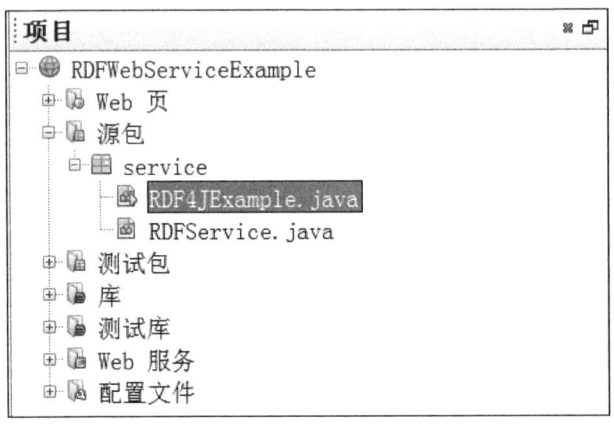

图 8-5　Web 服务项目结构

通过修改、完善自动生成的"RDFService"服务类,将RDF4J检索功能包装为检索服务,详细操作如"程序8-4"所示。

```java
//### 程序 8-4###
@WebService(serviceName = "RDFService")
public class RDFService
{
    //RDF4J 知识库查询功能类
    RDF4JExample rdf4j=new RDF4JExample();
    /**
     * RDF4J 知识库三元组查询服务
     * @param keyword 概念词汇
     * @return 三元组列表
     */
@WebMethod(operationName = "getTripleInfo")
    public List<String> getTriple(@WebParam(name = "keyword") String keyword)
    {
        // 根据输入参数查询 RDF4J 知识库
        List<String> tripleList=rdf4j.getTriple(keyword);
        return tripleList;
    }
}
```

修改完成后，鼠标右击项目，选择"部署"，将 Web 服务部署到 Tomcat 服务器中。Tomcat 服务器正常启动，服务部署成功后，鼠标右击项目，选择"测试 Web 服务"，操作详情如图 8-6 所示。

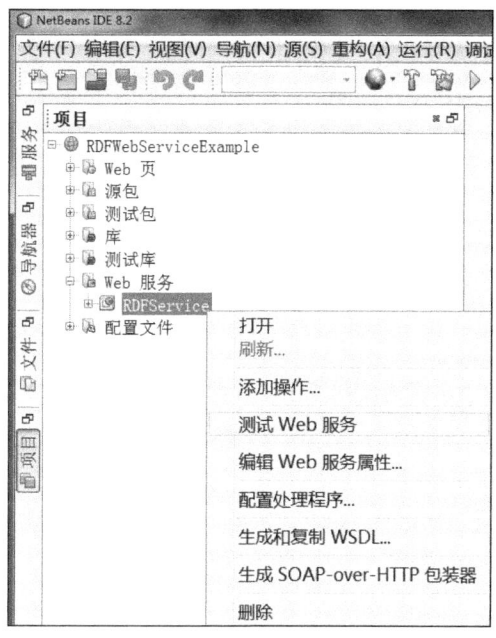

图 8-6　Web 服务测试操作

测试过程自动启动后浏览器显示如图 8-7 所示的"Web Services"页面。

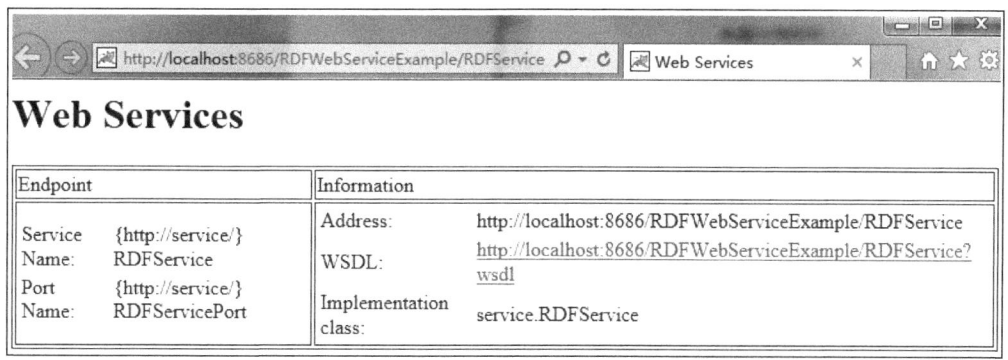

图 8-7　Web 服务测试页面

点击 WSDL 链接，可打开"RDFService?wsdl"文件，表明 RDFService 服务正常运行，详情如图 8-8 所示。

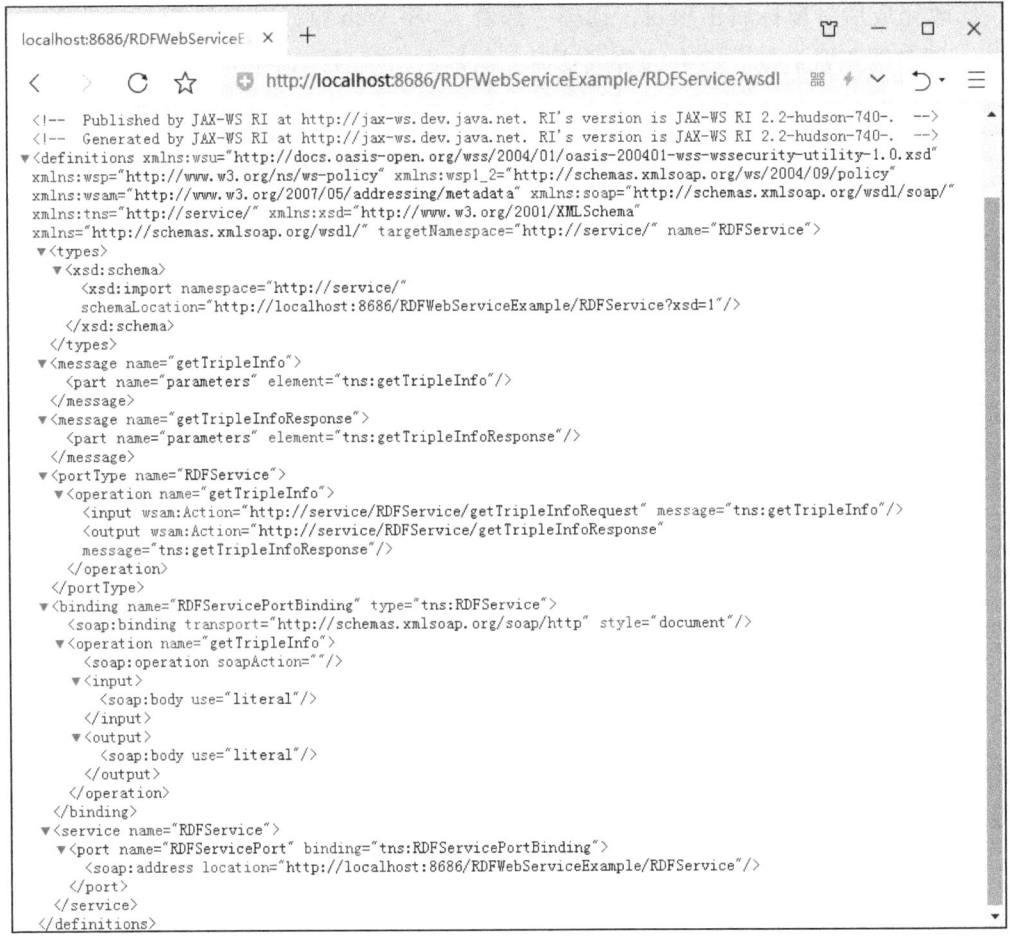

图 8-8 Web 服务的 WSDL 文件

(3) EJB 服务注释

使用 JAX-WS 在 EJB（Enterprise JavaBeans）中添加 @WebService 注释，打包为 EAR 部署到 Web 服务器中。本章探索的语义服务主要关注 Web 服务描述语言 [WSDL 或 WADL（Web application description language）] 与 OWL-S（OWL Web ontology language for services）模型的转换和融合，Web 服务本身的设计与开发不是重点，因此仅对 Endpoint 和 Servlet 服务部署做介绍。企业级 Web 服务的设计和部署与整个服务系统的架构紧密相关，在技术实现上需要考虑很多复杂的交互状况，系统学习可参考专门的书籍资料[88-89]。

8.2.2　WSDL-Web 服务描述语言

WSDL 提供了一种描述 Web 服务的机制，它采用 XML 语法来说明传递参数和数据处理方法，Web 服务客户端可以利用 WSDL 文件生成任何语言的客户端接口程序。Java 程序与 WSDL 间转换机制采用了 JAX-RPC 规范，可以将 Java 数据类型转换为 XML 类型、Java 接口；将类转换为 WSDL 文档的 portType、operation、message、binding、services 和

port 等元素。一个描述 SOAP 服务的 WSDL 通常具有下列组成元素。

（1）<definitions>

<definitions> 是所有 WSDL 文档的根元素，它定义了 Web 服务的名称，以及 WSDL 文档结构描述所需词汇使用的命名空间，属性 targetNamespace 用于声明默认词汇的命名空间。下列片段描述了 SoapService 服务的整体结构，其中"add""addResponse"等词汇的命名空间为"http://SoapService/"。

```
<definitions
xmlns:wsu="http://docs.oasis-open.org/wss/2004/01/oasis-200401-wss-wssecurity-uti
lity-1.0.xsd"
xmlns:wsp="http://www.w3.org/ns/ws-policy"
xmlns:wsp1_2="http://schemas.xmlsoap.org/ws/2004/09/policy"
xmlns:wsam="http://www.w3.org/2007/05/addressing/metadata"
xmlns:soap="http://schemas.xmlsoap.org/wsdl/soap/"
xmlns:tns="http://SoapService/"
xmlns:xsd="http://www.w3.org/2001/XMLSchema"
xmlns="http://schemas.xmlsoap.org/wsdl/" targetNamespace="http://SoapService/"
name="SoapServiceService">
<types>
...
</types>
<message name="add">
...
</message>
<message name="addResponse">
...
</message>
<message name="link">
...
</message>
<message name="linkResponse">
...
</message>
<portType name="SoapService">
...
</portType>
<binding name="SoapServicePortBinding" type="tns:SoapService">
...
</binding>
<service name="SoapServiceService">
```

```
...
</service>
</definitions>
```

(2) <types>

<types> 用于描述客户端和服务器消息传递使用的数据类型，为发送方和接收方之间准确地解释消息提供了条件。WSDL 默认使用 XML Schema 规范中定义的数据类型。例如，下列片段描述了 SoapService 服务中 <types> 元素的使用方法。

```
<types>
  <xsd:schema>
<xsd:import namespace="http://SoapService/" schemaLocation="http://localhost:8888/soapservice?xsd=1"/>
  </xsd:schema>
</types>
```

(3) <message>

<message> 用于描述 Web 服务中需要传递的消息构成。每个 Web 服务都有发出和返回两个消息。每条消息包含零个或多个 <part> 参数，每个参数对应一个 Web 服务方法的参数。例如，下列片段描述了 SoapService 服务需要处理"add"、"addResponse"、"link"和"linkResponse"4 种消息。

```
<message name="add">
  <part name="parameters" element="tns:add"/>
</message>
<message name="addResponse">
  <part name="parameters" element="tns:addResponse"/>
</message>
<message name="link">
  <part name="parameters" element="tns:link"/>
</message>
<message name="linkResponse">
  <part name="parameters" element="tns:linkResponse"/>
</message>
```

(4) <portTypes>

<portTypes> 用于描述 Web 服务提供的处理方法，每个处理方法由输入和输出组成。<portTypes> 模块将 Web 服务中需要处理的多个消息元素进行了组合，以形成完整消息操作。例如，下列片段描述了 add 方法和 link 方法的消息处理方式。

```
<portType name="SoapService">
  <operation name="add">
<input wsam:Action="http://SoapService/SoapService/addRequest" message="tns:add"/>
<output wsam:Action="http://SoapService/SoapService/addResponse" message="tns:addResponse"/>
  </operation>
  <operation name="link">
<input wsam:Action="http://SoapService/SoapService/linkRequest" message="tns:link"/>
<output wsam:Action="http://SoapService/SoapService/linkResponse" message="tns:linkResponse"/>
  </operation>
</portType>
```

（5）<binding>

Web 服务中的消息可以通过多种方式传输，如 HTTP GET、HTTP POST 或 SOAP。<binding> 用于将消息绑定到传输协议上，使用协议中的指令控制消息的传递过程，该模块描述了传输 portType 操作的具体信息。使用 SOAP 传输时，Web 服务方法的输入、输出参数需要映射为 SOAP 协议的 <soap:binding>、<soap:operation> 和 <soap:body> 元素，<soap:binding> 的 transport 属性声明传递协议。style 属性有两种类型：rpc 和 document。rpc 类型的消息仅包含一个方法名及其参数，document 类型可以传递 rpc 模式无法支持的复杂文档。<soap:operation> 声明绑定服务方法的输入输出信息。<soap:body> 声明参数传递的具体消息。<soap:body> 的 use 属性有两种类型：literal 和 encoded。literal 表示传递的消息为不具有特别含义的文字，可作为一个整体处理。encoded 必须搭配 encodingStyle 编码形式使用，如 SOAP 型的"http://schemas.xmlsoap.org/soap/encoding"。下列片段描述了 add 方法和 link 方法的绑定信息。

```
<binding name="SoapServicePortBinding" type="tns:SoapService">
<soap:binding transport="http://schemas.xmlsoap.org/soap/http" style="document"/>
 <operation name="add">
    <soap:operation soapAction=""/>
     <input>
       <soap:body use="literal"/>
     </input>
     <output>
       <soap:body use="literal"/>
     </output>
 </operation>
 <operation name="link">
    <soap:operation soapAction=""/>
```

```
        <input>
            <soap:body use="literal"/>
        </input>
        <output>
            <soap:body use="literal"/>
        </output>
    </operation>
</binding>
```

(6) <service>

<service> 用于描述 Web 服务使用的端口及发布的位置，这个位置也是消息发送和传递的目的地。例如，下面片段使用 soap:address 元素的 location 属性指向了 SoapService 服务的发布位置 "http://localhost:8888/soapservice"，若在浏览器中输入 http://localhost:8888/soapservice?wsdl，则可以访问 wsdl 描述文件，里面包含了上面介绍的所有元素及其内容。

```
<service name="SoapServiceService">
  <port name="SoapServicePort" binding="tns:SoapServicePortBinding">
    <soap:address location="http://localhost:8888/soapservice"/>
  </port>
</service>
```

8.2.3 RESTful 式 Web 服务

REST（representational state transfer）指表述性状态转移，一个符合 REST 架构原则的架构被称为 RESTful 式架构。RESTful 式服务架构和 SOAP 式服务架构有很大的区别，SOAP 是一种 XML 格式的消息传递协议，而 RESTful 是一种用于分布式传统媒体（文字、图形、音频等网络资源）和超媒体（超链接互联）的软件架构风格，RESTful 服务主要有下列 4 种实现方式（表 8-1）。

表 8-1 RESTful 服务的 4 种实现方式

实现方式	方式描述
HttpServlet API	使用 Servlet 和 JSP
JAX-RS API	用于 XML-REST 式服务的 Java API
Restlet API	第三方的 REST 服务 API，使用与 JAX-RS 类似
JAX-WS API	用于 XML-Web 服务的 Java API，核心为 @WebServiceProvider

发布 Web 服务取决于使用需求，如果部署需要 HTTPS 形式的安全认证，可以使用 Tomcat 或 Jetty 等 Web 服务器。若发布的服务与 EJB 进行交互，则需要使用应用级服务器。在服务开发过程中，为了方便测试可以使用 Java 平台自带的 HttpHandler 和 HttpServer 来部署 RESTful 服务。下面以最常用的 JAX-RS API 来介绍 RESTful 服务的构建和调用过程。JAX-RS 通过 Java 注释服务类和服务方法来代理 REST 角色。下面的示例将使用 NetBeans 平台自带的 Jersey 工具包快速实现 RESTful 服务的开发和部署。

新建一个 Java Web 项目，项目名为"RestfulExample"，服务器选择新配置的"WebService"，创建完成后的"RestfulExample"项目结构如图 8-9 所示。

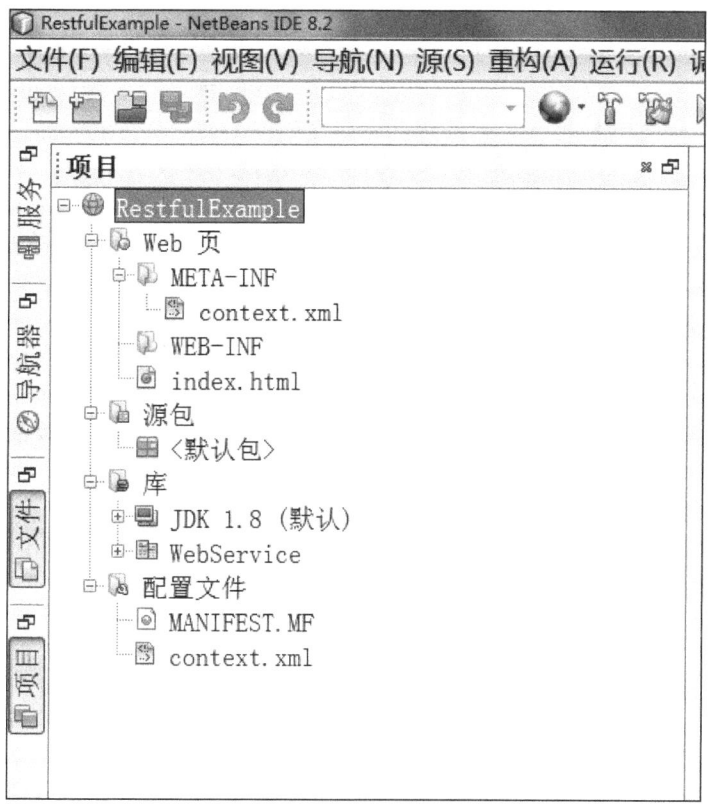

图 8-9　RestfulExample 项目的结构

JAX-RS 式 RESTful 服务需要使用 Jersey 包，Jersey 是 JAX-RS 的参考实现，拥有编写和操作 REST 服务和客户端的 API。鼠标右击"RestfulExample"项目的库节点，选择"添加库"，为"RDFWebServiceExample"项目添加 JAX-RS 库和 Jersey 库，详情如图 8-10 所示。

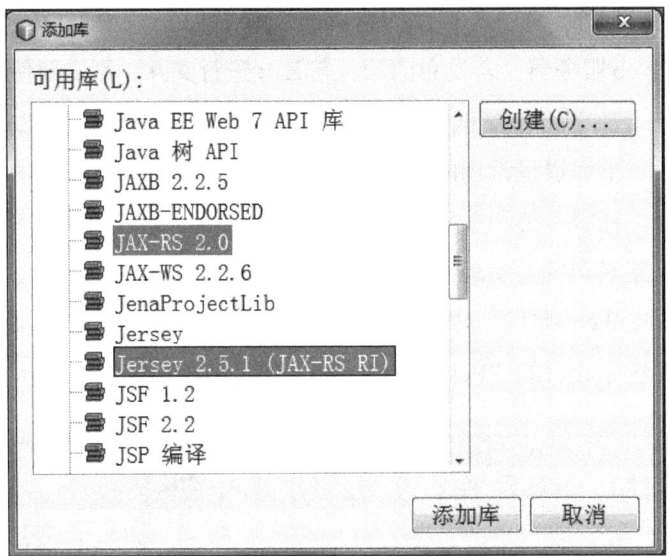

图 8-10　RESTful 服务的支撑库

鼠标右击项目，选择"通过模式创建 REST 风格的 Web 服务"，生成 RESTful 服务的基本框架。RESTful 服务有多种设计模式，其中根资源模式最为基础。选择"简单根资源"，设置资源包名称为"restful"，服务类路径为"resource"，类名为"Resource"，返回值类型为"text/plain"，详情如图 8-11 所示。

图 8-11　RESTful 服务类设置

创建完成后，系统自动生成资源服务类"Resource"和服务配置类"ApplicationConfig"，"RestfulExample"项目的结构如图 8-12 所示。

"Resource"类含有一些默认的服务注释，创建过程中设置的路径"resource"转化为"Resource"类的 Path 注释。根据需求修改和完善默认信息，详细内容如"程序 8-5"所示。

图 8-12 RESTful 服务项目的结构

```
//### 程序 8-5###
@Path("resource")
public class Resource
{
    public Resource() {}
    // 字符串连接操作
    @GET
    @Produces(MediaType.TEXT_PLAIN)
    @Path("/link/{str1}/{str2}")
    public String getLink(@PathParam("str1") String str1, @PathParam("str2") String str2)
    {
        return str1 + "-" + str2;
    }
    // 整数求和操作
    @GET
    @Produces(MediaType.TEXT_PLAIN)
    @Path("/add/{int1:\\d+}/{int2:\\d+}")
    public String getAdd(@PathParam("int1") Integer int1, @PathParam("int2") Integer int2)
    {
    return Integer.toString(int1 + int2);
    }
}
```

鼠标右击"ApplicationConfig"类,选择"重构 -> 重命名",将名称修改为"Config"。

"Config"的部署路径修改为"webservice",详细设置如"程序 8-6"所示。

```
//### 程序 8-6###
@javax.ws.rs.ApplicationPath("webservice")
// 服务配置
public class Config extends Application
{
    @Override
    public Set<Class<?>> getClasses()
    {
        Set<Class<?>> resources = new java.util.HashSet<>();
        addRestResourceClasses(resources);
        return resources;
    }
    // 资源注册
    private void addRestResourceClasses(Set<Class<?>> resources)
    {
        resources.add(restful.Resource.class);
    }
}
```

功能程序设计完成后,鼠标右击项目名称,选择"测试 REST 风格的 Web 服务",检查服务设计是否存在问题。若 Web 服务程序没有问题,则系统自动部署服务,并显示测试界面,详情如图 8-13 所示。

图 8-13 RESTful 测试界面

"RestfulExample"项目自动部署到配置的 Tomcat 服务中,环境路径为"/RestfulExample/webservice",其中"RestfuExample"为项目名称,"webservcie"为"Config"配置类中设置的 ApplicationPath。点击 WADL 链接,可访问和查看服务描述文件,详情如图 8-14 所示。

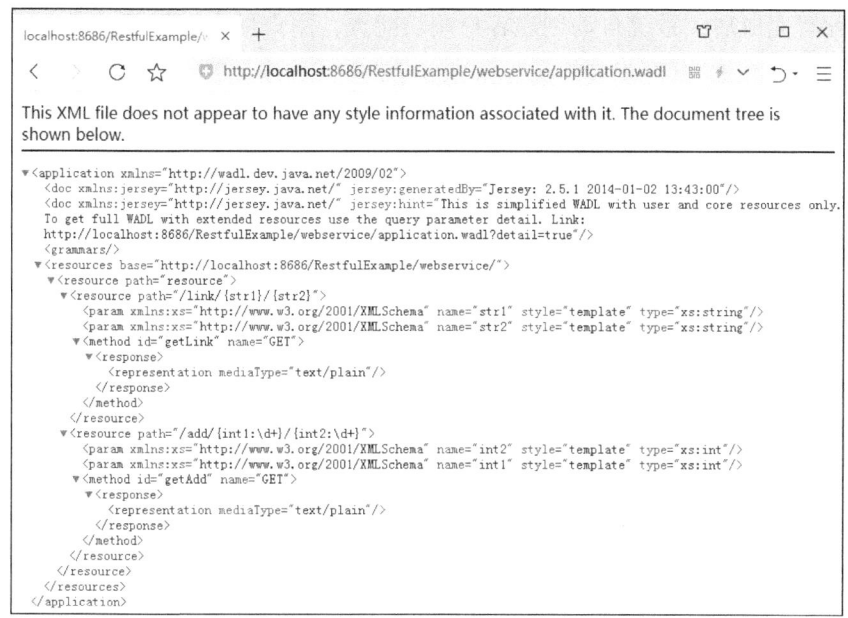

图 8-14 RESTful 服务的 WADL 文件

默认情况下，服务器提供简略版的 WADL，如果需要了解详细的服务信息，可在浏览器中 URL 后添加 "?detail=true" 参数，RESTful 服务的详细 WADL 为 "http://localhost:8686/RestfulExample/webservice/application.wadl?detail=true"。

RESTful 服务发布成功后，需要通过客户端进行访问。Netbeans 平台支持 RESTful 客户端的自动生成功能，鼠标右击项目名称，选择"REST 风格的 Java 客户端"。设置客户端类名为"JerseyClient"，包名为 client，REST 客户端可选择通过"项目"和"Netbeans 中注册的服务"两种方式构建，此处选择"通过项目"资源，并选定已部署成功的"Resource"为服务端，详细配置如图 8-15 所示。

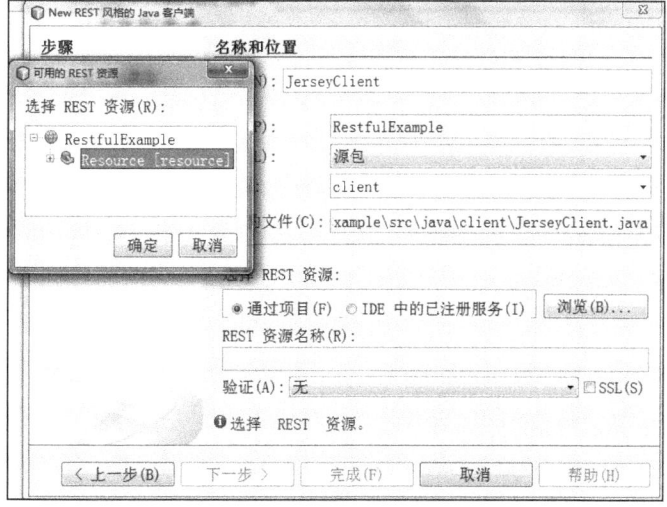

图 8-15 RESTful 客户端配置

参数配置完成后,系统自动创建客户端功能类,用户可在模板基础上创建主方法进行客户端调用。RESTful 客户端的配置和使用方法如"程序 8-7"所示。

```
// ### 程序 8-7###
public class JerseyClient
{
    //Web 服务代理
    private WebTarget webTarget;
    // 客户端代理
    private Client client;
    //Web 服务位置
    private String BASE_URI = "http://localhost:8686/RestfulExample/webservice";
    public JerseyClient()
    {
        client = ClientBuilder.newClient();
        webTarget = client.target(BASE_URI).path("resource");
    }
    // 访问字符串连接服务
    public String getLink(String str1, String str2) throws ClientErrorException
    {
        WebTarget resource = webTarget;
        resource = resource.path(MessageFormat.format("link/{0}/{1}", new Object[]{str1, str2}));
        return resource.request(MediaType.TEXT_PLAIN).get(String.class);
    }
    // 访问整数求和服务
    public String getAdd(int int1, int int2) throws ClientErrorException
    {
        WebTarget resource = webTarget;
        resource = resource.path(MessageFormat.format("add/{0}/{1}", new Object[]{int1, int2}));
        return resource.request(MediaType.TEXT_PLAIN).get(String.class);
    }
    // 关闭客户端
    public void close()
    {
        client.close();
    }
    ////////////////////////////////
    public static void main(String[] args)
    {
        JerseyClient client=new JerseyClient();
```

```
        // 求和
        int x=20;
        int y=30;
        String sum=client.getAdd（x, y）;
        System.out.println（x+"+"+y+"="+sum）;
        // 字符串连接
        String str1=" 中国科学技术信息研究所 ";
        String str2="The Institute of Scientific and Technical Information of China ";
        String link=client.getLink（str1，str2）;
        System.out.println（link）;
    }
}
```

客户端模板提供了远程服务方法的访问机制，用户只需对模板进行少量修改和完善，便可使用客户端访问 RESTful 服务。RESTful 客户端的运行结果如图 8-16 所示。

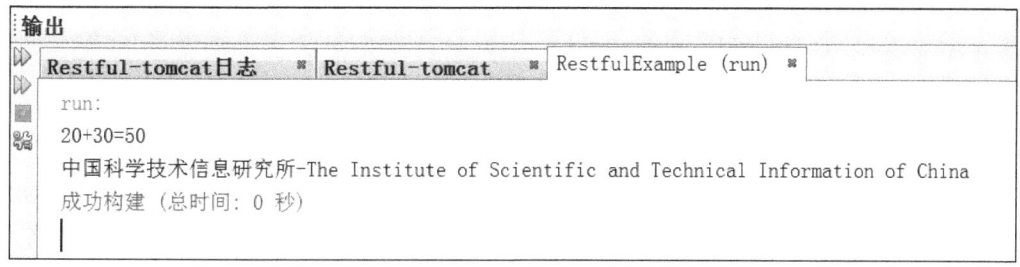

图 8-16　RESTful 客户端访问结果

8.2.4　WADL-Web 应用描述语言

WADL 最初由 Sun 公司的研发工程师提出，仿照 SOAP 服务中 WSDL 的设计思路，旨在通过若干机器可处理的功能词汇来描述基于 HTTP 的 Web 应用。目前 WADL 还不是 W3C 推荐标准，但作为 JAX-RS 参考实现的 Jersey 包提供了 WADL 文档的自动生成功能，用于描述 RESTful 服务和生成访问客户端。WADL 词汇的命名空间为"http://wadl.dev.java.net/2009/02"，下面简要介绍 WADL 文档的结构和元素功能，以便探索 WADL 与 OWL-S 的转换方法[90]。

（1）application

application 是 WADL 文档的根元素，位于文档的最外层。application 元素内部可包含 0 个或多个 doc 元素、0 个或 1 个 grammars 元素及 0 个或多个 resources 元素。application 的功能和用法如下列片段所示。

```xml
<?xml version="1.0" encoding="UTF-8" standalone="yes"?>
<application xmlns="http://wadl.dev.java.net/2009/02">
    <doc xmlns:jersey="http://jersey.java.net/" jersey:generatedBy="Jersey: 2.5.1 2014-01-02 13:43:00"/>
    <grammars/>
    <resources base="http://localhost:8686/RestfulExample/webservice/">
        <resource path="resource">
            ...
        </resource>
    </resources>
</application>
```

（2）document

每个 WADL 文档可以包含若干个标识文档的 doc 元素。doc 元素含有 title 和 xml:lang 属性，指明文档名称和所用语言。doc 的功能和用法如下列片段所示。

```xml
<doc xmlns:jersey="http://jersey.java.net/" jersey:generatedBy="Jersey: 2.5.1 2014-01-02 13:43:00"/>
<doc xmlns:jersey="http://jersey.java.net/" jersey:hint="This is simplified WADL with user and core resources only. To get full WADL with extended resources use the query parameter detail. Link: http://localhost:8686/RestfulExample/webservice/application.wadl?detail=true"/>
```

（3）grammars

grammars 元素用于标识 WADL 文档所使用的数据交换格式，该元素常内嵌 include 元素，由 include 元素的 herf 属性指向服务过程（Service Model）中使用的数据处理格式。grammars 元素的功能和用法如下列片段所示。

```xml
<grammars>
    <include href = "http://ke.istic.ac.cn/kos/webservice/search.xsd"/>
    <include href = "http://ke.istic.ac.cn/kos/webservice/error.xsd"/>
</grammars>
```

（4）resources

resources 元素是服务资源（Service）的容器，可以包含 0 个或多个 resource 元素、0 个或多个 method 元素及 0 或多个 param 元素。resources 元素使用 base 属性标识服务地址，resource 元素用于标识以 base 为基准的具体服务方法的访问地址。method 元素用于标识具体的服务方法，其中 id 属性标识方法名，name 属性标识方法的类型（GET、PUT、POST 等）。param 元素用于标识服务方法参数特征。resources 元素的功能和用法如下列片段所示。

```xml
<resources base="http://localhost:8686/RestfulExample/webservice/">
    <resource path="resource">
        <resource path="/add/{int1:\d+}/{int2:\d+}">
            <param xmlns:xs="http://www.w3.org/2001/XMLSchema" name="int2" style="template" type="xs:int"/>
```

```
        <param xmlns:xs="http://www.w3.org/2001/XMLSchema" name="int1" style="template" type="xs:int"/>
            <method id="getAdd" name="GET">
              <response>
                <representation mediaType="text/plain"/>
              </response>
            </method>
        </resource>
        <resource path="/link/{str1}/{str2}">
            <param xmlns:xs="http://www.w3.org/2001/XMLSchema" name="str1" style="template" type="xs:string"/>
            <param xmlns:xs="http://www.w3.org/2001/XMLSchema" name="str2" style="template" type="xs:string"/>
            <method id="getLink" name="GET">
              <response>
                <representation mediaType="text/plain"/>
              </response>
            </method>
        </resource>
      </resource>
    </resources>
```

（5）request

request 元素用于标识服务方法的输入信息。每个 request 元素可以内嵌若干个 doc、representation 和 param 元素。representation 元素用于标识消息的类型。request 的功能和用法如下列片段所示。

```
<method id="apply" name="OPTIONS">
  <request>
    <representation mediaType="*/*"/>
  </request>
  <response>
    <representation mediaType="application/vnd.sun.wadl+xml"/>
  </response>
</method>
```

（6）response

response 元素用于标识服务方法的输出信息。每个 response 元素可以内嵌若干个 doc、representation 和 param 元素。representation 元素用于标识消息的类型。responset 的功能和用法如下列片段所示。

```
<method id="getAdd" name="GET">
   <response>
      <representation mediaType="text/plain"/>
   </response>
</method>
```

8.3 语义服务模型

语义服务的最终目的是服务的发现、协调、组合和调用的自动执行，这需要对用户需求（目标）和可获取的服务提供语义描述。语义 Web 和 Web 服务是语义 Web 服务的两大支撑技术，语义 Web 服务主要利用 Ontology 来描述 Web 服务，通过这些带有语义信息的描述实现 Web 服务的自动发现、调用和组合。一套完整的语义 Web 服务框架需要具备下列模块：①概念模型。用于提供服务实现的功能组织结构。②形式化语言。用于提供不同层次的逻辑表达。③执行环境。支持形式语言描述的任务组合和服务调用。

SAWSDL（semantic annotation for WSDL and XML schema）、WSMO（Web service modeling ontology）和 OWL-S 是目前最常用的 3 种语义 Web 构建模型。为了实现语义服务调用的自动化，在服务注册阶段 Web 服务接口必须告诉用户有哪些具体行为可以调用。可采用的方法主要有两种：配置语义描述文件和在 WSDL 中嵌入语义。在实际的语义 Web 服务构建中两种方式可以联合使用，调用信息可以同时存放在语义描述文件和 WSDL 中，以方便代理程序根据需要灵活使用。

(1) 语义描述式配置

把服务接口和参数放置到单独的语义格式文件内部，按照一定的顺序排列，服务发现阶段使用语义模型进行匹配，由代理程序通过服务接口调用发现的服务资源，WSMO 和 OWL-S 目前都采取这种方法。

(2) WSDL 嵌入式语义

嵌入式语义将服务接口的结构化描述信息放置到 WSDL 文件中，方便在 WSDL 注册的 UDDI 库中发现语义描述，可用于各种语义 Web 服务的建模框架，SAWSDL 目前采用这种方法。SAWSDL 模型依托 WSDL，在 WSDL 的基础上添加了描述服务语义的信息，可以支持 WSDL 1.1 和 WSDL 2.0，该模型于 2007 年 8 月成为 W3C 推荐标准[91]。SAWSDL 通过对接口、操作、输入输出类型的标注，使其与本体中的概念建立关联，接口和操作标注有助于服务分类，输入、输出参数标注可赋予语义信息。

SAWSDL 充分利用了现有的 Web 服务和语义 Web 标准，结构清晰、技术成熟，便于在产业界推广。但 SAWSDL 只能对 WSDL 中的已有元素提供注解，缺乏准确、全面的描述服务功能，不易实现 Web 服务的自动发现、匹配和调用，因此 SAWSDL 的影响力远远小于 OWL-S 和 WSMO，在这里着重对后两种语义模型进行分析。

8.3.1 OWL-S

OWL-S 是为 Web 服务构建的基于 OWL 本体的描述框架，模型草案于 2004 年提交 W3C，它包含一整套本体，提供了描述服务语义的词汇，是使用较广的语义 Web 服务模型，也是本章重点介绍的语义服务模型。OWL-S 通过服务资源（Service）、服务概况（Service Profile）、服务过程（Service Model）和服务基点（Service Grounding）4 个模块描述整个服务过程。OWL-S 模型结构如图 8-17 所示[92]。

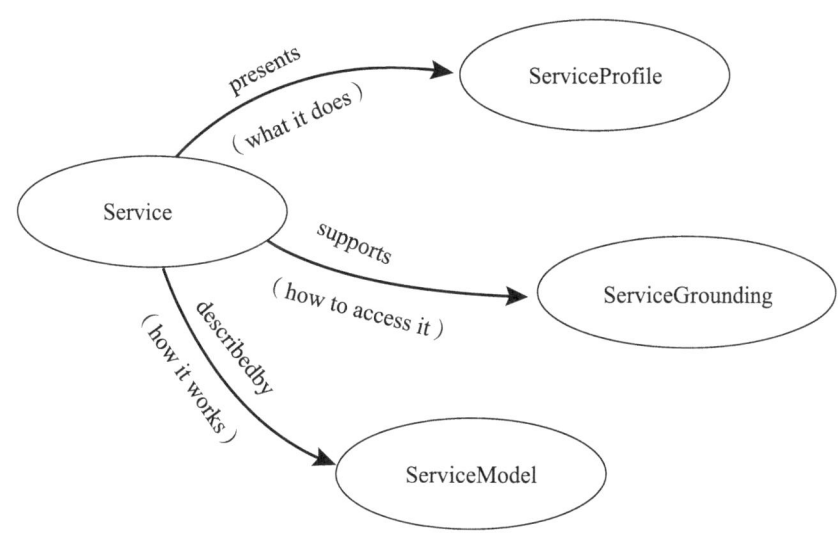

图 8-17　OWL-S 语义服务模型结构

Service 模块是整个服务模型的框架容器，将 Service Profile、Service Model 和 Service Grounding 模块融合为一个整体[93]。Service Profile 模块描述服务做什么，用于服务发布、构建、匹配服务请求。Service Model 模块描述服务是怎么做的，用于服务的调用、定制、集成、监控和恢复。Service Grounding 模块描述怎么访问服务，用于 WSDL 与 Process 模型间消息格式、通信协议的映射。

（1）Service Profile

Service Profile 模块提供功能性和非功能性两种属性描述，功能性信息包含输入输出结果和状态转换结果，非功能性信息包含服务质量和安全策略。Service Profile 模块在 OWL-S 模型中的功能与 UDDI 在 SOA 中的角色类似，但 Service Profile 模块包含更多结构化语义信息，能支持 Web 服务自动发现。Service Profile 模块的功能结构如图 8-18 所示。

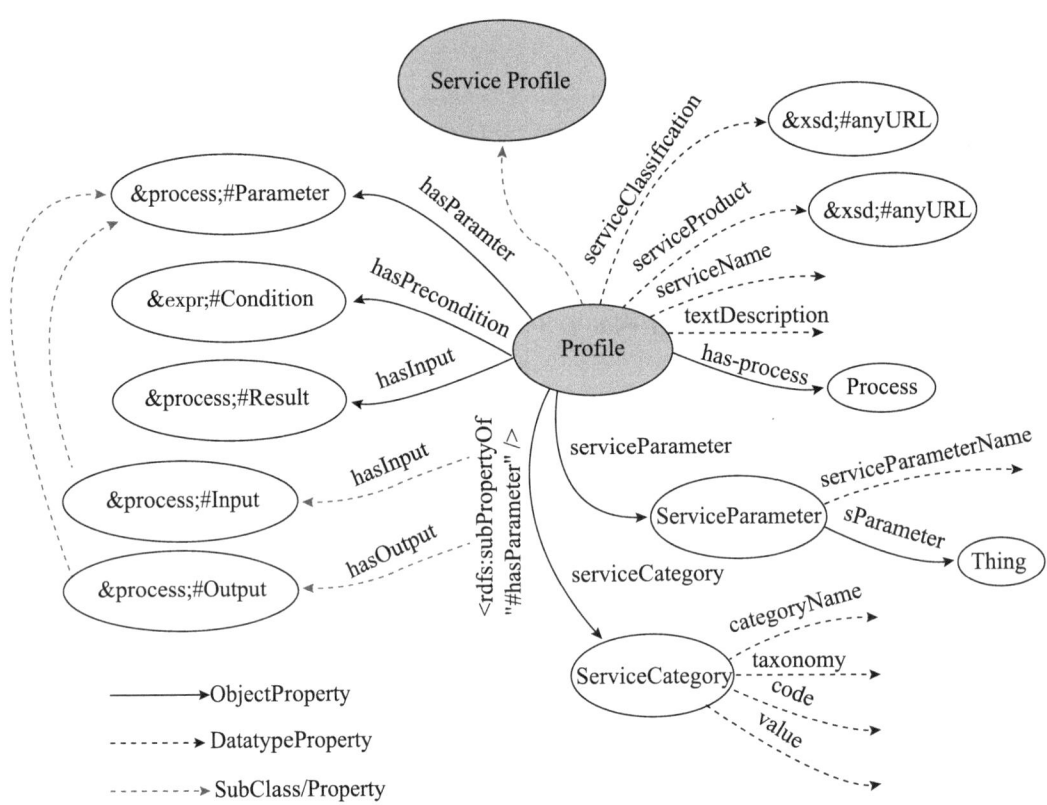

图 8-18 Service Profile 模块的功能结构

在 OWL-S 中，Service Profile 提供服务的功能描述（服务商提供的服务和请求者所需要的服务），这一功能不限于 Service Profile 模块本身，也可以利用 OWL 子类构建 Service Profile 所使用的专门服务描述。OWL-S 通过 Profile 本体提供了一种可能的表示方法，它包含了 3 种基本类型的信息（表 8-2）。

表 8-2 Profile 本体的功能

内容元素	功能
服务的提供者	服务联系人，即发布服务的组织、机构或人员
服务的功能	服务的输入、输出、服务执行的前置条件以及服务执行产生的预期效果
服务的特征属性	①服务的名称、类别（如 UNSPSC 分级体系）； ②服务的质量等级（如服务的可靠性、反应迅速）； ③不限长度的服务参数列表（可包含任何类型的信息）

Profile 本体是 Service Profile 模块中 Profile 功能描述与 Service 服务建立关联的纽带。一个 Profile 实例通过 presents 元素（描述）指向一个 Service 实例，一个 Service 实例通过 presentedBy 元素（被描述）指向一个 Profile 实例，presents 与 presentedBy 互为逆关系。一个 Profile 实例只能描述一个服务，通过 serviceName 元素指向服务的名称标识，使用 textDescription 元素指向服务功能的文字描述，contactInformation 元素指向服务的提供者。

描述服务能够提供什么样的功能是 Profile 本体的核心。功能特征主要从两个方面来描述：①信息状态的流转，通过需求输入与服务输出来体现；②服务状态的流转，通过前置条件和执行效果来体现。不过，OWL-S 框架的 Profile 本体中，没有任何模式来描述输入/输出/前置条件/效果（IOPE），这种模式存在于 Process 本体中。由 Profile 所发布的 IOPE 是 Process IOPE 的子集，Process 本体标识了所有的 IOPE 实例，Profile 实例通过 Profile 本体中定义的关系指向 Process 中的实例，这些关系的功能如表 8-3 所示[94]。

表 8-3 Profile 本体指向 Process 本体的关系

关系	功能
hasParameter	指定输入输出参数，取值范围是 Process 本体的参数实例
hasInput	指定服务输入，取值范围是在 Process 本体中定义的输入实例
hasOutput	指定服务输出，取值范围是在 Process 本体中定义的输出实例
hasPrecondition	指定服务的先决条件，取值范围是根据 Process 本体模型所定义的前置条件实例
hasResult	指定服务的结果，根据 Process 本体中的 Result 类来定义特定条件下所产生的输出结果及服务执行中哪些定义域将产生变化

（2）Service Model

Service Profile 模块描述了服务所提供的功能，而如何与服务功能进行交互则由 Service Model 模块来定义。Service Model 模块提供服务操作、控制和组装等流程的详细步骤，通过指定数据类型和绑定参数，服务代理可实现服务的编排组配和自动组合。OWL-S 模型中的过程不是定义一个可执行的程序，而是描述用户与服务的交互方式，过程本体提供了丰富的建模词汇来刻画这一场景[95]。一个过程至少涉及客户端和服务端两个参与者，过程实例通过 hasParticipant 元素与它们建立关联。利用用户的输入需求，一个过程能够产生和返回新的信息，过程所需的输入信息及处理后的输出信息由 hasInput 和 hasOutput 元素进行关联。前置条件表示"除非条件成立，过程才可以成功执行"，过程实例通过 hasPrecondition 元素与之关联。过程的执行会产生信息输出或效果变化，输出结果由 hasResult 元素进行关联。Service Model 模块的功能结构如图 8-19 所示。

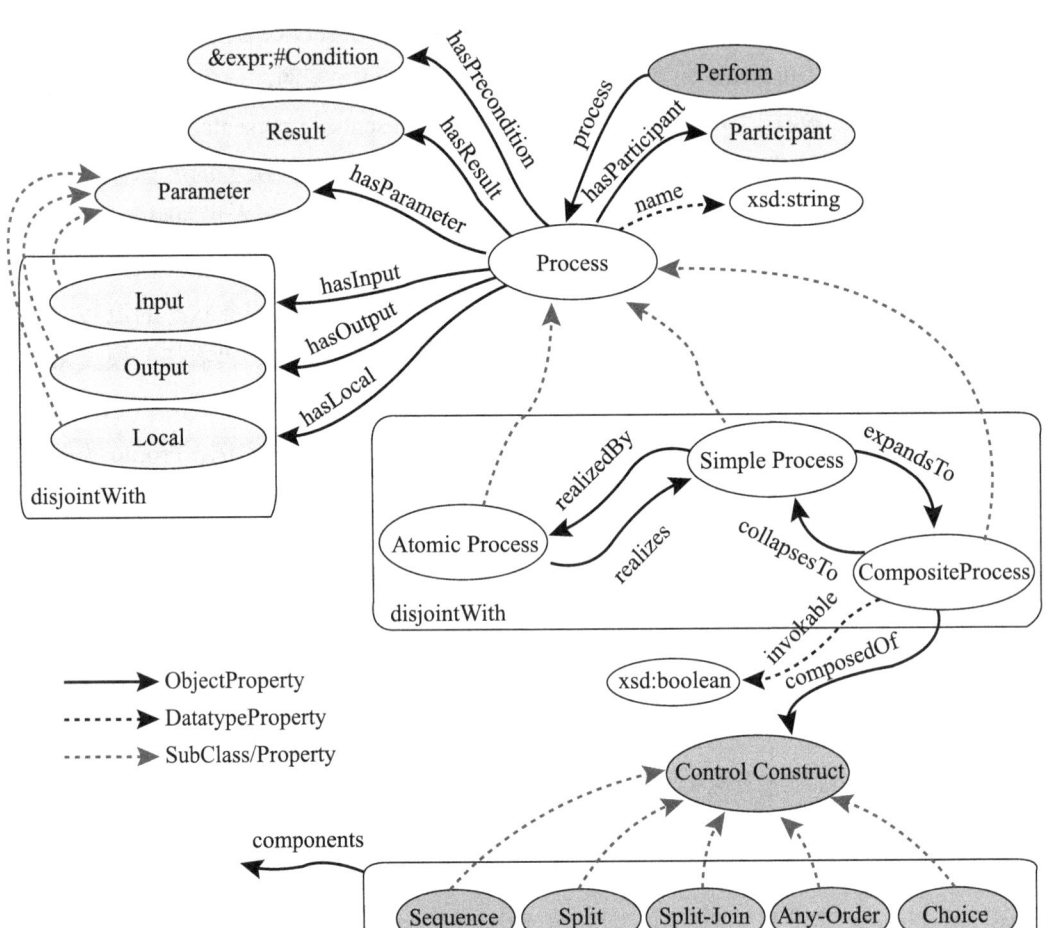

图 8-19 Service Model 模块的功能结构

Service Model 分为原子过程（Atomic Process）、简单过程（Simple Process）及组合过程（Composite Process）3 种。原子过程不可再分，可以直接执行。每一个原子过程必须提供一个 grounding 信息，用于描述如何去访问这个过程。简单过程是一个抽象概念，可为原子过程提供不同视角的功能别名，或为组合过程提供一个简单表示，但不能被直接调用，也不能与 grounding 绑定。组合过程由若干个原子过程和其他组合过程构成，需要多个步骤和多个服务端协作执行。组合过程的描述并不是一个简单的功能说明，而是描述客户端与服务端交互过程中的一系列行为。此外，组合过程有一个整体效果，客户端必须执行整个过程，才能达到这样的效果。

每个 Service Model 由一组任务及任务执行顺序组成，任务信息包含输入、输出、先决条件和产生效果，通常可取任意值，在特定领域中可由 OWL 语言作值域限制，输入/输出属性对服务流程中的数据转换产生影响，前提/效果关系则影响服务流程中的状态转换，OWL-S 本体 Process 模块所支持的控制结构如表 8-4 所示。

表 8-4 Process 模块支持的控制结构

复合过程的控制结构	功能
顺序结构	一组过程顺序执行
分解结构	一组过程同时被执行，所有过程均执行完成，该过程才算完成
分解+组合结构	并发执行的一组过程，其包含的所有的过程均完成，该过程才算完成
随机顺序结构	允许过程以某种顺序依次执行，但不能同时执行
选择结构	在给定的一组控制结构中，选择执行其中的一个结构
条件选择结构	该控制结构由 if、then 和 else 构成。如果 if 条件成立，执行 then 过程；if 条件不成立，执行 else 过程
循环结构	条件成立时过程重复执行，直到条件不成立

(3) Service Grounding

语义 Web 服务的最终目的是通过本体描述 Web 服务的各方面语义，推动服务发现、协商、组合及调用等任务的自动执行。WSDL 等传统的 Web 服务描述语言一般只在语法层面及服务消息的结构等方面进行描述。构建语义模型和句法描述之间的联系通常称为接地，OWL-S 框架中的 Service Grounding 模块便承担这一功能。Service Grounding 模块提供访问 Web 服务的细节描述，即输入、输出消息传递的具体实现方法，主要涉及传输协议、消息格式、序列化、数据传输和处理等内容，从而为 Web 服务的自动调用提供支持[96]。Service Grounding 模块的功能结构如图 8-20 所示。

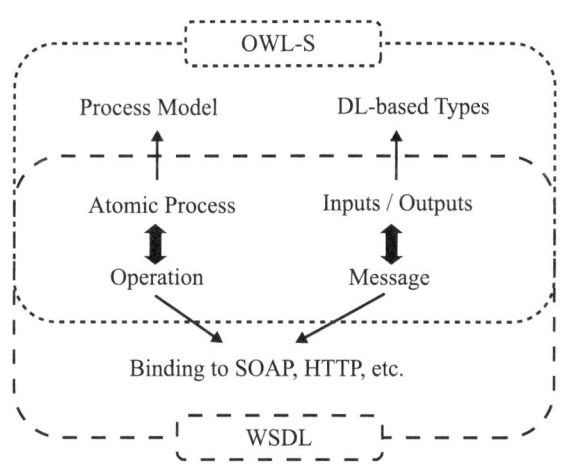

图 8-20 Service Grounding 模块的功能结构

Web 服务功能采用 WSDL 规范进行消息描述（消息格式、端口等），Service Grounding 模块用于定义 OWL-S 模型与 WSDL 消息的映射和交互。WSDL 中的 Operation 方法元素映射为 OWL-S 的 Atomic Process 模块。WSDL 中的 Message 消息元素映射为 OWL-S 中 Atomic Process 的 Inputs 和 Outputs 模块。WSDL 中的 abstract type（XML

Schema 定义）数据类型元素映射为 OWL-S 中的 Inputs 和 Outputs 的参数类型，更详细的元素映射关系请参考 8.4 节的转换示例和相关文献[92]。

8.3.2 WSMO

WSMO 是欧洲语义 Web 服务研究的重要成果，它为语义 Web 服务的概念建模、形式化表示及自动执行提供了统一的描述框架[97]。WSMO 继承了 Web 的核心设计理念，利用命名空间组织模型概念，采用统一资源标识符（URI）来区分不同的资源，支持多种 W3C 推荐的 Web 技术规范，其模型设计具有以下特点。

（1）基于本体模型

WSMO 模型对信息状态空间的描述方式与现实世界保持一致，允许采用一般性的逻辑表达式。本体是语义 Web 中的核心技术，WSMO 本体被用作数据模型贯穿整个服务流程，所有资源描述及服务使用过程中的数据交换都基于本体模型。WSMO 本体可以看作构建和描述语义 Web 服务的一种元模型，而元对象设施（MOF）被认为是定义 WSMO 元素最合适的语言框架。元对象设施是一个用于描述、构造和管理技术无关的抽象语言框架[98]。元对象设施含有元元模型、元模型、模型层和信息层 4 层结构。定义 WSMO 的语言为元元模型层，WSMO 本身构成元模型层，应用本体、Web 服务、目标、调解器（mediator）构成模型层，由本体描述的实际数据及在不同 Web 服务之间被交换的实际数据构成信息层。元模型层常通过构建层级类、类的关系和属性、关系和属性的类型及约束条件来定义 WSMO 元素。

（2）调节器为核心

用户需求和可用的 Web 服务功能往往不一样。例如，一个用户想根据天气、交通、景点位置等偏好预订一个房间，而 Web 服务通常仅涵盖火车、飞机和酒店服务，WSMO 必须将用户需求和 Web 服务所提供的功能区分开，并提供有效的匹配服务。WSMO 模型中的每一个服务资源都能在不与其他资源交互或使用其他资源的情况下单独构建，这与 Web 的开放性和分布式特性相一致。作为一种严格解耦的服务模式，在这种开放式环境中进行数据传递、消息匹配很容易引起异构问题，WSMO 在顶层引入调解器作为服务框架的核心元素，以协调不同服务、请求之间的数据、流程差异，这比引入新的适配服务、组合服务等处理方式更加系统化。

（3）描述和实现分离

WSMO 模型中的 Web 服务是一个计算实体，通过调用 Web 服务能实现一个用户的目标，而服务则是调用计算实体后提供给用户的实际功能。WSMO 提供计算实体的语义描述，但无法替代后者（服务）的功能。WSMO 将语义 Web 服务元素的描述和运行环境进行分离，服务描述需要一个精确可行的描述框架来提供准确的语义描述，运行环境则关心语义 Web 和 Web 服务已有和最新技术的支持。WSML（Web service modeling language）是一种 WSMO 采用的逻辑语言，用来描述本体、目标、Web 服务和基于 WSMO 概念模型的调解器。WSML 独立于现有的语义 Web 和 Web 服务标准,它汇集了一阶逻辑、描述逻辑和逻辑编程等不同的逻辑形式,可为 WSMO 提供正式的语法和语义描述。WSMO 模型结构丰富、功能强大,很难全面细致地描述 WSMO 框架涵盖的所有特性。为了实现 Web 服务的功能描述,WSML 提供了一个句法框架和霍尔逻辑语义,但没有正式定义服务功能描述语义。为了方便使用 WSMO 构建语义 Web 服务,需要为参考模型的执行语义提供技术实现。WSMO 拥有强大的建模工具支撑,WSMO Studio 是一个开源的语义 Web 服务和语义业务流程建模环境,能够对 WSMO 包含的 Web 服务、目标、中介器、本体元素进行编辑,功能十分强大。另外,WSMO 配有执行语义 Web 服务的开源运行环境 WSMX(Web services execution environment),可对 WSMO 模型的正确性进行验证[99]。

整个 WSMO 模型以 WSMF(Web service modeling framework)框架为基础,以 WSML 为表示形式,描述了语义 Web 服务的整个流程。WSMF 包括目标、本体、中间层及 Web 服务 4 个模块。目标模块定义 Web 服务要解决的问题,本体模块定义 WSMF 中使用的词汇语义,中间层模块用于协调数据类型匹配、处理流程匹配等互操作问题,Web 服务模块使用前提、后置条件、数据流和控制流等元素来描述 Web 服务。WSMO 在 WSMF 的基础上使用本体模型对整个服务框架进行规范化的定义和组织。WSMO 框架由非功能属性、协调中间层、功能和接口 4 个模块构成,其中非功能属性模块用于描述服务提供者、使用成本、性能、可靠性和安全性等与服务功能不直接相关的信息,这些属性主要用于帮助服务代理发现和选择 Web 服务及内容协商。协调中间层模块负责将单独的 Web 服务组织成所需的处理流程,为了解决服务目标和用户需求之间的互操作问题,该模块融入了一个核心本体,协调各方实现概念和关系映射。功能模块通过前置条件、后置条件、处理效果等要素来描述 Web 服务的具体功能,以帮助服务代理快速发现和匹配所需的 Web 服务。接口模块从编制和编排两个方面描述 Web 服务功能如何被实现,其中编制定义了客户端与服务端消息交换模式,编排定义了通过一系列单独的 Web 服务满足给定需求的组合方式,用于帮助服务代理自动调用和组合 Web 服务。

8.4 OWL-S 语义服务构建

OWL-S 是基于 OWL 的 Web 服务本体模型,它提供了一个词汇集合,为语义服务描述提供构建单元。相比于 SAWSDL 模型和 WSMO 模型,OWL-S 描述框架的提案最早,影响力最大,为了使框架结构与现有语义 Web 标准紧密结合,OWL-S 采用标准化的 OWL 语言来组织和描述 Web 服务,完全从语义的角度来设计模型。这一设计理念得到了许多业界研究机构的响应,相继开发出多种配套的支撑工具,不过 OWL-S 没有对组合服务如何作为一个新的整体映射到模型中给出明确定义,并且也未对表述前提条件和预期效果的语言形式进行限定(可以用 KIF、PDDL、SWRL 或 RDF 多种格式),这些复杂操作由用户自行处理。OWLS 服务的构建可分为 6 个步骤：①创建 Web 服务方法；②服务端发布为 WSDL 描述；③ WSDL 转换为 OWL-S 描述；④ OWL-S 本体注册；⑤用户需求匹配；⑥服务调用。OWL-S 服务的运行流程如图 8-21 所示。

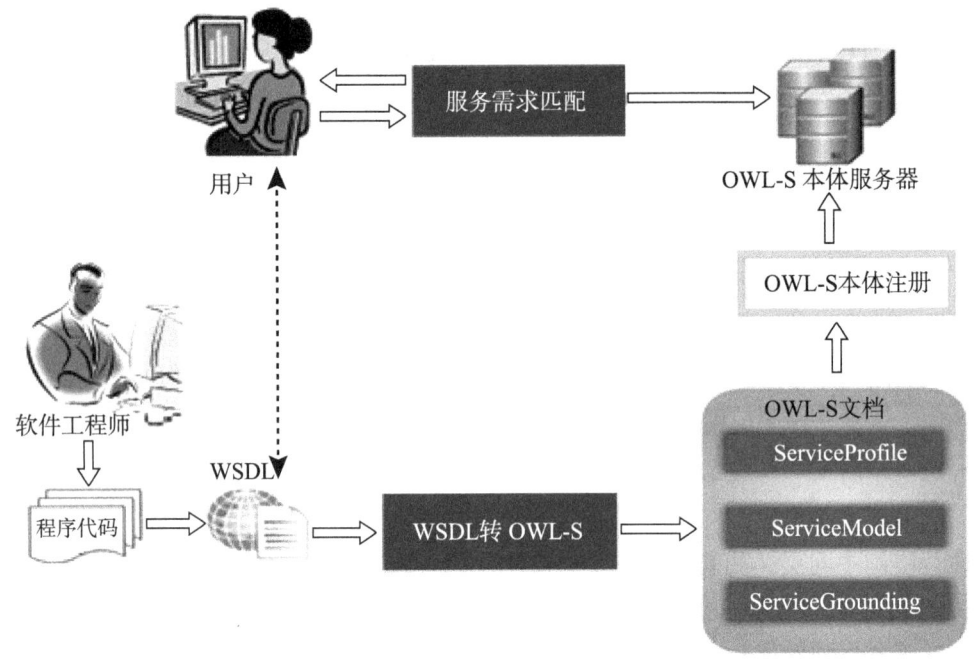

图 8-21　OWL-S 服务的运行流程

8.4.1　服务本体的生成

马里兰大学开发的 OWL-S API 是构建语义 Web 服务最常用的工具，OWL-S API 融合了 Axis（Apache extensible interaction system）的 Web 服务、Jena 的本体解析和 Pellet 的模型推理功能，是一款功能丰富的 OWL-S 服务模型构建工具包[100]。下面以 8.2.1 节的 Endpoint 式 Soap 服务为示例，介绍使用 OWL-S API 构建语义服务的基本流程。

（1）服务本体的转换与生成方法

语义服务以 Web 服务为基础，通过对服务描述信息的解析和转换形成本体服务模型，OWL-S 工具包提供了 WSDL 的转换功能。"程序 8-8"为 WSDL 与 OWL-S 转换处理流程示例，展示了整数求和与字符串连接服务的处理过程及 OWL-S 本体的生成方法。

```
//### 程序 8-8###
public void getWsdlOWLS(String wsdl, String owlsPath)
{
    //Qname 名称处理工具
    QNameProvider qnames = new QNameProvider();
```

```java
// 整数求和与字符串连接服务 wsdl 文件默认位置
String wsdlDefault = " http://localhost:8888/soapservice?wsdl";
//OWL-S 本体默认命名空间
String nameSpace = "http://ke.istic.ac.cn/SemanticService# ";
// 服务方法名称
String serviceName = "";
// 服务方法描述
String textDescription = "";
//WSDL 服务
if(wsdl.equalsIgnoreCase(""))
{
    wsdl=wsdlDefault;
}
WSDLService service = WSDLService.createService(wsdl);
//WSDL 服务的各种方法
List<WSDLOperation> operations = service.getOperations();
for (WSDLOperation operation : operations)
{
    // 获取服务方法名称
    serviceName = operation.getName().replaceAll(" ", " _");
    // 输出的 OWL-S 本体文件
    String fileName = owlsPath + serviceName + ".owl";
    if (operation.getDocumentation() == null)
    {
    textDescription = operation.getService().getFileURI()+"->OWL-S 模型生成
";
    } else
    {
        textDescription = operation.getDocumentation();
    }
    //owl、rdf、rdfs、xsd 标准命名空间 +soap 命名空间
    qnames.setMapping("soapEnc", WSDLConsts.soapEnc + "#");
    //WSDL 到 OWL-S 转换器
    WSDLTranslator translator = new WSDLTranslator(operation,
nameSpace, fileName);
    translator.setServiceName(serviceName);
    translator.setTextDescription(textDescription);
    // 服务方法的输入参数
    Vector inputVector = operation.getInputs();
    // 服务方法的输出参数
    Vector outputVector = operation.getOutputs();
    // 为转换器设置输入参数 -true、输出参数 -false
```

```
        setTranslatorParam(translator, inputVector,true);
        setTranslatorParam(translator, outputVector,false);
        //OWL-S 本体输出
        FileOutputStream fos = new FileOutputStream(new File(fileName));
        //OWL-S 本体输出保存
        translator.writeOWLS(fos);
        fos.close();
        // 验证 OWL-S 本体是否合理
        if (validOwls(fileName))
        {
            System.out.println(fileName + " 保存成功！ ");
            System.out.println("**************************");
        } else
        {
            System.err.println( fileName + " 生成失败！！！ ");
        }
    }
}
//////////////////////////////////////////
// OWL-S 本体输出和存储
private void outputOWLS(WSDLTranslator translator, File owlsFile)
{
    FileOutputStream fos = new FileOutputStream(owlsFile);
    //OWL-S 本体输出保存
    translator.writeOWLS(fos);
    fos.close();
}
```

（2）WSDL 到 OWL-S 转换

WSDLTranslator 是 OWL-S 工具包提供的转换器，可将 WSDL 文件转换为 OWL 本体。转换器运行前，先要通过 WSDLService 解析器获取服务方法名称、输入参数、输出参数、参数类型等核心元素，详细处理流程如"程序 8-9"所示。

```
//### 程序 8-9###
private void setTranslatorParam(WSDLTranslator translator, Vector params,
boolean flag)
{
    //Qname 名称处理工具
    QNameProvider qnames = new QNameProvider();
    // 用过的名称
    Set usedNames = new HashSet();
    for (Iterator it = params.iterator(); it.hasNext();)
    {
        //WSDL 参数
        WSDLParameter param = (WSDLParameter) it.next();
```

```
            QName paramType = param.getType();
            // 参数名称
            String paramName = URIUtils.getLocalName(param.getName());
            //OWL-S 参数类型，本体元素 process:parameterType 取值
            String owlType = qnames.shortForm(XSD.ns +
paramType.getLocalPart());
            //OWL-S 本体元素 grounding:xsltTransformationString 取值
            String xslt = "null";
            /////////////////////
            String prefix = paramName;
            for (int count = 1; usedNames.contains(paramName); count++)
            {
               paramName = prefix + count;
            }
            usedNames.add(paramName);
            URI paramTypeURI = new URI(owlType);
            // 转换器添加转换参数，true 添加 input 参数，false 添加 output 参数
            if (flag)
            {
              translator.addInput(param, paramName, paramTypeURI, xslt);
            } else
            {
              translator.addOutput(param, paramName, paramTypeURI, xslt);
            }
      }
}
```

（3）OWL-S 本体有效性验证

为了确保转换生成的 OWL-S 模型能够使用，OWL-S API 提供了本体检测功能。OWLSValidator 校验器可检测 OWL-S 模型语法表示的合理性，模型逻辑结构的检测可通过 OWLKnowledgeBase 知识库加载推理机进行，详细的检测过程如"程序 8-10"所示。

```
//### 程序 8-10###
private Boolean validOwls(String owls)
{
    //OWL-S 本体检测器
    OWLSValidator validator = new OWLSValidator();
    boolean valid = false;
    //OWL-S 本体文件
    File file=new File(owls);
    String owlsFile=file.toURI().toString();
    //OWL-S 合理性检测
    valid = validator.validate(owlsFile);
    if (valid)
```

```
    {
        // 创建 OWL-S 本体模型
        OWLKnowledgeBase kb = OWLFactory.createKB();
        // 本体模型连接 Pellet 推理机
        kb.setReasoner("Pellet");
        // 本体模型加载 OWL-S 本体文件
        kb.read(owlsFile);
        //OWL-S 本体一致性检测
        valid = kb.isConsistent();
    }
    return valid;
}
```

（4）OWL-S 本体生成

由 OWLValidator 和推理机检测有效的 OWL-S 本体可以正常生成输出，由于每一个服务方法只完成一项功能，生成器将根据服务方法的名称生成相应的 OWL-S 描述模型。SoapExample 服务的求和方法 add、字符串连接方法 link 将生成两个不同的本体文件，生成的 OWL 本体含有 Service、Profile、Process 和 Grounding 4 个顶层元素，分别对应 OWL-S 模型的 4 个模块。

8.4.2 服务本体的注册和发现

生成后的 OWL-S 本体需要注册到 UDDI 中发挥作用，面向大众的语义服务通常注册到公共的门户平台，这种大型的服务系统经过专门的设计和开发，具备浏览 OWL-S 本体结构、发现需求方法、服务动态匹配等功能。普通的小型应用服务可以注册到自行搭建的测试服务器中，无须进行大量开发工作。下面以 Tomcat-9.0.21 服务器为例简单介绍 OWL-S 本体的注册方法。Tomcat 默认"8080"为服务端口，"8005"为关闭端口，为了避免端口使用冲突，可以修改 conf/server.xml 文件中的端口配置，详情如图 8-22 所示。

```
18    <!-- Note:  A "Server" is not itself a "Container", so you may not
19         define subcomponents such as "Valves" at this level.
20         Documentation at /docs/config/server.html
21    -->
22    <Server port="8900" shutdown="SHUTDOWN">

59    <!-- A "Connector" represents an endpoint by which requests are received
60         and responses are returned. Documentation at :
61         Java HTTP Connector: /docs/config/http.html (blocking & non-blocking)
62         Java AJP  Connector: /docs/config/ajp.html
63         APR (HTTP/AJP) Connector: /docs/apr.html
64         Define a non-SSL HTTP/1.1 Connector on port 8080
65    -->
66    <Connector connectionTimeout="20000" port="8990" protocol="HTTP/1.1"
             redirectPort="8443"/>
```

图 8-22　修改端口配置

Tomcat 的 webapps 文件夹为服务或资源部署的根目录，在 webapps 目录下新建 OWLRegister 文件夹作为 OWL-S 文件的注册目录，然后将生成的 add.owl 和 link.owl 文件复制到该目录中。运行 Tomcat 目录下的 bin/startup.bat 命令，启动服务器，在浏览器中输入 "http://localhost:8990/OWLRegister/add.owl"，返回如下结构信息，表明 OWL-S 本体部署成功（图 8-23）。

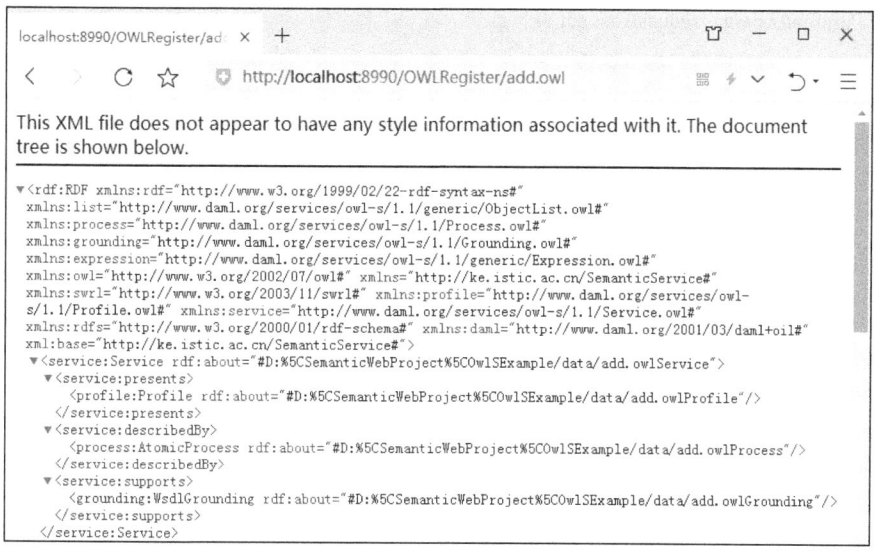

图 8-23　返回的结构信息

注册后的 OWL-S 本体可供用户使用，用户有服务需求时，先到 UDDI 平台查找所需的服务信息。数量较少的本体列表，可人工浏览匹配需求，数量较大的本体列表需要提供工具支持，根据用户输入的参数信息来匹配注册的服务，需求匹配的处理过程如"程序 8-11"所示。

```
//### 程序 8-11###
public String matchServiceOWL(List<Parameter> requestList, String uddipath)
{
    // 满足需求的本体
    String owl = "";
    // 获取注册的 owl 本体
    List<String> owlList = getRegisterOWL(uddipath);
    List serviceList = new LinkedList();
    for (int i = 0; i < owlList.size(); i++)
    {
        String owlFile = owlList.get(i);
        // 服务解析
        ServiceFinder finder = new ServiceFinder(owlFile);
        serviceList = finder.getInput();
        /////////////////////////////////
        // 匹配需求参数和服务参数
```

```java
        int count = 0;
        for (int r = 0; r < requestList.size(); r++)
        {
            Parameter para = requestList.get(r);
            String inputFieldR = para.getName();
            for (int s = 0; s < serviceList.size(); s++)
            {
                ValueMap bindingS = (ValueMap) serviceList.get(s);
                Input inputS = (Input) bindingS.getIndividualValue("param").castTo(Input.class);
                String inputFieldS = inputS.getLocalName();
                // 需求参数与服务参数类型一致
                if (inputFieldR.equalsIgnoreCase(inputFieldS))
                {
                    count++;
                    continue;
                }
            }
        }
        // 需求参数类型、数量与服务参数类型、数量正常匹配
        if (count == requestList.size())
        {
            owl = owlFile;
            break;
        }
    }
    return owl;
}
//////////////////////////////////////////////////
// 获取注册的 OWL 本体, uddipath 为 owl 文件注册位置
public List<String> getRegisterOWL(String uddipath)
{

    List<String> owlList = new LinkedList();
    File owlFile = new File(uddipath);
    String[] owlArray = owlFile.list();
    // 将所有的 OWL 本体添加到注册列表
    for (int i = 0; i < owlArray.length; i++)
    {
        String owl = owlArray[i];
```

```
        if (owl.endsWith(".owl"))
        {
            owlList.add(owl);
        }
    }
    return owlList;
}
```

8.4.3 服务模型的解析

需求匹配及服务访问等操作都要以 OWL-S 本体的解析为基础，OWL-S 本体符合 OWL 本体的结构特征，可以使用通用的三元组解析器来处理。为了方便获取模型中的结构元素，OWL-S 本体的解析使用 Jena ARQ 包，通过 SPARQL 三元组查询功能获取服务 URL、输入输出参数及服务消息等内容，详细的解析过程如"程序 8-12"所示。

```
//### 程序 8-12 ###
public class ServiceFinder
{
    public ServiceFinder（ ）    { }
    // 创建本体模型
    Model model = ModelFactory.createDefaultModel（ ）;
    //OWL-S 模型默认命名空间
    String prefix =
"prefix grounding:<http://www.daml.org/services/owl-s/1.1/Grounding.owl#>"+
"prefix process:<http://www.daml.org/services/owl-s/1.1/Process.owl#>"+
"prefix profile:<http://www.daml.org/services/owl-s/1.1/Profile.owl#> ";
    // 本体模型加载
    public ServiceFinder（String owl）
    {
        model.read（owl）;
    }
    // 获取服务的 Qname
    public String getQname（String message）
    {
        if（message.contains（"^^"））
        {
            message = message.substring（0, message.indexOf（"^^"））;
        }
        if（message.contains（"#"））
        {
```

```java
        message = message.substring（0，message.indexOf（"#"））;
    }
    return message;
}
//    ### 获取服务 WSDL 的 URL###
// 输入参数 message 为 带类型的 WSDL 位置信息，
// 形式为 http://localhost:8888/soapservice?wsdl^^xsd:anyURI
public String getWSDLPoint（String message）
{
    if（message.contains（"^^"））
    {
        message = message.substring（0，message.indexOf（"^^"））;
    }
    if（message.contains（"#"））
    {
        message = message.substring（0，message.indexOf（"#"））;
    }
    return message;
}
// 获取服务方法
public String getOperation（String message）
{
    if（message.contains（"^^"））
    {
        message = message.substring（0，message.indexOf（"^^"））;
    }
    if（message.contains（"#"））
    {
        message = message.substring（message.indexOf（"#"）+ 1）;;
    }
    return message;
}
//    ### 获取服务 WSDL 的位置信息 ###
// 形式为 http://localhost:8888/soapservice?wsdl^^xsd:anyURI
public String getWSDL（）
{
    // 带有数据类型的 URL
    String result = "";
    String queryString = "SELECT ?wsdl "
            + "WHERE {?s grounding:wsdlDocument ?wsdl}";
```

```java
        Query query = QueryFactory.create（prefix + queryString）;
        QueryExecution qexec = QueryExecutionFactory.create（query, model）;
        ResultSet results = qexec.execSelect（）;
        while（results.hasNext（））
        {
            QuerySolution soln = results.nextSolution（）;
            result = soln.get（"wsdl"）.toString（）;
        }
        return result;
    }
    // 获取服务的输入参数类型
    public List<String> getInput（）
    {
        // 输入参数类型列表
        List<String> inputList = new ArrayList（）;
        // 获取输入参数
        String queryString = "SELECT distinct ?message "
                + "WHERE { ?s process:hasInput ?message}";
        Query query = QueryFactory.create（prefix + queryString）;
        QueryExecution qexec = QueryExecutionFactory.create（query, model）;
        ResultSet results = qexec.execSelect（）;
        while（results.hasNext（））
        {
            QuerySolution soln = results.nextSolution（）;
            String result = soln.get（"message"）.toString（）;
            result = result.substring（result.indexOf（"#"）+ 1）;
            inputList.add（result）;
        }
        return inputList;
    }
        // 获取服务的输出参数类型
    public List<String> getOutput（）
    {
      // 输入参数类型列表
      List<String> outputList = new ArrayList（）;
      // 获取输入参数
      String queryString
            = "SELECT distinct ?message "
            + "WHERE "
            + "{?s process:hasOutput ?message}";
```

```java
        Query query = QueryFactory.create（prefix + queryString）;
        QueryExecution qexec = QueryExecutionFactory.create（query, model）;
        ResultSet results = qexec.execSelect（）;
        while（results.hasNext（））
        {
            QuerySolution soln = results.nextSolution（）;
            String result = soln.get（"message"）.toString（）;
            result = result.substring（result.indexOf（"#"）+ 1）;
            outputList.add（result）;
        }
        return outputList;
    }
    // 获取服务的输入消息
    public String getMessage（）
    {
        // 输入消息
        String result = "";
        // 获取输入消息
        String queryString = "SELECT distinct ?message "
                + "WHERE {?s grounding:wsdlInputMessage ?message}";
        Query query = QueryFactory.create（prefix + queryString）;
        QueryExecution qexec = QueryExecutionFactory.create（query, model）;
        ResultSet results = qexec.execSelect（）;
        while（results.hasNext（））
        {
            QuerySolution soln = results.nextSolution（）;
            result = soln.get（"message"）.toString（）;
        }
        return result;
    }
}
```

8.4.4 客户端创建与服务访问

Web 服务客户端一般通过解析 WSDL 生成本地接口来创建，然后利用接口代理访问远程服务。但语义服务的客户端有所不同，由于服务的 WSDL 封装在 OWL-S 本体中，并未暴露在外，无法直接通过 WSDL 解析工具生成本地接口，需要采用动态接口连接服务端。OWL-S 服务访问使用了 Axis 工具包，Axis 是一个采用 Java 开发的 SOAP 服务引擎，提供服务发布、WSDL 解析、客户端和网关代理创建等丰富功能[101]。动态客户端的创建过程如"程序 8-13"所示。

```java
// ### 程序 8-13###
public class ServiceCall
{
    //OWL-S 服务模型处理器
    ServiceFinder sFinder = null;
    // 访问注册的 OWL-S 服务模型
    public void connectTarget(String owl)
    {
        sFinder = new ServiceFinder(owl);
    }
    // 服务调用
    public String getCallResult(List<String> valueList)
    {
        // 服务访问结果
        String result = "";
        // 参数列表转换
        String[] values = new String[valueList.size()];
        for (int i = 0; i < values.length; i++)
        {
            values[i] = valueList.get(i);
        }
        // 服务访问
        result = (String) getServiceCall().invoke(values);
        return result;
    }
    // 创建服务客户端
    public Call getServiceCall()
    {
        // 获取服务的输入，process:hasInput
        List<String> inputList = sFinder.getInput();
        // 获取服务的输入消息，grounding:wsdlInputMessage
        String message = sFinder.getMessage();
        // 获取服务的 Qname
        String qname = sFinder.getQname(message);
        // 获取服务方法
        String operation = sFinder.getOperation(message);
        // 获取服务 WSDL 的 URL，grounding:wsdlDocument
        String wsdl = sFinder.getWSDLPoint(sFinder.getWSDL());
        /////////////////////////////////////////////////
        // 创建 axis 客户端代理
```

```
        Service service = new Service();
        Call call = (Call) service.createCall();
        // 配置服务地址及访问参数
        call.setTargetEndpointAddress(new URL(wsdl));
        call.setOperationName(new QName(qname, operation));
        call.setReturnType(XMLType.SOAP_STRING);
        // 配置输入参数
        for (int i = 0; i < inputList.size(); i++)
        {
        call.addParameter(inputList.get(i), XMLType.XSD_STRING, ParameterMode.IN);
        }
        return call;
    }
}
```

用户浏览 UDDI 平台发现满足需求的服务后，可通过客户端代理加载 OWL-S 模型，解析处理后自动向服务端发送访问需求，由服务方法处理后返回结果。"程序 8-14"描述了 OWL-S 语义服务的访问方法。

```
//### 程序 8-14###
public void callSoap（）
{
    // 求和服务 OWL-S 模型注册地址
    String owlAdd = "http://localhost:8990/OWLRegister/add.owl";
    // 字符串连接服务 OWL-S 模型注册地址
    String owlLink = "http://localhost:8990/OWLRegister/link.owl";
    // 参数列表
    List<String> valueList = new LinkedList（）;
    String x = "10";
    String y = "20";
    valueList.add（x）;
    valueList.add（y）;
    // 访问求和服务
    connectTarget（owlAdd）;
    String sum = getCallResult（valueList）;
    System.out.println（x + "+" + y + "=" + sum）;
    //////////////////////////////////////////////////////
    // 清空参数列表
    valueList.clear（）;
    System.out.println（"***********************"）;
    String str1 = " 中国科学技术信息研究所 -";
```

```
    String str2 = "ISTIC";
    valueList.add（str1）;
    valueList.add（str2）;
    //访问字符串连接服务
    connectTarget（owlLink）;
    String link = getCallResult（valueList）;
    System.out.println（link）;
}
```

客户端代理使用统一的字符串列表来发送消息，消息发送前整数参数值先要转换封装为字符串，整数求和与字符串连接服务的访问结果如图8-24所示。

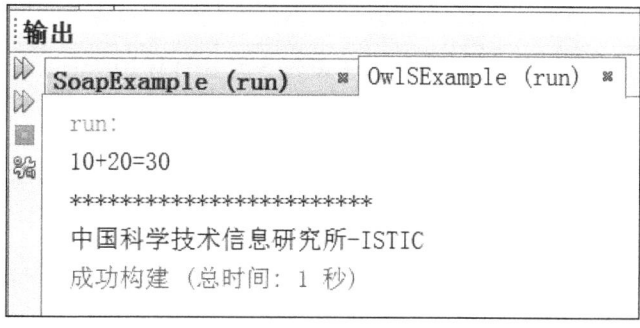

图8-24　OWL-S服务访问结果

>> 思考与练习 <<

【1】根据你的了解谈一谈服务器、中间件、Web服务器、应用服务器、数据服务器指代何物？有哪些工具产品与之对应？

【2】根据你的了解谈一谈什么是端口？计算机中有哪些端口可供用户部署系统使用？

【3】Web服务的通信机制是什么？谈谈你对HTTP协议的了解。

【4】SOAP和RESTful各有何特点？如何选择合适的服务架构？

【5】语义Web服务和传统Web服务有何不同？

【6】OWL-S模型由哪些模块组成？每个模块有何功能？

【7】描述Web服务的WSDL由哪些元素组成？WSDL元素与OWL-S元素如何映射？

【8】采用OWL-S模型构建语义服务系统需要哪些本体？每种本体有何作用？

*【9】多语言翻译系统翻译一篇PDF格式的论文需要经历以下步骤：

步骤	方法	功能	输入	输出
1	extract	pdf 文本抽取	pdf 文件	txt 论文文本；Frame 文本布局
2	blocking	文本单元化	txt 论文文本	Map<Integer，String> 编号文本集合
3	translate	文本翻译	Map<Integer，String> 编号文本集合；original 文本语言；object 目标语言	Map<Integer，String> 编号目标语言文本集合
4	coherent	语篇连贯性处理	Map<Integer，String> 编号目标语言文本集合；Concept 词表	Map<Integer，String> 编号目标语言文本集合
5	generate	pdf 页面生成	Map<Integer，String> 编号目标语言文本集合；Frame 文本布局	pdf 目标语言文本页面

请你根据 OWL-S 模型的 Service Model 模块结构设计一个任务本体，描述文献语篇翻译的整个调用流程。

*【10】前沿技术学习小组需要一个好用的翻译系统帮助他们翻译不同语言的科技论文，请你为多语言翻译服务设计一个功能翔实的 Profile 本体，帮助学习小组顺利匹配需求和发现服务。

*【11】为了提高多语言翻译系统的运行效率，翻译小组计划将翻译流程中的 5 个方法部署成独立的端口服务，请你根据所学内容帮助翻译小组设计一个 Grounding 本体，实现服务的自动映射和调用。

*【12】参考 SOAP 服务描述语言 WSDL 与 OWL-S 的转换机制，设计并实现 RESTful 服务描述语言 WADL 到 OWL-S 的转换工具。

*【13】参考 SOAP 语义服务客户端的访问机制，为 RESTful 语义服务开发一个通用的客户端工具。

第9章 语义检索接口

传统的信息组织和检索方法以关键字的匹配为基础，检索结果包含用户输入的关键字，但实际内容可能与实际需求并不相关。为了提高查准率，研究人员尝试了很多新的语义搜索方法和技术，也取得了一定的效果。语义检索需要综合利用自然语言处理、概念相似度计算、同义词扩展及本体知识标注等技术，将文档中出现的关键词替换为语义概念。在本体模型中，数据资源以概念节点为知识单元来组织，概念节点与其他节点有关联路径，可以利用概念在本体中的路径来进行查询扩展。这种方式较常规的关键词标引、标签标引、同义词扩展等有了很大的进步。语义检索强调概念层面的主题搜索，而不仅是字面上的匹配。另外，由于检索机制与索引机制密切相关，实现语义搜索还需要对数据资源进行结构化的知识组织，这是与传统关键词检索最主要的区别。用户可以采用关键词、受控词条或问句等多种形式输入检索条件，系统对检索条件进行分析后，将其转化为本体查询语言，在本体中匹配符合条件的知识三元组，最后从资源库中找出与三元组匹配的文档反馈给用户。

信息提示有助于目的不明确的用户发现自己的检索需求，因此许多系统的检索页面通常嵌入组配处理脚本。每输入一个检索词，处理函数就将检索词提交到问题处理器，根据输入条件的组配关系组成检索三元组，并利用本体知识库中丰富的语义关系获取三元组取值，然后将检索结果返回页面。随着关键词的不断输入，组配处理函数不断重复，直到处理完全部条件。这种检索项推荐功能可以大大提高问题描述的准确性和结果查询效率，具有良好的用户体验。

9.1 问句的解析与处理

检索需求的准确表述直接影响返回结果的相关性。在众多的问题表述方式中，自然语言问句是表达意图最为明确和细致的形式。一个完整的检索任务从提交问题到输出答案，要经过问题分类、句子相似度计算、检索表达式生成、规则推理等大量的分析和计算工作。一个基于本体知识库的语义检索处理流程如图 9-1 所示[102]。

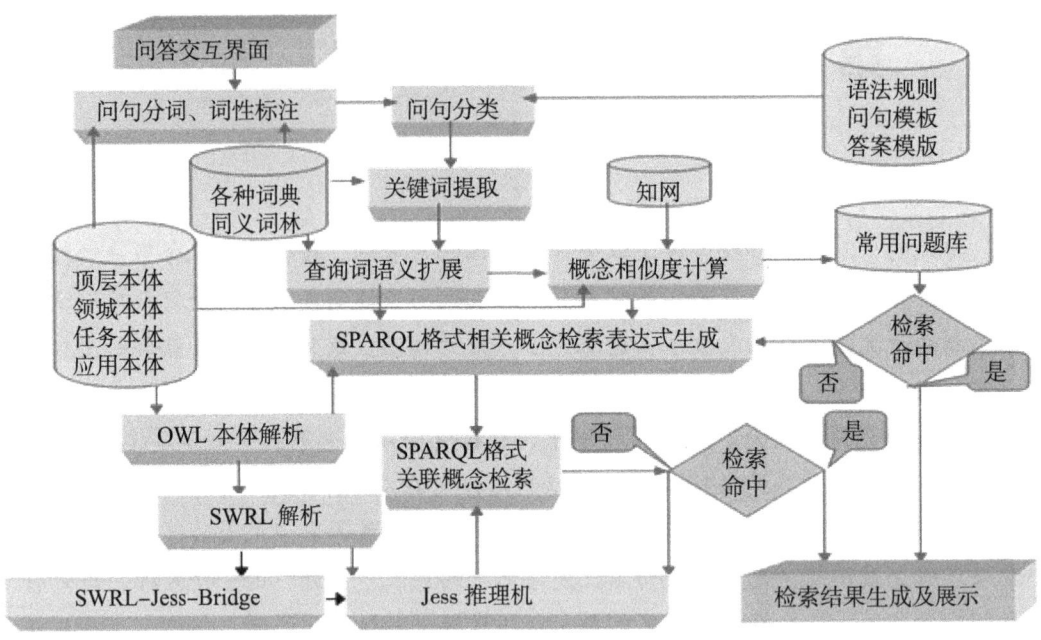

图 9-1 基于本体知识库的语义检索处理流程

① 问句解析模块首先对问句进行分词、词性标注处理,然后进行分类和关键成分提取,并将提取的关键字利用各种词典进行扩展,最后计算与常用问题的相似度,完成常用问题的匹配。

② 检索模块到常用问题集合中寻找答案,如果找到相似问题的答案则返回结果,否则将执行下一步的语义检索。

③ 对问句关键词进行扩展,形成检索关键词列表,然后映射成本体中的词汇,并根据关键词输入的次序或自然问句的句法结构,确定 SPARQL 检索表达式中三元组的主语和谓词,并将检索条件送入查询引擎完成查询。如果检索结果为空,则继续执行下一步的推理操作。

④ 系统获取相关概念集合,形成推理规则,并将规则送入推理引擎完成推理,然后再次将推理结果送入检索模块,填充检索成分进行检索。通过循环处理,系统逐渐将相关的信息查找出来。

9.1.1 中文问句的形式化处理

问句形式化的目的是将隐含的信息转化成无歧义的计算机内部表示,并基于这种表示进行匹配和检索。自然语言处理任务可划分为 7 个层次,即语音层次、词形层次、词汇层次、句法层次、语义层次、语用层次、语境层次。层次越高,分析处理的难度越大,在自然语言处理中,较为成熟和常用的是词汇、句法、语义层的分析和处理,其他更高层次的分析技术还需进一步探索。问题的正确解析是整个语义检索处理过程的前提和基础,只有识别出问句中的各种疑问成分后,才能确定问题的中心和限定条件,生成用于检索的表达式,使后续的检索操作得到精确的结果。问句分析通常需要完成以下几部分工作:分词和词性标注、确定问题类型、识别问题焦点、确定答案类型、提取问题关键词、关键词扩展、表达式生成。

(1) 中文问句的特点

中文问句句子短小、主旨明确,可分为是非问句、选择问句、特指问句。特指问句的特点是对特定的疑问对象进行发问,以获取与人、地点、时间、数量、事情、机构等命名实体有关的事实、列举、定义等相关信息。目前的智能检索系统和问答系统研究中,特指问句的比例最大,也最有实际意义。问句通常具有特定的疑问词,疑问词本身带有明显的类型特征,如"哪""哪儿""哪里""何处"等往往询问地点或方位,"谁""何人""哪个人"等询问特定的某个人。有一些特定的疑问词,虽不能通过其本身确定所询问的内容,但它们具有很强的构词能力,通过与其他名词结合构成疑问短语,可以提问特定的内容,如"什么""哪""何""多"等,其中尤以"什么"的地位最为特殊,具有通用性,其他疑问词基本上都可以用"什么"+名词的形式来代替。例如:

①对"事"或"物"的询问可以用"什么×"的格式。

②对"人"的询问可以用"谁",也可以用"什么人"的格式。

③对"时间点"的询问,通常用"什么时候""什么时间""几时",对"时间段"的询问可以用"多长时间、多久"等疑问词。

④对"处所"询问有专用疑问代词"哪儿""哪里",也可以用"什么地方"代替。

⑤对"原因、目的、行为"等意义类型通常用"×什么"的格式。如"为什么""干什么""做什么"等。

⑥表示数目、程度、方式、情景等语义类型有专用的疑问代词,较少用"什么×"格式。

(2) 问句成分的提取策略

通过对哈工大信息检索实验室提供的 5000 条中文问句进行分词和标注处理,获得按词频排序的词性分布状况,详情如图 9-2 所示[103]。

一个句子通常由关键成分(主、谓、宾等)和修饰成分(定、状、补等)构成。句子中做主语和宾语的多为名词或代词,做谓语的多为动词或形容词,做限定成分的多为形容词、副词。有些句子中不一定有这种对应关系,但关键词成分比较固定,其词汇序列按一定的句法结构进行组合,可以表达出问句的意义。从上述的统计分析中可以看出,中文问句中出现次数最多的是名词(n)、代词(r)、动词(v)、形容词(a),对问句解析就是将句子中的所有名词、代词、动词和形容词作为关键词提取出来,通过浅层的句法分析和问句类型库,分析出问句的成分信息。问句成分信息如表 9-1 所示。

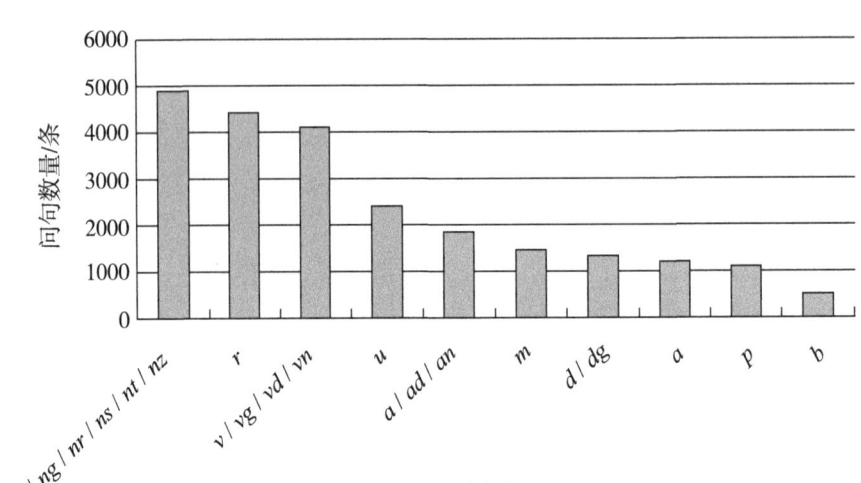

图 9-2 中文问句中的词性分布

表 9-1 问句的成分信息

问句成份	说明
疑问类型	问句各功能成分的排列顺序所构成的不同句式（是非、选择、特指等），主要根据疑问词和词频统计获取
疑问对象	问句提问的中心对象（主语、宾语），主要提取名词、动词结构
疑问焦点	疑问对象的某个分面属性（答案所在），主要提取定义、特点、分类、内容等特殊词或它们的组合标识
疑问限制	答案必须满足的条件，多为形容词、副词等修饰词
答案类型	答案的范围及生成的答案组织方式

问句中各种成分的提取是实现问句到本体知识映射的核心工作，每种成分分析得越精确，映射效果越精确，检索效果越好。分词的粒度和准确性对三元组元素的正确转换有很大的影响，如果在初步切分的基础上利用专有名词和复合名词列表进行校正，可以提高分词的准确性。

（3）问题的分类

在对答案进行抽取时，很多错误匹配是由问句分类不正确造成的。不同类型的问题有不同的处理方法，只有确定问句类型和要搜索的答案类型之后，才能运用特定的策略去分析问题。

在问答系统中问句的类型与答案的提取密切相关，而问题的类型又与疑问词有很大的关系，因此可以根据疑问词－问句类型－答案类型三者之间的关联性，建立面向语义的问句分类体系。整个分类过程采用两个层次进行分类，在第一个层次中，依据疑问词将问句进行大类的分类。有些疑问词具有多种疑问倾向，无法直接判断是哪种类型，可根据疑问词搭配和语义关系进行二次处理，并在问句集合分词、标注的基础上形成问题分类模板，以满足领域本体知识库的检索需求。经分析整理后的问句分类信息如表9-2所示。

表9-2 疑问词与问题分类

问题类型	疑问词
数量	多少；几个
原因	为何；为什么；怎么
方法	怎么；怎样；怎么样
内容	有什么；是什么；有哪些
性质	怎么；什么；什么样
位置	何处；何地；何方；哪儿；哪里
定义	是什么；作何解；如何解释
人物	谁；哪位
事物	什么；哪些
时间	哪年；哪月；哪日；哪天；何年；何月；何日

问答系统的处理能力可以分为下面3个层次：

①查找匹配－答案类型是命名实体（人名、地名、机构名、时间、数量等），而且每个问题都可以从答案库中直接查找到答案；

②推理扩充－答案库中没有直接的问题-答案对应关系，要通过本体库中的关系链进行推理，然后查找答案；

③抽取组合－答案库中没有现成的答案，系统从文档中抽取出答案要点进行组合形成答案。

（4）常用问题检索

常用问题库将用户经常提问的"问题-答案"集合保存起来，是提高查询效率的重要模块。由于不可能穷举所有可能的问句，也就无法满足用户提问的所有情况，在实际问答过程中会出现问题库中没有出现的问句，这时可以通过问句相似度计算，将输入问句与集合中的问句进行相似度比较，从库中寻找最近似的问句，并将此问句对应的答案返回给用户。常用问题库的检索主要由下列步骤组成（表9-3）。

表9-3 常用问题集检索方法

顺序	方法名	方法功能
1	getQuestonType	按照预定义的问题类型，对输入问句进行分类处理，限定答案类型
2	getWordWeight	根据问句中词汇的重要性完成检索词汇的加权操作，词汇的权重主要根据问句库中词性频率的统计

续表

顺序	方法名	方法功能
3	getWordSimilar	利用各种语义词典和关键词的权重计算词汇相似度
4	getSentenceSimilar	通过关键词的相似度计算句子的相似度,并根据设定的阈值和答案类型获取问句对应答案的标号,并按相似度的大小排序
5	getAnswerSelect	按 SetenceSimilar 方法获取标号检索答案并按相关性大小输出

常用问题集中问句和答案比较固定,其检索的实现重点主要在于关键词权重的获取和问句相似度的计算。作为检索系统的重要组成部分,组织良好的常用问题库可以显著提高检索效率。

9.1.2 语义相似度计算

如何分析词汇和句子的语义一直是自然语言处理领域的难题,目前词汇语义相似度的计算主要采用基于关键词统计的方法和基于语义概念计算的方法。

(1)词汇相似度计算

词汇的相似度包括词形和词义两个方面,词汇字面的相似度较易获取,可以通过正则表达式的方式进行匹配,而词义相似度较难计算,需要将词汇的含义分解为更小的义素单位,利用语义词典中义素之间的上下位关系和同义关系,计算两个义素在概念树上的距离来得到词语间的相似度。国内刘群、李素建、许云等研究者提出基于"HowNet"的语义相似度计算方法,所有的词汇概念最终用义原表示,概念相似度计算转化为计算义原的相似度,计算公式如公式(9-1)所示[104-106]:

$$\text{Sim}(P_1, P_2) = \frac{a}{\text{Dis}(P_1, P_2) + a} \text{。} \tag{9-1}$$

其中,P_1 和 P_2 表示两个义原,Dis 是 P_1 和 P_2 在概念树中的路径长度,a 是一个可调节的参数。文章中的词汇起主要作用的是实词,词汇相似度计算也主要面向实词进行,实词概念的相似度通过多个义原相似度的组配得到,其方法如下所示。

①第一独立义原相似度:两个义原的相似度,记为 Sim1($S1$, $S2$)。
②其他独立义原相似度:对独立义原描述式分组[分别计算出两个表达式中任意独立义原(第一个除外)的义原相似度,然后将相似度最大的一对归为一组,在剩下的义原相似度中如此反复,直到所有独立义原分组完成],分别计算各组相似度,然后加权平均得整体相似度,记为 Sim2($S1$, $S2$)。
③关系义原相似度:将关系义原相同的描述式分为一组,并计算其相似度,记为 Sim3($S1$, $S2$)。
④符号义原相似度:将关系符号相同的描述式分为一组,并计算其相似度,记为 Sim4($S1$, $S2$)。

通过上述义原相似度的组合可以得到词汇的相似度计算公式,如公式(9-2)所示:

$$\text{Sim}(S1, S2) = \beta_1 \text{Sim}_1 + \beta_2 \text{Sim}_2 + \beta_3 \text{Sim}_3 + \beta_4 \text{Sim}_4, \quad \beta_1 \geq \beta_2 \geq \beta_3 \geq \beta_4, \quad \beta_1 \geq 0.5。 \quad (9\text{-}2)$$

（2）句义相似度计算

从结构组成来看，句子是由多个词汇按一定的顺序排列而成的具有一定意义的文字序列。在计算和分析句子时将整个句子的意义分解为句子中每个部分的意义和句子成分组合方式的函数。

① 句子词形相似度。两个句子在字面上的相似度可以通过句中相同词汇的数量来确定。$n\text{SameWC}(X, Y)$ 表示语句 X，Y 中相同单字的个数，当一个单字在 X，Y 中出现的次数不同时，以出现次数少的计数，计算方法如公式（9-3）所示：

$$\text{SenWordSame}(X, Y) = \frac{n\text{SameWC}(X, Y)}{\text{Max}(\text{Len}(X), \text{Len}(Y))} \in [0, 1]。 \quad (9\text{-}3)$$

② 句长相似度。$\text{Len}(X)$，$\text{Len}(Y)$ 分别表示语句 X 和语句 Y 的长度，即两个语句中单字的个数，两个句子长度越接近越相似[107-108]，计算方法如公式（9-4）所示：

$$\text{SenLenSim}(X, Y) = 1 - \frac{abs(\text{Len}(X) - \text{Len}(Y))}{\text{Len}(X) + \text{Len}(Y)}。 \quad (9\text{-}4)$$

③ 语义相似度。句子语义的相似度由句中各分量之间相似度进行加权获得，其计算如公式（9-5）所示：

$$\text{SentenceSim}(X, Y) = \lambda_1 \text{SenWordSame}(X, Y) + \lambda_2 \text{SenWordSim}(X, Y) + \lambda_3 \text{SenLenSim}(X, Y)。 \quad (9\text{-}5)$$

其中，λ_1、λ_2、λ_3 是常数，且满足 $\lambda_1 + \lambda_2 + \lambda_3 = 1$，SenWordSame 表示句子词形相似度，SenWordSim 表示句子词汇语义相似度，SenLenSim 表示句长相似度。句子词形和词义相似度起主要作用，句长相似度起次要作用，因此 $\lambda_1 > \lambda_2 > \lambda_3$。在检索应用中可设置一个阈值，当两个语句的相似度高于这个阈值时，就可以认为这两个语句相似。

9.2 问句与查询表达的映射

当用户从接口输入检索关键词时，可以直接将输入的关键词与本体中的词汇进行相似度计算，映射为本体概念。如果用户输入的是自然语言问句，则需要将问句进行分词处理，分析整个句子的句法结构，抽取检索关键词，逐步组配为检索表达式。用户的提问方式多种多样，不同的问题也会有不同的检索策略。问句中的关键词可能是本体中类、属性、个体中的任何一种。问句或关键词提交后，将启动问句解析模块，对问句进行分析，提取出各种成分，并根据问句的疑问词及句法和语法特征对问题进行分类，然后系统访问领域本体库，判定哪些关键词是本体库中包含的类、属性、个体，进而对提问的概念进行规范化。概念规范化本质上是判断关键词属于三元组主语、谓词、客体中的哪一部分。判断结果有 3 种情况：全部关键词都在本体知识库中、部分关键词在本体知识库中、关键词都不在本体知识库中。如果在本体知识库中找到对应的词汇，可以直接映射为三元组的相应元素。对于不存在的词汇，需要进行相似度计算，选取相似度高的词汇作为映射元素。

9.2.1 检索成分的转换

标准的中文问句结构完整，成分的排列具有特定的顺序，而 RDF 三元组 <主语><谓词><客体> 的形式化表示正好符合问句的表达顺序，这就为二者进行语义映射提供了基础。在 SPARQL 的检索表达式中，三元组的未知变量就是问题答案所在之处。中文问句与 SPARQL 查询语句的映射关系如下所示。

```
SELECT ?答案1, ?答案2, ?答案n
FROM <Ontoloty>
WHERE {  疑问对象   疑问焦点   ?答案1.
疑问对象   疑问焦点   ?答案2.
疑问对象   疑问焦点   ?答案n.    }
```

疑问对象是问题的主体，问句通常针对主体的某个特征提问。尽管用户提问的方式多种多样，但归纳起来主要有两种排列句型，一种是疑问对象位于句子的前部，疑问焦点排列在疑问对象的后面，句子的尾部是疑问词，问题的答案就是疑问词所指代的信息，如"知识组织与服务课题的负责人是谁？""中信所的地址是哪？"另外一种问句的提问方式与此相反，疑问词位于句子的前部充当疑问对象，疑问焦点位于疑问词的后方，句子的尾部为疑问对象的相关信息，如"谁是知识组织与服务课题的负责人？"虽然两种句型的排列顺序不同，但其意向是相同的，句中的疑问成分也一致，经过问句解析后形成同样的分析信息。在进行三元组元素的映射时，疑问对象放置在三元组主体的位置，中间的谓词由疑问焦点充当，客体的位置是未知变量，也就是问题的答案。当输入检索关键词时，可以直接将输入的关键词与本体中的词汇进行相似度计算。如果输入的是自然语言问句，则需要进行分词处理，进而分析句法结构，抽取检索成分。例如，输入问句"中信所的地址是哪？"系统进行分词和解析后进行关键词与本体词汇的相似度计算，然后在主语列表中添加"中信所"，谓词列表中添加"的地址"。同时，根据"简称"和"曾用名"关系发现"中国科学技术信息研究所""中国科技情报研究所"等名称，并根据这些规范词汇填充三元组的主体，再次生成检索表达式，完成最后的检索。问句的分析步骤如下列两个例子所示。

问题：国家科技图书文献中心的服务热线是什么？
分词：国家科技图书文献中心 /n 的 /u 服务热线 /n 是 /v 什么 /r ?/w
疑问词：什么 /r
疑问类型：Quantity
疑问对象：国家科技图书文献中心 /n
疑问焦点：服务热线 /n
疑问限制：无
答案类型：简单查找 <simple>
三元组：{ ex: 国家科技图书文献中心 ex: 服务热线 ?callnumber }
检索语句：PREFIX ex:http://www.example.istic.ac.cn/example#
　　SELECT ?callnumber
　　FROM <http://www.example.istic.ac.cn/example#>
　　WHERE { ex: 国家科技图书文献中心　ex: 服务热线　?callnumber. }

问题：什么样的用户可以获得全文提供服务？
分词：什么样 /r 的 /u 用户 /n 可以 /v 获得 /v 全文 /n 提供 /nv 服务 /vn ?/w
疑问词：什么样 /r
疑问类型：Character
疑问对象：服务 /vn
疑问限制：全文 /n
疑问焦点：用户 /n
答案类型：简单查找 <simple>
三元组：{ ex: 服务　?a　　ex: 全文 .
　ex: 服务　ex: 用户　　?user.
　?user　ex: 用户类型　?usertype.
　}
检索语句：PREFIX ex:http://www.example.istic.ac.cn/example#
　SELECT ?usertype
　FROM <http://www.example.istic.ac.cn/example#>
　WHERE { ex: 服务　ex: 类型　　ex: 全文 .
　ex: 服务　ex: 用户　　?user.
　?user　ex: 用户类型　?usertype.
　}

　　问句元素映射为检索表达式的过程中，各种疑问成分在三元组中排列的顺序对检索结果产生重要影响。检索三元组以疑问焦点为中心，放在谓词的位置，疑问对象放置在谓词的两侧。要检索的信息可能处于三元组的左侧，也可能处于右侧，在问句成分映射为三元组元素的过程中，要考虑两种排列方式，避免答案的漏检。例如，词汇"中国科学技术信息研究所"可能存在于下面的事实知识中。

> "知识组织与服务课题的承担单位是中国科学技术信息研究所"
> "中国科学技术信息研究所早期的科研成果有《汉语主题词表》…"
> "中国科学技术信息研究所的出版刊物有《情报学报》《科技信息导报》…"

查询"中国科学技术信息研究所"的有关信息时,需要映射为下列三元组。

> "select distinct ?s ?p where{?s ?p kjbt: 中国科学技术信息研究所 .}";
> "select distinct ?p ?o where{kjbt: 中国科学技术信息研究所 ?p ?o.}";

完成各种三元组的分析和映射后,将其与命名空间组配,形成 SPARQL 形式的检索表达式。不同的本体中可能使用相同的词汇表示领域概念,为了明确地标识出词汇的来源和确切含义,需要在 SPARQL 检索表达式中说明所用词汇的命名空间,利用命名空间的前缀来限定元素。例如,下面的三元组使用了命名空间 http://www.owl-ontologies.com/technology.owl# 中的词汇"知识组织与服务"和"负责人",检索式中使用前缀"kjbt:"来限定。

> String prefix= "PREFIX xsd:<http://www.w3.org/2001/XMLSchema#>" +
> "PREFIX rdfs:<http://www.w3.org/2000/01/rdf-schema#>" +
> "PREFIX rdf:<http://www.w3.org/1999/02/22-rdf-syntax-ns#>" +
> "PREFIX owl:<http://www.w3.org/2002/07/owl#>" +
> "PREFIX kjbt:<http://www.owl-ontologies.com/technology.owl#>";
> "select ?who {kjbt: 知识组织与服务 kjbt: 负责人 ?who.}"

9.2.2 检索表达式的生成

映射规则使问题求解转化为三元组与知识库中概念结构的匹配过程,通过绑定查询变量和 RDF 词汇,实现检索需求与知识三元组的匹配。为了方便与 RDF/RDFS、SKOS、OWL 等模型融合,可以为疑问词、疑问类型、疑问限制等元素建立一体化的检索需求本体模型,并设置命名空间。领域知识在本体知识库中以概念节点的形式连成一个复杂的网络,为了尽可能详尽地描述领域知识,概念的描述词汇尽量做到形式和含义最小化,从而通过组合表示更复杂的概念。根据疑问对象和疑问焦点在本体知识库中映射的距离,可以分为直接关系映射和间接关系映射。直接映射与间接映射的计算复杂度不同,直接映射较为简单,其处理过程主要是分析问句的主、谓、宾成分,而间接映射不仅要分析上述成分,还要处理主语与各种修饰成分的关系。有的问句修饰成分过长,仅从词汇层面考虑映射还无法达到较高的转换精度,需要进行句法分析,从句子成分所充当的语义功能出发,分析各功能成分间的信息传递方式,提高句型模式与三元组的映射精度。

(1)基于概念词汇的直接检索

直接关系是指两个概念间通过一个关系属性产生联系,可以直接利用三元组的形式化结构将疑问成分映射为三元组的相应元素。其检索处理过程如下所述:

①将问句进行处理并获取各种成分；
②对问句进行分类，获取问题的类型；
③将疑问对象和疑问焦点映射到三元组的主体和谓词部分，组合成检索三元组；
④将三元组填入 SPARQL 表达式的特定位置，组成检索语句。

例如，下面的问句经过处理后，直接映射为单独的三元组，然后组配为检索表达式。

问题 <question>:API 的全称是什么？
分词 <segment>:API/nx 的 /u 全称 /n 是 /v 什么 /r ?/w
疑问词 <inqueryword>：什么 /r
疑问类型 <questiontype>：内容（content）
疑问对象 <topic>：API/nx
疑问焦点：全称 /n
疑问限制：无
查找方式；直接映射 <dirict>
三元组：{ ex:API **qa: 全称** ?answer. }
############### 检索表达式 ###########
PREFIX ex:<http://ke.istic.ac.cn/kos/example#>
PREFIX qa:<http://ke.istic.ac.cn/kos/queryanswer#>
SELECT ?answer
WHERE { ex:API **qa: 全称** ?answer. }

（2）基于概念关系的间接检索

间接关系是指概念间无法通过一个关系属性产生联系，但概念间存在一个关系链，可以通过其他概念做中介，利用多个关系属性建立联系。利用三元组形式化问句时，处理程序先识别出输入条件中的各种成分，并以疑问对象作为中心节点探测与之相连的各种关系，通过多个三元组的重组引导检索表达式的动态生成，然后采用深度优先策略查找再次探测各种关联，直到搜索完所有的概念关联，整个处理流程可概括为下列几个步骤。

①将问句进行处理并获取各种成分；
②将疑问对象映射到第一个三元组的主语或宾语上；
③以疑问对象主语或宾语，将限定条件作为连接条件组配为扩展三元组；
④按照句子结构将其他限定条件连接为三元组，并将疑问焦点作为最后一个限定条件；
⑤将多个三元组填入 SPARQL 表达式的特定位置，组成检索语句。

例如，下面的问句经过处理后映射为多个三元组，三元组间通过共有的元素形成链路，进而组配成检索表达式。

问题 <question>: 世界上最大的冰川在哪个洲？
分词 <segment>: 世界上最大的 /a 冰川 /n 在 /p 哪个 /r 洲 /ng ?/w
疑问词 <inqueryword>：哪个 /r

```
疑问类型 <questiontype>：位置（location）
疑问对象 <topic>：冰川 /n
疑问限制：世界上最大的 /a
疑问焦点：洲 /ng
查找方式；间接映射 <indirect>
三元组：{?s rdf:type   ex: 冰川 .
?s qa: 等级   ex: 世界上最大 .
?s qa: 位于   ?o.
?o rdf:type   ex: 洲 . }

################ 检索表达式 ############
PREFIX ex:<http://ke.istic.ac.cn/kos/example#>
PREFIX qa:<http://ke.istic.ac.cn/kos/queryanswer#>
SELECT ?answer
WHERE {?s rdf:type    ex: 冰川 .
?s qa: 等级   ex: 世界上最大 .
?s qa: 位于   ?o.
?o rdf:type   ex: 洲 . }
```

利用语义三元组来进行表示只需做浅层的句法分析，获取三元组内部相应的限定关系即可。对于句子中的一些形容词、副词等限定性成分，可以统一转换为修饰性标签，从而降低句法分析的难度，也使三元组的组配和检索更容易操作。问句经过分词处理后形成关键词集合 UC（$uc1$，$uc2$，$uc3$，…，ucn），当检索结果不能满足用户需求时，首先确定疑问对象和疑问焦点，然后从知识库中选取（上下位概念、等同概念、参照概念等）相关性较高的概念进行语义扩展，形成新的检索向量[109]。

思考与练习

【1】语义技术学习小组计划实现一个简单的语义问答系统，小组中负责模型构建的工程师根据下表的知识结构，为人机接口设计了 OWL 本体模型，希望通过限制答案类型确保系统返回准确的答案。

答案类型	数量	原因	方法	位置	人员	事物	时间
疑问词	多少； 几个	为何； 为什么	怎么； 怎样	哪儿； 哪里	谁； 哪位	什么	哪年； 哪月； 哪日

下列片段是模型中通过定义域和值域对"时间问题"所做的约束限制,请检查片段内容并判断能否通过以下设置实现答案类型的准确约束?如果由你来构建本体模型,如何设计才能实现目标?

```
################Class##############
###  http://www.istic.ac.cn/kos/question# 时间疑问词
question: 时间疑问词 rdf:type  owl:Class ;
                rdfs:subClassOf question: 疑问词 .
###############ObjectProperty###########
###  http://www.istic.ac.cn/kos/question# 返回时间答案
question: 返回时间答案 rdf:type  owl:ObjectProperty ;
                rdfs:subPropertyOf question: 返回答案类型 ;
                rdfs:domain  question: 时间疑问词 ;
                rdfs:range  question: 时间答案 .
################Individuals##############
###  http://www.istic.ac.cn/kos/question# 哪年
question: 哪年 rdf:type  owl:NamedIndividual ,
                question: 时间疑问词 ,
                question: 疑问词 .
###  http://www.istic.ac.cn/kos/question# 哪日
question: 哪日 rdf:type  owl:NamedIndividual ,
                question: 时间疑问词 ,
                question: 疑问词 .
###  http://www.istic.ac.cn/kos/question# 哪月
question: 哪月 rdf:type  owl:NamedIndividual ,
                question: 时间疑问词 ,
                question: 疑问词 .
```

【2】一个典型的问答系统由哪些模块构成?每个模块有何功能?实现这些功能需要哪些技术或工具?

【3】计算两个句子的语义相似度需要考虑哪些因素?哪些技术或工具有助于实现目标?

【4】概念检索与标识检索有何不同?如何实现概念检索?

【5】知识组织学习小组计划构建一个科技文献知识模型,实现中文和英文文献的汉语词汇检索。经过讨论分析后,大家认为知识模型要覆盖以下内容:

文献类型	知识概念
论文	各种论文元数据
专利	各种专利元数据

得知资源建设学习小组已经构建了论文本体,知识小组希望仅构建与专利有关的部

分模型，论文模型从资源小组借鉴和融合。请你根据所学内容帮他们设计一份实施方案，详细说明专利模型的结构及两个本体的融合方法，帮助他们尽快完成目标。

*【6】知识服务学习小组计划将知识组织小组构建的科技文献模型部署为网络知识库，方便各学习小组以最少的工作量来共享知识结构和数据资源。小组成员讨论后形成了4种构建思路：①采用 SOAP 形式的 Web Services；②采用 RESTful 服务架构；③使用 RDF4J 的 Remote 知识库功能；④使用 RDF4J 的 Sparql Endpoint 功能。每种构建方法各有特点，大家犹豫不决，不知该采用哪种方法。请你根据所学内容详细测试一下4种方法的实施效果，帮他们选择一个合适的技术方案。

*【7】数据分析小组希望通过一个检索界面连接到知识服务学习小组搭建的服务系统上获取一些关联信息。小组成员讨论后形成了以下功能需求：①界面上方放置输入框和知识库连接按钮，输入框显示远程服务的 URL，连接按钮获取 URL 位置的知识模型；②界面左侧放置结构树，用于展示获取的知识结构；③界面右上方放置文本区域和查询按钮，文本区域显示 SPARQL 表达式，查询按钮对远程知识库进行查询；④界面右下方放置表格，用于展示查询返回结果。请你使用 Swing 桌面技术或其他界面框架为数据分析小组开发检索界面，实现对远程知识库的访问。

*【8】语义服务学习小组计划基于 OWL-S 模型将知识组织小组构建的科技文献知识库重新部署为按4类条件（人名、机构名、研究主题和分类号）查询文献标题的语义服务。小组成员讨论后形成了两种不同的意见：①不必使用中间件，直接利用开发工具自带的 Endpoint 端口代理即可完成语义服务的发布和调用；②必须使用 Tomcat、GlassFish 等中间件才能完成语义服务的发布和调用。你觉得哪种思路更合理？请你根据所学内容为他们提供一份咨询建议书，详细阐述你的设计思路。

*【9】请根据所学知识设计一个问句转换知识模型，内容覆盖问句解析、问题分类、检索式生成等环节的核心概念和词汇及问答处理控制的整个流程，并将问句解析、问题分类、检索式生成等功能发布为 Web Serivce，从而实现问句到检索式的组装和转换。

附录 1 基于 RDF 的 OWL2 表示

附表 1-1 OWL2 类的三元组公理

序号	OWL2 类的三元组公理
1	owl:AllDifferent rdf:type rdfs:Class . owl:AllDifferent rdfs:subClassOf rdfs:Resource .
2	owl:AllDisjointClasses rdf:type rdfs:Class . owl:AllDisjointClasses rdfs:subClassOf rdfs:Resource .
3	owl:AllDisjointProperties rdf:type rdfs:Class . owl:AllDisjointProperties rdfs:subClassOf rdfs:Resource .
4	owl:Annotation rdf:type rdfs:Class . owl:Annotation rdfs:subClassOf rdfs:Resource .
5	owl:AnnotationProperty rdf:type rdfs:Class . owl:AnnotationProperty rdfs:subClassOf rdf:Property .
6	owl:AsymmetricProperty rdf:type rdfs:Class . owl:AsymmetricProperty rdfs:subClassOf owl:ObjectProperty .
7	owl:Axiom rdf:type rdfs:Class . owl:Axiom rdfs:subClassOf rdfs:Resource .
8	**owl:Class rdf:type rdfs:Class .** **owl:Class rdfs:subClassOf rdfs:Class .**
9	owl:DataRange rdf:type rdfs:Class . owl:DataRange rdfs:subClassOf rdfs:Datatype .
10	owl:DatatypeProperty rdf:type rdfs:Class . owl:DatatypeProperty rdfs:subClassOf rdf:Property .
11	**owl:DeprecatedClass rdf:type rdfs:Class .** **owl:DeprecatedClass rdfs:subClassOf rdfs:Class .**
12	owl:DeprecatedProperty rdf:type rdfs:Class . owl:DeprecatedProperty rdfs:subClassOf rdf:Property .
13	owl:FunctionalProperty rdf:type rdfs:Class . owl:FunctionalProperty rdfs:subClassOf rdf:Property .
14	owl:InverseFunctionalProperty rdf:type rdfs:Class . owl:InverseFunctionalProperty rdfs:subClassOf owl:ObjectProperty .
15	owl:IrreflexiveProperty rdf:type rdfs:Class . owl:IrreflexiveProperty rdfs:subClassOf owl:ObjectProperty .

续表

序号	OWL2 类的三元组公理
16	owl:NegativePropertyAssertion rdf:type rdfs:Class . owl:NegativePropertyAssertion rdfs:subClassOf rdfs:Resource .
17	owl:Nothing rdf:type owl:Class . owl:Nothing rdfs:subClassOf owl:Thing .
18	owl:ObjectProperty rdf:type rdfs:Class . owl:ObjectProperty rdfs:subClassOf rdf:Property .
19	owl:OntologyProperty rdf:type rdfs:Class . owl:OntologyProperty rdfs:subClassOf rdf:Property .
20	owl:ReflexiveProperty rdf:type rdfs:Class . owl:ReflexiveProperty rdfs:subClassOf owl:ObjectProperty .
21	owl:Restriction rdf:type rdfs:Class . owl:Restriction rdfs:subClassOf owl:Class .
22	owl:SymmetricProperty rdf:type rdfs:Class . owl:SymmetricProperty rdfs:subClassOf owl:ObjectProperty .
23	owl:Thing rdf:type owl:Class .
24	owl:TransitiveProperty rdf:type rdfs:Class . owl:TransitiveProperty rdfs:subClassOf owl:ObjectProperty .

附表 1-2　OWL2 属性的三元组公理

序号	OWL2 属性的三元组公理
1	owl:allValuesFrom rdf:type rdf:Property . owl:allValuesFrom rdfs:domain owl:Restriction . owl:allValuesFrom rdfs:range rdfs:Class .
2	owl:annotatedProperty rdf:type rdf:Property . owl:annotatedProperty rdfs:domain rdfs:Resource . owl:annotatedProperty rdfs:range rdfs:Resource .
3	owl:annotatedSource rdf:type rdf:Property . owl:annotatedSource rdfs:domain rdfs:Resource . owl:annotatedSource rdfs:range rdfs:Resource .
4	owl:annotatedTarget rdf:type rdf:Property . owl:annotatedTarget rdfs:domain rdfs:Resource . owl:annotatedTarget rdfs:range rdfs:Resource .
5	owl:assertionProperty rdf:type rdf:Property . owl:assertionProperty rdfs:domain owl:NegativePropertyAssertion . owl:assertionProperty rdfs:range rdf:Property .

续表

序号	OWL2 属性的三元组公理
6	owl:backwardCompatibleWith rdf:type owl:AnnotationProperty . owl:backwardCompatibleWith rdf:type owl:OntologyProperty . owl:backwardCompatibleWith rdfs:domain owl:Ontology . owl:backwardCompatibleWith rdfs:range owl:Ontology .
7	owl:bottomDataProperty rdf:type owl:DatatypeProperty . owl:bottomDataProperty rdfs:domain owl:Thing . owl:bottomDataProperty rdfs:range rdfs:Literal .
8	owl:bottomObjectProperty rdf:type owl:ObjectProperty . owl:bottomObjectProperty rdfs:domain owl:Thing . owl:bottomObjectProperty rdfs:range owl:Thing .
9	owl:cardinality rdf:type rdf:Property . owl:cardinality rdfs:domain owl:Restriction . owl:cardinality rdfs:range xsd:nonNegativeInteger .
10	owl:complementOf rdf:type rdf:Property . owl:complementOf rdfs:domain owl:Class . owl:complementOf rdfs:range owl:Class .
11	owl:datatypeComplementOf rdf:type rdf:Property . owl:datatypeComplementOf rdfs:domain rdfs:Datatype . owl:datatypeComplementOf rdfs:range rdfs:Datatype .
12	owl:deprecated rdf:type owl:AnnotationProperty . owl:deprecated rdfs:domain rdfs:Resource . owl:deprecated rdfs:range rdfs:Resource .
13	owl:differentFrom rdf:type rdf:Property . owl:differentFrom rdfs:domain owl:Thing . owl:differentFrom rdfs:range owl:Thing .
14	owl:disjointUnionOf rdf:type rdf:Property . owl:disjointUnionOf rdfs:domain owl:Class . owl:disjointUnionOf rdfs:range rdf:List .
15	owl:disjointWith rdf:type rdf:Property . owl:disjointWith rdfs:domain owl:Class . owl:disjointWith rdfs:range owl:Class .
16	owl:distinctMembers rdf:type rdf:Property . owl:distinctMembers rdfs:domain owl:AllDifferent . owl:distinctMembers rdfs:range rdf:List .
17	owl:equivalentClass rdf:type rdf:Property . owl:equivalentClass rdfs:domain rdfs:Class . owl:equivalentClass rdfs:range rdfs:Class .

续表

序号	OWL2 属性的三元组公理
18	owl:equivalentProperty rdf:type rdf:Property . owl:equivalentProperty rdfs:domain rdf:Property . owl:equivalentProperty rdfs:range rdf:Property .
19	owl:hasKey rdf:type rdf:Property . owl:hasKey rdfs:domain owl:Class . owl:hasKey rdfs:range rdf:List .
20	owl:hasSelf rdf:type rdf:Property . owl:hasSelf rdfs:domain owl:Restriction . owl:hasSelf rdfs:range rdfs:Resource .
21	owl:hasValue rdf:type rdf:Property . owl:hasValue rdfs:domain owl:Restriction . owl:hasValue rdfs:range rdfs:Resource .
22	owl:imports rdf:type owl:OntologyProperty . owl:imports rdfs:domain owl:Ontology . owl:imports rdfs:range owl:Ontology .
23	owl:incompatibleWith rdf:type owl:AnnotationProperty . owl:incompatibleWith rdf:type owl:OntologyProperty . owl:incompatibleWith rdfs:domain owl:Ontology . owl:incompatibleWith rdfs:range owl:Ontology .
24	owl:intersectionOf rdf:type rdf:Property . owl:intersectionOf rdfs:domain rdfs:Class . owl:intersectionOf rdfs:range rdf:List .
25	owl:inverseOf rdf:type rdf:Property . owl:inverseOf rdfs:domain owl:ObjectProperty . owl:inverseOf rdfs:range owl:ObjectProperty .
26	owl:maxCardinality rdf:type rdf:Property . owl:maxCardinality rdfs:domain owl:Restriction . owl:maxCardinality rdfs:range xsd:nonNegativeInteger .
27	owl:maxQualifiedCardinality rdf:type rdf:Property . owl:maxQualifiedCardinality rdfs:domain owl:Restriction . owl:maxQualifiedCardinality rdfs:range xsd:nonNegativeInteger .
28	owl:members rdf:type rdf:Property . owl:members rdfs:domain rdfs:Resource . owl:members rdfs:range rdf:List .
29	owl:minCardinality rdf:type rdf:Property . owl:minCardinality rdfs:domain owl:Restriction . owl:minCardinality rdfs:range xsd:nonNegativeInteger .

续表

序号	OWL2 属性的三元组公理
30	owl:minQualifiedCardinality rdf:type rdf:Property . owl:minQualifiedCardinality rdfs:domain owl:Restriction . owl:minQualifiedCardinality rdfs:range xsd:nonNegativeInteger .
31	owl:onClass rdf:type rdf:Property . owl:onClass rdfs:domain owl:Restriction . owl:onClass rdfs:range owl:Class .
32	owl:onDataRange rdf:type rdf:Property . owl:onDataRange rdfs:domain owl:Restriction . owl:onDataRange rdfs:range rdfs:Datatype .
33	owl:onDatatype rdf:type rdf:Property . owl:onDatatype rdfs:domain rdfs:Datatype . owl:onDatatype rdfs:range rdfs:Datatype .
34	owl:oneOf rdf:type rdf:Property . owl:oneOf rdfs:domain rdfs:Class . owl:oneOf rdfs:range rdf:List .
35	owl:onProperty rdf:type rdf:Property . owl:onProperty rdfs:domain owl:Restriction . owl:onProperty rdfs:range rdf:Property .
36	owl:onProperties rdf:type rdf:Property . owl:onProperties rdfs:domain owl:Restriction . owl:onProperties rdfs:range rdf:List .
37	owl:priorVersion rdf:type owl:AnnotationProperty . owl:priorVersion rdf:type owl:OntologyProperty . owl:priorVersion rdfs:domain owl:Ontology . owl:priorVersion rdfs:range owl:Ontology .
38	owl:propertyChainAxiom rdf:type rdf:Property . owl:propertyChainAxiom rdfs:domain owl:ObjectProperty . owl:propertyChainAxiom rdfs:range rdf:List .
39	owl:propertyDisjointWith rdf:type rdf:Property . owl:propertyDisjointWith rdfs:domain rdf:Property . owl:propertyDisjointWith rdfs:range rdf:Property .
40	owl:qualifiedCardinality rdf:type rdf:Property . owl:qualifiedCardinality rdfs:domain owl:Restriction . owl:qualifiedCardinality rdfs:range xsd:nonNegativeInteger .
41	owl:sameAs rdf:type rdf:Property . owl:sameAs rdfs:domain owl:Thing . owl:sameAs rdfs:range owl:Thing .

续表

序号	OWL2 属性的三元组公理
42	owl:someValuesFrom rdf:type rdf:Property . owl:someValuesFrom rdfs:domain owl:Restriction . owl:someValuesFrom rdfs:range rdfs:Class .
43	owl:sourceIndividual rdf:type rdf:Property . owl:sourceIndividual rdfs:domain owl:NegativePropertyAssertion . owl:sourceIndividual rdfs:range owl:Thing .
44	owl:targetIndividual rdf:type rdf:Property . owl:targetIndividual rdfs:domain owl:NegativePropertyAssertion . owl:targetIndividual rdfs:range owl:Thing .
45	owl:targetValue rdf:type rdf:Property . owl:targetValue rdfs:domain owl:NegativePropertyAssertion . owl:targetValue rdfs:range rdfs:Literal .
46	owl:topDataProperty rdf:type owl:DatatypeProperty . owl:topDataProperty rdfs:domain owl:Thing . owl:topDataProperty rdfs:range rdfs:Literal .
47	owl:topObjectProperty rdf:type rdf:ObjectProperty . owl:topObjectProperty rdfs:domain owl:Thing . owl:topObjectProperty rdfs:range owl:Thing .
48	owl:unionOf rdf:type rdf:Property . owl:unionOf rdfs:domain rdfs:Class . owl:unionOf rdfs:range rdf:List .
49	owl:versionInfo rdf:type owl:AnnotationProperty . owl:versionInfo rdfs:domain rdfs:Resource . owl:versionInfo rdfs:range rdfs:Resource .
50	owl:versionIRI rdf:type owl:OntologyProperty . owl:versionIRI rdfs:domain owl:Ontology . owl:versionIRI rdfs:range owl:Ontology .
51	owl:withRestrictions rdf:type rdf:Property . owl:withRestrictions rdfs:domain rdfs:Datatype . owl:withRestrictions rdfs:range rdf:List .

附表 1-3　OWL2 数据类型的三元组公理

序号	OWL2 数据类型的三元组公理
1	xsd:anyURI rdf:type rdfs:Datatype . xsd:anyURI rdfs:subClassOf rdfs:Literal .
2	xsd:base64Binary rdf:type rdfs:Datatype . xsd:base64Binary rdfs:subClassOf rdfs:Literal .

续表

序号	OWL2 数据类型的三元组公理
3	xsd:boolean rdf:type rdfs:Datatype . xsd:boolean rdfs:subClassOf rdfs:Literal .
4	xsd:byte rdf:type rdfs:Datatype . xsd:byte rdfs:subClassOf rdfs:Literal .
5	xsd:dateTime rdf:type rdfs:Datatype . xsd:dateTime rdfs:subClassOf rdfs:Literal .
6	xsd:dateTimeStamp rdf:type rdfs:Datatype . xsd:dateTimeStamp rdfs:subClassOf rdfs:Literal .
7	xsd:decimal rdf:type rdfs:Datatype . xsd:decimal rdfs:subClassOf rdfs:Literal .
8	xsd:double rdf:type rdfs:Datatype . xsd:double rdfs:subClassOf rdfs:Literal .
9	xsd:float rdf:type rdfs:Datatype . xsd:float rdfs:subClassOf rdfs:Literal .
10	xsd:hexBinary rdf:type rdfs:Datatype . xsd:hexBinary rdfs:subClassOf rdfs:Literal .
11	xsd:int rdf:type rdfs:Datatype . xsd:int rdfs:subClassOf rdfs:Literal .
12	xsd:integer rdf:type rdfs:Datatype . xsd:integer rdfs:subClassOf rdfs:Literal .
13	xsd:language rdf:type rdfs:Datatype . xsd:language rdfs:subClassOf rdfs:Literal .
14	xsd:long rdf:type rdfs:Datatype .
15	xsd:Name rdf:type rdfs:Datatype . xsd:Name rdfs:subClassOf rdfs:Literal .
16	xsd:NCName rdf:type rdfs:Datatype . xsd:NCName rdfs:subClassOf rdfs:Literal .
17	xsd:negativeInteger rdf:type rdfs:Datatype . xsd:negativeInteger rdfs:subClassOf rdfs:Literal .
18	xsd:NMTOKEN rdf:type rdfs:Datatype . xsd:NMTOKEN rdfs:subClassOf rdfs:Literal .
19	xsd:nonNegativeInteger rdf:type rdfs:Datatype . xsd:nonNegativeInteger rdfs:subClassOf rdfs:Literal .
20	xsd:nonPositiveInteger rdf:type rdfs:Datatype . xsd:nonPositiveInteger rdfs:subClassOf rdfs:Literal .
21	xsd:normalizedString rdf:type rdfs:Datatype . xsd:normalizedString rdfs:subClassOf rdfs:Literal .

续表

序号	OWL2 数据类型的三元组公理
22	rdf:PlainLiteral rdf:type rdfs:Datatype . rdf:PlainLiteral rdfs:subClassOf rdfs:Literal .
23	xsd:positiveInteger rdf:type rdfs:Datatype . xsd:positiveInteger rdfs:subClassOf rdfs:Literal .
24	owl:rational rdf:type rdfs:Datatype . owl:rational rdfs:subClassOf rdfs:Literal .
25	owl:real rdf:type rdfs:Datatype . owl:real rdfs:subClassOf rdfs:Literal .
26	xsd:short rdf:type rdfs:Datatype . xsd:short rdfs:subClassOf rdfs:Literal .
27	xsd:string rdf:type rdfs:Datatype . xsd:string rdfs:subClassOf rdfs:Literal .
28	xsd:token rdf:type rdfs:Datatype . xsd:token rdfs:subClassOf rdfs:Literal .
29	xsd:unsignedByte rdf:type rdfs:Datatype . xsd:unsignedByte rdfs:subClassOf rdfs:Literal .
30	xsd:unsignedInt rdf:type rdfs:Datatype . xsd:unsignedInt rdfs:subClassOf rdfs:Literal .
31	xsd:unsignedLong rdf:type rdfs:Datatype . xsd:unsignedLong rdfs:subClassOf rdfs:Literal .
32	xsd:unsignedShort rdf:type rdfs:Datatype . xsd:unsignedShort rdfs:subClassOf rdfs:Literal .
33	rdf:XMLLiteral rdf:type rdfs:Datatype . rdf:XMLLiteral rdfs:subClassOf rdfs:Literal .

附表 1-4　OWL2 分面的三元组公理

序号	OWL2 分面的三元组公理
1	rdf:langRange rdf:type owl:DatatypeProperty . rdf:langRange rdfs:domain rdfs:Resource . rdf:langRange rdfs:range rdfs:Literal .
2	xsd:length rdf:type owl:DatatypeProperty . xsd:length rdfs:domain rdfs:Resource . xsd:length rdfs:range rdfs:Literal .
3	xsd:maxExclusive rdf:type owl:DatatypeProperty . xsd:maxExclusive rdfs:domain rdfs:Resource . xsd:maxExclusive rdfs:range rdfs:Literal .

序号	OWL2 分面的三元组公理
4	xsd:maxInclusive rdf:type owl:DatatypeProperty . xsd:maxInclusive rdfs:domain rdfs:Resource . xsd:maxInclusive rdfs:range rdfs:Literal .
5	xsd:maxLength rdf:type owl:DatatypeProperty . xsd:maxLength rdfs:domain rdfs:Resource . xsd:maxLength rdfs:range rdfs:Literal .
6	xsd:minExclusive rdf:type owl:DatatypeProperty . xsd:minExclusive rdfs:domain rdfs:Resource . xsd:minExclusive rdfs:range rdfs:Literal .
7	xsd:minInclusive rdf:type owl:DatatypeProperty . xsd:minInclusive rdfs:domain rdfs:Resource . xsd:minInclusive rdfs:range rdfs:Literal .
8	xsd:minLength rdf:type owl:DatatypeProperty . xsd:minLength rdfs:domain rdfs:Resource . xsd:minLength rdfs:range rdfs:Literal .
9	xsd:pattern rdf:type owl:DatatypeProperty . xsd:pattern rdfs:domain rdfs:Resource . xsd:pattern rdfs:range rdfs:Literal .

附表 1-5　OWL2 中与 RDFS 类和属性有关的三元组公理

序号	OWL2 中与 RDFS 类和属性有关的三元组公理
1	**rdfs:Class rdfs:subClassOf owl:Class .**
2	rdfs:comment rdf:type owl:AnnotationProperty . rdfs:comment rdfs:domain rdfs:Resource . rdfs:comment rdfs:range rdfs:Literal .
3	rdfs:Datatype rdfs:subClassOf owl:DataRange .
4	rdfs:isDefinedBy rdf:type owl:AnnotationProperty . rdfs:isDefinedBy rdfs:domain rdfs:Resource . rdfs:isDefinedBy rdfs:range rdfs:Resource .
5	rdfs:label rdf:type owl:AnnotationProperty . rdfs:label rdfs:domain rdfs:Resource . rdfs:label rdfs:range rdfs:Literal .
6	rdfs:Literal rdf:type rdfs:Datatype .
7	rdf:Property rdfs:subClassOf owl:ObjectProperty .
8	rdfs:Resource rdfs:subClassOf owl:Thing .
9	rdfs:seeAlso rdf:type owl:AnnotationProperty . rdfs:seeAlso rdfs:domain rdfs:Resource . rdfs:seeAlso rdfs:range rdfs:Resource .

附录 2　OWL2 RL/RDF 规则

附表 2-1　等同语义

规则	If 条件	Then 结论
eq-ref	T(?s, ?p, ?o)	T(?s, owl:sameAs, ?s) T(?p, owl:sameAs, ?p) T(?o, owl:sameAs, ?o)
eq-sym	T(?x, owl:sameAs, ?y)	T(?y, owl:sameAs, ?x)
eq-trans	T(?x, owl:sameAs, ?y) T(?y, owl:sameAs, ?z)	T(?x, owl:sameAs, ?z)
eq-rep-s	T(?s, owl:sameAs, ?s') T(?s, ?p, ?o)	T(?s', ?p, ?o)
eq-rep-p	T(?p, owl:sameAs, ?p') T(?s, ?p, ?o)	T(?s, ?p', ?o)
eq-rep-o	T(?o, owl:sameAs, ?o') T(?s, ?p, ?o)	T(?s, ?p, ?o')
eq-diff1	T(?x, owl:sameAs, ?y) T(?x, owl:differentFrom, ?y)	false
eq-diff2	T(?x, rdf:type, owl:AllDifferent) T(?x, owl:members, ?y) LIST[?y, $?z_1$, ..., $?z_n$] T($?z_i$, owl:sameAs, $?z_j$) for each $1 \leq i < j \leq n$	false
eq-diff3	T(?x, rdf:type, owl:AllDifferent) T(?x, owl:distinctMembers, ?y) LIST[?y, $?z_1$, ..., $?z_n$] T($?z_i$, owl:sameAs, $?z_j$) for each $1 \leq i < j \leq n$	false

附表 2-2　属性语义

规则	If 条件	Then 结论
prp-ap		T(ap, rdf:type, owl:AnnotationProperty) OWL2 RL 标注属性实例声明

规则	If 条件	Then 结论
prp-dom	T(?p, rdfs:domain, ?c) T(?x, ?p, ?y)	T(?x, rdf:type, ?c)
prp-rng	T(?p, rdfs:range, ?c) T(?x, ?p, ?y)	T(?y, rdf:type, ?c)
prp-fp	T(?p, rdf:type, owl:FunctionalProperty) T(?x, ?p, ?y_1) T(?x, ?p, ?y_2)	T(?y_1, owl:sameAs, ?y_2)
prp-ifp	T(?p, rdf:type, owl:InverseFunctionalProperty) T(?x_1, ?p, ?y) T(?x_2, ?p, ?y)	T(?x_1, owl:sameAs, ?x_2)
prp-irp	T(?p, rdf:type, owl:IrreflexiveProperty) T(?x, ?p, ?x)	false
prp-symp	T(?p, rdf:type, owl:SymmetricProperty) T(?x, ?p, ?y)	T(?y, ?p, ?x)
prp-asyp	T(?p, rdf:type, owl:AsymmetricProperty) T(?x, ?p, ?y) T(?y, ?p, ?x)	false
prp-trp	T(?p, rdf:type, owl:TransitiveProperty) T(?x, ?p, ?y) T(?y, ?p, ?z)	T(?x, ?p, ?z)
prp-spo1	T(?p_1, rdfs:subPropertyOf, ?p_2) T(?x, ?p_1, ?y)	T(?x, ?p_2, ?y)
prp-spo2	T(?p, owl:propertyChainAxiom, ?x) LIST[?x, ?p_1, ..., ?p_n] T(?u_1, ?p_1, ?u_2) T(?u_2, ?p_2, ?u_3) ... T(?u_n, ?p_n, ?u_{n+1})	T(?u_1, ?p, ?u_{n+1})
prp-eqp1	T(?p_1, owl:equivalentProperty, ?p_2) T(?x, ?p_1, ?y)	T(?x, ?p_2, ?y)
prp-eqp2	T(?p_1, owl:equivalentProperty, ?p_2) T(?x, ?p_2, ?y)	T(?x, ?p_1, ?y)
prp-pdw	T(?p_1, owl:propertyDisjointWith, ?p_2) T(?x, ?p_1, ?y) T(?x, ?p_2, ?y)	false

续表

规则	If 条件	Then 结论
prp-adp	T(?x, rdf:type, owl:AllDisjointProperties) T(?x, owl:members, ?y) LIST[?y, ?p_1, ..., ?p_n] T(?u, ?p_i, ?v) T(?u, ?p_j, ?v) for each $1 \le i < j \le n$	false
prp-inv1	T(?p_1, owl:inverseOf, ?p_2) T(?x, ?p_1, ?y)	T(?y, ?p_2, ?x)
prp-inv2	T(?p_1, owl:inverseOf, ?p_2) T(?x, ?p_2, ?y)	T(?y, ?p_1, ?x)
prp-key	T(?c, owl:hasKey, ?u) LIST[?u, ?p_1, ..., ?p_n] T(?x, rdf:type, ?c) T(?x, ?p_1, ?z_1) ... T(?x, ?p_n, ?z_n) T(?y, rdf:type, ?c) T(?y, ?p_1, ?z_1) ... T(?y, ?p_n, ?z_n)	T(?x, owl:sameAs, ?y)
prp-npa1	T(?x, owl:sourceIndividual, ?i_1) T(?x, owl:assertionProperty, ?p) T(?x, owl:targetIndividual, ?i_2) T(?i_1, ?p, ?i_2)	false
prp-npa2	T(?x, owl:sourceIndividual, ?i) T(?x, owl:assertionProperty, ?p) T(?x, owl:targetValue, ?lt) T(?i, ?p, ?lt)	false

附表 2-3 类操作语义

规则	If 条件	Then 结论
cls-thing		T(owl:Thing, rdf:type, owl:Class)
cls-nothing1		T(owl:Nothing, rdf:type, owl:Class)
cls-nothing2	T(?x, rdf:type, owl:Nothing)	false

续表

规则	If 条件	Then 结论
cls-int1	T(?c, owl:intersectionOf, ?x) LIST[?x, ?c_1, ..., ?c_n] T(?y, rdf:type, ?c_1) T(?y, rdf:type, ?c_2) ... T(?y, rdf:type, ?c_n)	T(?y, rdf:type, ?c)
cls-int2	T(?c, owl:intersectionOf, ?x) LIST[?x, ?c_1, ..., ?c_n] T(?y, rdf:type, ?c)	T(?y, rdf:type, ?c_1) T(?y, rdf:type, ?c_2) ... T(?y, rdf:type, ?c_n)
cls-uni	T(?c, owl:unionOf, ?x) LIST[?x, ?c_1, ..., ?c_n] T(?y, rdf:type, ?c_i) for each $1 \leq i \leq n$	T(?y, rdf:type, ?c)
cls-com	T(?c1, owl:complementOf, ?c2) T(?x, rdf:type, ?c_1) T(?x, rdf:type, ?c_2)	false
cls-svf1	T(?x, owl:someValuesFrom, ?y) T(?x, owl:onProperty, ?p) T(?u, ?p, ?v) T(?v, rdf:type, ?y)	T(?u, rdf:type, ?x)
cls-svf2	T(?x, owl:someValuesFrom, owl:Thing) T(?x, owl:onProperty, ?p) T(?u, ?p, ?v)	T(?u, rdf:type, ?x)
cls-avf	T(?x, owl:allValuesFrom, ?y) T(?x, owl:onProperty, ?p) T(?u, rdf:type, ?x) T(?u, ?p, ?v)	T(?v, rdf:type, ?y)
cls-hv1	T(?x, owl:hasValue, ?y) T(?x, owl:onProperty, ?p) T(?u, rdf:type, ?x)	T(?u, ?p, ?y)
cls-hv2	T(?x, owl:hasValue, ?y) T(?x, owl:onProperty, ?p) T(?u, ?p, ?y)	T(?u, rdf:type, ?x)
cls-maxc1	T(?x, owl:maxCardinality, "0"^^xsd:nonNegativeInteger) T(?x, owl:onProperty, ?p) T(?u, rdf:type, ?x) T(?u, ?p, ?y)	false

续表

规则	If 条件	Then 结论
cls-maxc2	T(?x, owl:maxCardinality, "1"^^xsd:nonNegativeInteger) T(?x, owl:onProperty, ?p) T(?u, rdf:type, ?x) T(?u, ?p, ?y$_1$) T(?u, ?p, ?y$_2$)	T(?y$_1$, owl:sameAs, ?y$_2$)
cls-maxqc1	T(?x, owl:maxQualifiedCardinality, "0"^^xsd:nonNegativeInteger) T(?x, owl:onProperty, ?p) T(?x, owl:onClass, ?c) T(?u, rdf:type, ?x) T(?u, ?p, ?y) T(?y, rdf:type, ?c)	false
cls-maxqc2	T(?x, owl:maxQualifiedCardinality, "0"^^xsd:nonNegativeInteger) T(?x, owl:onProperty, ?p) T(?x, owl:onClass, owl:Thing) T(?u, rdf:type, ?x) T(?u, ?p, ?y)	false
cls-maxqc3	T(?x, owl:maxQualifiedCardinality, "1"^^xsd:nonNegativeInteger) T(?x, owl:onProperty, ?p) T(?x, owl:onClass, ?c) T(?u, rdf:type, ?x) T(?u, ?p, ?y$_1$) T(?y$_1$, rdf:type, ?c) T(?u, ?p, ?y$_2$) T(?y$_2$, rdf:type, ?c)	T(?y$_1$, owl:sameAs, ?y$_2$)
cls-maxqc4	T(?x, owl:maxQualifiedCardinality, "1"^^xsd:nonNegativeInteger) T(?x, owl:onProperty, ?p) T(?x, owl:onClass, owl:Thing) T(?u, rdf:type, ?x) T(?u, ?p, ?y$_1$) T(?u, ?p, ?y$_2$)	T(?y$_1$, owl:sameAs, ?y$_2$)
cls-oo	T(?c, owl:oneOf, ?x) LIST[?x, ?y$_1$, ..., ?y$_n$]	T(?y$_1$, rdf:type, ?c) ... T(?y$_n$, rdf:type, ?c)

附表 2-4　类公理语义

规则	If 条件	Then 结论
cax-sco	T(?c_1, rdfs:subClassOf, ?c_2) T(?x, rdf:type, ?c_1)	T(?x, rdf:type, ?c_2)
cax-eqc1	T(?c_1, owl:equivalentClass, ?c_2) T(?x, rdf:type, ?c_1)	T(?x, rdf:type, ?c_2)
cax-eqc2	T(?c_1, owl:equivalentClass, ?c_2) T(?x, rdf:type, ?c_2)	T(?x, rdf:type, ?c_1)
cax-dw	T(?c_1, owl:disjointWith, ?c_2) T(?x, rdf:type, ?c_1) T(?x, rdf:type, ?c_2)	false
cax-adc	T(?x, rdf:type, owl:AllDisjointClasses) T(?x, owl:members, ?y) LIST[?y, ?c_1, ..., ?c_n] T(?z, rdf:type, ?c_i) T(?z, rdf:type, ?c_j) for each $1 \leq i < j \leq n$	false

附表 2-5　数据类型语义

规则	If 条件	Then 结论
dt-type1		T(dt, rdf:type, rdfs:Datatype) OWL2 RL 支持的数据类型实例声明
dt-type2		T(lt, rdf:type, dt) OWL2 RL 中 dt（datatype）型实例（literal）声明
dt-eq		T(lt_1, owl:sameAs, lt_2) 字面量 lt_1 与字面量 lt_2 取值相同
dt-diff		T(lt_1, owl:differentFrom, lt_2) 字面量 lt_1 与字面量 lt_2 取值不同
dt-not-type	T(lt, rdf:type, dt)	false OWL2 RL 支持的字面量 lt 不属于 dt 类型

附表 2-6　RDF Schema 语义

规则	If 条件	Then 结论
scm-cls	T(?c, rdf:type, owl:Class)	T(?c, rdfs:subClassOf, ?c) T(?c, owl:equivalentClass, ?c) T(?c, rdfs:subClassOf, owl:Thing) T(owl:Nothing, rdfs:subClassOf, ?c)

续表

规则	If 条件	Then 结论
scm-sco	T(?c_1, rdfs:subClassOf, ?c_2) T(?c_2, rdfs:subClassOf, ?c_3)	T(?c_1, rdfs:subClassOf, ?c_3)
scm-eqc1	T(?c_1, owl:equivalentClass, ?c_2)	T(?c_1, rdfs:subClassOf, ?c_2) T(?c_2, rdfs:subClassOf, ?c_1)
scm-eqc2	T(?c_1, rdfs:subClassOf, ?c_2) T(?c_2, rdfs:subClassOf, ?c_1)	T(?c_1, owl:equivalentClass, ?c_2)
scm-op	T(?p, rdf:type, owl:ObjectProperty)	T(?p, rdfs:subPropertyOf, ?p) T(?p, owl:equivalentProperty, ?p)
scm-dp	T(?p, rdf:type, owl:DatatypeProperty)	T(?p, rdfs:subPropertyOf, ?p) T(?p, owl:equivalentProperty, ?p)
scm-spo	T(?p_1, rdfs:subPropertyOf, ?p_2) T(?p_2, rdfs:subPropertyOf, ?p_3)	T(?p_1, rdfs:subPropertyOf, ?p_3)
scm-eqp1	T(?p_1, owl:equivalentProperty, ?p_2)	T(?p_1, rdfs:subPropertyOf, ?p_2) T(?p_2, rdfs:subPropertyOf, ?p_1)
scm-eqp2	T(?p_1, rdfs:subPropertyOf, ?p_2) T(?p_2, rdfs:subPropertyOf, ?p_1)	T(?p_1, owl:equivalentProperty, ?p_2)
scm-dom1	T(?p, rdfs:domain, ?c_1) T(?c_1, rdfs:subClassOf, ?c_2)	T(?p, rdfs:domain, ?c_2)
scm-dom2	T(?p_2, rdfs:domain, ?c) T(?p_1, rdfs:subPropertyOf, ?p_2)	T(?p_1, rdfs:domain, ?c)
scm-rng1	T(?p, rdfs:range, ?c1) T(?c_1, rdfs:subClassOf, ?c_2)	T(?p, rdfs:range, ?c_2)
scm-rng2	T(?p_2, rdfs:range, ?c) T(?p_1, rdfs:subPropertyOf, ?p_2)	T(?p_1, rdfs:range, ?c)
scm-hv	T(?c_1, owl:hasValue, ?i) T(?c_1, owl:onProperty, ?p_1) T(?c_2, owl:hasValue, ?i) T(?c_2, owl:onProperty, ?p_2) T(?p_1, rdfs:subPropertyOf, ?p_2)	T(?c_1, rdfs:subClassOf, ?c_2)
scm-svf1	T(?c_1, owl:someValuesFrom, ?y_1) T(?c_1, owl:onProperty, ?p) T(?c_2, owl:someValuesFrom, ?y_2) T(?c_2, owl:onProperty, ?p) T(?y_1, rdfs:subClassOf, ?y_2)	T(?c_1, rdfs:subClassOf, ?c_2)

规则	If 条件	Then 结论
scm-svf2	$T(?c_1, owl:someValuesFrom, ?y)$ $T(?c_1, owl:onProperty, ?p_1)$ $T(?c_2, owl:someValuesFrom, ?y)$ $T(?c_2, owl:onProperty, ?p_2)$ $T(?p_1, rdfs:subPropertyOf, ?p_2)$	$T(?c_1, rdfs:subClassOf, ?c_2)$
scm-avf1	$T(?c_1, owl:allValuesFrom, ?y_1)$ $T(?c_1, owl:onProperty, ?p)$ $T(?c_2, owl:allValuesFrom, ?y_2)$ $T(?c_2, owl:onProperty, ?p)$ $T(?y_1, rdfs:subClassOf, ?y_2)$	$T(?c_1, rdfs:subClassOf, ?c_2)$
scm-avf2	$T(?c_1, owl:allValuesFrom, ?y)$ $T(?c_1, owl:onProperty, ?p_1)$ $T(?c_2, owl:allValuesFrom, ?y)$ $T(?c_2, owl:onProperty, ?p_2)$ $T(?p_1, rdfs:subPropertyOf, ?p_2)$	$T(?c_2, rdfs:subClassOf, ?c_1)$
scm-int	$T(?c, owl:intersectionOf, ?x)$ $LIST[?x, ?c_1, ..., ?c_n]$	$T(?c, rdfs:subClassOf, ?c_1)$ $T(?c, rdfs:subClassOf, ?c_2)$ ... $T(?c, rdfs:subClassOf, ?c_n)$
scm-uni	$T(?c, owl:unionOf, ?x)$ $LIST[?x, ?c_1, ..., ?c_n]$	$T(?c_1, rdfs:subClassOf, ?c)$ $T(?c_2, rdfs:subClassOf, ?c)$ ... $T(?c_n, rdfs:subClassOf, ?c)$

附录 3 OWL2 函数式描述与 RDF 映射规则

附表 3-1 不含 Annotation 的三元组转换

函数式描述	RDF 三元组描述	主节点
SEQ		rdf:nil
SEQ y_1 ... y_n	_:x rdf:first T(y_1) . _:x rdf:rest T(SEQ y_2 ... y_n) .	_:x

Ontology(ontologyIRI [versionIRI]
  Import(importedOntologyIRI$_1$)
  ...
  Import(importedOntologyIRI$_k$)
  annotation$_1$
  ...
  annotation$_m$
  axiom$_1$
  ...
  axiom$_n$
)
	ontologyIRI rdf:type owl:Ontology .
	[ontologyIRI owl:versionIRI versionIRI] .
	ontologyIRI owl:imports importedOntologyIRI$_1$.
	...
	ontologyIRI owl:imports importedOntologyIRI$_k$.
	TANN(annotation$_1$, ontologyIRI) .
	...
	TANN(annotation$_m$, ontologyIRI) .
	T(axiom$_1$) .
	...
	T(axiom$_n$) .
		ontologyIRI

Ontology(
  Import(importedOntologyIRI$_1$)
  ...
  Import(importedOntologyIRI$_k$)
  annotation$_1$
  ...
  annotation$_m$
  axiom$_1$
  ...
  axiom$_n$
)
	_:x rdf:type owl:Ontology .
	_:x owl:imports importedOntologyIRI$_1$.
	...
	_:x owl:imports importedOntologyIRI$_k$.
	TANN(annotation$_1$, _:x) .
	...
	TANN(annotation$_m$, _:x) .
	T(axiom$_1$) .
	...
	T(axiom$_n$) .
		_:x

C		C
DT		DT

续表

函数式描述	RDF 三元组描述	主节点
OP		OP
DP		DP
AP		AP
U		U
a		a
"abc@"^^rdf:PlainLiteral		"abc"
"abc@langTag"^^rdf:PlainLiteral		"abc"@langTag
lt { where lt is a literal of datatype other than rdf:PlainLiteral }		lt
Declaration(Datatype(DT))	T(DT) rdf:type rdfs:Datatype .	
Declaration(Class(C))	T(C) rdf:type owl:Class .	
Declaration(ObjectProperty(OP))	T(OP) rdf:type owl:ObjectProperty .	
Declaration(DataProperty(DP))	T(DP) rdf:type owl:DatatypeProperty .	
Declaration(AnnotationProperty(AP))	T(AP) rdf:type owl:AnnotationProperty .	
Declaration(NamedIndividual(*:a))	T(*:a) rdf:type owl:NamedIndividual .	
ObjectInverseOf(OP)	_:x owl:inverseOf T(OP) .	_:x
DataIntersectionOf(DR_1 ... DR_n)	_:x rdf:type rdfs:Datatype . _:x owl:intersectionOf T(SEQ DR_1 ... DR_n) .	_:x
DataUnionOf(DR_1 ... DR_n)	_:x rdf:type rdfs:Datatype . _:x owl:unionOf T(SEQ DR_1 ... DR_n) .	_:x
DataComplementOf(DR)	_:x rdf:type rdfs:Datatype . _:x owl:datatypeComplementOf T(DR) .	_:x
DataOneOf(lt_1 ... lt_n)	_:x rdf:type rdfs:Datatype . _:x owl:oneOf T(SEQ lt_1 ... lt_n) .	_:x

DatatypeRestriction(DT
  F_1 lt_1
  ...
  F_n lt_n
)
	_:x rdf:type rdfs:Datatype .
	_:x owl:onDatatype T(DT) .
	_:x owl:withRestrictions T(SEQ $\_:y_1$ ... $\_:y_n$) .
	$\_:y_1$ F_1 lt_1 .
	...
	$\_:y_n$ F_n lt_n .
		_:x

续表

函数式描述	RDF 三元组描述	主节点
ObjectIntersectionOf(CE_1 ... CE_n)	_:x rdf:type owl:Class . _:x owl:intersectionOf T(SEQ CE_1 ... CE_n) .	_:x
ObjectUnionOf(CE_1 ... CE_n)	_:x rdf:type owl:Class . _:x owl:unionOf T(SEQ CE_1 ... CE_n) .	_:x
ObjectComplementOf(CE)	_:x rdf:type owl:Class . _:x owl:complementOf T(CE) .	_:x
ObjectOneOf(a_1 ... a_n)	_:x rdf:type owl:Class . _:x owl:oneOf T(SEQ a_1 ... a_n) .	_:x
ObjectSomeValuesFrom(OPE CE)	_:x rdf:type owl:Restriction . _:x owl:onProperty T(OPE) . _:x owl:someValuesFrom T(CE) .	_:x
ObjectAllValuesFrom(OPE CE)	_:x rdf:type owl:Restriction . _:x owl:onProperty T(OPE) . _:x owl:allValuesFrom T(CE) .	_:x
ObjectHasValue(OPE a)	_:x rdf:type owl:Restriction . _:x owl:onProperty T(OPE) . _:x owl:hasValue T(a) .	_:x
ObjectHasSelf(OPE)	_:x rdf:type owl:Restriction . _:x owl:onProperty T(OPE) . _:x owl:hasSelf "true"^^xsd:boolean .	_:x
ObjectMinCardinality(n OPE)	_:x rdf:type owl:Restriction . _:x owl:onProperty T(OPE) . _:x owl:minCardinality "n"^^xsd:nonNegativeInteger .	_:x
ObjectMinCardinality(n OPE CE)	_:x rdf:type owl:Restriction . _:x owl:onProperty T(OPE) . _:x owl:minQualifiedCardinality "n"^^xsd:nonNegativeInteger . _:x owl:onClass T(CE) .	_:x
ObjectMaxCardinality(n OPE)	_:x rdf:type owl:Restriction . _:x owl:onProperty T(OPE) . _:x owl:maxCardinality "n"^^xsd:nonNegativeInteger .	_:x

续表

函数式描述	RDF 三元组描述	主节点
ObjectMaxCardinality(n OPE CE)	_:x rdf:type owl:Restriction . _:x owl:onProperty T(OPE) . _:x owl:maxQualifiedCardinality "n"^^xsd:nonNegativeInteger . _:x owl:onClass T(CE) .	_:x
ObjectExactCardinality(n OPE)	_:x rdf:type owl:Restriction . _:x owl:onProperty T(OPE) . _:x owl:cardinality "n"^^xsd:nonNegativeInteger .	_:x
ObjectExactCardinality(n OPE CE)	_:x rdf:type owl:Restriction . _:x owl:onProperty T(OPE) . _:x owl:qualifiedCardinality "n"^^xsd:nonNegativeInteger . _:x owl:onClass T(CE) .	_:x
DataSomeValuesFrom(DPE DR)	_:x rdf:type owl:Restriction . _:x owl:onProperty T(DPE) . _:x owl:someValuesFrom T(DR) .	_:x
DataSomeValuesFrom(DPE_1 ... DPE_n DR), n ≥ 2	_:x rdf:type owl:Restriction . _:x owl:onProperties T(SEQ DPE_1 ... DPE_n) . _:x owl:someValuesFrom T(DR) .	_:x
DataAllValuesFrom(DPE DR)	_:x rdf:type owl:Restriction . _:x owl:onProperty T(DPE) . _:x owl:allValuesFrom T(DR) .	_:x
DataAllValuesFrom(DPE_1 ... DPE_n DR), n ≥ 2	_:x rdf:type owl:Restriction . _:x owl:onProperties T(SEQ DPE_1 ... DPE_n) . _:x owl:allValuesFrom T(DR) .	_:x
DataHasValue(DPE lt)	_:x rdf:type owl:Restriction . _:x owl:onProperty T(DPE) . _:x owl:hasValue T(lt) .	_:x
DataMinCardinality(n DPE)	_:x rdf:type owl:Restriction . _:x owl:onProperty T(DPE) . _:x owl:minCardinality "n"^^xsd:nonNegativeInteger .	_:x

续表

函数式描述	RDF 三元组描述	主节点
DataMinCardinality(n DPE DR)	_:x rdf:type owl:Restriction . _:x owl:onProperty T(DPE) . _:x owl:minQualifiedCardinality "n"^^xsd:nonNegativeInteger . _:x owl:onDataRange T(DR) .	_:x
DataMaxCardinality(n DPE)	_:x rdf:type owl:Restriction . _:x owl:onProperty T(DPE) . _:x owl:maxCardinality "n"^^xsd:nonNegativeInteger .	_:x
DataMaxCardinality(n DPE DR)	_:x rdf:type owl:Restriction . _:x owl:onProperty T(DPE) . _:x owl:maxQualifiedCardinality "n"^^xsd:nonNegativeInteger . _:x owl:onDataRange T(DR) .	_:x
DataExactCardinality(n DPE)	_:x rdf:type owl:Restriction . _:x owl:onProperty T(DPE) . _:x owl:cardinality "n"^^xsd:nonNegativeInteger .	_:x
DataExactCardinality(n DPE DR)	_:x rdf:type owl:Restriction . _:x owl:onProperty T(DPE) . _:x owl:qualifiedCardinality "n"^^xsd:nonNegativeInteger . _:x owl:onDataRange T(DR) .	_:x
SubClassOf(CE_1 CE_2)	T(CE_1) rdfs:subClassOf T(CE_2) .	
EquivalentClasses(CE_1 ... CE_n)	T(CE_1) owl:equivalentClass T(CE_2) . ... T(CE_{n-1}) owl:equivalentClass T(CE_n) .	
DisjointClasses(CE_1 CE_2)	T(CE_1) owl:disjointWith T(CE_2) .	
DisjointClasses(CE1 ... CEn), n > 2	_:x rdf:type owl:AllDisjointClasses . _:x owl:members T(SEQ CE_1 ... CE_n) .	
DisjointUnion(C CE_1 ... CE_n)	T(C) owl:disjointUnionOf T(SEQ CE_1 ... CE_n) .	
SubObjectPropertyOf(OPE_1 OPE_2)	T(OPE_1) rdfs:subPropertyOf T(OPE_2) .	

续表

函数式描述	RDF 三元组描述	主节点
SubObjectPropertyOf(ObjectPropertyChain(OPE_1 ... OPE_n) OPE)	T(OPE) owl:propertyChainAxiom T(SEQ OPE_1 ... OPE_n) .	
EquivalentObjectProperties(OPE_1 ... OPE_n)	T(OPE_1) owl:equivalentProperty T(OPE_2) . ... T(OPE_{n-1}) owl:equivalentProperty T(OPE_n) .	
DisjointObjectProperties(OPE_1 OPE_2)	T(OPE_1) owl:propertyDisjointWith T(OPE_2) .	
DisjointObjectProperties(OPE_1 ... OPE_n), n > 2	_:x rdf:type owl:AllDisjointProperties . _:x owl:members T(SEQ OPE_1 ... OPE_n) .	
ObjectPropertyDomain(OPE CE)	T(OPE) rdfs:domain T(CE) .	
ObjectPropertyRange(OPE CE)	T(OPE) rdfs:range T(CE) .	
InverseObjectProperties(OPE_1 OPE_2)	T(OPE_1) owl:inverseOf T(OPE_2) .	
FunctionalObjectProperty(OPE)	T(OPE) rdf:type owl:FunctionalProperty .	
InverseFunctionalObjectProperty(OPE)	T(OPE) rdf:type owl:InverseFunctional-Property .	
ReflexiveObjectProperty(OPE)	T(OPE) rdf:type owl:ReflexiveProperty .	
IrreflexiveObjectProperty(OPE)	T(OPE) rdf:type owl:IrreflexiveProperty .	
SymmetricObjectProperty(OPE)	T(OPE) rdf:type owl:SymmetricProperty .	
AsymmetricObjectProperty(OPE)	T(OPE) rdf:type owl:AsymmetricProperty .	
TransitiveObjectProperty(OPE)	T(OPE) rdf:type owl:TransitiveProperty .	
SubDataPropertyOf(DPE_1 DPE_2)	T(DPE_1) rdfs:subPropertyOf T(DPE_2) .	
EquivalentDataProperties(DPE_1 ... DPE_n)	T(DPE_1) owl:equivalentProperty T(DPE_2) . ... T(DPE_{n-1}) owl:equivalentProperty T(DPE_n) .	
DisjointDataProperties(DPE_1 DPE_2)	T(DPE_1) owl:propertyDisjointWith T(DPE_2) .	
DisjointDataProperties(DPE_1 ... DPE_n), n > 2	_:x rdf:type owl:AllDisjointProperties . _:x owl:members T(SEQ DPE_1 ... DPE_n) .	

续表

函数式描述	RDF 三元组描述	主节点
DataPropertyDomain(DPE CE)	T(DPE) rdfs:domain T(CE) .	
DataPropertyRange(DPE DR)	T(DPE) rdfs:range T(DR) .	
FunctionalDataProperty(DPE)	T(DPE) rdf:type owl:FunctionalProperty .	
DatatypeDefinition(DT DR)	T(DT) owl:equivalentClass T(DR) .	
HasKey(CE (OPE_1 ... OPE_m) (DPE_1 ... DPE_n))	T(CE) owl:hasKey T(SEQ OPE_1 ... OPE_m DPE_1 ... DPE_n) .	
SameIndividual(a_1 ... a_n)	T(a_1) owl:sameAs T(a_2) . ... T(a_{n-1}) owl:sameAs T(a_n) .	
DifferentIndividuals(a_1 a_2)	T(a_1) owl:differentFrom T(a_2) .	
DifferentIndividuals(a_1 ... a_n), n > 2	_:x rdf:type owl:AllDifferent . _:x owl:members T(SEQ a_1 ... a_n) .	
ClassAssertion(CE a)	T(a) rdf:type T(CE) .	
ObjectPropertyAssertion(OP a_1 a_2)	T(a_1) T(OP) T(a_2) .	
ObjectPropertyAssertion(ObjectInverseOf(OP) a_1 a_2)	T(a_2) T(OP) T(a_1) .	
NegativeObjectPropertyAssertion(OPE a_1 a_2)	_:x rdf:type owl:NegativePropertyAssertion . _:x owl:sourceIndividual T(a_1) . _:x owl:assertionProperty T(OPE) . _:x owl:targetIndividual T(a_2) .	
DataPropertyAssertion(DPE a lt)	T(a) T(DPE) T(lt) .	
NegativeDataPropertyAssertion(DPE a lt)	_:x rdf:type owl:NegativePropertyAssertion . _:x owl:sourceIndividual T(a) . _:x owl:assertionProperty T(DPE) . _:x owl:targetValue T(lt) .	
AnnotationAssertion(AP as av)	T(as) T(AP) T(av) .	
SubAnnotationPropertyOf(AP_1 AP_2)	T(AP_1) rdfs:subPropertyOf T(AP_2) .	
AnnotationPropertyDomain(AP U)	T(AP) rdfs:domain T(U) .	
AnnotationPropertyRange(AP U)	T(AP) rdfs:range T(U) .	

附表 3-2　Annotation 的三元组转换

Annotation ann	Triples Generated in an Invocation of TANN(ann, y)
Annotation(AP av)	T(y) T(AP) T(av) .
Annotation(annotation$_1$ ... annotation$_n$ AP av)	T(y) T(AP) T(av) . _:x rdf:type owl:Annotation . _:x owl:annotatedSource T(y) . _:x owl:annotatedProperty T(AP) . _:x owl:annotatedTarget T(av) . TANN(annotation$_1$, _:x) ... TANN(annotation$_n$, _:x)

附录 4　Protege 本体编辑器使用指南

Protege 是斯坦福大学医学院生物信息研究中心开发的本体编辑工具。使用 Java 语言开发，分为单机桌面版的 Protege 和具有多机协作功能的 WebProtege。Protege 拥有功能强大的插件库，是本体构建的核心工具，除了具备本体构建、管理、查询、映射等功能，还可以通过接口连接 Hermit、Pellet 等外部推理机完成本体结构和概念模型的检测。下面重点介绍桌面 Protege 的基本功能。Protege 项目网站 https://protege.stanford.edu/ 提供多种下载版本。最新版本的 Protege 自带 jre 运行环境，无须安装，解压 zip 文件后可直接运行。

Protege 的工作界面由 Tab 面板组成，每个 Tab 面板可以添加多个 View 视图，每个 View 视图承担特定的功能操作。系统为每个 Tab 面板配置了默认的功能视图，用户可以根据需要通过"Window"菜单对 Tab 面板和 View 视图进行增减。在众多 Tab 面板中，Active Ontology、Classes、Object Properties、Data Properties、Annotation Properties、Individuals、OWLViz、SPARQL Query 等在本体构建过程中最常用。

1. 操作界面

（1）Active Ontology 面板（附表 4-1）

附表 4-1　Active Ontology 面板

面板	主要视图组件	面板功能
Active Ontology	Ontology header	显示本体头部信息、结构组成、命名空间以及语法表示等内容
	Ontology metrics	
	Ontology imports	
	Ontology prefixes	
	RDF/XML rendering	

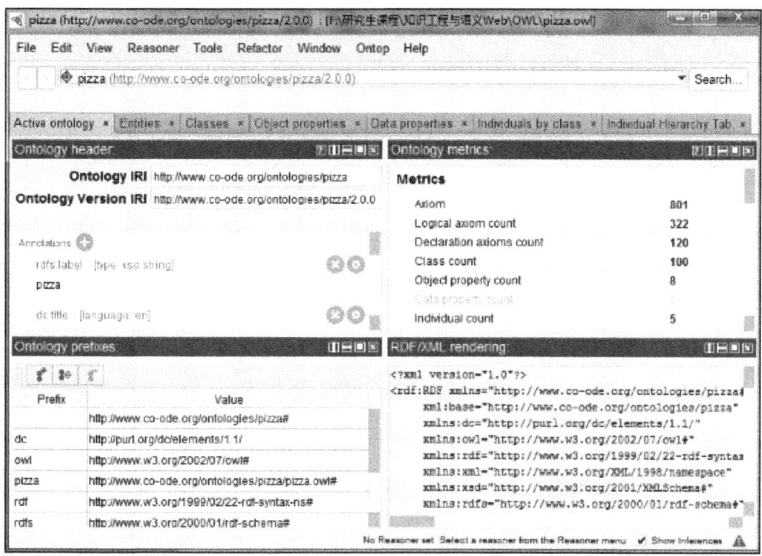

Ontology IRI 为本体的唯一标识（并非概念集合的命名空间）。例如，pizza 本体的唯一标识为 http://www.co-ode.org/ontologies/pizza，版本标识为 http://www.co-ode.org/ontologies/pizza/1.0。

（2）Classes 面板（附表 4-2）

附表 4-2　Classes 面板

面板	主要视图组件	面板功能
Classes	Class hierarchy	显示原始的类结构、推理后的类结构、类的说明和使用情况等内容
	Class hierarchy(inferred)	
	Annotations	
	Usage	

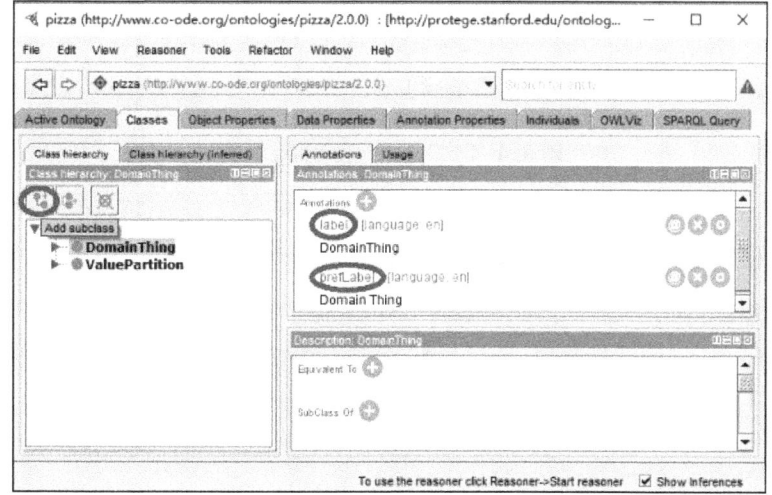

点击"Add subclass"菜单添加领域概念,并在 Annotations 视图中给出概念说明信息。

(3) Object Properties 面板(附表 4-3)

附表 4-3　Object Properties 面板

面板	主要视图组件	面板功能
Object Properties	Object property hierarchy	显示原始的关系结构、推理后的关系结构、关系的说明和使用情况等内容
	Object property hierarchy (inferred)	
	Annotations	
	Usage	

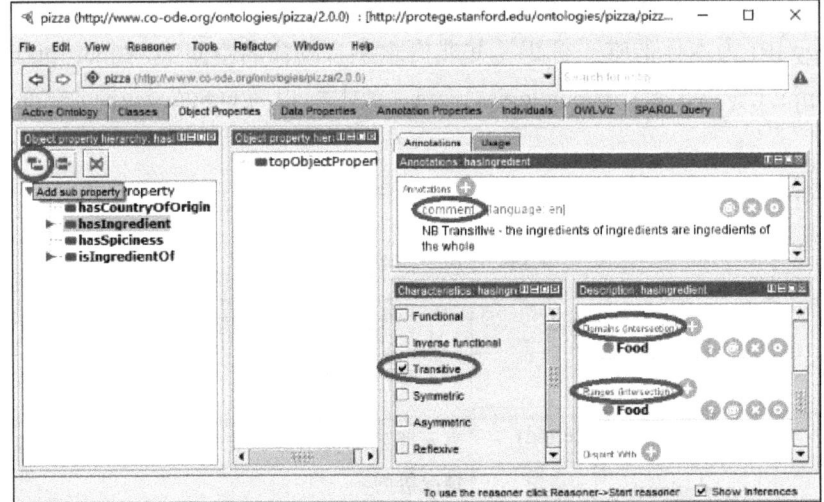

点击"Add sub property"菜单添加关系属性,在 Annotation 视图中给出关系属性的说明,在 Characteristics 视图中设置关系属性的特性,在 Description 视图中设置关系属性的定义域和值域。

(4) Data Properties 面板(附表 4-4)

附表 4-4　Data Properties 面板

面板	主要视图组件	面板功能
Data Properties	Data property hierarchy	显示属性结构、属性的说明和使用情况等内容
	Annotations	
	Usage	

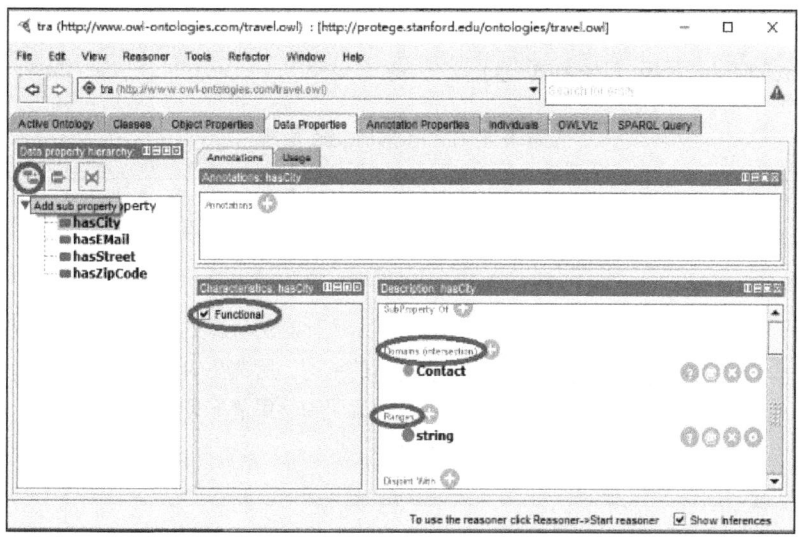

点击"Add sub property"菜单添加数据属性,在 Annotation 视图中给出数据属性的说明,在 Characteristics 视图中设置数据属性的特性,在 Description 视图中设置数据属性的定义域和值域。

(5) Annotation Properties 面板(附表 4-5)

附表 4-5　Annotation Properties 面板

面板	主要视图组件	面板功能
Annotation Properties	Annotation property hierarchy	显示注释的结构、注释的说明和使用情况等内容
	Annotations	
	Usage	

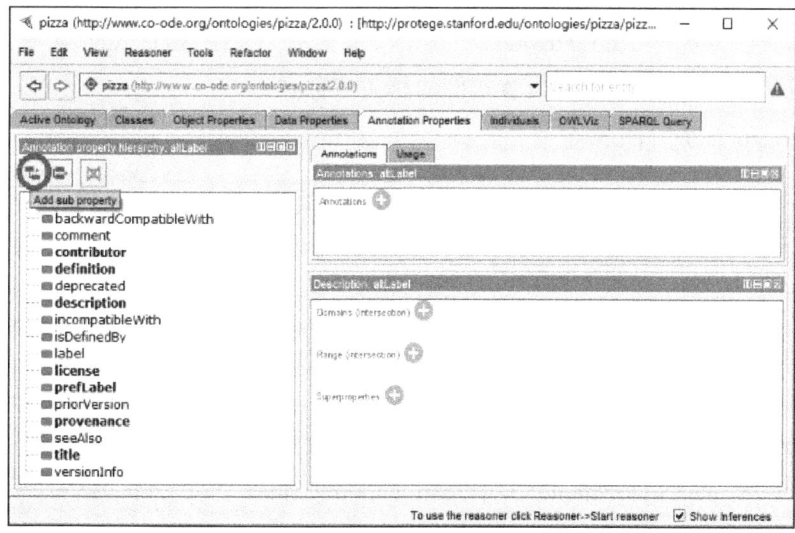

点击"Add sub property"菜单添加标注属性,并在 Annotation 视图和 Description 视

图中设置标注属性的相关信息。

（6）Individuals 面板（附表 4-6）

附表 4-6　Individuals 面板

面板	主要视图组件	面板功能
Individuals	Class hierarchy	显示个体实例所属类的结构、个体实例所属类推理后的结构、所选类的个体实例成员列表、个体实例的说明和使用情况等内容
	Class hierarchy(inferred)	
	Members list	
	Annotations	
	Usage	

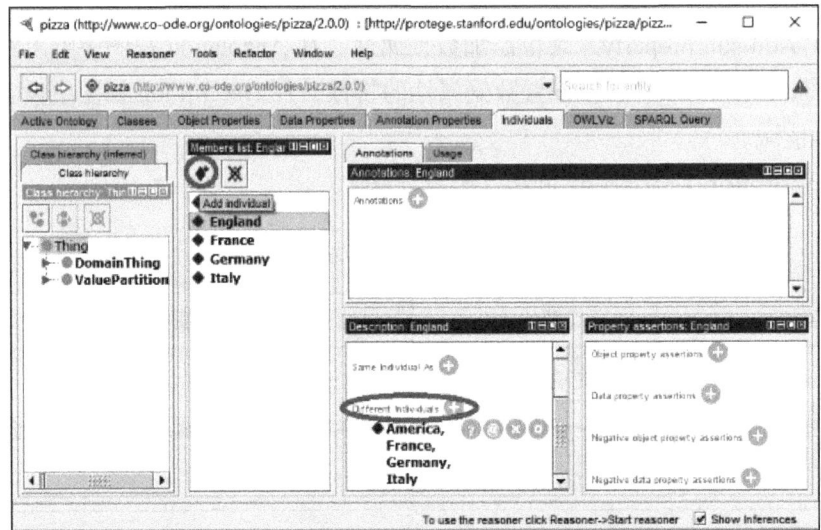

选定概念类，点击"Add individual"菜单添加实例，并在 Annotation 视图、Description 视图和 Property assertions 视图中设置实例的相关信息。

（7）OWLViz 面板（附表 4-7）

附表 4-7　OWLViz 面板

面板	主要视图组件	面板功能
OWLViz	Class hierarchy	显示原始的类结构、原始的类间层级和推理后的类间层级结构等内容
	OWLViz	

OWLViz 视图用来显示构建中和推理后的概念类层次结构，使用前先访问 https://graphviz.gitlab.io/_pages/Download/Download_windows.html 下载 graphviz 可视化组件，安装后在 OWLViz 视图中配置其安装路径，操作步骤如下图所示。

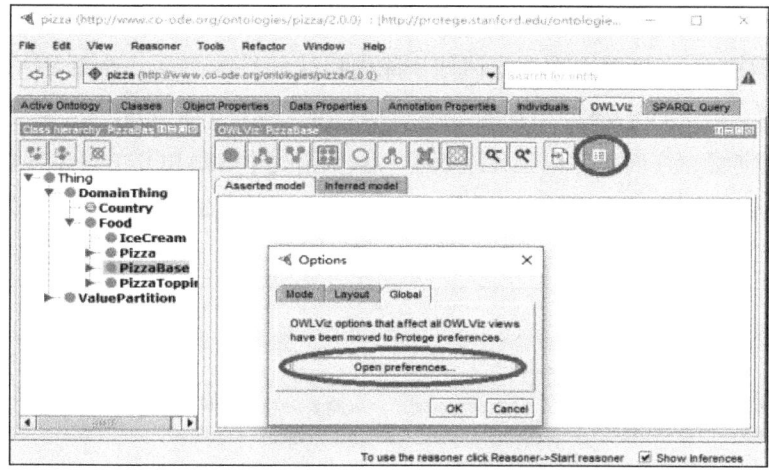

点击"Options->Global->Open preferences"菜单按钮打开 OWLViz 面板。

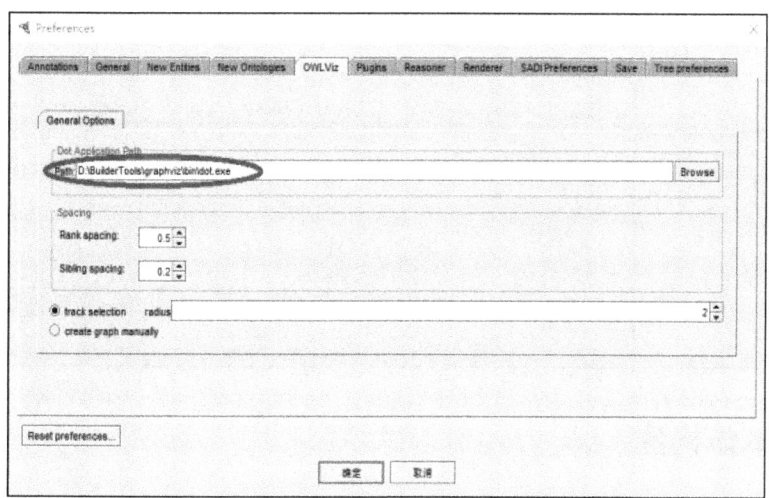

在"Dot Application Path"中配置 **dot.exe** 的安装路径（graphviz 安装包的 bin 目录下），配置完成后选定所需的概念类，即可展示下图所示的层级关系。

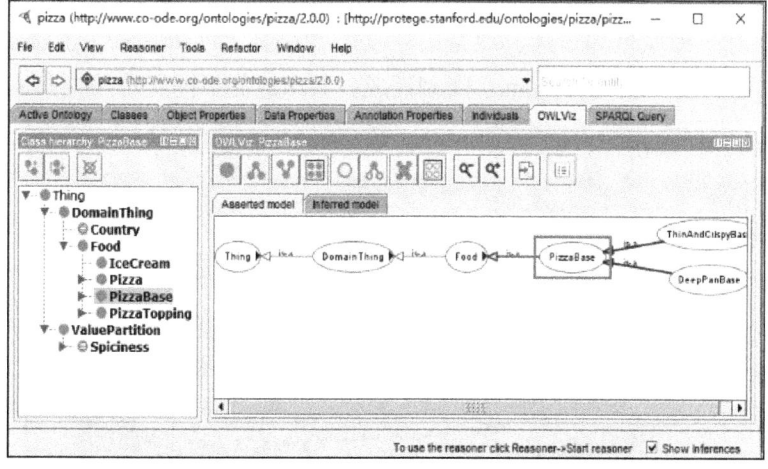

(8) SPARQL Query 面板

SPARQL Query 面板用来查询本体知识库内构建的特定信息。查询表达式利用 sparql 语法进行编写，分为词汇限定和查询条件两个部分。词汇限定部分列出查询词汇使用的命名空间及其前缀，查询条件以三元组表示。默认情况下 SPARQL Query 面板仅列出 rdf、rdfs、owl 和 xsd 4 个命名空间，查询所建本体内容需要声明其命名空间，具体内容如下图所示。

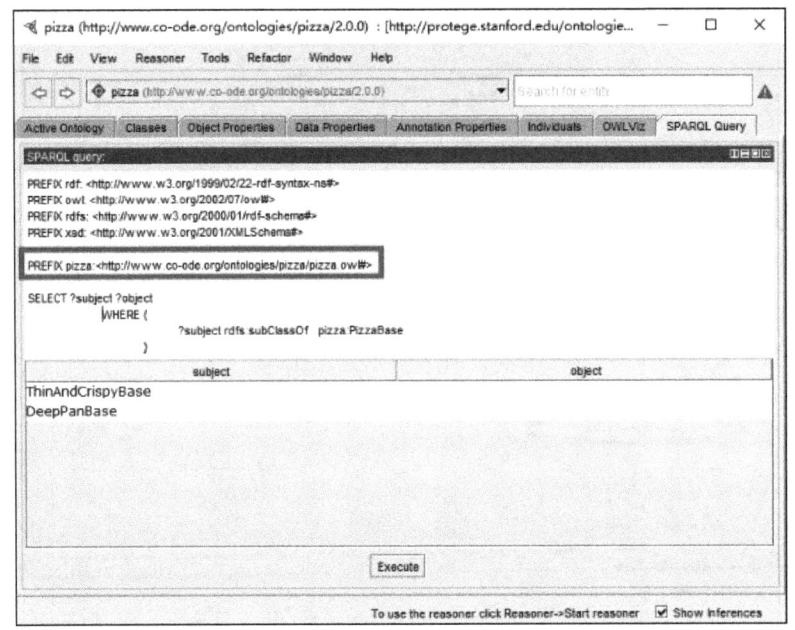

2. OWL 本体构建

桌面 Protege 目前最新的稳定版本为 V5.5.0，支持 OWL2 模型构建，此处以 Protege OWL Tutorial 1.3 中构建的 Pizza 本体为原型，介绍 OWL 本体构建过程中的核心操作，详细内容请参阅文献 [110]。比萨饼（Pizza）是一种发源于意大利，在世界范围内广泛流行的面食，目前有多种风格和口味，通常由在发酵的饼基（PizzaBase）上覆盖番茄酱、奶酪或其他配料的盖馅（PizzaTopping）烤制而成，其组成如下图所示。

(1) 创建本体文件

点击 File 菜单栏的 New 项，新建一个空的本体文件，然后在 Active Ontology 面板设置 Ontology IRI 为 http://www.istic.ac.cn/ontology/example/pizza.owl，并添加 comment 注释。

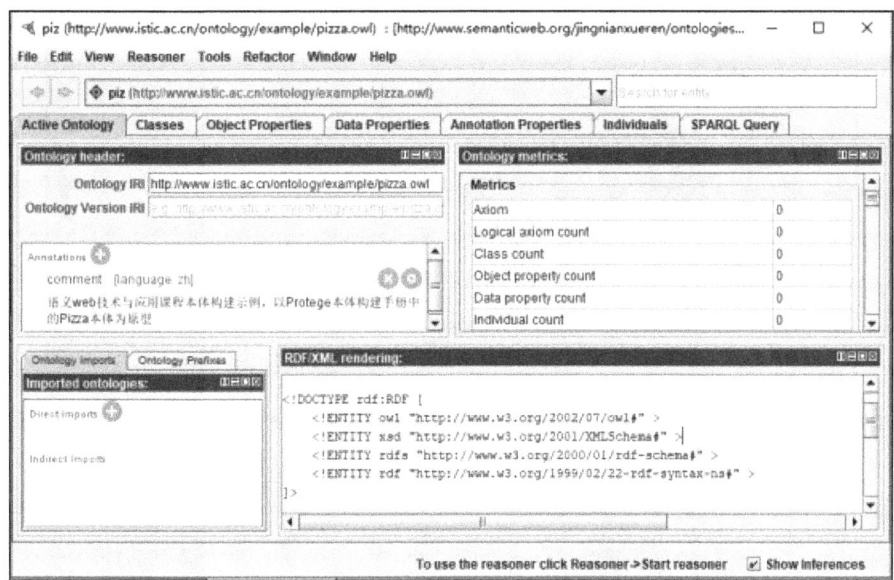

(2) 创建领域概念

在 Classes 面板新建 3 个顶层类，Pizza、PizzaBase、PizzaTopping 及其中文 label。

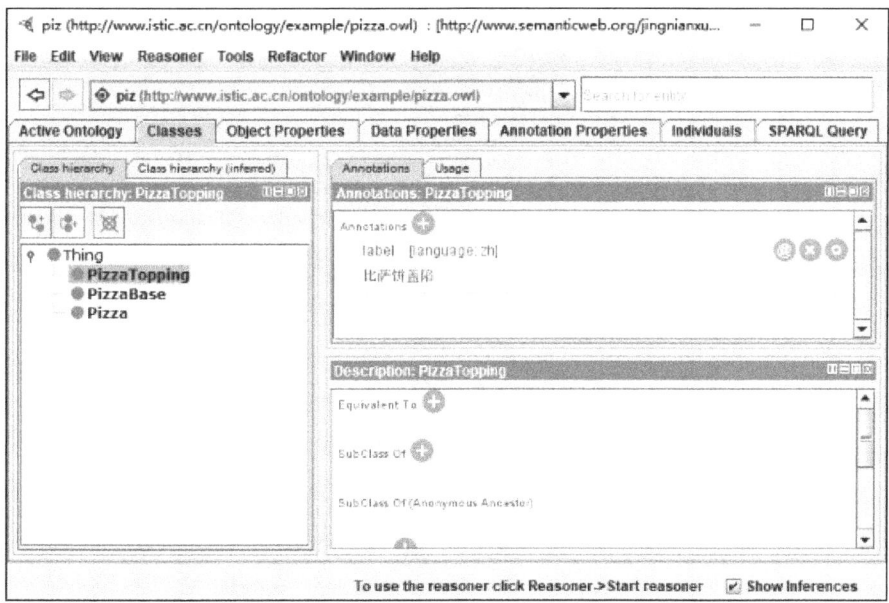

点击 Tools 菜单栏的 Create Class Hierarchy 项，在概念树中选择 Pizza 节点，批量建立 Pizza 子类。

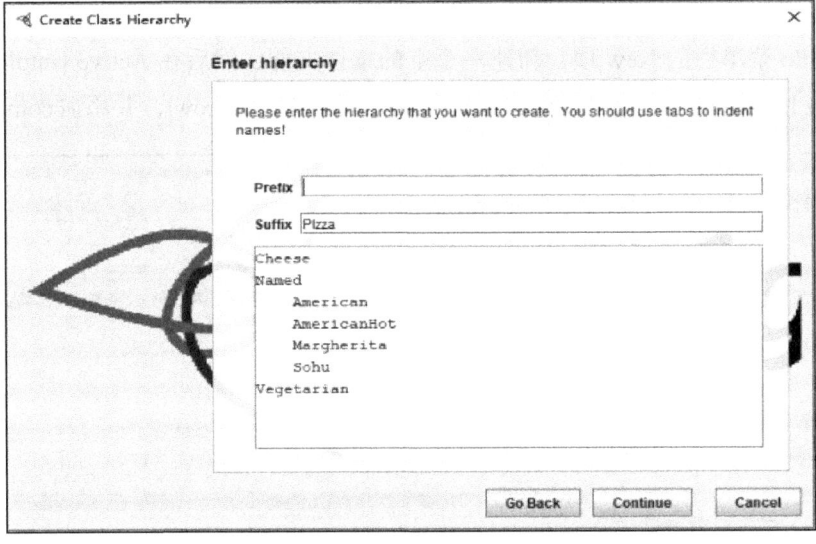

通过相同的方法，建立 PizzaBase 和 PizzaTopping 的子类

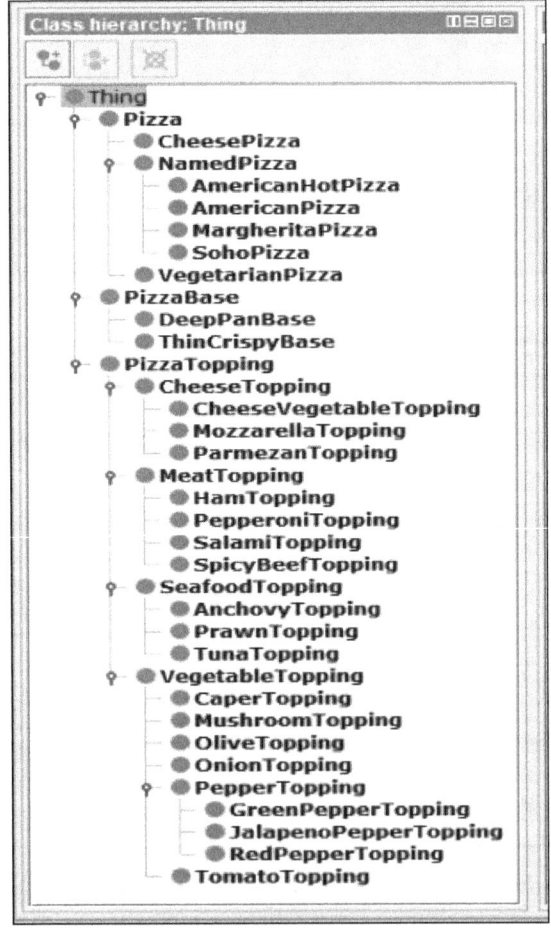

选定 CheeseTopping，使用 Edit 菜单栏的 Make primitive sibling disjoint 选项设置同级兄弟类彼此间都不相交。Description 视图中的 Disjoint With 项显示操作结果。

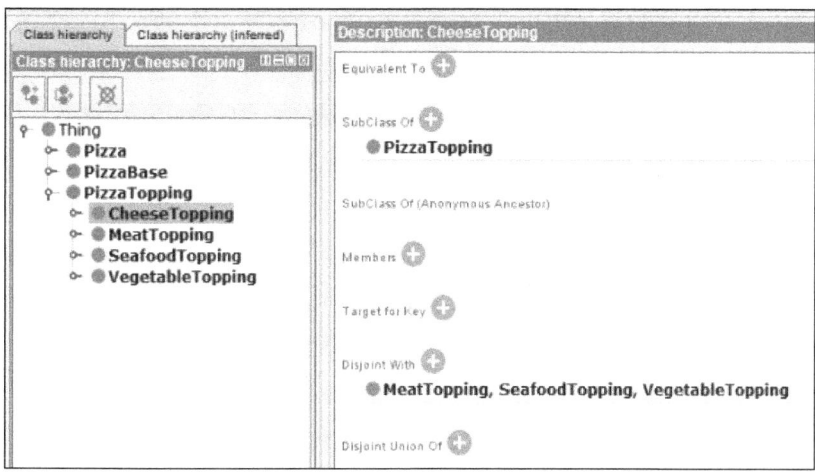

（3）创建关系属性

在 Object Properties 面板创建 hasIngredient 属性及子属性 hasBase、hasTopping；isIngredientOf 及子属性 isBaseOf、isToppingOf。

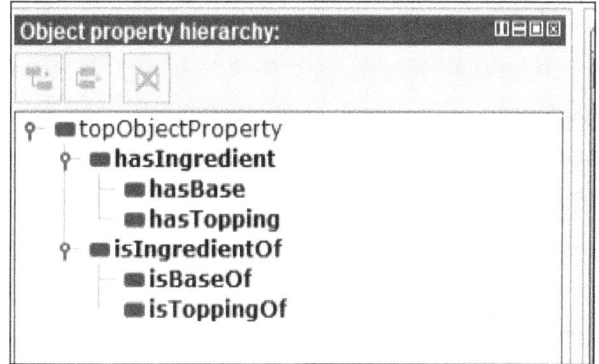

设置 hasIngredient 为 Transitive 传递特性，并与 isIngredientOf 互为逆属性（isIngredientOf 也为 Transitive 特性）。

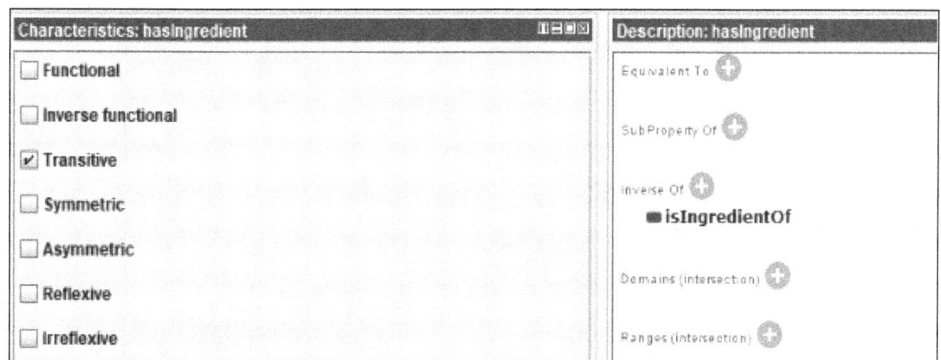

设置 hasBase 为函数 Functional 和反函数 Inverse Functional 特性，并与 isBaseOf 互为逆属性（isBaseOf 也为函数 Functional 和反函数 Inverse Functional 特性）。hasBase 定义域为 Pizza，值域为 PizzaBase。

【操作提示】定义域和值域可以含有多个类，一次选择多个类与一次选择一个类多次选择两种操作所形成的类列表相同，表示多个类的交集。

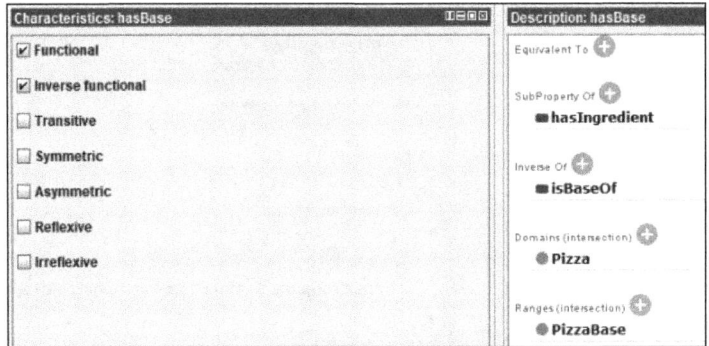

设置 hasTopping 为函数 Inverse Functional 特性，并与 isToppingOf 互为逆属性（由于逆反关系，isToppingOf 变为 Functional 特性）。hasTopping 定义域为 Pizza，值域为 PizzaTopping。

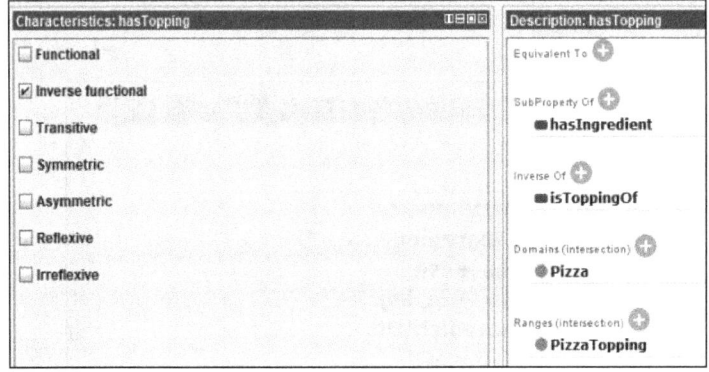

（4）创建数据属性

在 Data Properties 面板创建 hasCalorificValue 属性，设置 hasCalorificValue 为函数 Functional 特性（数据属性与关系属性不同，当前仅有函数特性），定义域为 Pizza，值域为整数 integer。

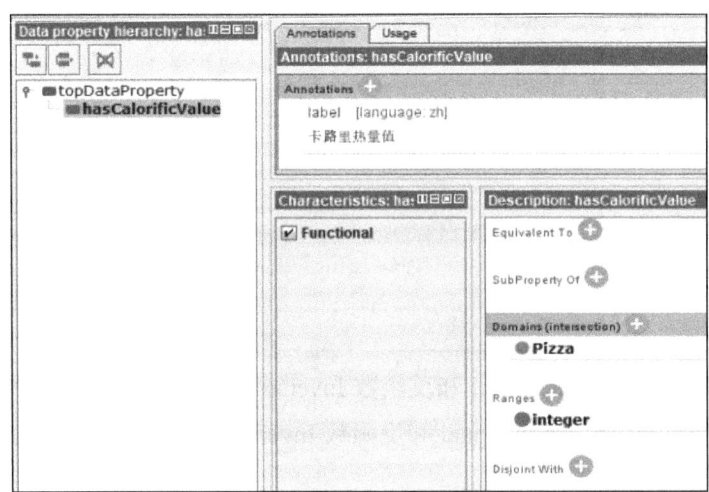

（5）类的形式化定义

在 Classes 面板选定 Pizza 概念，点击 Description 视图 SubClass Of 后的"⊕"，设置**必要条件 hasBase some PizzaBase**。Protege 中仅有**必要条件**的类称为**原始类（primitive class）**。

【提示：面板中的 **some** 代表 **owl:someValuesFrom** 属性。】

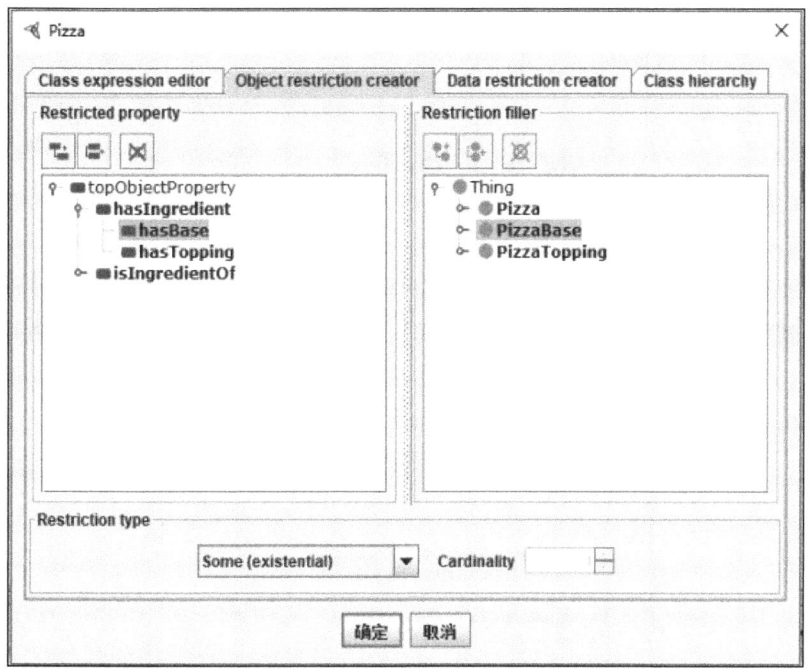

选定 Pizza 的子类 CheesePizza，点击 Description 视图 Equivalent To 后的"⊕"，设置**充要**条件 **hasTopping some CheeseTopping**。对于较长的元素文本，可以使用 **Tab** 键对输入的部分文字进行提示增补。

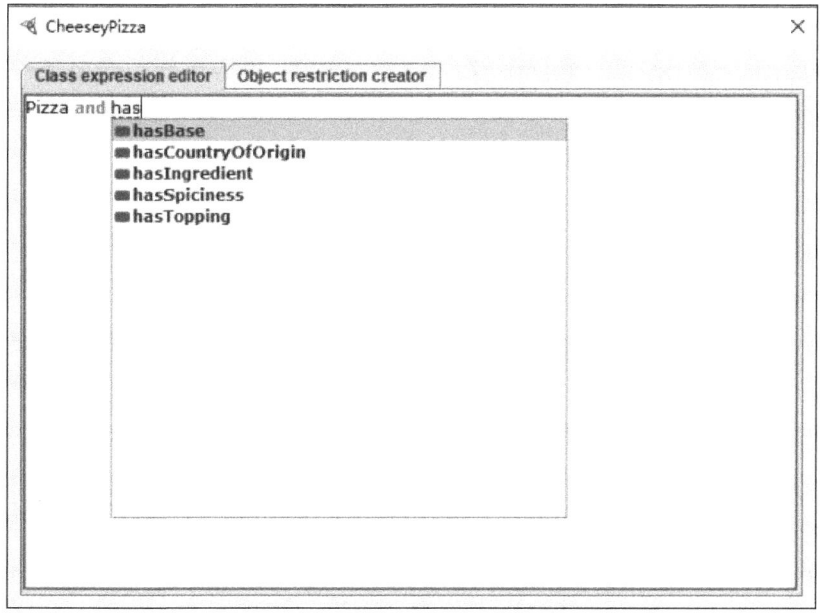

Protege 中至少有一个**充要**条件的类称为**定义类**（defined class）。

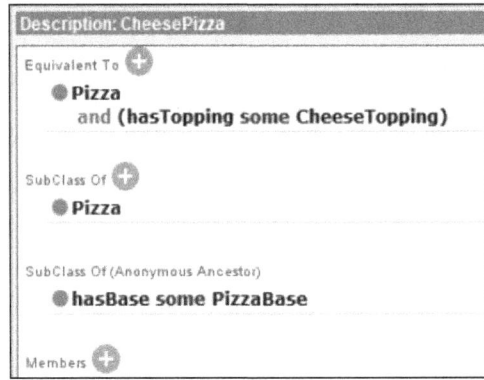

删除 NamedPizza 类下的 AmericanHotPizza、AmericanPizza 和 SohoPizza 子类，为 MargheritaPizza 设置必要条件 **hasTopping some MozzarelaTopping** 和 **hasTopping some TomatoTopping**，点击 Edit 菜单栏 Duplicate selected class 项复制 MargheritaPizza 类，重新命名为 SohoPizza，增加两个新的**必要条件 hasTopping some OliveTopping** 和 **hasTopping some ParmesanTopping**。

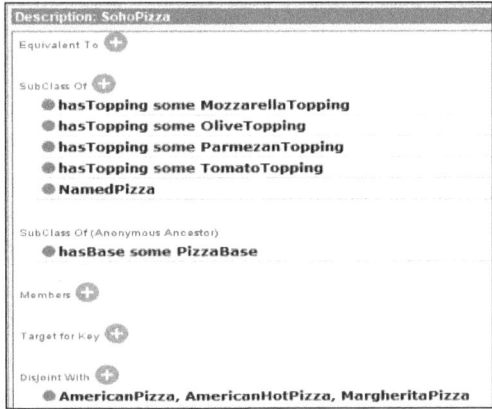

复制 MargheritaPizza 类，重新命名为 AmericanPizza，增加新的**必要条件 hasTopping some PepperoniTopping**。

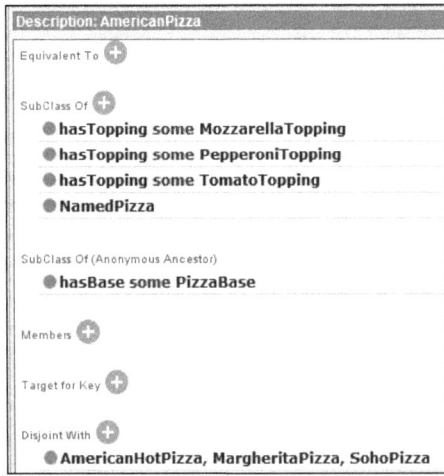

复制 AmericanPizza 类，重新命名为 AmerianHotPizza，增加新的**必要条件 hasTopping some JalapenoPepperTopping**。

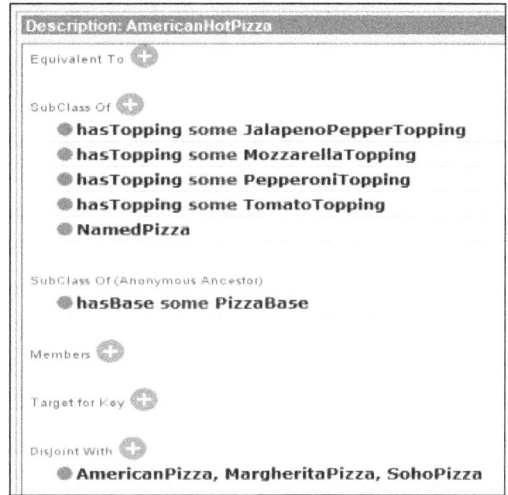

选定 MargheritaPizza，通过 Disjoint With 选项设置与 AmericanPizza、AmericanHotPizza、SohoPizza 等兄弟类互不相交（也可选中 MargheritaPizza，使用 Edit 菜单栏的 Make primitive sibling disjoint 选项完成）。

【操作提示】不相交类的 Disjoint With 设置可以选择多个类，一次选择多个类与一次选一个类多次选择两种操作所形成的类列表不相同。一次选择多个类，表示所选的每个类之间都不相交，建模词汇为 OWL:AllDisjointWith。一次选一个类多次选择，表示当前类与所选的各个类不相交，建模词汇为 OWL:disjointWith，并未说明所选各类之间的不相交关系。

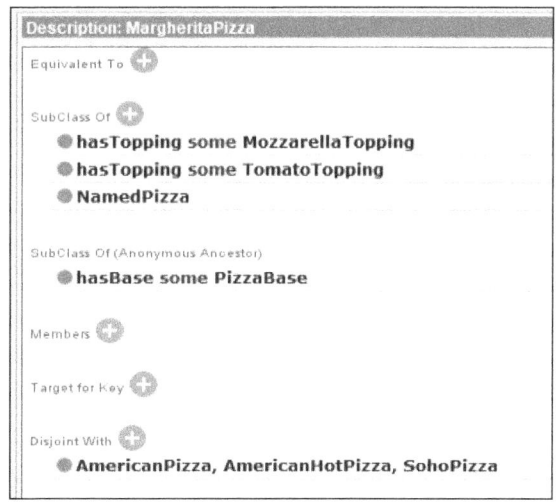

（6）枚举类

在 Individuals 面板的 Class hierarchy 中创建 Country 类，在 Members list 视图中创建 5 个实例 Italy、America、England、France、Germany。切换到 Classes 面板，在 Equivalent

To 视图中输入 {**America**,**England**,**France**,**Germany**,**Italy**},Country 类由成员个体列举构成,这样的类称为**枚举类**。

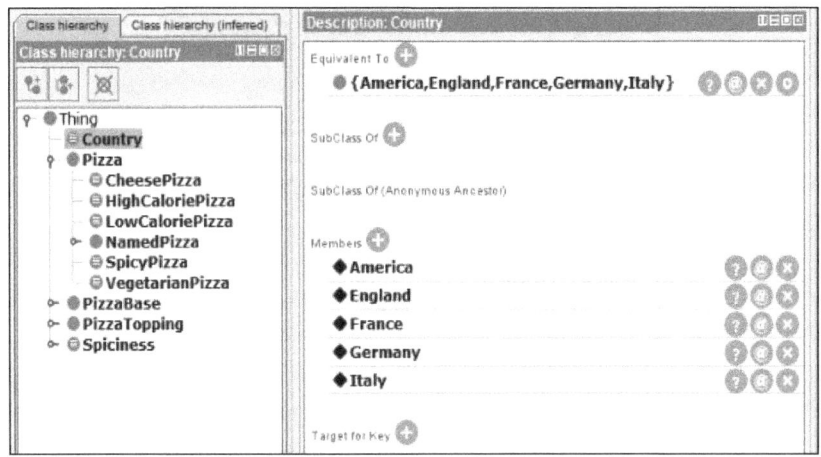

【使用提示】Protege 中,individual 列表中有类属关系和约束条件的个体用**粗体**显示,没有类属关系和约束条件的个体(只有名称标识)使用**普通**字体。

在 Object Properties 面板创建关系 hasCountryOfOrigin,向 MozzarellaTopping 添加**必要**条件 hasCountryOfOrigin **value** Italy,hasValue 是 some 的特例,连接类中的个体实例(some、only 连接类),表示至少有一个关系链接到宾语中的个体(可以有别的关系链接到其他类或个体)。

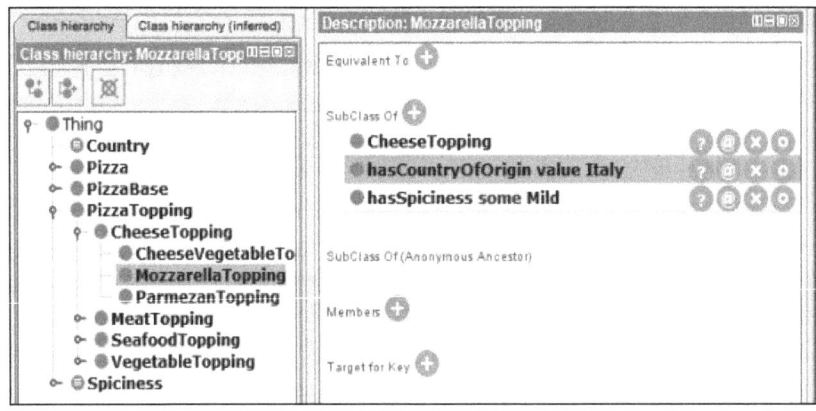

3. 推理机的使用

(1)类的不一致性检测

本体开发过程中,概念类的数量越来越多,如果一个本体含有上百个概念,每个概念与其他概念建立了多种联系,就会产生非常复杂的概念网络,单靠人力很难发现内部的各种矛盾。推理机的一项重要功能就是帮助知识工程师检测概念类的重复构建和矛盾性约束。不一致的检测效果通过下面的测试用例来说明。

在 CheeseTopping 下构建一个测试子类 CheeseVegetableTopping，添加必要条件 CheeseTopping 和 VegetableTopping。

在 Reasoner 菜单栏选择 Pellet 或 Hermit 推理机，点击 Start reasoner 项，运行推理机后 Class hierarchy (inferred) 视图中的 CheeseVegetableTopping 节点显示红色并被归入 Nothing 类中，表示 CheeseVegetableTopping 类的描述存在问题。选定红色的 CheeseVegetableTopping 节点，Description 视图 Equivalent To 项下出现红色 Nothing，表示 CheeseVegetableTopping 类为空，存在错误，点击 Nothing 后面的"？"图标可查看错误原因。

【使用提示】CheeseVegetableTopping 属于 CheeseTopping 和 VegetableTopping 两个类的交集，但两个类已经使用 **disjoint** 声明**不相交**。若将两个类的不相交关系去掉，则不会出现矛盾，这一点符合 OWL 本体基于**开放世界假设**的理念（未明确说明真假的事实，不能判断真假，只能表明现有的条件不充足，无法支撑真假判断，未来有足够的条件加入就可以进行判别）。

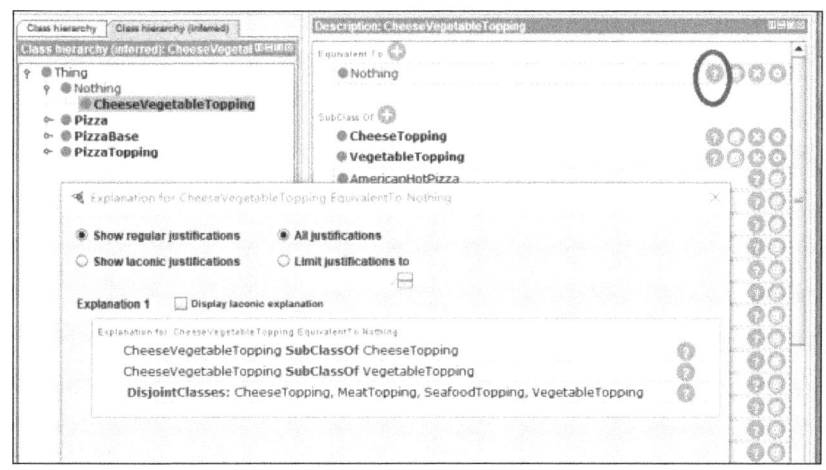

（2）子类推理

选定 CheesePizza 节点运行推理机，Class hierarchy (inferred) 视图显示 MargheritaPizza、AmericanPizza、AmericanHotPizza 和 SohoPizza 归入 CheesePizza 类下，每个子类的**必要**

条件（Description 视图的 SubClass Of 项）新增了 CheesePizza 类。点击 "？" 图标可查看推理过程。

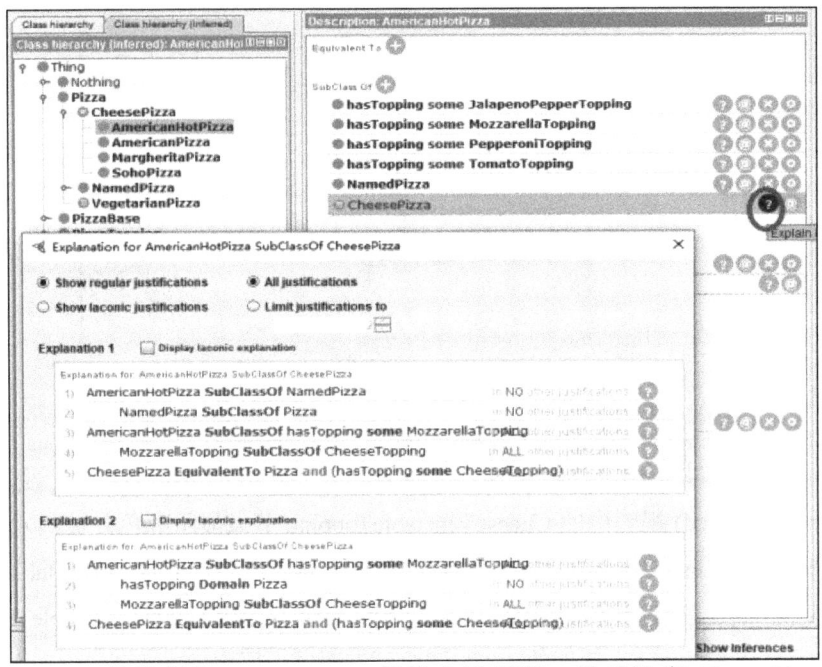

通过 Reasoner 菜单栏的 Stop reasoner 项停止推理机，然后选定 CheesePizza 节点，点击 Edit 菜单栏的 **Convert to primitive class** 项，将 CheesePizza 由**定义类**转化为**原始类**，此时 **hasTopping some CheeseTopping** 由 Description 视图的 Equivalent To 项（**充要条件**）转到 SubClass Of（**必要条件**）项。运行推理机，Class hierarchy (inferred) 视图下无子类归入。停止推理机，用鼠标右击 hasTopping some CheeseTopping 条件，选择 **Convert selected rows to defined class** 项，将必要条件再次转化为充要条件，再次运行推理机则 CheesePizza 类又出现子类。

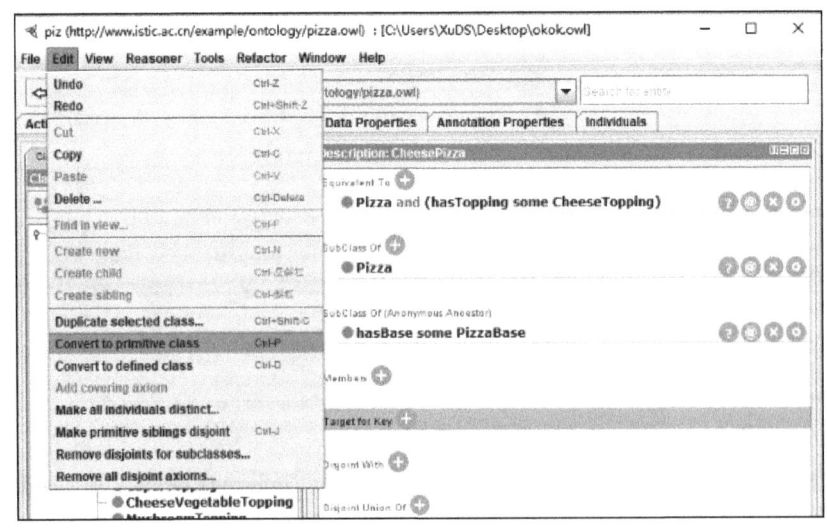

【使用提示】推理机仅针对定义类进行子类推理（归入定义类下成为子类，定义类和原始类都可以归入另一个定义类中）。**原始类**不能进行子类推理，但原始类充当**属性的定义域**时会引起强制性子类推理，大量声明定义域容易引起类型冲突，应谨慎使用。

（3）domain 和 range 推理

创建新的顶层类 FruitPie，添加**必要条件 hasTopping some PizzaTopping**。

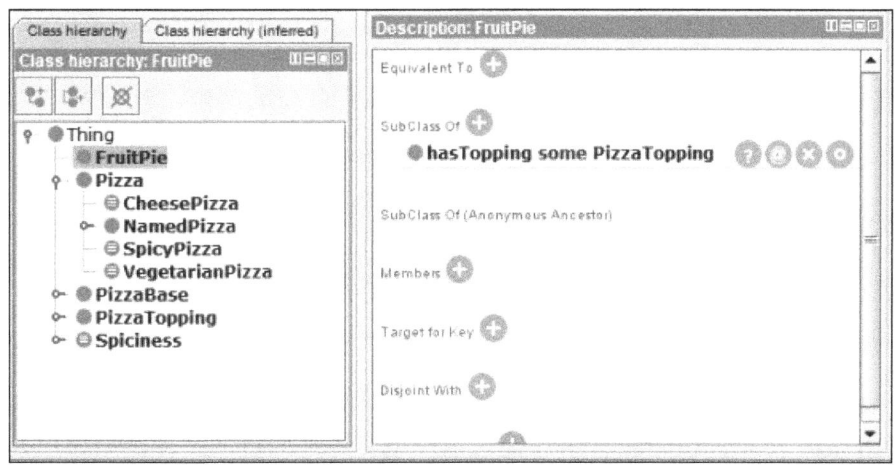

运行推理机后，**FruitPie** 类归入 **Pizza** 类下。**Pizza**（原始类）为 **hasTopping** 属性的**定义域**，引起强制性子类推理。

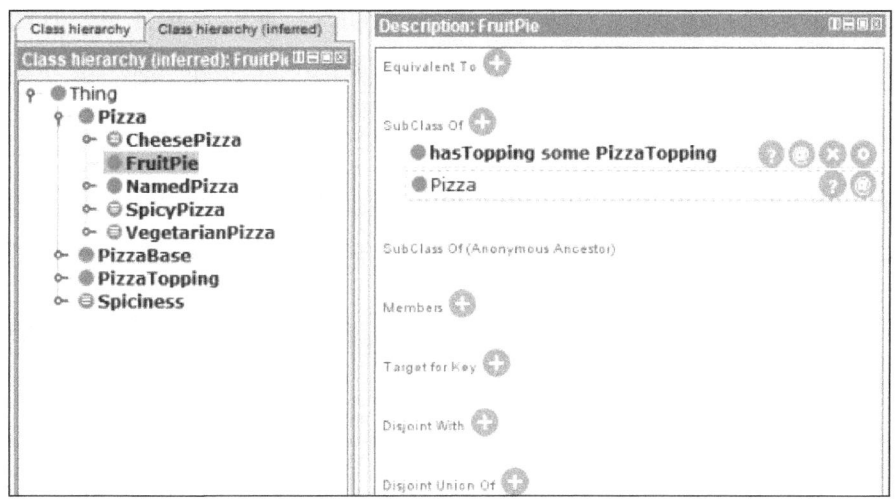

停止推理机，设置 **Pizza** 类与 **FruitPie** 类 **disjointWith**，再次运行推理机，出现不一致错误。

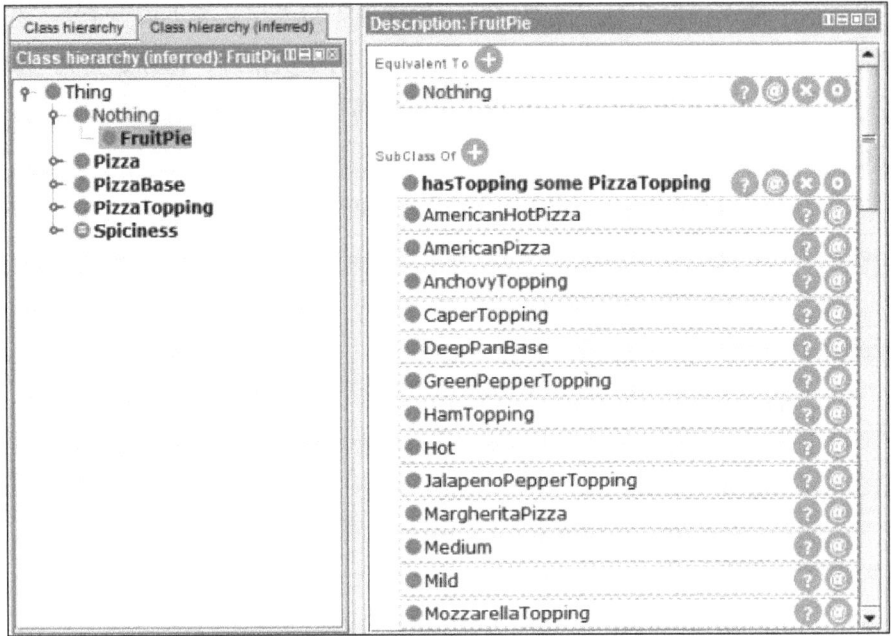

【使用提示】domain 和 range 用在推理过程中对属性两侧的个体类型做出判断，并不约束定义域通过属性向值域取值，如果属性两侧连接了不同于 domain 和 range 的概念类，推理机并不报错。例如，若 hasTopping 定义域（domain）为 Pizza，值域（range）为 PizzaTopping，则 hasTopping 左侧的个体（individual）为 Pizza 的成员，右侧的个体（individual）为 PizzaTopping 的成员。概念类 FruitPie 使用 hasTopping 属性，推理机并不报错（Pizza 和 FruitPie 未说明 disjointWith 时），而是将 FruitPie 类推理为 Pizza 的子类（Pizza 说明为定义类时）。

（4）闭包公理

在 Pizza 类下构建新的子类 VegetarianPizza，添加充要条件 **Pizza and（hasTopping only（CheeseTopping or VegetableTopping））**。

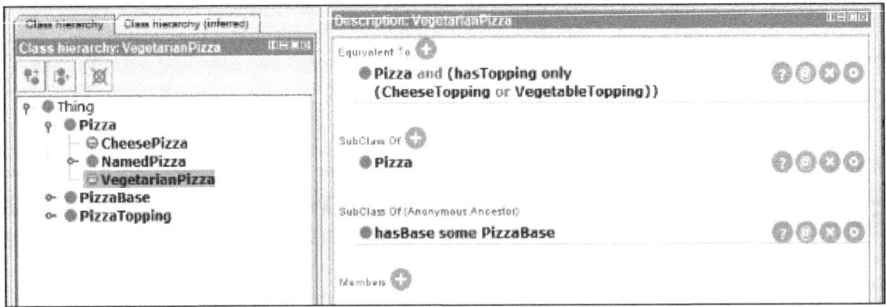

运行推理机后，Class hierarchy (inferred) 视图中的 VegetarianPizza 类下无子类归入。停止推理机，选定 AmericanHotPizza 类的全部 some 条件，右击鼠标选择 Create closure axiom 项，添加**闭包公理**（**closure axioms**）（**使用 only 对所有 some 条件的并集进行约束**）。【面板中的 **only** 代表 **owl:allValuesFrom** 属性。】

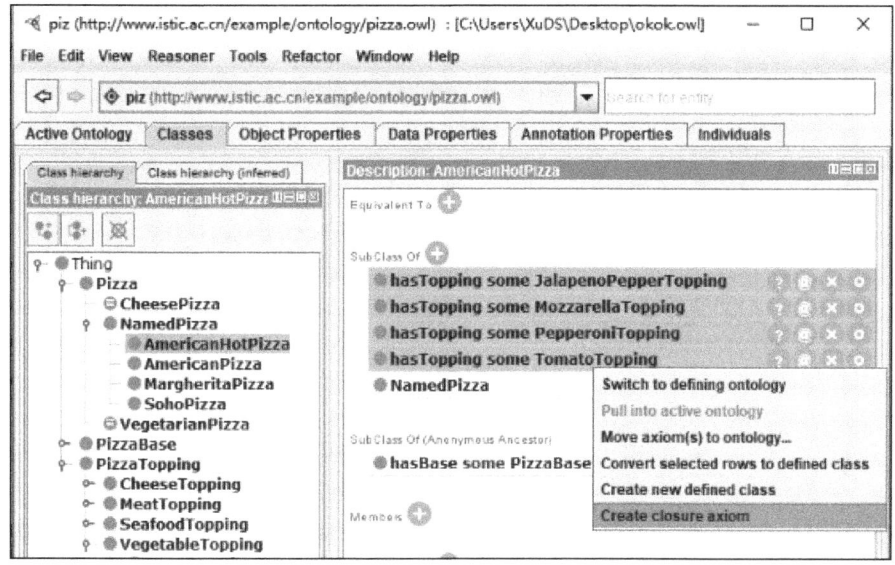

按上述步骤向 AmericanPizza、MargheritaPizza 和 SohoPizza 类添加闭包公理。

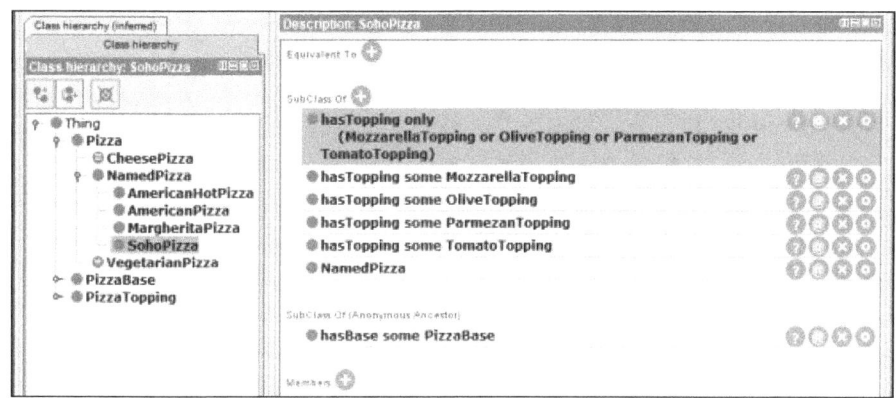

再次运行推理机后，**MargheritaPizza** 和 **SohoPizza** 归入 **VegetarianPizza** 类下（CheesePizza 下归入 AmericanPizza、AmericanHotPizza、MargheritaPizza 和 SohoPizza 4 个类）。

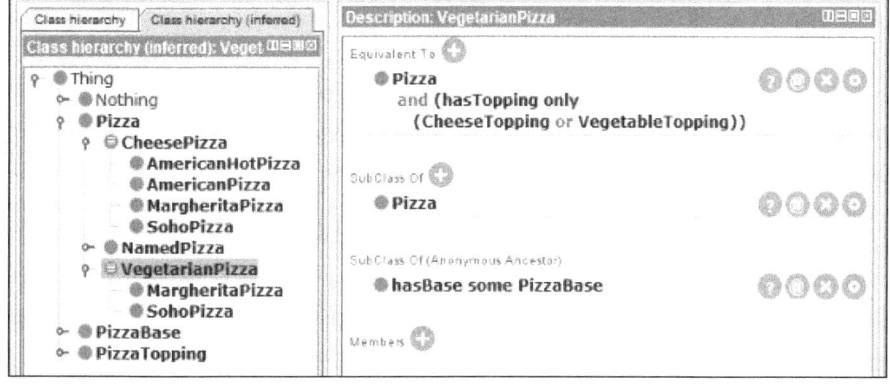

在 Pizza 类下构建新的子类 NonVegetarianPizza，设置与 VegetarianPizza 不相交，添加**充要**条件 **Pizza and not VegetarianPizza**。

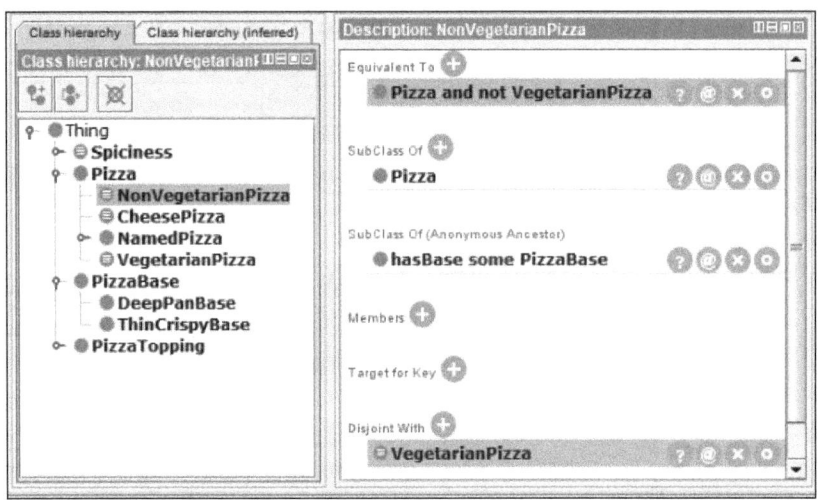

运行推理机后，AmericanHotPizza 和 AmericanPizza 归入 **NonVegetarianPizza** 类下，MargheritaPizza 和 SohoPizza 归入 **VegetarianPizza** 类下。

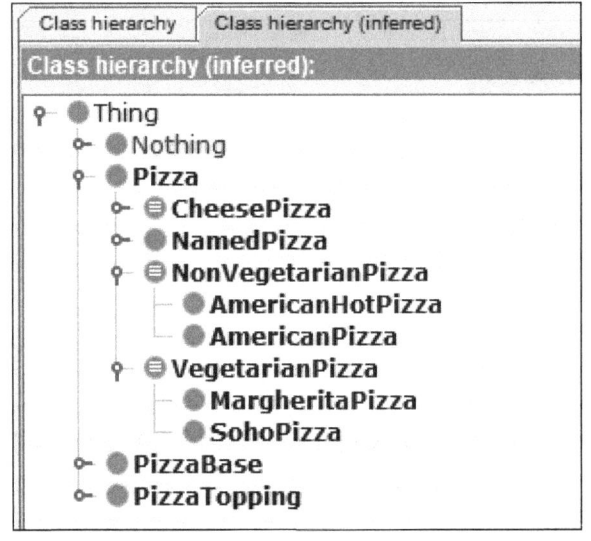

停止推理机，去掉 NonVegetarianPizza 与 VegetarianPizza 不相交设置，重新运行推理机，由于 not 表示补集，具有两个集合不相交的功能，推理结果不变。

【使用提示】单独使用 some 或 only 具有开放性，only 表示**如果存在**属性取值，那么**只能**取该类中的成员值，**不可以**再取其他类中的成员值，但这样的属性取值可以**不存在**。some 表示**存在**特性，表示至少在该类中取一个值，但也可以在其他类中取值。同时使用 some 和 only 创建闭包公理时，some 的取值类与 only 的取值类不能存在非相交关系（可以与父类 some 和 only **必要条件**存在取值非相交类，但不可与父类**充要条件**的取值类范围发生冲突），但两个取值类可以互为父子层级关系。充要条件和必要条件等类约束对概念分类产生影响，对象属性的定义域和值域对个体归类产生影响，同时设置类的约束条件和关系的定义域、值域可将属于原始类的个体归入符合父子蕴含的定义类中。

（5）覆盖公理

构建新的顶层类 SpicinessValue 及子类 Mild、Medium 和 Hot，并设置 3 个子类互相 disjoint，在 Description 视图 Equivalent To 项添加**覆盖公理（父类 = 所有子类的并集）Hot or Medium or Mild** 定义 SpicinessValue。

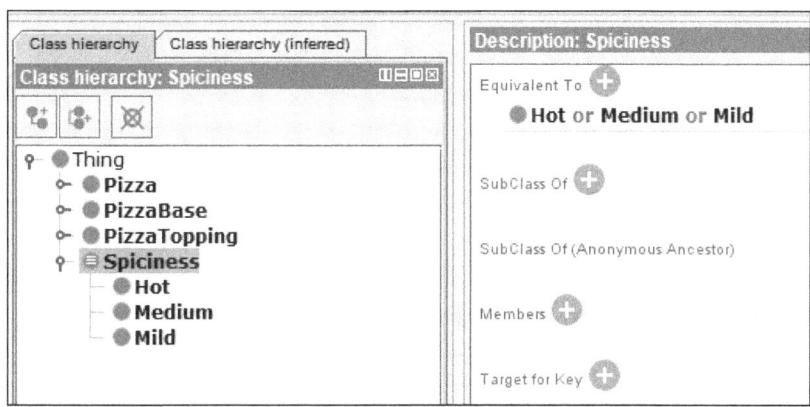

在 Object Properties 面板创建 hasSpiciness 属性，设置特性为 Functional，值域为 Spiciness。

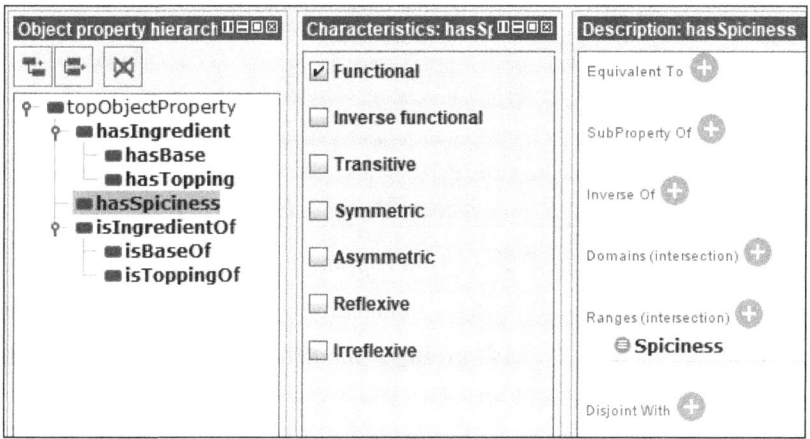

向 JalapenoPepperTopping 类添加**必要条件 hasSpiciness some Hot**。

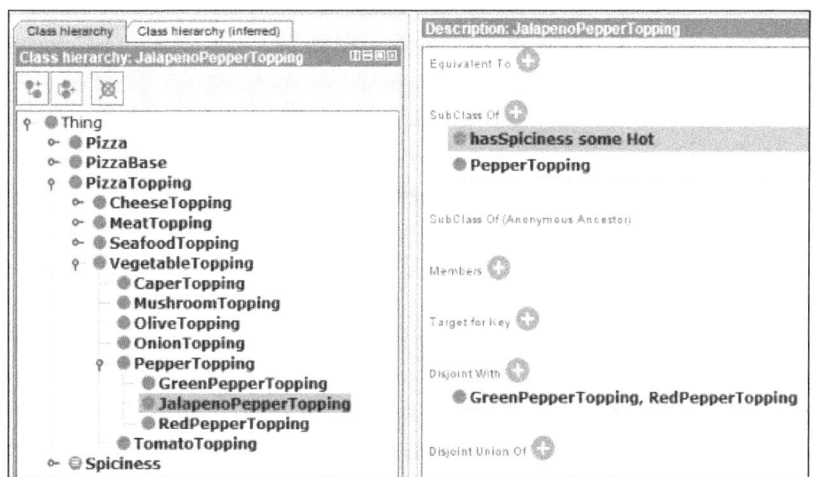

在 Pizza 类下创建 SpicyPizza 子类，添加**充要条件**（等同类）**Pizza and (hasTopping some (PizzaTopping and (hasSpiciness some Hot)))**。

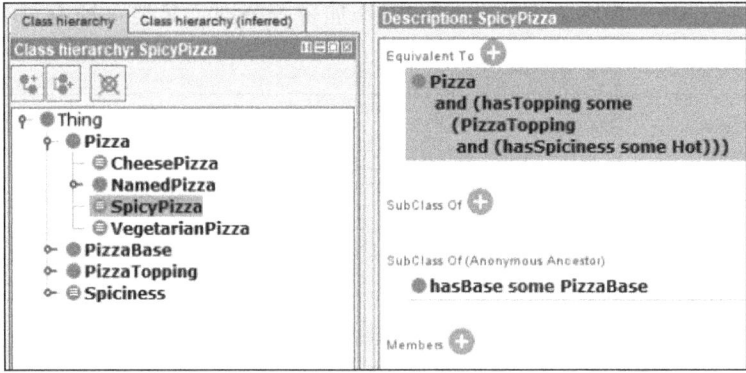

运行推理机后，**AmericanHotPizza** 归入 SpicyPizza。

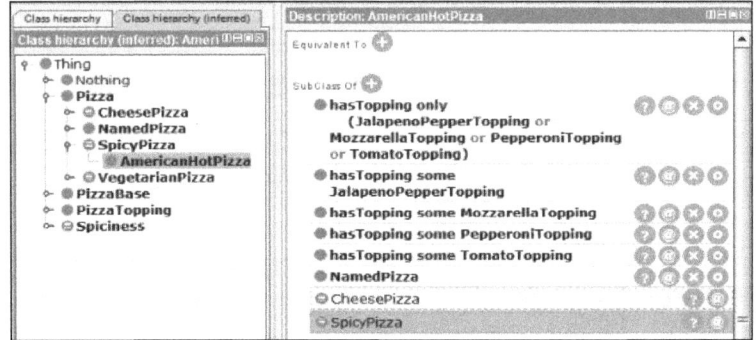

【**推理过程**】AmericanHotPizza **必要条件 hasTopping** some JalapenoPepperTopping (Jalapeno-PepperTopping subClassOf* **PizzaTopping**)，JalapenoPepperTopping **必要条件 (hasSpiciness some Hot)** 与 SpicyPizza **充要条件 hasTopping** some (**PizzaTopping** and (**hasSpiciness some Hot**)) 相吻合。

（6）基于数据属性的推理

在 Pizza 类下构建 HighCaloriePizza 子类，添加**充要条件**（等同类）**hasCalorificValue some xsd:integer[>= 400]**。构建 LowCaloriePizza 类，添加**充要条件**（等同类）**hasCalorificValue some xsd:integer[< 400]**。

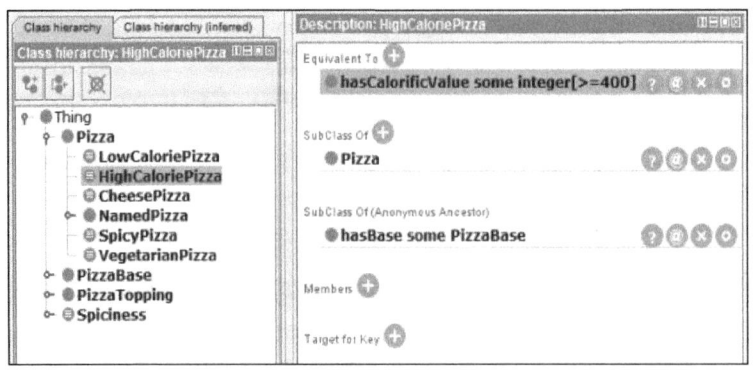

在 Individuals 面板构建 MargheritaPizza 类的实例 **ExampleMargheritaPizza**，向 Description 视图的 Data property assertions 项添加 **hasCalorificValue 300**。构建 AmericanHotPizza 类的实例 **ExampleAmericanHotPizza**，向 Data property assertions 项添加 **hasCalorificValue** 700。运行推理机后，ExampleMargheritaPizza 成为 LowCaloriePizza 类的 Member，ExampleAmericanHotPizza 成为 HighCaloriePizza 类的 Member。点击"？"图标（红色圆框）可查看推理过程。

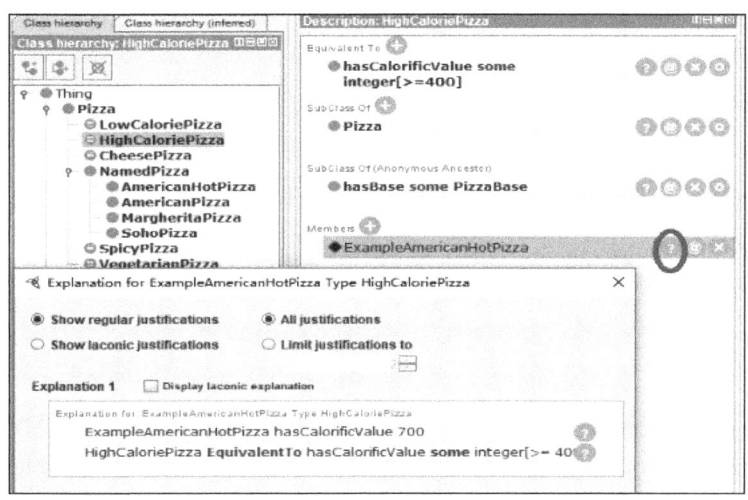

（7）规则推理

Protege 中的 SPARQL Query 不支持类型传播机制，即 **rdfs:subClassOf(?A, ?B)^rdf:type(?x, ?A)->rdf:type(?x, ?B)**，如查询"**热量<400卡路里**"的 pizza 有哪些，使用下列查询语句无法获取满足条件的个体。

```
SELECT ?subject ?object
WHERE {
        ?subject a :Pizza.
        ?subject :hasCalorificValue ?object.
        filter (?object<400)
        }
```

需要使用 rdfs:subClassOf* 检索，符号"*"表示关系传递。

```
SELECT ?subject ?object ?class
WHERE {
        ?subject a ?class.
        ?class rdfs:subClassOf * :Pizza.
        ?subject :hasCalorificValue ?object.
        filter (?object<400)
        }
```

检索过程如下图所示。

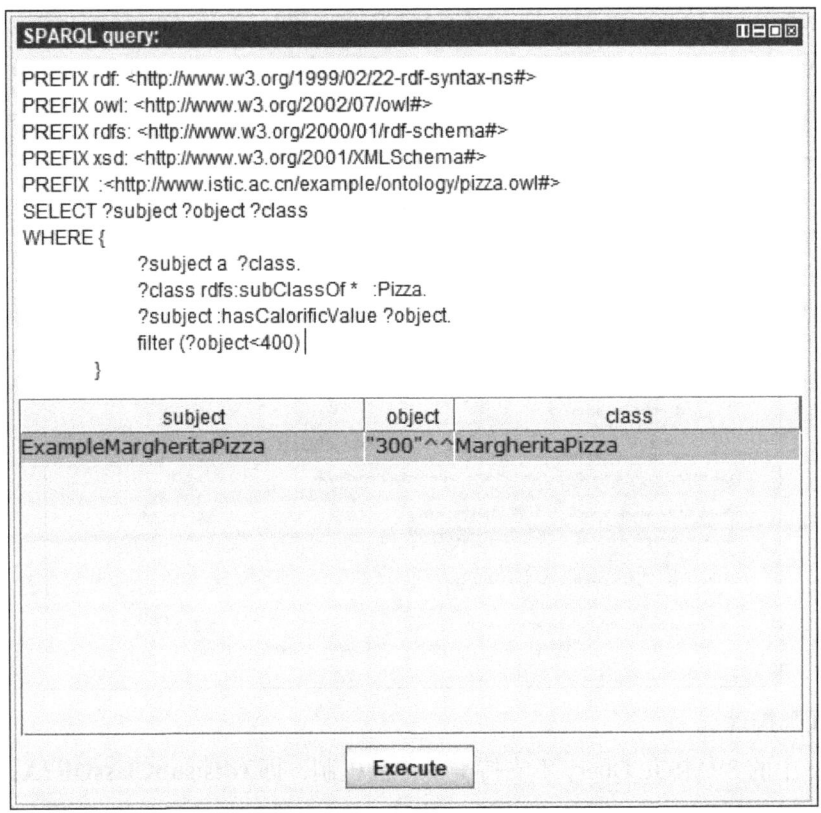

SWRL 规则可以实现类型传播推理，直接使用 Pizza 类作为条件即可，不必使用个体实例所属的具体类。在 SQWRL 面板中构建规则 **S1-Pizza(?x) ^ hasCalorificValue(?x, ?y) ^ swrlb:lessThan(?y, 400) -> sqwrl:select(?x)**，选定规则后点击 Run 按钮，S1 规则的推理结果如下所示。

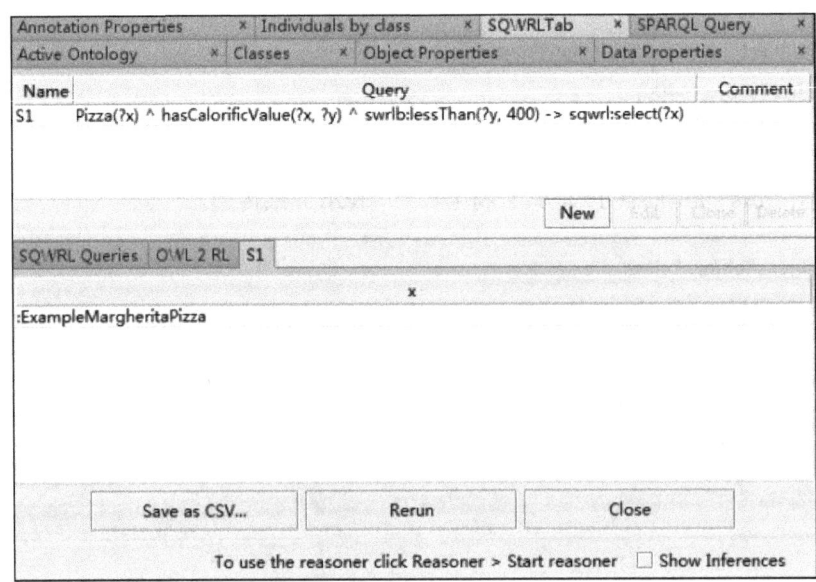

（8）基数约束推理（exactly、min、max）

在 Pizza 类下新建 InterestingPizza 子类，添加充要条件（等同类）**hasTopping min 3 PizzaTopping**。运行推理机后，AmericanPizza、AmericanHotPizza、SohoPizza 归入 InterestingPizza。

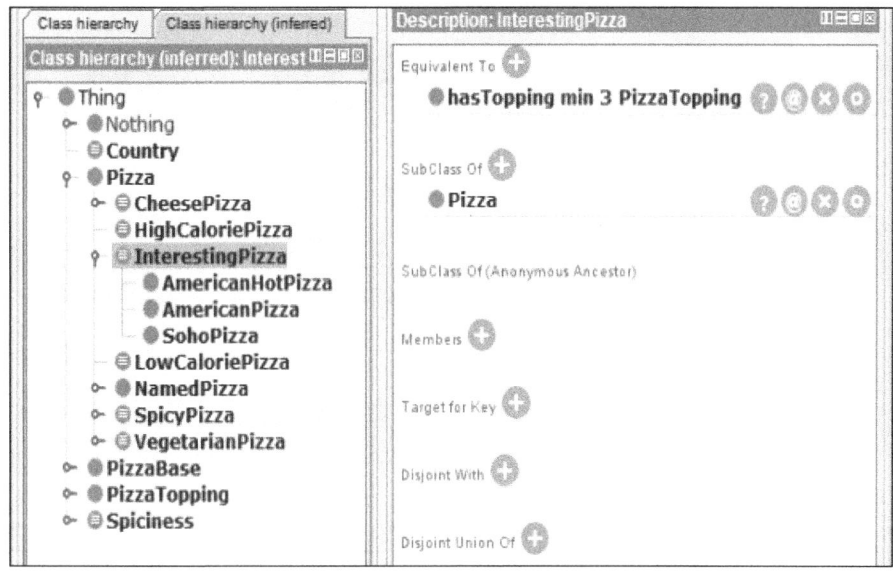

【使用提示】exactly、min、max 除限定宾语取值不同外，用法类似，如果省略数量后面限定的宾语，则相当于限定 **Thing**。例如，hasTopping exactly 3=hasTopping exactly 3 Thing。

exactly 用于限定约束类自身的个体通过属性链接到宾语个体的数量。例如，对于概念类 TwoToppingPizza 有 **hasTopping exactly 2 PizzaTopping** 约束，则 TwoToppingPizza 类中的个体 PizzaA 满足下列条件：

```
PizzaA hasTopping  PizzaToppingA
PizzaA hasTopping  PizzaToppingB
PizzaToppingA  differentFrom  PizzaToppingB
```

exactly 仅限定当前关系的取值数量，其修饰的主语概念类还可以有其他关系。如果要求 TwoCheeseToppingPizza 只能有 2 个 CheeseTopping，不能有其他的取值，则需要同时使用 only 限定，即 hasTopping exactly 2 CheeseTopping，hasTopping only CheeseTopping。

exactly 约束要有明确的宾语，不支持子类传播规则（因主语概念类可以有别的属性关联到其他类）。在 Pizza 类下新建 FourCheesePizza 子类，添加**充要**条件（等同类）hasTopping exactly 4 CheeseTopping。构建测试类 ExactlyCheesePizaa，添加**必要**条件 hasTopping exactly 4 **CheeseTopping**。运行推理机后，ExactlyCheesePizza 归入 FourCheesePizza。FourCheesePizza 的必要条件换为 hasTopping exactly 4 **PizzaTopping** 后，ExactlyCheesePizza 将无法归入 FourCheesePizza 中。

（9）基数约束冲突测试

向 **CheeseTopping** 类添加 4 个实例：CheeseTopping1、CheeseTopping2、CheeseTopping3、CheeseTopping4。为 **InterestingPizza** 类创建 3 个测试实例：InterestingPizza1、InterestingPizza2 和 InterestingPizza3。

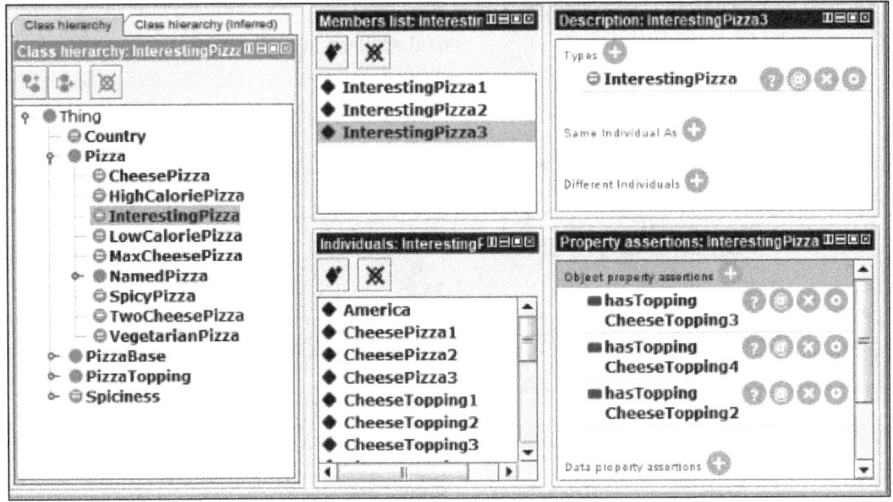

冲突测试 1

Pizza 实例 [hasTopping min 3 PizzaTopping]	约束条件 hasTopping [InverseFunctional]	推理结果
InterestingPizza1	hasTopping CheeseTopping1	【（未）声明 3 个 pizza 互不相同；（未）声明 4 个 topping 互不相同】：不产生冲突。由于开放域假说，InterestingPizza1 可能与 InterestingPizza3 相同，InterestingPizza3 符合 min 3 约束
InterestingPizza2		不产生冲突，由于开放域假说，后续可能添加条件满足 min 3 约束
InterestingPizza3	hasTopping CheeseTopping2 hasTopping CheeseTopping3 hasTopping CheeseTopping4	【（未）声明 3 个 pizza 互不相同；（未）声明 4 个 topping 互不相同】：不产生冲突，符合 min 3 约束

在 Pizza 类下新建 TwoCheesePizza 子类，添加**充要**条件（等同类）**hasTopping exactly 2 CheeseTopping**，向 TwoCheesePizza 类添加 3 个实例：CheesePizza1、CheesePizza2 和 CheesePizza3。

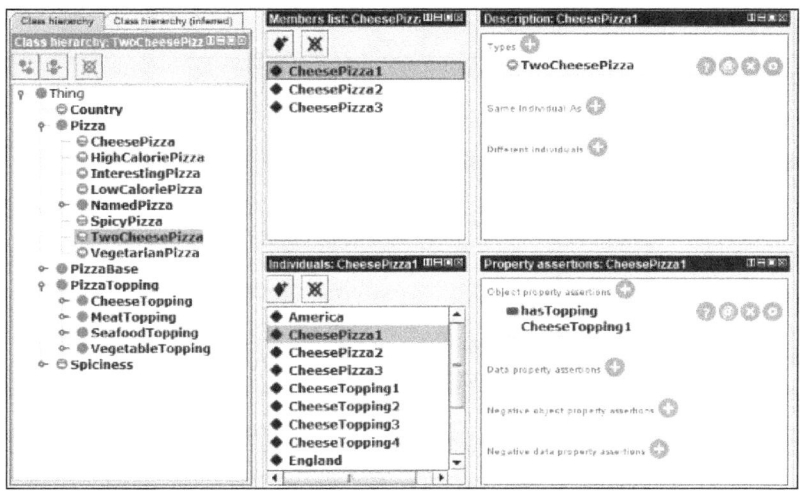

冲突测试 2

Pizza 实例 [hasTopping exactly 2 CheeseTopping]	约束条件 hasTopping [InverseFunctional]	推理结果
CheesePizza1	hasTopping CheeseTopping1	【未声明 3 个 pizza 互不相同】：不产生冲突，因为 pizza2 含 2 个关系。 【声明 3 个 pizza 互不相同】：pizza1 仅有 1 个条件，与 exactly 2 产生冲突。 如果 TwoCheesePizza 仅有 1 个实例 CheesePizza1，则不产生冲突。因为开放域假说，后续可能添加条件满足 exactly 2 约束
CheesePizza2	hasTopping CheeseTopping2 hasTopping CheeseTopping1	符合 exactly 2 要求
CheesePizza3	hasTopping CheeseTopping3 hasTopping CheeseTopping2 hasTopping CheeseTopping1	【未声明 3 个 pizza 互不相同】 　[声明 3 个 topping 互不相同]：与 exactly 2 冲突。 　[未声明 3 个 topping 互不相同]：与 exactly 2 不冲突。 【声明 3 个 pizza 互不相同】：由于 hasTopping 的 Inverse Functional 约束，3 个 pizza 都与 topping1 建立联系，产生冲突

冲突测试 3

Pizza 实例 [hasTopping exactly 2 CheeseTopping]	约束条件 hasTopping [InverseFunctional]	推理结果
CheesePizza1	hasTopping CheeseTopping1 hasTopping CheeseTopping2	【声明 3 个 pizza 互不相同；未声明 4 个 topping 互不相同】：不产生冲突 【声明 3 个 pizza 互不相同；声明 4 个 topping 互不相同】：不产生冲突。由于开放域假说，3 个 pizza 声明都符合 exactly 2 约束

续表

Pizza 实例 [hasTopping exactly 2 CheeseTopping]	约束条件 hasTopping [InverseFunctional]	推理结果
CheesePizza2		不产生冲突，CheesePizza2 因为开放域假说，有可能后续添加条件满足 exactly 2 约束
CheesePizza3	hasTopping CheeseTopping3 hasTopping CheeseTopping4	【声明 3 个 pizza 互不相同；未声明 4 个 topping 互不相同】：不产生冲突 【声明 3 个 pizza 互不相同；声明 4 个 topping 互不相同】：不产生冲突。由于开放域假说，3 个 pizza 声明都符合 exactly 2 约束

在 Pizza 类下构建 MaxCheesePizza 子类，添加**充要**条件（等同类）**hasTopping max 2 CheeseTopping**，运行推理机出错，转为必要条件后推理机可以正常运行。将充要条件改为 **(hasTopping some CheeseTopping) and (hasTopping only CheeseTopping) and (hasTopping max 2 CheeseTopping)**，推理机可以正常运行。为 MaxCheesePizza 创建 3 个测试实例 MaxCheesePizza1、MaxCheesePizza2 和 MaxCheesePizza3。

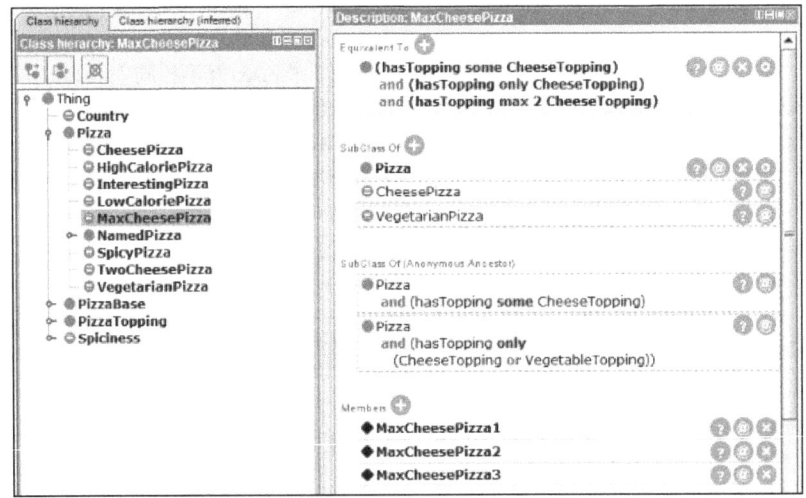

冲突测试 4

Pizza 实例 [hasTopping max 2 CheeseTopping]	约束条件 hasTopping [InverseFunctional]	推理结果
MaxCheesePizza1	hasTopping CheeseTopping1	【声明 4 个 topping 互不相同】：不产生冲突。由于开放域假说，3 个 pizza 声明都符合 max 2 约束
MaxCheesePizza2		
MaxCheesePizza3	hasTopping CheeseTopping3 hasTopping CheeseTopping4 增加条件 hasTopping CheeseTopping2 后不满足 max 2 约束，产生冲突	

【使用提示】**Functional**（**Inverse Functional**）用在属性约束上具有**全局性**，用来确保取值唯一。如果多个个体**未声明**各不相同，则可以有多个关系取值，推理机将多个不同个体作为等同个体。如果多个个体**已声明**各不相同，则推理时发生不一致性错误。someValuesFrom 用在限定类上，具有**局部**约束性。P Functional 和 P someValuesFrom 可同时使用。**Transitive** 或 **Functional**（**Inverse Functional**）属性与 **exactly**、**min**、**max** 等基数限制同用会产生冲突，使用时要注意检查限定条件。另外，**Transitive** 和 **Functional**、**Inverse Functional** 不可以同时使用。

4. 本体模型的融合复用

重用现有的本体概念模型是构建新本体的有效方式。新本体中的概念可能来自多个现有本体，Protege 提供了多本体的合并功能。

选择 File->Open from URI。

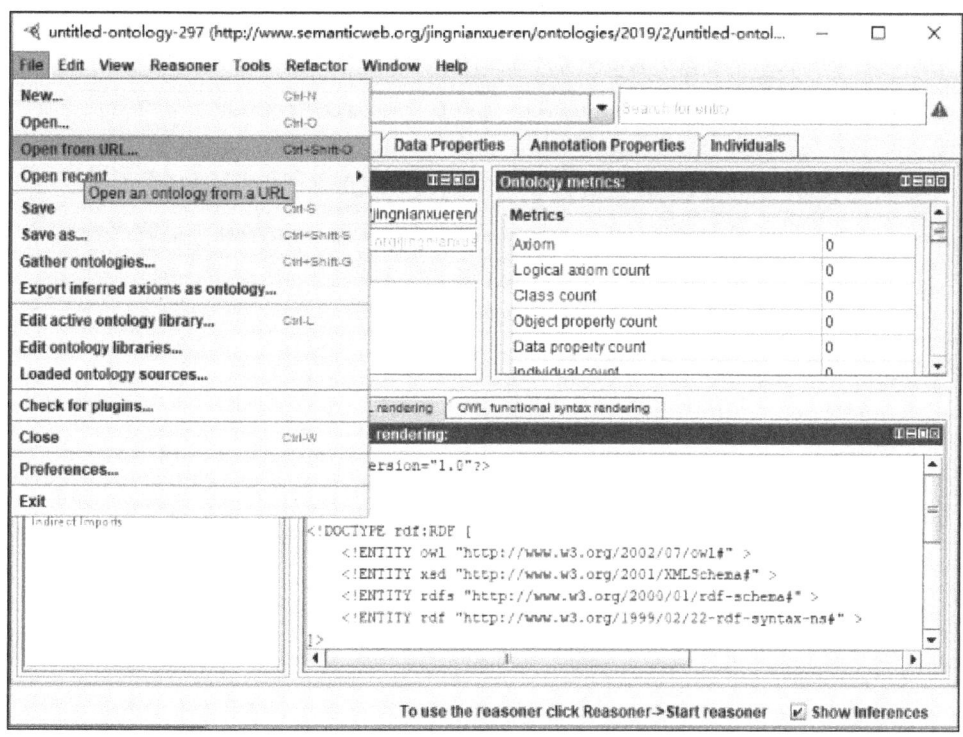

从网上加载 people.owl 本体。

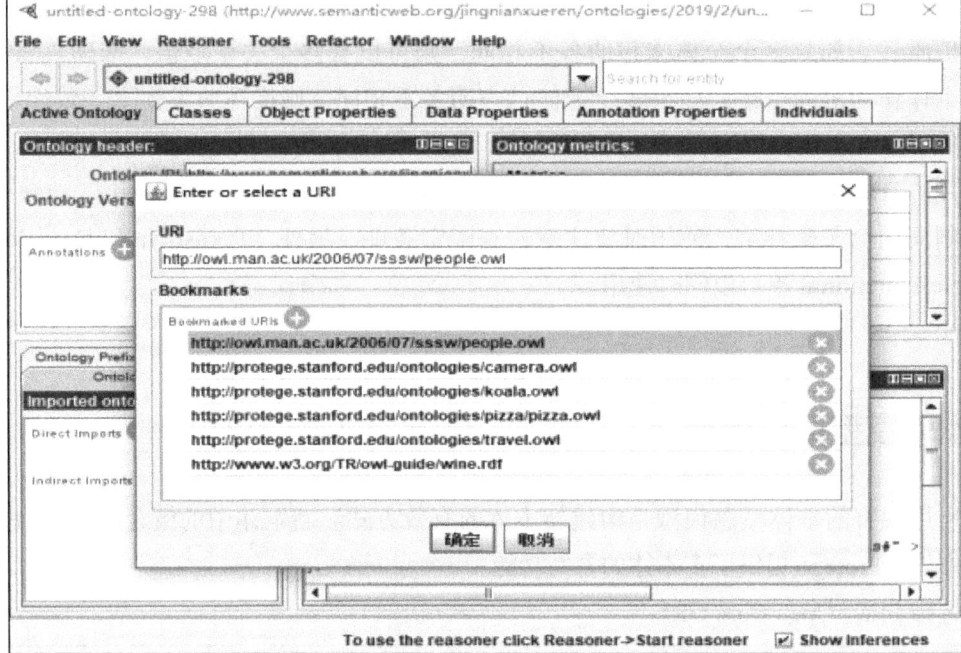

当前 Classes 面板出现 people.owl 的概念结构。

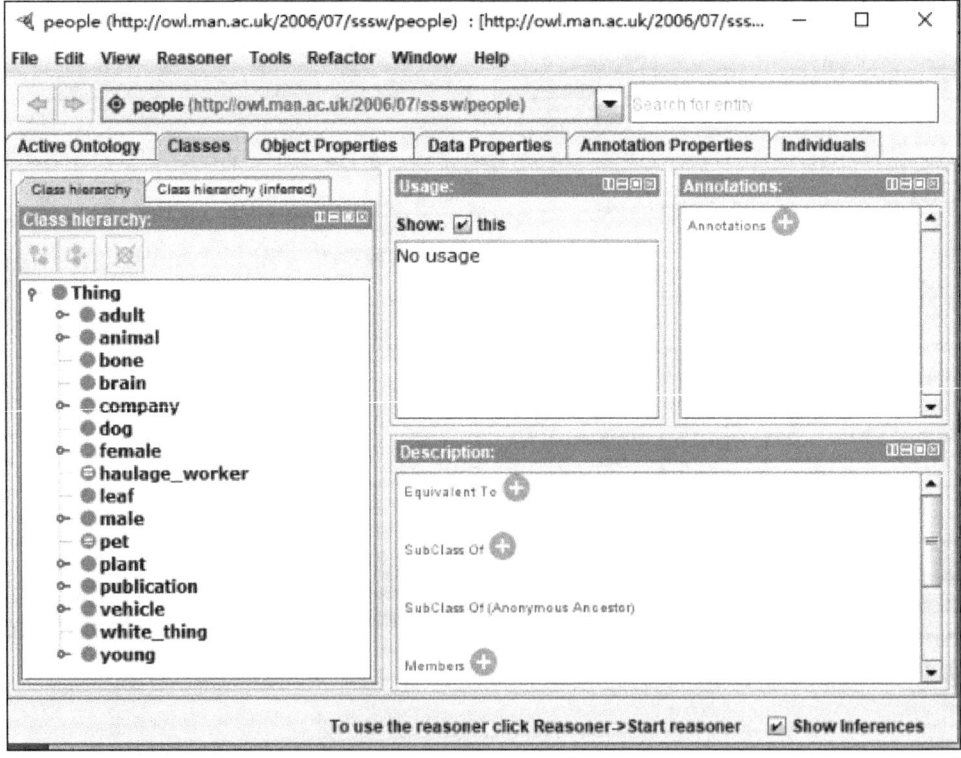

再次选择 File->Open from URI。

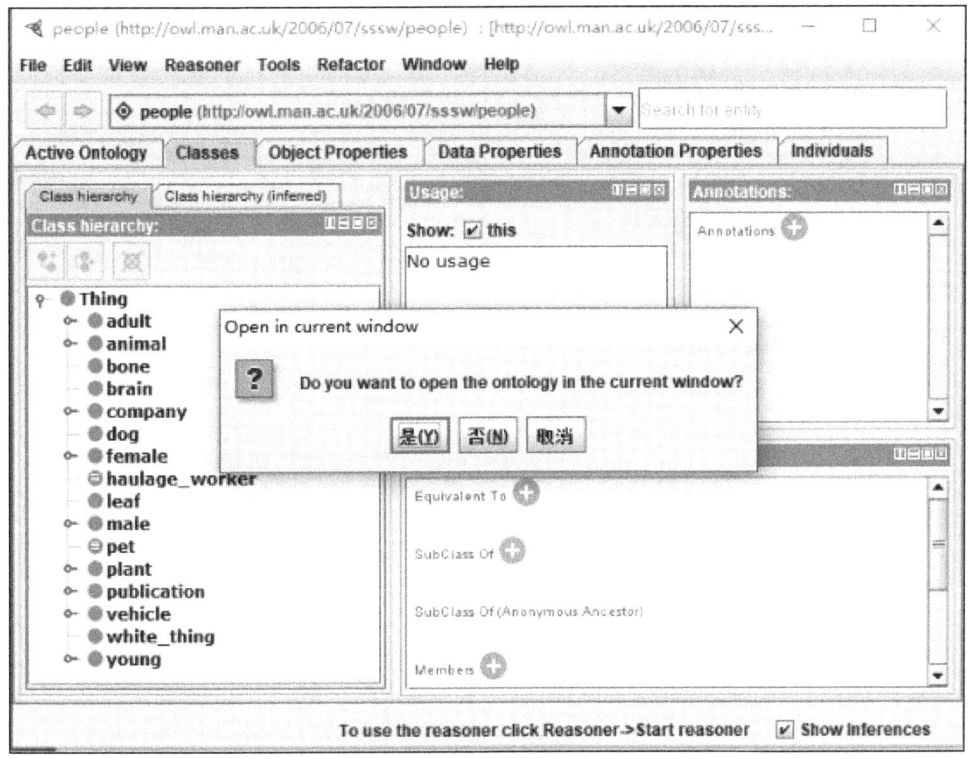

选择"是 (Y)",在当前工作空间加载下一本体文件 **travel.owl**。

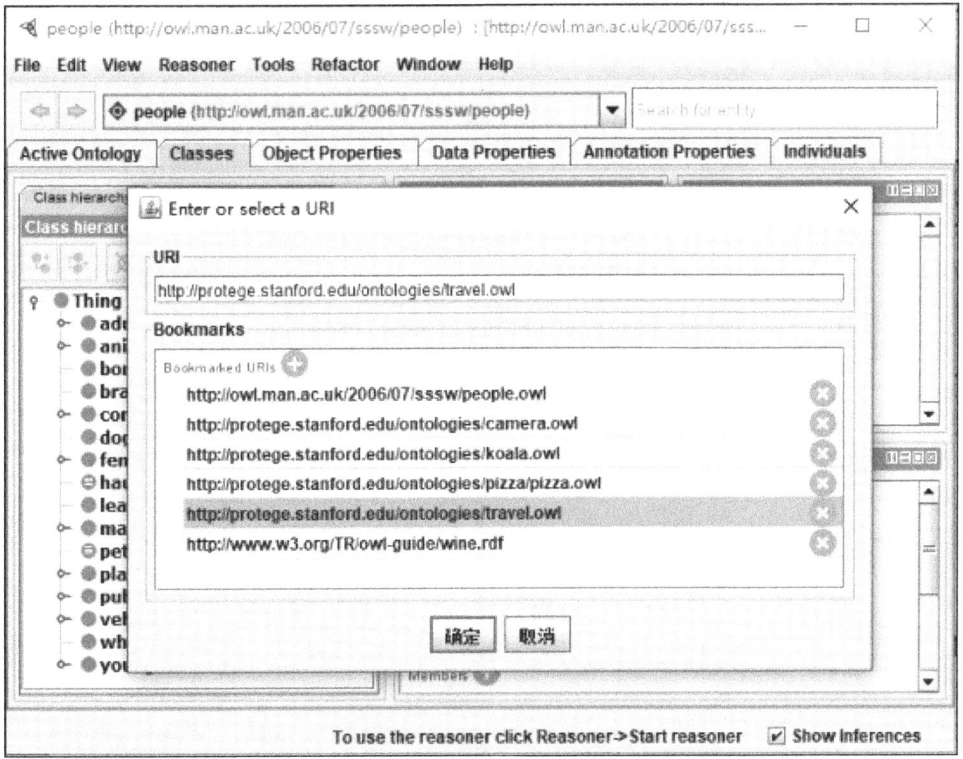

当前 Classes 面板出现 **travel.owl** 的概念结构。

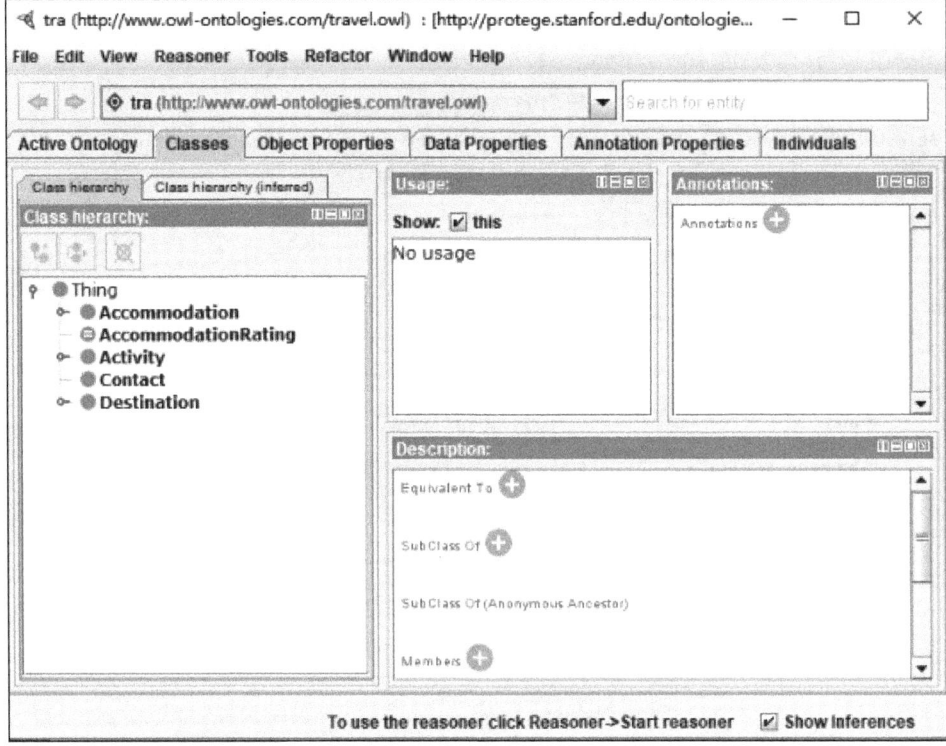

选择 Refactor->**Merge ontologies**。

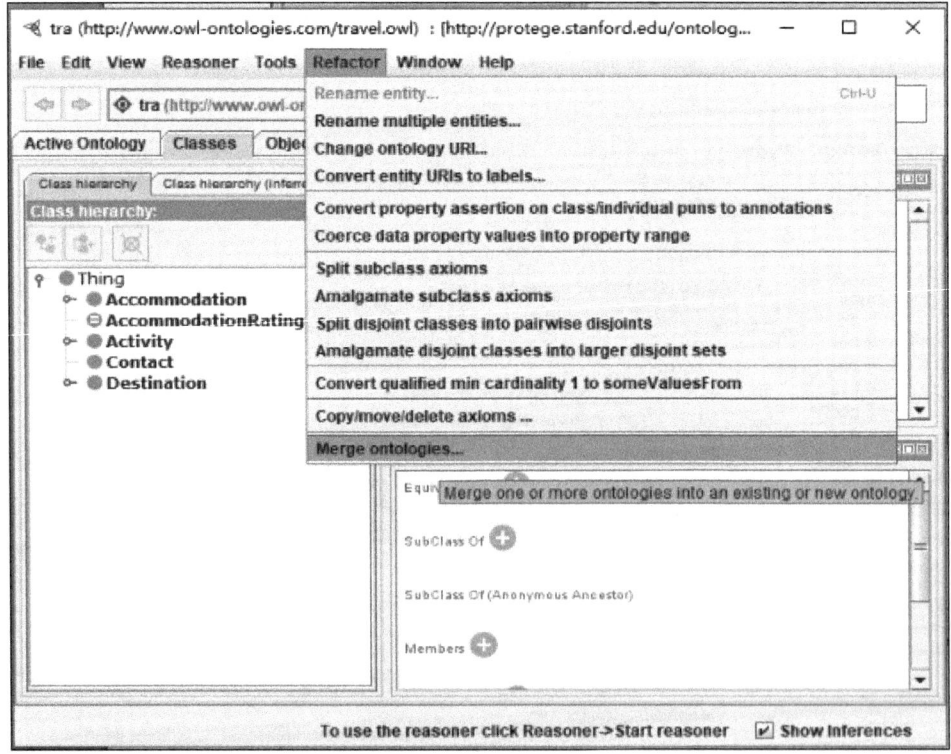

选定需要整合进另外本体的 **people.owl** 文件（前期导入的非 Active 本体）。

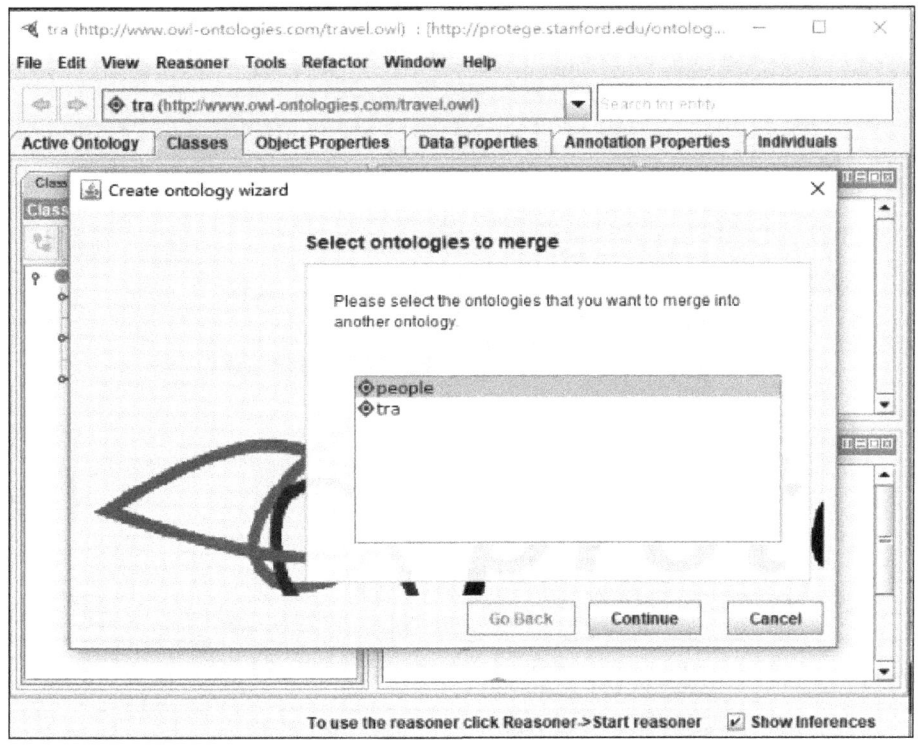

选择合并方式"**与现有本体合并**"。

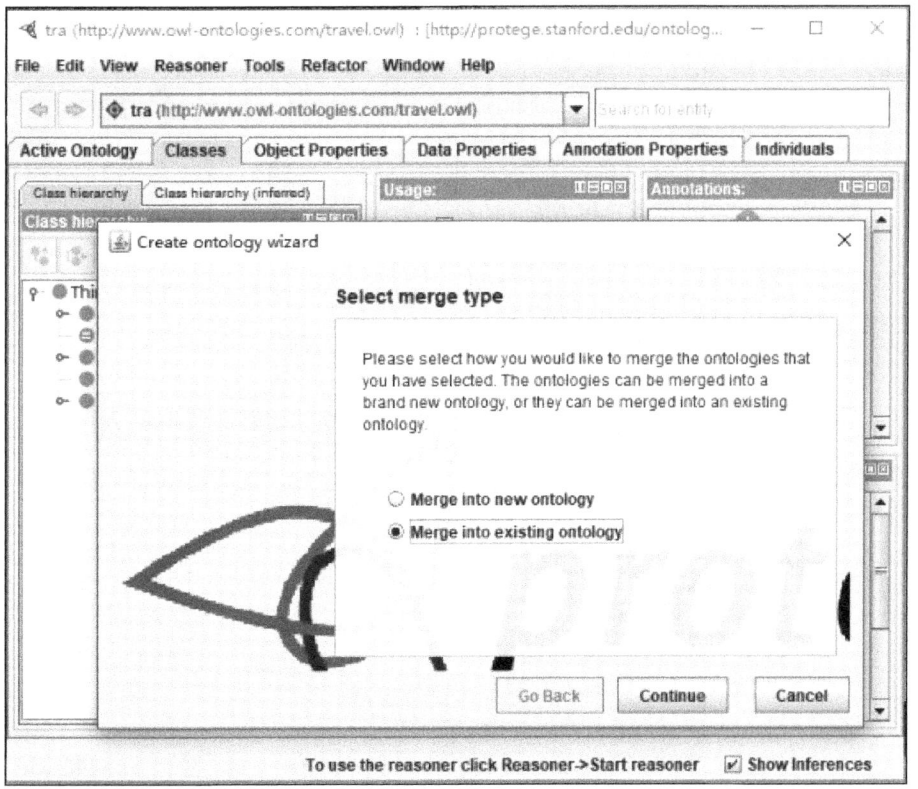

选择 **travel** 本体。

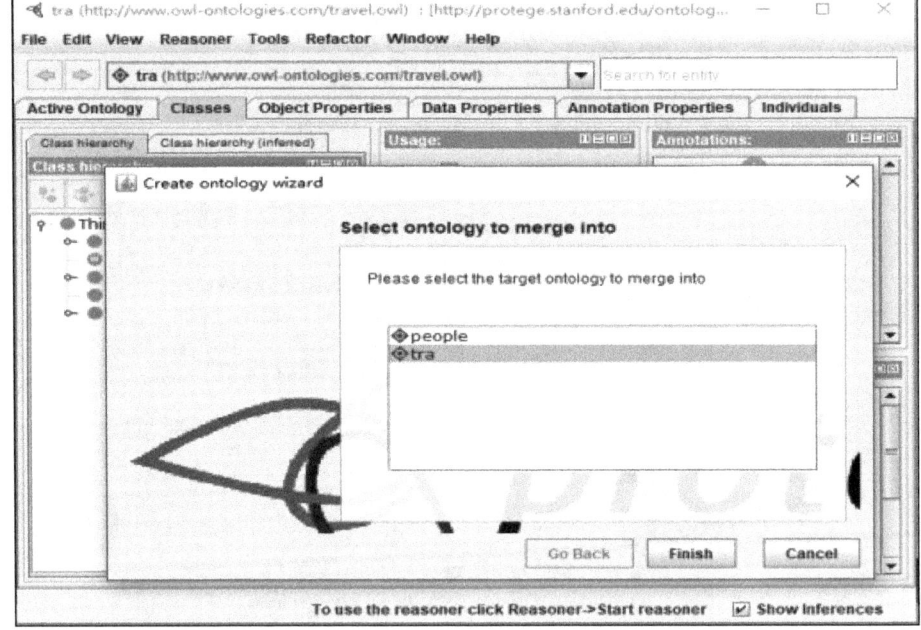

当前 Classes 面板出现 **travel.owl** 和 **people.owl** 概念的并集。

调整、删除或修改概念体系的结构关系，使其满足新的应用需求。

5. 数据批量导入

使用 Protege 构建的本体模型包含了领域概念的层次结构、概念的属性、概念间的关系及概念组合等内容的描述信息，此时的本体模型只是静态的领域知识组织结构，并不含有与日常生活相关的具体事物（实例）。本体模型要想发挥作用就必须将其他数据源中出现的实体概念关联到本体模型中，填充为个体实例，使实例间通过"主语–关系–宾语"三元组和"主语–属性–取值"三元组产生关联，形成知识网络。Tools->Create axiom from Excel workbook 菜单提供了 Excel 数据的批量导入功能，方便构建过程中小规模的实例填充。导入处理由 plugins 目录中的 cellfie 插件负责，该插件无法解析中文概念标识，适合英文本体的数据导入（可设置 rdfs:label 形式的中文标识），中文本体可使用 OWL API 程序实现数据的批量导入处理。下面以一个简单的英文本体为例介绍类和个体的常用导入方法，其他用法请参阅文献 [111-113]。本体 document.owl 包含两个类 Document、Department；一个关系 hasAuthor；一个属性 title 和一个实例 Microsoft，其结构如下图所示。

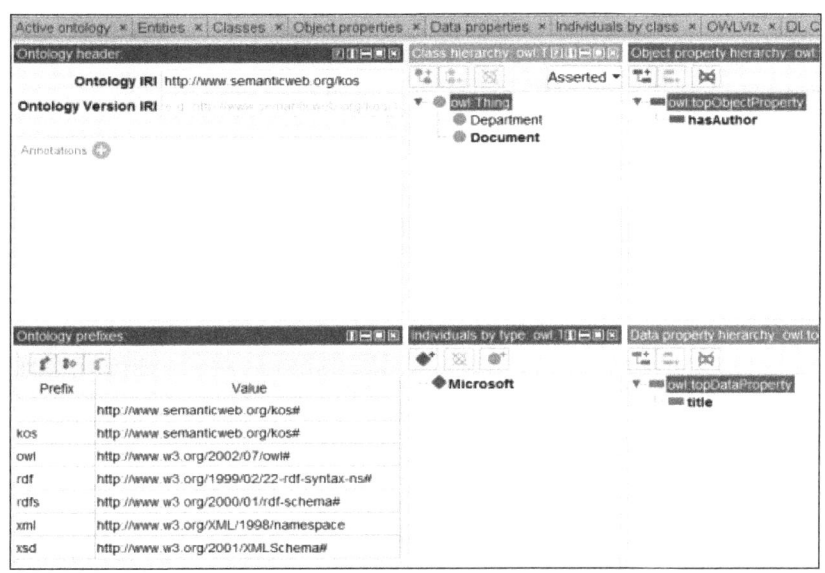

点击 Create axiom from Excel workbook 菜单，加载 doocument.xlsx 数据表，该表含有文献 ID、文献类型、标题、作者和机构 5 个列和 3 条数据，详情如下图所示。

	A	B	C	D	E
1	文献ID	文献类型	标题	作者	机构
2	doc1	Book	语义Web技术	Mary	W3C
3	doc2	Article	领域本体构建方法	John	谷歌
4	doc3	Patent	产品命名实体识别	Tom	微软
5					

（1）类关系的导入

表中 B 列为文献类型，点击导入界面的 Add 按钮，编写类的导入规则，详情如下图所示。

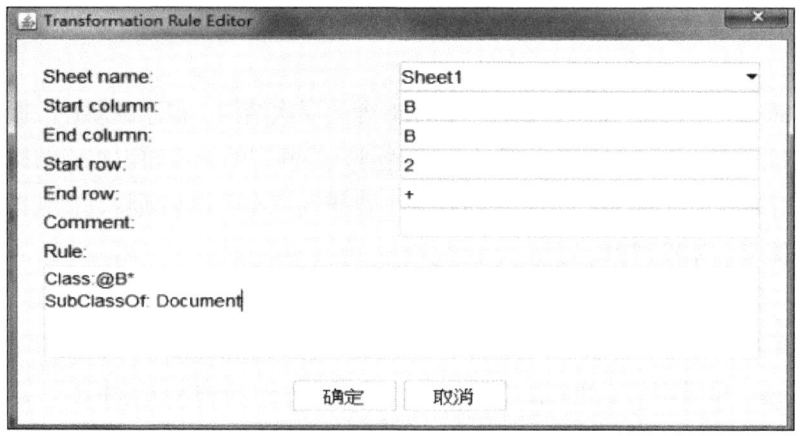

"Class:"为类标识,"@"为单元格引用标识,"B*"表示整个 B 列,由于文献子类并不包含 B1 单元格,需要设置 B 列导入的起始范围为 B2-B4。"SubClassOf:"为子类标识符,"Document"为本体模型中的概念类,可直接引用类标识,如果引用单元格内容,则需使用"@"符号。需要注意的是,SubClassOf: 与 Document 之间必须用空格分隔。规则编辑完成并确认后,会加入转换列表中,详情如下图所示。

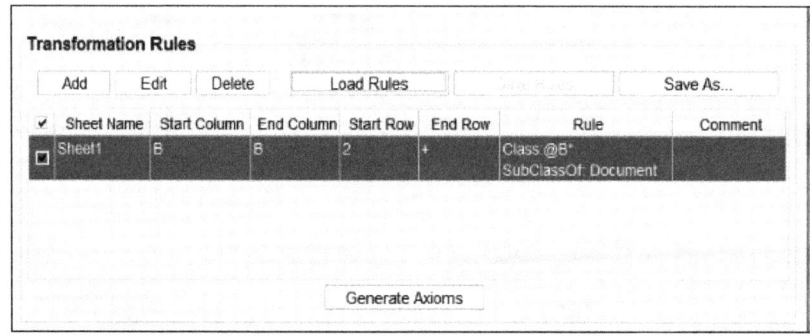

可以将所有的导入规则都编辑完成后统一处理,也可以单独转换,点击"Generate Axioms"按钮,转换成功后系统弹出下图结果信息。

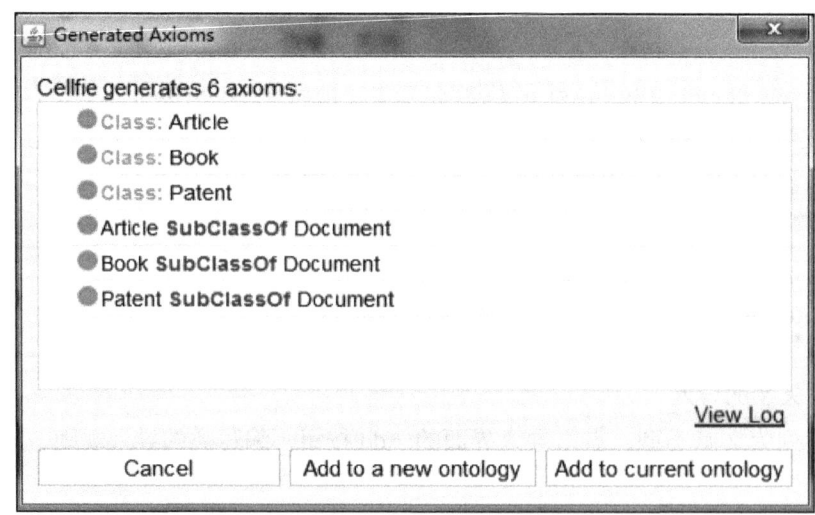

点击"Add to current ontology"按钮可将转换结果导入当前本体中,也可以选择"Add to a new ontology"生成一个包含导入结果的新本体。

(2)个体关系的导入

表中 A 列为文献个体的 ID,D 列为文献的作者,可使用本体中的 hasAuthor 对象属性为两列建立关联,规则形式如下图所示。

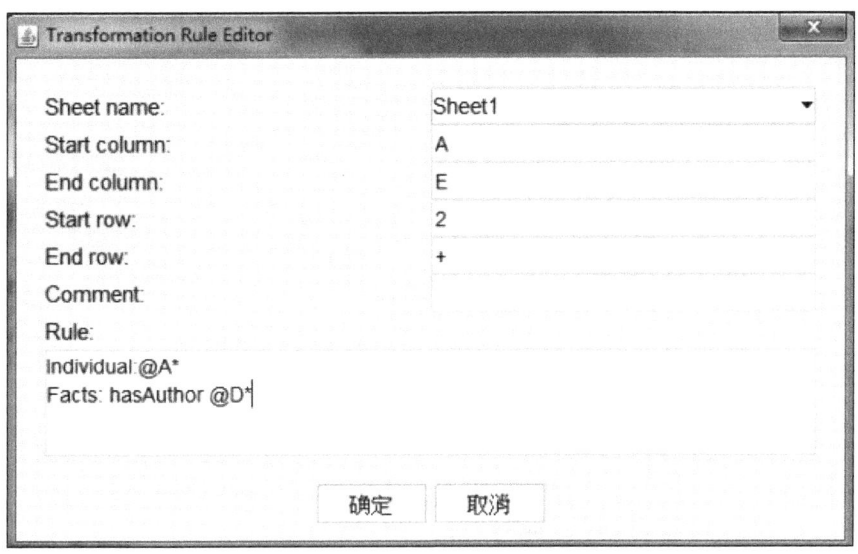

"Individual:"为个体标识,"@"为单元格引用标识,"A*"表示整个 A 列,由于个体实例不包含第一行,需要设置起始范围。"Facts:"为关系标识符,"@D*"表示 D 列所有单元格,需要注意,Facts:、hasAuthor 和 @D* 之间必须用空格分隔。规则编辑完成并确认后,点击"Generate Axioms"按钮,生成下列转换信息。由于 hasAuthor 为对象属性,D 列单元格中的文字自动转换为 Individual 个体。

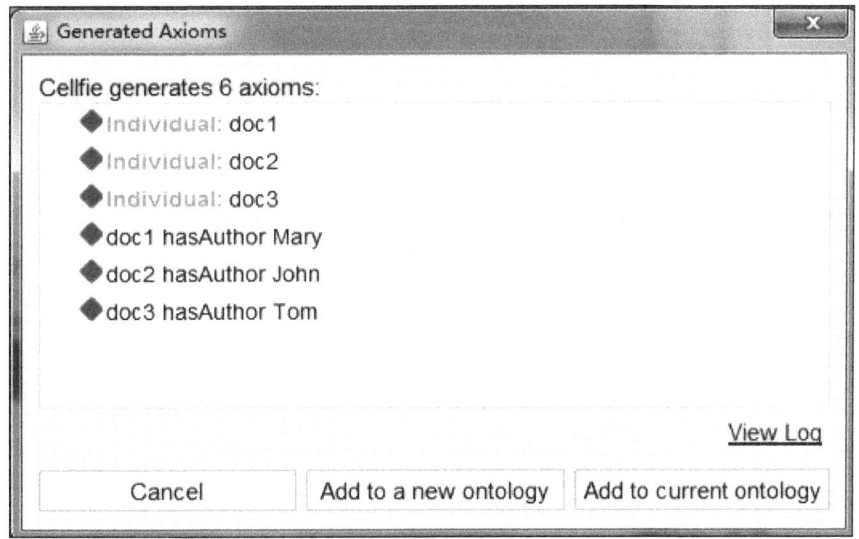

可根据需求将转换结果导入当前本体中或生成一个新本体。

（3）个体属性的导入

表中 A 列为文献个体的 ID，C 列为文献的标题，可使用本体中的 title 数据属性为两列建立关联，规则形式如下图所示。

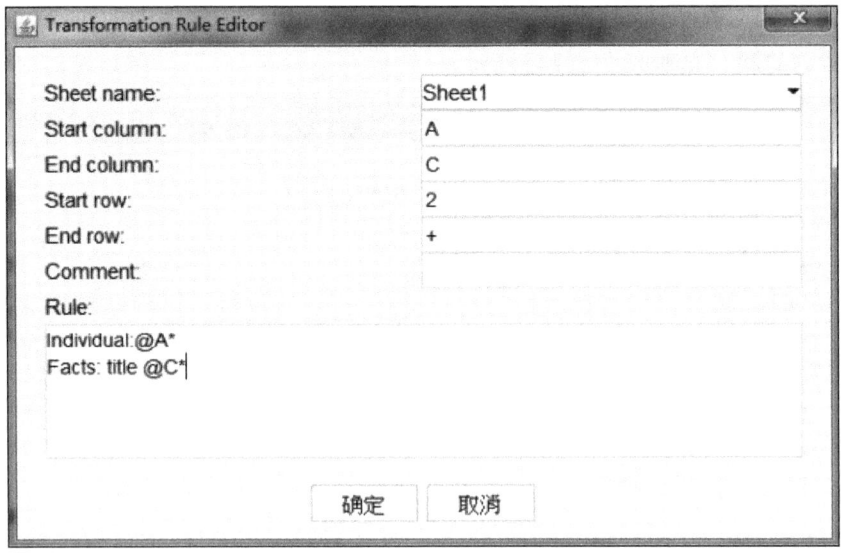

"Individual:"为个体标识，"@"为单元格引用标识，"A*"表示整个 A 列，由于个体实例不包含第一行，需要设置起始范围。"Facts:"为关系标识符，"@C*"表示 C 列所有单元格，需要注意，Facts:、title 与 @C* 之间必须用空格分隔。规则编辑完成并确认后，点击"Generate Axioms"按钮，生成下列转换信息。由于 title 为数据属性，C 列单元格中的文字自动转换为字符串。

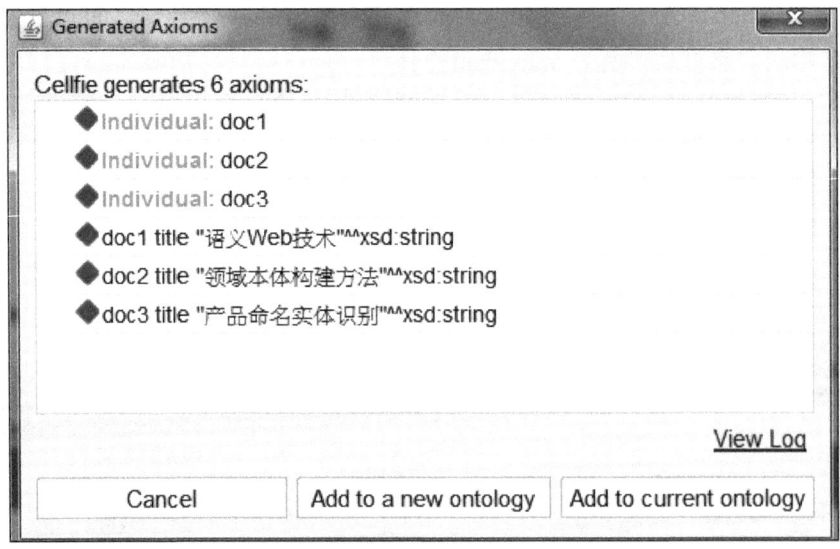

可根据需求将转换结果导入当前本体中或生成一个新本体。

（4）个体等同关系的导入

表中 E4 单元格中的文本"微软"与本体中的个体"Microsoft"相同，可使用 SameAs

标识为两列建立关联，规则形式如下图所示。

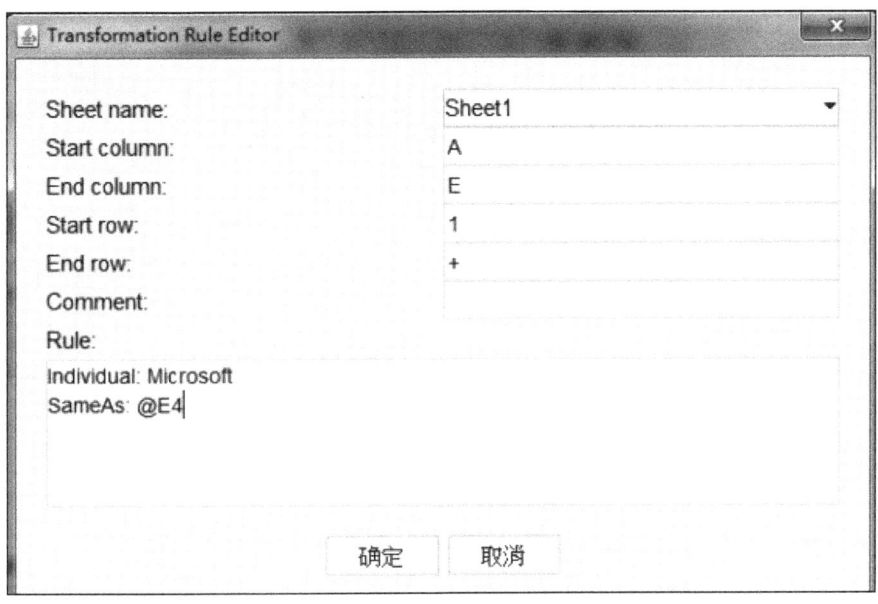

"Individual:"为个体标识，"Microsoft"为本体中的个体，二者用空格分隔。"SameAs:"为等同标识符，"@E4"为引用单元格，二者用空格分隔。规则编辑完成并确认后，点击"Generate Axioms"按钮，生成下列转换信息。由于 SameAs 连接两个个体，E4 单元格中的文字自动转换为个体。

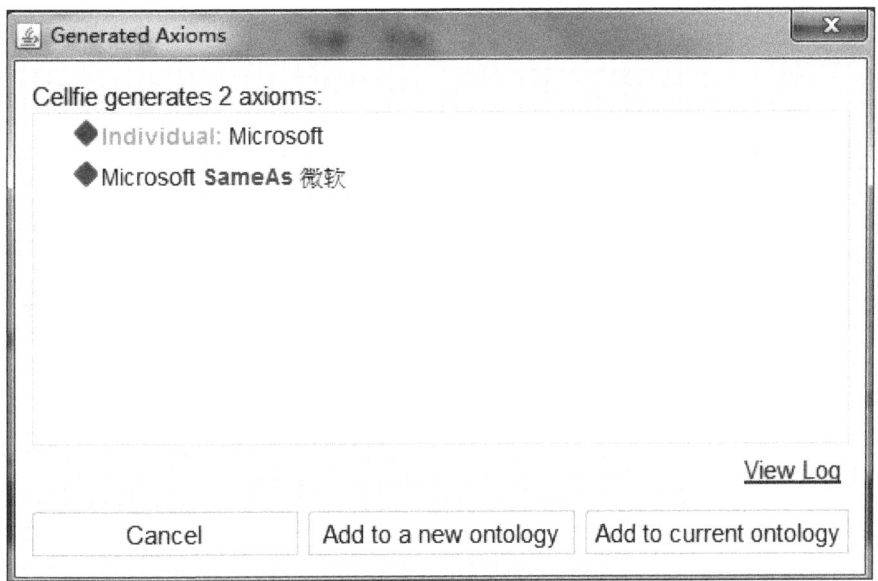

可根据需求将转换结果导入当前本体中或生成一个新本体。

（5）类个体的批量导入

表中 E2-E4 单元格为作者机构信息，可标识为 Department 类的个体实例，规则形式如下图所示。

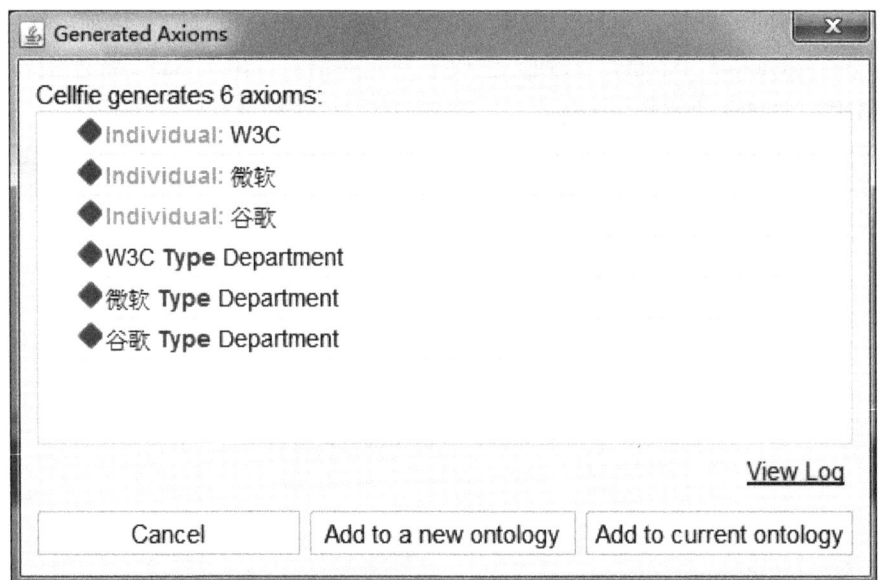

"Individual:"为个体标识,"@E*"为整个 E 列单元格,由于个体实例不包含第一行,需要设置起始范围。"Types:"为类型标识符,"Department"为本体类,二者用空格分隔。规则编辑完成并确认后,点击"Generate Axioms"按钮,生成下列转换信息。

可根据需求将转换结果导入当前本体中或生成一个新本体。

6. 常用菜单功能

为了配合面板的使用,Protege 提供了丰富的菜单选项,主要涉及系统配置、功能插件选用、概念节点修改、本体结构展示、推理机设置、本体结构调整及面板布局等功能。

一些与本体构建密切相关的功能菜单，已在前面的示例部分介绍，下面介绍几个提高易用性和外观效果的常用菜单。

（1）插件管理

Protege 是一个集成化的本体编辑和管理工具，它采用插件注册和调用机制，Protege 主要提供外观显示、插件组织、推理机访问和功能调用的框架结构，大部分业务功能都由相应的插件来完成。File->Check for plugins 菜单用于下载和管理各种功能插件，该模块自动与网络上的 Protege 插件库保持通信，定期检测最新插件并完成更新。插件管理器的界面如下图所示。

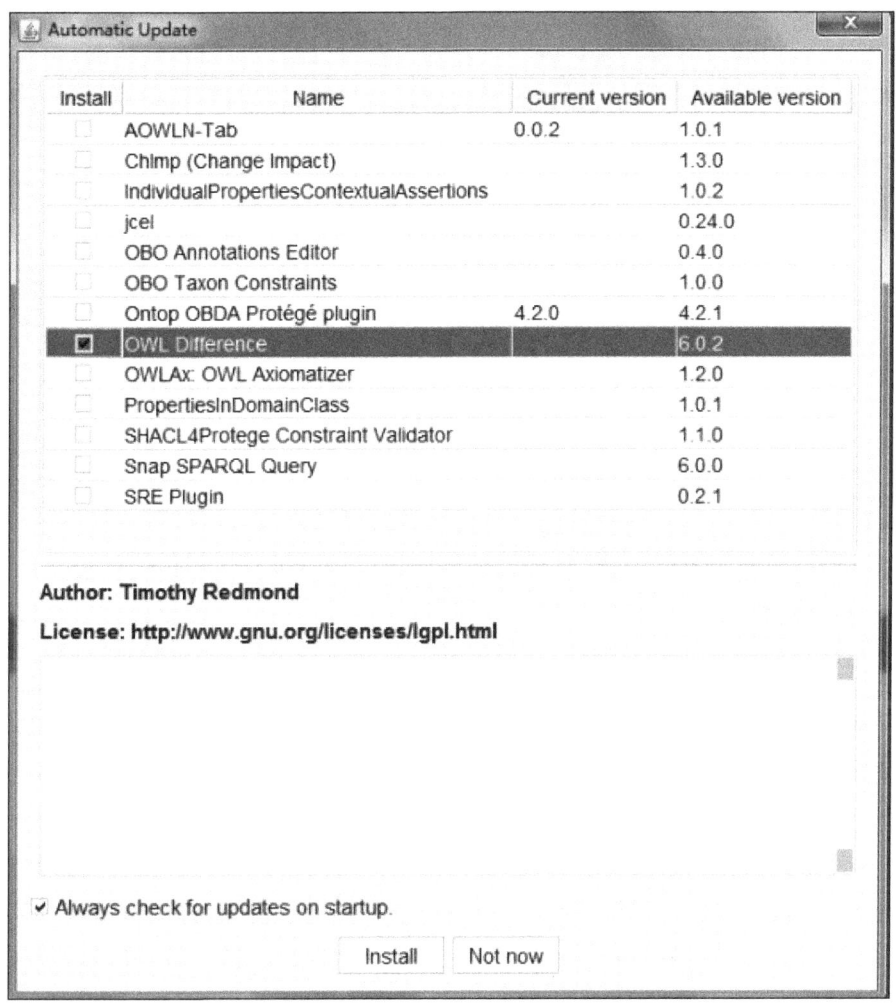

更新下载后的插件保存在 Protege 目录的 plugins 文件夹下，Protege 启动时检测 plugins 下的所有插件，使各插件保持注册状态，用户使用时需要在插件管理器中选择相应的功能插件，然后由系统将其加载到 Tab 面板中显示。

（2）系统配置

系统配置可以通过 File->Preference 和 Reasoner->Configure 两种方式打开，配置面板

集中了各种模块的一站式管理功能，其中词汇 IRI、插件、推理机、外观显示等模块最常用。词汇 IRI 面板可以更改本体概念的命名空间，插件面板可以查看已安装注册的可用插件，显示模块可以配置界面字体大小等信息。推理机面板为本体的结构化推理提供了丰富的定制方案，能够控制参与推理的结构元素的数量，从而优化推理效率，其配置详情如下图所示。

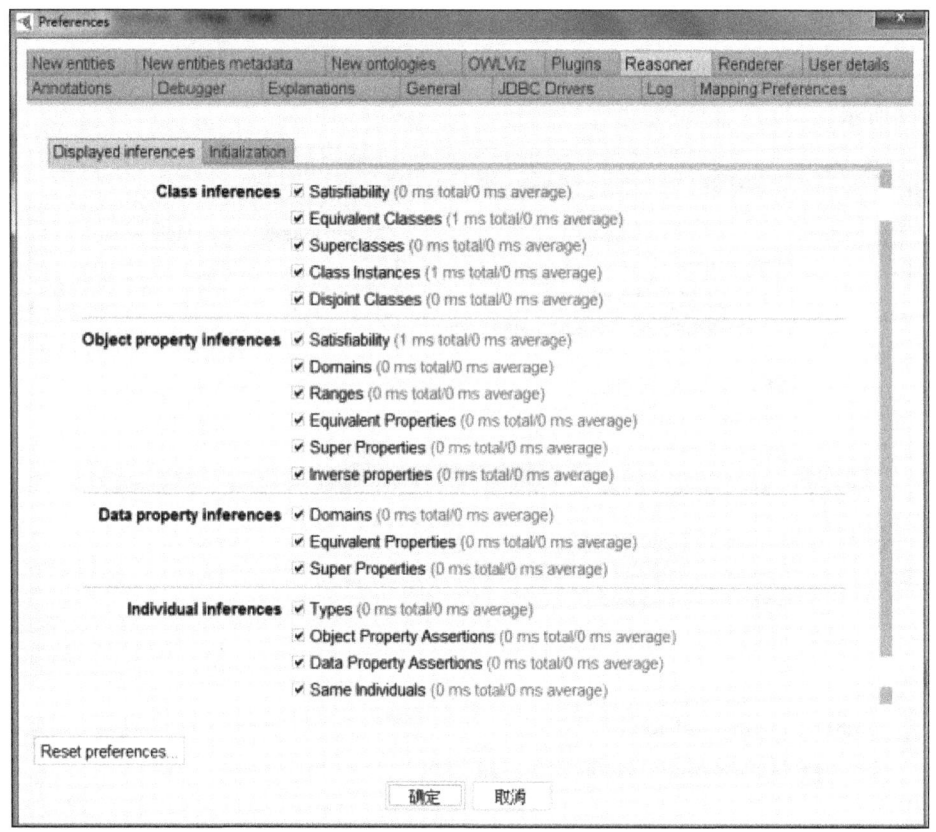

（3）概念的显示模式

在构建 OWL 本体时，为了方便查看和管理概念，应当根据需要来设计唯一标识符。用来标识概念资源的标识符可以使用概念词汇，也可以使用概念序号或其他符合 IRI 规范的命名形式。概念资源的 IRI 仅作为唯一标识符使用，并不含有语义信息，要说明概念节点的含义，通常为其添加 rdfs:label 属性，使用词汇来描述。浏览 Protege 的 View 菜单，可以看到"by entity IRI short name(id)""by prefixed name""by label(rdfs:label)"等多种形式的概念显示模式。默认情况下，构建的本体概念采用"IRI short name(id)"显示，如下图所示。

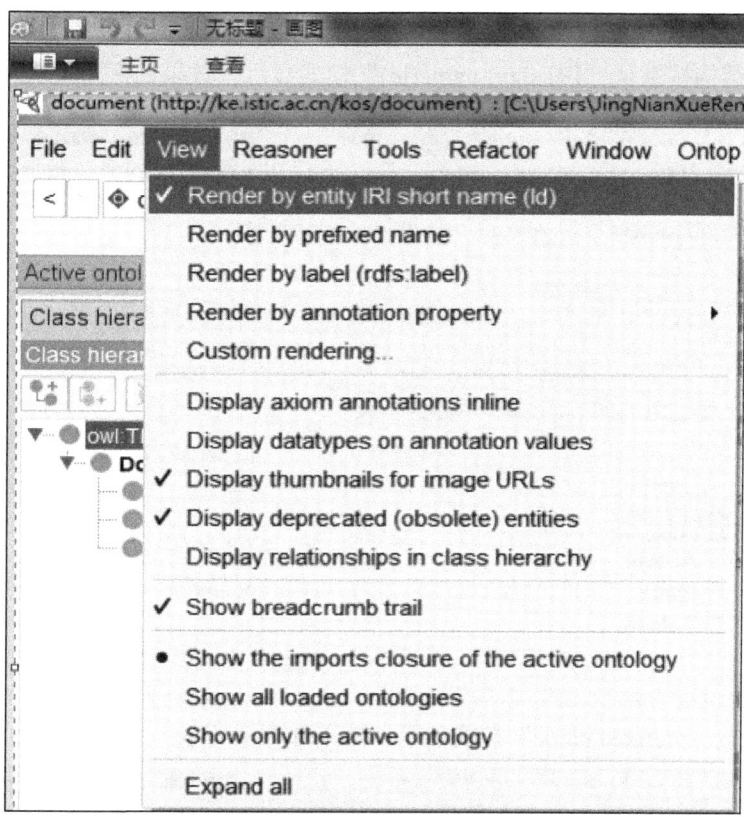

如果为概念节点设置了其他语言标签，可以通过 View 菜单切换到所需的显示模式。例如，下图所示的 Document 本体，本体中构建的类、关系、属性及个体等概念资源，都以 doc 指向的 IRI 为命名空间。

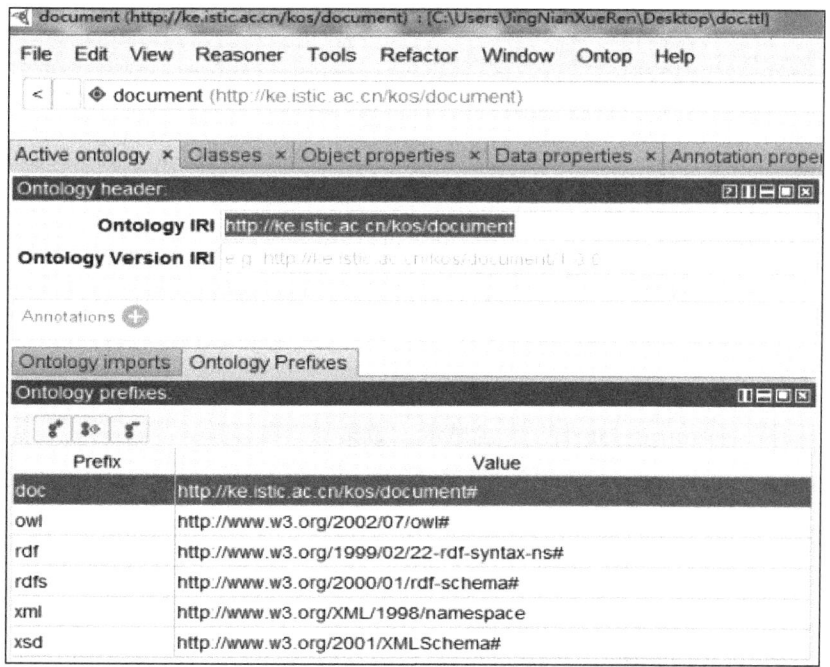

Document 本体包含 3 个子类 Article、Book 和 Patent，每个子类分别设置了中英文描述标签。本体结构按默认"IRI short name(id)"模式显示，效果如下图所示。

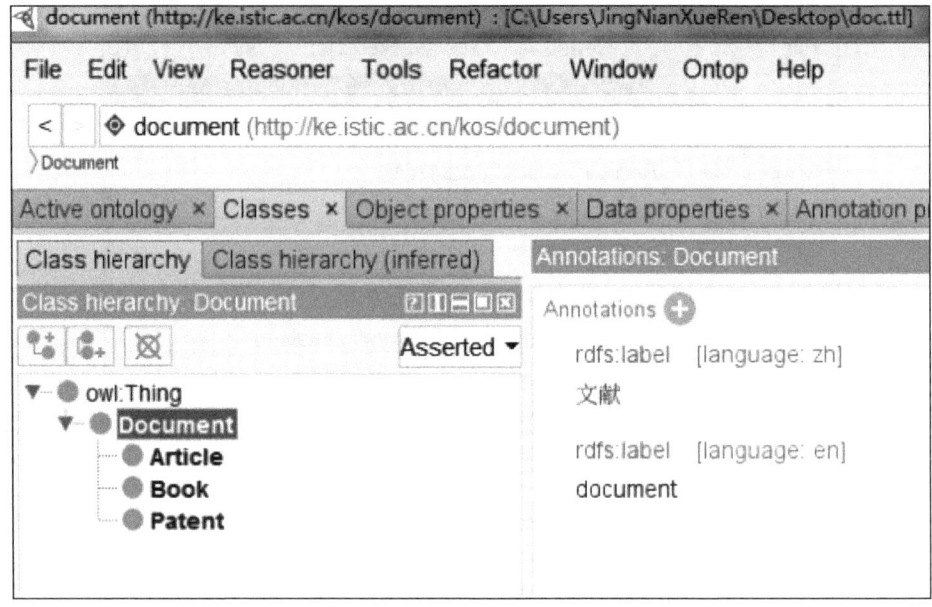

本体结构按"prefixed name"模式显示，效果如下图所示。

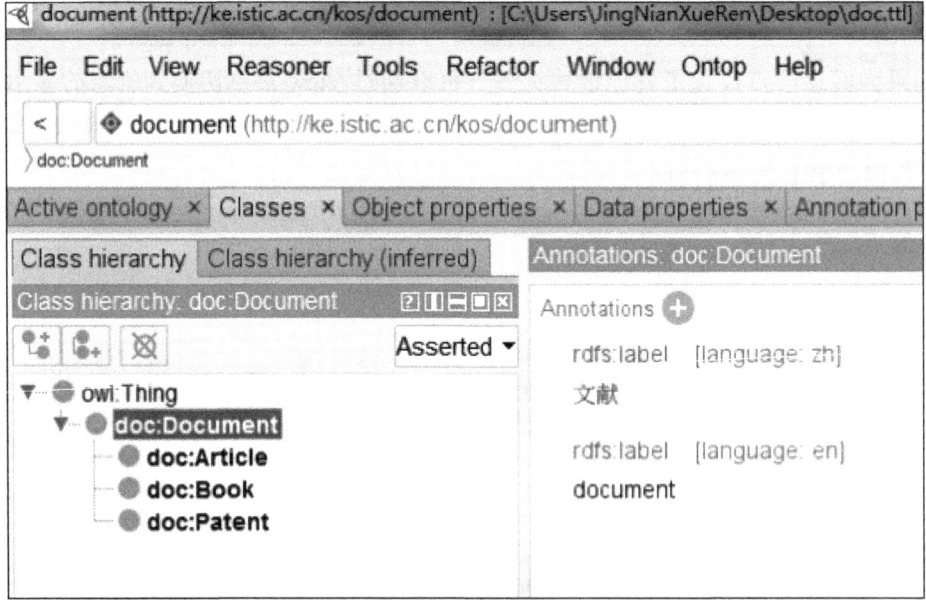

本体结构按"label(rdfs:label)"模式显示，效果如下图所示。

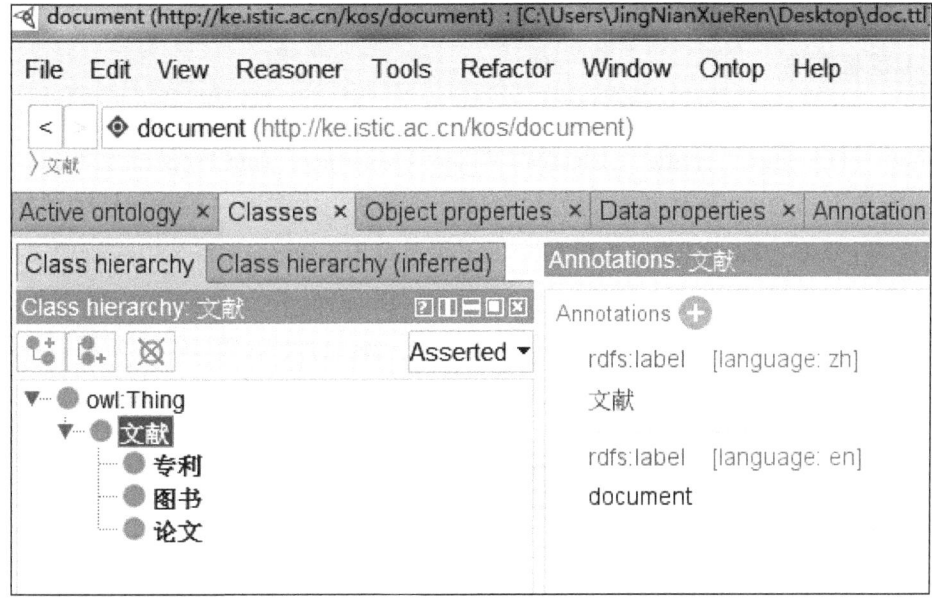

(4) 概念节点修改

一个概念资源以 IRI 为标识符,将语义相关的联系、属性、描述整合在一起。如果使用中发现 IRI 标识设置不当,则可以在不改变其关联特性的基础上修改完善,Refactor->Rename entity 菜单提供了单个概念节点的修改功能,下图展示了 Document 节点的修改方法。

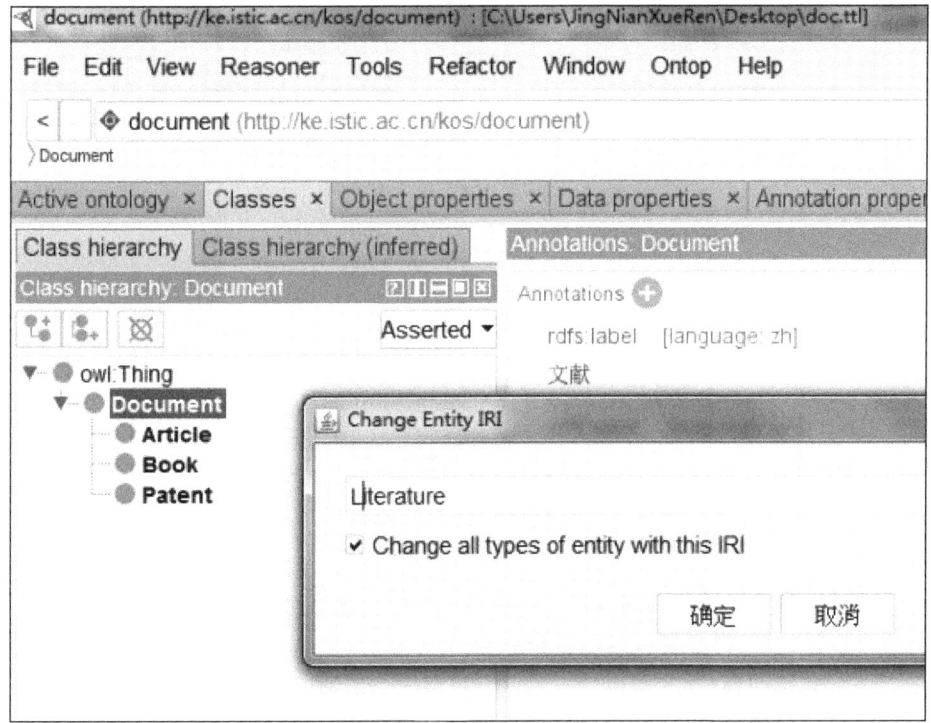

如果需要大量修改节点标识,可以使用 Refactor->Rename multiple entities 菜单批量替

换,如修改命名空间或 IRI 中的某个目录片段。

(5)面板布局

面板(Tab)是 Protege 中组织核心功能的界面,Protege 启动后的默认模式通常都会包含 Active Ontology、Entities、Classes、Object Properties、Data Properties 及 Individuals by class 等几个与 OWL 本体构建相关的面板。如果使用中需要一些增强性的功能面板,可以通过 Window->Tabs 菜单进行添加,Tabs 菜单列出了 Plugins 目录中注册的以面板形式提供的可用功能,SPARQL 查询、SWRL 编辑、Datatype 构建及 OWL 结构展示等高级功能都可以通过 Tabs 菜单加载到 Protege 框架中。Tabs 菜单的结构如下图所示。

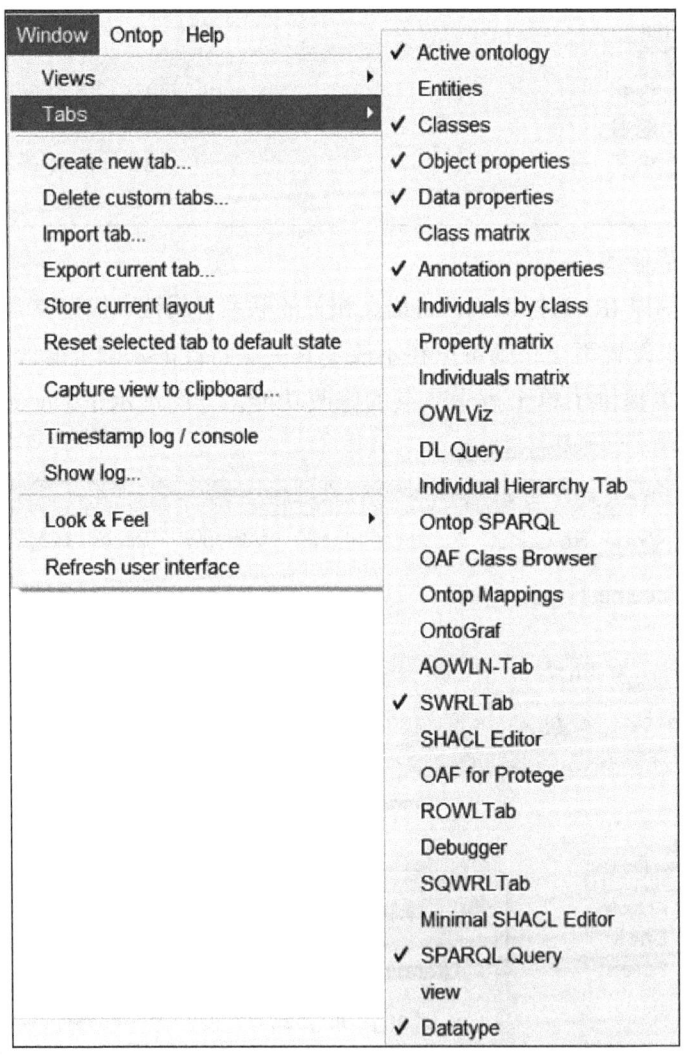

Tabs 面板可看作相关功能组织的容器,一些与具体特性有关的细节信息主要由 View 视图提供。每个 Tabs 面板通常包含若干个描述分面特性的视图(View)。Window->Views 菜单按 Tabs 面板的功能对视图做了分类整理,使用中需要更多的功能特性时,可按面板功能添加所需的 View 视图。View 视图菜单的结构如下图所示。

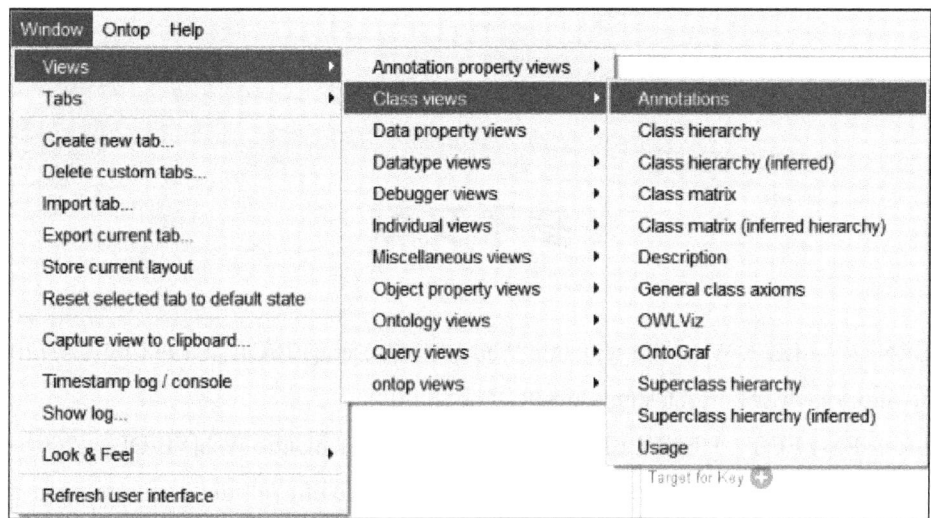

如果使用中没有合适的功能面板，可以通过 Window->Create new tab 菜单自己定制。例如，为了方便操作，下面创建了一个 View 面板，将本体构建中分散展示的类视图、关系视图、属性视图、实例视图和描述视图组织到同一个界面中。

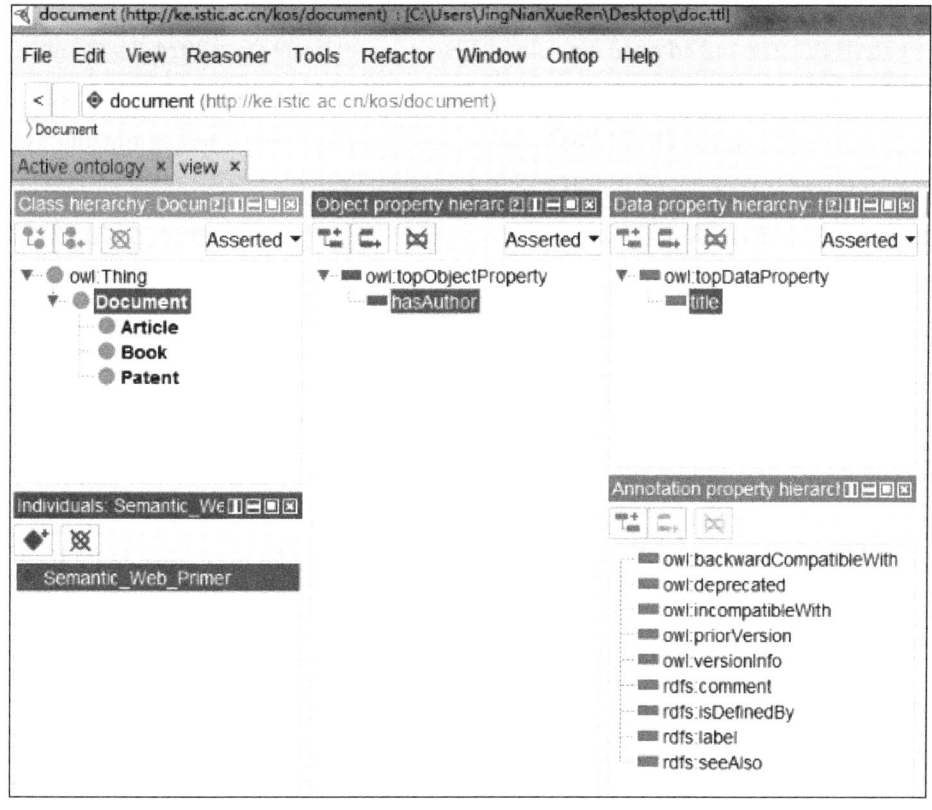

参考文献

[1] BERNERS-LEE T. What the semantic Web can represent[EB/OL].（1998-09-17）[2024-06-14]. http://www.w3.org/DesignIssues/RDFnot.html.

[2] BERNERS-LEE T，HENDLER J，LASSILA O. The semantic Web[EB/OL].（2001-05-01）[2024-06-14]. http://www.scientificamerican.com/article.cfm?id=the-semantic-web.

[3] OntoWeb Network，DARPA Program. 1st International Semantic Web Conference（ISWC2002）[EB/OL].（2002-06-25）[2024-06-11]. http://iswc2002.semanticweb.org/.

[4] BERNERS-LEE T. Linked data[EB/OL].（2009-06-18）[2024-06-14]. http://www.w3.org/DesignIssues/LinkedData.html.

[5] MCCRAE P J. The linked open data cloud[EB/OL].（2023-09-03）[2024-06-11]. https://lod-cloud.net/#about.

[6] Semantic web stack[EB/OL].（2015-09-17）[2017-09-11]. https://en.wikipedia.org/wiki/Semantic_Web_Stack/.

[7] The semantic web technology stack[EB/OL]. [2020-02-12]. http://linkeddatadeveloper.com/Projects/Linked-Data/media/fig11.2.png.

[8] MARSH J，TOBIN R. XML base（Second Edition）[EB/OL].（2009-01-28）[2024-06-11]. http://www.w3.org/TR/xmlbase/.

[9] The Unicode Consortium. The Unicode® Standard Version 12.0 – Core Specification[EB/OL]. [2019-12-24]. http://www.unicode.org/versions/Unicode12.0.0/UnicodeStandard-12.0.pdf.

[10] KAY M. XSL transformations（XSLT）Version 3.0[EB/OL]. [2022-05-06]. https://www.w3.org/TR/xslt-30/.

[11] KAY M. XSLT 程序员参考手册（原书第 2 版）[M]. 朱冬东，吕俊辉，李玫，等译. 北京：机械工业出版社，2002.

[12] Apache Software Foundation. Xalan XSL transformer user's guide[EB/OL].（2023-04-04）[2024-06-11]. https://xalan.apache.org/xalan-j/index.html.

[13] ORACLE. Java API for XML processing（JAXP）tutorial[EB/OL]. [2024-06-11]. https://www.oracle.com/java/technologies/jaxp-xslt.html.

[14] KAY H M. SAXON: The XSLT and XQuery processor[EB/OL].（2023-01-12）[2024-06-11].

http://saxon.sourceforge.net/.

[15] CYGANIAK R, WOOD D, LANTHALER M. RDF 1. 1 concepts and abstract syntax[EB/OL].（2014-02-25）[2022-01-24]. https://www. w3. org/TR/rdf11-concepts/.

[16] BRICKLEY D, GUHA V R. RDF schema1. 1[EB/OL].（2014-02-25）[2022-01-24]. http://www. w3. org/TR/rdf-schema/.

[17] HAYES P J, PATEL-SCHNEIDER P F. RDF 1. 1 semantics [EB/OL].（2014-02-25）[2022-01-24]. https://www. w3. org/TR/rdf11-mt/.

[18] KESTEREN V A, GREGOR A, MS2GER, et al. DOM[EB/OL].（2024-06-05）[2024-06-11]. https://dom.spec.whatwg.org/.

[19] W3C XML schema datatypes reference[EB/OL]. [2022-05-06]. https://www. xml. com/pub/a/2000/11/29/schemas/dataref. html.

[20] SCHREIBER G, RAIMOND Y. RDF 1. 1 primer[EB/OL].（2014-02-25）[2022-01-24]. https://www. w3. org/TR/rdf11-primer/.

[21] MCGUINNESS L D, HARMELEN V F. OWL web ontology language overview[EB/OL].（2004-02-10）[2017-09-11]. http://www. w3. org/TR/owl-features/.

[22] HITZLER P, KRÖTZSCH M, PARSIA B, et al. OWL2 web ontology language primer（Second edition）[EB/OL].（2012-12-11）[2017-09-11]. http://www. w3. org/TR/owl2-primer/.

[23] PATEL-SCHNEIDER F P, MOTIK B. OWL2 web ontology language mapping to RDF graphs（Second edition）[EB/OL].（2012-12-11）[2017-09-11]. https://www. w3. org/TR/owl2-mapping-to-rdf/.

[24] GANDON F, SCHREIBER G. RDF 1. 1 XML syntax[EB/OL].（2014-02-25）[2022-11-03]. https://www. w3. org/TR/rdf-syntax-grammar/.

[25] ISAAC A, SUMMERS E. SKOS simple knowledge organization system primer[EB/OL].（2009-08-18）[2017-09-11]. http://www. w3. org/TR/skos-primer/.

[26] MILES A, BECHHOFER S. SKOS simple knowledge organization system reference[EB/OL].（2009-08-18）[2017-09-11]. http://www. w3. org/TR/skos-reference/.

[27] 国家图书馆《中国图书馆分类法》编辑委员会. 中国分类主题词表 [M]. 3 版. 北京：国家图书馆出版社，2017.

[28] GOURLEY D, TOTTY B, SAYER M, 等. HTTP 权威指南 [M]. 陈涓，赵振平，译. 北京：人民邮电出版社，2012：51.

[29] 王达. 深入理解计算机网络 [M]. 北京：机械工业出版社，2013.

[30] HEATH T, BIZER C. Linked data: evolving the Web into a global data space[EB/OL]. [2024-06-11]. http://linkeddatabook.com/editions/1.0/.

[31] W3C. Cool URIs for the semantic Web[EB/OL].（2008-12-03）[2024-06-11]. https://www.

[32] The DataHub. Category: DATA MANAGEMENT[EB/OL]. [2024-06-11]. https://www.thedatahub.org/.

[33] Wikimedia Foundation. Wikipedia encyclopedia[EB/OL]. [2024-06-11]. https://encyclopedia.thefreedictionary.com/.

[34] DBpedia Association. DBpedia[EB/OL]. [2024-06-14]. https://www.dbpedia.org/.

[35] CYGANIAK R. Creating an RDF vocabulary: lessons learned[EB/OL]. (2011-03-07)[2022-11-01]. http://richard.cyganiak.de/blog/2011/03/creating-an-rdf-vocabulary/.

[36] sameAs-Interlinking the web of data[EB/OL]. [2022-11-01]. http://sameas.org/.

[37] CYGANIAK R. Accessing relational databases as virtual RDF graphs[EB/OL]. [2024-06-11]. http://d2rq.org/d2r-server/.

[38] OpenLink Software. OpenLink virtuoso[EB/OL]. [2017-12-19]. https://virtuoso.openlinksw.com/.

[39] GitHub. Pubby[EB/OL]. [2017-12-19]. https://github.com/cygri/Pubby.

[40] The W3C SPARQL Working Group. SPARQL 1.1 overview[EB/OL]. (2013-03-21)[2017-09-11]. http://www.w3.org/TR/sparql11-overview/.

[41] HARRIS S, SEABORNE A. SPARQL 1.1 query language[EB/OL]. (2013-03-21)[2017-10-24]. http://www.w3.org/TR/sparql11-query/.

[42] W3C. SCHEMA.ORG community group[EB/OL]. [2024-06-19]. https://www.w3.org/community/schemaorg/.

[43] schema.org. schema blog[EB/OL]. [2022-10-27]. http://blog.schema.org/.

[44] ADIDA B, BIRBECK M, MCCARRON S, et al. RDFa core 1.1 - Third edition[EB/OL]. (2015-03-17)[2022-07-26]. https://www.w3.org/TR/2015/REC-rdfa-core-20150317/.

[45] HERMAN I, ADIDA B, SPORNY M, et al. RDFa 1.1 primer - Third edition[EB/OL]. (2015-03-17)[2022-07-26]. https://www.w3.org/TR/2015/NOTE-rdfa-primer-20150317/.

[46] HERMAN I. RDFa core initial context[EB/OL]. (2020-05-09)[2024-06-12]. https://www.w3.org/2011/rdfa-context/rdfa-1.1.

[47] HERMAN I. RDFa 1.1 Distiller and Parser[EB/OL]. (2022-06-21)[2022-11-01]. https://www.w3.org/2012/pyRdfa/.

[48] ARCHER P, SMITH K, PEREGO A. Protocol for web description resources (POWDER): description resources[EB/OL]. (2009-09-01)[2022-08-26]. https://www.w3.org/TR/powder-dr/.

[49] KONSTANTOPOUL S, ARCHER P. Protocol for web description resources (POWDER):

formal semantics[EB/OL]. (2009-09-01) [2022-08-26]. https://www. w3. org/TR/powder-formal/.

[50] CONNOLLY D. Gleaning resource descriptions from dialects of languages (GRDDL) [EB/OL]. (2007-09-11) [2022-08-26]. https://www. w3. org/TR/grddl/.

[51] GANDON F . GRDDL use cases: scenarios of extracting RDF data from XML documents[EB/OL]. (2007-04-06) [2022-08-26]. https://www. w3. org/TR/grddl-scenarios/.

[52] HALPIN H, DAVIS I. GRDDL primer[EB/OL]. (2007-06-28) [2022-08-26]. https://www. w3. org/TR/grddl-primer/.

[53] CYGANIAK R, BIZER C. Pubby-A linked data frontend for SPARQL endpoints[EB/OL]. [2021-09-15]. http://wifo5-03.informatik.uni-mannheim.de/pubby/.

[54] 俞宣孟. 本体论研究 [M]. 上海：上海人民出版社，2005：50-60.

[55] 俞吾金. 本体论研究的复兴和趋势 [J]. 浙江学刊，2002（1）：46-52.

[56] GRIBER R T. A translation approach to portable ontologies[J]. Knowledge acquisition, 1993, 5 (2): 199-220.

[57] BORST P, AKKERMANS H, TOP J. Engineering ontologies[J]. International journal of human-computer studies, 1997, 46 (2-3): 365-406.

[58] 陈静. 基于本体的信息抽取研究 [D]. 苏州：苏州大学，2007.

[59] 李健康，张春辉. 本体研究及其应用进展 [J]. 图书馆论坛，2004，（6）：80-86.

[60] BRICKLEY D, MILLER L. FOAF vocabulary specification 0.99 [EB/OL]. (2014-01-14) [2022-06-06]. http://xmlns. com/foaf/spec/.

[61] 马文峰，杜小勇. 数字资源整合：理论方法与应用 [M]. 北京：北京图书馆出版社，2007：63.

[62] NOY F N, MCGUINNESS L D. Ontology development 101: A guide to creating your first ontology[EB/OL]. [2020-09-24]. http://www. ksl. stanford. edu/people/dlm/papers/ontology101/ontology101-noy-mcguinness. html.

[63] The Apache Software Foundation. Jena framework architecture[EB/OL]. [2024-06-13]. http://jena.apache.org/getting_started/index.html.

[64] Protege-OWL API programmer's guide[EB/OL]. [2017-12-15]. https://protegewiki. stanford. edu/wiki/ProtegeOWL_API_Programmers_Guide.

[65] University of Manchester. The OWL API[EB/OL]. [2024-06-19]. http://owlcs.github.io/owlapi/.

[66] SourceForge. The SKOS API[EB/OL]. [2024-06-19]. http://skosapi.sourceforge.net/.

[67] SourceForge. Sesame-Java RDF framework[EB/OL]. [2024-06-19]. https://sourceforge.net/projects/sesame/.

[68] Eclipse Foundation. The Eclipse RDF4J framework[EB/OL]. [2024-06-19]. https://rdf4j.org/about/.

[69] Eclipse Foundation. RDF4J server and workbench[EB/OL]. [2022-05-06]. https://rdf4j.org/documentation/tools/server-workbench/.

[70] SHAH U, FININ T, JOSHI A, et al. Information retrieval on the semantic web[C]//Proceedings of the Eleventh International Conference on Information and Knowledge Management. New York: ACM, 2002: 461-468.

[71] MOTIK B, GRAU B C, HORROCKS I, et al. OWL2 web ontology language profiles[EB/OL].（2012-12-11）[2017-12-15]. http://www.w3.org/TR/owl2-profiles/.

[72] Wikipedia. F-logic[EB/OL]. [2017-12-15]. http://en.wikipedia.org/wiki/F-logic.

[73] Wikipedia. Description logic[EB/OL]. [2017-12-15]. https://en.wikipedia.org/wiki/Description_logic.

[74] Wikipedia. Tbox[EB/OL]. [2017-12-15]. http://en.wikipedia.org/wiki/Tbox.

[75] Wikipedia. Abox[EB/OL]. [2017-12-15]. http://en.wikipedia.org/wiki/Abox.

[76] HAARSLEV V, HIDDE K, MÖLLER R, et al. The RacerPro knowledge representation and reasoning system[J]. Semantic Web, 2012, 3（3）: 267-277.

[77] MOTIK B, STUDER R. KAON2-A scalable reasoning tool for the semantic Web[C]//Proceedings of the 2nd European Semantic Web Conference（ESWC'05）. Heraklion, Greece, 2005.

[78] Ian Horrocks. FaCT++[EB/OL]. [2024-06-18]. http://owl.man.ac.uk/factplusplus/.

[79] The Apache Software Foundation. Getting started with Apache Jena[EB/OL]. [2024-06-18]. https://jena.apache.org/getting_started/index.html.

[80] SHEARER R, MOTIK B, HORROCKS I. HermiT: A highly-efficient OWL reasoner[C]//Fifth Owled Workshop on Owl: Experiences & Directions. DBLP, 2008.

[81] SIRIN E, PARSIA B, GRAU B C, et al. Pellet: A practical OWL-DL reasoner[J]. Journal of web semantics, 2007, 5（2）: 51-53.

[82] HORROCKS I, PATEL-SCHNEIDER F P, BOLEY H, et al. SWRL: A semantic web rule language combining OWL and RuleML[EB/OL].（2004-05-21）[2017-09-11]. http://www.w3.org/Submission/SWRL/.

[83] GLIMM B, HORRIDGE M, PARSIA B, et al. A syntax for rules in OWL2[C]//Proceeding OWLED'09 Proceedings of the 6th International Conference on OWL: Experiences and Directions（V529）P29-38. Chantilly, VA—October 23-24, 2009.

[84] KUBA M. OWL2 and SWRL tutorial[EB/OL]. [2017-12-12]. http://dior.ics.muni.cz/~makub/owl/.

[85] FRIEDMAN-HILL J E. Jess, the rule engine for the Java platform[EB/OL].（2003-07-08）

[2024-06-19]. https://www.csie.ntu.edu.tw/~sylee/courses/jess/docs/index.html.

[86] O'CONNOR J M, SHANKAR D R, NYULAS C, et al. The SWRLAPI: A development environment for working with SWRL rules[C]//Proceedings of the Fifth OWLED Workshop on OWL: Experiences and Directions(OWLED). Karlsruhe, Germany, 2008.

[87] 百度百科. 网络端口[EB/OL]. [2024-06-07]. https://baike.baidu.com/item/网络端口/792237.

[88] 韩陆. Java RESTful Web Service 实战[M]. 2版. 北京：机械工业出版社，2016.

[89] KALIN M. Java Web 服务：构建与运行[M]. 2版. 卢涛，李颖，译. 北京：电子工业出版社，2014.

[90] HADLEY M. web application description language[EB/OL].（2009-08-31）[2022-12-01]. https://www.w3.org/Submission/wadl/.

[91] FARRELL J, LAUSEN H. Semantic annotations for WSDL and XML schema[EB/OL].（2007-08-28）[2022-12-05]. https://www.w3.org/TR/sawsdl/.

[92] MARTIN D, BURSTEIN M, HOBBS J, et al. OWL-S：semantic markup for web services[EB/OL].（2004-11-22）[2024-06-14]. http://www.w3.org/Submission/OWL-S/.

[93] OWL-S Coalition. Service upper ontology for services[EB/OL]. [2024-06-07]. http://www.daml.org/services/owl-s/1.1/Service.owl.

[94] OWL-S Coalition. Profile upper ontology for services[EB/OL]. [2024-06-07]. http://www.daml.org/services/owl-s/1.1/Profile.owl.

[95] OWL-S Coalition. Process upper ontology for services[EB/OL]. [2024-06-07]. http://www.daml.org/services/owl-s/1.1/Process.owl.

[96] OWL-S Coalition. Grounding upper ontology for services[EB/OL]. [2024-06-07]. http://www.daml.org/services/owl-s/1.1/Grounding.owl.

[97] LAUSEN H, POLLERES A, ROMAN D. Web service modeling ontology（WSMO）[EB/OL].（2005-06-03）[2022-12-07]. https://www.w3.org/Submission/WSMO/.

[98] Meta object facility（MOF）specification[EB/OL]. [2022-12-04]. https://www.omg.org/spec/MOF/1.4/PDF.

[99] BUSSLER C, CIMPIAN E, FENSEL D, et al. Web service execution environment（WSMX）[EB/OL].（2005-06-03）[2024-06-07]. https://www.w3.org/submissions/WSMX/.

[100] The Intelligent Software Agents Lab -The Robotics Institute - Carnegie Mellon University. Tools[EB/OL]. [2024-06-07]. https://www.cs.cmu.edu/~softagents/atlas/tools/details.html.

[101] The Apache Software Foundation. Welcome to Apache Axis2/Java[EB/OL].（2022-07-22）[2024-06-07]. https://axis.apache.org/axis2/java/core/.

[102] 许德山. 本体驱动的中文语义检索系统的设计与实现[D]. 北京：中国科学技术信息研究所，2008.

[103] 哈工大社会计算与信息检索研究中心. 语言云[EB/OL]. [2024-06-07]. http://www.ltp-cloud.com/.

[104] 刘群, 李素建. 基于《知网》的词汇语义相似度计算[J]. 中文计算语言学, 2002, 7（2）: 59-76.

[105] 李素建. 基于语义计算的语句相关度研究[J]. 计算机工程与应用, 2002, 38（7）: 75-76, 83.

[106] 许云, 樊孝忠, 张锋. 基于知网的语义相关度计算[J]. 北京理工大学学报, 2005, 25（5）: 411-414.

[107] 杨思春. 一种改进的句子相似度计算模型[J]. 电子科技大学学报, 2006, 35（6）: 956-959.

[108] 王常亮, 滕至阳. 语句相似度计算在FAQ中的应用[J]. 计算机时代, 2006（2）: 24-26.

[109] 周宁, 张玉峰, 张李义. 信息可视化与知识检索[M]. 北京: 科学出版社, 2005: 206-207.

[110] HORRIDGE M. A practical guide to building OWL ontologies using protege 4 and CO-ODE tools edition 1.3[EB/OL]. （2011-03-24）[2022-05-18]. http://mowl-power.cs.man.ac.uk/protegeowltutorial/resources/ProtegeOWLTutorialP4_v1_3.pdf.

[111] Martin O'Connor. MappingMasterGUI[EB/OL]. （2016-01-31）[2022-11-22]. https://github.com/protegeproject/mapping-master/wiki/MappingMasterGUI.

[112] Martin O'Connor. MappingMasterDSL[EB/OL]. （2020-10-29）[2022-11-22]. https://github.com/protegeproject/mapping-master/wiki/MappingMasterDSL#References.

[113] Martin O'Connor. Transformation rule language[EB/OL]. （2020-03-07）[2022-11-22]. https://github.com/protegeproject/mapping-master/wiki/Transformation-Rule-Language.